Integrierte Managementsysteme für Qualität,
Umweltschutz und Arbeitssicherheit

Springer-Verlag Berlin Heidelberg GmbH

Dietfried G. Liesegang (Hrsg.)
Alexander Pischon

Integrierte Managementsysteme für Qualität, Umweltschutz und Arbeitssicherheit

Mit 77 Abbildungen und 10 Tabellen

 Springer

PROF. DR. DIETFRIED G. LIESEGANG
Universität Heidelberg
Alfred-Weber-Institut
Grabengasse 14
D-69117 Heidelberg
e-mail: Liesegang@awi-nov.awi.uni-heidelberg.de

DR. ALEXANDER PISCHON
ABB Management Consulting GmbH
Speyerer Str. 6
D-69115 Heidelberg
e-mail: Alexander.Pischon@demac.mail.abb.com

„Integrierte Managementsysteme für Qualität, Umweltschutz und Arbeitssicherheit"
Inauguraldissertation zur Erlangung eines Doktors der Wirtschaftswissenschaften an der
Wirtschaftswissenschaftlichen Fakultät der Ruprecht-Karls-Universität Heidelberg, 1998

ISBN 978-3-642-63582-3

Die Deutsche Bibliothek - CIP-Einheitsaufnahme

Pischon, Alexander: Integrierte Mangementsysteme für Qualität, Umweltschutz und Arbeits-
sicherheit/Alexander Pischon. Hrsg.: Dietfried G. Liesegang. - Berlin; Heidelberg; New York;
Barcelona; Hong Kong; London; Mailand; Paris; Singapur; Tokio: Springer, 1999
ISBN 978-3-642-63582-3   ISBN 978-3-642-58414-5 (eBook)
DOI 10.1007/978-3-642-58414-5

Für Cathrin

Vorwort des Herausgebers

Unternehmen haben prinzipiell vielfältige Spielräume zur Ausgestaltung ihrer Aktivitäten. Allerdings ergeben sich aus den Interaktionsbeziehungen mit ihren Partnern Anforderungen an eine gewisse Strukturierung und Transparenz von bestimmten Handlungsfeldern. So wie der Fiskus und die Kapitalgeber seit langem an einer aussagekräftigen Kostenrechnung und Bilanzierung interessiert sind, besteht in den letzten Jahren ein vermehrtes Interesse der Wirtschaftspartner und der Öffentlichkeit an Aussagen über das Qualitätsniveau, über den Grad der Umweltschutzbemühungen und über die Erfolge im Bereich der Arbeitssicherheit. Dabei geht es besonders um die Art und Weise, wie Qualitäts-, Umweltschutz- und Arbeitssicherheitsziele in den einzelnen Prozessen, eingebettet in eine dafür günstige Unternehmenskultur, ihren Niederschlag finden. Am langfristigen Erfolg interessierte Unternehmen haben mittlerweile erkannt, daß die Verfolgung dieser Ziele, die man gemeinsam unter dem Dach eines „Care Management" vereinigen kann, per se erhebliche Erfolgspotentiale für das Unternehmen in sich bergen können, vorausgesetzt, daß die Erfolge nicht von den Kosten durch sich verselbständigende Kostentreiber aufgefressen werden. Hier kommt es darauf an, Synergien der Managementsysteme aufzudecken und zu nutzen, ohne die Kompetenz der Teilprozesse zu dezimieren.

Standardisierte Managementsysteme haben sich in den letzten zwei Jahrzehnten aus der betrieblichen Praxis heraus entwickelt. Ursprünge lassen sich in den USA im Qualitätswesen zurückführen auf Anforderungskataloge der Abnehmer bzw. Hersteller an Lieferanten im Militärbereich bzw. im Automobilbau. Die Einführung eines Qualitätsmanagementsystems war zunächst einmal verbunden mit Eingriffen in die Gestaltungsautonomie von Unternehmen. Ein Beispiel ist das Qualitätsmanagementsystem, welches die Firma Ford in den 70er Jahren auf mehr oder minder freiwilliger Basis bei seinen Zulieferern einführte, um dort die qualitätsbezogenen Abläufe transparent und überprüfbar zu machen. Nur durch den Durchgriff auf das Qualitätsmanagement der vorgelagerten Wertschöpfungsstufen konnte man bei dem zunehmend komplexer werdenden Endprodukt Automobil einen wesentlichen Qualitätsverbesserungsschritt erwarten, der damals notwendig schien, um den Vorsprung der japanischen Konkurrenz auf diesem Gebiet zu verringern. Dieses Instrumentarium eines zertifizierten Qualitätsmanagementsystems, welches zunächst eher widerwillig von den industriellen Partnern aufgenommen wurde, hat sich in ISO und DIN-Normen niedergeschlagen und genießt heute weltweite Geltung.

Aus dem anfänglich oktroyierten Instrumentarium konnten viele Unternehmen entscheidende Wettbewerbsvorteile ableiten, welche heute einem qualitätsbewußten Unternehmen eine Teilnahme am Zertifizierungsprozeß auch ohne Zwang vorteilhaft erscheinen läßt. Bedeutsam für die Industrieökonomik ist dabei der zu beobachtende Kaskadeneffekt, der längs der Wertschöpfungsketten und -netze durch eine sukzessive Aufforderung zur Teilnahme ausgelöst wird.

Ähnlich ist die Entstehungsgeschichte bei zertifizierten Arbeitssicherheitssystemen, wo zur Beherrschung von Unfällen vor allem die chemische Industrie ein vermehrtes Interesse hatte, einen verstärkten Durchgriff auf die Arbeitssicherheitsmaßnahmen ihrer Kontraktoren zu gewinnen. Derartige Managementsysteme haben sich als probates Mittel erwiesen, um die Eingriffstiefe in die Verfahrensabläufe bezüglich eines Themenfeldes bzw. eines Zielkomplexes - sei es Qualität oder Arbeitssicherheit - im eigenen bzw. im partnerschaftlich verbundenen Unternehmen erheblich zu erweitern.

Im Bereich des Zielkomplexes der Verminderung der Umweltbelastungen, welche von einem Unternehmen ausgehen, lag es zunächst primär im öffentlichen Interesse, die umweltbezogenen Aktivitäten eines Unternehmens transparent und kontrollierbar zu machen. Basierend auf dem British Standard BS 7750 hat sich einerseits das internationale Normensystem der ISO 14000er Reihe entwickelt, andererseits ist seit April 1995 die sogenannte EG-Öko-Audit-Verordnung in Kraft, welche als „Environmental Management and Audit Scheme" ein Regelwerk zur Zertifizierung von Umweltmanagementsystemen an gewerblichen Betriebsstandorten vorsieht. Das Instrumentarium des EG-Öko-Audits ist zunächst auf Freiwilligkeit der Unternehmen ausgelegt, hat sich jedoch in Deutschland zu einem Selbstläufer entwickelt. Obwohl es nicht in den schematischen Rahmen der industriellen Lenkung durch Auflagen oder Abgaben paßt, hat dieses Instrumentarium eine unerwartete umweltbezogene Eingriffstiefe in den Unternehme erzeugt, da durch den Umweltbericht und den Prozeß der kontinuierlichen Verbesserung das betriebliche Umweltmanagement eine eigenständige, öffentlichkeitsgerichtete Dynamik erfährt.

Der Aufbau unterschiedlicher paralleler Managementsysteme innerhalb eines Unternehmens bringt jedoch auch erhebliche Reibungsflächen und Doppelarbeit mit sich. Insofern ist es eine betriebswirtschaftliche Aufgabe, die Harmonisierung bzw. die Integration paralleler Managementsysteme unter einem gemeinsamen Dach voranzutreiben. Die Integration von Qualitäts- und Umweltmanagementsystemen ist der Gegenstand von aktuellen Forschungsbemühungen an mehreren europäischen Institutionen, so am UBA in Berlin und am Institut für Wirtschaft und Ökologie (IWÖ) der Hochschule St. Gallen, wobei zusätzlich noch die Industrie nach eigenen Wegen sucht.

Herr Pischon wurde nun die besondere Möglichkeit eröffnet, die betrieblichen Integrationsbemühungen innerhalb der ABB Deutschland als Projektleiter zu begleiten und maßgeblich zu gestalten, wozu er für zwei Jahre von einer Hälfte seiner Assistententätigkeit beurlaubt wurde. Das Integrationsprojekt war unmittelbar unter dem für Umwelt verantwortlichen Vorstandsbereich angesiedelt und hat seinen Praxistest höchst erfolgreich bestanden. Die vorliegende Arbeit konnte in besonderer Weise von dieser engen Verzahnung zwischen theoretischer Sicht und praktischen Notwendigkeiten profitieren.

Die Arbeit gliedert sich in drei Hauptteile, von denen Teil A Grundlagen der Untersuchung bereitstellt. Hier geht es insbesondere um das St. Galler Management-Konzept als Grundgerüst für die Vorstrukturierung der zu integrierenden

Managementsysteme. Teil B untersucht nacheinander jeweils im gleichen Gliederungskonzept die Bereiche Qualitäts-, Umwelt- und Arbeitssicherheitsmanagement. Dabei mündet die Betrachtung jeweils ein in eine Interpretation im Sinne des St. Galler Management-Konzeptes. Damit sind die drei Betrachtungsgegenstände hinreichend präpariert und strukturähnlich gemacht, um im dritten Hauptteil C einen integrativen Verbund unter dem Dach eines gemeinsamen Managementsystems anzustreben. Dabei geht es hier auch vor allem um den organisatorischen Prozeß der schrittweisen Integration ausgehend von einem bestehenden Status quo. Schließlich werden die vorher eher theoretisch erarbeiteten Zusammenhänge gespiegelt am praktischen Fall des Aufbaus und der Implementierung eines Integrierten Managementsystems bei ABB-Deutschland.

Es gelingt dem Verfasser, die bisher eigentlich immer ad hoc aus der Praxis entstandenen Prozeduren in ein auf organisationskybernetischer und lerntheoretischer Sichtweise basierendes Gesamtkonzept zwanglos einzubetten, so daß die Einzelteile in einem wahrhaft integralen Gesamtrahmen verankert sind, ohne daß sie deformiert werden. Das Ergebnis der vorliegenden Arbeit von Herrn Pischon kann als hervorragendes, durchweg gelungenes Integrationsmodell gelten, unter dessen Dach nun in enger Verbundenheit Qualitäts-, Umwelt- und Arbeitssicherheitsmanagementsysteme zielgerecht gestaltet und „gelebt" werden können. Dabei hat sich das St. Galler Management-Modell als tragfähiges Grundgerüst erwiesen, welches insbesondere den Verhaltensaspekten des Managements Rechnung trägt. Aus der Sicht einer an praktisch umsetzbaren Ergebnissen orientierten Betriebswirtschaftslehre hat die Arbeit Modellcharakter und das Potential zu einem Standardwerk au dem Gebiet der integrierten Managementsysteme. Es ist zu wünschen, daß es durch eine angemessene Verbreitung in Fachkreisen die Implementierung problemgerechter und ökonomisch vertretbarer integrierter Managementsysteme befördert.

Heidelberg, im August 1998   *Prof. Dr. Dietfried Günter Liesegang*

Geleitwort

Das 1992 in Rio de Janeiro vereinbarte Ziel einer „nachhaltigen Entwicklung" ist keineswegs ausschließlicher Auftrag an die Politik. Vielmehr steht hier auch die Wirtschaft in einer globalen Verantwortung. Ihre Aufgabe und Chance liegt darin, durch ressourcenschonende Entwicklungs- und Herstellungsverfahren sowie energieeffiziente Technologien zur Umsetzung der in Rio verabschiedeten „Agenda 21" einen maßgeblichen Eigenbeitrag zu leisten.

Als weltweit führender Hersteller von Technologien zur Erschließung, Erzeugung, Übertragung, Verteilung und Anwendung elektrischer Energie hat sich Asea Brown Boveri verpflichtet, weltweit einen einheitlich hohen Standard auf dem Gebiet des Umweltschutzes zu gewährleisten. Umweltorientierung bei ABB beinhaltet dabei sowohl die Entwicklung energieeffizienter Technologien, um Umweltproblemen vorzubeugen, als auch internes Umweltmanagement.

In Deutschland hat ABB bereits Anfang 1995 mit der Öko-Auditierung seiner Gesellschaften an rund 50 Standorten begonnen, von denen bisher über die Hälfte geprüft und zertifiziert wurden. Damit will ABB einen eigenen Beitrag zum "nachhaltigen Wirtschaften" leisten, denn Umweltorientierung und Wettbewerbsfähigkeit gehören für unser Unternehmen untrennbar zusammen.

Im betrieblichen Alltag eng verbunden mit den Aufgaben des Umweltschutzes sind Arbeitssicherheit und Gesundheitsschutz. Auch hier sieht sich ABB an allen Produktions- und Montagestandorten im In- und Ausland in der Verantwortung, den bestmöglichen Schutz seiner Mitarbeiter zu jeder Zeit zu gewährleisten und zunehmend auch anhand von Managementsystemen zu institutionalisieren. Bei dem Aufbau solcher Systeme orientieren wir uns an den Erfahrungen aus dem Bereich des Qualitätsmanagements, die bei ABB nunmehr schon seit über zehn Jahren gesammelt werden. Neben Managementsystemen, welche die genannten Gebiete unterstützen, sind in einer Zeit der sprunghaft wachsenden Komplexität des Unternehmensumfeldes zudem Anstrengungen zur Verbesserung der gesamten Steuerungsfähigkeit eines Unternehmens von besonderer Bedeutung.

Vor diesem Hintergrund lag es für ABB nahe, die Patenschaft für ein Forschungsprojekt mit dem Thema: *„Aufbau eines ganzheitlichen Managementsystems unter spezieller Berücksichtigung bestehender Strukturen in den Bereichen Umweltschutz, Arbeitssicherheit und Qualität"* zusammen mit der Universität Heidelberg zu übernehmen. Die vorliegende Arbeit dokumentiert die Ergebnisse dieses Projektes, welches zwischen März 1996 und Februar 1998 unter der Leitung von Alexander Pischon durchgeführt wurde.

Das Ziel dieses Projektes war es zu prüfen, ob und wie die bislang praktizierten Umwelt- und Qualitätsmanagementsysteme sowie die Anforderungen auf dem Gebiet der Arbeitssicherheit zusammenzuführen sind. Die theoretischen Grundlagen dieser Arbeit und die darauf aufbauenden praktischen Implementierungsvorschläge werden derzeit in verschiedenen ABB-Gesellschaften bereits erfolgreich umgesetzt. Unsere Vorstellung von der ganzheitlichen Führung eines Konzerns, die sowohl den ökonomischen als auch den ökologischen und sozialen Aspekten Rechnung trägt, erhielt durch diese Arbeit äußerst wertvolle Anregungen.

Dr. Wilfried Kaiser
Vorstand Marketing und Vertrieb und
Umweltbeauftragter im Vorstand der
Asea Brown Boveri Aktiengesellschaft, Mannheim

Die Asea Brown Boveri AG, Mannheim erzielte 1997 mit 26.000 Mitarbeiterinnen und Mitarbeitern einen Auftragseingang von 8,6 Milliarden Mark sowie einen Umsatz von 8,1 Milliarden Mark. Sie gehört zum weltweit tätigen Elektro-, Verkehrs- und Umwelttechnik-Konzern ABB Asea Brown Boveri AG, Zürich, der 1997 mit über 215.000 Mitarbeitern in 140 Ländern einen Auftragseingang von 36 Milliarden US-Dollar erwirtschaftet.

Danksagung

Ein Buch zu schreiben ist ein Abenteuer, dessen Herausforderung man sich zu Beginn eines solchen Vorhabens nicht bewußt ist. Mut für einen Start schöpfte ich, nachdem mir mein Betreuer Prof. Dr. Dietfried Günter Liesegang (Ordinarius des Lehrstuhls für Betriebswirtschaftslehre I am Alfred Weber-Institut für Sozial- und Staatswissenschaften an der Universität Heidelberg) im Frühjahr 1996 die Möglichkeit bot, ein Projekt zur Integration bislang separat geführter Managementsysteme im Verbund mit der Industrie durchzuführen. Seinen Aktivitäten ist es somit zu verdanken, daß die vorliegende Arbeit die Ergebnisse eines Forschungsprojektes zwischen der Universität Heidelberg und der deutschen Asea Brown Boveri AG (ABB) dokumentiert. Damit gilt ihm mein besonderer Dank nicht zuletzt für die mir als Mentor, Chef und Doktorvater auf meinem wissenschaftlichen Weg zu jeder Zeit uneingeschränkt gewährte Unterstützung.

Den Part der Industrie übernahm Dr. Wilfried Kaiser (Vorstand Marketing und Umwelt, ABB Deutschland) und Christoph A. Huf (Funktionsbereichsleiter Sicherheit und Umweltschutz, Country Environmental Controller, Leiter des Dienstleistungsbereichs Sicherheit und Umweltschutz bei der ABB Management Support GmbH (MSU) in Heidelberg). Die Unterstützung von ABB war dabei nicht nur finanzieller Art: Die vorbehaltlose Gewährung von Einblicken in sämtliche für mich relevanten Abläufe innerhalb der verschiedenen, bundesweit verteilten ABB-Gesellschaften ermöglichte es mir, umfangreiche Gespräche mit den beteiligten Personen - vom Mitarbeiter in der Produktion bis hin zu der Geschäftsführung - zu führen. Hierbei konnte ich die für das Projekt erforderlichen Daten und Anregungen sammeln und verschiedene Vorschläge zum Aufbau und zur Implementierung eines Integrierten Managementsystems generieren. Mein Dank gilt daher Dr. Wilfried Kaiser und Christoph A. Huf für die mir gewährte „normative und strategische" Unterstützung sowie Dipl. Ing. Helmut Sogl, Dr. Udo Weis (beide ABB MSU) und Dipl. Ing. Dieter Soemer (ABB Management Consulting GmbH) für die Einführung in die konkreten Problemstellungen und die zum Teil sehr aufwendige operative Erarbeitung von Lösungsansätzen.

Ein wichtiger und motivierender Austausch der Forschungsergebnisse fand darüber hinaus mit Vertretern von vergleichbaren Forschungsprojekten innerhalb verschiedener Unternehmen (u.a. Hoechst AG, Micro Compact Car GmbH) im Rahmen einer gemeinsamen Arbeitsgruppe unter der Leitung von Prof. Dr. Dyllick (Direktor des Instituts für Wirtschaft und Ökologie, IWÖ) und Prof. Dr. Seghezzi (Direktor des Instituts für Technologiemanagement) an der Hochschule St. Gallen statt. Den genannten Professoren und meinen Kollegen, besonders zu nennen sind hier die Mitautoren eines gemeinsamen Diskussionspapiers Dr. Reto Felix, Dipl. Kfm. Frank Riemenschneider und Dipl. Kfm. Hartwig Schwerdtle, sei an dieser Stelle für die kritisch geführten Diskussionen und die innovativen Brainstormings gedankt.

Ein weiteres Dankeschön für die wertvollen volkswirtschaftlichen Anregungen möchte ich Prof. Dr. Malte Faber (Ordinarius des Lehrstuhls für Wirtschaftstheorie am AWI der Universität Heidelberg) aussprechen sowie Herrn PD. Dr. habil. Armin Schmutzler für die kritische Durchsicht. Als betriebswirtschaftliche und praxisorientierte Sparringspartner standen mir die Herren Dr. Johannes Möller und Dr.-Ing. Anjou Appelt konstruktiv zur Seite, für die mit ihnen geführten Diskussionen und für die kritische Durchsicht meiner Arbeit möchte ich mich auch bei ihnen herzlich bedanken.

Frau Dietlinde Krahn (Dipl. Übersetzerin) ist es zu einem Großteil zu verdanken, daß dieses Buch fehlerfrei im Springer-Verlag veröffentlicht werden konnte. Auch Ihr gebührt an dieser Stelle ein großer Dank für die geopferte Mühe und Zeit.

Ganz besonders danken möchte ich meiner geliebten Frau Cathrin. Sie mußte mit mir gleich zu Beginn unserer Ehe eine zweijährige Zeit der weitgehenden „Freizeitentbehrung" durchmachen. Dies hat sie nicht nur hervorragend überstanden, vielmehr hat sie mich währenddessen sowohl moralisch als auch fachlich maßgeblich unterstützt. Ihrer kritischen Durchsicht des Manuskriptes unter professionell-redaktionellen Aspekten und nicht wirtschaftswissenschaftlich geblendetem, sondern kunsthistorisch erleuchtetem Blick verdanken es die Leser meiner Arbeit, daß „unzumutbare Schachtelsätze" und nicht nachvollziehbares „gedankliches Sackhüpfen" weitgehend aus der Arbeit verbannt wurden (diesen Teil der Arbeit hat sie nicht gelesen!).

Ein weiteres Dankeschön möchte ich meinem Großvater Helmut Matt aussprechen, der mich schon von klein auf ermutigte, meinen Weg zu gehen und in den letzten knapp 32 Jahren einen erheblichen Beitrag zur Finanzierung der „Alex Pischon AG" leistete. Ebenfalls große und wichtige Anteile an dieser Unternehmung halten meine Eltern Ilse und Wolfgang Pischon, denen ich hiermit für sämtliche Unterstützungen, insbesondere denen, die mir das Studium und die Promotion ermöglichten, herzlich danken möchte.

Heidelberg, im August 1998 *Alexander Pischon*

Inhaltsverzeichnis

1 Einführung

„Nichts ist mächtiger als eine Idee, deren Zeit gekommen ist."
VICTOR HUGO

1.1
Problemstellung

Unternehmen sehen sich heute mit einer Vielzahl von Anforderungen konfrontiert, die sie zur Erhaltung ihrer Wettbewerbsfähigkeit erfüllen müssen. Zu nennen ist hier z. B. die Globalisierung der Märkte, welche zum einen die weltweiten Absatzchancen erhöht, zum anderen jedoch zu einer drastischen Verschärfung des internationalen Wettbewerbes führt. Eine Anpassungsreaktion darauf ist die zunehmende Dynamisierung der Technologieentwicklung, die eine deutliche Verkürzung der Entwicklungszeiten ermöglicht und die Voraussetzung für kontinuierlich verkürzte Produktlebenszyklen schafft. Der Faktor Zeit avanciert in diesem Kontext zu einem bedeutenden Wettbewerbsvorteil. So wird von den Unternehmen zunehmend erwartet, daß sie die Wünsche ihrer Kunden immer schneller befriedigen. Dies gelingt ihnen nur dann, wenn sie mit dem rapide vollzogenen technischen Fortschritt mithalten können. In vielen Branchen sind jedoch parallel zu dieser Entwicklung sinkende Produktpreise zu beobachten, welche u. a. durch die Transparenz der Angebotsstruktur zu erklären sind. Der heute sehr gut informierte Kunde zeichnet sich zudem durch eine hohe Erwartungshaltung bezüglich der Qualität von Produkten und Dienstleistungen aus, wobei seine Bereitschaft abnimmt, dafür einen signifikant höheren Preis zu bezahlen. Die so skizzierte Wettbewerbsverschärfung führt bei den Unternehmen zu einem spürbaren Kostendruck.

Neben der rasanten Entwicklung dieser Marktanforderungen verlangt das unternehmerische Umfeld auch auf anderen Gebieten eine flexible Anpassung. So wächst in der Gesellschaft das Bewußtsein, die Ausbeutung natürlicher Ressourcen und die Verschmutzung der Umwelt nicht mehr als notwendige Bedingung für ein vermeintlich erfolgreiches Wirtschaften zu akzeptieren. Die Bewahrung der Natur als Verantwortung gegenüber zukünftigen Generationen ist inzwischen in das Zielsystem vieler Unternehmen aufgenommen worden und wird teilweise bereits gleichrangig mit den wirtschaftlichen Zielsetzungen angegeben.

Darüber hinaus ist neben der Erfüllung steigender Qualitätsanforderungen und der Orientierung an einer nachhaltigen Wirtschaftsweise das Wohl der Mitarbeiter im Unternehmen als weitere Forderung zu berücksichtigen. Arbeitssicherheit und Gesundheitsschutz bilden die Basis für eine mitarbeiterbezogene Unternehmensführung, welche die erforderliche Leistungsbereitschaft und -fähigkeit der Mitarbeiter erst ermöglicht.

Geleitet durch den Wunsch, die anwachsende Komplexität in diesem schwierigen Unternehmensumfeld besser bewältigen zu können, entstanden insbesondere in größeren Unternehmen in der Vergangenheit verschiedene Arten von Führungs-

oder Managementsystemen. So fordern neue Technologien Bewertungssysteme, verlangt die Kundenorientierung Marketingsysteme. In gleicher Weise werden auf höherer Abstraktionsebene durch Globalisierungs- und Deregulierungstendenzen effiziente Managementsysteme notwendig. Diese sind zumeist funktional orientiert. Persönliche Kontakte werden dabei zunehmend ergänzt durch systematisierte, strukturierte Berichterstattungen, Kontrollen und Entscheidungsprozesse.[1] Da diese Managementsysteme bislang jedoch nur Teilbereiche abdecken, entsteht eine Aufsplittung in Teilführungssysteme, die ein weitgehendes Eigenleben führen. Themenorientierte Managementmodelle, beispielsweise die von der internationalen Normenorganisation ISO erarbeiteten Ansätze für Qualitäts- und Umweltmanagementsysteme, entsprechen dieser Spezialisierung. Ähnliches gilt für Leitfäden und Normen zur Gestaltung vergleichbarer Managementsysteme auf dem Gebiet der Arbeitssicherheit und des Gesundheitsschutzes. Zwar wurde im September 1996 auf dem ISO Workshop *„Occupational health and safety management systems standardization. An ISO contribution?"* in Genf entschieden, in absehbarer Zeit keine spezielle ISO-Norm zur Gestaltung von Arbeitssicherheitsmanagementsystemen zu erstellen - doch auf nationaler Ebene nehmen die Normungsaktivitäten in diesem Bereich zu.[2]

Diese extern zertifizier- bzw. validierbaren Teilmanagementsysteme wurden in den letzten Jahren in Unternehmen zur Optimierung der Bereiche Qualität, Umweltschutz sowie Arbeitssicherheits- und Gesundheitsschutz eingeführt. Vielfach entstanden in diesem Zusammenhang ausführliche Dokumentationen und Anweisungen, deren Aktualisierung und Anwendungen durch eigens aufgebaute Stabsstellen unterstützt werden. Diese Entwicklung birgt jedoch die Gefahr, eine ganzheitliche Blickrichtung zu verlieren, welche für eine langfristige erfolgreiche Behauptung eines Unternehmens in dem beschriebenen Umfeld erforderlich ist.[3] Je unabhängiger diese Systeme werden, desto weniger sind sie in die unternehmensübergreifende Strategie eingebettet. So kann es durchaus geschehen, daß in Unternehmen Verbesserungsprojekte im Bereich des Umweltschutzes parallel, jedoch ohne Abstimmung zu ähnlichen Projekten des Qualitätsmanagements durchgeführt werden.[4] Aufgrund einer fehlenden Harmonisierung der jeweiligen Organisationseinheiten und einer nicht vorhandenen oder mangelhaften Verknüpfung dieser Teilsysteme existieren heute in vielen Unternehmen funktionsübergreifende Redundanzen. Ausgelöst durch eine mangelnde bereichsübergreifende Steuerung des Personaleinsatzes entsteht zudem ein ineffizienter Personalaufwand und eine unzureichende Nutzung des in den verschiedenen Teilbereichen bereits vorhandenen Methodenwissens. Im schlimmsten Falle behindern sich mehrere, nicht miteinander verknüpfte Teilsysteme gegenseitig und führen eher zu einer Erhöhung der Komplexität, als zu einer Senkung. Diese Entwicklung führt zu der Frage: *„Wie viele Teilmanagementsysteme braucht bzw. verkraftet ein Unternehmen*

---

[1]   Vgl. Seghezzi, H.D./Blankenburg, D. (1997a), S. 1.

[2]   Vgl. Kommission Arbeitsschutz und Normung - KAN (1997), S. 57.

[3]   Vgl. Seghezzi, H.D. (1997), S. 3.

[4]   Vgl. ebenda, S. 10.

maximal?" Das Thema der Zusammenführung verschiedener Subsysteme zu einem Integrierten Managementsystem ist damit für viele Organisationen zunehmend relevant. Auslöser dafür ist neben den genannten Problemen nicht zuletzt der Kostendruck, der aus den hohen Systemanforderungen bezüglich der Implementierung, Auditierung, Zertifizierung, Aufrechterhaltung und Verbesserung der verschiedenen, parallel in einem Unternehmen bestehenden Managementsysteme resultiert.

In einer 1996 durchgeführten Studie der Umweltakademie Fresenius wurden 3.000 Unternehmen über den aktuellen Stand der Umsetzung und Kopplung von Qualitäts- und Umweltmanagement befragt. Über 30 % der Befragten gaben an, eine Verknüpfung dieser Systeme bereits umzusetzen oder zumindest zu planen. 60 % der Unternehmen hielten eine Kopplung beider Systeme generell für sinnvoll. Als Vorteil der Integration sahen sie vor allem die Komplexitätsreduktion, z. B. durch eine gemeinsame Dokumentation und eine dadurch zu erzielende Transparenz. Der große Unterschied zwischen genereller Zustimmung zu einem Integrierten Managementsystem gegenüber der tatsächlichen Implementierung eines solchen zeigt sehr deutlich, daß erhebliche Probleme bei der Umsetzung in die Praxis befürchtet werden.[5]

1.2
Zielsetzung

Eine große Anzahl von Methoden zur Integration von Qualitäts-, Umwelt- und Arbeitssicherheitsmanagementsystemen werden zur Zeit von den unterschiedlichsten Institutionen in zahlreichen Publikationen präsentiert und als Beratungsleistung angeboten. Diese Ansätze sind zumeist sehr pragmatisch ausgerichtet und entbehren einer theoretisch-wissenschaftlichen Betrachtungsweise. Eine solche Sichtweise erscheint jedoch erforderlich, handelt es sich doch bei der Zusammenführung von mehreren Management- und Führungssystemen um einen umfassenden Eingriff in die bestehenden, gewachsenen Organisationsstrukturen eines Unternehmens. Zudem besteht die Gefahr, daß bei einer rein formalen Integration der verschiedenen Systemanforderungen die Leistungen der einzelnen Teilsysteme reduziert werden.

Die vorliegende Arbeit dokumentiert die Ergebnisse eines gemeinsamen Forschungsprojektes der Universität Heidelberg und der Deutschen Asea Brown Boveri AG (ABB) mit dem Thema *„Aufbau und Implementierung eines Integrierten Managementsystems bei der Deutschen Asea Brown Boveri AG"*. Der Autor war als Projektleiter in der Zeit von März 1996 bis Februar 1998 an dieser

---

[5] Bei dieser von der IHK Dortmund und der Umweltakademie Fresenius 1996 durchgeführten Umfrage wurden 3.000 KMU befragt. Die Rücklaufquote betrug 14 %. 50 % der antwortenden Unternehmen hatten bereits ein QMS nach ISO 9000 ff. eingeführt, 30 % planten eine Einführung. Zu diesem Zeitpunkt waren 50 % der Unternehmen an der Einführung eines UMS interessiert, wobei 34 % die Einführung planten und 13 % diese bereits umgesetzt hatten. Vgl. Kroppmann, A./Schreiber, S. (1996), S. 17 f.

Untersuchung beteiligt. Das Ziel dieses Projektes bestand darin, zu prüfen, ob und auf welche Weise die bislang praktizierten Umwelt- und Qualitätsmanagementsysteme sowie die Herangehensweisen an die Umsetzungen der Anforderungen auf dem Gebiet der Arbeitssicherheit zusammenzuführen sind. Bei einer positiven Beantwortung dieser Frage sollte ein entsprechendes anwendungsorientiertes Managementsystem-Modell entwickelt werden, welches eine organisatorische Zusammenfassung der betrachteten Teilsysteme zum Inhalt hat. Dabei sollte es sich um ein ganzheitliches System handeln, das den ökologischen, qualitätsbezogenen und die Arbeitssicherheit betreffenden Anforderungen unter Beachtung rechtlicher und wirtschaftlicher Gesichtspunkte gerecht werden kann.

Den Fokus der theoretischen Untersuchung bildet ein Unternehmen, welches sich in einem gegebenen volkswirtschaftlichen, rechtlichen und sozialen Umfeld optimal verhalten möchte. Das Zielfeld dieser betriebswirtschaftlich ausgerichteten Arbeit umfaßt:

- die Analyse des unternehmerischen Umfelds insbesondere bezüglich der Anforderungen auf den Gebieten Qualität, Umweltschutz sowie Arbeitssicherheit und Gesundheitsschutz,
- das Aufzeigen relevanter theoretischer Grundlagen der betrachteten Managementsysteme auf den Gebieten der Organisationstheorie,
- die Beschreibung von Konzepten zum Aufbau von Arbeitssicherheits- und Gesundheitsschutz-Managementsystemen, um dadurch eine Vergleichsbasis für die Integration mit den bestehenden Teilsystemen zu bilden,
- den Aufbau eines in der Praxis realisierbaren und den theoretischen Anforderungen gerecht werdenden Handlungskonzepts zur Integration.

Durch dieses individuell auf die Anforderungen unterschiedlicher Branchen und Unternehmen modifizierbare Integrationskonzept sollen die Nachteile der separaten Insellösungen vermieden und soweit möglich zu Synergien umgewandelt werden. Als wesentliche Ziele der Integration können dabei folgende Aspekte genannt werden:

- Komplexitätsreduktion,
- Kosteneinsparung durch Redundanzreduktion,
- Minimierung des Auditierungsaufwands,
- klare Verantwortlichkeiten durch Optimierung der Schnittstellen,
- größere Identifikation und Motivation der Mitarbeiter.

Gleichzeitig sind jedoch die originären, funktionsorientierten Ziele der einzelnen Systeme vollständig zu bewahren. Unfallreduzierung bzw. -vermeidung, optimale Qualität und geringe Umweltbelastungen sind als Primärziele auch nach der Zusammenführung vorrangig zu erfüllen. Bei der Zielformulierung eines integrierten Systems ist auf eine optimale Nutzung der Ressourcen innerhalb des Unternehmens zu achten. Die Voraussetzung für die effektive Einführung eines integrierten Managementsystems ist dabei eine modulare Basis, die es gleichzeitig erlaubt, das bestehende Managementsystem mit einem akzeptablen Zeit- und Kostenaufwand an sich ändernde exogene und endogene Bedingungen anzuglei-

anzugleichen - im Sinne eines anpassungsfähigen, offenen Systems. Darüber hinaus soll kein zusätzlicher Aufwand entstehen, vielmehr sollen bestehende Maßnahmen, Verfahren etc. genutzt und in der Form systematisiert werden, daß über eine festgelegte Struktur der Aufbau- und Ablauforganisation die Vorteile eines einheitlichen Managementsystems realisiert werden können.[6]

1.3
Aufbau und Methodik

Der Grundlagenteil A beschreibt zunächst die innerhalb der drei Themengebiete Qualität, Umweltschutz und Arbeitssicherheit zu berücksichtigenden volkswirtschaftlichen und gesetzlichen Rahmenbedingungen (Kapitel 2). Nach dieser Darstellung der unternehmerischen Ausgangssituation werden in Kapitel 3 ausgewählte Organisationskonzepte und Untersuchungsansätze zur Entwicklung von Organisationen vorgestellt. Anschließend beschäftigt sich Kapitel 4 mit der Abgrenzung von Managementkonzepten und -systemen. Dabei wird eine Einführung in die Philosophie und die Konzeption des St. Galler Management-Konzepts gegeben, welches als Orientierungshilfe im weiteren Verlauf der Arbeit an mehreren Stellen diskutiert wird. Darauf aufbauend folgt eine Vorstellung der allgemeinen Grundlagen und der Systematik von Managementsystemen.

In Teil B erfolgt eine Analyse ausgewählter Managementsysteme. Dazu wird stellvertretend für die Normung von Managementsystemen für Qualität die DIN EN ISO 9000er Reihe vorgestellt (Kapitel 5). Danach werden die entsprechenden Regelungen auf dem Gebiet des Umweltschutzes untersucht: Britischer Standard BS 7750, EG-Öko-Audit-Verordnung und DIN EN ISO 14001 (Kapitel 6). Im Bereich der Arbeitssicherheit richtet sich im Anschluß daran der Fokus der Untersuchung auf das sog. Sicherheits Certifikat für Contractoren (SCC) und den Britischen Standard BS 8800 (Kapitel 7). Bei allen vorgestellten Bereichen wird eine Weiterentwicklung zu einer umfassenderen Behandlung der jeweiligen Problematik skizziert und eine Einordnung in die Systematik des St. Galler Konzeptes vorgenommen.

Der kontinuierliche Bezug der Arbeit zu den konkreten unternehmensspezifischen Anforderungen des deutschen ABB-Konzerns spiegelt sich in Teil C wider. Er widmet sich dem Aufbau und der Implementierung eines Integrierten Managementsystems. Hierzu werden in Kapitel 8 die Grundlagen und die Zielsetzungen der Integration sowie verschiedene Konzepte der Integration erarbeitet.

Zudem wird eine kritische Würdigung des bis dahin entwickelten Ansatzes vorgenommen und auf der Basis des theoretischen Grundlagenteils A eine Entwicklungsmöglichkeit zu einem ganzheitlichen, sog. *„Generischen Managementsystem"* vorgezeichnet. Darauf aufbauend werden in Kapitel 9 die Integrationsaktivitäten bei ABB vorgestellt.

---

6   Vgl. Adams, H.W. (1995), S. 17.

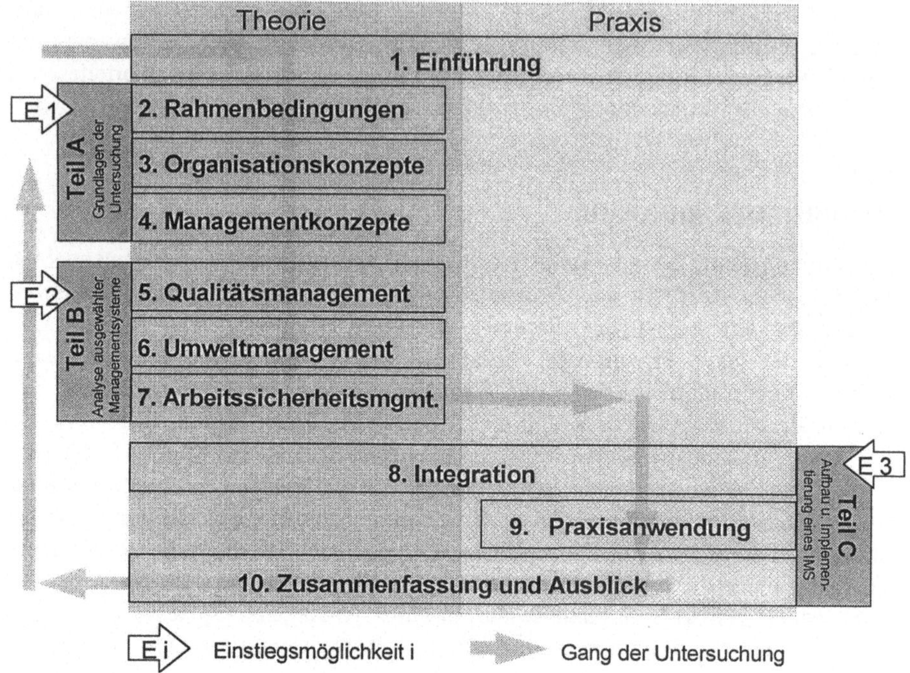

Abb. 1.1. Aufbau der Untersuchung

Am Beispiel des dort durchgeführten Forschungsprojektes erfolgt der Aufbau eines operationalen Maßnahmenkataloges zur Integration und einer möglichen Struktur eines Integrierten Managementsystems. Das abschließende zehnte Kapitel faßt die Ergebnisse der Arbeit zusammen und gibt einen Ausblick auf die Erfordernisse und Chancen einer Etablierung von Integrierten Managementsystemen.

Abb. 1.1 zeigt zusammenfassend Aufbau und Vorgehensweise der Arbeit. Die hinterlegten grauen Pfeile skizzieren dabei den Gang der Untersuchung. Die Pfeile mit den Bezeichnungen E 1, E 2, E 3 geben verschiedene Einstiegsmöglichkeiten für den Leser an:

E 1:   Dieser Lesepfad berücksichtigt sowohl die theoretischen als auch die praktischen Aspekte der Arbeit und eröffnet dem interessierten Leser die Möglichkeit, sich umfassend mit dem vorliegenden Thema zu beschäftigen.

E 2:   Im Mittelpunkt dieses Pfades steht die Information über den derzeitigen Stand der internationalen Normung auf den betrachteten Teilgebieten und die konkreten Umsetzungsmöglichkeiten in der Praxis.

E 3:   Dieser Pfad wendet sich an den bereits umfassend mit diesem Thema vertrauten Leser, der sich über neue Integrationskonzepte, deren praktische Umsetzung und ihre theoretische Weiterentwicklung im Rahmen dieser Arbeit informieren möchte.

Teil A

Grundlagen der Untersuchung

2 Rahmenbedingungen

> *„Die Menschheit ist zu einem Spezialistentum in Wissenschaft und Arbeit gelangt; heute verlangen die Teile zu ihrem eigenen Heil die Vereinigung zu einem Ganzen."*
>
> RUDOLF STEINER

Dieses Grundlagenkapitel beschreibt das unternehmerische Umfeld[1] in den betrachteten Teilbereichen und gibt somit gleichzeitig den Rahmen für den Aufbau eines Integrierten Managementsystems vor. Abschnitt 2.1 skizziert die qualitätsbezogenen Rahmenbedingungen, mit denen ein Unternehmen konfrontiert wird. Daran anschließend werden die umwelt- (Abschn. 2.2) sowie arbeitssicherheits- und gesundheitsschutzbezogenen Rahmenbedingungen (Abschn. 2.3) analysiert. Hierbei werden jeweils zunächst die Definitionen und Grundlagen der Themengebiete dargelegt, die volkswirtschaftliche Bedeutung der einzelnen Bereiche beleuchtet und schließlich die zu berücksichtigenden rechtlichen Rahmenbedingungen aufgezeigt. Eine Zusammenfassung und Bewertung dieses Kapitels erfolgt in Abschnitt 2.4.

2.1 Qualitätsbezogene Rahmenbedingungen

2.1.1 Definitionen und Grundlagen

Der Begriff *„Qualität"* läßt sich etymologisch auf das lateinische Wort *„qualis"* (wie beschaffen) oder *„qualitas"* (Beschaffenheit eines Gegenstandes) zurückführen.[2] Er wird in der Literatur unterschiedlich definiert. So wird Qualität in ihrer umgangssprachlichen Bedeutung als *„.... positiv bewertete Beschaffenheit"*[3] verstanden. Im Anwendungsbereich des Qualitätsmanagements finden sich jedoch verschiedene Ansätze zur Erklärung des Qualitätsverständnisses, deren wichtigste Ausrichtungen im folgenden skizziert werden:

1. **Der philosophische Ansatz:**
    Bis zum Beginn des neunzehnten Jahrhunderts war den Philosophen in ihrer erkenntnis-theoretischen Kontroverse der Begriff „Qualität" - dem „Sinn des Seins" - vorbehalten. DEMOKRIT (460-362 v. Chr.) unterschied zwischen der

---

[1] Zur Abgrenzung zwischen den Begriffen *„Umwelt"* und *„Umfeld"* s. Abschn. 2.2.1. [Anm. d. Verf.]

[2] Vgl. Reinhart, G./Lindemann, U./Heinzl, J. (1996), S. 3.

[3] Duden (Hrsg.), (1985), S. 506.

objektiven Qualität, die den Dingen zukommt und der subjektiven Qualität, die nur in der menschlichen Wahrnehmung existiert. DESCARTES (1596-1650) und HOBBES (1588-1679) vertraten die Ansicht, daß sinnliche Qualitäten wie Farbe oder Ton nicht als Eigenschaften der „Dinge an sich", sondern nur als deren subjektive Wirkungen zu betrachten seien.[4]

2. **Der traditionell normative Ansatz:**
    Demnach ist Qualität die „.... Güte eines Produkts (Sach- oder Dienstleistung) im Hinblick auf seine Eignung für den Verwender"[5]. Dieser Ansatz versieht Qualität mit einer rein positiven Eigenschaft durch den Gebrauch des Wortes „Güte", eine schlechte Qualität ist demnach nicht existent.

3. **Der immateriell quantitative Ansatz:**
    Besteht die Aufgabe im Rahmen eines weiterführenden Qualitätsverständnisses darin, die Qualität zu messen, um schließlich Verbesserungspotentiale zu erschließen, erfordert dies einen neutraleren Ansatz, welcher eine Relations- oder Differenzbewertung zuläßt. Diesen bietet eine „Basisnorm" zur Begriffsdefinition der International Standard Organization an - die ISO 8402: 1994 - deren Terminologie in der gesamten Normenreihe DIN EN ISO 9000 einheitlich verwendet wird (s. Kap. 5).[6] Hierin wird die Qualität als „Gesamtheit von Merkmalen (und Merkmalswerten) einer Einheit bezüglich ihrer Eignung, festgelegte und vorausgesetzte Erfordernisse zu erfüllen"[7] definiert. Qualität wird somit als meßbare Relation oder Differenz zwischen realisierter und geforderter Beschaffenheit verstanden. Diese neutrale Betrachtung ermöglicht eine stetige Bewertung von „sehr schlecht" bis „sehr gut". Am Ende des Bewertungsprozesses wird ein ursprünglich stetiges Ergebnis aber häufig in ein diskretes Urteil von „gut" oder „schlecht" umgewandelt. Qualität ist somit erst a posteriori durch das Erlebnis oder die Betrachtung beschreibbar. Eine interessante Erweiterung zu dieser Definition gibt SEGHEZZI, der betont, daß unter Qualität die Beschaffenheit (im Sinne der Gesamtheit aller Merkmale) verstanden wird, welche an den (sich verändernden) Bedürfnissen der jeweiligen Anspruchsgruppen gemessen wird.[8]

Im weiteren Verlauf dieser Arbeit wird aufgrund der neutralen Betrachtung des Parameters Qualität dem verwendeten Qualitätsbegriff der immateriell quantitative Ansatz (Nr. 3) zugrunde gelegt. Unter dem Begriff **Qualitätsmanagement** wird *„die Grundgesamtheit aller qualitätsbezogenen Tätigkeiten und Zielsetzungen"*[9] verstanden. Es umfaßt somit alle Aspekte im Rahmen der Unternehmensführung einschließlich der grundlegenden Einstellungen, Zielsetzungen und Maßnahmen

---

[4] Vgl. Hansen, W. (1996), S. 1711 f.
[5] Gablers Wirtschafts-Lexikon, (1992), S. 2738.
[6] Vgl. DIN EN ISO 9000-1: 1994, S. 7 f.
[7] ISO 8402: 1994 zitiert in: DIN EN ISO 9000-1: 1994, Anhang A, S. 33.
[8] Vgl. Seghezzi, H. D. (1996b), S. 17 f.
[9] Heine, J. (1995), S. 13.

zur Erreichung und Verbesserung der Qualität.[10] Im Sinne der ISO 8402 werden diese Maßnahmen im Rahmen des Qualitätsmanagements als Tätigkeiten definiert, welche „*...die Qualitätspolitik, Ziele und Verantwortung festlegen sowie diese durch Mittel wie Qualitätsplanung, Qualitätslenkung, Qualitätssicherung/QM-Darlegung und Qualitätsverbesserung verwirklichen.*"[11] Das **Qualitätsmanagementsystem** bildet schließlich den strukturellen Rahmen zur Verwirklichung des Qualitätsmanagements und stellt alle dafür erforderlichen Organisationsstrukturen, Verfahren, Prozesse und Mittel zur Verfügung.[12]

2.1.2
Volkswirtschaftliche Bedeutung des Qualitätsmanagements

Auf gesättigten Märkten haben Unternehmen weltweit erkannt, daß eine konsequente Qualitäts- und Kundenorientierung erforderlich ist, um Marktanteile zu erhalten bzw. auszubauen.[13] So konstatieren REINHART/LINDEMANN/HEINZL: „*Nur diejenigen Lieferanten, die mit einem innovativen, qualitativ hochwertigen Produkt zu geringeren Kosten früher auf den Markt kommen als ihre Wettbewerber, haben die Chance, Marktanteile zu gewinnen.*"[14] Um diese Zielsetzung zu erreichen, liegt das Hauptaugenmerk des modernen Qualitätsmanagements auf der Verbesserung von Prozessen und Gesamtsystemen. Dies geschieht insbesondere mit Hilfe einer Entwicklung weg von der traditionellen, nachgelagerten Qualitätssicherung im Rahmen einer Endprüfung hin zu einem funktionsübergreifenden, ganzheitlich ansetzenden Qualitätsverständnis. Qualität gilt heute als Managementaufgabe, der sich unternehmerische Entscheidungsträger mit großer Aufmerksamkeit zuwenden müssen. Dies resultiert zum einen aus der Bedeutung der Produkt- und Dienstleistungsqualität als ein wesentlicher Wettbewerbsfaktor auf stark umkämpften Käufermärkten mit anspruchsvollen Kunden, welche jedoch nur begrenzt bereit sind, für eine hochwertigere Leistung einen höheren Preis zu akzeptieren. Zum anderen gewinnt die umfassende Qualitätsorientierung vor dem Hintergrund einer zunehmenden Internationalisierung der Geschäftsbeziehungen an Bedeutung. Die konsequente Ausgliederung von Teilprozessen an international agierende Sublieferanten führt dazu, daß sich die Auftraggeber das Qualitätsniveau

---

[10] Vgl. Kamiske, G.F./Brauer, J.-P. (1993), S. 75.

[11] DIN EN ISO 9000-1: 1994, Anhang A, S. 34.

[12] Vgl. DIN EN ISO 9000-1: 1994, Anhang A, S. 35.

[13] Zu beachten ist hier der Unterschied zwischen einer anbieterorientierten Qualitätssicht, welche die Einhaltung von Standards, Sollvorgaben und Fehlerfreiheit fokussiert und einer kundenorientierten Perspektive, welche die Fehlerfreiheit zwar als notwendige, jedoch nicht hinreichende Voraussetzung für Qualität betrachtet. Aufgrund dieser Differenzierung ist es möglich, daß ein fehlerfreies Produkt, welches allen Standards entspricht, die speziellen Anforderungen der Kunden nicht erfüllt. Vgl. hierzu Stauss, B. (1992), S. 7.

[14] Reinhart, G./Lindemann, U./Heinzl, J. (1996), S. 4. Auch die auf empirischen Ergebnissen basierende PIMS-Studie ermittelt die „*relative Produktqualität*" als einen Schlüsselfaktor für den ROI [Anm. d. Verf]. Vgl. Malik, F. (1994), S. 113.

ihrer Lieferanten durch glaubwürdige, international einheitliche Zertifikate garantieren lassen, um den Umfang selbst durchgeführter Qualitätskontrollen zu verringern. Nur durch eine kontinuierliche Verbesserung der Qualität von Prozessen, Produkten und Dienstleistungen sind Unternehmen somit in der Lage, sich dem internationalen Wettbewerb erfolgreich zu stellen.

Die Theorie der Produktqualität, ein Forschungsgebiet im Rahmen der Industrieökonomik, analysiert unter anderem die Motive, welche ein Unternehmen dazu veranlassen, eine hohe oder niedrige Qualität anzubieten. Eine Grundannahme ist hierbei, daß mit zunehmender Produktqualität die Herstellungskosten und damit die Preise steigen. Untersucht wird das Ausmaß der zusätzlichen Zahlungsbereitschaft eines Käufers für ein Produkt mit einer höheren Qualität. Diese Zahlungsbereitschaft determiniert in den industrieökonomischen Modellen den Anreiz für ein Unternehmen, eine hohe Qualität zu liefern.[15]

Eine für die vorliegende Arbeit wesentliche Variante dieser Untersuchung ist die Annahme, daß die Umweltverträglichkeit eines Produktes ein Merkmal der Produktqualität ist. Üblicherweise wird in ökonomischen Untersuchungen von Umweltproblemen postuliert, daß ohne gesetzliche Vorschriften oder finanzielle Anreize weder Konsumenten noch Unternehmen bereit sind, hinsichtlich der Auswirkungen ihres Verhaltens auf die Gesellschaft Sorge zu tragen. Aufgrund des in den vergangenen Jahren gestiegenen Umweltbewußtseins in der Gesellschaft (s. Abschn. 2.2.2) kann jedoch sowohl ein Eigeninteresse als auch ein gewisser Altruismus vorausgesetzt werden, der die Konsumenten veranlaßt, auf die Umweltverträglichkeit der Produkte zu achten und dafür mitunter einen höheren Preis zu bezahlen. Damit gewinnt folgende Fragestellung an Bedeutung: Gibt es eine Situation, in welcher Unternehmen bereit sind, Produkte mit hohem Umweltstandard zu produzieren, obwohl keine gesetzlichen Bestimmungen sie dazu verpflichten?[16]

Die *Theorie der Produktqualität* unterscheidet hierzu zwei Arten von Gütern: Die *„Suchgüter"*, deren Qualität vor dem Kauf bekannt sind (z. B. Kleidung) und die *„Erfahrungsgüter"*, deren Qualität sich erst nach dem Kauf überprüfen läßt (z. B. Konserven).[17] Bei der Betrachtung der Umweltverträglichkeit eines Produktes treffen jedoch beide Arten nicht zu, da selbst nach der Kaufhandlung die Umweltattribute des Produktes nicht ersichtlich sind. Der Konsument erhält seine Informationen über die Umweltverträglichkeit des Produktes aus den Medien oder aus Gesprächen. In diesem Falle stehen ihm sowohl *„harte"* Informationen, z. B. aus Berichten über Umweltrisiken bei der Produktion, dem Konsum oder der Entsorgung des Produktes, als auch *„weiche"* Informationen, wie das Umweltimage eines Produktes bzw. des dahinter stehenden Unternehmens zur Verfügung. Dabei ist zu beachten, daß das Umweltimage nicht direkt aus der Umweltqualität eines Produktes abgeleitet werden kann. Das Produktimage ist zwar eine öffentlich

---

[15] Vgl. Tirole, J. (1995), S. 221.
[16] Vgl. Schmutzler, A. (1992), S. 1 f.
[17] Vgl. Nelson, P. (1970), zitiert bei Tirole, J. (1995), S. 232.

erkennbare Variable, die als Leitfaden für die Kaufentscheidung dient. Der Konsument ist sich dabei jedoch nicht sicher, ob das gute Image aus der tatsächlichen Qualität, aus einer erfolgreichen PR-Kampagne oder völlig unabhängig von den Aktivitäten des Unternehmens entstanden ist. Besteht von seiten des Konsumenten ein Interesse an der tatsächlichen (Umwelt-)Qualität, kann er aufgrund des positiven Images auf die Umweltverträglichkeit des Produktes vertrauen, es kaufen und versuchen, im nachhinein von diesem Image auf die tatsächliche Qualität zu schließen. Diese Art von Gütern werden als *„Vertrauensgüter"* bezeichnet.[18]

Im Rahmen der Produktqualitäts-Theorie wird davon ausgegangen, daß die Betrachtung verschiedener Qualitäten sonst identischer Produkte mit der Betrachtung unterschiedlicher Produkte gleichgesetzt werden kann. Des weiteren wird vorausgesetzt, daß im Rahmen eines vertikalen „Rankings" alle Konsumenten die gleiche Einstellung bezüglich einer hohen und einer niedrigen Produktqualität haben und daß ein Produkt sowohl in hoher als auch in niedriger Qualität auf dem Markt existiert. Die Fragestellung lautet dann, zu welcher Qualität und zu welchem Preis ein Produkt auf dem Markt angeboten werden soll. Dabei wird zwischen Fällen unterschieden, in denen die Qualität eine exogene Variable bzw. eine endogene Auswahlvariable des Verkäufers ist. Wird eine Monopolsituation postuliert, in welcher der Verkäufer die Qualität bestimmen kann, wird die Marktsituation von folgenden Aspekten determiniert:

- den Konsumentenpräferenzen,
- den relativen Kosten der Produktion verschiedener Qualitäten,
- der Informationsstruktur und
- der Anzahl der Interaktionen zwischen den Konsumenten und dem Monopolist.

Bei vollkommener Information wird der Monopolist i. a. mehr als die niedrigste Qualität anbieten, da er davon ausgeht, daß eine ausreichende Bereitschaft vorhanden ist, für die Qualität zu bezahlen, auch wenn der Kunde nur einen Kauf vornimmt. Eine andere Situation entsteht im Falle der asymmetrischen Information. Handelt es sich zudem hauptsächlich um Laufkundschaft, welche nur eine Kaufhandlung vornimmt, wird im Falle des Erfahrungsgutes keine höhere Qualität angeboten.[19] Der Kunde hat nun das Problem, daß er die Qualität im vorhinein nicht beurteilen kann. Ist mit mehreren Kundenkontakten zu rechnen, wird der Produzent, der ein gutes Image anstrebt, gezwungen, eine höhere Qualität anzubieten, auch wenn er kurzfristig nur eine niedrigere Qualität anbieten möchte.[20] Eine Möglichkeit, dieses Auswahlproblem zu lösen, ist die Signalisierung einer höheren Qualität von seiten des Produzenten durch die Gewährung von Garantien. Diese Abstimmung unter den Marktteilnehmern greift jedoch nicht immer, daher ist in manchen Fällen ein Eingriff von seiten des Staates erforderlich. Dieser kann z. B. in Form von Qualitätskontrollen, Standards, Normung,

---

18 Vgl. Darby, M./Karny, E. (1973), zitiert bei Tirole, J. (1995), S. 232.
19 In diesem Falle besteht ein moralisches Risiko („moral hazard") auf der Produzentenseite. Vgl. Tirole, J. (1995), S. 234.
20 Vgl. Tirole, J. (1988), S. 123-126.

Umweltanforderungen, Sicherheitsvorschriften oder der Lizensierung von Berufen (z. B. Ärzte, Rechtsanwälte) erfolgen.[21]

Im Falle einer Betrachtung der Umweltverträglichkeit als Qualitätsmerkmal eines Produktes ist zu beachten, daß ein Unternehmen sowohl die Umweltqualität des Produktes als auch die PR-Bemühungen zur Verbesserung des Umweltimages seines Produktes als hoch oder niedrig ansetzen kann. Die Umweltqualität des Produktes kann dabei durch folgende Kriterien bestimmt werden:[22]

- Emissionen während der Produktion, des Gebrauchs und nach dem Gebrauch,
- das Ausmaß des Einsatzes knapper Ressourcen,
- weiterführende Fragen, z. B. der Einsatz von Tierversuchen in der Pharmazie.

Selbst wenn genaue Daten über diese Kriterien vorliegen, stellt sich die Frage nach einer angemessenen Gewichtung dieser Aspekte. Die Öffentlichkeit löst dieses Problem zumeist, indem sie sich auf einige gegenwärtig aktuelle Parameter konzentriert. Das Unternehmen hat nun die Möglichkeit, durch die Verbesserung der Qualität oder durch die Verstärkung der Öffentlichkeitsarbeit auf dieses Verhalten zu reagieren. Dabei können sich die PR-Aktivitäten wiederum direkt auf die momentan *„aktuellen"* Parameter beziehen oder auf die prinzipielle Vermittlung eines umweltbewußten Images. Die Öffentlichkeitsarbeit kann dabei die tatsächlich durchgeführten ökologischen Bemühungen des Unternehmens verkünden oder lediglich den Eindruck entstehen lassen, daß ökologische Bemühungen unternommen werden, obwohl dies in der Realität nicht der Fall ist. Die Modellierung dieser Produzenten/Konsumenten-Interaktion generiert als Ergebnis, daß es:[23]

- Situationen gibt, in welchen Unternehmen bereit sind, Produkte mit hohem Umweltstandard zu produzieren, obwohl keine gesetzlichen Bestimmungen sie dazu verpflichten und
- daß Situationen bestehen, in denen Unternehmen bereit sind, in eine nicht direkt produktive Öffentlichkeitsarbeit investieren, um dadurch ihr Umweltimage zu verbessern.

Dieses Ergebnis resultiert aus der permanenten Unsicherheit des Konsumenten bezüglich der vom Produzenten tatsächlich angebotenen Produktqualität. Wäre eine entsprechende Sicherheit vorhanden, könnte - bei vollständiger Information - auf den Imageaufbau verzichtet werden. Von seiten des Produzenten besteht somit die Hoffnung, daß aufgrund eines positiven Umweltimages seines Unternehmens bzw. seiner Produkte die Kauf- bzw. Zahlungsbereitschaft der Konsumenten erhöht werden kann. Dabei gelingt es Unternehmen, deren Produkte tatsächlich eine gute Umweltqualität aufweisen, wesentlich einfacher, dieses Merkmal dem Kunden zu signalisieren, als Unternehmen, welche lediglich eine gute Umweltqualität vortäuschen. Ein weiteres Ergebnis der hier zitierten Untersuchung besagt,

---

[21]   Vgl. ebenda, S. 109.

[22]   Vgl. Schmutzler, A. (1992), S. 4.

[23]   Vgl. ebenda, S. 4 f.

daß die Verbraucher das Verhalten der Unternehmen beeinflussen können. Steigt z. B. das Umweltbewußtsein der Verbraucher an, reagieren die Unternehmen darauf, indem sie die Umweltverträglichkeit der Produkte verbessern und damit auf dem Markt werben.[24]

Zusammenfassend lassen sich folgende Aussagen treffen: Die traditionellen Annahmen gehen davon aus, daß Unternehmen keinen Anreiz haben, Güter mit einem höheren als dem minimalen Qualitätsstandard zu produzieren, insbesondere wenn dadurch höhere Kosten entstehen. Liegt jedoch eine vollständige Information und eine ausreichend große Bereitschaft des Kunden vor, für eine höhere Qualität mehr zu bezahlen, bieten die Unternehmen hochqualitative Produkte an. Komplizierter gestaltet sich dies bei asymmetrischer Information. Ohne die Möglichkeit, die hohe Qualität dem Kunden gegenüber zu signalisieren, tritt ein Auswahlproblem auf, welches dazu führt, daß ausschließlich Produkte mit niedriger Qualität auf den Markt kommen. Besteht eine Korrelation zwischen Produktqualität und Firmenimage, gibt es einen Anreiz für ein Unternehmen, hochqualitative Produkte zu produzieren, um so die Kaufwahrscheinlichkeit zu erhöhen. Dies trifft jedoch nur dann zu, wenn die Qualitätsverbesserung für den Produzenten nicht zu teuer ist und dem Konsumenten die Möglichkeiten der (Produkt-)Imagebeeinflussung von seiten des Unternehmens nicht bekannt sind.[25]

Aus dieser theoretisch abgeleiteten Erkenntnis läßt sich im Rahmen der vorliegenden Arbeit ein grundlegender Aspekt der Motivation ableiten, welcher ein Unternehmen dazu veranlaßt, ein international normiertes und anerkanntes Managementsystem etwa zur Qualitätssicherung (z. B. DIN EN ISO 9001, s. Kap. 5, Abschn. 5.3.3) oder zum Umweltschutz (z. B. DIN EN ISO 14001, s. Kap. 6, Abschn. 6.3.3) einzuführen, aufrechtzuerhalten und regelmäßig extern zertifizieren zu lassen. Durch ein solches Zertifikat ist ein Unternehmen zumindest über einen gewissen Zeitraum hinweg - so lange nicht alle Unternehmen dieses Zertifikat erhalten haben und so lange ein Vertrauen in dieses Zertifikat von seiten der Kunden besteht - in der Lage, sich von der Konkurrenz abzuheben und dem Kunden eine gute Qualität etc. zu signalisieren. Dies ist insbesondere dann der Fall, wenn es sich bei den angebotenen Gütern um Vertrauensgüter handelt.

2.1.3
Rechtliche Rahmenbedingungen

Im Vergleich zu den Gebieten des Umweltschutzes (s. Kap. 6) und der Arbeitssicherheit (s. Kap. 7), welche beide durch umfassende rechtliche Bestimmungen determiniert sind, stehen im Bereich des Qualitätsmanagements die rechtlichen Rahmenbedingungen nicht in vergleichbarer Weise im Vordergrund. Dennoch gilt auch hier, daß im Falle eines Verstoßes gegen rechtliche Bestimmungen mit erheblichen Sanktionen zu rechnen ist.

---

[24] Vgl. Tirole, J. (1995), S. 232 ff.; Schmutzler, A. (1992), S. 4 f.
[25] Vgl. Schmutzler, A. (1992), S. 14.

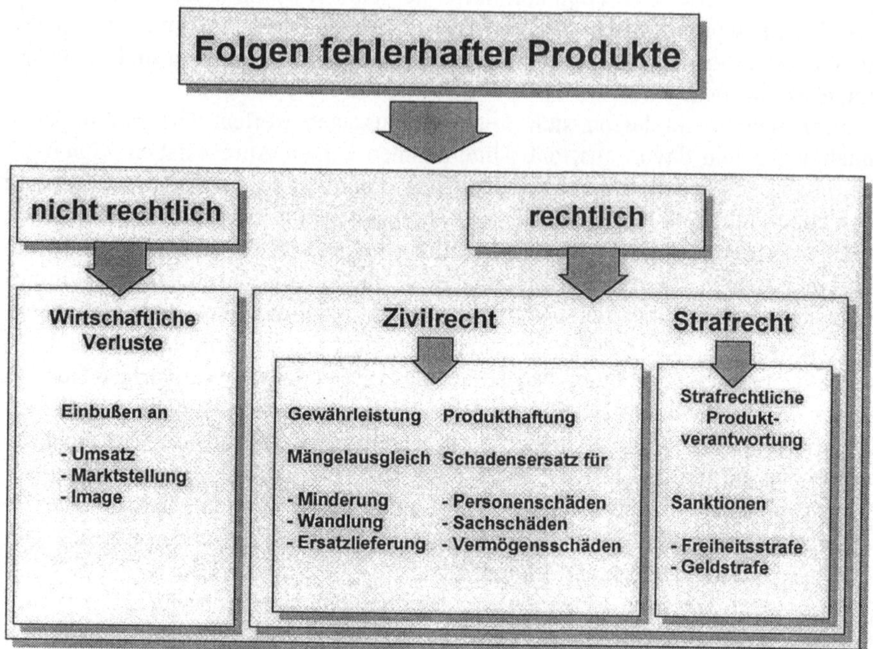

Abb. 2.1.   Konsequenzen fehlerhafter Produkte für ein Unternehmen
Quelle: Reinhart, G./Lindemann, U./Heinzl, J. (1996), S. 282.

Werden im vorhinein zugesicherte Qualitätsaspekte nicht erfüllt, bleibt also der vom Kunden gewünschte Nutzen aus oder tritt ein Schaden ein, haftet der Produzent in beiden Fällen. Einen Überblick über die möglichen Folgen eines fehlerhaften Produkts für ein Unternehmen zeigt Abb. 2.1. Die wirtschaftlichen Einbußen (Umsatzrückgang, schlechtere Marktstellung, Imageverlust, kostenintensive Rückrufaktionen), ausgelöst durch ein fehlerhaftes Produkt, sind hinlänglich bekannt und werden an dieser Stelle nicht weiter betrachtet. Im Rahmen der rechtlichen Folgen ist zwischen den zivilrechtlichen und den strafrechtlichen Konsequenzen zu unterscheiden.

2.1.3.1
Zivilrecht

Im Zivilrecht ist zunächst die **Gewährleistungspflicht** von besonderer Bedeutung. Liegt ein fehlerhaftes Produkt bzw. eine mangelhafte Dienstleistung vor, kann der Kunde bei einer bestehenden vertraglichen Beziehung zum Lieferanten (Kaufvertrag, Werkvertrag, Dienstvertrag) Ansprüche im Rahmen der Gewährleistung geltend machen (Ersatzpflicht an der gelieferten Sache). Diese sieht nach § 433 ff. BGB im Rahmen eines Kaufvertrages über eine bereits existierende Sache vor, dem Käufer bei nicht erfüllter Qualitätsanforderung die Wahl zwischen einer Kaufpreisminderung und einer Kaufpreiserstattung gegen Rückgabe der Ware

(Wandlung, § 462 BGB) einzuräumen. Die Nachlieferung einer mangelfreien Sache nach § 480 BGB ist hingegen ausschließlich bei einer bestehenden Gattungsschuld[26] möglich. Liegt ein Werkvertrag nach § 631 ff BGB vor, wird also das entsprechende Material vom Auftraggeber gestellt und existiert die zu liefernde Sache bei Vertragsabschluß noch nicht, schuldet der Verkäufer eine spezifikationsgerechte Ausführung. Entspricht die Leistung nicht den festgelegten Anforderungen, ergibt sich für den Produzenten eine Gewährleistungspflicht auf Nachbesserung des mangelhaften Gegenstandes (§§ 633, 634, 651 BGB). Stellt der Auftragnehmer das Material, handelt es sich um einen Werklieferungsvertrag gemäß § 651 BGB, der im Falle eines Gewährleistungsanspruches je nach Inhalt wie ein Kaufvertrag bzw. wie ein Werkvertrag behandelt wird. In § 611 ff. BGB wird der Dienstvertrag geregelt, welcher die Tätigkeit als solche zum Inhalt hat und nicht das Ziel wie im Falle des Werkvertrages. Der Dienstgeber hat hier eine bestimmte Arbeitsmenge zu gewährleisten.[27]

Die zweite Kategorie des Zivilrechts bildet die **Produkthaftung**, welche als Schadensersatzhaftung für durch ein Produkt ausgelöste Schäden zu verstehen ist.[28] Zu beachten ist die in diesem Zusammenhang bestehende Beweislastumkehr auf der Basis einer Entscheidung des BGH aus dem Jahre 1991, wonach es dem Produzenten obliegt, nachzuweisen, daß ihn am Produktfehler und dem daraus resultierenden Schaden kein Verschulden trifft.[29] Grundsätzlich sind auf dem Gebiet der Produkthaftung die folgenden vier allgemeinen Haftungsgrundlagen zu unterscheiden:[30]

1. **Die vertragliche Zusicherungshaftung.**
   Bezieht sich die Gewährleistungshaftung lediglich auf Schäden am eigentlichen Verkaufsobjekt, kann nach der in § 463 BGB geregelten Zusicherungshaftung auch ein eventuell entstandener Folgeschaden eingeklagt werden. Der zentrale Aspekt dieser Regelung ist die zur Zeit des Kaufes zugesicherte Eigenschaft. Ist diese nicht vorhanden, kann der Käufer statt Wandlung oder Minderung auch Schadensersatz wegen Nichterfüllung geltend machen.
2. **Die Haftung wegen schuldhafter Vertragsverletzung.**
   Die Anspruchsgrundlage für diese Haftungsart resultiert aus § 635 BGB (bei Werkverträgen) und der sog. *„positiven Vertragsverletzung"* (bei Werk- und Kaufverträgen), letztere wird gewohnheitsrechtlich angewendet und hat keine gesetzliche Grundlage. Nach diesen Grundsätzen hat derjenige, der die Pflichten aus einem Vertrag über die Lieferung eines Produkts schuldhaft

---

[26] Hier ist die zu liefernde Sache lediglich der Gattung nach bestimmt, z. B. Schrauben. [Anm. d. Verf.]

[27] Vgl. Reinhart, G./Lindemann, U./Heinzl, J. (1996), S. 281 ff.

[28] Vgl. ebenda, S. 285.

[29] Vgl. BGH, NJW 1992, S. 1039 ff., zitiert bei Malorny, C./Kassebohm, K. (1994), S. 143.

[30] Vgl. Iwanowitsch, D. (1997), S. 28 ff.; Reinhart, G./Lindemann, U./Heinzl, J. (1996), S. 285 ff.

verletzt, seinem Vertragspartner den dadurch entstehenden Folgeschaden zu ersetzen.

3. **Die deliktische Produkthaftung gemäß § 823 Abs. 1 BGB.**

   Die sog. *„deliktrechtliche Generalklausel"*, der § 823 ff. BGB[31], gilt hier als zentrale Rechtsnorm. Wird er im Bereich der Produkthaftung angewendet, schreibt er die Schadensersatzpflicht für durch fehlerhafte Produkte verursachte Folgeschäden vor. Dabei ist ein Verschulden erforderlich, welches aus einem vorsätzlichen oder fahrlässigen Handeln des verantwortlichen Unternehmens resultiert.

4. **Die Haftung nach dem Produkthaftungsgesetz (ProdHaftG).**

   Neben diesem im BGB geregelten Vertrags- und traditionellen Deliktsrecht existiert seit dem 1. Januar1990 das Produkthaftungsgesetz (ProdHaftG), welches als weitere Anspruchsgrundlage ebenfalls dem Deliktsrecht zuzuordnen ist. Zu beachten ist bei diesem Gesetz die fehlende Verschuldensvoraussetzung. Demnach ist weder Vorsatz noch Fahrlässigkeit als Grundlage für einen Haftungsanspruch erforderlich, vielmehr reicht eine Rechtsgutverletzung und ein daraus resultierender Schaden aus, welcher durch das Inverkehrbringen eines Gutes entstanden ist, um das Produkthaftungsgesetz anzuwenden. Das Produkthaftungsgesetz unterstellt laut § 1 die Produkthaftung der verschuldensunabhängigen Haftung und steht neben dem *„Produkt-Verschuldenshaftungsrecht"*. Somit besteht in diesem Bereich eine Anspruchskonkurrenz, welche es dem Geschädigten ermöglicht, seine Ansprüche entweder aus dem Deliktsrecht oder aus dem ProdHaftG abzuleiten. Mit dem Ziel der Harmonisierung der Produkthaftung innerhalb der EG und des Abbaus von Wettbewerbsverzerrungen wurde bereits am 25. Juli 1985 eine EG-Richtlinie zur Produkthaftung verabschiedet. Abgesehen von einigen nationalen Optionsrechten entsprechen die Regelungen dieser europäischen Richtlinie weitgehend dem deutschen ProdHaftG, so daß daraus keine weiteren Verschärfungen bezüglich der Produkthaftung für deutsche Unternehmen resultieren.[32]

2.1.3.2
Strafrecht

Spätestens seit dem *„Lederspray-Urteil"* des BGH vom 6. Juli 1990[33] steht fest, daß das gesamte Management eines Unternehmens einer strafrechtlichen Verantwortung bezüglich verwirklichter Produktrisiken unterliegt. In einem solch schwerwiegenden Falle hat die oberste Hierarchieebene eines Unternehmens persönlich mit erheblichen Geldbußen und/oder Haftstrafen zu rechnen, da nur der

---

[31] Vgl. § 823 BGB Abs. 1: *„Wer vorsätzlich oder fahrlässig das Leben, den Körper, die Gesundheit, die Freiheit, das Eigentum oder ein sonstiges Recht eines anderen widerrechtlich verletzt, ist dem anderen zum Ersatze des daraus entstandenen Schadens verpflichtet."*

[32] Vgl. Iwanowitsch, D. (1997), S. 59 ff.

[33] Vgl. BGH St. 37, 106 ff., in: NJW 1990, S. 2560, 2564 ff., zitiert bei Malorny, C./Kassebohm, K. (1994), S. 147.

einzelne Mensch und nicht das gesamte Unternehmen strafrechtsfähig ist. Die rechtliche Grundlage bildet hier das Strafgesetzbuch (StGB), welches im wesentlichen zwischen Fahrlässigkeits- und Vorsatzdelikten unterscheidet.[34]

2.1.3.3
Möglichkeiten der Exkulpation durch Qualitätsansätze

Die Unternehmensleitung einer Herstellerfirma unterliegt der Handlungspflicht, durch die Durchführung sämtlicher, zumutbarer organisatorischer Maßnahmen sicherzustellen, daß ein Produkt im Zeitpunkt seiner Herstellung dem sicherheitsrelevanten Stand von Wissenschaft und Technik sowie sämtlichen einschlägigen (nationalen und gegebenenfalls internationalen) Rechtsvorschriften entspricht.[35] Darüber hinaus ist bei der Delegation der Verantwortung eine besondere Sorgfaltspflicht zu beachten: Diejenigen Mitarbeiter, welche mit den Aufgaben betraut waren, die letztendlich zu einem von einem Produkt hervorgerufenen Schaden geführt haben, müssen nachweisbar hinreichend befähigt gewesen sein, diese Tätigkeit ordnungsgemäß auszuüben.[36] Eine Zertifizierung nach einem standardisierten QMS kann zur Minimierung derartiger Haftungsrisiken und zu einer Beweiserleichterung beitragen, um den Vorwurf des Organisationsverschuldens abzuwenden.[37] Im Idealfall treten entsprechende Fehler bei einem gut funktionierendem Qualitätssystem erst gar nicht auf. Kommt es trotz eines vorhandenen QMS zu einer Verletzung der Rechtspflicht *„Erfüllung der Qualitätsanforderungen"*, exkulpiert alleine die Existenz eines solchen Systems den Produzenten nicht von seiner Haftung. Eventuelle Nachweispflichten vor Gericht sind jedoch mit Hilfe einer lückenlosen Dokumentation der im Unternehmen bestehenden Prozesse, wie es in diesen Systemen gefordert wird, einfacher zu erbringen. So wird ein konsequentes Qualitätsmanagement auf der Basis des *„Total Quality"*-Ansatzes als probates Mittel beschrieben, um Kunden, Verbraucher und die Gesellschaft vor Produktgefahren zu schützen und - von seiten des Top-Managements - sich durch den Nachweis einer eindeutigen Aufgabendelegation von der weiterführenden Verantwortung im konkreten Schadensfall zu exkulpieren.[38]

---

[34] Vgl. Malorny, C./Kassebohm, K. (1994), S. 163 ff. und Iwanowitsch, D. (1997), S. 87 ff.

[35] Vgl. OLG Stuttgart, Beschl. v. 19.10.1988, NStE Nr. 11 zu § 222 StGB (Chemiekasten), zitiert bei Malorny, C./Kassebohm, K. (1994), S. 177.

[36] Vgl. § 831 BGB (Haftung für den Verrichtungsgehilfen), Abs. 1, Satz 2.

[37] Vgl. Malorny, C. (1996a), S. 62.

[38] Vgl. Malorny, C./Kassebohm, K. (1994), S. 162.

2.2
Umweltbezogene Rahmenbedingungen

2.2.1
Definitionen und Grundlagen

Die Verwendung des Begriffes Ökologie erfolgt je nach Wissenschaftszweig sehr unterschiedlich. Abgeleitet aus dem Griechischen *„oikos"*, das Haus bzw. der Haushalt, und *„logos"*, die Lehre, bedeutet Ökologie wörtlich die Lehre vom Haushalt oder genauer *„der Haushaltungskunst der Natur"*[39]. Diese Auslegung beinhaltet zunächst die biologische Bedeutung der Ökologie als Naturwissenschaft, welche auf HAECKEL zurückgeht. Dieser definierte 1866 den Begriff *„Ökologie"* als *„die gesamte Wissenschaft vom Haushalt der Organismen mit ihren Lebensbedürfnissen und ihren Verhältnissen zu den übrigen Organismen, mit denen sie zusammenleben."*[40] Gleichzeitig kann nach der wörtlichen Übersetzung die Ökonomie - die Regeln des Haushalts - unter den Ökologiebegriff subsumiert werden. Diese Auslegung schließt den Menschen in die Betrachtung mit ein, die Ökologie kann dann als *„die Wissenschaft von den Beziehungen und Wechselwirkungen zwischen verschiedenen Organismen sowie zwischen Lebewesen und ihrer Umwelt"*[41] definiert werden. Der Mensch wirkt auf die Natur ein und wird wiederum selbst von der Natur beeinflußt. Damit wird der Ökologiebegriff von der rein biologischen Auslegung erweitert auf die Disziplinen der Geistes-, Sozial- und Wirtschaftswissenschaften.[42]

Aus anthropozentrischer Perspektive kann nun die **Umwelt** vom Standpunkt des Menschen aus analysiert werden. Sowohl im täglichen Sprachgebrauch als auch in der umweltökonomischen und umweltrechtlichen Literatur finden sich wiederum zahlreiche Interpretationen dieses Umweltbegriffes. So wird die Umwelt des Menschen im allgemeinen als seine gesamte Umgebung definiert, welche sämtliche Lebensbereiche (natürliche, kulturelle, soziale, politische, wirtschaftliche) tangiert.[43] Dieser weitgefaßte Umweltbegriff läßt sich in die drei Rubriken natürliche, soziale und technisch-zivilisatorische Umwelt einteilen. Die **natürliche** Umwelt entspricht der Biosphäre, den elementaren Lebensräumen Boden, Wasser, Luft, deren Beziehungen untereinander und gegenüber dem Menschen.[44] Die **soziale** Umwelt umfaßt die menschlichen Beziehungen sowie kulturelle, soziale und wirtschaftliche Einrichtungen. In die Kategorie **technisch-zivilisatorische** Umwelt wird die sog. *„Technosphäre"*[45], also vom Menschen geschaffene Objekte, wie

---

[39] Vgl. Jenner, F. (1996), S. 48.

[40] Haeckel, E. (1924), S. 108.

[41] Tschumi, P.A., in: Schweizer Rück (Hrsg.): *„Umweltschutz - Lebensschutz"*, Zürich (1989), S. 59, zitiert bei Jenner, F. (1996), S. 49.

[42] Vgl. Lange, O.L. (1986), S. 9.

[43] Vgl. Matschke, M.J./Jaeckel, U.D./Lemser, B. (1996), S. 2.

[44] Vgl. Kloepfer, M. (1989), S.11, zitiert bei Matschke, M.J./Jaeckel, U.D./Lemser, B. (1996), S. 2 f.

[45] Vgl. Liesegang, D.G. (1995b), S. 12 f; Liesegang, D.G. (1993a), S. 383 ff.

Gebäude, Verkehrswege oder Maschinen eingeordnet.[46] Bezogen auf die unternehmerische Situation definiert der Britische Standard *7750* (s. Kap. 6) den Terminus Umwelt als:[47] *„Die Umgebung und die Betriebsverhältnisse einer Organisation, einschließlich Lebensformen (von menschlicher oder sonstiger Natur). Da Umwelteinwirkungen der Organisation ein weltweites Ausmaß annehmen können, erstreckt sich in diesem Zusammenhang der Begriff Umwelt vom Arbeitsplatz bis zum globalen System.“* Im Rahmen dieser Arbeit wird zur Verdeutlichung der Sichtweise dem eng gefaßten Begriff *„Umwelt“* der weiter gefaßte Begriff *„Umfeld“* zur Seite gestellt. Während der Umweltbegriff ausschließlich auf rein ökologische Aspekte abzielt, werden mit dem *„Unternehmensumfeld“* alle das Unternehmen beeinflussende und durch das Unternehmen beeinflußten Faktoren begriffen. Hierzu zählen neben der ökologischen Umwelt auch alle anderen sog. Anspruchsgruppen eines Unternehmens (Mitarbeiter, Aktionäre, Konkurrenten etc.) sowie die Marktsituationen, in denen sich das Unternehmen befindet.[48]

Das Stichwort **umweltorientierte Unternehmensführung** beschreibt somit eine unternehmerische Philosophie der Einbeziehung des Umweltschutzes bei allen Entscheidungen auf allen organisatorischen Ebenen und innerhalb aller betrieblicher Funktionen, sowohl bei strategischen Entscheidungen als auch bei operationalen Maßnahmen.[49]

Das **Umweltmanagement** ist eine spezifische Komponente des Managements, welche darauf gerichtet ist, zielorientiert und koordinierend schrittweise ökologisch orientierte Umgestaltungsprozesse in Unternehmen durchzuführen. Das Umweltmanagement umfaßt dabei die Gesamtheit aller umweltschutzbezogenen Tätigkeiten im Rahmen eines Umweltmanagementsystems.[50] Das Ziel des Umweltmanagements ist es, die umweltbezogenen Risiken wirtschaftlich vertretbar und sicher zu begrenzen und sich in diesem Zusammenhang ergebende Chancen und Potentiale zu nutzen.[51]

Gemäß der EG-Öko-Audit-Verordnung wird unter dem **Umweltmanagementsystem** *„der Teil des gesamten übergreifenden Managementsystems* [verstanden], *der die Organisationsstruktur, Zuständigkeiten, Verhaltensweisen, förmliche Verfahren, Abläufe und Mittel für die Festlegung und Durchführung der Umweltpolitik einschließt“.*[52] In Abgrenzung zu dem Begriff *„Umweltmanagement“* soll das Umweltmanagementsystem nicht nur aus unabhängigen Insellösungen einzelner Probleme des betrieblichen Umweltschutzes bestehen, sondern ein komplexes, zielgerichtetes System interagierender Elemente darstellen, welches nicht nur den

---

[46] Vgl. Hoppe, W./Beckmann, M. (1989), S. 3, zitiert bei Matschke, M.J./Jaeckel, U.D./Lemser, B. (1996), S. 2 f.

[47] Britischer Standard BS 7750: 1994, S. 9.

[48] Vgl. Milgrom, P./Roberts, J. (1992), S. 41 f.

[49] Vgl. Gege, M.: *„Motive einer umweltorientierten Unternehmensführung“*, S. 88, in: Hansmann, K.-W. (Hrsg.), (1994), S. 83-116.

[50] Vgl. Liesegang, D.G. (1993b), S. 19 ff.; Liesegang, D.G. (1995b), S. 42.

[51] Vgl. Sprenger, F./Murschall, R./Eppinger, J. (1995), S. 415.

[52] Verordnung (EWG) Nr. 1836/93 des Rates vom 29. Juni 1993, Art. 2e, S. 1.

rechtlichen Anforderungen, sondern auch denen der standardisierten, auditier- bzw. zertifizierbaren Umweltmanagementsysteme gerecht wird.[53] Die Funktionen eines Umweltmanagementsystems veranschaulichen die folgenden Definitionen: MALCHER sieht es als *„... Funktion eines strategischen Navigationsinstruments"*[54] an, HOFMANN-KAMENSKY spricht von einem *„Werkzeugkasten für die umweltinnovative Veränderung des Unternehmens"*[55]. Eine konkrete Definition bietet CLAUSEN an: *„Das Umweltmanagementsystem ist ein Teil des gesamten Managementsystems. Es stellt die organisatorische Struktur, Verantwortlichkeiten, Abläufe, Prozesse und Voraussetzungen für die Durchführung einer betrieblichen Umweltpolitik dar."*[56] Die Aufgabe eines vorausschauenden Umweltmanagements ist es, sicherzustellen, daß die Aktivitäten und Produkte des Unternehmens im Einklang mit den gesetzlichen Vorschriften und den unternehmenspolitischen Vorgaben stehen. Die Unternehmensführung soll kontinuierlich darüber informiert werden, wie gut die Umweltschutzorganisation funktioniert und wie die entsprechenden Vorgaben des Gesetzgebers sowie ihre eigenen Anweisungen eingehalten werden. Regelmäßig systematisch durchgeführte interne Umweltschutz-Audits dienen der kontinuierlichen Verbesserung der betrieblichen Umweltschutzsituation. Dabei muß die Implementierung des Umweltmanagementsystems so ausgerichtet sein, daß es alle Bereiche eines Unternehmens durchdringt. Das Umweltmanagementsystem ist somit als integraler Bestandteil der Unternehmensführung zu verstehen und bildet eine wesentliche Ergänzung zu vorhandenen Unternehmenssteuerungskonzepten.

Als **Umweltaudit** werden Managementinstrumente bezeichnet, mit deren Hilfe die Umweltauswirkungen eines Betriebes systematisch erfaßt werden können.[57] Die US-amerikanische Bundesumweltbehörde (Environmental Protection Agency - EPA) definiert das Umweltaudit als *„a systematic, documented and objective review by regulated entities of facility operations and practices related to meeting environmental requirements. "*[58]

2.2.2
Volkswirtschaftliche Bedeutung des Umweltmanagements

Die Diskussionen über die Art und den Umfang der Verringerung von Treibhausgasen auf der Weltklimakonferenz in Kyoto im Dezember 1997 haben gezeigt, daß das Bewußtsein hinsichtlich der zerstörerischen Auswirkungen menschlichen Handelns auf das Gleichgewicht der Natur zwar vorhanden ist, jedoch noch immer kein internationaler Konsens herbeigeführt werden kann, um ausreichende

---

[53]   Vgl. Sprenger, F./Murschall, R./Eppinger, J. (1995), S. 414.

[54]   Malcher, J. (1994), S. 11.

[55]   Hofmann-Kamensky, M. (1995), S. 19.

[56]   Clausen, J. (1993), S. 25.

[57]   Zur allgemeinen Differenzierung von Auditarten s. Kap. 4, Abschn. 4.3.3.5 [Anm. d. Verf.].

[58]   EPA, Environmental Audititing Policy Statement, 51 Federal Register 25004, zitiert bei Rhein, C. (1996), S. 10.

Reduktionsmaßnahmen zu beschließen.[59] Trotz der internationalen Akzeptanz der vor zehn Jahren geforderten Zielsetzung des Brundtland-Reports, eine nachhaltige Wirtschaftsweise anzustreben, lassen sich noch immer zu genüge Beispiele für die verheerenden Auswirkungen unseres Wirtschaftens finden:[60] Treibhauseffekt und Ozonloch, nachweisbare Auslöser der Klimaveränderungen, führen zu Steppenbränden ungewohnten Ausmaßes in Australien, deren CO_2-Ausstoß den Klimaeffekt wiederum verstärkt - ein Circulus Vitiosus. Das Fraunhofer Institut prognostiziert für Deutschland bei konstanten CO_2- Emissionen und den damit verbundenen Klimaveränderungen in 100 Jahren einen Trinkwassernotstand. Waldsterben, Ausrottung von Tier- und Pflanzenarten, Umweltkatastrophen (Seveso, Bhopal, Tschernobyl etc.), Giftmüll, Meeresverschmutzung, Hausmüll, Flächenverbrauch - die Liste der nahezu täglich gemeldeten Umweltschäden ließe sich beliebig erweitern.[61]

Warum erfolgen dennoch nur zögernde und bei weitem nicht ausreichende Maßnahmen zur Begrenzung und Verhinderung dieser Schäden? Eine Antwort auf diese Frage gibt ein Blick auf die volkswirtschaftliche Erklärung der Umweltproblematik. Aus ökonomischer Sicht können zunächst folgende Grundfunktionen der Umwelt identifiziert werden:[62]

1. Rohstofflieferant für den Produktionsprozeß;
2. Schadstoffempfänger (Abfälle/Emissionen von Unternehmen und privaten Haushalten);
3. Lieferant öffentlicher Güter (Atemluft, Trinkwasser, Erholungsraum);
4. Bereitstellung des Faktors Boden für ökonomische Aktivitäten.

Bei der Betrachtung der Funktionen *„Schadstoffempfänger"* und *„Lieferant öffentlicher Güter"* lassen sich bereits konkurrierende Nutzungsansprüche feststellen, welche sich auch bei Gegenüberstellung anderer *„Funktionspaare"* aufzeigen lassen.[63] Diese Zielkonkurrenz ist nicht zu vernachlässigen, da die Umweltgüter aufgrund wachsender Nachfrage (Bevölkerungswachstum, Industrialisierung) bei zumeist konstant abnehmenden Angebot (Ausbeutung nicht regenerierbarer Ressourcen etc.) inzwischen nicht mehr in unbeschränkter Menge zur Verfügung stehen. Daraus resultiert aus ökonomischer Sicht ein Knappheitsproblem.[64] Für die Pareto-Effizienz des Marktgleichgewichts ist es unter Annahme eines vollkommenen Marktes erforderlich, daß sich für ein knappes Gut ein Marktpreis bildet, wel-

---

[59]　Vgl. o. V. (1997b), S. 7.

[60]　Vgl. Brundtland-Report 1987, S. 46 f.; Faber, M./Jöst, F./Manstetten, R. (1997). Zur Entwicklung des Umweltmanagements und zur Bedeutung des Begriffes der nachhaltigen Entwicklung (*„sustainable development"*) s. Kap. 6, Abschn. 6.1), [Anm. d. Verf.].

[61]　Vgl. Gege, M.: *„Motive einer umweltorientierten Unternehmensführung"*, S. 85 ff., in: Hansmann, K.-W. (Hrsg.), (1994), S. 83-116.

[62]　Vgl. Michaelis, P. (1996), S. 5; Matschke, M.J./Jaeckel, U.D./Lemser, B. (1996), S. 5 ff.

[63]　Vgl. Faber, M./Niemes, H./Stephan, G. (1983), S. 19 f.

[64]　Vgl. Endres, A./Finus, M. (1996), S. 35.

cher alle monetären und nicht-monetären Kosten beinhaltet, die aus der Zurverfügungstellung und dem Konsum resultieren. Im Falle der Umweltnutzung in Form von Emissionen müßte dieser Preis den marginalen Umweltschäden entsprechen, um ein pareto-optimales Emissionsniveau zu erzielen.[65] Die Umwelt kann jedoch als ein öffentliches Gut angesehen werden, da sie von einer Vielzahl von Menschen gleichzeitig genutzt werden kann. Dabei besteht keine Möglichkeit, gewisse Individuen von der Nutzung auszuschließen.[66] Werden von Teilen der Gesellschaft Initiativen zum Schutze der Umwelt ergriffen, kommt es vielfach zu einer ungleichen Verteilung der Belastungen, da sog. *„Trittbrettfahrer"* den Vorteil einer saubereren Umwelt nutzen, ohne sich an den Kosten der Schadensverhinderung bzw. -beseitigung zu beteiligen. Ferner sind keine privaten Eigentumsrechte an der Umwelt zuzuteilen, wodurch sich diesem Gut trotz bestehender Knappheit kein Marktpreis zuordnen läßt.[67] In den meisten Fällen existieren somit keine Preise für die Nutzung des Faktors *„Umwelt"*.

Für ein einzelwirtschaftlich gesehen, rational agierendes Unternehmen mit einseitigen Zielvorgaben (z. B. Gewinnmaximierung, Umsatzsteigerung, Exportsteigerung) besteht somit zunächst keine Veranlassung, freiwillige Maßnahmen zum Schutze der Umwelt zu treffen, insbesondere dann nicht, wenn diese aufgrund zusätzlich entstehender Kosten zu einer Verminderung des Gewinnes führen. Die Folge eines solchen unternehmerischen Handelns sind externe Effekte in Form von Umweltbelastungen, die zu langzeitigen, z. T. irreversiblen Schäden führen.[68] Diese externen Effekte werden von den Unternehmen nicht internalisiert und somit nicht in die Preisbildung des Produktes einkalkuliert.[69] So entstehen volkswirtschaftliche Folgekosten, die nicht von den Verursachern - also den Unternehmen bzw. den Konsumenten - selbst getragen, sondern je nach Art der negativen Effekte auf die gesamte gegenwärtige Gesellschaft bzw. auf zukünftige Generationen überwälzt werden. Die so entstehende Fehlallokation des Gutes *„Umwelt"* entspricht einem Marktversagen.[70]

Aufgrund dieser Problemlage können inzwischen verschiedene Aktivitäten zur Verringerung des Umweltproblems beobachtet werden: Die erforderliche Internalisierung der externen Effekte kann durch staatliche Anforderungen in Form von Auflagen (Höchstgrenzen für Emissionen, Abfall, Lärm, Exploration), Abgaben (Preis pro genutzter Einheit) oder durch die Vergabe handelbarer Zertifikate (Anrecht für eine bestimmte Emissionsmenge) erfolgen, welche im Idealfall zu

---

[65] Da im Optimum die Grenzvermeidungskosten den Grenzschäden entsprechen, liegt das volkswirtschaftlich optimale Emissionsniveau bei der maximalen Differenz zwischen dem Nutzen der Emissionssenkung und deren Kosten [Anm. d. Verf.]. Vgl. Endres, A./Finus, M. (1996), S. 35.

[66] Vgl. Faber, M./Stephan, G./Michaelis, P. (1989), S. 32.

[67] Vgl. Michaelis, P. (1996), S. 12 ff.

[68] Vgl. Faber, M./Manstetten, R. (1992), S. 16.

[69] Vgl. Steger, U. (1988), S. 45, zitiert bei Schülein, J. A./Brunner, K.-M./Reiger, H. (1994), S. 15.

[70] Vgl. Faber, M./Stephan, G./Michaelis, P. (1989), S. 35 f.

sinnvollen Umweltschutzinvestitionen der Unternehmen führen (weg von nachsorgenden *„End-of-pipe-Maßnahmen"* hin zu präventiven *„Clean Technologies"*).[71]

Neben diesen umweltpolitischen Eingriffen des Staates bestehen jedoch noch weitere Gründe, welche ein Unternehmen veranlassen, seine negativen Umweltauswirkungen zu vermindern: So wurde Anfang der 90er Jahre von seiten des Staates, verschiedener Institutionen und einiger Unternehmerinitiativen (B.A.U.M. etc.) damit begonnen, die durch die intensive Nutzung der Umwelt für die Gesellschaft entstehenden Kosten abzuschätzen und in die unternehmerischen Entscheidungsprozesse zu integrieren.[72] Die Ergebnisse dieser Untersuchungen haben dazu geführt, daß bei einigen (Umwelt-)Pionierunternehmen eine eigenverantwortliche Umweltorientierung auf seiten der Unternehmen zu beobachten ist. Zudem entstanden durch die wachsende öffentliche Exponiertheit der Unternehmen in der Bevölkerung Akzeptanz- und Loyalitätsprobleme gegenüber umweltproblematischen Produkten und Verfahren. Diese erhöhte Umweltsensibilität in der Gesellschaft und der damit zunehmende politische Druck von seiten verschiedener, umweltorientierter Anspruchsgruppen (s. Kap. 3, Abschn. 3.4.2) können als weitere Motive für ein umweltorientiertes Verhalten angesehen werden. Überdies verstärkt die kontinuierliche Verschärfung des nationalen und internationalen Umweltrechts, verbunden mit einer intensiveren und effektiveren Ahndung von Umweltvergehen, die Motivation zur Berücksichtigung umweltbezogener Aspekte bei unternehmerischen Entscheidungen.[73]

Aufgrund dieser staatlichen Reglementierungen hat es sich inzwischen für die meisten Unternehmen gezeigt, daß ein aktives Handeln zur Minderung der selbsterzeugten Umweltschäden langfristig günstiger ist, als das Abblocken von Umweltanforderungen.[74] So argumentiert PORTER gegen die, seiner Meinung nach unter Ökonomen verbreitete Grundeinstellung, daß Umweltregelungen des Staates zusätzliche Kosten verursachen und damit die Wettbewerbschancen der Unternehmen auf den internationalen Märkten verschlechtern. Basierend auf einer Untersuchung in den USA zeigt er, daß Unternehmen durch derartige Regelungen zur Innovation aufgefordert werden. Auf der Suche nach ineffizienten Prozessen und Einsparungspotentialen im Umweltbereich durchschreiten diese Unternehmen Lernprozesse und gelangen so sukzessive zu einer optimalen Prozeßbeherrschung, in deren Folge sowohl Ressourcen geschont als auch Kosten gespart werden können. Dabei gilt jedoch als Grundvoraussetzung, daß die Umweltbelastungen nicht ausschließlich durch nachgeschaltete *„End-of-pipe-Technologien"* vermindert, sondern in Form von intelligenten, prozeßbegleitenden Ansätzen (Produktionsintegrierter Umweltschutz - PIUS) bereits entlang der Wertschöpfungskette soweit wie möglich vermieden werden. Jene Unternehmen, welche umweltbezogene Aktivitäten über die Erfüllung von Auflagen hinaus durchführen, nutzen diese

---

[71] Vgl. ebenda, S. 48 ff.

[72] Vgl. Schülein, J. A./Brunner, K.-M./Reiger, H. (1994), S. 15.

[73] Vgl. Gege, M.: *„Motive einer umweltorientierten Unternehmensführung"*, S. 90 ff., in: Hansmann, K.-W. (Hrsg.), (1994), S.83-116 und Backer, P. de (1996), S. 19 f.

[74] Vgl. Schülein, J. A./Brunner, K.-M./Reiger, H. (1994), S. 16.

Innovationsschübe, um Preiszuschläge für umweltfreundliche Produkte zu erlangen oder sogar neue Marktsegmente zu öffnen.[75] Ungeachtet der Kritik an der Aussagefähigkeit dieser Studie, sind an dieser Stelle die grundsätzlich realisierbaren, positiven Auswirkungen von Umweltschutzaktivitäten für Unternehmen bzw. für Branchen oder Länder festzuhalten.[76]

Voraussetzung für ein umweltverträgliches Verhalten sämtlicher Wirtschaftssubjekte sind jedoch Suffizienzüberlegungen, die zu einem grundlegenden Bewußtseinswandel in der Gesellschaft führen. Getragen von einer intrinsisch motivierten Selbstverantwortung und -beschränkung jedes einzelnen kann so ein für die langfristige Verbesserung der Umweltsituation erforderlicher gesellschaftlicher Konsens erreicht werden.[77] Ein derart tiefgreifender Wandel bewirkt gleichzeitig eine veränderte Sichtweise bezüglich der Aufgabenstellung eines Unternehmens. PFRIEM betont in diesem Zusammenhang, daß sich Unternehmen bereits heute nicht mehr lediglich als ökonomisches, technisches und soziales Gebilde sehen können, sondern vielmehr zu der Einsicht gelangen müssen, daß sie als Subsysteme der Gesellschaft Entscheidungen treffen, welche zu ökologischen Schäden führen können. Die umweltbezogene Verantwortung der Unternehmen umfaßt damit den gesamten ökologischen Produktlebenszyklus: von der Gewinnung von Rohstoffen und Energie, über die Fertigung und den Transport, bis hin zu der Verwendung und Entsorgung bzw. dem Recycling der Produkte.[78]

2.2.3
Rechtliche Rahmenbedingungen

2.2.3.1
Grundlagen des Umweltrechts

Das Umweltrecht hat unter diesem Begriff in Deutschland eine recht junge Historie. Vor 1970 war dieses Rechtsgebiet in seinem Stellenwert, seiner Vielfalt und seinen Zielsetzungen nicht bekannt. Einzelne Regelungen fanden sich verstreut in den unterschiedlichsten Gebieten. So war z. B. der Lärmschutz im Rahmen des Allgemeinen Ordnungs- und Polizeirecht geregelt. Erst zu Beginn der 70er Jahre wurde die Bedeutung des Umweltrechts erkannt.[79] Aufgrund des Querschnittscharakters des Umweltschutzes ist es bislang nicht gelungen, eine

---

[75] Vgl. Porter, M.E./ Linde, C. v.d. (1995), S. 97 ff.

[76] PALMER/OATES/PORTNEY kritisieren in einer Gegenposition zu dem Artikel von PORTER/V.D. LINDE vor allem die beliebig und tendenziös ausgewählten Unternehmen, welche der Fallstudie zugrunde gelegt wurden. Vgl. Palmer, K./Oates, W.E./Portney, P.R. (1995), S. 119 ff.

[77] Vgl. Faber, M./Manstetten, R. (1992), S. 31; Faber, M./Jöst, F./Manstetten, R. (1997). S. 62 ff.

[78] Vgl. Pfriem, R.: *„Ökologische Unternehmenspolitik: Ziele, Methoden, Instrumente"*, S. 91, in: Glauber, H./Pfriem, R. (1992), S. 91-113.

[79] Vgl. Preuss, M.: *„Umweltrecht - Überblick"*, S. 7 in: BJU (Hrsg.), (1989), Kap. 6.1., S. 1-60.

Gesamtkodifikation des Umweltrechts zu erstellen. Abgesehen von ersten Zusammenfassungen der wichtigsten umweltrechtlichen Gesetzesgrundlagen innerhalb eines Buches[80], besteht das eigentliche Umweltrecht noch immer aus einer Vielzahl sektoraler Gesetze, Rechtsverordnungen und Verwaltungsvorschriften.[81] Eine wesentliche Grundlage des Umweltrechts bilden die Zielsetzungen der deutschen Umweltpolitik, welche sich im Umweltprogramm der Bundesregierung von 1971 wiederfinden. Dieses definiert den Umweltschutz als *„die Gesamtheit aller Maßnahmen, die notwendig sind, um dem Menschen eine Umwelt zu sichern, wie er sie für seine Gesundheit und für ein menschenwürdiges Dasein braucht, um Boden, Luft und Wasser, Pflanzen- und Tierwelt vor nachteiligen Wirkungen menschlicher Eingriffe zu schützen und Schäden oder Nachteile aus menschlichen Eingriffen zu beseitigen".*[82] Darauf aufbauend erfolgte 1976 der Umweltbericht der Bundesregierung, der zusammen mit dem oben genannten Programm noch immer die Grundlage der heutigen Umweltgesetzgebung in der Bundesrepublik Deutschland bildet. Aus diesen beiden Schriften lassen sich das Vorsorgeprinzip, das Verursacherprinzip sowie das Kooperationsprinzip als Grundprinzipien des Umweltrechts ableiten (s. Abschn. 2.2.3.2):[83]

Die Regelungen des Umweltrechts entspringen auf internationaler Ebene im wesentlichen den Bereichen des Völker- und Europarechts sowie auf nationaler Ebene dem Verfassungs-, Verwaltungs- und Privatrecht.[84] Sofern zu einer bestimmten Fragestellung mehrere Rechtsnormen existieren, ist bei deren Anwendung ein bestimmtes Rangverhältnis zu beachten (s. Abb. 2.2). Demnach rangiert zunächst das internationale vor dem nationalen Umweltrecht. Innerhalb der Bundesrepublik Deutschland geht das Bundesgesetz, welches einen gleichen Sachverhalt regelt, dem Landesgesetz vor. Bestehen mehrere Gesetze zu einem Bereich auf gleicher Ebene, so bricht das spezielle Gesetz das allgemeine.[85]

2.2.3.1.1
Völkerrecht

Als Völkerrecht wird die Summe von Rechtsnormen bezeichnet, welche die Beziehungen von Staaten und internationalen Organisationen untereinander regeln.[86] Obwohl es weder eine spezielle Gerichtsbarkeit noch ein zentrales Exekutivorgan für das Völkerrecht gibt, nimmt das Völkervertragsrecht bei der Bewältigung globaler Umweltprobleme eine zunehmend wichtige Rolle ein.

---

[80] Sog. *„Professorenentwurf zu einem einheitlichen Umweltgesetzbuch"*, in: Kloepfer, M. (1995), S. 195 ff.

[81] Vgl. Breuer, R. (1996), Sp. 2091.

[82] Umweltprogramm der Bundesregierung 1971 (BTDrs-VI/2710), S. 6, zitiert bei Someren, T.C.R. van (1994), S. 11.

[83] Vgl. Someren, T.C.R. van (1994), S. 11.

[84] Vgl. Schmidt, R./Sandner, W. (1996), S. 414.

[85] Vgl. Someren, T.C.R. van (1994), S. 7.

[86] Vgl. Kloepfer, M. (1989), S. 314.

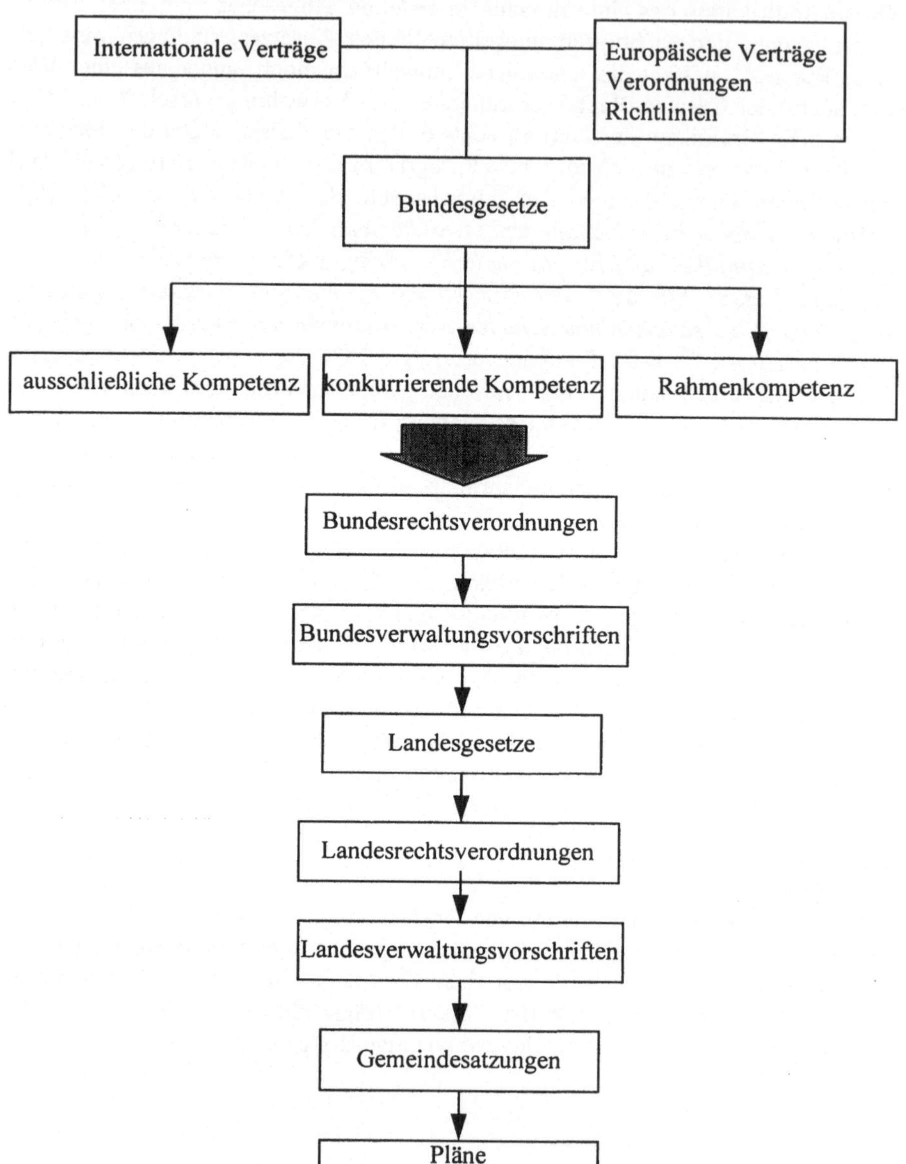

Abb. 2.2.   Rangverhältnis zwischen den einzelnen Rechtsnormen
Quelle: in Anlehnung an Someren, T. C. R. van (1994), S. 10.

In diesem Zusammenhang sind das Washingtoner Artenschutzabkommen, das Walfangübereinkommen, das Montrealer Protokoll über Stoffe, die zu einem Abbau der Ozonschicht führen sowie die Klima- und Artenkovention zu nennen. Eine zunehmend präventive Ausrichtung derartiger Regelungen zeichnet sich insbesondere seit der 1992 in Rio de Janeiro abgehaltenen Konferenz der Vereinten Nationen über Umwelt und Entwicklung ab. Der kooperative Bewirtschaftungsgedanke und die Erzielung einer gerechten Nutzung von Ressourcen stehen seither im Fokus der internationalen Betrachtungsweise von Umweltbelangen.[87]

2.2.3.1.2
Europarecht

Seit 1987 gibt es im EWG-Vertrag einen eigenen Titel über die Umweltpolitik der Gemeinschaft. Dabei bildet die *„Einheitliche Europäische Akte"* im EWG-Vertrag und im EU-Vertrag die Grundlage der EG-Umweltpolitik.[88] Das Umweltrecht der EU läßt sich auf die folgenden umweltpolitischen Prinzipien zurückführen (s. auch Abschn. 2.2.3.2): das Vorbeugeprinzip (Umweltschäden vorbeugen), das Ursprungsprinzip (Umweltschäden an ihrem Ursprung bekämpfen), das Verursacherprinzip (Verursacher trägt die Verantwortung für die Schäden), das Kooperationsprinzip (Zusammenarbeit mit Drittstaaten und internationalen Organisationen) und das Prinzip der Mitberücksichtigung, welches besagt, daß die Belange des Umweltschutzes auch in anderen Politikbereichen berücksichtigt werden sollen. Ein weiterer Grundsatz ist das Subsidiaritätsprinzip, wonach die EU nur dann umweltpolitisch tätig werden soll, wenn die Ziele der Umweltpolitik auf Ebene der EU besser erreicht werden können, als auf der Ebene der Mitgliedsstaaten.[89] Da die Bundesrepublik den europäischen Verträgen beigetreten ist und der EG Hoheitsrechte übertragen hat, gelten diese EG-Verträge und -Verordnungen (z. B. EG-Öko-Audit-Verordnung, s. Kap. 6, Abschn. 6.3.2) ohne entsprechende nationale Gesetze in Deutschland. Richtlinien der EU haben hingegen auf nationaler Ebene erst dann Rechtsverbindlichkeit, wenn diese in dem entsprechenden Land durch nationale Gesetze umgesetzt worden sind.[90] Dies gilt z. B. für die am 24. 9. 1996 vom Europäischen Parlament verabschiedete *„Richtlinie für die Integrierte Vermeidung und Verminderung der Umweltverschmutzung"* (IVU-Richtlinie 96/61/EG). Diese sieht vor, Umweltprobleme zu lösen, anstelle sie auf ein anderes Umweltmedium über die Emissionspfade Wasser, Boden, Luft zu übertragen. Im Rahmen dieses medienübergreifenden Ansatzes werden

---

[87] Vgl. Schmidt, R./Sandner, W. (1996) 3, S. 414.

[88] Vgl. Someren, T.C.R. van (1994), S. 8.

[89] Vgl. Matschke, M.J./Jaeckel, U.D./Lemser, B. (1996), S. 35 f. Das Subsidiaritätsprinzip ist ein der katholischen Sozialphilosophie entnommenes Prinzip, wonach jede gesellschaftliche und staatliche Tätigkeit ihrem Wesen nach *„subsidiär"* (unterstützend und ersatzweise eintretend) sei. Die höhere staatliche oder gesellschaftliche Einheit darf also nur dann helfend tätig werden und Funktionen der niederen Einheiten an sich ziehen, wenn deren Kräfte dazu nicht ausreichen [Anm. d. Verf.]. Vgl. o. V. (1987b), S. 213.

[90] Vgl. Preuss, M.: Umweltrecht - Überblick, in: BJU (Hrsg.), (1989), Kap. 6.1., S. 13 f.

der Einsatz einer genau definierten *„besten verfügbaren Technik"*, verschiedene Emissionsgrenzwerte und eine zentrale Umweltbehörde als Genehmigungsstelle vorgesehen. Der Geltungsbereich der IVU betrifft die sog. Großanlagen und die damit zusammenhängenden Tätigkeiten. Die Richtlinie ist gemäß Art. 189 des EG-Vertrages in nationales Recht umzusetzen. Nach Art. 21 IVU haben sich die Mitgliedsstaaten verpflichtet, innerhalb von drei Jahren entsprechende Rechts- und Verwaltungsvorschriften zu erlassen.[91]

2.2.3.1.3
Verfassungsrecht

Mit einer neu eingefügten Bestimmung wurde 1994 der Schutz der Umwelt als Staatsziel in Art. 20a des Grundgesetzes der Bundesrepublik Deutschland durch folgende Formulierung verankert:[92]

„Der Staat schützt auch in Verantwortung für die künftigen Generationen die natürlichen Lebensgrundlagen im Rahmen der verfassungsgemäßen Ordnung durch die Gesetzgebung und nach Maßgabe von Gesetz und Recht durch die vollziehende Gewalt und die Rechtsprechung. "[93]

Dabei gilt zu beachten, daß diese Bestimmung nicht als Grundrecht des Bürgers auf eine intakte Umwelt zu verstehen ist.[94] Da Umweltbeeinträchtigungen zu einem großen Teil von privater Seite und nicht vom Staat hervorgerufen werden, würde sich ein Umweltgrundrecht der Bürger gegenüber dem Staat in vielen Fällen als nicht anwendbar erweisen. Demnach ist die oben genannte Bestimmung zum Schutz der Umwelt als Staatszielformulierung zu verstehen, welche z. B. im Rahmen planerischer Abwägungsentscheidungen oder bei der Auslegung sog. unbestimmter Rechtsbegriffe die Funktion übernimmt, Umweltschutzbelange im Rahmen staatlicher Entscheidungsprozesse zu gewährleisten. Eine Priorität, im Sinne eines Vorranges von Umweltschutzaspekten vor wirtschaftlichen oder gesellschaftlichen Belangen, wird jedoch mit Art. 20a GG nicht statuiert. Eine Ableitung von Umweltschutzaspekten ist des weiteren bei den Artikeln 2 II und 14 GG möglich, welche als Abwehrrechte den Schutz gegen konkrete Gefährdungen und unzumutbare Beeinträchtigungen der körperlichen Unversehrtheit und des Eigentums manifestieren. Auf dieser Grundlage könnten umweltgefährdende Tätigkeiten geregelt oder unterbunden werden, wie z. B. die Regelung des Betriebs von

---

[91] Vgl. Ott, R. (1997), S. 58 ff.

[92] Vgl. Schmidt, R./Sandner, W. (1996), S. 416.

[93] Art. 20a GG.

[94] Ein Grundrecht ist als Abwehrrecht des Bürgers gegen hoheitliche, vom Staat bewirkte Beeinträchtigung seiner Freiheitssphäre zu verstehen. In diesem Zusammenhang würde ein solches Grundrecht signalisieren, daß eine unbeschädigte Umwelt gerichtlich eingeklagt werden könnte [Anm. d. Verf.].

Industrieanlagen bzw. die Unterbindung von umweltgefährdenden Tätigkeiten, welche eine gewisse Zumutbarkeitsgrenze überschreiten.[95]

2.2.3.1.4
Verwaltungsrecht

Ebenso wie das Verfassungsrecht ist das Verwaltungsrecht ein Teil des öffentlichen Rechts. Die Festlegung der Rechtsverhältnisse von Trägern öffentlicher Gewalt untereinander oder zum Bürger, welche sich als Über- bzw. Unterordnungsverhältnisse zwischen Staatsverwaltung und Bürger beschreiben lassen, charakterisieren die Aufgaben dieses Bereiches. Auf dem Gebiet des Umweltschutzes regelt das Verwaltungsrecht insbesondere die Nutzungsformen natürlicher Ressourcen sowie den Schutz des Menschen vor deren Auswirkungen mit Hilfe von Genehmigungs- und Anzeigepflichten oder der Festlegung behördlicher Überwachung. Zu nennen sind hierbei Gesetzeswerke, welche die Inanspruchnahme der Umweltmedien - Luft, Wasser, Boden - regeln, wie das Bundes-Immissionsschutzgesetz (s. Abschn. 2.2.3.3), das Wasserhaushaltsgesetz (s. Abschn. 2.2.3.3) und das Bundes-Naturschutzgesetz. Weitere Elemente des Verwaltungsrechts sind die Verwaltungsvorschriften und Rechtsverordnungen, welche überwiegend Detailfragen regeln und damit den Vollzug des jeweiligen Gesetztes präzisieren. So regelt etwa die Technische Anleitung (TA) Luft die Grenzwerte für Schadstoffimmissionen und das Verfahren zu ihrer Ermittlung.[96]

2.2.3.1.5
Privatrecht

Das Privatrecht regelt im wesentlichen das Verhältnis von Bürgern untereinander. Im Rahmen des Umweltschutzes können Abwehr- und Schadensersatzansprüche aus verschiedenen Paragraphen des BGB abgeleitet werden. Zu nennen ist hier, neben den §§ 823 (Schadensersatzpflicht) und 906 (Zufügung unwägbarer Stoffe) BGB, § 1004 BGB, auf dessen Grundlage ein Bürger gegen die (wesentliche) Beeinträchtigung seines Eigentums durch die Zuführung unwägbarer Stoffe (z. B. Schadstoffe, Gerüche, Lärm) gegen einen anderen Bürger auf Unterlassung der ihn beeinträchtigenden Tätigkeiten klagen kann. Bei der Bewertung solcher Streitfragen kann es zu einem Konflikt zwischen öffentlichem und privatem Recht kommen, wenn etwa die beanstandeten Immissionen eines Unternehmens im Rahmen zulässiger Grenzen liegen.[97] Um dieses Problem zu lösen, hat der Gesetzgeber 1991 das Umwelthaftungsgesetz erlassen, welches eine sog. Beweislastumkehr vorsieht. Demnach ist der Betreiber einer Anlage, welche geeignet ist, einen derartigen Schaden zu verursachen, verpflichtet, nachzuweisen, daß der Schaden nicht von seiner Anlage oder durch seine Tätigkeit verursacht wurde. Dieser Nachweis

---

[95] Vgl. Kahl, W./Voßkuhle, A. (Hrsg.), (1995), Kap. 4 zitiert bei Schmidt, R./Sandner, W. (1996), S. 416 f.

[96] Vgl. Schmidt, R./Sandner, W. (1996), S. 418; Preuss, M.: Umweltrecht - Überblick, in: BJU (Hrsg.), (1989), Kap. 6.1. S. 15 f.

[97] Vgl. Preuss, M.: Umweltrecht - Überblick, in: BJU (Hrsg.), (1989), Kap. 6.1., S. 17.

kann von seiten eines Klägers bereits aufgrund einer Kausalitätsvermutung gefordert werden.[98]

2.2.3.1.6
Strafrecht

Die Paragraphen 324-330 d des 18. Strafrechtsänderungsgesetzes: *„Gesetz zur Bekämpfung der Umweltkriminalität"* im Rahmen des Strafgesetzbuches (StGB) enthalten Regelungen bezüglich der Ahndung von Straftaten gegen die Umwelt.[99] Das Umweltstrafrecht sieht dabei für den Verstoß gegen umweltrechtliche Regelungen Geld- und Freiheitsstrafen vor. Darüber hinaus bestehen verschiedene Kataloge von Verstößen gegen einzelne Umweltschutzgesetze, welche als Ordnungswidrigkeiten geahndet werden können.[100]

2.2.3.2
Prinzipien des Umweltrechts

Die Prinzipien der Vorsorge, der Verursachung und der Kooperation bilden die Orientierungsgrundlage des Umweltrechts. Diese Grundsätze lassen sich wie folgt skizzieren:[101] Das **Vorsorgeprinzip** läßt sich in die drei Elemente Gefahrenabwehr, -vorsorge und Belastungsminimierung untergliedern. Die **Gefahrenabwehr** beschreibt dabei nicht nur einen reagierenden Ansatz im Sinne einer Beseitigung bzw. Verminderung bereits entstandener Gefahren, sondern darüber hinaus eine präventive Politik der vorsorgenden Vermeidung von Gefahren für Mensch und Umwelt. Im Rahmen der **Gefahrenvorsorge** soll die Vermeidung von zeitlich und räumlich entfernten Gefahren bis hin zum bloßen Gefahrenverdacht (Risikovorsorge) berücksichtigt werden. Unter dem Begriff der **Belastungsminimierung** wird schließlich eine Reduzierung von Umweltbelastungen verstanden, wenn diese bereits unter den festgeschriebenen Grenzwerten liegen.

Nach dem **Verursacherprinzip** hat derjenige die Verantwortung und damit die Kosten für die Beseitigung von Umweltschäden zu tragen, der diese verursacht hat. Ist der Verursacher eines Umweltschadens nicht direkt zu ermitteln - zu denken ist hierbei an die Altlastenproblematik oder das Waldsterben - so trägt im Sinne des sog. **Gemeinlastprinzips** die Allgemeinheit die entstandene Kostenlast. Nach dem Verursacherprinzip soll diese Alternative jedoch nur in Ausnahmefällen zum Tragen kommen.

Das **Kooperationsprinzip** fordert die Zusammenarbeit von Gesellschaft und Staat bei der Bewältigung von Umweltproblemen. Hierbei ist vorgesehen, daß der Staat den Lösungsweg bei derartigen Problemen in enger Kooperation mit allen beteiligten gesellschaftlichen Gruppen (Wirtschaft, Wissenschaft, Verbände, An-

---

[98] Vgl. Schmidt, R./Sandner, W. (1996), S. 419.

[99] Vgl. Strafgesetzbuch, 80. Strafgesetzbuch vom 30. 3. 1987, zuletzt geändert mit Wirkung vom 1.11.1994, 2. Gesetz zur Bekämpfung der Umweltkriminalität.

[100] Vgl. Preuss, M.: *„Umweltrecht - Überblick"*, in: BJU (Hrsg.), (1989), Kap. 6.1., S. 18 f.; Iwanowitsch, D. (1997), S. 87 ff.

[101] Vgl. Kloepfer, M. (1989), S. 72 ff.

wohner etc.) beschreitet. Dadurch sollen letztendlich die Akzeptanz der getroffenen Entscheidungen und der entsprechenden Maßnahmen verbessert und der gesellschaftliche Sachverstand genutzt werden.

2.2.3.3
Überblick über die wichtigsten Umweltgesetze

Das **Bundes-Immissionsschutzgesetz (BImSchG)** vom 15. März 1974 gilt als eines der zentralen Rechtswerke im Umweltschutz. Es beschäftigt sich hauptsächlich mit der Reinhaltung des Umweltmediums Luft sowie dem Schutz des Menschen vor Luftverunreinigungen, Lärm und Erschütterungen. Im Rahmen dieses Gesetzes existieren Vorschriften über die Errichtung und den Betrieb von Anlagen, deren Emissionen die Umwelt schädigen können. Nach § 4 BImSchG wird dabei zwischen genehmigungsbedürftigen und nicht genehmigungsbedürftigen Anlagen unterschieden. Darüber hinaus wird im Rahmen dieses Gesetzes ein anlagen-, produkt-, verkehrs- und gebietsbezogener Immissionsschutz festgelegt, der die Beschaffenheit von Anlagen, Stoffen, Erzeugnissen und Fahrzeugen unter den Aspekten der Luftreinhaltung regelt. Unter dem Dach dieses Gesetzes sind verschiedene Detailregelungen in Verordnungen festgehalten. Zu erwähnen sind in diesem Zusammenhang die Störfallverordnung, die für genehmigungsbedürftige Anlagen gilt, in denen mit gefährlichen Stoffen umgegangen wird sowie die Technischen Anleitungen TA Luft (1. BImSchV) und die TA Lärm (bereits vor BImSchG in § 16 GewO geregelt).[102] Für die vorliegende Arbeit ist die Auslegung des § 52 a BImSchG (Mitteilungspflichten zur Betriebsorganisation) von besonderem Interesse. ADAMS sieht in diesen Ausführungen bereits eine gesetzliche Forderung zum Aufbau eines Umweltmanagementsystems.[103] Nach § 52a Abs. 2 wird dem Anlagenbetreiber (ein Unternehmen, welches eine Anlage i. S. d. BImSchG betreibt) vorgeschrieben, dem Staat mitzuteilen, auf welche Weise er sicherstellt, daß er die Vorschriften und Anordnungen zum Schutz vor schädlichen Umwelteinwirkungen beachtet.[104] Zudem wird ebenfalls in § 52 a *„II. Mitteilungen betriebsorganisatorischer Maßnahmen (Abs. 2)"* festgeschrieben, daß ein Unternehmen organisatorische Maßnahmen zu treffen hat, die eine wirksame innerbetriebliche Überwachung zum Schutz vor schädlichen Umwelteinwirkungen und sonstigen Gefahren gewährleisten.[105]

Das **Wasserhaushaltsgesetz des Bundes (WHG)** von 1957 (derzeit vorliegend in der Fassung von 1994) und die entsprechenden Regelungen der einzelnen Bundesländer haben zum Ziel, ober- und unterirdische Gewässer vor einer nachteiligen Veränderung der natürlichen Eigenschaften zu bewahren, und vor störenden Eingriffen zu schützen. Die Regelung gewisser Sorgfaltspflichten und Genehmigungen bezüglich der Nutzung von Gewässern, insbesondere durch die Einleitung von Abwässern sowie die Haftung bei entstandenen Schäden, stehen im

---

[102] Vgl. Schmidt, R./Sandner, W. (1996), S. 429.
[103] Vgl. Adams, H.W./Haker, W. (1996), S. 776.
[104] Vgl. Jarass, H.D. (1995), S. 639.
[105] Vgl. ebenda, S. 642.

Mittelpunkt dieses Gesetzes. Eine Ergänzung dieser Norm bildet das Abwasserabgabengesetz (AbwAG). Es gilt nur für Direkteinleiter und soll durch die Festlegung bestimmter Abgabensätze Investitionen für den Gewässerschutz unter ökonomischen Aspekten anreizen.[106]

Der Schutz vor schädlichen Einwirkungen gefährlicher Stoffe auf Mensch und Natur soll durch die detaillierte Regelung des Umgangs mit diesen Stoffen gewährleistet werden. Die Basis diesbezüglicher Regelungen bildet das *„Gesetz zum Schutz vor gefährlichen Stoffen"* (**Chemikaliengesetz - ChemG**) in seiner Fassung vom 25. Juli 1994. Neben einer begrifflichen Abgrenzung gefährlicher Güter, wird hier die Anmeldung neuer Stoffe, deren Einstufung, Verpackung und Kennzeichnung sowie entsprechende Mitteilungspflichten, Verbote als auch eine sog. *„Gute Laborpraxis"* (GLP) festgeschrieben.[107] Eine Ergänzung dieses Regelwerks besteht durch weitere Gesetze und verschiedene spezielle Verordnungen. Beispielhaft anzuführen sind hier: das Gefahrgutgesetz (GGG), die Gefahrstoffverordnung (GefStoffV) sowie die *„Verordnung über die Beförderung gefährlicher Güter auf der Straße"* (GGVS).[108]

Das *„Gesetz zur Förderung der Kreislaufwirtschaft und Sicherung der umweltverträglichen Beseitigung von Abfällen"* (**Kreislaufwirtschafts- und Abfallgesetz - KrW-/AbfG**) wurde am 27. September 1994 verabschiedet und trat am 7. Oktober 1996 in Kraft. Es löste das Bundesabfallgesetz (AbfG) von 1986 ab. Das übergeordnete Ziel des Krw/-AbfG ist eine konsequente Vermeidung bzw. Verwertung von Abfällen und damit eine Förderung der Kreislaufwirtschaft. Zu diesem Zweck hat der Gesetzgeber neue Instrumente geschaffen, hierzu zählen die Pflicht zur Erstellung von Abfallwirtschaftskonzepten, die Pflicht zur Erstellung von Abfallbilanzen, die Abfallberatungspflichten der Entsorgungsträger sowie die Verpflichtung der öffentlichen Hand zur Berücksichtigung abfallarmer Produkte.[109]

Am 15. Dezember 1995 ist das **Umweltauditgesetz (UAG)** in Kraft getreten und bildet seitdem zusammen mit der Beleihungs-, der Gebühren- und der Zulassungsverfahrensverordnung einen bundeseinheitlichen Rechtsrahmen zur Ausführung der EG-Umweltaudit-Verordnung vom 29. Juni 1993 (s. Kap. 6, Abschn. 6.3.2).[110] Mit diesem Umsetzungsgesetz hat sich im deutschen Umweltrecht ein Paradigmawandel vollzogen,[111] welcher sich von der bisherigen Praxis der reagierenden gesetzlichen Detailregelungen im Umweltbereich deutlich unterscheidet.

---

[106] Vgl. Someren, T.C.R. van (1994), S. 22 ff.

[107] Vgl. Chemikaliengesetz (ChemG), §§ 4 ff. S. 691 ff.

[108] Vgl. Preuss, M.: Umweltrecht - Überblick, in: BJU (Hrsg.), (1989), Kap. 6.1., S. 38 ff.

[109] Vgl. Iwanowitsch, D. (1997), S. 78 ff.; Werner, G. (1996), S. 5 f.

[110] Vgl. Merkel, A. (1996), S. 3.

[111] Vgl. Kothe, P. (1997), S. 2 ff.

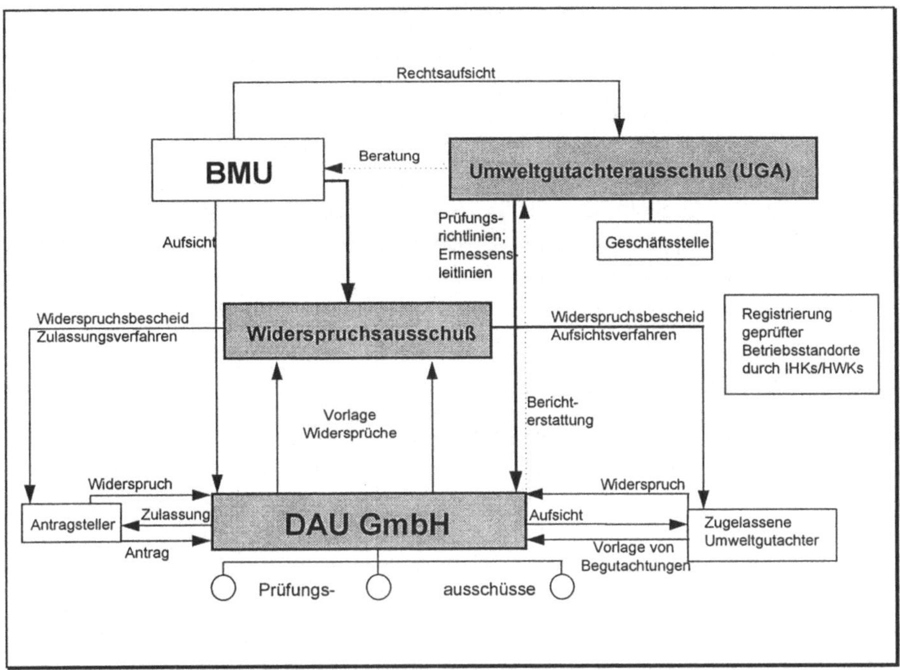

Abb. 2.3. Zulassungs-, Aufsichts- und Registriersystem zur Umsetzung der EG-Umwelt-audit-Verordnung vom 29. Juni 1993 und nach dem Umweltauditgesetz (UAG) vom 07. Dezember 1995
Quelle: in Anlehnung an BMU (Hrsg.), (1996), S. 32-43.

Wurden bislang negative Erfahrungen im Umweltbereich nachträglich in Gesetzen und Verordnungen umgesetzt - so führte bspw. der Lagerbrand der Firma Sandoz in Basel 1986 zu einer Novellierung der Störfallverordnung 1988[112] - steht mit dem Erlassen des Umweltauditgesetzes die auf der Selbsterkenntnis der Unternehmer basierende umweltbezogene Prävention im Mittelpunkt der staatlichen Umweltpolitik. Der Zweck dieses Gesetztes liegt in der wirksamen Durchführung der EG-Öko-Audit-Verordnung (§1 UAG). Gewährleistet wird dies durch die Regelung der Zulassung unabhängiger Umweltgutachter und Umweltgutachter-organisationen und der an sie gestellten Anforderungen (§§ 4-14 UAG), die Ausübung einer wirksamen Aufsicht über diese Gutachter und Gutachterorganisa-tionen (§§ 15-27 UAG) sowie über die Führung eines Registers über die geprüften Betriebsstandorte (§§ 32-35 UAG).[113] Abb. 2.3 gibt einen Überblick über das Zulassungs-, Aufsichts- und Registriersystem zur Umsetzung der EG-Umwelt-audit-Verordnung und nach dem Umweltauditgesetz (UAG). Demnach hat das BMU die Aufsicht über die Deutsche Akkreditierungs- und Zulassungsgesellschaft

---

[112] Vgl. Preuss, M.: Umweltrecht - Überblick, in: BJU (Hrsg.), (1989), Kap. 6.1.,S. 7.
[113] Vgl. UAG, in: BMU (Hrsg.), (1996), S. 32-43.

für Umweltgutachter mbH (DAU)[114] und über den Umweltgutachterausschuß, dessen Prüfungsrichtlinien und Aufsichtsleitlinien es genehmigt sowie dessen Mitglieder beruft.

Die DAU ist verantwortlich für die Zulassung der Umweltgutachter und die Aufsicht über die zugelassenen Gutachter. Die Aufgabe dieses Gremiums besteht in der Erstellung der Prüfungsrichtlinien für die Umweltgutachter, der Ermessensleitlinien für die Aufsicht, den Prüferlisten sowie den Empfehlungen für die Besetzung des Widerspruchsausschusses. Die Registrierung der geprüften Betriebsstandorte erfolgt durch die Industrie und Handelskammern und Handwerkskammern, welche das Verzeichnis der zertifizierten Standorte führen.[115]

2.2.3.4
Organisationale Anforderungen

Die Entwicklungskette des Umweltrechts zeigt, daß in den letzten Jahren eine Entwicklung weg von der staatlichen Grenzwert-Umweltpolitik, die auf nachgeschalteten Lösungen beruhte, hin zu einer präventiven, selbstverantwortlichen Ausrichtung stattgefunden hat. Dabei wurde der Faktor Organisation als wichtige Erfolgsdeterminante entdeckt und deutlich aufgewertet. Da der Staat aufgrund der umfangreichen Spezialgesetzgebung fast nicht mehr in der Lage ist, die Rechtskonformität zu überwachen, soll in Zukunft den Unternehmen verstärkt die Möglichkeit gegeben werden, die Einhaltung zumindest teilweise selbst zu überwachen. Dafür sind sowohl organisatorische als auch personelle Voraussetzungen zu schaffen. Hierzu zählen u. a. die Organisation durch Beauftragte und seit neuerem der Aufbau eines Umweltmanagementsystems.[116]

Sowohl von gesetzlicher Seite als auch im Rahmen der in Kap. 6 vorgestellten standardisierten UMS, ist je nach vorhandener *„Umweltsituation"* die Bestellung verschiedener Umweltschutzbeauftragter gefordert. Während es sich jedoch bei den Systembeauftragten der Umweltmanagementsysteme um eine freiwillige Bestellung handelt, liegt bei den gesetzlich vorgeschriebenen Beauftragten eine verpflichtende Bestellung vor. Als *„Umweltschutzbeauftragter"* wird ein Mitarbeiter eines Unternehmens oder ein beauftragter Dritter bezeichnet, der mit der Wahrnehmung umweltrelevanter Tätigkeiten betraut ist. In Abhängigkeit der Umweltverantwortlichkeit des Unternehmens läßt sich der Aufgabenbereich des jeweiligen Fachbeauftragten ableiten. Dabei wird das Ziel einer betriebsinternen Selbstüberwachung verfolgt, wobei zu beachten ist, daß der Unternehmer die umweltrechtliche Verantwortung nicht auf den Beauftragten übertragen kann.[117]

---

[114] Die DAU hat ihren Sitz in Bonn. Sie wurde gemeinsam vom Bundesverband der Deutschen Industrie (BDI), dem Deutschen Industrie und Handelstag (DIHT), dem Zentralverband des Deutschen Handwerks (ZDH) und dem Bundesverband freier Berufe (BFB) gegründet [Anm. d. Verf.]. Vgl. Klemmer, P./Meuser, M. (Hrsg.), (1995), S. 23.

[115] Vgl. Jasch, A.: *„Rechtliche Umsetzung in Deutschland: das Umweltauditgesetz"*, S. 38, in: Fichter, K. (1995), S. 33-39.

[116] Vgl. Schwaderlapp, R. (1997), S. 96.

[117] Vgl. Matschke, M.J./Jaeckel, U.D./Lemser, B. (1996), S. 129 ff.

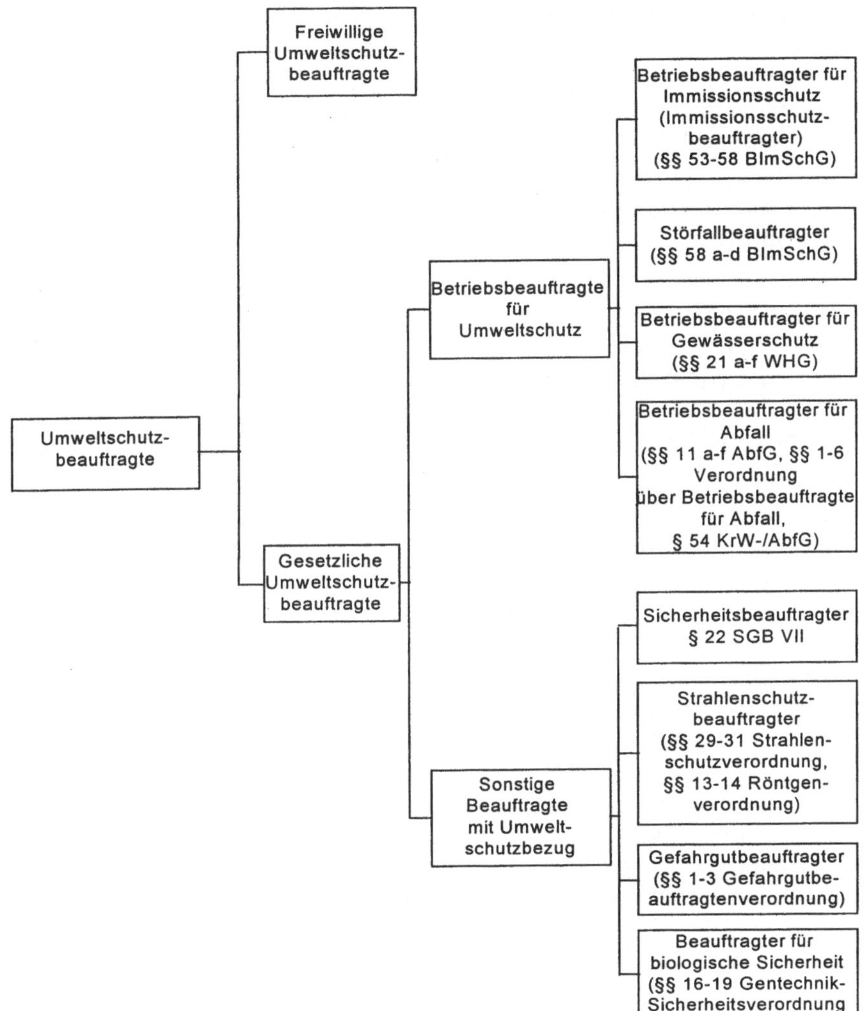

Abb. 2.4. Überblick über Umweltschutzbeauftragte
Quelle: Matschke, M.J./Jaeckel, U.D./Lemser, B. (1996), S. 130.

Abb. 2.4 gibt eine Überblick über die in Abhängigkeit von den unternehmerischen Aktivitäten zu bestellenden Umweltschutzbeauftragten, welche ihre Aufgaben zumeist im Rahmen einer beratenden und nicht entscheidungs- bzw. weisungsbefugten Stabsstelle erfüllen.[118]

---

[118] Vgl. Behnke, E.: *„Der Betriebsbeauftragte für Umweltschutz - Gesetzliche Veranke-rung, Aufgaben und Abgrenzung zu anderen Beauftragten in der Wirtschaft"*, S. 9 f., in: Pohle, H. (Hrsg.), (1992), S. 9-16, zitiert bei Matschke, M.J./Jaeckel, U.D./Lemser, B. (1996), S. 129.

Beteiligt sich der Betrieb an einer standardisierten Managementsystematik und baut ein entsprechendes Umweltmanagementsystem auf, steht es ihm frei, einen systemverantwortlichen Umweltmanagementbeauftragten zu bestellen. Dieser kann die Arbeit der gesetzlich geforderten Fachbeauftragten koordinieren bzw., wenn er die nötigen Fachkenntnisse und Zeitressourcen besitzt, deren Aufgaben zum Teil übernehmen. Der Unternehmer, alle Beauftragten sowie die jeweils Umweltverantwortlichen in der Linie bilden gemeinsam die Umweltschutzorganisation eines Unternehmens.

2.3
Arbeitssicherheits- und gesundheitsschutzbezogene Rahmenbedingungen

2.3.1 Definitionen und Grundlagen

Das Thema Arbeitssicherheit und Gesundheitsschutz beinhaltet Begriffe, wie Sicherheit, Arbeitsschutz, Arbeitssicherheit und Unfallverhütung, die zum Teil synonym verwendet werden. Im folgenden sollen diese Termini zunächst eingeordnet und definiert werden. Der übergeordnete Begriff ist hier die Sicherheit, welche beschrieben werden kann als *„...die Freiheit von Gefährdungen, wobei Gefährdungen nach Gefährdungspotential und Gefährdungshäufigkeit gemessen* [werden] *und eine unterste Schwelle, das Grenzrisiko, überschritten sein muß.“*[119] Wird das Sicherheitsverständnis auf den Arbeitssektor bezogen, so ist der Sicherheitsbegriff, welcher den Zustand des Fernseins jeglicher Gefährdungen beschreibt, der Ausdruck einer idealistischen Zielvorstellung, die mangels ihrer Wirklichkeitsnähe den tatsächlichen Gegebenheiten nicht entsprechen kann. Durch die Ergänzung *„technisch“* oder *„betrieblich“* erfolgt eine Relativierung des Begriffs, womit der Realitätsbezug wiederhergestellt werden kann. Von einer *„technischen Sicherheit“* kann dann gesprochen werden, wenn die mit dem Umgang mit Anlagen, Maschinen, Geräten, Werkzeugen, Arbeitsmitteln usw. in Zusammenhang stehenden Risiken auf ein akzeptierbares Maß reduzierbar sind.[120] Ein weiterer Terminus - der *„Arbeitsschutz“* - wird nach Artikel 74 Nr. 12 des Grundgesetzes der Bundesrepublik Deutschland dem Arbeitsrecht zugeordnet und umfaßt nach einer Auslegung des Arbeitssicherheitsgesetzes (ASiG) folgende Aufgaben:[121]

* Verhütung von Arbeitsunfällen und Berufskrankheiten,
* Verhütung von arbeitsbedingten Erkrankungen,

---

[119] Vgl. Adams, H. W.: *„Arbeitssicherheit“*, S. 170 f., in: Adams, H. W. (1990), S. 170-184.

[120] Vgl. Huf, C. A. (1985), S. 1027.

[121] Vgl. Kliesch, G./Nöthlichs, M./Wagner, R.: Arbeitssicherheitsgesetz-Kommentar, 1. Aufl., Berlin 1978, zitiert bei Sinks, V.: Arbeitsschutzbegriffe, S. 53, in: Berendonk, U./Brust, R./Buchholz, D./Sinks, V. (1987), S. 53-56.

- Vermeidung von Verschleißschäden,
- Schutz des sittlichen Empfindens,
- Sicherung der Arbeitszufriedenheit,
- Sicherung der Freizeit und
- Sicherung einer menschenwürdigen Unterkunft im Zusammenhang mit dem Arbeitsverhältnis.

Durch diese Aufgaben, welchen sicherheitstechnische, arbeitsmedizinische und soziale Maßnahmen zuzuordnen sind, soll der Zustand der Arbeitssicherheit erreicht werden.[122] Der Begriff „*Arbeitssicherheit*" ist in der Praxis geprägt worden und wird sowohl zur Beschreibung eines Zieles (Zustand der „*sicheren Arbeit*"), zur Eingrenzung von Aufgabeninhalten (Sicherheitstechnik, menschengerechte Gestaltung der Arbeit) oder zur organisatorischen Abgrenzung von Zuständigkeiten (Arbeitssicherheitsabteilung, Referat für Arbeitssicherheit etc.) verwendet.[123] Die „*Arbeitssicherheit*" kann somit als Ziel, der „*Arbeitsschutz*" als Bündel von Aufgaben und Maßnahmen zu dessen Erreichung verstanden werden. Eine weitere Einteilungsmöglichkeit skizziert ADAMS, welcher die Arbeitssicherheit (neben den Elementen: Objektsicherung, Brandschutz, Prozeßsicherheit, Strahlenschutz, Störfallverhinderung usw.) als Zentralmodul eines umfassenden Sicherheitskonzeptes von Unternehmen beschreibt.[124] Schließlich basiert der Begriff „*Unfallverhütung*" ursprünglich auf der Reichsversicherungsordnung (RVO), deren Rechtsgrundlagen der gesetzlichen Unfallversicherung seit Januar 1997 in das Siebte Buch des Sozialgesetzbuches (SGB VII) eingeordnet wurde (s. Abschn. 2.3.3.1.2).[125] Er beschreibt die vorrangige Aufgabe der Unfallversicherungsträger (gewerbliche und landwirtschaftliche Berufsgenossenschaften, Unfallversicherungsträger der öffentlichen Hand), die im Rahmen von Unfallverhütungsvorschriften Maßnahmen zur Beseitigung von Gefahren anordnen.[126]

2.3.2
Volkswirtschaftliche Bedeutung der Arbeitssicherheit und des Gesundheitsschutzes

Im internationalen Vergleich hat der Arbeits- und Gesundheitsschutz in Deutschland einen hohen Standard. Dennoch werden in diesem Bereich jährlich rund 90 Mrd. DM für kurative Maßnahmen aufgewendet. Dazu zählen vor allem Kosten der Schadenbehebung und der therapeutischen Behandlung.[127] Darüber hinaus zeigen Ergebnisse verschiedener Studien, daß ein volkswirtschaftlicher

---

[122] Vgl. Sinks, V.: Arbeitsschutzbegriffe, S. 53 f., in: Berendonk, U./Brust, R./Buchholz, D./Sinks, V. (1987), S. 53-56.

[123] Vgl. ebenda, S. 55.

[124] Vgl. Adams, H. W. (1990), S. 63.

[125] Vgl. Brock, G. (1997), S. 26.

[126] Vgl. Sinks, V.: Arbeitsschutzbegriffe, S. 55 f., in: Berendonk, U./Brust, R./Buchholz, D./Sinks, V. (1987), S. 53-56.

[127] Vgl. Winkelhagen, J. (1996), S. K2.

Produktionsausfall von über 90 Mrd. DM jährlich einem mangelnden betrieblichen Arbeitssicherheits- und Gesundheitsschutz zuzurechnen sind.[128] Diese Zahlen sowie die Tatsache, daß viele Beschäftigte noch immer unter den Folgen von Arbeitsunfällen oder arbeitsbedingten Erkrankungen leiden, zeigen, daß hier ein dringender Handlungsbedarf gegeben ist. Vor diesem Hintergrund vollzieht sich momentan im Bereich der Arbeitssicherheit und des Gesundheitsschutzes eine Veränderung, welche von Interessengruppen unterschiedlichster Couleur bereits als Paradigmawechsel verstanden wird: Galt bisher vielerorts die Meinung, daß dieses Thema wenigen Spezialisten innerhalb eines Betriebes zu übertragen und von der Unternehmensleitung als untergeordnete Aufgabe zu betrachten sei, hat sich inzwischen jedoch gezeigt, daß „ ... *Arbeitssicherheit tatsächlich* [ein] *integraler Bestandteil des betrieblichen Erfolgs ist*"[129]. So besteht inzwischen auch hier die Einsicht (s. Abschn. 2.2.3.4), daß ein langfristig wirksamer, präventiver Arbeits- und Gesundheitsschutz aufgrund der Interdependenzen zwischen Produktivität, Qualität und Sozialverträglichkeit der Arbeit und den Aspekten Sicherheit und Gesundheit weder durch einmalige Investitionen noch durch begrenzte Einzelmaßnahmen zu realisieren ist.[130] Diese neue Sichtweise führt weg von einer in der Vergangenheit hauptsächlich nachsorgenden Reaktion auf Arbeitssicherheitsprobleme, welche geprägt war durch eine Konzentration auf die Einhaltung von Vorschriften und deren Kontrolle durch die Aufsichtsbehörden, hin zu einem vorsorgenden agierenden Verhalten im Rahmen dieses Aufgabenbereichs. Im Fokus der Neuorientierung steht die Hinwendung zu einem Arbeitsschutz im Sinne einer präventiven, von den Unternehmen eigenverantwortlich gesteuerten Managementaufgabe. Dabei wird das Hauptaugenmerk auf den arbeitenden Menschen gelegt, welcher aktiv an der Gestaltung und Implementierung neuer Arbeitssicherheitsstrategien beteiligt werden soll. Ausgelöst durch internationale Bestrebungen zur Harmonisierung des Arbeits- und Gesundheitsschutzes, wird darüber hinaus in den unterschiedlichsten Fachgremien die Normierung von Arbeitssicherheits- und Gesundheitsschutzmanagementsystemen[131] diskutiert. Die Befürworter eines

---

[128] TIEHOFF nennt hier 27 Mrd. DM Produktionsausfall pro Jahr. Vgl. Thiehoff, R. (1997), zitiert bei Elke, G. (1997), S. 39. Nach Angaben der Bundesanstalt für Arbeitsschutz und Arbeitsmedizin gingen jedoch 1996 bei den 32,189 Mio abhängigen Erwerbstätigen in der Bundesrepublik Deutschland durchschnittlich 17,02 Kalendertage durch Arbeitsunfähigkeit (ausgelöst durch Unfälle und Krankheit) verloren. Dies entspricht ca. 1,5 Mio Ausfalljahren, welche multipliziert mit dem durchschnittlichen Bruttoeinkommen von 61.800 DM ein Produktionsausfall für das Jahr 1996 von 92,76 Mrd. DM ergeben [Anm. d. Verf.]. Vgl. Thiehoff, R.: „*Möglichkeiten der Evaluation*", S. 8, in: Bundesanstalt für Arbeitsschutz und Arbeitsmedizin (Hrsg.), (1998), S. 1-14.

[129] Siller, E./Schliephacke, J. (1989), S. 9.

[130] Vgl. Elke, G. (1997), S. 39.

[131] Unter dem Begriff „*Arbeitssicherheitsmanagementsystem (ASM)*" werden in dieser Schrift im folgenden ebenso die Aktivitäten im Rahmen des betrieblichen Gesundheitsschutzes verstanden. Dies gilt auch, wenn der Zusatz „Gesundheitsschutz" nicht explizit genannt ist [Anm. d. Verf.].

solchen Systems sehen darin eine Chance, die Arbeitssicherheits- und Gesundheitsschutzsituation in den Unternehmen maßgeblich zu verbessern und die damit verbundenen volkswirtschaftlichen Belastungen deutlich zu dämpfen.

2.3.3
Rechtliche Rahmenbedingungen

Die rechtlichen Rahmenbedingungen der Arbeitssicherheit sind in einer Vielzahl von Gesetzen, Richtlinien und Verordnungen von seiten der Europäischen Gemeinschaft (s. Abschn. 2.3.3.1.1), des Bundes und der Länder festgelegt (s. Abschn. 2.3.3.1.2). Außerdem sind die Regelungen und Vorschriften der Berufsgenossenschaften zu beachten, deren zentrale Bestimmungen die Unfallverhütungsvorschriften darstellen (s. Abschn. 2.3.3.1.3) sowie die sog. *„Technischen Regeln"* verschiedener Institutionen und Verbände (s. Abschn. 2.3.3.1.4). Einen Überblick über die Gesetzgebungskompetenzen und deren Zusammenspiel auf dem Gebiet der Arbeitssicherheit gibt die Abb. 2.5.

2.3.3.1
Überblick über die Inhalte der zentralen Bestimmungen

2.3.3.1.1
Regelungen der Europäischen Gemeinschaft

Durch die Verwirklichung des Europäischen Binnenmarktes und die dadurch angestrebte Harmonisierung von Regelungen in den Mitgliedstaaten zum Abbau von Handelshemmnissen erlangen auch auf dem Gebiet des Arbeitsschutzes die gesetzlichen Richtlinien und Verordnungen der EG-Kommission zunehmend an Bedeutung. Die zentrale Regelung von seiten der Europäischen Gemeinschaft ist hier die *„Richtlinie des Rates vom 12. Juni 1989 über die Durchführung von Maßnahmen zur Verbesserung der Sicherheit und des Gesundheitsschutzes der Arbeitnehmer bei der Arbeit"* (EG-Richtlinie 89/391/EWG)[132], welche als sog. Arbeitsschutz-Rahmenrichtlinie *„...eine Art europäisches Grundgesetz des betrieblichen Arbeitsschutzes für alle Beschäftigungsbereiche..."*[133] darstellt. Des weiteren sind in diesem Zusammenhang die *„Richtlinie des Rates vom 25. Juni 1991 zur Ergänzung der Maßnahmen zur Verbesserung der Sicherheit und des Gesundheitsschutzes von Arbeitnehmern mit befristetem Arbeitsverhältnis oder Leiharbeitsverhältnis"* (EG-Richtlinie 91/383/EWG)[134] sowie weitere Einzelrichtlinien zu speziellen Arbeitsschutzaspekten zu nennen, wie die Arbeit an Bildschirmgeräten, der Schutz vor biologischen Agenzien, die Benutzung von persönlichen Schutzausrüstungen oder auch die Sicherheit und der Gesundheitsschutz auf Baustellen.[135]

---

[132] Vgl. EG-Richtlinie 89/391/EWG, sog. *„Rahmenrichtlinie Arbeitsschutz"*.

[133] Hülsebusch, S. (1996), S. 9.

[134] Vgl. EG-Richtlinie 91/383/EWG.

[135] Alle genannten Richtlinien stützen sich auf die Artikel 100a und 118a des EG-Vertrags. Während die 100a-Richtlinien im Interesse eines ungehinderten Warenverkehrs inner-

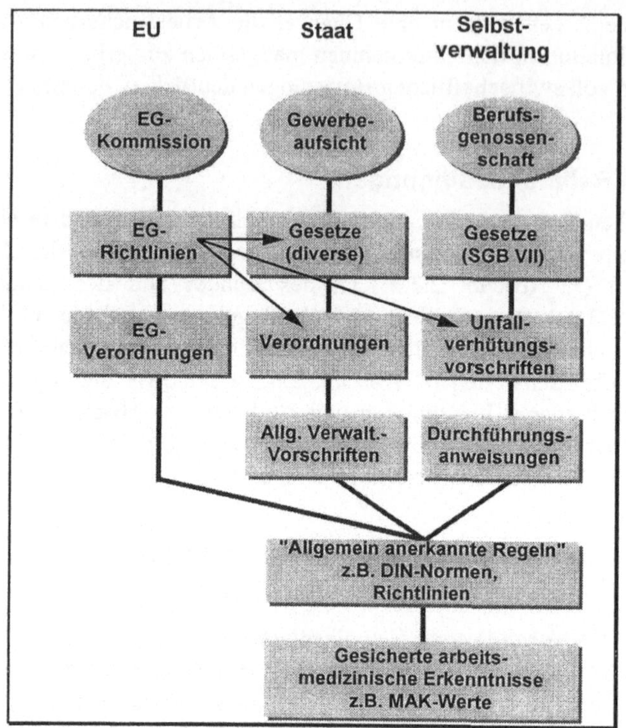

Abb. 2.5.   Gesetzgebungskompetenzen und deren Zusammenspiel auf dem Gebiet der
Arbeitssicherheit;
Quelle: In Anlehnung an Siller, E./Schliephacke, J. (1994 b), S.136.

Um in allen Mitgliedstaaten einen vergleichbar hohen Arbeitsschutzstandard zu
erreichen, ist eine Umsetzung dieser EG-Richtlinien mit Hilfe von nationalen
Gesetzen in den einzelnen Mitgliedsländern erforderlich. Dies erfolgte in
Deutschland mit Hilfe des *„Gesetzes zur Umsetzung der EG-Rahmenrichtlinie
Arbeitsschutz und weiterer Arbeitsschutz-Richtlinien"*, welches am Ende des nach-
folgenden Abschnittes 2.3.3.1.2 beschrieben wird.

2.3.3.1.2
Gesetze und Verordnungen in Deutschland
Die rechtlichen Grundlagen der Arbeitssicherheit sind die entsprechenden Gesetze
und Rechtsverordnungen des Bundes und der Länder. Hierzu zählen neben den

---

halb des Binnenmarktes für alle Mitgliedstaaten die sicherheitstechnischen Anforderungen an Arbeitsmittel und Schutzausrüstungen verbindlich festlegen, handelt es sich
bei den 118a-Richtlinien um Mindestanforderungen zur Verbesserung der Arbeitsumwelt sowie zum Schutz der Sicherheit und der Gesundheit von Beschäftigten im Sinne
von konkreten Grundvorschriften für das Verhalten im betrieblichen Arbeitsschutz
[Anm. d. Verf.]. Vgl. Fischer, C. (1996), S. 21.

zivilrechtlichen Bestimmungen im Handelsgesetzbuch (HGB) und im Bürgerlichen Gesetzbuch (BGB) die **öffentlich-rechtlichen** Regelungen. Diese bestehen aus dem Siebten Buch Sozialgesetzbuch (SGB VII), der Gewerbeordnung (GewO), dem Ordnungswidrigkeitengesetz (OWiG) sowie den öffentlich-rechtlichen Vorschriften des Arbeitsschutzrechts, den Regelungen des Arbeits- und Sozialrechts[136] und verschiedenen **strafrechtlichen** Bestimmungen des Strafgesetzbuches (StGB).[137]

So regelt das HGB in § 62 Abs. 1 die Fürsorgepflicht des Arbeitgebers wie folgt: *„Der Prinzipal ist verpflichtet, die Geschäftsräume und die für den Geschäftsbetrieb bestimmten Vorrichtungen und Gerätschaften so einzurichten und zu unterhalten, auch den Geschäftsbetrieb und die Arbeitszeit so zu regeln, daß der Handlungsgehilfe gegen eine Gefährdung seiner Gesundheit, soweit die Natur des Betriebs es gestattet, geschützt und die Aufrechterhaltung der guten Sitten und des Anstandes gesichert ist.“*[138]

Der § 618 BGB (Pflicht zu Schutzmaßnahmen) erweitert diese Anforderungen, indem er eine dem oben beschriebenen Grundsatz entsprechende Regelung der Dienstleistungen fordert, die unter der Leitung oder der Anordnung des Arbeitgebers auszuführen sind.[139] In der Auslegung dieses Paragraphen wird in der Literatur die Verpflichtung zur Planung von Arbeitsabläufen abgeleitet, die neben aufbauorganisatorischen auch ablauforganisatorische Vorgaben zur Regelung und Überwachung der arbeitssicherheitsbezogenen Grundsätze beinhalten soll.[140] Hierbei reicht jedoch ein normiertes Beauftragungsschreiben, welches lediglich auf die allgemeinen Pflichten des Arbeitssicherheitsbeauftragten hinweist, nicht aus, um sich als Inhaber oder als oberstes Führungsorgan eines Unternehmens von einem Organisationsverschulden exkulpieren zu können. Vielmehr fordert § 831 BGB (Haftung für den Verrichtungsgehilfen) in Abs. 1 Satz 2 den Nachweis der Einhaltung der erforderlichen Sorgfaltspflicht des Geschäftsherrn und der sachgerechten Anleitung des Verrichtungsgehilfen, um eine Exkulpation zu ermöglichen.[141] Unter einer sachgerechten Anleitung sind in diesem Falle konkrete Verhaltensmaßregeln in Form von Verfahrens- und Arbeitsanweisungen zu verstehen, in denen individuelle arbeitsplatzbezogene Beschreibungen der auszuführenden Tätigkeiten zur Gewährleistung der Aufsichtspflichten detailliert beschrieben werden müssen. Des weiteren ist die Qualifikation der eingesetzten Mitarbeiter für die ihnen übertragenen Aufgaben und Kontrollpflichten sicherzustellen. Darüber

---

[136] Vgl. Mertens, A. (1978), S. 38.
[137] Vgl. Schliephacke, J. (1992), S. 20.
[138] § 62 Abs. 1 HGB (1987), S. 34. Eine nahezu identische Formulierung findet sich in § 618 BGB und in Art. 4 des Gesetzes zur Umsetzung der EG-Rahmenrichtlinie Arbeitsschutz und weiterer Arbeitsschutzrichtlinien vom 20. August 1996 (zuvor § 120a GewO) [Anm. d. Verf.].
[139] Vgl. § 618 BGB, (1987), S. 149.
[140] Vgl. Adams, H. W.: *„Arbeitssicherheit“*, S. 175, in: Adams, H. W. (1990), S. 170-184.
[141] Vgl. § 831 Abs. 1 Satz 2 BGB (1987), S. 188 f.

hinaus sind für übergeordnete Hierarchieebenen Dienstanweisungen zu erstellen, welche das delegierende Mitglied der Geschäftsführung verpflichten, in festgeschriebenen Abständen Kontrollaufgaben nach bestimmten Dokumentationsverfahren zu erfüllen.[142]

Im **öffentlichen Recht** regeln Artikel 4 des Arbeitsschutzgesetzes (ArbSchG) und SGB VII wesentliche Aspekte der Arbeitssicherheit. Artikel 4 ArbSchG verpflichtet den Unternehmer, die Arbeitssicherheit in seinem Unternehmen zu gewährleisten.[143] Am 1. Januar 1997 wurden mit dem Inkrafttreten des im Juli 1996 vom Bundesrat verabschiedeten Unfallversicherungs-Einordnungsgesetzes (UVEG) die in der RVO enthaltenen Rechtsgrundlagen der gesetzlichen Unfallversicherung als Siebtes Buch in das Sozialgesetzbuch (SGB VII) eingeordnet. Mit dieser Neuordnung ist keine große inhaltliche Sachreform verbunden. Zwar sind einige Modifikationen und Erweiterungen zu den bisherigen Regelungen festzustellen (z. B. *„erweiterter Präventionsauftrag"*, s. Kap. 7), sie beschränken sich jedoch im wesentlichen auf eine übersichtlichere Gestaltung und Straffung der einzelnen Vorschriften.[144] § 15 SGB VII bildet die Grundlage der Erlassung von Unfallverhütungsvorschriften, wozu die Berufsgenossenschaften ermächtigt sind (bislang geregelt in § 708 RVO, s. Abschn. 2.3.3.1.3).[145] Zudem ist hier § 130 OWiG anzuführen, ebenfalls eine staatliche Vorschrift, die dem Arbeitgeber Aufsichtsmaßnahmen in Form einer Auswahl, Bestellung und Überwachung von Aufsichtspersonen vorschreibt.[146]

Im **Strafrecht** zwingt § 13 StGB den Unternehmer zu besonderer Umsicht, damit eine Belangung wegen fahrlässiger Körperverletzung oder Tötung vermieden werden kann.[147]

Das *„Gesetz über Betriebsärzte, Sicherheitsingenieure und andere Fachkräfte für Arbeitssicherheit"*, das sog. Arbeitssicherheitsgesetz (ASiG) gilt seit dem 1. Dezember 1974 und kann als *Grundgesetz* für die Arbeitssicherheit in Deutschland angesehen werden.[148] Als unmittelbar geltendes Sicherheitsrecht regelt es die Aufgabenbereiche der Arbeitssicherheit und der Unfallverhütung in den Betrieben. Hierbei handelt es sich um Mindestanforderungen, die sämtliche Unternehmen unabhängig von ihrer Größe zu erfüllen haben.[149] Wesentliche Elemente dieses Gesetzes sind die Bestimmung von Sicherheitsfachkräften (§ 5 Abs. 1), die betriebsärztliche Versorgung durch Betriebsärzte (§ 2 Abs. 1), die Einbindung des Betriebsrates bei verschiedenen arbeitssicherheitsbezogenen Entscheidungen (§ 9

---

[142] Vgl. Adams, H. W.: *„Arbeitssicherheit"*, S. 179 f., in: Adams, H. W. (1990), S. 170-184.

[143] Vgl. ebenda, S. 172; Informationen des BMA.

[144] Vgl. Brock, G. (1997), S. 26.

[145] Vgl. Hauptverband der gewerblichen Berufsgenossenschaften (HVBG) et. al. (Hrsg.), (1996), S. 88-90.

[146] Vgl. Schliephacke, J. (1992), S. 22.

[147] Vgl. ebenda, S. 20.

[148] Vgl. Siller, E., Schliephacke, J. (1994a), S. 12.

[149] Vgl. ebenda.

Abs. 2) und eine vierteljährliche Sitzung eines Arbeitsschutzausschusses (ASA). Dieser bildet sich aus dem Arbeitgeber, den Sicherheitsfachkräften, den Betriebsärzten, den Sicherheitsbeauftragten sowie zwei Betriebsratsmitgliedern (§ 11).[150]

Seit August 1996 ist das *„Gesetz zur Umsetzung der EG-Rahmenrichtlinie Arbeitsschutz und weiterer Arbeitsschutz-Richtlinien (ArbSchG)"*[151] in Kraft. Kernziel dieses Gesetzes ist es, die Hauptanliegen der EG-Rahmenrichtlinie in Deutschland zu verankern, dazu zählen die Forderung der arbeitsschutzbezogenen Eigeninitiative der Verantwortlichen in den Betrieben und deren Motivation zur systematischen Prävention.[152] In Deutschland gibt es eine Fülle von detaillierten, arbeitssicherheitsspezifischen Einzelbestimmungen in den unterschiedlichsten Gesetzen, Verordnungen und Unfallverhütungsvorschriften, die zu einer nahezu unüberschaubaren Rechtsvielfalt geführt haben. Dieses Umsetzungsgesetz bereinigt die Palette an Einzelvorschriften und stellt eine einheitliche Grundvorschrift zur Verfügung. Kernpunkte dieses Gesetzes sind:[153]

- Die grundsätzliche Verantwortung für die betriebliche Arbeitssicherheit liegt beim Arbeitgeber.
- Die Aufgabe der frühzeitigen Berücksichtigung von Arbeitsschutzaspekten besteht auf allen Hierarchieebenen.
- Die Maßnahmen des Arbeitsschutzes umfassen die Verhütung von Unfällen bei der Arbeit und von arbeitsbedingten Gesundheitsgefahren sowie die Maßnahmen zur menschengerechteren Gestaltung der Arbeit.
- Die Gesundheitsgefährdungen an den Arbeitsplätzen und bei den betrieblichen Tätigkeiten sind von dem Arbeitgeber zu beurteilen. Er hat die erforderlichen Arbeitsschutzmaßnahmen zu ergreifen, sie auf ihre Wirksamkeit zu überprüfen, an neue Entwicklungen und Erkenntnisse anzupassen, und diese Aktivitäten in geeigneter Weise zu dokumentieren.
- Der Vorteil der Dokumentation aller arbeitsschutzbezogenen Aktivitäten wird betont, da nur dadurch die Kontinuität der betrieblichen Arbeitsschutzpolitik gewährleistet sei. Als weitere Vorteile der Dokumentation werden die erleichterte Sachstandsinformation der Verantwortlichen insbesondere bei personellen Veränderungen, die einfachere Orientierung von Aufsichtsbehörden und die damit einhergehende geringere Behinderung des betrieblichen Ablaufs durch Überprüfungen genannt.
- Beschäftigt ein Arbeitgeber Personen von Fremdfirmen in seinem Betrieb, muß er sich über deren sachgerechte arbeitsschutzbezogene Einweisung vergewissern.

---

[150] Vgl. *„Gesetz über Betriebsärzte, Sicherheitsingenieure und andere Fachkräfte für Arbeitssicherheit"* (Arbeitssicherheitsgesetz) vom 12. Dezember 1973.
[151] Vgl. Gesetz zur Umsetzung der EG-Rahmenrichtlinie Arbeitsschutz und weiterer Arbeitsschutzrichtlinien vom August 1996.
[152] Vgl. Seeger, O.W. (1996), S. 16-19.
[153] Vgl. Fischer, C. (1996), S. 21-24.

- Für besondere Gefahrensituationen muß der Arbeitgeber geeignete Schutzmaßnahmen ergreifen. Außerdem ist er zu Vorkehrungen der Ersten Hilfe, der Brandbekämpfung und der Evakuierung verpflichtet.
- Der Arbeitgeber wird angehalten, seine Beschäftigten über Gesundheitsgefährdungen und Schutzmaßnahmen zu unterrichten, sie diesbezüglich anzuhören und mit ihnen zu kooperieren.
- Aufgabe der Beschäftigten ist es, den Arbeitgeber aktiv zu unterstützen, Geräte ordnungsgemäß zu bedienen, bereitgestellte Schutzausrüstungen weisungsgemäß zu benutzen, festgestellte Gefahren zu melden und an der Umsetzung der Arbeitsschutzmaßnahmen mitzuwirken.

Das Hauptanliegen des Gesetzes, jeden Betrieb an einer wirksamen Prävention zu beteiligen, kann nur durch praktikable und für alle Beteiligten akzeptable Vorschriften erreicht werden. Dies gewährleistet das Arbeitsschutzgesetz, da es den Arbeitgebern ausreichende Freiräume bei der Umsetzung des Gesetzes läßt. Obwohl hier keine konkrete Forderung nach einem Arbeitsschutzmanagementsystem gestellt ist, werden explizit inhaltliche Anforderungen an ein solches formuliert.[154] Welche Arbeitsschutzmaßnahmen in welcher Situation zu ergreifen sind, liegt im Ermessen des Arbeitgebers, dem dieses Gesetz insgesamt einen relativ großen Spielraum für eine betriebsnahe und kostenorientierte Ausgestaltung der Arbeitsschutzerfordernisse läßt.

2.3.3.1.3
Unfallverhütungsvorschriften der Berufsgenossenschaften

Unter dem Begriff „*Arbeitsschutz*" ist auch die Unfallverhütung zu verstehen, die im Rahmen von circa 130 Unfallverhütungsvorschriften (UVV) mit den entsprechenden Durchführungsanweisungen normiert ist.[155] Diese UVV sind ein Bestandteil des Sozialrechts und gehen auf den § 15 SGB VII zurück. Neben der Auflistung der bestehenden UVV lassen sich Anforderungen an die Inhalte der UVV im Verzeichnis der Unfallverhütungsvorschriften der gewerblichen Berufsgenossenschaften (VBG) finden. So werden in VBG 1 „*Allgemeine Vorschriften*" neben sachlichen Vorgaben wie Anforderungen an Verkehrswege, Fußböden, Beleuchtung usw. (§§ 18 ff.)[156] auch organisatorische Pflichten geregelt, z. B. die Zahl der zu bestellenden Sicherheitsbeauftragten (§ 9).[157] Wird gegen diese Vorschriften verstoßen, so tritt § 209 SGB VII in Kraft, wonach Verstöße mit einem Bußgeld geahndet werden können.[158]

---

[154] Vgl. Kohstall, T. (1996), S. 371-378.

[155] Vgl. Adams, H. W.: „*Arbeitssicherheit*", S. 172 f., in: Adams, H. W. (1990), S. 170-184.

[156] Vgl. Siller, E./Schliephacke, J. (1994b), S. 89 ff.

[157] Vgl. ebenda, S. 75.

[158] Vgl. Adams, H. W.: „*Arbeitssicherheit*", S. 174, in: Adams, H. W. (1990), S. 170-184.

2.3.3.1.4
Technische Regeln
Eine weitere Grundlage der Arbeitsschutzaktivitäten bilden technische Regeln, wie DIN-, VDE- und VDI-Normen, die u. a. den *„Stand der Technik"* oder den *„Stand von Wissenschaft und Technik"*, sog. *unbestimmte Rechtsbegriffe* klären. Diese allgemein anerkannten Regeln der Technik gelten insbesondere dann als Bewertungsmaßstäbe, wenn zu entscheiden ist, ob Rechtsvorschriften verletzt werden oder eine Unterlassung zu ahnden ist.[159]

2.3.3.1.5
Weitere Regelungen zur Arbeitssicherheit
Weitere Normen und Regelungen zur Arbeitssicherheit sind z. B. die im folgenden genannten Gesetze und Verordnungen, welche jeweils spezielle Teilbereiche des Arbeitsschutzes regeln:[160]

- Arbeitsstättenrichtlinien,
- Arbeitszeitordnung,
- Dampfkesselverordnung etc.
- Druckbehälterverordnung,
- Gerätesicherheitsgesetz,
- Jugendarbeitsschutzgesetz und
- Mutterschutzgesetz.

Ohne auf die jeweiligen Inhalte einzugehen, ist allein aus dieser kurzen Aufzählung bereits ersichtlich, wie umfangreich die Regelungsdichte zu diesem Thema in Deutschland ist. Dennoch entsteht durch dieses historisch gewachsene und dadurch zersplitterte deutsche Arbeitsschutzrecht in manchen Bereichen eine unzureichende Regelung des Arbeits- und Gesundheitsschutzes, welche es für viele Unternehmen schwierig macht, ihren Arbeitsschutz optimal zu gestalten. Daher erscheint es sinnvoll, eine transparente Rechtslandschaft in diesem Bereich als Voraussetzung für eine präventive und effiziente Gestaltung des Arbeits- und Gesundheitsschutzes zu schaffen.[161]

2.3.3.2
Organisatorische Anforderungen

Zu den Grundpflichten des Arbeitgebers gehören der Aufbau und die Aufrechterhaltung einer sog. Sicherheitsorganisation[162], welche aus folgenden Personengruppen und Gremien besteht:[163]

---

[159] Vgl. Huf, Ch. A.: *„Regeln der Technik"*, S. 332, in: Ott, E./Boldt, A. (1983), S. 332-333.

[160] Vgl. Adams, H. W.: *„Arbeitssicherheit"*, S. 174, in: Adams, H. W. (1990), S. 170-184.

[161] Vgl. Schröder, P./Albracht, G./Brückner, B./Gillich, P./Troia, C. (1995), S. 2.

[162] Vgl. § 3 Abs. (2) 1. ArbSchG.

[163] Vgl. Leichsenring, C./Petermann, O. (1993), S. 20; Käppeler, F./Steiger, C. (1983), S. 5 und S. 12 f.

- Unternehmensleitung,
- Vorgesetzte,
- Sicherheitsingenieure und andere Fachkräfte für Arbeitssicherheit,
- Betriebsarzt,
- Betriebsrat,
- Sicherheitsbeauftragte,
- Fachbeauftragte,
- Arbeitsschutzausschuß.

Vordringlich ist es die Aufgabe der **Unternehmensleitung**, die Arbeitssicherheit zu gewährleisten. Konkret erfolgt dies durch die Schaffung der materiellen und organisatorischen Voraussetzungen, durch die Planung und Vorbereitung der jeweiligen Arbeitsabläufe, durch die Auswahl und Schulung der Mitarbeiter und letztendlich durch die entsprechenden Kontrollen.[164] Ein besonderes Augenmerk ist auf die Schulung der Mitarbeiter zu legen, welche in der Gesetzesterminologie als Unterweisung bezeichnet wird. Die Unfallverhütungsvorschrift *„Allgemeine Vorschriften"* verpflichtet den Unternehmer in § 7 Abs. 2 VBG 1, jeden Beschäftigten regelmäßig (bei Arbeitsantritt oder Aufnahme neuer Tätigkeiten und danach mindestens einmal jährlich) bezüglich der Abwendung aller Gefahren und Maßnahmen zu unterweisen.[165] An dieser Stelle ist erneut zu betonen, daß die Verantwortung für die Arbeitssicherheit ausschließlich beim Arbeitgeber liegt, und lediglich die Überwachungsfunktion und die detaillierte Unterweisung delegiert werden kann.[166]

Im Rahmen der Aufgabendelegation stehen danach alle **Vorgesetzten**, welchen von der Unternehmensleitung Verantwortung übertragen wurde, bezüglich der Gewährleistung einer insgesamt sicheren Arbeitssituation in der Pflicht.

Des weiteren schreiben die §§ 2 und 6 des Arbeitssicherheitsgesetzes die Bestellung von *„Sicherheitsingenieuren und anderen Fachkräften für Arbeitssicherheit"* vor.[167] Bislang waren nach der diesen Aspekt regelnden Unfallverhütungsvorschrift (VBG 122) Unternehmen mit weniger als 51 Arbeitnehmern von der Bestellung solcher Fachkräfte befreit. Mit dem Inkrafttreten der Neufassung der VBG 122 gelten seit dem 1. April 1996 diesbezüglich verschärfte Regelungen.[168] Bedingt durch die gebotene Erfüllung der Anforderungen aus der EG-Rahmenrichtlinie Arbeitsschutz ist inzwischen eine sicherheitstechnische Betreuung für alle Unternehmen ab einem beschäftigten Arbeitnehmer obligatorisch.

---

[164] Vgl. Leichsenring, C./Klingenfuß, E. (1987), S. 54 f.

[165] Vgl. Leichsenring, C./Labitzke, G. (1990), S. 10.

[166] In Großunternehmen besteht jedoch die Möglichkeit, die Verantwortlichkeit im Sinne einer rechtlichen Einstandspflicht für Pflichtverletzungen teilweise an Führungspersonen, die z. B. einen Teil des Betriebes leiten, zu übertragen, so daß diese wie ein Unternehmer behandelt werden können (§ 9 Abs. 2 OWiG bzw. § 14 StGB), [Anm. d. Verf.]. Vgl. Adams, H. W.: *„Arbeitssicherheit"*, S. 176 f., in: Adams, H.W. (1990), S. 170-184.

[167] Vgl. Schaab, B. (1980), S. 1.

[168] Vgl. Unfallverhütungsvorschriften, BG F+E (Hrsg.), VBG 122, § 2.

Für Unternehmer mit durchschnittlich weniger als 51 beschäftigten Arbeitnehmern (diese Zahl variiert je nach Branche) besteht bzgl. dieser Betreuung eine Wahlmöglichkeit zwischen sog. *„Regelbetreuung"* und *„Unternehmermodell".*[169] Während die Regelbetreuung die Bestellung einer eigenen oder externen Sicherheitsfachkraft vorsieht, kann nach dem Unternehmermodell auf eine solche Bestellung verzichtet werden. Voraussetzung dafür ist jedoch neben der genannten Betriebsgröße die regelmäßige Teilnahme des Unternehmers an von der BG festgelegten Informations-, Motivations- und Fortbildungsmaßnahmen sowie der Nachweis einer bedarfsgerechten, qualifizierten Beratung in Fragen der Arbeitssicherheit und des Gesundheitsschutzes.[170] Es gilt hierbei zu beachten, daß nur bei 23 Berufsgenossenschaften das Unternehmermodell für die sicherheitstechnische Betreuung und bei neun Berufsgenossenschaften für die arbeitsmedizinische Betreuung vorgesehen ist.[171]

Werden Sicherheitsfachkräfte beschäftigt, übernehmen diese gemeinhin keine strafrechtliche Verantwortung bezügl. der Arbeitssicherheit. Vielmehr zeichnen sie sich durch eine beratende und koordinierende Funktion aus.[172] Um kurze Informationswege sicherzustellen, sollten sie im Rahmen der Aufbauorganisation direkt der Unternehmensspitze zugeordnet sein.[173] Das Aufgabengebiet der Sicherheitsfachkräfte umfaßt im wesentlichen die Auswahl der Persönlichen Schutzausrüstung, die sicherheitstechnische Schulung der Mitarbeiter, die Beratung bei Planung, Ausführung und Unterhaltung von Betriebsanlagen, die Durchführung von Arbeitsstättenbegehungen, die Meldung festgestellter Mängel sowie die Unfallbearbeitung und -statistik.[174]

Nach § 3 VBG 123 und § 4 ASiG ist der **Betriebsarzt** für die arbeitsmedizinische Betreuung des Unternehmens verantwortlich.[175] Er wird bei arbeitsbedingten Erkrankungen, bei arbeitsphysiologischen, -hygienischen und ergonomischen Problemen zu Rate gezogen. Des weiteren hat er die Unternehmensleitung zu beraten, z. B. bei der Planung, Ausführung und Unterhaltung von Betriebsanlagen, bei der Beschaffung von technischen Arbeitsmitteln, bei der Einführung von Arbeitsverfahren und neuen Arbeitsstoffen, bei der Auswahl der persönlichen Schutzausrüstungen und allg. Schutzvorkehrungen sowie bei der Ersten Hilfe Organisation.[176]

Ein weiteres Element der Arbeitssicherheitsorganisation bildet der **Betriebsrat**. Nach § 89 Abs. 2 Betriebsverfassungsgesetz (BetrVG) ist er bei allen arbeitssicherheitsbezogenen Belangen und Entscheidungen von der Unternehmensleitung

---

[169] Vgl. Berufsgenossenschaft der Feinmechanik und Elektrotechnik (Hrsg.), (1996), S. 2 f.
[170] Vgl. Bödiger, J. (1995), S. 10 f.
[171] Vgl. Kiparski, R. v./Kentner, M. (1997), S. 159.
[172] Vgl. Hagenkötter, M.: Vorbemerkung, S. 5 in: Herzberg, R. D. (1978), S. 5 f.
[173] Vgl. Leichsenring, C. (1984), S. 20.
[174] Vgl. Strobel, G. (1995), S.26; Scheil, M. (1996), S. 176.
[175] Vgl. Siller, E./Schliephacke, J. (1994a), S. 40.
[176] Vgl. Leichsenring, C./Klingenfuß, E. (1987), S. 83 f.

hinzuzuziehen.[177] Seine Aufgaben bestehen in der Beratung und Überwachung der Arbeitsschutzaktivitäten sowie in der Durchsetzung des Arbeitnehmerschutzes gegenüber dem Arbeitgeber.[178]

In SGB VII § 22 wird für Unternehmen mit mehr als 20 Mitarbeitern die Bestellung mindestens eines **Sicherheitsbeauftragten** vorgeschrieben.[179] Dieser sollte selbst kein Vorgesetzter sein, seine Aufgaben werden als Vorbild und Hilfe für die Mitarbeiter bei Arbeitssicherheitsbelangen verstanden.[180] Er unterstützt den Fachvorgesetzten in seinem Wirkungsbereich bei der Ausführung der arbeitssicherheitsbezogenen Aufgaben.[181] Dabei trägt er keine Verantwortung. Selbst wenn ein Unfall aufgrund einer unzureichenden Aufgabenwahrnehmung von seiten des Sicherheitsbeauftragten verursacht wird, kann dieser weder strafrechtlich belangt noch zu Regreß- respektive Schadensersatzleistungen verpflichtet werden.[182]

Darüber hinaus besteht je nach Betriebsausstattung die gesetzliche Verpflichtung, spezielle **Fachbeauftragte** zu bestellen. In diesem Zusammenhang schreibt z. B. die Strahlenschutzverordnung die Bestellung eines Strahlenschutzverantwortlichen und -beauftragten vor, sobald in einem Unternehmen mit radioaktiven Strahlen gearbeitet wird oder Anlagen zur Erzeugung ionisierender Strahlen errichtet und betrieben werden.[183]

Ein regelmäßig einzuberufendes Gremium ist der **Sicherheitsausschuß**, der aus den Sicherheitsbeauftragten eines Unternehmens gebildet wird. Ist hingegen eine Sicherheitsfachkraft zu bestellen, wird statt dessen ein Arbeitsschutzausschuß nach § 11 ASiG gebildet, in welchem neben den Sicherheitsbeauftragten und der Sicherheitsfachkraft auch der Betriebsarzt, der Betriebsrat sowie die Unternehmensleitung vertreten sind.[184] Aufgabe dieses Ausschusses ist es, den Unternehmer in Fragen der Sicherheit und des Gesundheitsschutzes zu beraten, entsprechende Vorschläge einzubringen und bei der Abstimmung von speziellen Maßnahmen zu unterstützen.[185]

2.3.3.3
Überwachung der Arbeitssicherheit

Die Überwachung der Arbeitssicherheit erfolgt in der Bundesrepublik Deutschland sowohl durch die Gewerbeaufsichtsämter als auch durch die Berufsgenossenschaften.

---

[177] Vgl. Leichsenring, C. (1990), S. 25.

[178] Vgl. Leichsenring, C./Klingenfuß, E. (1987), S. 88 f; Leichsenring, C. (1990).

[179] Vgl. Hauptverband der gewerblichen Berufsgenossenschaften (HVBG), et. al. (Hrsg.), (1996), S. 112 ff.

[180] Vgl. Leichsenring, C./Petermann, O. (1994), S. 11 f.

[181] Vgl. Sinks, V.: Arbeitssicherheitsorganisation, S. 190, in: Berendonk, U./Brust, R./Buchholz, D./Sinks, V. (1987), S. 175-209.

[182] Vgl. Leichsenring, C./Petermann, O. (1994), S. 37.

[183] Vgl. Graßl, M./Sinks, V. (1989), S. 48.

[184] Vgl. Leichsenring, C./Petermann, O. (1994), S. 10.

[185] Vgl. Leichsenring, C./Petermann, O. (1993), S. 67.

Die Gewerbeaufsichtsämter überwachen als Länderbehörden alle Maßnahmen, die zur Durchführung der nach § 62 Abs. 1 des Handelsgesetzbuches (HGB) dem Arbeitgeber auferlegten Pflichten erforderlich sind. Damit besteht die Aufgabe der staatlichen Gewerbeaufsicht darin, für die Einhaltung der Rechtsnormen im Arbeitsschutz zu sorgen und darauf zu achten, daß der Unternehmer bei dem Betreiben von Maschinen und Anlagen sowie bei der Beschäftigung von Personen die Bestimmungen der Gewerbeordnung erfüllt. Durch die regelmäßige Durchführung arbeitssicherheitsorientierter Betriebsrevisionen sollen Unfallgefahren vermieden, Unfalluntersuchungen vorgenommen und Schutzmaßnahmen angeordnet werden. Außerdem sollen durch den Erlaß von Anordnungen über die Führung und Einrichtung von Betrieben Angestellte und Mitarbeiter vor Berufskrankheiten geschützt werden.[186]

Demgegenüber stehen die Berufsgenossenschaften als Träger der gesetzlichen Unfallversicherung. Sie sind selbstverwaltete öffentlich-rechtliche Körperschaften und haben aufgrund des § 15 SGB VII die Berechtigung, ihren Mitgliedern verbindliche Arbeitssicherheitsvorgaben zu machen. In Deutschland gibt es für den gewerblichen Bereich 36 branchenbezogene Berufsgenossenschaften, welche durch eine Dachorganisation, den Hauptverband der gewerblichen Berufsgenossenschaften, miteinander vernetzt sind. Darüber hinaus besteht eine entsprechende Anzahl von Berufsgenossenschaften für die Landwirtschaft (20) und den öffentlichen Dienst (41).[187] Das Erlassen von UVV zählt ebenso zu dem Aufgabenbereich der Berufsgenossenschaften wie deren Überwachung bzgl. Einhaltung und Durchführung durch die technischen Aufsichtsbeamten und die Beratung von Mitgliedsbetrieben in Fragen der Unfallverhütung. Darüber hinaus wird neuerdings nach § 15 Abs. 1 Nr. 1. SGB VII im Rahmen des sog. *„erweiterten Präventionsauftrags"* die Aufgabenpalette der Berufsgenossenschaften um die Verhütung von arbeitsbedingten Gesundheitsgefahren ergänzt. Sie war bisher auf die Verhütung von Arbeitsunfällen und Berufskrankheiten beschränkt.[188]

2.4
Zusammenfassung und Zwischenergebnisse

Die hier vorgestellten Rahmenbedingungen sind gewissermaßen als exogen vorgegebene Variablen beim Aufbau eines Integrierten Managementsystems (IMS) zu berücksichtigen. Dies begründet sich zunächst aus der grundsätzlichen Anforderung, daß ein Unternehmen sämtliche für sich relevanten gesetzlichen Vorschriften zu kennen und einzuhalten hat. Die Ausführungen haben gezeigt, daß insbesondere auf den Gebieten des Umweltschutzes und der Arbeitssicherheit eine umfangreiche und sehr schwer zu überblickende Regelungsdichte herrscht. Somit wird es u. a. die Aufgabe eines IMS sein, Verfahren festzulegen und aufrechtzuerhalten, mit

---

[186] Vgl. Hahn, P. (1986), S. 11.
[187] Vgl. Mertens, A. (1980), S. 20 f. [Zahlen nach Angaben des VDSI aktualisiert; Anm. d. Verf.]
[188] Vgl. Brock, G. (1997), S. 26.

deren Hilfe der jeweils aktuelle Stand der Gesetze und Verordnungen etc. dem Unternehmen zur Verfügung steht. Zudem ist aus einer gesamtgesellschaftlichen Perspektive bereits an dieser Stelle zu resümieren, daß das Ziel der Vereinfachung und der Komplexitätsreduzierung, welches mit einem IMS verfolgt wird, nicht durch eine geringere *„Leistung"* des Unternehmens auf den jeweiligen Gebieten *„erkauft"* werden kann.

3 Organisationskonzepte

„Aus aller Ordnung entsteht zuletzt Pedanterie; um diese loszuwerden, zerstört man jene, und es geht eine Zeit hin, bis man gewahr wird, daß man wieder Ordnung machen müsse."

JOHANN WOLFGANG VON GOETHE

Als weiterführende Aspekte für den Aufbau und die Weiterentwicklung eines Integrierten Managementsystems der Teilbereiche Qualität, Umweltschutz und Arbeitssicherheit (Kapitel 8 und 9) werden in diesem Kapitel die erforderlichen Grundlagen aus dem Bereich der Organisationstheorie geschaffen. Nach einer kurzen begrifflichen Klärung und einer Darstellung der grundsätzlichen Sichtweisen auf diesem Gebiet (Abschnitt 3.1) erfolgt ein historischer Abriß über die Entwicklung der Organisationstheorie (Abschnitt 3.2). An eine Beschreibung verschiedener Organisationsansätze im Rahmen des systemtheoretischen Ansatzes (Abschnitt 3.3) schließt sich eine Beschreibung der Forschungsrichtung der Organisationsentwicklung an (Abschnitt 3.4). Hierbei wird ein Hauptaugenmerk auf ein wesentliches Element der Organisationsentwicklung gelegt: die Implementierung neuer Methoden. Eine zusammenfassende Darstellung der Ergebnisse (Abschnitt 3.5) schließen das dritte Kapitel ab.

3.1 Definitionen und Sichtweisen

Grundsätzlich lassen sich alternative Definitionen für den Begriff „*Organisation*" finden. Zu unterscheiden ist zwischen einer „*instrumentellen*" und einer „*institutionellen*" Sichtweise. Das instrumentelle Verständnis beschreibt den Gestaltungsprozess des „*Organisierens*", dessen Ergebnis sich in einer festen Struktur der „*Organisation*" manifestiert. Hierbei wird wiederum zwischen dem funktionalen und dem konfigurativen Organisationsbegriff differenziert. Der funktionale Ansatz, basierend auf FAYOL und weiterentwickelt von GUTENBERG, definiert die Organisation als Umsetzungsinstrument und Regelungssystem für die Realisation der Planung und damit als Führungsaufgabe. Die konfigurative Sichtweise, basierend auf KOSIOL, betont hingegen die dauerhafte Strukturierung von Arbeitsprozessen und definiert die Organisation als ein Gerüst im Sinne einer statischen Organisationsstruktur. Die Organisation als Institution und als zusammenhängendes System steht im Fokus des moderneren, institutionellen Organisationsbegriffs.[1]

---

[1] Unter dem Oberbegriff der Organisation werden im Sinne dieser institutionellen Sichtweise sämtliche Einrichtungen wie Krankenhäuser, Schulen, Ministerien etc. zusammengefaßt. Im weiteren Verlauf dieser Arbeit wird der Begriff Organisation, so er im

Vertreter dieser Ausrichtung, wie z. B. MARCH/SIMON identifizieren drei charakterisierende Merkmale einer Organisation: die spezifische Zweckorientierung, die geregelte Arbeitsteilung und die beständigen Grenzen gegenüber ihrer Umwelt.[2] Die Zusammenfassung von Menschen und Maschinen in Unternehmen wird bei GROCHLA als „sozio-technisches System" beschrieben, welches „...als eine Menge von in Beziehung stehenden Menschen und Maschinen [definiert wird], die unter bestimmten Bedingungen nach festgelegten Regeln bestimmte Aufgaben erfüllen sollen."[3] Eine Erweiterung dieser Definition findet sich bei HEIMERL-WAGNER, der Organisationen als „... soziale Konstrukte, [und] Realitätsinterpretationen [versteht], in denen interessenbezogen agiert wird, durch die Komplexität reduziert wird und die ständiger Veränderung unterliegen."[4] Bei diesen neueren Definitionsansätzen werden die Komplexität und der sozio-kulturelle Aspekt der Organisation sowie die inhärente kontinuierliche Veränderung und Entwicklung hervorgehoben. So charakterisiert WOHLGEMUT eine Organisation als „... ein zielbezogenes, relativ dauerhaftes, offenes, sozio-technisches System mit formalen und informalen Strukturen, einem Entstehungs- sowie einem relativ kontinuierlichen Veränderungsprozeß."[5] MORGAN kennzeichnet Organisationen mit Hilfe von Metaphern. Er unterscheidet hierbei neun verschiedene Ansätze, z. B.:[6]

- **Organisation als Maschine**
  Basierend auf dem Bürokratieansatz von MAX WEBER gilt hier die Organisation als geschlossenes System. Bei dieser technisch orientierten Input/Output-Betrachtung wird die Organisation als „Black Box" begriffen. Dabei erfolgt keine Berücksichtigung des einzelnen Individuums.

- **Organisation als Organismus**
  Basierend auf der „General Systems Theorie" von LUDWIG VON BERTALANFFY wird die Organisation als ein komplexes, offenes System betrachtet. Als Netzwerk setzt sie sich aus verschiedenen Subsystemen zusammen. Bei diesem Ansatz wird das Individuum explizit berücksichtigt (s. Abschn. 3.3.1).

- **Organisation als Kultur**
  Hier wird die Abhängigkeit der Organisation vom kulturellen Umfeld hervorgehoben. Die Organisationskultur wird als strategischer Erfolgsfaktor angesehen. Diese Sichtweise ist die Grundlage vieler japanischer Managementmethoden.

Ein Unternehmen zu organisieren bedeutet demnach: Regeln bzgl. der Aufgabenverteilung, der Kompetenzabgrenzung, der Koordination und der Vorgehensweise für möglichst alle anfallenden betrieblichen Vorgänge und Tätigkeiten zu

---

Sinne einer Institutionsbeschreibung verwendet wird, im wesentlichen auf Unternehmen bezogen [Anm. d. Verf.].

[2]   Vgl. Schreyögg, G. (1996), S. 4 ff.

[3]   Vgl. Grochla, E. (1978), S. 10.

[4]   Vgl. Heimerl-Wagner, P. (1992), S. 31.

[5]   Vgl. Wohlgemut, A. C. (1982), S. 37.

[6]   Vgl. Morgan, G. (1986), S. 19 ff.

schaffen. Die Summe dieser Regelungen kann als Organisationsstruktur bezeichnet werden.[7] Wird die Organisation in ihren Interaktionen zu ihrem Umfeld betrachtet, welches ständigen Veränderungen unterliegt, so sind Anpassungs- und Veränderungsprozesse festzustellen, deren Gesamtheit als Organisationsentwicklung bezeichnet werden kann (s. Abschn. 3.4).

3.2
Historische Entwicklung der Organisationskonzepte

Insbesondere in staatlichen, militärischen und kirchlichen Bereichen wurden schon seit Jahrtausenden Überlegungen zur Organisation arbeitsteiliger Systeme angestellt. Auf dem Gebiet der Unternehmensführung erlangte die Organisationsproblematik erst nach der Industriellen Revolution in der Mitte des vorigen Jahrhunderts seine besondere Bedeutung.[8] Parallel zur Entwicklung von der Organisationsform der Manufaktur bis hin zum modernen Großunternehmen hat eine zunehmend wissenschaftliche Auseinandersetzung mit den Fragen der Leitung und Organisation von Betrieben stattgefunden. Ausgangspunkt für die Notwendigkeit der theoretischen Beschäftigung mit diesem Themenkomplex war das immense Ansteigen der Betriebsgrößen im Zusammenhang mit der fortschreitenden Industrialisierung. Waren 1848 bei den KRUPP-WERKEN noch 74 Personen beschäftigt, stieg die Belegschaft in nur 43 Jahren bis 1891/92 auf rund 25.000 an. Damit war eine Unternehmensführung allein durch den Inhaber, wie es bei den Manufakturen noch üblich war, in diesen neu entstandenen Großunternehmen nicht mehr möglich. Es entwickelte sich zunächst eine Gruppe von Führungspersonen um den Inhaber, die sich mit den inzwischen aufgeteilten Führungsinhalten beschäftigte. Im Laufe der Zeit nahmen die Kompetenzen dieser *„Gruppe der Führungspersonen"* stetig zu, so daß die gesamten Führungsaufgaben schrittweise von ihr übernommen werden konnten. Es entstanden Manager, die sich in vielen Fällen weitgehend von den Aufgaben der eigentlichen Eigentümer entfernten und fortan in deren Auftrag die Firmen leiteten. Die Betriebswirtschaftslehre wurde in Deutschland 1906 zum ersten Mal als Fach in die Lehre aufgenommen. Eine ähnliche Entwicklung fand auf diesem Gebiet um die Jahrhundertwende auch in England, Frankreich und in den USA statt. Trotz der parallelen internationalen Entwicklung der betriebswirtschaftlichen Forschung und Lehre bildeten sich in den industrialisierten Ländern sehr unterschiedliche Ansätze von Managementwissenschaften, von denen einige ausgewählte Konzepte und deren Vertreter im folgenden kurz dargestellt werden:[9]

Der Ingenieur FREDERICK W. TAYLOR ist als einer der bedeutendsten Vertreter der frühen betriebswirtschaftlichen Forschung in den USA zu nennen. Um 1910 entstand das *„Scientific Management"*[10], welches unter dem Begriff „Taylorismus"

---

[7] Vgl. Schreyögg, G. (1996), S. 11 f.

[8] Vgl. Haase, E. (1995), S. 34.

[9] Vgl. Rudolph, F. (1994), S. 9 ff.

[10] Vgl. Bleicher, K. (1996), S. 24.

in die Geschichte der Managementwissenschaft einging. Ein wesentlicher Aspekt dieses Ansatzes ist die Erhöhung der Produktivität, durch eine konsequente Zerlegung der Arbeit in viele einfach durchzuführende Teilschritte. Verbunden mit einer Vielzahl von Prinzipien und Instrumenten („Mechanism of Scientific Management") kann dieses Konzept als ein erstes umfassendes Managementsystem angesehen werden. Als „Principles of Scientific Management" wurden vier Grundsätze festgelegt, die in mehr oder weniger modifizierter Form bis heute ihre Geltung besitzen:[11]

1. Entwicklung von festen Regeln durch die Unternehmensleitung zur Gewährleistung eines reibungslosen Produktionsablaufs.
2. Differenzierte Personalauslese und laufende Verbesserung der Fertigkeiten jedes einzelnen Arbeiters.
3. Harmonie zwischen Arbeitgeber und Arbeitnehmer.
4. *„Die Leitung leistet den Teil der Arbeit, zu welchem sie sich am besten eignet, und der Arbeiter den Rest."*[12]

Die systematische Darstellung der Planung und Organisation in einem Großunternehmen war die Pionierarbeit des Franzosen HENRI FAYOL, der 1916 sein Buch *„Administration Industrielle et Générale"* in Paris veröffentlichte. Hierin kritisierte er einige Ansichten TAYLORS und stellte diesen seine „administrative Lehre" gegenüber. Er vertrat die Meinung, daß in einem Unternehmen hauptsächlich sechs Prozesse zu unterscheiden sind: technische, kommerzielle, finanzwirtschaftliche, Sicherheitsmaßnahmen, Rechnungslegung und administrative Vorgänge. Darauf aufbauend entwickelte er die verschiedenen Hierarchiestufen, die er in Anlehnung an das militärische Organisationsverständnis in den Modellen der Linien- und der Stabslinienorganisation abbildete. Je nach Zugehörigkeit zu den unterschiedlichen Stufen, sollen die Fähigkeiten des Personals verstärkt im technischen oder im administrativen Bereich liegen. Eine weitere Erkenntnis FAYOLS ist die Aufteilung des Führungsprozesses in die Phasen Vorausplanung, Organisation, Auftragserteilung, Zuordnung und Kontrolle. Unter der Maxime „Leiten heißt vorausplanen" entwickelte er für das von ihm selbst geleitete Unternehmen Pläne für verschieden lange Zeithorizonte mit unterschiedlich aggregierten Inhalten.[13] Für diese Zehnjahres-, Jahres-, Monats- Wochen- und Tagespläne galt, daß „...alle diese Voranschläge zu einem einzigen Plan verschmolzen (sind), der der Unternehmung als Richtungsweiser dient."[14]

In Deutschland beschäftigte sich das erste Mal ERNST ABBE (1840 bis 1905) im Rahmen seiner Zusammenarbeit mit CARL ZEIß in den Optischen Werken in Jena mit den organisatorischen Problemen der Unternehmensführung.[15]

---

[11] Vgl. Rudolph, F. (1994), S. 12.

[12] ebenda, S. 12.

[13] Vgl. Fayol, H.: Administration industrielle et générale, Paris 1916, zitiert bei Staehle, W.H. (1990), S. 26.

[14] Rudolph, F. (1994), S. 15.

[15] Vgl. ebenda, S. 10 und 15 f.

HENRY FORD prägte mit seinem zu Beginn der zwanziger Jahre in den USA entwickelten und bei der Produktion des *„T-Modells"* erstmals angewendeten Ansatz bis in die achtziger Jahre dieses Jahrhunderts die Organisationsformen im Bereich der Massenfertigung. Die als „Fordismus" bezeichnete Strategie läßt sich im wesentlichen durch folgende Merkmale charakterisieren:[16]

- arbeitsorganisatorisch optimale Anordnung von Menschen und Maschinen bei der Montage uniformer Massenprodukte,
- hohe Typisierung der Produkte,
- Fließfertigung,
- Auswahlverfahren für geeignete Arbeiter,
- vergleichsweise hohe Löhne und niedrige Preise zur Schaffung einer kaufkräftigen Nachfrage sowie
- Verbot der Gewerkschaften in seinen Betrieben.

Eine Gegenbewegung zu diesen rein technisch und organisatorisch orientierten Führungs-theorien etablierte sich Mitte der zwanziger Jahre ebenfalls in den Vereinigten Staaten. Der Mensch als Individuum rückte in den Mittelpunkt der Untersuchungen im Rahmen der *„Human-Relations-Bewegung"*. Einer der wichtigsten Vertreter dieser pragmatisch-beha-vioristisch geprägten Denkweise ist ELTON MAYO, der um 1930 umfangreiche Feldversuche in großen Unternehmen bzgl. des Zusammenhangs zwischen Zufriedenheit und Leistungsbereitschaft der Mitarbeiter durchführte. Eine der bedeutendsten Erkenntnisse dieser Untersuchungen war die Tatsache, daß die Leistungsbereitschaft und -fähigkeit der Mitarbeiter sich deutlich erhöhte, alleine aufgrund des Umstandes, daß sich jemand mit ihren Befindlichkeiten beschäftigte.[17] Diese Ergebnisse führten noch in den fünfziger und sechziger Jahren zu einer umfangreichen Forschung auf dem Gebiet der verhaltenswissenschaftlich geprägten Managementmethoden. Die angewandte Psychologie aus den Schulen um HELLPACH, ROSENSTOCK, MASLOW und HERZBERG fand Eingang in die Managementwissenschaft und führte zu einer Aufspaltung der Lehrmeinungen in zwei große Richtungen.[18] Ein Teil der Wissenschaft beschäftigte sich hauptsächlich mit der Motivation des einzelnen Mitarbeiters (MCGREGOR, LIKERT, GELLERMANN) und lieferte letztendlich die Grundlagen zu den in den siebziger Jahren initiierten Aktionen zur „Humanisierung des Arbeitslebens" (s. Kap. 7, Abschn. 7.2.1).[19]

Bei den Vertretern der anderen Forschungsrichtung stand das Unternehmen als soziales System im Mittelpunkt der Untersuchungen. Aus diesem Zweig entwickelte sich die Systemtheorie. Ziel dieser ganzheitlichen Unternehmensbetrachtung war es, die Erkenntnisse des *„Human-Relations-Ansatzes"* mit den praktischen Erfahrungen aus dem Betriebsalltag zu verbinden. In den fünfziger und

---

[16] Vgl. Ford, H.: *„Mein Leben und Werk"*, Leipzig 1923, zitiert bei Staehle, W.H. (1990), S. 25.
[17] Vgl. Schreyögg, G. (1996), S. 43 ff.
[18] Vgl. Pearson, G. (1992), S. 138;
[19] Vgl. Rudolph, F. (1994), S. 18 ff.

sechziger Jahren griff die systemorientierte Managementlehre die Erkenntnisse der Kybernetik auf (LUDWIG VON BERTALANFFY: allgemeine Systemtheorie, NORBERT WIENER: Kybernetik) und machten sie für die Untersuchungsobjekte der Betriebswirtschaftslehre zugänglich (s. Abschnitt 3.3.1). Die Weiterentwicklung der systemtheoretischen Ansätze mündete in der heute aktuellen Theorie der Organisationsentwicklung, welche die Organisation als flexibles, lernendes und gestaltendes System versteht (s. Abschn. 3.4).[20]

Etwa ab Mitte der siebziger Jahre begann ULRICH an der Hochschule St. Gallen eine integrierte Führungsbetrachtung, innerhalb derer er ganzheitliche Unternehmensansätze zur Entscheidungsunterstützung im Management generierte, welche von BLEICHER zu Beginn der neunziger Jahre zu dem St. Galler Management-Konzept weiterentwickelt wurden (s. Kap. 4).[21]

Die meisten Methoden der Managementwissenschaft seit den siebziger Jahren können unter dem Begriff *„situative Ansätze"* subsumiert werden. Die Grundlage dieser Ausrichtung ist eine empirische Herangehensweise, wodurch die Zusammenhänge zwischen realem Unternehmensumfeld und den daraus resultierenden Anpassungsvorgängen im Unternehmen untersucht werden. Eines der am meisten diskutierten Ergebnisse dieser Forschungsrichtung ist die Aussage „Structure follows Strategy", die bereits 1962 von CHANDLER gemacht wurde.[22] Parallel dazu entwickelten sich bereits während der fünfziger Jahre aus praxisorientierten Einzelanalysen zu Führungsproblemen, welche von Unternehmensberatern durchgeführt wurden, und aus Erfolgsgeschichten (sog. „success stories") verschiedener Unternehmen, wie IBM, INTEL, SONY, APPLE und später MICROSOFT eine Fülle mehr oder weniger ernstzunehmender sog. „Management-Rezepte". Bücher über Praxiserfahrungen dieser erfolgreichen Unternehmen, wie „In Search of Excellence" von PETERS/ WATERMAN avancierten zu lehrbuchähnlichen Standardwerken.[23] Die frühen neunziger Jahre brachten eine Flut von Managementkonzepten japanischer Prägung nach USA und Europa, welche unter den Schlagworten KAIZEN, TQM, Lean Management, fraktale Fabrik, Reengineering etc. eine verstärkte Betrachtung der Qualität von Produkten, Prozessen und Dienstleistungen zum Inhalt haben (s. Kap. 5).

3.3
Systemtheoretische Organisationsansätze

Im folgenden Abschnitt werden die Grundlagen und zwei ausgewählte Ausprägungen sy-stemtheoretischer Organisationsansätze beschrieben. Ein Hauptaugenmerk wird hierbei auf das Verständnis der Wechselwirkungen der einzelnen

---

[20] Vgl. ebenda, S. 21 f.

[21] Vgl. Ulrich, H.: *„Management - eine unverstandene gesellschaftliche Funktion"*, S. 136 ff. in: Siegwart, H./Probst, G.J.B. (Hrsg.), (1983), S. 133-152; Bleicher, K. (1996).

[22] Vgl. Rudolph, F. (1994), S. 23.

[23] Vgl. ebenda, S. 24.

Systemelemente gelegt, welche in Kapitel 4 im Rahmen des St. Galler Management-Konzepts zum Tragen kommen und eine Basis für die Ausführungen zu ganzheitlichen Managementsystemen in Kapitel 8 legen.

3.3.1
Grundlagen der Systemtheorie

Die Beschreibung des Unternehmens als *„soziales System"* geht ursprünglich auf den Nationalökonomen VILFREDO PARETO (1848-1923) zurück. Im Kontext der Managementlehre griff als erster Autor BANARD 1938 das Systemverständis wieder auf und kombinierte sozialwissenschaftliche Erkenntnisse aus der „Human-Relations-Bewegung" mit diesen klassischen Ansätzen. Hierbei postulierte er das organisatorische Gleichgewicht als Voraussetzung für das Überleben von Organisationen, welches neben der formalen Organisation insbesondere durch die Berücksichtigung informaler Gruppenbeziehungen gewährleistet werden könne.[24] Neben den sozialwissenschaftlichen Grundlagen basiert der systemtheoretische Managementansatz auf naturwissenschaftlichen Modellen. Der Biologe BERTALANFFY entwickelte in den dreißiger Jahren eine Theorie der Selbstregulierungsfähigkeit offener biologischer Systeme, welche kombiniert mit den Ansätzen der Kybernetik - der 1948 von dem amerikanischen Mathematiker WIENER mitbegründeten Wissenschaft von der Steuerung und Regelung von Systemen - die normative Basis der interdisziplinär ausgerichteten Systemtheorie bildet.[25]

Die Organisation wird im Rahmen dieser Theorie als evolutionäres System verstanden, welches sich aus Subsystemen zusammensetzt und in komplexen Interaktionen zu seinem Umfeld steht.[26] Das traditionelle Denken in linearen Kausalketten (Ursache-Wirkungs-Analyse) wird dabei abgelöst von einer systemischen, ganzheitlichen Denkweise, welche die Vernetzungen, die wechselseitigen Abhängigkeiten und die dynamischen Interaktionen innerhalb der Subsysteme, zwischen den Subsystemen und dem Gesamtsystem sowie zum externen Unternehmensumfeld betrachtet.[27] Dabei gilt das Grundverständnis der Systemtheorie, wonach das Ganze mehr ist als die Summe seiner Teile.[28] Bei einem harmonisierten Zusammenspiel der Subsysteme entstehen demnach Synergien[29], welche insgesamt zu

---

[24] Vgl. Staehle, W.H. (1990), S. 34.

[25] Vgl. ebenda, S. 40 f.

[26] Vgl. Malik, F. (1993), S. 109 ff.

[27] Vgl. Probst, G.J.B. (1987), S. 32 f.; Ulrich, H./Probst, G.J.B. (1991), S. 19 ff.

[28] Vgl. Bertalanffy, L. v.: *„Vorläufer und Begründer der Systemtheorie"*, S. 18, in: Kurzrock, R. (Hrsg.): Systemtheorie, Bd. 12, Berlin 1972, S. 17-28, zitiert bei Stünzner, L. (1996), S. 39.

[29] Der Begriff „*Synergie"* entstammt dem griechischen Wort „*synergein"* = „*zusammenwirken"*. Synergie wird „*... als Eigenschaft und als Ergebnis von Prozessen aufgefaßt .. und [ist] somit einerseits auf eine Kombination von Verursachungsfaktoren zurückzuführen, andererseits an Wirkkriterien zu messen ..."* Hünerberg, R. (1984), S. 917. Untersuchungsgegenstand der interdisziplinären Forschungsrichtung Synergetik ist das analoge Verhalten äußerst unterschiedlicher Systeme. Dabei wird das Zusammenwirken

einem besseren Ergebnis führen, als separate, nicht vernetzte Lösungen. Der Begriff der Ganzheitlichkeit beinhaltet in diesem Zusammenhang „... *zum einen, daß alle Bereiche, alle Mitarbeiter, das Umfeld etc. eines Unternehmens in die Betrachtung einbezogen werden, um der komplexen Problematik ... gerecht werden zu können. Zum anderen soll hiermit zum Ausdruck gebracht werden, daß eine Übernahme bestimmter Einzelkonzepte (z.B. Quality Circles)*[30] alleine nicht ausreicht. Es besteht die Notwendigkeit, eine auf den speziellen Einzelfall abgestimmte Gesamtkonzeption von Maßnahmen zu verwenden, um eine ... anforderungsgerechte Unternehmensgesamtleistung zu verwirklichen."[31]

Das System wird in diesen Modellen wiederum als eine Zahl von in Wechselwirkung stehenden Elementen beschrieben. Dabei werden geschlossene Systeme, in welche keine Elemente von außen eintreten können, und offene Systeme, bei denen ein Austausch mit dem Umfeld stattfindet, unterschieden. So ist es bei einem offenen System denkbar, daß die Elemente, welche in ihrem Zusammenspiel das Gesamtsystem bilden, einem externen Austausch unterliegen, so daß sich das System nach und nach in seiner Konstitution verändern kann.[32] Die Fähigkeit zur Selbstregulierung führt im Idealfall zu einem Gleichgewichtszustand des Systems, wodurch seine Lebensfähigkeit aufrechterhalten werden kann. Insbesondere bei offenen Systemen besteht das Ziel darin, die externen Umfeldeinflüsse derart auszugleichen, daß sowohl die innere Stabilität als auch die Austauschbeziehungen mit dem Umfeld optimiert werden: „*The continuing goal of a regulatory mechanism is to ensure the survivability of the system. One way to accomplish this is by maintaining the system's equilibrium within a range that will support internal activities and enable the continuation of relations with the environment.*"[33] Dabei besteht das Gleichgewicht nicht in Form eines statischen Zustands, sondern vielmehr in Form eines kontinuierlichen, um das Optimum oszillierenden Anpassungsvorgangs. Diese Anpassung erfolgt durch eine organische Lenkung, welche das Zusammenspiel zwischen intrinsischer Selbstregulierung und gezielter extrinsischer Lenkungseingriffe harmonisiert. Eine Form der Stabilisierung resultiert aus positiven oder negativen Rückkopplungen.

Eine höhere Form der Stabilisierung beherrscht der sog. „*Homöostat*"[34], ein System höherer Ordnung, welches durch Selbstregulierung und -organisation

---

verschiedener Komponenten, über den Aspekt der alleinigen Addition der Teilwirkungen hinaus, beobachtet [Anm. d. Verf.]. Vgl. Hünerberg, R. (1984), S. 917.

[30] Im Rahmen dieser Arbeit werden die hier genannten Einzelkonzepte als Instrumente bezeichnet.   [Anm. d. Verf.]

[31] Coenenberg, A.G./Schmitz, J.: „*Elemente des Qualitätscontrollings*", S. 11 f., in: Wildemann, H. (Hrsg.), (1996a), S. 11-31.

[32] Vgl. Bertalanffy, L. v.: „*Zu einer allgemeinen Systemlehre*", S. 32 und S. 38, in: Bleicher, K. (Hrsg.), (1972), S. 31-45.

[33] Cavaleri, S./Obloj, K. (1993), S. 171.

[34] In Anlehnung an ein von ASHBY konstruiertes Modell des Homöostaten, welcher sich nach einer externen Störung selbst durch ein komplexes Zusammenspiel seiner Elemente in einen Gleichgewichtszustand zurückführen kann, werden alle künstlichen und

befähigt ist, selbst bei außergewöhnlichen, externen Störungen seine Lebensfähigkeit zu bewahren und seine individuellen Zielsetzungen weiter zu verfolgen. Eine Weiterentwicklung des Homöostaten ist das „lebensfähige System" wie es zum Beispiel das Zentralnervensystem des Menschen darstellt (s. Abschn. 3.3.3) und Systeme mit „autopoiëtischer Lenkungsstruktur", welche ihre Elemente selbst erzeugen und die Aufrechterhaltung ihrer Organisationsstruktur bei einem sich wandelnden Umfeld anstreben.[35]

Bei der Übertragung dieses Verständnisses auf die Organisationstheorie kann das Unternehmen als offenes, sozio-technisches, sich stetig an die verändernden Umfeldbedingungen anpassendes (dynamisches) System und als Subsystem innerhalb des gesamtwirtschaftlichen Metasystems angesehen werden. Die Elemente dieses Systems sind Menschen, Betriebsmittel oder deren Kombination. Diese Elemente verarbeiten als Input und erzeugen als Output Informationen, Realgüter und Nominalgüter. Geht der Output eines Elementes wiederum als Input in ein anderes Element ein, entstehen komplexe Güter- bzw. Informa-tionsströme, die untereinander in multiplen Wechselbeziehungen stehen.[36] Zur Reduktion dieser Komplexität in sozialen Systemen müssen leistungsfähige Reduktionsmechanismen entwickelt werden, um eine Grenze zwischen System und Umfeld definieren zu können, so daß schließlich sinnvolle Entscheidungen getroffen werden können. LUHMANN unterscheidet diesbzgl. fünf Reduktionsstrategien:[37]

1. **Subjektivierung**
   (Internalisierung der objektiven Umfeldkomplexität in eine subjektive, das betrachtete System betreffende Komplexität.)
2. **Institutionalisierung**
   (Festlegung verschiedener Verhaltensweisen bei zu erwartenden Umfeldveränderungen zur Reduktion der möglichen Reaktionsalternativen.)
3. **Umweltdifferenzierung**
   (Einteilung des Umfeldes in verschiedene Subsysteme, zur Systemstabilisierung und zur Ableitung von Spezialisierungsstrategien.)
4. **Innendifferenzierung**
   (Aufgliederung des Unternehmens in spezialisierte Teilbereiche zur Steigerung der Lern- und Anpassungsfähigkeit.)

---

natürlichen Systeme, welche eine solche Homöostase bewirken können, Homöostaten genannt. Vgl. Malik, F. (1992), S. 390.

[35] Die bestimmenden Elemente der Autopoiësie sind die Selbstkonstitution der Einheit durch Relationierung der Elemente, die Selbsterzeugung der Elemente und die Selbstreproduktion in einem geschlossenen Kreislauf. Vgl. hierzu Stünzner, L. (1996), S. 46; Gomez, P. (1981), S. 24 f. Zur Theorie der *„autopoiëtischen Lenkungsstruktur"* s. Maturana, H.R./Varela, F.J./Uribe, R.: Autopoiësie: „Die Organisation lebender Systeme", in: Maturana, H.R. (1982), S. 157-169 und Beer, St. (1975), S. 15.

[36] Vgl. Alewell, K./Bleicher, K./Hahn, D.: *„Anwendung des Systemkonzepts auf betriebswirtschaftliche Probleme"*, S. 218 f., in: Bleicher, K. (Hrsg.), (1972), S. 217-221.

[37] Vgl. Luhmann, N. (1968), S. 125 ff.

5. Flexibilisierung der Systemstruktur...
   (...zur Erhaltung einer optimalen Anpassungsfähigkeit an sich ändernde Umfeldbedingungen.)

Dieses Raster erleichtert als Orientierung die theoretische Strukturierung von
Unternehmenssystemen auf einer hochaggregierten Ebene, wobei ein Hauptaugenmerk auf die offene, flexible Systemgestaltung zu legen ist. Der Ansatz ist
jedoch in Bezug auf die mangelnde Berücksichtigung der sozialen Strukturen
innerhalb eines Unternehmens zu kritisieren. Dieser sozialen Komponente ist bei
der Analyse und Gestaltung von Unternehmenssystemen insofern Rechnung zu
tragen, daß sie die Entstehung und Veränderung von Strukturen durch Kommunikations- und Informationsverflechtungen maßgeblich beeinflußt und damit zu einer
permanenten Veränderung der Systemgrenzen beiträgt. So ist die Systemabgrenzung zum Umfeld als ein kontinuierlich stattfindender Prozeß zu verstehen.[38]

3.3.2
Regelkreissystematik

Der Kybernetiker NORBERT WIENER führte 1948 das Konzept der kausalen Rückkopplung (Feedback) ein, welches dazu beitrug, die lineare Ursache-Wirkungs-
Denkweise zu erweitern. Demnach beeinflußt zwar die Ursache zunächst die Wirkung, über den Weg der Rückkopplung entsteht jedoch wiederum eine umgekehrte
Beeinflussung der Ursache durch die Wirkung. Eine eindeutige Abgrenzung zwischen Ursache und Wirkung ist nicht mehr zu vollziehen, da ein Faktor gleichzeitig oder zeitversetzt als Ursache und als Wirkung fungieren kann.[39]
   Die auf betriebswirtschaftliche Fragestellungen angewandte Regelkreissystematik greift das systemorientierte Verständnis auf, wonach ein Unternehmen als
sozio-technisches, ökonomisch ausgerichtetes, dynamisches System verstanden
wird. Das zu steuernde bzw. zu regelnde Unternehmen, bzw. ein entsprechender
Teilbereich des Unternehmens, bildet die Regelstrecke (s. Abb. 3.1). Auf diese,
den Transformationsprozeß darstellende Regelstrecke, wirken zwei Arten von
Inputströmen ein: Zum einen die kontrollierten Inputfaktoren (Rohstoffe, finanzielle Mittel, Humankapital etc.), zum anderen die unbekannten und sporadisch
auftretenden exogenen Störgrößen (Veränderungen des relevanten Umfeldes),
welche mit einem gewissen Zeitverzug den Output determinieren. Sensoren melden den realisierten Output (also die zu regelnde Größe oder auch „*Regelgröße*"
genannt) an den Regler, der darüber hinaus über die Führungsgröße - einer übergeordneten Instanz der Entscheidungsträger - eine Zielvorgabe für die zu realisierende Regelgröße erhält. Diese SOLL-Größe wird vom Regler mit der tatsächlichen Größe (IST-Größe) des Outputs verglichen.

---

[38]   Vgl. Staehle, W.H. (1990), S. 46.
[39]   Vgl. Wiener, N.: Cybernetics - The Theory of Communication and Control, New York
      1948, zitiert bei Guntern, G.: „*Kreativität und das rigorose Chaos - Eine Einführung*",
      S. 28, in: Guntern, G. (Hrsg.), (1995), S. 7-79.

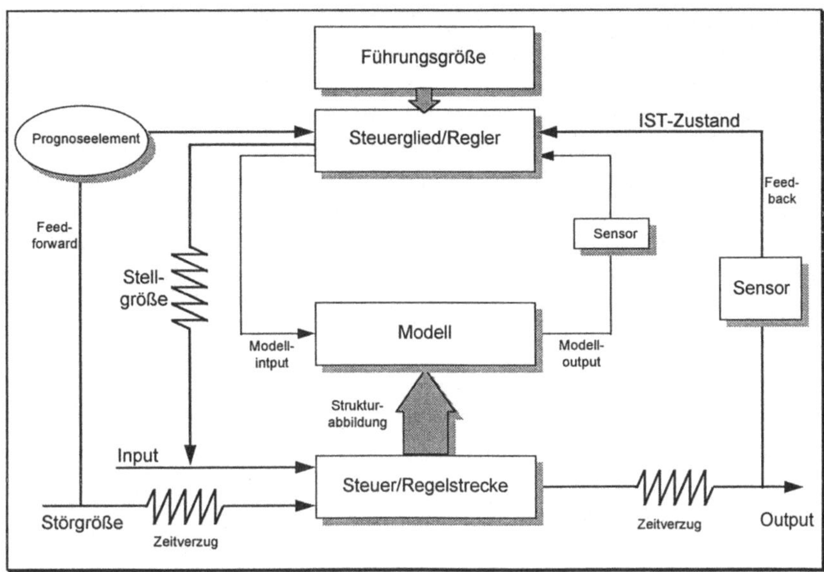

Abb. 3.1. Regelkreis mit Störgrößenaufschaltung und Modellunterstützung
Quelle: Liesegang, D. G./Ullmann, M. (1994), S. 209.

Werden dabei signifikante Abweichungen festgestellt, sind entsprechende Maßnahmen einzuleiten, um bei einem weiteren Durchlauf des Transformationsprozesses den festgelegten Wert wiederherzustellen. Dies geschieht durch eine Stellgröße, welche auf den kontrollierten Input einwirkt. Eine frühzeitige Antizipation
des Systems an die Umfelddynamik kann durch den zusätzlichen Einsatz eines
Prognoseelements ermöglicht werden, welches den Entscheidungsträgern Aussagen über die zu erwarteten Störgrößen liefert. Eine Systemanpassung im vorhinein,
aufgrund einer durch Prognosen geschaffenen Informationsbasis (Feedforward),
wird als Steuerung bezeichnet.[40] Stammt die Information für die Entscheidungsfin-
dung hingegen ausschließlich aus der Auswertung der Ergebnisse aus dem beschriebenen Feedback-Zyklus, handelt es sich um eine reine Regelung. Erst die
Zusammenfassung der beiden Informationsströme als Entscheidungsgrundlage und
damit die Kombination von Steuerungs- und Regelungsprozessen ermöglicht
eine effiziente Lenkung, welche bei Veränderungen des Umfeldes eine optimale
Systemanpassung gewährleistet.[41]

---

[40] Zur Antizipation unternehmerischer Umfeldentwicklungen im Rahmen systemtheoretischer Modelle vgl. Milling, P. (1981), S. 46 ff.

[41] Vgl. Ulrich, H./Probst, G.J.B. (1991), S. 78 ff., Der Begriff der „*Lenkung*" wurde von
der St. Galler Managementschule ursprünglich als Übersetzung des von WIENER verwendeten Ausdrucks „*control*" gewählt. Lenkung wird damit im Zusammenhang der
Organisationstheorie im Sinne der Führung eines Unternehmens verstanden. Vgl.
Ulrich, H. (1984), S. 94. In der Literatur bestehen unterschiedliche Ansichten über den

Eine zusätzliche Erweiterungsmöglichkeit dieses Ansatzes bildet die Einbindung eines Modells, welches den realen Transformationsprozeß abbildet und verschiedene, mögliche Störgrößen simuliert. Bei der Festlegung der Stellgröße können die so generierten Informationen über das Systemverhalten eine weitere Entscheidungsgrundlage für den Regler liefern. Die unternehmerische Realität kann in ihrer Komplexität jedoch nicht durch einen einzigen Regelkreis abgebildet werden. Die bestehenden Verknüpfungen der verschiedenen Subsysteme können als vermaschtes System hierarchisch gegliederter Regelkreise dargestellt werden. Dabei entspricht der gesamte Regelkreis eines Subsystems der Regelstrecke eines übergeordneten Systems.[42]

3.3.3
Modell lebensfähiger Systeme

Auf dem Gebiet der systemtheoretischen Managementforschung ist das „*Modell lebensfähiger Systeme*" von STAFFORD BEER von besonderer Bedeutung. Zum einen legt es eine Basis zur Strukturierung von Führungsaktivitäten, zum anderen werden die Interdependenzen von betrieblichen Subsystemen untereinander und gegenüber dem Gesamtsystem sehr anschaulich modelliert. In Analogie zum menschlichen Zentralnervensystem werden hierbei die folgenden fünf Subsysteme eines Unternehmens unterschieden, wobei jedes System eine identische Struktur aufweist:[43]

System 1:   Leitung von Geschäftseinheiten (sog. Basiseinheiten).

System 2:   Abstimmung und Koordination der Basiseinheiten.

System 3:   Operatives Management (interne Abstimmung zur Erreichung des internen Gleichgewichts).

System 4:   Strategisches Management (System-Umfeld-Abstimmung zur Erreichung des externen Gleichgewichts).

System 5:   Normatives Gleichgewicht (Abstimmung zwischen System 3 und 4).

Diese Systemsicht trägt dazu bei, die Komplexität innerhalb eines Unternehmens zu reduzieren und erleichtert damit die Lenkung einer vernetzten Grundgesamtheit. Das Modell wird durch die folgenden drei Prinzipien geprägt:[44]

Oberbegriff der Lenkung. So wird diese auch als Steuerung bezeichnet, welche dann als Zusammenfassung von Regelung und Lenkung verstanden wird. Vgl. Liesegang, D.G. (1995a), S. 133. Da im Rahmen dieser Arbeit mehrfach auf St. Galler Theorien zurückgegriffen wird, kommt hier die im Text beschriebene Auslegung der Begriffe zur Anwendung [Anm. d. Verf.].

[42]   Vgl. Liesegang, D.G. (1995a), S. 133 ff.; Liesegang, D.G./Ullmann, M. (1994), S. 209 ff.; Baetge, J. (1974), S. 29 f.

[43]   Vgl. Beer, S. (1972), zitiert bei Malik, F. (1992), S. 85 ff.

[44]   Vgl. Malik, F. (1992), S. 98 ff; Möller, J. (1996), S. 94 f.

- Das „*Prinzip der Lebensfähigkeit*" postuliert die Möglichkeit, daß ein System in seiner spezifischen Zustandskonfiguration über einen unbegrenzten Zeitraum hinweg innerhalb eines sich verändernden Umfelds überleben kann.

- Das „*Prinzip der Rekursion*" beschreibt die Selbstähnlichkeit einzelner Systemteile, welche selbst wieder Elemente eines übergeordneten Systems bilden. Vergleichbar mit dem Ansatz der „Fraktale"[45] wird hier festgestellt, daß sowohl Systeme, Subsysteme als auch Super- bzw. Metasysteme jeweils die gleichen oder ähnliche Strukturen aufweisen, unabhängig von ihrer hierarchischen Anordnung im Gesamtsystem.

- Das „*Autonomieprinzip*" besagt, daß die einzelnen Systeme der ersten Ebene eine völlige Verhaltensfreiheit besitzen und sich demnach selbst organisieren. Da es sich bei diesen Systemen wiederum um Teile eines größeren Systems handelt, ist eine gewisse Beeinflussung von Seiten des übergeordneten Systems nicht auszuschließen. Angewendet auf das Gebiet der Organisationstheorie ergibt sich hier die Entscheidung zwischen zentraler und dezentraler Führung, welche nur durch eine unternehmensindividuelle Mischform zu lösen ist.

Das Modell beschreibt die funktionalen Lenkungszusammenhänge innerhalb eines Organismus (dem Unternehmen). Zu beachten ist dabei, daß die fünf Systeme keine Institutionen, wie Abteilungen, Teams etc. darstellen, sondern Gruppierungen von Aktivitäten, welche im Rahmen des Ganzen jeweils eine Funktion wahrnehmen. Auf der **Systemebene 1** wird die operative Abwicklung von Aufträgen im Rahmen eines divisionalen Managements beschrieben. Jede operative Tätigkeit wird jeweils einem System 1 zugeordnet (s. Abb. 3.2). Diese Systeme erster Ordnung koordinieren die entsprechenden Operationen im Rahmen der Selbstorganisation und gleichen sich in ihrem strukturellen Aufbau. Sie stehen im Austausch mit dem für ihre Aktivitäten relevanten Teil des Umfeldes, der wiederum selbst ein Teil des für das Gesamtsystem relevanten Umfelds ist und mit anderen Teilen dieses Gesamtumfeldes verknüpft sein kann.[46]

Das **System 2** dient der Koordination der Divisionen auf der ersten Ebene. Durch die Erfüllung von Controlling-Aufgaben begrenzt es die Eigendynamik der Systeme erster Ebene und generiert Rückkopplungen für das System 3. Damit wird der Entscheidungsfreiheit der Systeme 1 ein Rahmen gegeben, welcher gewährleistet, daß die Operationen im Sinne der übergeordneten Unternehmenspolitik ausgeführt werden, und daß durch Aktivitäten eines System 1 keine Aktivitäten eines anderen System 1 behindert bzw. eingeschränkt werden.[47]

---

[45] Unter dem Begriff *"Fraktal"* wird eine mathematisch-geometrische Beschreibung natürlicher Strukturen bei lebenden Organismen und Materie verstanden, welche sich durch Selbstähnlichkeit und Selbstorganisation kennzeichnen lassen. WARNECKE verwendet diesen Begriff im Rahmen eines Organisationsansatzes der Fabrikorganisation. Die Fraktale sind in diesem Zusammenhang autonome Teams, die selbstverantwortlich arbeiten [Anm. d. Verf.]. Vgl. Warnecke, H. J. (1992a/b).

[46] Vgl. Malik, F. (1992), S. 85.

[47] Vgl. Gomez, P. (1981), S. 93.

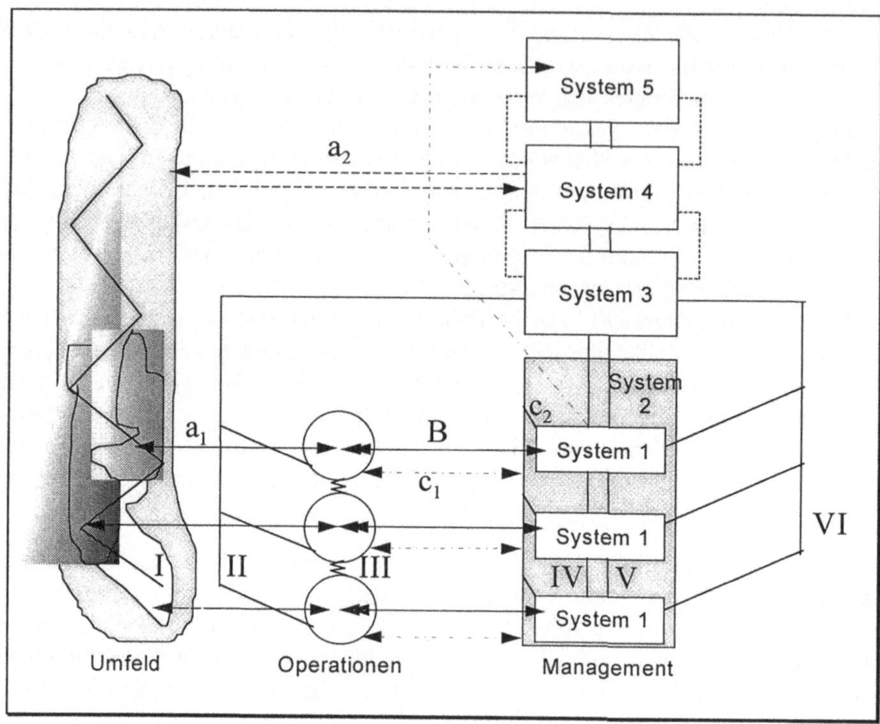

Abb. 3.2. Elemente und Lenkungszusammenhänge des lebensfähigen Systems
Quelle: In Anlehnung an Beer, S. (1990), S. 94 f. und 136 ff.

Die Aufgaben von **System 3** entsprechen dem Tätigkeitsfeld des operativen Managements. Hier wird im Rahmen einer kurzfristigen Planung der Ressourceneinsatz optimiert, ein reibungsloser Ablauf der laufenden Aktivitäten gewährleistet und damit ein Gleichgewichtszustand des gesamten Unternehmens hergestellt. Dabei bedient es sich der Informationen aus den Controlling-Berichten des Systems 2 sowie der Vorgaben aus den Systemen 4 und 5. Im Falle außergewöhnlicher bzw. neuer Tätigkeiten (z. B. Einführung eines Qualitäts-, Umwelt-, Arbeitssicherheitsmanagementsystems) werden spezielle Überwachungen sporadisch durchgeführt. In Abhängigkeit der Ergebnisse werden diese Tätigkeiten weitergeführt und die entsprechenden „*Spezial-Überprüfungen*" institutionalisiert.[48]

Die Funktion des mittel- bis langfristig ausgerichteten strategischen Managements übernimmt das **System 4**. Es ist für die optimale Anpassung des Gesamtsystems an die sich ständig verändernden Umfeldbedingungen verantwortlich. Elemente des strategischen Managements bilden die strategische Planung und eine flexible Organisationsstruktur. Zu beachten sind die möglichen Zielkonflikte zwischen den Systemen 3 und 4. Vom System 4 veranlaßte, langfristig ausgerichtete Investitionsprojekte, welche zukünftige Entwicklungen frühzeitig antizipieren und

---

[48]   Vgl. Beer, S. (1990), S. 82 ff. und S. 134 ff.

sich an der unternehmenspolitischen Gesamtausrichtung orientieren, können so z. B. die Ressourcen für die operativen Aktivitäten der Systeme 1 bis 3 und damit das Geschäftsergebnis kurzfristig schmälern.[49] Die übergeordnete Politik des Gesamtsystems wird auf der normativen Managementebene des **Systems 5** entwickelt. Diese Politik gibt auf Normen und Wertvorstellungen basierende, verbindliche Verhaltensrichtlinien und Leitbilder für die Entwicklungsrichtung aller Systemteile vor, wodurch die Funktion des Ganzen und damit die Lebensfähigkeit des Gesamtsystems aufrechterhalten werden kann. Darüber hinaus findet auf dieser Ebene eine Koordination zwischen strategischem und operativen Management statt. Dieser Eingriff erfolgt jedoch erst, wenn der Abstimmungsprozeß innerhalb der beiden untergeordneten Ebenen nicht zu Kompromissen führt.[50] Diese fünf Systeme werden durch vertikale und horizontale Informationskanäle miteinander verbunden, welche die Interaktionen zwischen den Systemteilen verdeutlichen. Die sechs vertikalen Informationskanäle (I-VI) und die horizontalen Informationsströme (A-C) transportieren folgende Inhalte:[51]

Kanal I: Austausch zwischen den spezifischen Umfeldern der einzelnen Teilsysteme. (Wertewandel in der Gesellschaft, Marktentwicklungen)

Kanal II: Nicht institutionalisierte Überprüfungsberichte über neue bzw. außergewöhnliche Tätigkeiten der einzelnen Divisionen.

Kanal III: Informale Kommunikation zwischen Vertretern der unterschiedlichen Operationen.

Kanal IV: Klassischer Dienstweg mit Alarmfunktion zum Überspringen der Systeme 3 und 4, wodurch System 1 im *„Notfall"* direkt die normative Ebene 5
informieren kann.

Kanal V: Verbindung zwischen den Systemen 1 und 3 zum Zwecke der Aushandlung der Ressourcenallokation <u>ohne</u> Einschaltung von System 2.

Kanal VI: Verbindung zwischen den Systemen 1 und 3 zum Zwecke der Aushandlung der Ressourcenallokation <u>mit</u> Einschaltung von System 2 (Abruf von Controlling-Berichten).

Kanal A: a_1: Austausch zwischen dem spezifischen Umfeld und der entsprechenden Operation.

  a_2: Austausch zwischen Gesamtumfeld und strategischem Management des Systems 4.

Kanal B: Verbindung zwischen den Operationen und der dazugehörigen operativen Managementebene.

Kanal C: c_1: Verbindung zwischen den Operationen und System 2.

  c_2: Verbindung zwischen den operativen Managementebenen und System 2.

---

[49] Vgl. Möller, J. (1996), S. 98.
[50] Vgl. Gomez, P. (1981), S. 101 ff.
[51] Vgl. Möller, J. (1996), S. 98 ff.

3.3.4
Bewertung der vorgestellten Modelle

Die Regelkreissystematik stellt ein Basisinstrumentarium der Systemtheorie dar und wird in einem Unternehmen bei einer Vielzahl von Entscheidungsprozessen angewendet. Selbst wenn dies nicht durch eine explizite Modellierung der Systemzusammenhänge geschieht, können sowohl der allgemeine Managementprozeß als auch der Controlling-Kreislauf als Regelkreis verstanden werden. Jegliche Kontrolle der Produktionsprozesse oder der ausgebrachten Leistungen auf arbeitssicherheits-, umwelt- bzw. qualitätsbezogene Aspekte und die bei Abweichungen eingeleiteten Korrekturmaßnahmen folgen diesem Schema. Somit kann diese Systematik als Grundlage für eine Reihe von Entscheidungsprozessen betrachtet werden. Eine explizite Visualisierung der realen Prozeßabläufe in Form von Regelkreisen trägt dazu bei, die Komplexität der bestehenden Interdependenzen zwischen verschiedenen Elementen oder Subsystemen zu reduzieren. Aufgrund der Darstellung der Zusammenhänge zwischen den einzelnen Systemelementen können bestehende Feedbackschleifen zunächst identifiziert und daraus sinnvolle Ergänzungen institutionalisiert werden, so daß sich das System quasi von selbst steuert. Der modulare Aufbau dieser Systematik bietet ein Instrumentarium zur Verknüpfung und sukzessiven Ergänzung der je nach Problemsituation zu betrachtenden Teilaspekte und einzusetzenden Methoden einer ganzheitlichen Problemlösung.[52]

Der Ansatz der lebensfähigen Systeme entwickelt die relativ einfache Vorgehensweise der Regelkreissystematik weiter, indem ein Schwerpunkt auf die Darstellung der Interdependenzen der Subsysteme in sozialen Systemen gelegt wird. Durch die Definition der verschiedenen Teilsysteme 1-5 und die Darstellung der zwischen ihnen bestehenden Informationskanäle wird eine Strukturierungsgrundlage geschaffen, mit deren Hilfe sich die Komplexität innerhalb eines Gesamtsystems abbilden läßt. Wird diese Systematik als Orientierungsrahmen eingesetzt, bildet die Einordnung real existierender Unternehmensaktivitäten in dieses Raster eine Möglichkeit, die Systemzusammenhänge von einer ganzheitlichen Warte zu betrachten. Durch die so entstehende Erkenntnis über die existierenden Zusammenhänge wird eine Entscheidungsgrundlage für einen umfassenden Führungsansatz aufgebaut. Mit Hilfe dieses Ansatzes können lenkbare Strukturen unter Einbezug der Interdependenzen mit dem jeweiligen Umfeld gestaltet werden, welche zu einer Verbesserung der organisatorischen Leistung des Gesamtsystems beitragen.[53]

---

[52]   Vgl. ebenda, S. 64.

[53]   Vgl. Jackson, M.C.: *„Evaluating the Managerial Significance of the VSM"*, S. 415 f., in: Espejo, R./ Harnden, R. (1989), S. 415-431.

3.4
Organisationsentwicklung

Der Forschungsbereich der Organisationsentwicklung (OE) beschäftigt sich mit den Auslösern von Veränderungen in Unternehmen. Er generiert darüber hinaus ein breites Spektrum an Instrumenten, welche eine zielgerichtete Umsetzung eines geplanten organisatorischen Wandels ermöglichen. Im Rahmen des vorliegenden Grundlagenkapitels nimmt dieser Abschnitt eine wichtige Stellung ein, da er die Basis für die Erklärung verhaltensorientierter Aspekte im St. Galler Management-Konzept (s. Kap. 4, Abschn. 4.2) legt, welches zur Positionsbestimmung in den Teilen B und C dieser Arbeit mehrfach aufgegriffen wird.

3.4.1
Begriffliche Abgrenzung

Die Literatur präsentiert eine Vielzahl sich widersprechender aber auch ergänzender Definitionen für den Begriff der OE. Dies begründet sich vor allem in der normativen Fundierung der OE, welche zwar Methodiken und Interventionstechniken bereitstellt, dabei jedoch einen weiten Interpretationsspielraum eröffnet, der je nach Forschungsausrichtung sehr unterschiedlich ausgefüllt werden kann.[54] So sehen FRENCH und BELL diese in ihrem Grundlagenwerk zum Thema OE „...*als eine langfristige Bemühung, die Problemlösungs- und Erneuerungsprozesse in einer Organisation zu verbessern, vor allem durch eine wirksamere und auf Zusammenarbeit gegründete Steuerung der Unternehmenskultur - unter besonderer Berücksichtigung der Kultur formaler Arbeitsteams - durch die Hilfe eines OE-Beraters oder Katalysators und durch die Anwendung der Theorie und Technologie der angewandten Sozialwissenschaften unter Einbeziehung von Aktionsforschung.*"[55]

HUSE/CUMMINGS sehen OE als „...*Form des geplanten Wandels, bei der unter Verwendung verhaltenswissenschaftlicher Erkenntnisse ein organisatorischer Entwicklungs- und Veränderungsprozeß initiiert und gefördert wird.*"[56] STAEHLE weist bzgl. einer häufig geäußerten Kritik über die mangelnde Theorie der Veränderung im Rahmen der OE darauf hin, daß es sich bei OE um eine angewandte Wissenschaft handelt, welche weniger eine Theoriebildung als die Lösung praktischer Gestaltungsprobleme verfolgt. Er räumt dabei jedoch ein, daß dies letztendlich nicht ohne eine Theorie möglich ist.[57]

Im Rahmen des St. Galler Management-Konzepts (s. Kap. 4) wird OE als „*Unter-nehmungsentwicklung*" bezeichnet. Sie stellt die dynamische Komponente des Konzepts dar. BLEICHER definiert die Unternehmungsentwicklung in diesem Zusammenhang als zeitbezogenes Phänomen der „...Evolution eines ökonomisch

---

[54] Vgl. Richter, M. (1994), S. 17.

[55] French, W.L./Bell, C.H. (1982), S. 31.

[56] Huse, E.F./Cummings, T.G. (1985), zitiert bei Staehle, W.H. (1990), S. 548.

[57] Vgl. Staehle, W.H. (1990), S. 549.

orientierten Systems im Spannungsfeld von Forderungen und Möglichkeiten der Um- und Inwelt."[58] Realisiert wird diese Evolution durch die Bereitstellung und Inanspruchnahme strategischer Erfolgspotentiale, welche der Organisation gegenüber Wettbewerbssystemen einen höheren Nutzen stiften sollen. TREBESCH faßt die am häufigsten mit dem Begriff der OE verbundenen Merkmale in den folgenden Punkten zusammen:[59]

1. Geplanter Wandel: Sozialer und kultureller Wandlungsprozeß verbunden mit einer Veränderungsstrategie.
2. Steigerung der Leistungsfähigkeit eines Systems.
3. Ganzheitlicher Ansatz: Gesamtsystembezogene Perspektive, welche sowohl auf Verhaltens- als auch auf strukturelle Änderungen abzielt.
4. Integration individueller Entwicklung und Bedürfnisse mit den Zielen und Strukturen der Organisation.
5. Aktive Mitwirkung der Betroffenen.
6. Bewußt gestaltetes, methodisches, planmäßiges, gesteuertes Vorgehen.
7. Anwendung sozialwissenschaftlicher Theorien.
8. Intervention durch Spezialisten.

3.4.2
Anlässe organisationaler Veränderungen

Bei der Analyse der Anlässe organisationaler Veränderungen ist zunächst zwischen Veränderungen einer Organisation, welche ungeplant und ohne Zutun der Unternehmensmitglieder vonstatten gehen, und geplanten, zielgerichteten Reformen zu differenzieren.[60] Letztere bilden den Untersuchungsgegenstand der OE. Verschiedene Auslöser der geplanten Organisationsveränderung lassen sich identifizieren, wobei grundsätzlich zwischen den Formen des **intern** und des **extern induzierten** Wandels unterschieden wird. Intern induzierte Anlässe können häufig auf Krisensituationen innerhalb des Unternehmens zurückgeführt werden, welche nur mittelbar aus Änderungen des Unternehmensumfeldes resultieren.

Externe Anlässe ergeben sich aus wahrgenommenen Veränderungen von Teilsegmenten des Unternehmensumfeldes, mit denen das Unternehmen interagiert und die auf das Verhalten des Unternehmens einen großen Einfluß haben.[61] Hierzu zählen absterbende oder neu hinzukommende Geschäftsfelder ebenso, wie verschärfte Gesetze auf dem Gebiet des Umweltschutzes, der Produkthaftung oder des Arbeits- und Gesundheitsschutzes.

---

[58] Bleicher, K. (1996), S. 407.

[59] Vgl. Trebesch, K.: *„50 Definitionen der Organisationsentwicklung - und kein Ende. Oder: Würde Einigkeit stark machen ?"*, S. 42, in: ZfOE, 1 (1982) Nr. 2, S. 37-62, zitiert bei Richter, M. (1994), S. 20 und ergänzt bei Schreyögg, G. (1996), S. 484.

[60] Vgl. Ulrich, H.: *„Reflexionen über Wandel und Management"*, S. 8, in: Gomez, P./Hahn, D./Müller-Stewens, G./Wunderer, R. (Hrsg.), (1994), S. 5-29.

[61] Vgl. Staehle, W.H. (1990), S. 829 f.

Die Notwendigkeit für einen organisatorischen Wandel kann mit Hilfe einer systemtheoretischen Betrachtung der Wechselbeziehungen zwischen der Organisation und ihrem Umfeld verdeutlicht werden. Da zwischen einer Organisation und ihrem Umfeld ein symbiotisches Interaktionsverhältnis besteht, gilt sie so lange als lebensfähig, wie sie von ihrem Umfeld akzeptiert wird. Die Akzeptanz ergibt sich in Abhängigkeit vom jeweiligen Subsystem des Gesamtumfeldes zum einen aufgrund von gelungenen Adaptionsprozessen (Staat, Gesellschaft etc.), zum anderen aufgrund von Anreizen, welche sich deutlich von ähnlich ausgerichteten Organisationen unterscheiden (Anteilseigner, Kunden, Mitarbeiter etc.). Abb. 3.3 zeigt die wesentlichen Einflußelemente des unternehmerischen Umfeldes. BLEICHER unterscheidet darüber hinaus extra- und intrasystemische Umfelder, deren Variablen die organisatorische Gestaltung eines Unternehmens beeinflussen. Diese Variablen stellen in ihrer Gesamtheit den Kontext des betrachteten Organisationssystems dar und stecken den Rahmen der strategischen Handlungsfähigkeit des Unternehmenssystems ab. Das Umfeld - als komplexes, dynamisches System - unterliegt dabei selbst einer kontinuierlichen Veränderung. Daraus ergibt sich für eine Organisation der permanente (extern induzierte) Zwang, sich den veränderten Anforderungen seiner Umgebung anzupassen. Die Problematik der Anpassung resultiert aus den ungewissen Veränderungen des Umfeldes.[62]

Einen anderen Fokus zeigt der Erklärungsansatz für den Zwang der Anpassung einer Organisation an ihr Umfeld beschreibt das Konzept der Anspruchsgruppen (*„stakeholder"*), welches in jüngerer Zeit im Zusammenhang mit der umweltorientierten Ausrichtung von Unternehmen verstärkt diskutiert wird.[63] Das seit den sechziger Jahren in der betriebswirtschaftlichen Literatur existierende Anspruchsgruppenkonzept ist ein verhaltenswissenschaftliches Modell zur Beschreibung komplexer Beziehungsgeflechte zwischen dem Unternehmen und dessen Umfeld. Um sich langfristig erfolgreich auf dem Markt zu behaupten, sind demnach neben der Beachtung rein betriebswirtschaftlicher Größen auch die Berücksichtigung von Ansprüchen unterschiedlicher interner und externer Personengruppen und Institutionen erforderlich.[64] Die Anspruchsgruppen beinhalten diejenigen Gruppen des Unternehmensumfelds, welche ihre Interessen in Form von konkreten Erwartungen und Ansprüchen an das Unternehmen formulieren sowie entweder selbst oder durch entsprechende Interessenvertreter auf die unternehmerische Tätigkeit Einfluß nehmen können und dabei selbst von diesen Tätigkeiten beeinflußt werden.[65]

---

[62] BLEICHER führt hierzu die ökonomischen (z. B. Wirtschaftsordnung), sozio-kulturellen (z. B. Mobilitätsgrad, Wertvorstellungen, Ausbildungsstand), technologischen (z. B. Stand von Forschung und Technik) und sich überlagernden politisch-gesetzlichen (z. B. Rechtssystem) Kontext- bzw. Einflußfaktoren an, welche sich im Zeitablauf mit unterschiedlichen Richtungen und Intensitäten entwickeln können [Anm. d. Verf.]. Vgl. Bleicher, K. (1981), S. 27 ff.

[63] Vgl. Freeman, R.E. (1984).

[64] Vgl. Liesegang, D. G. (1995b), S. 15.

[65] Vgl. Dyllick, T. (1989), S. 43, zitiert bei Janisch, M. (1993), S. 127.

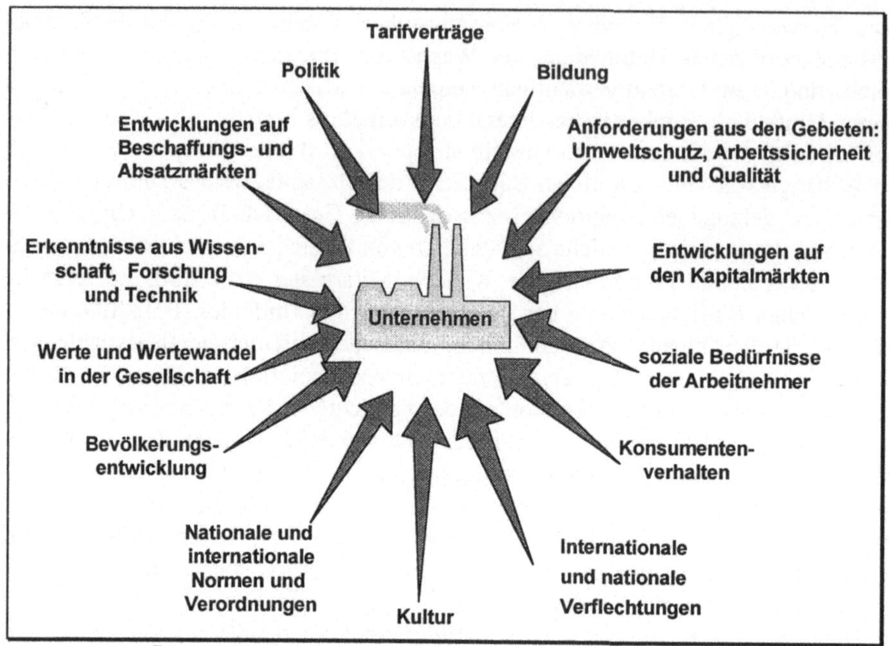

Abb. 3.3.   Umfeldeinflüsse auf das Unternehmen

So beschreibt FREEMAN *„Stakeholder"* als: „ ... any group or individual who can affect or is affected by the achievement of the firm`s objectives".[66] Deren Interessen können als beeinflussende Kontextfaktoren und damit als Auslöser des unternehmerischen Wandels verstanden werden. Zusätzlich zu den unmittelbaren Marktpartnern, den Mitarbeitern, Fremdkapitalgebern und Aktionären, welche seit jeher zu den zu befriedigenden Anspruchsgruppen gezählt haben, werden inzwischen auch andere Akteure in die Betrachtungen mit aufgenommen, z. B. kritische und gegnerische Gruppen (Naturschutzgruppen, Verbraucherverbände, Bürgerinitiativen etc.), welche das Image eines Unternehmens maßgeblich prägen können. Die unterschiedlichen Anspruchsgruppen können als institutionelle Repräsentanten in die drei externen Lenkungssysteme Öffentlichkeit (Staat, Rechtsprechung etc.), Politik (Parteien, Verbände, Gewerkschaften etc.) und Markt (Kunden, Lieferanten, Wettbewerb etc.) eingeordnet werden.[67] Nach dem „Stakeholder-Konzept" kann die Unternehmenslegitimität[68] nur durch Rücksichtnahme auf die gesellschaftlichen Anspruchsgruppen gesichert werden.[69] In diesem

---

[66]   Freeman, R.E. (1984), S. 25 ff.

[67]   Vgl. Dyllick, T./Belz, F./Schneidewind, U. (1997), S. 27.

[68]   Unter Unternehmenslegitimität versteht STAHLMANN *„das Ausmaß der Übereinstimmung von Unternehmensaktivitäten mit den Werten übergeordneter Systeme".* Stahlmann, V. (1994), S. 28.

[69]   Vgl. Stahlmann, V. (1994), S. 27 f.

Zusammenhang sollte das Unternehmen die sich in gewissen Zyklen ändernden Bedürfnisse der unterschiedlichen Anspruchsgruppen identifizieren, um aus diesen Informationen vernünftige politische Entscheidungen dahingehend abzuleiten, auf welche Ansprüche sie eingehen möchte und bei welchen sie es sich „leisten" kann, sie zu ignorieren.[70] Eine ernsthafte Auseinandersetzung mit dem gesamten Unternehmensumfeld, verbunden mit einer auf den offenen Dialog ausgerichteten Informationspolitik, ist jedoch die Grundlage einer nach innen und außen gerichteten, glaubwürdigen Unternehmenspolitik.[71]

3.4.3
Zielsetzungen des Wandels

Der bereits seit den späten sechziger Jahren in der Gesellschaft stattfindende, häufig zitierte Wertewandel hat gerade in Verbindung mit der seit den achtziger Jahren verstärkt geführten Umweltschutzdiskussion zu einem neuen Verständnis über die generelle Zielsetzung der Unternehmensausrichtung geführt. Das traditionell angestrebte, rein quantitative, sich ausschließlich an Ergebnissen orientierende Wachstum soll spätestens seit den Ermahnungen von MEADOWS/MEADOWS in den „*Grenzen des Wachstums*"[72] durch qualitative Aspekte ergänzt und zumindest teilweise ersetzt werden. Der Terminus „qualitativ" beschreibt hierbei nicht nur die Verbesserung im Sinne von meßbaren Qualitätsaspekten, wie die Haltbarkeit und Handhabbarkeit von Produkten, sondern auch eine qualitative Verbesserung der Umweltleistung, damit verbunden eine Verminderung von Umwelt- und Gesundheitsrisiken sowie eine Verbesserung der Arbeitssicherheits- und Gesundheitsschutzsituation innerhalb des Unternehmens. Organisationswandel basiert damit nicht mehr auf der Zielsetzung einer reinen Gewinnsteigerung auf kurzfristigen Märkten.

Aus dieser veränderten Sichtweise resultiert eine Umorientierung der Forschungsrichtung auf diesem Gebiet: Nicht mehr die Suche nach der idealen Organisationsstruktur steht im Fokus der Analysen. Vielmehr wird die Gewährleistung einer in spezifischen, jedoch sich verändernden Umweltsituationen erforderlichen Flexibilität angestrebt, wodurch letztendlich stabile Unternehmenssysteme generiert werden sollen.[73]

Darüber hinaus wird eine doppelte Zielsetzung gleichrangig verfolgt: Zum einen soll die Leistungsfähigkeit der Organisation gestärkt, zum anderen die Qualität des Arbeitslebens für die in ihr tätigen Menschen verbessert werden. Eine Förderung der sozialen Kompetenz der Mitarbeiter einschließlich der Unternehmensführung bildet als Baustein zur Realisierung dieser umfassenden

---

[70] Vgl. Pfriem, R.: „*Umweltpolitik und Umweltleitlinien*", S. 73 f. in: Fichter, K. (1995), S. 71-84.

[71] Vgl. Meffert, H./Kirchgeorg, M. (1998), S. 25 f. u. 316 ff.

[72] Vgl. Meadows, D.L./Meadows, D.H. (1974); Meadows, D.L./Meadows, D.H. (1992).

[73] Vgl. Heimerl-Wagner, P. (1992), S. 68.

Veränderungen ein weiteres Entwicklungsziel.[74] Die Organisationsentwicklung visiert demzufolge einen kontinuierlichen Entwicklungsprozeß an, wobei die ganzheitliche Perspektive nicht verlassen wird, so daß Mensch, Organisation, Umwelt und Zeit in ihren Wechselwirkungen und Systemzusammenhängen betrachtet werden.[75]

3.4.4
Lernende Organisationen

Die vorangegangenen Ausführungen haben gezeigt, daß eine Organisation sich den veränderten Umfeldbedingungen kontinuierlich anpassen muß, um seine Wettbewerbsfähigkeit zu erhalten. Eine wesentliche Grundlage der strategischen Organisationsentwicklung und die Voraussetzung jeglicher Verbesserung ist dabei das individuelle und organisationale Lernen.[76] Lernen bedeutet hierbei die Fähigkeit, *„... Erfahrungen und Erkenntnisse anzusammeln, welche dazu dienen können, das Verhalten möglichst optimal auf die Entwicklung des Umfeldes einzustellen ... "*[77]

Wird diese Begabung des Individuums auf eine ganze Organisation übertragen, so wird von einer lernfähigen bzw. lernenden Organisation gesprochen. Organisationales Lernen - das Lernen in und von Organisationen - erfordert somit nicht nur, " ...daß einzelne Mitglieder einer Organisation lernen, sondern daß sie ihre Informationsbasis einander zugänglich machen, ... ,daß sie die Erkenntnisse aus den neuen Informationen miteinander abstimmen und sich über Verhaltensänderungen so einigen, daß sich die spezifischen Verhaltensbereiche, für die sie verantwortlich sind (z. B. in Forschung und Entwicklung, Marketing und Vertrieb), gegenseitig unterstützen."[78] Diesen Überlegungen liegt die systemtheoretische Erkenntnis zugrunde, daß durch eine intelligente Organisation von Wissen Synergieeffekte erzielt werden können, die weit über die Lern- und Leistungspotentiale eines

---

[74] Vgl. Goleman, D. (1997), S. 190 f.

[75] Vgl. Heimerl-Wagner, P. (1992), S. 81-82.

[76] Die Abgrenzung von Organisationsentwicklung und organisationalem Lernen ist nur schwer möglich. In der Literatur werden diese Begriffe häufig synonym verwendet (vgl. Heimerl-Wagner, P. (1992)). Zudem unterscheiden sich die Ansätze des organisationalen Lernens z. B. von Argyris, C./Schön, D.A. (1978), Senge, P.M. (1990) oder Garrat, B. (1990) nur unwesentlich von Konzepten der Organisationsentwicklung. Wiegand verwendet das organisationale Lernen als konzeptionellen Bezugsrahmen zur Analyse von Veränderungsprozessen in Organisationen (vgl. Wiegand, M.(1995), S. 152 ff.). Schreyögg, G. (1996) sieht organisatorisches Lernen als erweiterte Theorie organisatorischen Wandels. Im Rahmen dieser Arbeit wird das organisationale Lernen als Instrument zur Umsetzung und Aufrechterhaltung neuer Konzepte bzw. Managementsysteme verstanden. [Anm. d. Verf.]

[77] Liesegang, D.G. (1995 a), S. 128.

[78] Sommerlatte, T.: *„Lernende Organisationen"*, S. 118, in: Fuchs, J. (Hrsg.), (1994), S. 115-122; Duncan, R./Weiss, A.: *"Organizational Learning: implications for organizational design."*, S. 89, in: Research in Organizational Behaviour, vol. 1, S. 75-123, 1979, zitiert bei Geißler, H. (1994), S. 29.

additiv vermehrten Individualwissens hinausgehen.[79] Die Ergebnisse dieser kollektiven Lernprozesse sind für das Ganze sinnvoll und nützlich und können von den Organisationen als Wissen und Fähigkeiten, unabhängig von ihren Mitgliedern, gespeichert werden.[80]

ARGYRIS/SCHÖN definieren in ihrem systemtheoretischen Ansatz drei Ebenen des Lernens innerhalb einer Organisation. Das *„Single Loop-Learning"* postuliert zunächst einen bestehenden „richtigen" Systemzustand („theory in use" - kollektive Handlungstheorie) als Lernkontext, der nicht hinterfragt wird und welchen es bei verändertem Umfeld aufrechtzuerhalten gilt. Werden durch Feedback-Schleifen Abweichungen von diesem Zustand festgestellt, müssen diese korrigiert werden. Hierbei handelt es sich um operative Anpassungen, welche von Individuen geleistet werden. Eine Weiterentwicklung stellt das „Double Loop-Learning" dar. Hier steht die Führungsgröße selbst zur Disposition, so daß der Lernkontext bei sich ändernden Umfeldbedingungen geändert werden kann. Dabei ist zumeist ein Konfliktbewältigungsprozeß zwischen den Organisationsmitgliedern bzw. zwischen der Organisation und ihren relevanten Anspruchsgruppen erforderlich. Eine Erweiterung dieser beiden Methoden erfolgt über die Definition einer Meta-Ebene, welche bei diesem Ansatz als „Deutero-Learning" bezeichnet wird. Im Sinne eines „Lernen des Lernens" werden Lernkontext, Lernverhalten, Lernerfolge und -mißerfolge vergangener Lernprozesse reflektiert, um daraus das zukünftige Lernverhalten zu optimieren.[81] Dieser Ansatz geht von einem Erfahrungslernen des Individuums aus. Demnach sind folgende Formen des Lernens zu differenzieren:[82]

- Lernen durch Erfahrung,[83]
- Vermitteltes Lernen/Lernen durch Einsicht,
- Lernen durch Inkorporation neuer Wissensbestände und
- Selbstreferentielle Generierung neuen Wissens.

Zu beachten ist, daß eine quantitative Erweiterung des organisatorischen Wissens noch nicht dem organisationalen Lernen entspricht. Dies ist erst der

---

[79] Vgl. Wildemann, H.: *„Wettbewerbsvorteile durch schnell lernende Unternehmen"*, S. 21, in Wildemann, H. (Hrsg.), (1996 b), S. 17-31; Probst, G.J.B./Büchl, B. (1994).

[80] Vgl. Probst, G.J.B.: *„Organisationales Lernen Bewältigung von Wandel."*, S. 302, in: Gomez, P./Hahn, D./Müller-Stewens, G./Wunderer, R. (Hrsg.), (1994), S. 295-320.

[81] Vgl. Argyris, C./Schön, D.A. (1978), S. 18 ff.

[82] Vgl. Schreyögg, G. (1996), S. 522 ff.

[83] Der Ansatz basiert auf dem behavioristischen Stimulus-Response-Paradigma, wonach ein Lernprozeß dann stattgefunden hat, wenn ein Individuum auf einen ähnlichen Reiz in signifikant abweichender Weise reagiert. (Vergleichbar mit der Methode des *„trial and error"* oder des *„Learning by doing"*. Vgl. Schreyögg, G. (1996), S. 512; Levitt, B./March, J.G.: *"Organizational Learning"*, S. 321 ff., in: Annual Review of Sociology 14 (1988), S. 319-340, zitiert bei Schreyögg, G. (1996), S. 523. Auf Unternehmen erstmals angewendet von MARCH/OLSEN [Anm. d. Verf.] Vgl. March, J.G./Olsen, J.P., (1979), S. 12 ff.

Fall, wenn eine selbstreferentielle Restrukturierung der Wissensbasis erfolgt.[84] SCHREYÖGG/NOSS sehen das organisatorische Lernen als erweiterte Theorie des organisatorischen Wandels und identifizieren zwischen beiden Konzepten folgende Unterschiede (s. Tabelle 3.1).[85] Wird eine derartige theoretische Abgrenzung zwischen OE und dem Konzept der lernenden Organisation vollzogen, werden einige Ansätze aus der OE obsolet. OE kann in diesem Fall nur ein Instrumentarium bereitstellen, um bei Kommunikationsabbrüchen oder unüberwindbaren Blockaden zwischen den Subsystemen einer Organisation Hilfe zu leisten.[86]

Eine Grundvoraussetzung dafür, daß sich die Organisation (als Institution) entwickeln kann, besteht zunächst darin, daß sich die Einstellungen der Organisationsmitglieder ändern.[87]

Hierzu ist der Aufbau einer permanenten Veränderungsbereitschaft erforderlich, welche zum einen gewährleistet, daß ein sog. *„Unfreezing"* - also ein „Auftauen" der verkrusteten Strukturen - stattfinden kann[88], zum anderen, daß eine individuelle Lernbereitschaft der Mitarbeiter besteht.[89] Dabei gilt es zu beachten, daß bzgl. der gesamtorganisationalen Veränderungsbereitschaft die bestehenden Strukturen und Denkmuster - also die übergeordneten paradigmatischen Regeln - in Frage gestellt werden müssen, um eine Neuentwicklung und Weitergabe von Wissen in der Organisation, welches das gesamte Organisationswissen begründet, zu ermöglichen.[90] Die Veränderung der Einstellungen erfolgt sowohl auf einer nur schwer zu steuernden affektiven Ebene, als auch auf einer kognitiven Ebene, auf der das Abweichen von Denkmustern durch Lernvorgänge erfolgen kann.

Tabelle 3.1. Wandelbegriffe im Vergleich
Quelle: Schreyögg, G./Noss, C. (1995), S. 179

Organisationsentwicklung	**Lernende Organisation**
1. Wandel als Sonderfall/Ausnahme 2. Wandel als separates Problem 3. Direktsteuerung des Wandels 4. Wandel durch (externe) Experten; Organisation als Klient	1. Wandel als Normalfall 2. Wandel endogen, Teil der Systemprozesse 3. Indirekte Steuerung des Wandels 4. Wandel als generelle Kompetenz der Organisation

---

[84] Vgl. Schreyögg, G. (1996), S. 527.
[85] Vgl. Schreyögg, G./Noss, C. (1995), S. 169 ff.
[86] Vgl. Schreyögg, G. (1996), S. 533 f.
[87] Vgl. Grochla, E./Förster, G. (1977), S. 8.
[88] Vgl. Lewin, K. (1963).
[89] Vgl. Schreyögg, G. (1996), S. 529.
[90] Vgl. Geißler, H. (1994), S. 32.

Der Aufbau einer sog. (kollektiven) Lernkultur - also der Pflege des Lernens im Unternehmen - erleichtert dem einzelnen Mitarbeiter die permanente Beschäftigung mit Neuem und prägt so das individuelle Lernverhalten.[91] Lernen kann damit als Teil der Unternehmenskultur verstanden werden, da die Lerninhalte nicht nur auf technische Kompetenzen ausgerichtet sind, sondern auch auf die Bildung einer Gesamtheit an Werten und Normen, welche die Integration und Identifikation des Einzelnen mit der Organisation sowie die Beziehungen des Gesamtsystems zum Organisationsumfeld bestimmen[92] (s. „Verhaltenssäule" im St. Galler Management-Konzept, Kap. 4 Abschn. 4.2.3.3).

Managementkonzepte wie KAIZEN oder TQM (s. Kap. 5) betonen die Bedeutung des organisationalen Lernens als Grundlage der Veränderungsprozesse.[93] Auch im Rahmen der Managementsystem-Einführung bildet das Wissen, das Verständnis und die Einsicht der Mitarbeiter die unerläßliche Basis einer erfolgreichen Implementierung.[94] Im Falle von umweltbezogenen Lerneffekten, welche eine grundsätzliche Infragestellung gewohnter Zielsysteme erfordert, spielt das Lernen zwischen Organisationen (Inter-organisationales Lernen[95]) eine besondere Rolle. So sind freiwillige Beteiligungen an Zertifizierungssystemen, z. B. an der EG-Öko-Audit-Verordnung, ohne eine Veränderung von Grundannahmen ganzer Branchen oder sogar gesamter Volkswirtschaften nicht zu realisieren. Der Austausch von Wissen zwischen verschiedenen Unternehmen erleichtert zudem den Umgang mit derartigen Systemanforderungen.

3.4.5
Phasen der Organisationsentwicklung

In Anlehnung an biologische Entwicklungsprozesse werden Organisationen typische Entwicklungsphasen, sog. „Lebensphasen" zugeordnet. Bei Übergängen in eine neue Phase kommt es häufig, bedingt durch eine erforderliche Neuorientierung, zu krisenhaften Situationen innerhalb der Organisation.[96] In Anlehnung an das Modell der Unternehmensentwicklung innerhalb des St. Galler Management-Konzepts (s. Kap. 4) unterscheiden PÜMPIN/PRANGE vier idealtypische Unternehmenskonfigurationen, welche gleichzeitig typische Phasen der Unternehmensentwicklung beschreiben (hier erfolgt eine Erweiterung um Phase 5):[97]

---

91   Vgl. Sonntag, K. (1996), S. 41 ff.
92   Vgl. Heimerl-Wagner, P. (1992), S. 3.
93   Vgl. Schäfer, M. (1997), S. 40 f.
94   Vgl. Winter, M. (1997), S. 97 ff.
95   Vgl. Prange, C.: „*Interorganisationales Lernen: Lernen in, von und zwischen Organisationen*", in Schreyögg, G./Conrad, P. (Hrsg.), (1996), S. 163-189; Wiegand, M.(1995), S. 517 ff.
96   Vgl. Heimerl-Wagner, P. (1992), S. 47 f.
97   Vgl. Pümpin, C./Prange, J. (1991), S. 83 ff.

1. Pionierphase

Das Pionier-Unternehmen weist eine relativ niedrige Komplexität auf, da es in bezug auf Umsatz und Mitarbeiterzahl typischerweise klein ist, ein schmales Produktprogramm anbietet, nur wenige Kunden bedient und seine Produkte über wenige Vertriebskanäle absetzt. In dieser Gründungsphase besteht eine starke Identifikation der Mitarbeiter mit einer meist starken (SCHUMPETER`schen-) Gründerpersönlichkeit. Es dominiert die Intuition und Improvisation bei der Entscheidungsfindung. Es besteht noch keine klare Organisationsstruktur. Die Mitarbeiter sind sehr motiviert und sehen den Sinn und die Ziele ihrer Arbeit.

2. Wachstumsphase

Diese Phase ist durch eine massive Expansion der Geschäftstätigkeiten gekennzeichnet. Dabei kommt es zu einer formalen Strukturierung des Unternehmens und einer Standardisierung von verschiedenen Abläufen. Es erfolgt eine Ausrichtung auf eine betriebswirtschaftliche und technische Denkweise. Die Nutzung des Erfahrungskurven-Effektes führt dabei zu einer Ausschöpfung von Kostensenkungspotentialen.

3. Reifephase

In dieser Phase herrscht Stabilität in bezug auf das Geschäftsvolumen, auf die Prozeßbeherrschung und auf das finanzielle Ergebnis. Es existiert ein funktionsfähiger und eingespielter Apparat. Niedrige Stückkosten durch die „Economies of Scale" und ein hoher „Free Cash-flow" führen zu einer relativ günstigen Finanzsituation. Die Verbindungen zu Kunden und Lieferanten haben sich eingespielt, und es besteht ein hohes Know-how in bezug auf Märkte, Technologien und Distributionskanäle.

4. Wendephase

In dieser Phase entsteht eine mangelnde Flexibilität bei der Anpassung an veränderte Umweltdaten. Der Aufbau von Barrieren gegen Innovationen, zunehmende Machtkämpfe im Top-Management und eine steigende Risikoaversion führen zu einer kurzfristigen, quantitativen Ergebnisorientierung der Geschäftsleitung. Die Motivation der Mitarbeiter ist gering.

5. Veränderungs- bzw. Integrationsphase[98]

Die Notwendigkeit des Wandels wird erkannt. Es erfolgt ein Aufbau eines gemeinsamen Selbstverständnisses z. B. im Rahmen einer "Corporate Identity". Es entsteht eine verstärkte Orientierung an neueren Managementmethoden. Ziele wie Kundenorientierung, der Übergang zu einer Selbstorganisation teilautonomer Gruppen, Teamarbeit, Beteiligung der Mitarbeiter an Entscheidungsprozessen, Innovationen auf Basis von Marketingkonzepten und allgemein flexiblere Abläufe in allen Bereichen werden angestrebt.

Diese Darstellung von Entwicklungsphasen überträgt das Lebenszyklus-Konzept von Produkten auf die gesamte Organisation (s. Abb. 3.4).[99] In Analogie dazu

---

[98]   Vgl. Heimerl-Wagner, P. (1992), S. 51.
[99]   Vgl. Wöhe, G. (1986), S. 626 ff.

erscheint es sinnvoll, die Phasen 1-4 um eine fünfte Phase der Veränderung zu erweitern, um einen Erneuerung des Gesamtunternehmens zu ermöglichen. Unterbleibt diese Veränderung wird sich das Unternehmen zumeist über eine Versteinerungsphase hin zu einem Absterben, in diesem Falle zu einem Marktaustritt entwickeln (die kleinen gestrichelten Linien in Abb. 3.4 deuten auf ein frühzeitiges Absterben hin). Abhängig von der jeweiligen Phase, in der sich das Unternehmen befindet, müssen unterschiedliche, phasengerechte Führungsmethoden zur Anwendung kommen.[100] Im Rahmen dieser Arbeit werden insbesondere die Veränderungsprozesse in Phase fünf betrachtet. Dabei muß das Unternehmen nicht zwangsläufig den „*Zenit*" der Reifephase überwunden haben, vielmehr ist es denkbar, daß ein rechtzeitiges Erkennen des sich massiv wandelnden Umfeldes schon in früheren Phasen, spätestens jedoch in der Reifephase zu einer Veränderung führt (in Abb. 3.4 dargestellt durch den vorgezogenen, bereits nach der Wachstumsphase ansetzenden Verlauf der Veränderungsphase).

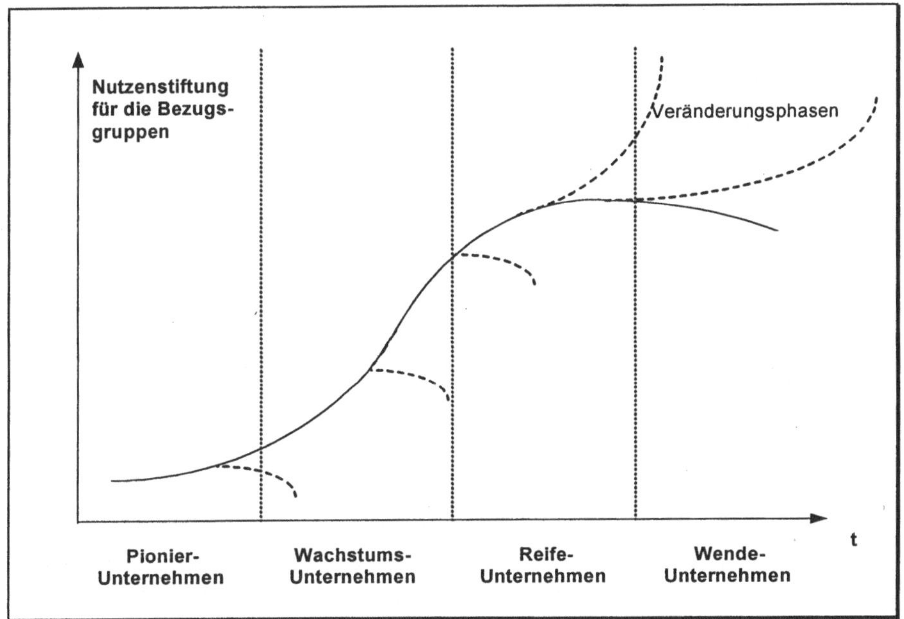

Abb. 3.4. Der Unternehmens-Lebenszyklus
Quelle: in Anlehnung an Pümpin, C./Prange, J. (1991), S. 135.

---

[100] Vgl. Mugler, J.: „*Lebenszyklus und Besonderheiten von Klein- und Mittelunternehmen*", S. 222 f., in: Mugler, J./Belak, J./Kajzer, S. (Hrsg.), (1996), S. 222-224.

3.4.6 Phasen des Veränderungsprozesses

Bei der Einführung und Integration von Managementsystemen handelt es sich nach dem im vorigen Abschnitt beschriebenen Phasenmodell um die Phase 5, welche hier einer näheren Betrachtung unterzogen wird. Dieser Veränderungsprozeß läßt sich wiederum in folgende Teilphasen unterteilen:[101]

1. Ist-Analyse
2. Zielsetzung bzw. Projektdefinition
3. Generierung von alternativen organisatorischen Lösungen
4. Bewertung der alternativen Lösungen
5. Implementierung
6. Kontrolle und (eventuell) Einleitung von Korrekturmaßnahmen

Werden die Punkte 2-4 als Konzeptionsphase zusammengefaßt, lassen sich die Phasen Diagnose, Konzeption, Implementierung und Kontrolle unterscheiden. Es handelt sich hierbei jedoch nicht um eine lineare Abfolge dieser Schritte, sondern um einen kontinuierlich ablaufenden, iterativen Prozeß. Die Ergebnisse des letzten Kontrollschrittes beeinflussen die Konzeption des nachfolgenden Durchlaufs, so daß eine Rückkopplung die Regelung des Gesamtsystems gewährleistet.[102] Der hier beschriebene Ablauf des Veränderungsprozesses wird in den folgenden Kapiteln auf die Problemstellung der Zusammenführung von Teilmanagementsystemen modifiziert. Er entspricht dem klassischen Ablauf eines Controlling-Prozesses, welcher sich ebenfalls in den später zu integrierenden, standardisierten Managementsystemen wiederfindet. Die einzelnen Phasen lassen sich wie folgt skizzieren:

Die Aufgabe der **Diagnose** besteht, nach einer grundsätzlichen Definition der angestrebten Zielrichtung des Wandels, in der Feststellung des momentanen IST-Zustandes des Unternehmens. Dabei werden folgende idealtypische Schritte durchlaufen:[103]

- Sammlung von „*harten*" und „weichen" Daten (Symptomen),
- Generierung von Informationen aus den Daten zur Interpretation (Ursachen) und
- Kombination der Informationen zu einem Gesamtbild der Lage (Szenario).

Im Gegensatz zu der klassischen Analyse liegt das Ziel hier nicht nur in der Ermittlung der objektiv gegebenen Situation und der Sammlung quantifizierbarer Daten. Gleichzeitig werden bei der Bestandsaufnahme die Befindlichkeiten der Betroffenen berücksichtigt und dabei deren Bewußtsein für die momentane Lage geschärft. Eine der Diagnose vorgeschaltete Informationsveranstaltung der obersten Führungsebene, an der alle Mitarbeiter teilnehmen sollten, klärt die

---

[101] Vgl. Kieser, A.: *„Änderungen der formalen Organisationsstruktur in Organisations-entwicklungsprozessen"*, S. 44, in: Frese, E./Schmitz, P./Szyperski, N. (Hrsg.), (1981), S. 37-57.

[102] Vgl. Heimerl-Wagner, P. (1992), S. 132 f.

[103] Vgl. ebenda, S. 134.

Beschäftigten über den Sinn und die Vorgehensweise der durchzuführenden Untersuchung auf. Bei der Datensammlung ist auf eine Zusammenarbeit mit den beteiligten Mitarbeitern (zumindest mit Schlüsselpersonen und Meinungsbildnern) zu achten, da eine rein externe Analyse bereits zu Akzeptanzproblemen bei den Organisationsmitgliedern führt. Zudem ist der Betriebsrat in diese Phase einzubinden. Wird ein externer Berater zu dieser Phase hinzugezogen, übernimmt dieser im Idealfall lediglich eine moderierende Funktion. Die aus der Diagnose resultierende Darstellung der Position des Unternehmens zu seinem Umfeld im Sinne potentieller Chancen und Risiken sowie die Feststellung eigener Stärken und Schwächen gehen über die Ergebnisse einer klassischen Datensammlung hinaus, da zusätzlich ein Stimmungsbild der Organisation gezeichnet wird. Zu beachten sind bereits in dieser Phase vor allem die Schnittstellen zwischen den Abteilungen bzw. den verschiedenen Funktionsbereichen. Resultierend aus einem strikten Abteilungsdenken kann oftmals zwischen diesen Teileinheiten eine mangelnde Information und Abstimmung festgestellt werden, wodurch der Bearbeitungsfluß erheblich gestört wird und damit Zeitverzögerungen bei der Bestandsaufnahme entstehen können.

Die Phase der **Konzeption** beschreibt die *„...gedankliche Vorwegnahme der zukünftigen Veränderung".*[104] Hier wird ein Organisationsleitbild erstellt, auf dessen Basis Strategien für die einzelnen Geschäftsbereiche bestimmt werden können. Bei Reorganisationsprozessen, welche eine grundsätzliche Neuorientierung des Unternehmens anstreben, ist eine Einteilung der Organisation in strategische Geschäftsfelder und deren Positionierung in einem IST/SOLL-Portfolio möglich. Auf dessen Grundlage können Strategien bzgl. des zukünftigen Tätigkeitsfeldes und der Entwicklungspotentiale entwickelt werden.[105] Die vorliegende Arbeit beschreibt im Rahmen der Konzeptionsphase die Vorgehensweise innerhalb der verschiedenen Integrationsmöglichkeiten und bietet eine Entscheidungsunterstützung für die unternehmensspezifische Auswahl bzw. Kombination der Integrationsinstrumente (s. Kap. 8).

Die anschließende Einführung des neuen Konzepts im Rahmen der **Implementierungsphase** nimmt eine besondere Stellung ein, da es sich hierbei um eine äußerst sensible Tätigkeit handelt. Der Erfolg der Einführung neuer Managementsysteme bzw. einer Integration bereits bestehender Teilsysteme in das Gesamtsystem des Unternehmens wird maßgeblich von der Einführungsphase bestimmt. Daher wird diese Phase im nachfolgenden Abschnitt detaillierter betrachtet.

Nach der Konzeptimplementierung hat in regelmäßigen zeitlichen Intervallen eine **Kontroll-** und Feedback-Phase zu erfolgen. Die Ergebnisse dieser Audits werden im Rahmen sog. *„Reviews"* der Unternehmensleitung präsentiert. Sie ist somit in der Lage, daraus Rückschlüsse auf die vorgegebene Grundausrichtung des Unternehmens zu ziehen und **eventuelle Korrekturmaßnahmen** einzuleiten. Die Kontrollphase besteht jedoch nicht nur aus sporadischen Überprüfungen, sondern erfolgt zumeist simultan zur Implementierung und im Anschluß daran

---

[104] ebenda, S. 142.
[105] Vgl. Hax, A.C./Majluf, N.S. (1988), S. 159 ff.

prozeßbegleitend, so daß Kontroll- und Diagnosephase nach dem ersten Phasendurchlauf ineinander verschmelzen und als unterstützende Rückkopplung eine kontinuierliche Status-quo-Bestimmung ermöglichen.

3.4.7
Implementierung

Die Implementierung stellt nach BENÖLKEN/GREIPEL per se keine eigentliche Phase dar, sondern sollte vielmehr als kontinuierlicher Prozeß stattfinden: *„...Strategieumsetzung ist...kein isolierter Bestandteil mehr, sondern der gesamte Entwicklungsprozeß einer Unternehmensstrategie wird bereits von Anfang an als permanente Strategieumsetzung begriffen und konzipiert."*[106] Das Ziel dieser Phase besteht in der Integration und der darauf folgenden Anwendung von Plänen, Konzepten und Maßnahmen in ein bestehendes System. Bei der Ausarbeitung von Problemlösungsvorschlägen ist auf die „Verträglichkeit" der neuen Konzepte mit dem betroffenen Unternehmen zu achten. Somit handelt es sich bei der Implementierung im wesentlichen um einen Koordinationsvorgang, bei dem problem- und kontextgerechte Lösungen aufeinander abgestimmt werden.[107] Der Erfolg einer Implementierung zeigt sich schließlich darin, daß sich nach der Beendigung aller Implementierungsmaßnahmen der angestrebte Anwendungsgrad möglichst schnell einstellt.

3.4.7.1
Phasen der Implementierung

Am Beispiel der TQM-Einführung unterscheidet MALORNY die folgenden fünf Phasen der Implementierung, die sich gleichfalls auf die Methodik der Managementsystem-Integration übertragen lassen: Initiierung, Sensibilisierung, Realisierung, Stabilisierung und Exzellenz.[108]

Die **Initiierungsphase** ist durch den Druck auf das Top-Management aufgrund der Ergebnisse aus der Diagnosephase und der Interventionen des externen Beraters oder des internen Projektteams gekennzeichnet. Die Konzeption der einzuführenden Methode existiert bereits als Ergebnis aus der Konzeptionsphase, nun muß die Entscheidung für eine Einführung getroffen und ein Implementierungsweg festgelegt werden.[109]

Hat eine Einigung über die Vorgehensweise der Veränderung stattgefunden, wird in der **Sensibilisierungsphase** mit der Umsetzung begonnen. Das Hauptaugenmerk in dieser Phase besteht in der Überzeugung der betroffenen Mitarbeiter von der Notwendigkeit und dem Verbesserungspotential, welches durch die Veränderung der Strukturen und die einzuführenden Methoden erreicht werden kann,

---

[106] Benölken, H./Greipel, P. (1989), S. 16, zitiert bei Heimerl-Wagner, P. (1992), S. 145.

[107] Vgl. Reiß, M.: *„Implementierung"*, S. 292, in: Corsten, H./Reiß, M. (Hrsg.), (1995), S. 292-301.

[108] Vgl. Malorny, C. (1996 a), S. 352 ff; Malorny, C. (1996 b), S. 782 ff.

[109] Vgl. Schreyögg, G. (1996), S. 485 ff.

sowie in der Schärfung des Problembewußtseins der Beteiligten. Dabei sind auftretende personale Widerstände zu berücksichtigen und so weit wie möglich zu reduzieren.[110] Sowohl das Konzept als auch der Weg der Einführung kann in dieser Phase noch mit einem überschaubaren Aufwand geändert werden.

Hat durch den Einsatz spezieller Instrumente und Methoden (s. Abschn. 3.4.7.3) eine Konkretisierung der Vorgehensweise und Methode stattgefunden, erfolgt in der **Realisierungsphase** die Umsetzung und Anwendung der neuen Strukturen im gesamten Unternehmen. Hierbei sind die neuen Leitmotive der Veränderung auf der Ebene der Unternehmenskultur und damit im Selbstverständnis des Unternehmens zu verankern. Der Bewußtseinswandel bei den Mitarbeitern muß durch flankierende Maßnahmen (Informationsveranstaltungen, Schulungen etc.) gefestigt werden.

Herrscht im Unternehmen nach diesem Schritt die Ansicht, daß der Wandel nun *„bewältigt"* sei, liegt in der Phase der **Stabilisierung** die Hauptaufgabe in der Überwindung der damit einsetzenden Stagnation. Hierbei ist die Umsetzung zu dynamisieren und der Prozeß der Erneuerung auf hohem Niveau weiter voranzutreiben. In diesem Zusammenhang sollte darauf geachtet werden, daß ab diesem Zeitpunkt nur die in den vorangegangenen Phasen erfolgreich angewendeten Maßnahmen und Techniken fortgeführt werden. Die Phase der „Business Excellence" - ein Terminus aus dem Bereich des TQM - führt zu einer Konvergenz sämtlicher Maßnahmen, Elemente, Techniken und Ziele des Unternehmens mit der im Rahmen der Unternehmensphilosophie festgelegten Gesamtausrichtung.[111] Durch die Institutionalisierung des Wandels ist auch diese Phase nicht mit dem Erzielen eines optimalen Zustandes beendet. Vielmehr wird dadurch eine Flexibilität und Aufgeschlossenheit des Unternehmens geschaffen, welche eine zügige Anpassung an die sich ändernden Umfeldsituationen und damit eine kontinuierliche Verbesserung ermöglichen. Eine Überführung dieser Phase auf das Gebiet der Integration von Teilmanagementsystemen ist möglich, dabei gilt es jedoch zu beachten, daß auch hier ein Ende der Integration auf höchstem Niveau nur für eine bestimmte Zeit erreicht werden kann. Sich ändernde endogene und exogene Rahmenbedingungen (z. B. neue Anforderungen von seiten der nationalen und internationalen Gesetzgebung) werden einen kontinuierlichen Durchlauf aller hier beschriebenen Phasen in gewissen zeitlichen Intervallen erfordern.

3.4.7.2
Problemfelder

Generell sind bei der Implementierung neuer Strukturen und Abläufe die bereits bestehenden Strukturen als Ausgangsbasis, Bollwerk gegen „*Neues*" und Herausforderung zugleich zu interpretieren. So bestehen bereits seit langem anerkannte Paradigmen, eine technische Infrastruktur, eine vorhandene Konfiguration, ein festgelegtes Steuerungs- und Koordinationsinstrumentarium, standardisierte

---

[110] Vgl. Malorny, C. (1997), S. 73 f.
[111] Vgl. Malorny, C. (1996 a), S. 367 ff.

Arbeitsabläufe, habitualisierte Verhaltensweisen, verfestigte Rollenerwartungen, besondere Qualifikationen der Mitarbeiter sowie eine in eine bestimmte Richtung entwickelte Arbeitsmotivation.[112] Die bis zur Neueinführung eines modernisierten Managementsystems bestehenden Strukturen sind zuvor ebenso zur Komplexitätsreduktion erarbeitet und auf die bisherigen Zielsysteme zugeschnitten worden. Somit ist ein Hauptaugenmerk bei der Implementierung auf die Berücksichtigung der bestehenden Strukturen und Gegebenheiten zu legen. Dabei ist davon auszugehen, daß diese „alten" Strukturen von den Mitarbeitern vollständig akzeptiert wurden und zur bisherigen Zielerreichung durchaus geeignet waren. Die Neueinführung eines Systems verursacht jedoch tiefe Einschnitte in das Gewohnte und ist bei einer reinen „top down"-Implementierung von einem Großteil der Beschäftigten nur schwer nachvollziehbar. Eines der vorrangigen Prinzipien bei der Implementierung eines Managementsystems ist daher die frühzeitige Einbindung aller betroffenen Mitarbeiter auf allen Hierarchieebenen in den Entscheidungsprozeß, um dadurch die Akzeptanz der Veränderungen zu erhöhen. Personale Widerstände, die erfahrungsgemäß bei der Einführung eines neuen oder bei der Umstrukturierung eines bestehenden Systems zu erwarten sind, lassen sich so frühzeitig erkennen und reduzieren.[113]

Die Skepsis der einzelnen Mitarbeiter gegenüber Veränderungen wird verstärkt von grundsätzlichen Oppositionen gegenüber Neustrukturierungen von Seiten verschiedener Gesellschaftsgruppen (Verbände, Gewerkschaften etc.) oder gesamter Branchen. Im Zusammenhang mit Untersuchungen in der Automobilindustrie bzgl. ökologischer Fragestellungen konstatiert NASCHOLD zwar eine hohe Innovationsbereitschaft auf technologischem Gebiet, spricht demgegenüber jedoch von einem bestehenden „...*sozialen Konservatismus* [- einem] Beharrungsvermögen ...gegenüber sozialorganisatorischen Innovationserfordernissen [- aufgrund eines] ...historisch, langfristig entwickelten Gesamtarrangements von Institutionen und Normen."[114] Bestehen derartige Bedenken von meinungsführenden Institutionen, werden diese bevorzugt in den Diskussionen angeführt und verstärken damit die ablehnende Grundhaltung von Teilen der Organisationsmitglieder. BROMANN/ PIWINGER beschreiben folgende Auslöser des personalen Widerstands, die bei der Einführung von Neuerungen zu beobachten sind:[115]

- Angst vor Neuerungen,
- ein überzogenes Sicherheitsbedürfnis,
- Bequemlichkeit,
- Angst vor der Störung von Routine und Gewohnheiten,
- fehlende Initiative und Verantwortung,
- eine kalkulierte, begrenzte Leistungsbereitschaft,

---

[112] Vgl. Antes, R. (1996), S. 311.

[113] Vgl. Raehlmann, I. (1996), S. 36.

[114] Naschold, F.: „*Sozialer Konservatismus*", S. 8 und 10, in: WZB-Mitteilungen, Nr. 48/Juni 1990, S. 7-11, zitiert bei Antes, R. (1996), S. 312.

[115] Vgl. Bromann, P./Piwinger, M. (1992), S. 114.

- fehlendes Interesse an übertragenen Aufgaben,
- mangelndes Gemeinschaftsinteresse,
- Verteidigung der eigenen Macht und Einflußsphäre sowie
- Scheu vor Konflikten und Unfähigkeit zur Konfliktregelung.

Diese Faktoren können zu mehr oder weniger offensichtlichen Behinderungen der Veränderungsaktivitäten führen. Bleibt der Reorganisationsprozeß für die Betroffenen intransparent, reicht eine Aufklärung über die Ziele des Reorganisationsprozesses und die Zusicherung der Experten, die Interessenwahrung der Betroffenen zu berücksichtigen, in aller Regel nicht aus, um die Befürchtungen der Mitarbeiter abzubauen.

„Nur die Mitwirkung der Betroffenen, d.h. die Einräumung der Möglichkeit, Interessen aktiv wahrnehmen zu können, schafft die Voraussetzung für einen weitgehend vollständigen, unverzerrten Informationsaustausch."[116] Die Interessenlage der Mitarbeiter entspricht derzeit in etwa der nachfolgenden Reihenfolge an Partialinteressen:[117] Erhalt des Arbeitsplatzes, höherer Lohn bzw. hierarchischer Aufstieg und eine interessantere Arbeit. Werden diese Interessen der Betroffenen nicht berücksichtigt, wird die Akzeptanz des Implementierungsprozesses gemindert. Dies kann zu Demotivation und Unzufriedenheit sowie letztlich sogar zu einem aktiven Widerstand gegen den Wandel führen.

Um diese Problematik der Widerstände weitgehend zu umgehen, ist eine Unterstützungsbereitschaft der Beteiligten während des gesamten Prozesses aufzubauen. WEBER stellt hierzu fest *"...daß Konzepte nur dann eine vergleichsweise hohe Chance besitzen, umgesetzt zu werden, wenn die Betroffenen selbst die Problemlösung erarbeitet haben und sich daher mit dieser identifizieren können."*[118] Darüber hinaus kann die Akzeptanz der Veränderung durch folgende Faktoren erhöht werden:

1. Offener Dialog mit allen Beteiligten bereits im Vorfeld der Neuerungen und während der gesamten Implementierungsphase, um eine Vertrauensbasis zu schaffen.
2. Auseinandersetzung mit den Abwehrreaktionen. Dies zeigt den Betroffenen, daß sie ernst genommen werden und keine Änderungen gegen sie oder zu ihrem Nachteil veranlaßt werden.
3. Frühzeitiger Nachweis von ersten Erfolgen bei der Umsetzung der neuen Konzepte in kleineren Teilbereichen (s. Abschn. 3.4.7.3).

---

[116] Vgl. Mumford, E. et. al.: *„The ABACON Approach 1978. A Participative Approach to Forward Planning and System Change."* Arbeitspapier 1978, S. 3 ff, zitiert bei: Kieser, A.: *„Änderungen der formalen Organisationsstruktur in Organisationsentwicklungsprozessen"*, S. 44, in: Frese, E./Schmitz, P./Szyperski, N. (Hrsg.), (1981), S. 37-57.

[117] Vgl. Schmidt, R.: *„Organisatorische und soziale Bedingungen betrieblichen Wandels"*, S. 17, in: Peters, S. (Hrsg.), (1994), S. 15-19.

[118] Vgl. Weber, J. (1985), S. 263.

4. Einsatz von Problemlösungsteams auf allen hierarchischen Ebenen.[119]

Ist die Verfestigung oder Erstarrung in einem Unternehmen jedoch so weit fortgeschritten, daß eine Kooperation nahezu auszuschließen und mit einer konsequenten Unterlaufung der Neuorientierung zu rechnen ist, kann oft nur eine *„Schocktherapie"* zu einer grundsätzlichen Veränderung der Verhaltensweisen führen. Ein solcher „Kulturschock" erfordert zumeist einen Wechsel im Top-Management und ist häufig in Verbindung mit Übernahmen von Bereichen zu beobachten. Eine neue, Innovationen offen gegenüberstehende Führungsmannschaft beginnt danach mit der Einbindung der mittleren und unteren Führungsebenen in die Veränderungsmaßnahmen, um eine gemeinsame Basis für die weitere Unternehmensentwicklung aufzubauen. Ein gravierender „Entwicklungssprung" dieser Art sollte jedoch nicht als Normalfall des Wandels angesehen werden, sondern nur bei einer kurzfristig erforderlichen Sicherung der Überlebensfähigkeit eines Unternehmens zur Anwendung kommen.

3.4.7.3
Lernnetz als Instrument der Implementierung

Die angeführten Schwierigkeiten bei der Implementierung von neuen Vorgehensweisen in Organisationen erfordern, wie in Abschnitt 3.4.4 gezeigt, einen kontinuierlichen Lernprozeß aller Beteiligten. So kann der Aufbau und die sukzessive Weiterentwicklung einer didaktisch wohlüberlegten Hermeneutik den Einführungsprozeß neuer Managementsysteme sinnvoll unterstützen. Ein Beispiel aus dem Bereich der Computersystem-Einführung zeigt, daß kleine überschaubare Problemstellungen, deren Lösung per se bereits Ergebnis und Ziel darstellen, zu schnellen Erfolgserlebnissen führen, welche die Motivation für die weitere Projektdurchführung tragen. Wird diese Erfahrung auf die Einführung von Managementsystemen übertragen, erscheint es sinnvoll, die Implementierung der Systeme mit kleinen Pilotprojekten in mehreren Unternehmensteilbereichen gleichzeitig zu beginnen. Die in diesen Projekten gesammelten Erfahrungen fließen direkt in das Gesamtprojekt ein und führen im positiven Falle bei den Betroffenen zu einer deutlichen Akzeptanzsteigerung. Des weiteren ist die Personengruppe der Promotoren von besonderer Relevanz. Sowohl die Machtpromotoren - Mitglieder der obersten Führungsebene, die sich eindeutig zu der Systemeinführung bekennen

---

[119] Beim Einsatz von Problemlösungsteams können ebenfalls Schwierigkeiten auftreten. Dies zeigen die Ergebnisse aus einem 1993 gestarteten Forschungsprojekt *„Qualitätsfördernde Organisations- und Führungsstrukturen"* des BMBF. Sie weisen auf die folgenden hemmenden Faktoren hin, welche den vier Kriterien Schwerpunktbildung (unklare Ziele, keine Prioritäten, ineffektive Arbeit etc.), Planung der Teamarbeit (zu wenig Vorbereitung, zu wenig Zeit, Prozeßverantwortung unklar etc.) Rahmenbedingungen (keine Unterstützung von seiten der Unternehmensleitung, dominierende Beteiligung einzelner etc.) und Ergebnissicherung (keine Definition von Maßnahmen, Nachbearbeitung nicht ausreichend, Informationsverlust zwischen den Treffen) zugeordnet sind [Anm. d. Verf.]. Vgl. Malorny, C. (1996 a), S. 417.

und diese mit allen erforderlichen Mitteln unterstützen - als auch die Prozeß-promotoren - welche die sukzessiven Veränderungen auf den verschiedenen Hierarchieebenen initiieren, fördern und begleiten - treiben die Implementierungs-schritte voran und unterstützen die Lernbereitschaft der Mitarbeiter.[120] Diese Pro-zeßpromotoren haben vor dem Beginn der Implementierung eine spezielle Schu-lung zu durchlaufen, welche, parallel zu einer ausgezeichneten Fachkenntnis bzgl. der einzuführenden Managementsysteme, Schulungsinhalte in sozialer Kompetenz vermittelt. Hierzu zählen Teamfähigkeit, situative Führungskompetenz, inter-personelle Wahrnehmung und Kommunikation sowie das Management von Kon-fliktsituationen.[121]

Ein innerbetriebliches *„Mentoring-Konzept"* kann die Prozeßpromotoren bei ihren Umsetzungsaktivitäten unterstützen. Dabei werden die Prozeßpromotoren an einen Paten in einer hierarchisch hoch angesiedelten Position angekoppelt, mit dem sie in einem kontinuierlichen, nicht formalisierten Austausch stehen. Der Pate fördert den Prozeßpromotor und gewährleistet einen vertikalen Informationsfluß im Unternehmen.[122] Die Prozeßpromotoren übernehmen während der Implemen-tierungsphase die Aufgabe des „Coaches" gegenüber den Mitgliedern der Pilot-teams. Sie unterstützen die Mitarbeiter bei Problemsituationen, welche bei der selbstverantwortlich durchgeführten bereichsspezifischen Implementierung des neuen Konzepts auftreten können. So kann ein sog. „Lernnetz" innerhalb des Un-ternehmens aufgebaut werden. Diese Vorgehensweise von SYDOW[123] beschreibt eine prozeßorientierte, partizipative Analyse- und Interventionsmethodik auf der Basis des soziotechnischen Systemansatzes. Die Knoten des Lernnetzes setzen sich aus den Machtpromotoren, Mentoren, Prozeßpromotoren und den einzelnen Mit-gliedern der Pilotgruppen zusammen. Die Verbindungspfade zwischen den Knoten symbolisieren die Lern- bzw. Informationsprozesse zwischen den einzelnen Akteu-ren. Verbunden mit einer „Multiple-Nucleus Strategie", einer Initiierung der Ver-änderung in mehreren, kleinen Pilotbereichen, kann das organisationale Lernen im Rahmen der Implementierungsphase gefördert werden.[124]

---

[120] Probst, G.J.B.: *„Organisationales Lernen und die Bewältigung von Wandel"*, S. 163 ff. in: Geißler, H. (Hrsg.), (1995), S. 163-184.

[121] Vgl. Grabowsky, S./Schnauber, H./Zülch, J.: *„Theoretischer Rahmen: Mit Qualitäts-management auf dem Weg zum lernenden Unternehmen"*, S. 156, in Zink, K.J. (Hrsg.), (1997), S. 143-172; Guest, R.H., et. al., (1986), S. 17 ff.

[122] Zink, K.J. (Hrsg.), (1997), S. 157 f.

[123] Vgl. Sydow, J. (1985), o. S., zitiert bei: Grabowsky, S./Schnauber, H./Zülch, J.: *„Theo-retischer Rahmen: Mit Qualitätsmanagement auf dem Weg zum lernenden Unterneh-men"*, S. 158, in Zink, K.J. (Hrsg.), (1997), S. 143-172.

[124] Vgl. Cornelli, G. (1985), Abschn. 4.1 (Problemstellung), zitiert bei: Grabowsky, S./Schnauber, H./Zülch, J.: *„Theoretischer Rahmen: Mit Qualitätsmanagement auf dem Weg zum lernenden Unternehmen"*, S. 160, in: Zink, K.J. (Hrsg.), (1997), S. 143-172.

3.4.7.4
Externe versus interne Berater

Bei der Implementierung von neuen Konzepten oder, wie in der vorliegenden Arbeit, bei der Integration von Managementsystemen, ist ein Miteinbeziehen von externen Beratern zu erwägen. Hierbei sind sowohl die spezielle Rolle des externen Beraters als auch die Vor- und Nachteile einer ausschließlich intern geführten Konzepteinführung zu betrachten:

„Externe Berater verfügen häufig über breiter angelegte Kenntnisse und Fähigkeiten [..als interne Berater]. Sie werden eher als Experten akzeptiert und besitzen explizit die Unterstützung von Machtzentren der Organisation. Sie gehen unvoreingenommener an die Diagnose der Problemsituation heran und können unbefangener Veränderungen des Problemlösungsverhaltens, das häufig die Behandlung der Machtfrage impliziert, initiieren."[125] Ein von außen hinzugezogener Berater verfügt zumeist über eine umfangreiche Erfahrung. Er stellt sein methodisches und analytisches Wissen sowie die adäquaten Instrumente zur Verfügung, ohne jedoch ein Ergebnis vorzugeben. Zudem bestehen für externe Berater keine zeitlichen Barrieren, wie sie bei den Mitgliedern der internen Umsetzungsteams häufig zu beobachten sind, wenn diese zusätzlich zu ihrer Beratungstätigkeit in die Aufgaben des Tagesgeschäftes eingebunden sind.

Externen Beratern fehlen jedoch detaillierte Kenntnisse der Organisation, z. B. Informationen über den Wissensstand und die Verhaltensweisen der Organisationsmitglieder. Durch den Zwang, in kurzer Zeit Erfolge nachzuweisen und eine zeitweise parallele Betreuung mehrerer Projekte zu gewährleisten, ist eine permanente Anwesenheit bzw. Ansprechbarkeit des externen Beraters und somit eine sofortige Reaktion nicht immer möglich. Durch den mit einer Integration verschiedener Teilmanagementsysteme eventuell zu erwartenden Personalabbau sowie die beschriebene Abwehrhaltung der Mitarbeiter gegen grundlegende Veränderungen gestaltet es sich für den externen Berater häufig schwierig, eine Vertrauensbasis mit den Organisationsmitgliedern auf allen hierarchischen Ebenen aufzubauen. Schließlich sind die immensen Kosten zu berücksichtigen, die mit der Konsultation externer Berater verbunden sind. Diese Defizite der externen Beraterrolle können durch die Hinzuziehung eines internen Beraters teilweise ausgeglichen werden. So kann eine Kooperation interner und externer Berater und deren Zusammenfassung zu einem Team die Vorteile beider Beratertypen gleichermaßen nutzen. Um eine verbesserte Akzeptanz zu erreichen, ist eine gemeinsame Auswahl des externen Beraters durch die von der Veränderung hauptsächlich betroffenen Mitarbeiter und der Unternehmensleitung erfolgversprechend. Der externe Berater sollte keine fertigen Problemlösungen anbieten, sondern die beteiligten Mitarbeiter vielmehr

---

[125] Lippit, R./Lippit, G.: *„Der Beratungsprozeß in der Praxis"*, o. S., in: Organisationsentwicklung als Problem, Sievers, B. (Hrsg.), Stuttgart (1977), S. 93-115, zitiert bei Grochla, E. (Hrsg.), (1980), S. 1471.

3.4.8
Motivation und Kommunikation bei Reorganisationsprozessen

Die vorangegangenen Ausführungen haben gezeigt, daß bei der Einführung von Veränderungen sowohl die grundsätzliche Akzeptanz des neuen Konzepts als auch die Motivation zu dessen Umsetzung und Aufrechterhaltung von seiten der Mitarbeiter einen grundlegenden Anteil am Erfolg der Maßnahmen haben.

Zusammenfassend sind daher während des Reorganisationsprozesses und nach der erfolgten Umsetzung folgende Aspekte in Hinblick auf die Motivation der Mitarbeiter zu beachten:[126]

- eine frühzeitige Einbindung aller Mitarbeiter in die Konzeptionsphase und der daraus abgeleiteten, operativen Zielfindung,
- die Ermöglichung eines hohen Handlungsspielraumes des Einzelnen,
- die Schaffung überschaubarer Reorganisations-Teams, die eine entsprechende humane Interaktion ermöglichen,
- die Betrachtung des Menschen in seiner Ganzheit (Privates und Berufliches sollten nicht getrennt werden),
- eine interdisziplinäre Orientierung,
- die Ermöglichung von Mitbestimmung und Partizipation,
- die Betreuung durch einen unternehmensneutralen Trainer in der Einführungsphase,
- die Einbindung aller betroffenen Hierarchiestufen in die Entscheidungsprozesse,
- die Übernahme von Aufgaben, Verantwortung und Kompetenz auf allen Ebenen,
- die Motivation der Mitarbeiter durch *„Sinngebung"* und Bewußtseinsbildung,
- die Realisierung eines *„Top down"*-Ansatzes, d. h., die oberste Führungsebene muß den Wandel vorleben und unterstützen, die Ziele vorgeben,
- den Mitarbeitern ein Umfeld ermöglichen, das einen Wandel zuläßt und dabei deren Ansichten (Rückkopplungen) berücksichtigen (*„bottom up"*-Ansatz).

PETERS/AUSTIN nennen als weitere grundlegende Voraussetzung für die Durchsetzung von organisationalen Veränderungen neben dem Abbau bürokratischer Hemmnisse und der Beseitigung von Leistungshindernissen die Fähigkeit der Führungsgruppe, einen offenen Zugang zu Informationen und Menschen für alle Mitarbeiter zu gewährleisten.[127] Das Zurückhalten von Information oder die ausschließliche Informationsbereitstellung für höhere Hierarchieebenen zeigt sich im Regelfall als kontraproduktiv. Untersuchungen über die Erwartungen der Mitarbeiter bzgl. der internen Kommunikation haben gezeigt, daß neben der präzisen Information über die eigenen Aufgaben und Arbeitsbereiche vor allem eine Offenlegung der aktuellen wirtschaftlichen Situation des Unternehmens, Auskunft

---

[126] Vgl. Obermayr, N. (1992), *"Von Visionen zur Effizienz. Lean Production - eine Frage des Führungsstils?"*, S. 141, in: Bäck, H./Macher, F. (Hrsg.), (1992.), S. 140-145.

[127] Vgl. Peters, J.P./Austin, N. (1986), S. 393.

über die aktuelle Strategie und Zielplanung und detaillierte Informationen über geplante Wandelprozesse und organisatorische Veränderungen gefordert werden.[128] Nur ein über den Sinn und das Ziel seiner Aufgabe aufgeklärter Mitarbeiter wird den hohen Anforderungen der flexibel und interdisziplinär ausgerichteten Arbeitsvorgängen bei und nach der Integration von Teilmanagementsystemen gerecht. KIRSCH et. al. betonen hierzu, daß die Ursachen für Meinungsverschiedenheiten und Spannungen in Reorganisationsprozessen weniger aus unmittelbar empfundenen Bedrohungen oder Beschränkungen der eigenen Person und der organisationalen Position resultieren, sondern vielmehr aus der mangelhaften Aufklärung der Mitarbeiter, die sich in Vorurteilen sowie in einem unzureichenden und unterschiedlich verteilten Informationsstand niederschlägt.[129]

Ein weiterer Bestandteil der Kommunikation ist die Ermöglichung einer direkten verbalen Kommunikation zwischen den unterschiedlichen funktionalen Bereichen und Hierarchiestufen. So ist die Realisierung eines Integrierten Managementsystems, welches die einzelnen Fakultäten aufeinander abstimmt, nur durch einen unmittelbaren institutionalisierten und gleichzeitig freiwillig, flexibel gestalteten Dialog möglich. Die *„offene Tür"* aller Mitarbeiter (also auch die der Vorgesetzten) und die Schaffung einer „gemeinsamen Sprache" bieten eine gute Voraussetzung, den Aufgaben der Problemlösung innerhalb des Veränderungsprozesses gerecht zu werden. Die Vorteile einer offenen Kommunikation liegen in der Realisierung einer höheren Transparenz über die vielfältigen Aufgaben innerhalb des Unternehmens. Dies führt zu einer Steigerung der Flexibilität der Mitarbeiter, sie lernen die Zusammenhänge der Teilaufgaben kennen, machen sich eine ganzheitliche Sichtweise zu eigen und verhelfen letztendlich der Gesamtorganisation zu einer höheren Problemlösungsqualität.

3.5
Zusammenfassung und Zwischenergebnisse

Das unternehmerische Umfeld ist gekennzeichnet durch eine ständige Veränderung, die sich mit wachsender Geschwindigkeit und in diskontinuierlichen Sprüngen vollzieht. Die Richtung und Intensität dieses Wandels ist nur schwer zu prognostizieren und stellt damit hohe Anforderungen an eine flexible Anpassungsfähigkeit einer Organisation. Die Erhaltung der Lebensfähigkeit sozio-technischer, dynamischer Organisationssysteme durch eine geplante Anpassung von Strukturen, Prozessen und Abläufen an externe und interne Veränderungen standen daher im Mittelpunkt der Ausführungen in diesem Kapitel.

Dabei wurde zunächst gezeigt, daß die traditionellen funktionsorientierten, auf strikte Arbeitsteilung ausgerichteten Organisationsansätze von TAYLOR und FORD sowie anderen Vertretern der klassischen Organisationstheorie zu langen Informationswegen und starren Strukturen führen und somit diesen komplexen Anforderungen nicht mehr gerecht werden. Als Instrument für den späteren Aufbau und die

---

[128] Vgl. Noll, N. (1996), S. 91 f.
[129] Vgl. Kirsch, W. et. al., (1975), S. 55.

Implementierung eines Integrierten Managementsystems wurden systemtheoretische Organisationsansätze dargestellt, welche die komplexen Interdependenzen innerhalb eines Unternehmens und zu seinem Umfeld abbilden und dazu beitragen, die Komplexität dieser Verflechtungen zu reduzieren sowie entscheidungsunterstützende Informationen zu generieren. Um die Auslöser des Wandels und die Möglichkeiten einer geplanten Durchführung kennenzulernen, wurde im Anschluß daran der Bereich der Organisationsentwicklung untersucht. Ein Schwerpunkt wurde hierbei auf die Phase der Implementierung neuer Konzepte gelegt. Im Fokus der Betrachtungen standen die von den Maßnahmen betroffenen Mitarbeiter. Als Instrumente zur Überwindung personaler Widerstände bei Reorganisationsprozessen wurden kurze Handlungsbeispiele aus dem Bereich der Motivation und Kommunikation aufgezeigt, um daraus Erkenntnisse für den Aufbau und die Einführung eines IMS zu gewinnen.

Als Ergebnisse dieses Kapitels lassen sich auf der Basis dieser organisations- und motivationstheoretischen Grundlagen zwei grundsätzliche Zielsetzungen für die Integration der Teilmanagementsysteme ableiten:[130]

- Die Revitalisierung des Unternehmens durch den Menschen: Dabei sollen die Fähigkeiten der Mitarbeiter stärker genutzt, die Verantwortung dezentralisiert, Handlungsspielräume für den Einzelnen aufgebaut, Hierarchieebenen abgebaut und Abläufe/Prozesse durch Selbstorganisation gestaltet werden.
- Der Aufbau eines ganzheitlichen Konzepts zur Integration von Menschen, Prozessen und Informationen im Rahmen einer flexiblen Unternehmensführung.

Die Voraussetzung zur Erreichung dieser Ziele ist die Aktivierung menschlicher Ressourcen. Dies wird ermöglicht, indem eine Organisationskultur aufgebaut wird, in welcher gewohnte Verhaltensweisen überdacht und gegebenenfalls abgelegt werden. Dies geschieht, indem durch gezielte Ausbildung und Förderung das Wissen der Mitarbeiter sowohl hochspezialisiert als auch multifunktional ausgerichtet sowie Kreativität und Verantwortungsbewußtsein auf allen hierarchischen Ebenen gefördert wird. Zum Abschluß dieses Kapitels ist zu betonen, daß die eingeleiteten Reorganisationsmaßnahmen nicht zu einer bloßen Veränderung, sondern vielmehr zu einer nachweisbaren, qualitativ positiv zu bewertenden Weiterentwicklung führen sollten. Durch die regelmäßige Anpassung an Veränderungen erlangen die Unternehmen die Fähigkeit, Lernprozesse zu absolvieren und ihr Problemlösungspotential zu steigern, so daß spätere Abstimmungen durch die Anwendung bereits positiv erprobter Instrumente erleichtert werden können.[131]

---

[130] Vgl. Mentzel, K: *„Unternehmensführung im Wandel"*, S. 34 ff., in: Hansmann, K.-W. (Hrsg.), (1997), S. 29-53.

[131] Vgl. Klimecki, R.G./Probst, G.J.B./Gmür, M. (1993), S. 87.

4 Managementkonzepte

„Es gibt keine administrative Erzeugung von Sinn."
JÜRGEN HABERMAS

Zu Beginn dieses Kapitels erfolgt nach einigen terminologischen Abgrenzungen eine Systematisierung strategieorientierter Management-Ansätze, welche im Rahmen dieser Arbeit zur Anwendung kommen (s. Abschn. 4.1). Mit der sich daran anschließenden Darstellung eines ganzheitlichen Konzepts - dem *„St. Galler Management-Konzept"* - wird ein Instrument zur Darstellung komplexer betrieblicher Abläufe vorgestellt, welches als Orientierungshilfe für den Aufbau umfassender Teilmanagementsysteme in den Kapiteln fünf bis sieben und eines ganzheitlichen Integrierten Managementsystems in Kapitel acht dient (s. Abschn. 4.2). Die theoretischen Grundlagen und Gemeinsamkeiten von Spezial-Managementsystemen werden in Abschnitt 4.3 beschrieben. Den Abschluß des vierten Kapitels bildet eine Zusammenfassung der Zwischenergebnisse in Abschnitt 4.4.

4.1
Begriffsbestimmung und Einordnung

Aus dem lateinischen Begriff *„manus"* (= die Hand) entwickelte sich das italienische Wort *„maneggiare"* (= handhaben), welches den etymologischen Ursprung des heute international verwendeten Begriffes *„Management"* bildet.[1] Das 1941 von BURNHAM verfaßte Standardwerk *„The Managerial Revolution"* prägte nach seiner deutschen Übersetzung (1948) die Übernahme der anglo-amerikanischen Originalbegriffe *„Manager"* und *„Management"* im deutschen Sprachgebrauch.[2] Unter Management wird im allgemeinen die *„Leitung, Führung von Betrieben und anderen sozialen Systemen"*[3] verstanden. Bei der Recherche in der Fachliteratur zeigen sich auf diesem Forschungsgebiet, welches von Wissenschaft und Unternehmensberatungen gleichermaßen bearbeitet wird, eine Fülle synonym verwendeter Begriffe und Wortschöpfungen.[4] So finden sich eine Vielzahl von *„Managementkonzepten"*, *„-modellen"*, *„-systemen"*, und *„-methoden"*, die sich, untereinander beliebig variiert, zu einem unüberschaubaren Begriffsgewirr zusammenfügen. Um ein einheitliches Verständnis im Rahmen dieser Arbeit zu gewährleisten, werden hier einige Begriffsbestimmungen vorgenommen:

ULRICH definiert die drei Aspekte - Gestaltung, Lenkung und Entwicklung - als grundlegende Funktionen des Managements. Demnach bildet die Gestaltung eines

---

[1] O. V. (1987a), S. 356.
[2] Vgl. Staehle, W. (1990), S. 65.
[3] O. V. (1987a), S. 356.
[4] Vgl. Schwaninger, M. (1994), S. 31.

institutionellen Rahmens die Basis des Managements und ermöglicht es dem *„Ge-samtsystem"* Unternehmen handlungsfähig und somit überlebens- und entwick-lungsfähig zu bleiben. Die Lenkung erfolgt durch das Bestimmen von Zielen, das Festlegen und Durchführen von Maßnahmen sowie die Kontrolle über deren Aus-führung. Schließlich ist die Entwicklung zum einen als Ergebnis von Gestaltungs- und Lenkungsprozessen im Zeitablauf zu interpretieren, zum anderen als Resultat evolutorischer, selbst generierender Prozesse des organisationalen Lernens und der damit verbundenen Veränderung von Wissen, Einstellungen und Können.[5]

Den Begriff *„Managementsystem"* verwendet ULRICH synonym zu der Be-zeichnung *„Führungssystem"* und definiert diesen als *„System für das Manage-ment produktiver sozialer Gebilde".*[6] Eine weitergehende Definition findet sich bei JOHANN: *„Unter einem Managementsystem wird allgemein die Gesamtheit aller organisatorischen Maßnahmen verstanden, die geeignet sind, das Erreichen eines festgelegten Unternehmenszieles sicherzustellen. Organisatorische Maßnahmen sind sowohl die aufbauorganisatorische Festlegung (z. B. Hierarchie, Verantwort-lichkeit, Zuständigkeit) als auch die ablauforganisatorischen Regelungen (z. B. Berichtswesen, Informationswege, Entscheidungswege, Arbeitsverfahren)."*[7] Zur Abgrenzung der Begriffe Managementkonzept, -modell und -system bietet sich folgende systematische Unterscheidung von SEGHEZZI an (s. Abb. 4.1):

Das Management-Konzept beschreibt den immateriell-gedanklichen Rahmen eines zu planenden Managementsystems (z. B. das St. Galler-Management-Konzept; TQM, CWQC - s. Kap. 5). Das Managementmodell stellt eine konkreti-sierte Beschreibung eines Organisationsaufbaus und -ablaufs dar, der als Leitlinie und Orientierung für eine Umsetzung eines Konzepts genutzt werden kann (z. B. Normen für Qualitätsmanagementsysteme ISO 9000 oder Umweltmanagement-systeme ISO 14001). Das Managementsystem umfaßt schließlich konkret umge-setzte, in der Realität existierende Abläufe und Regelungen in einem Unterneh-men, die eventuell zuvor in einem Konzept geplant und in einem Modell beschrie-ben wurden (z. B. die Realisierung eines Qualitätsmanagementsystems nach ISO 9001).[8] Demnach sind Modelle Abbildungen von Konzepten, die deren Um-setzung in reale Systeme erleichtern sollen. Bei dieser Begriffsverwendung ent-steht jedoch ein Konflikt zwischen dem Modellverständnis im Sinne der Mathe-matik oder der Datenverarbeitung, wonach ein Modell als Abbild der Realität verstanden wird und zur Simulation von verschiedenen Ursache-Wirkungs-Zusammenhängen eingesetzt werden kann. Ein solches Verständnis entspricht nicht der aus der Diskussion um die (Qualitäts-) Managementsystem-Normung abgeleiteten Definition SEGHEZZI`s. Obwohl dieser betont, daß Modelle die

---

[5]   Vgl. Ulrich, H. (1984), S. 99 ff.; Ulrich, H./Probst, G.J.B. (1988), S. 259; Bleicher, K.: *„Aufgaben der Unternehmensführung"*, S. 20, in: Corsten, H./Reiss, M. (1995), S. 19-32.

[6]   Vgl. Ulrich, H. (1968), zitiert bei Schwaninger, M. (1994), S. 15.

[7]   Vgl. Johann, P.: *„Der Betriebsbeauftragte in der betrieblichen Praxis"*, Deutscher Wirtschaftsdienst (1994), Kap. 4.2.5.3., S. 1-4, zitiert bei Tetté, M. (1996), S. 4.

[8]   Vgl. Seghezzi, H.D. (1996b), S. 198 ff.

möglichen Elemente eines Systems sichtbar machen und damit Rückschlüsse auf deren Zusammenwirken ermöglichen,[9] ist diese Vorstellung bei der Lektüre einer ISO 9001-Norm nur schwer nachvollziehbar. Ein Leitfaden im Sinne der ISO-Normen beschreibt lediglich die Systemelemente, läßt dabei aber keine Aussagen über das mögliche Verhalten eines Unternehmenssystems bei unterschiedlichen Input- bzw. Umfeldkonstellationen zu. Somit handelt es sich bei dieser Abgrenzung um ein semantisches Hilfsmittel, welches jedoch bei konsequenter Anwendung seinen Zweck erfüllt, indem es eine eindeutige Zuordnung der Begriffe ermöglicht. Aufgrund dessen kann trotz der angesprochenen Kritik diese Systematik den weiteren Ausführungen zugrunde gelegt werden.

Unter Managementmethoden werden „ *... alle Führungstechniken, die unter Hervorhebung eines bestimmten Merkmals zum Ziel haben, die Durchführung von Managementaufgaben effizienter zu gestalten, die Leistungen der jeweiligen Organisationsmitglieder zu erhöhen und die Anpassungsfähigkeit einer Organisation an Veränderungen der Umwelt zu gewährleisten*"[10] verstanden. Führungstechniken in diesem Sinne sind z. B. die bekannten „*Management by... -Konzepte*".[11] Demnach erscheint es zulässig, die Begriffe Managementmethoden und -techniken synonym zu verwenden.

Management-Ansätze beschreiben im wesentlichen strategische Konzepte zum Aufbau und zur Erhaltung eines unternehmensspezifischen Erfolgspotentials, welches zu einer Stärkung der Wettbewerbsposition am Markt führen soll.[12] Die strategisch ausgerichteten Management-Ansätze lassen sich verschiedenen Managementschulen und innerhalb dieser, spezifischen Autoren zuordnen. ESCHENBACH/KUNESCH haben eine Systematisierung der wichtigsten Ausrichtungen vorgenommen und dabei folgende Kategorien zugrunde gelegt: Sie unterscheiden zum einen nach dem wissenschaftlichen Ziel, welches sich innerhalb eines Kontinuums mit den Extrempositionen *„analytisch-konzeptionell"* und *„praxisorientiert-gestaltend"* einordnen läßt. Die zweite Dimension der Differenzierung dieser Ansätze ist das unterstellte Paradigma, welches sich zwischen den Polen *„systemisch"* und *„konstruktivistisch"* positionieren läßt.[13] Im Rahmen der Managementsystemintegration ist eine Abstimmung der jeweiligen Teilstrategien vorzunehmen und danach für das Gesamtsystem eine mittel- bis langfristig orientierte strategische Ausrichtung festzulegen. Um Hinweise für die strategische Ausrichtung des Gesamtmanagementsystems abzuleiten, kommen im Rahmen dieser Arbeit implizit verschiedene Management-Ansätze zur Anwendung.

---

[9]   Vgl. ebenda, S. 202.

[10] O. V. (1987a), S. 356.

[11] Vgl. Staehle, W. (1990), S. 72.

[12] Vgl. Eschenbach, R./Kunesch, H. (1996), S. 5 f.

[13] *„Systemisch"* entspricht hier den in Kap. 3 vorgestellten systemtheoretischen Ansätzen, *„konstrukti-vistisch"* bezeichnet eine ausschließliche Begründung von Problemlösungsansätzen durch bereits bestehende, bewiesene Annahmen. Komplexität wird bei diesen Ansätzen durch zweckgerichtete Planung und Ordnungssysteme beherrscht. Vgl. Eschenbach, R./Kunesch, H. (1996), S. 15 f.

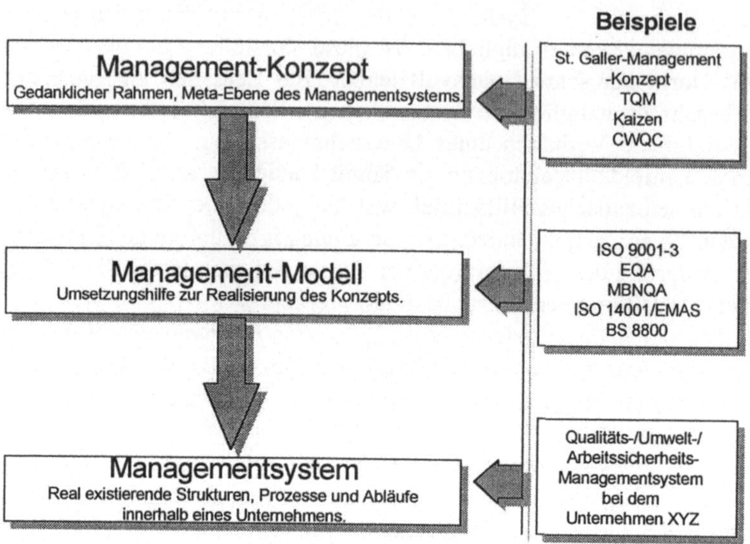

Abb. 4.1.   Management-Konzepte, -Modelle und -systeme
Quelle: in Anlehnung an Seghezzi, H.D. (1996b), S. 198.

So ist die in Kapitel 3 vorgestellte systemorientierte Managementlehre stark geprägt von den Ansätzen ULRICH`S, das beschriebene *„Modell lebensfähiger Systeme"* BEER`S wurde von MALIK aufgegriffen und als Management-Ansatz zur Ableitung strategischer Konzepte weiterentwickelt. GOMEZ überprüft die Aussagen dieses Systems mit Hilfe der konstruktivistisch/theoretisch geprägten Ansätze bzgl. der Kontroll- und Planungsaktivitäten des Managements von ANSOFF.[14] PROBST/GOMEZ operationalisieren den ganzheitlichen Denkansatz als Anwendungskonzept im Rahmen der konkreten Unternehmensführung.[15] PÜMPIN entwickelt den stark praxisbasierenden und -orientierten Ansatz zum Aufbau sog. *„strategischer Erfolgspositionen"* eines Unternehmens.[16] Schließlich bietet der konstruktivistisch/praxisorientierte Ansatz von HAX/MAJLUF Grundlagen für den Aufbau eines formalen Planungsablaufs, der alle Manager des in verschiedene Schlüsselbereiche (sog. *„Strategische Geschäftseinheiten"*) aufgeteilten Unternehmens kontinuierlich in die strategische Planung einbezieht.[17]

---

[14]   Vgl. Gomez, P. (1981), S. 103 ff.
[15]   Vgl. Probst, G.J.B./Gomez, P. (1989); Gomez, P./Probst, G.J.B.(1995).
[16]   Vgl. Pümpin, C. (1992a).
[17]   Vgl. Hax, A.C./Majluf, N.S. (1988).

4.2
St. Galler Management-Konzept

4.2.1
St. Galler Management Modell als Vorläufer

Die Schrift „*Das St. Galler Management Modell*"[18] wurde 1972 erstmals von HANS ULRICH und WALTER KRIEG veröffentlicht.[19] Es beschreibt das Unternehmen als offenes System, welches im Austausch mit seinem Umfeld steht. Das Umfeld wird in mehrere Sphären unterteilt, wobei sich die unmittelbare Umgebung aus den Beschaffungs- und Absatzmärkten zusammensetzt. Die Mittel und die Mitarbeiterrekrutierung erfolgen auf den Beschaffungsmärkten, sie gelangen als Input in das operative System. Hier findet die Transformation der eingesetzten Mittel in Produkte und Leistungen statt, welche als Output auf den Absatzmärkten angeboten werden. Das operative System wird durch das Führungssystem kontrolliert und gelenkt. Dieses erhält aus bestehenden Regelkreisen Rückkopplungen über das operative System, die Absatzmärkte und die erstellten Leistungen. Diese Informationen werden zusammen mit den Informationen über das weitere Umfeld im Führungssystem verarbeitet, um daraus zielorientierte Maßnahmen zur Lenkung des Unternehmens abzuleiten (s. Abb. 4.2).[20] MALIK[21] und PÜMPIN[22] griffen diese Überlegungen auf und entwickelten sie weiter. Dabei wurden die in einem Unternehmen real existierenden Teilsysteme in einen systematischen Zusammenhang gebracht und, durch die Einbindung der Mitarbeiter sowie des Zeitaspekts in die Überlegungen, der Weg zu einem ganzheitlichen Führungssystem geebnet.[23] Diese Vorarbeiten übernahm BLEICHER, dehnte den bisherigen Rahmen aus und konzipierte 1992 das „*St. Galler Management-Konzept*", welches in den folgenden Abschnitten vorgestellt wird.[24]

---

[18] Die Verwendung des Begriffes „*Modell*" ist an dieser Stelle nicht konsistent mit der in Abschnitt 4.1 vorgenommenen Einteilung. Sie erfolgt hier jedoch aufgrund der von ULRICH/KRIEG vorgenommenen Bezeichnung. Als Vorläufer des „*St. Galler Management-Konzepts*" handelt es sich hierbei ebenfalls um ein Managementkonzept. [Anm. d. Verf.]

[19] Vgl. Ulrich, H./Krieg, W. (1972).

[20] Vgl. Seghezzi, H.D. (1997), S. 4.

[21] Vgl. Malik, F. (1981).

[22] Vgl. Pümpin, C. (1980).

[23] Vgl. Seghezzi, H.D. (1997), S. 5.

[24] Vgl. Bleicher, K. (1996).

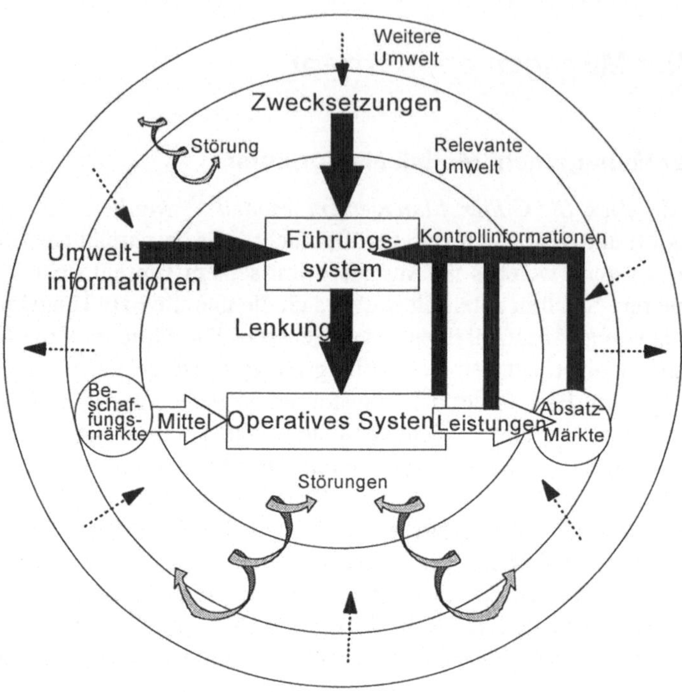

Abb. 4.2.   Das St. Galler Management Modell
Quelle: Basismodell aus Ulrich, H./Krieg, W. (1972), S. 27 sowie Erweiterung aus Ulrich, H./Krieg, W. (1974), o. S. zitiert bei Seghezzi, H.D. (1997), S. 4.

4.2.2
Zielsetzungen

Das St. Galler Management-Konzept ist als ein *„Leerstellengerüst für Sinnvolles und Ganzheitliches"*[25] gedacht, welches der Unternehmensführung als Leitfaden dienen soll, um *„wesentliche Probleme des Managements strukturiert durchdenken und zu einem integrativen Gesamtkonzept zusammenfügen zu können"*.[26] Die Intention liegt dabei nicht in der Vorgabe präskriptiver Lösungen. Vielmehr wird dem Management mit diesem Modell ein systematisches Gerüst zur Verfügung gestellt, welches eine Abkehr von einzelfunktions- bzw. einzelzielorientierten Teillösungen ermöglicht. Mit Hilfe dieser Struktur wird das Denken in Gesamtzusammenhängen gefördert und der Einbezug von interdependenten Entscheidungen in den Entscheidungsprozeß sichergestellt.[27] Das Ziel des St. Galler Management-Konzepts besteht darin, Entscheidungsprobleme des Managements in verschiedene

---

[25]   Bleicher, K. (1996), S. 71.
[26]   Bleicher, K. (1992), S. 71.
[27]   Vgl. Bleicher, K. (1994a), S. 50 f.

Dimensionen einzuordnen.[28] Darüber hinaus soll mit diesem Ansatz ein problembezogener Ordnungsrahmen und ein *„Vorgehensmuster zur integrativen Konzipierung von Problemlösungsrichtungen unter Beachtung kontextualer und situativer Bedingtheiten der Unternehmungsentwicklung* [bereitgestellt werden, die] *als Konzeptionshilfen für die Eigenreflexion oder für den Dialog zur Positionierung von Lagen und Absichten dienen."*[29] Dabei bilden eine Ganzheitlichkeit der Betrachtung und die Integration vielfältiger Einflüsse in das Netzwerk der miteinander in Austauschverhältnissen stehenden Subsysteme die Kernelemete dieses Konzepts.[30]

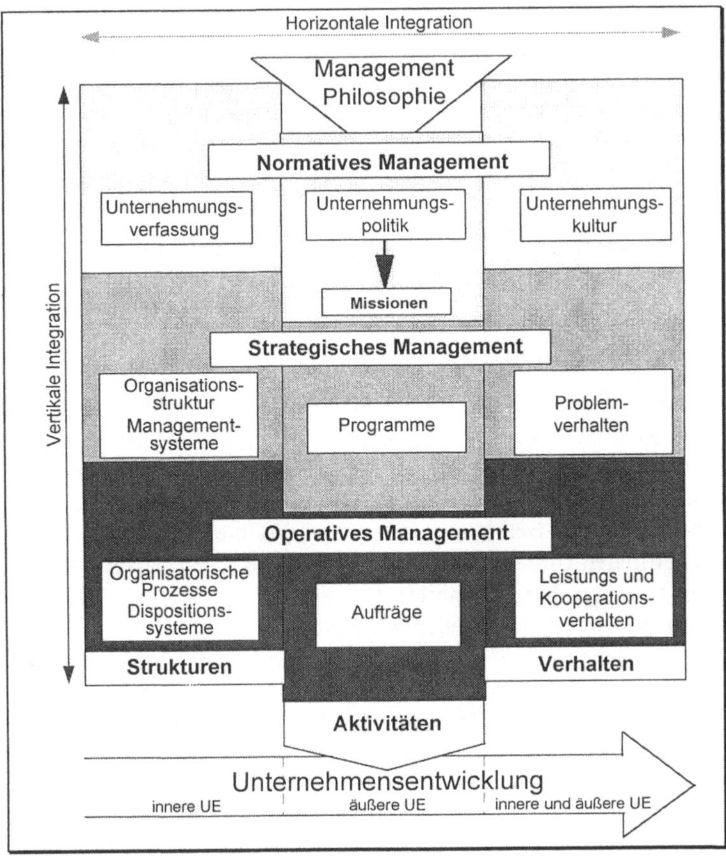

Abb. 4.3. Das St. Galler Management-Konzept
Quelle: Bleicher, K. (1996), S. 76 und 81.

---

[28] Vgl. Bleicher, K. (1996), S. 72.
[29] Bleicher, K. (1996), S. 72. Die Bezeichnung *„Unternehmung"* wird in der schweizerischen Literatur gleichbedeutend für *„Unternehmen"* verwandt. [Anm. d. Verf.]
[30] Vgl. Bleicher, K. (1996), S. 70 ff.

4.2.3
Konzeptaufbau

Abb. 4.3 zeigt den Aufbau des St. Galler Management-Konzepts. Die Unternehmensphilosophie und die Visionen beeinflussen als Input die normative Ebene und sind als Bestimmungsgrößen aller Handlungen zu betrachten (s. Abschn. 4.2.3.1).[31] Die Transformation dieses abstrakten und des materiellen Inputs in den Output konkreter Produkte und Dienstleistungen, mit denen das Unternehmen nach außen sichtbar auf dem Markt auftritt, geschieht innerhalb einer *„Black Box"*, welche im Rahmen dieses Konzepts durch drei Dimensionen formuliert wird. Als erste Dimension werden horizontal drei Ebenen definiert und in ein normatives, ein strategisches und ein operatives Management eingeteilt. Die zweite Dimension bilden drei Säulen, welche die Strukturen, Aktivitäten und das Verhalten eines Unternehmens kennzeichnen. Die Unternehmungsentwicklung im Zeitablauf kann schließlich als dynamische Komponente und dritte Dimension des Ansatzes interpretiert werden. Die Ganzheitlichkeit des Konzepts entsteht durch die Vernetztheit der einzelnen Module. Diese sind an den vertikalen und horizontalen Schnittstellen der Säulen und Ebenen angelegt und stehen miteinander in komplexen Wechselbeziehungen. Inhalte und Ergebnisse konkreter betriebswirtschaftlicher Untersuchungsgegenstände werden darin widergespiegelt.[32]

4.2.3.1
Management-Philosophie und Vision

Der Integration der einzelnen Dimensionen des Managements in die unternehmerische Realität liegt nach BLEICHER eine *„paradigmatisch geprägte Leitidee"* zugrunde, die in Anlehnung an die *„Unternehmungsphilosophie"* hier als *„Management-Philosophie"* bezeichnet wird.[33] Die Beantwortung grundsätzlicher Fragen hinsichtlich des Selbstverständnisses der Unternehmung und seiner Rolle im gesellschaftlichen Umfeld steht im Mittelpunkt dieser Managementphilosophie. Das zugrunde gelegte Menschenbild, die verfolgten Werte und die Grundannahmen über ein ihnen entsprechendes Verhalten sind wesentliche Elemente dieser Philosophie. Sie leiten als übergeordnete Sinngebung die Politik und das Handeln des Unternehmens und führen so zu einer Positionierung des Unternehmens in seinem gesellschaftlichen Umfeld. Die Legitimität ihres Handelns resultiert aus der in der Philosophie festgelegten gesellschaftlichen Verantwortung, die ein Unternehmen zu übernehmen bereit ist.[34] HAX/MAJLUF beschreiben die

---

[31] Vgl. Seghezzi, H. D. (1996b), S. 48 ff.

[32] Eine ausführliche Darstellung der Inhalte und Ausprägungen der einzelnen Module findet jeweils im Zusammenhang mit den untersuchten Teilbereichen (Qualität, Kap. 5/Umweltschutz, Kap. 6/ Arbeitssicherheit, Kap. 7) statt [Anm. d. Verf.].

[33] Vgl. Bleicher, K. (1996), S. 72.

[34] Vgl. Bleicher, K. (1994a), S. 57 ff.

Unternehmensphilosophie zusammenfassend als eine auf Dauer ausgerichtete Bestimmung:[35]

- der Beziehungen zu den Stakeholdern des Unternehmens,
- der generellen Unternehmensziele,
- der Unternehmenspolitik (inkl. Führungsstil, Human Resources-Management etc.) und
- der Verhaltensregeln.

Das Unternehmen gibt sich bereits im Rahmen seiner Philosophie, z. B. durch die Betonung einer ganzheitlichen Betrachtungsweise ein unverwechselbares Profil, an dem sich alle Mitarbeiter orientieren können. Dabei ist jedoch zu beachten, daß *„Ganzheitlichkeit .. ohne Sinnbezug undenkbar* [ist], *denn das Wesen von Zusammenhängen im Wechselspiel von Teilen und Ganzem erschließt sich erst über die Konstruktion eines Sinnes. "*[36] Die angesprochene Sinngebung entsteht aus der Festlegung einer übergeordneten Leitidee bzgl. der zukünftigen Entwicklungsrichtung des Unternehmens. Diese Vision beschreibt ein gerade noch realisierbares Zukunftsbild des Unternehmens, welches im Idealfall die Begeisterung der Organisation hervorruft und das tägliche Handeln anspornt.[37] Zusammenfassend kann somit festgehalten werden, daß Unternehmensphilosophie und Visionen als Input die normative Ebene beeinflussen und als Bestimmungsgrößen aller Handlungen zu betrachten sind.[38]

4.2.3.2
Inhalte der ersten Dimension

Die drei Ebenen der ersten Dimension unterscheiden sich durch verschiedene sachliche Komplexität und zeitliche Ausmaße (s. Abb. 4.4).[39]

Die **Normative Ebene** bezieht sich auf die Nutzenstiftung diverser Anspruchsgruppen und begründet das unternehmerische Handeln. Auf dieser Ebene werden die zweckgerichteten Ziele des Unternehmens, mit ihren Prinzipien und Normen, im wirtschaftlichen und gesellschaftlichen Umfeld festgelegt. Den Beteiligten werden dadurch Sinn und Identität vermittelt.[40]

Aus dem normativen Management lassen sich die Bezugsgrößen und Ziele des **strategischen Managements** herleiten. Das normative Management begründet Aktivitäten und das strategische wirkt ausrichtend auf diese Aktivitäten ein. Mittelpunkt des strategischen Managements sind neben den Strukturen, den Managementsystemen und dem Problemlösungsverhalten der Entscheidungsträger die strategischen Programme. Strategisches Management beschäftigt sich also mit

---

[35] Vgl. Hax, A.C./Majluf, N.S. (1991), S. 146 ff.

[36] Bleicher, K. (1996), S. 97.

[37] Vgl. Boston Consulting Group (Hrsg.): *„Vision und Strategie"*. Die 34. Kronberger Konferenz, München 1988, S. 7, zitiert bei Bleicher, K. (1996), S. 98.

[38] Vgl. Seghezzi, H.D. (1996b), S. 48 ff.

[39] Vgl. Dyllick, T./Hummel, J. (1996), S. 14; Pümpin, C./Prange, J. (1991), S. 16 ff.

[40] Vgl. Bleicher, K. (1994b), S. 16; Gomez, P./Zimmermann, T. (1992), S. 22 ff.

dem Aufbau, der Pflege und der Ausnutzung von Erfolgspotentialen[41], für die entsprechende Ressourcen aufgewendet werden müssen.[42]

Die Leitideen und Vorgaben der beiden oberen Ebenen finden ihre praktische Umsetzung auf der **operativen Ebene**. Hier hat das Management die Aufgabe, die normativen und strategischen Vorgaben, die sich an den Fähigkeiten und Ressourcen orientieren, in operative Ziele und Maßnahmen des Tagesgeschäfts umzusetzen. Neben dem ökonomischen Aspekt im normativen und strategischen Management spielt auf operativer Ebene die Effektivität des Mitarbeiterverhaltens im sozialen Zusammenhang eine wesentliche Rolle. Dies wird hauptsächlich in der Kooperation der Mitarbeiter untereinander sowie in der vertikalen und horizontalen Kommunikation deutlich.[43]

Abb. 4.4.   Normatives, strategisches und operatives Management
Quelle: in Anlehnung an Pfriem, R.: *„Umweltpolitik und Umweltleitlinien"*, S. 78, in Fichter, K. (1995), S. 71-84.

---

[41] Der Begriff *„Erfolgspotential"* wurde von GÄLWEILER geprägt. Er versteht darunter das gesamte Zusammenspiel aller jeweils produkt- und marktspezifischen erfolgsrelevanten Voraussetzungen. Vgl. Gälweiler, A. (1987). PÜMPIN erweiterte diese Definition zu *„strategischen Erfolgspositionen"* und schloß die Betrachtung der Beziehungen der produkt- und marktspezifischen Aspekte zu den wesentlichen wettbewerbsrelevanten Aspekten des Unternehmens ein [Anm. d. Verf.]. Vgl. Pümpin, C. (1983).

[42] Vgl. Gomez, P./Zimmermann, T. (1992), S. 22 ff.; Dyllick, T./Hummel, J. (1996), S. 15; Bleicher, K. (1994 b), S. 16 f.

[43] Vgl. Bleicher, K. (1994 b), S. 17.

Aus der Synthese dieser drei Managementebenen läßt sich ableiten, daß ausgehend von der normativen Ebene die zeitliche Reichweite der Entscheidungen stufenweise abnimmt und dabei die Spezifizierung der Vorgaben reziprok ansteigt.[44] Zwischen diesen Ebenen bestehen vielfältige Vor- und Rückkopplungsprozesse, die dazu beitragen, daß sich das gesamte Unternehmenssystem kontinuierlich weiterentwickelt und sich flexibel an veränderte Situationen anpaßt.[45]

4.2.3.3
Inhalte der zweiten Dimension

Die zweite Dimension bilden die drei Säulen, welche die Strukturen, die Aktivitäten und das Verhalten eines Unternehmens kennzeichnen:

Ausgehend von der Säule der **Aktivitäten** leitet sich die Unternehmenspolitik ab, die in Form von Missionen zu strategischen Programmen konkretisiert wird und letztlich zu operativen Aufträgen führt.[46] Die Säule der Aktivitäten problematisiert die Integration zwischen dem konzeptionellen gestalterischen Wollen und der leistungsmäßigen und kooperativen Umsetzung des Angestrebten. Die von der Philosophie und der Vision vorgegebenen Normen und Werte fließen in die Unternehmenspolitik ein.[47] Der Extrakt dieser Politik und eine Verdichtung der Vision führt zu einem Leitbild (bzw. Missionen), in dem in wenigen Sätzen die Ansichten, das Selbstverständnis und Ziele eines Unternehmens in schriftlicher Form fixiert werden.[48] Daraus lassen sich Unternehmensstrategien ableiten, welche in Programmen und Vorgaben für operative Aktivitäten umgesetzt werden.[49] Diese zentrale Säule wird zum einen gestützt durch die strukturellen Vorgaben, welche die konkret ablaufenden Prozesse beschreibt und optimiert. Zum anderen wird sie getragen durch die *„weichen"*, zum Teil unterbewußt gesteuerten Faktoren des menschlichen Verhaltens, welche die Aktivitäten beeinflussen und wiederum selbst durch die Aktivitäten beeinflußt werden.

Die linke Säule des Konzepts umfaßt die **Strukturen** des Managements, die sich von der Unternehmensverfassung auf normativer Ebene über strategische Organisations- und Managementsysteme[50] zu operativen Dispositionssystemen konkretisieren. In der operativen Dimension stellt sich der strukturelle Aspekt im räumlich-zeitlich gebundenen Ablauf von Prozessen heraus. Eine strukturelle Integration ergibt sich durch eine korrelative Gestaltung von Normen der

---

44 Vgl. Bleicher, K. (1996), S. 75 ff.

45 Vgl. Dyllick, T./Hummel, J. (1996), S. 15.

46 Vgl. ebenda, S. 16; Bleicher, K. (1994 a), S. 47 f.

47 ULRICH definiert die Unternehmenspolitik als originäre (nicht von höherwertigen Entscheiden abgeleitete), allgemeine und langfristig geltende Entscheide, welche sich nicht nur auf zu verfolgende Ziele, sondern auch für die dafür einzusetzenden Mittel (Leistungspotentiale) und die dabei anzuwendenden Verfahren (Strategien) beziehen [Anm. d. Verf.]. Vgl. Ulrich, H. (1990), S. 78.

48 Vgl. Bleicher, K. (1994b), S. 21 ff.

49 Vgl. Heimerl-Wagner, P. (1992), S. 70.

50 Vgl. Schwaninger, M. (1994), S. 26 f.

Unternehmensverfassung, der Aufbauorganisation, der Managementsysteme sowie der operativen Ausrichtung von Prozessorganisationen.[51]

Die Säule des **Verhaltens** drückt sich auf der normativen Ebene in der Unternehmenskultur aus. Unter der Unternehmenskultur wird das entwickelte Wissen und die Einstellung der Mitarbeiter verstanden. Unternehmenskulturen sind geprägt durch die Erfahrungen der Vergangenheit und bestimmen in der normativen Ebene das zukünftige Verhalten der Betriebsangehörigen im strategischen und operativen Handeln. Der unternehmenspolitische Kurs wird implizit durch die Unternehmenskultur getragen. Die Kultur einer Unternehmung wird durch die Werte, die Normen und die sozialen Traditionen der Unternehmensbeteiligten geprägt.[52] Daraus resultiert das Problemverhalten der Mitglieder eines Unternehmens, welches schließlich zu einem konkreten Leistungs- und Kooperationsverhalten führt.[53]

4.2.3.4
Unternehmungsentwicklung als dritte Dimension

Die Unternehmungsentwicklung als zeitliche und somit dynamisierende Komponente kann als dritte Dimension des Ansatzes interpretiert werden. Sie zielt auf eine Veränderung der Potentiale eines Unternehmens sowie auf die Nutzenstiftung für die Organisationsteilnehmer und für die Anspruchsgruppen ab. Die Unternehmensentwicklung ist verantwortlich für die Wettbewerbssituation am Markt und determiniert so den unternehmerischen Erfolg.[54] Dies gilt insbesondere bei Abweichungen von geplanten Sollgrößen oder bei erforderlichen Anpassungen an sich verändernde Rahmenbedingungen.[55] Hierbei unterscheidet das St. Galler Management-Konzept eine innere und eine äußere Unternehmungsentwicklung: Die strukturelle Anpassung ist eine nach innen gerichtete, außerhalb des Unternehmens nicht erkennbare Entwicklung. Die Auswirkungen dieser inneren Anpassung auf die nach außen gerichteten Aktivitäten und auf das sowohl intern als auch extern ausgerichtete Verhaltensmuster der Mitarbeiter lassen sich von einer externen Beobachterposition erkennen und bilden somit die äußere Unternehmungsentwicklung.

4.2.4
Harmonisierung der Module

Die Harmonisierung der Module innerhalb der jeweiligen Dimensionen ist die Voraussetzung für eine erfolgreiche Unternehmensführung. Im Optimalfall wird

---

[51]   Vgl. Bleicher, K. (1996), S. 80 f.

[52]   Vgl. Kasper, H.: Symbolisches Management - der Vorgesetzte als *„Sinnstifter"*, S. 20, in: Bachinger, R. (Hrsg.), (1990), S. 19-25; Malik, F. (1994), S. 189 ff.

[53]   Vgl. Gomez, P./Zimmermann, T. (1992), S. 23 f.; Dyllick, T./Hummel, J. (1996), S. 16; Bleicher, K. (1994 b), S. 18.

[54]   Vgl. Bleicher, K. (1996), S. 406 f.

[55]   Vgl. Pümpin, C./Prange, J. (1991), S. 22 f.

dabei sowohl eine gelungene interne Integration zur Abstimmung aller Subsysteme des Unternehmens zu einem funktionsfähigen Ganzen als auch eine externe Integration zur optimalen Positionierung des Unternehmens in seinem Umfeld und zur rechtzeitigen Antizipation der dort stattfindenden Veränderungen erreicht.[56] Die interne Harmonisierung erfolgt in drei Stufen:[57]

1. **Basis-„Fit":** Abstimmung der Ausprägungen innerhalb eines Moduls. Jede spezifische Ausprägung innerhalb des einzelnen Moduls kann in einem Kontinuum zwischen zwei Extremen positioniert werden. So werden z. B. von BLEICHER vier Ausprägungen der Unternehmenskultur unterschieden, welche wiederum in sich zwischen zwei Extrempositionen liegen können: Offenheit (*„vernetzte, zukunftsorientierte Unternehmenskultur"* versus *„traditionsbestimmte, insulare Unternehmenskultur"*), Differenziertheit (*„differenzierte Werthaltungen"* versus *„werteintegrierte Einheitskultur"*), Mitarbeiter (*„heroengeprägte Leistungskultur"* versus *„Kultur kollektiver Mitgliedschaft"*), Führung (*„Unternehmerische Führungskultur"* versus *„Technokratie"*).[58] Diese vier Dimensionen der Unternehmenskultur gilt es zu identifizieren und so aufeinander abzustimmen, daß sie in sich harmonieren.

2. **Horizontaler-„*Fit*":** Abstimmung der Module innerhalb einer Ebene. Auf der normativen Ebene gilt es zu hinterfragen, ob die Grundorientierung, die generellen Zielsetzungen, die Unternehmensverfassung und die Unternehmenskultur in sich *„stimmig"* sind. Auf der strategischen Ebene sollten die Strukturen und das Mitarbeiterverhalten sinnvoll die Programme unterstützen. Auf operativer Ebene sind die Vorstellungen und die Aktivitäten der einzelnen Bereiche auf ihre Kompatibilität zu überprüfen.[59]

3. **Vertikaler-„Fit":** Abstimmung der Module innerhalb einer Säule und Verbindung der Ebenen im Rahmen einer ganzheitlichen Betrachtung. Innerhalb der Säule der Aktivitäten sollte überprüft werden, inwieweit die Grundausrichtung des Unternehmens die Programme bestimmt und sich in den operativen Umsetzungen wiederfindet. Innerhalb der Säule der Strukturen ist eine Plausibilitätsüberlegung hinsichtlich der Frage anzustellen, ob die Rahmenbedingungen der Unternehmensverfassung von der Organisationsstruktur und den Managementsystemen getragen und durch operative Prozeßstrukturen und Dispositionssysteme konsequent unterstützt werden. Im Rahmen der Verhaltens-Säule gilt es zu überprüfen, inwieweit die von der Politik beeinflußte Entwicklung der Unternehmenskultur sich auf der Ebene der Einstellungen der einzelnen Mitarbeiter fortsetzt und schließlich im operativen Leistungsverhalten zum Ausdruck kommt.[60]

---

[56] Vgl. Ulrich, H. (1984), o. S., zitiert bei Bleicher, K.: *„Aufgaben der Unternehmensführung"*, S. 26, in: Corsten, H./Reiss, M. (Hrsg.), (1995), S. 19-32; Klimecki, R.G./ Probst, G.J.B./Gmür, M. (1993), S. 73 ff.

[57] Vgl. Seghezzi, H.D. (1996b), S. 235; Bleicher, K. (1996), S. 511 ff.

[58] Vgl. Bleicher, K. (1996), S. 205 ff.

[59] Vgl. ebenda, S. 514 f.

[60] Vgl. ebenda, S. 518.

4.2.5
Kritische Würdigung

Das vorgestellte St. Galler Management-Konzept vereint mehrere Vorteile. Zunächst gibt es einen guten Überblick über die Zusammenhänge der unternehmensinternen Erfolgsdeterminanten. Es bietet einen Orientierungsrahmen über die Abläufe und das Zusammenspiel der einzelnen Module unter konsequenter Gewährleistung einer ganzheitlichen Betrachtungsweise bei gleichzeitiger Integration aller Unternehmensbereiche. Die strukturierte Darstellung der komplexen Interdependenzen von Ebenen, Säulen und Modulen ermöglicht es Führungskräften, diese Zusammenhänge zunächst wahrzunehmen und an die zunehmend schnelle Veränderung der Umfeldbedingungen anzupassen. Es bietet ein Instrumentarium an, mit welchem die theoretisch-wissenschaftlichen Grundlagen im Rahmen einer Unternehmensdiagnose mit praktischen, real existierenden Inhalten gefüllt, auf ihre Plausibilität hin analysiert und schließlich harmonisiert werden können. Dabei fördert es die über eine rein wertmäßige Betrachtung hinausgehende Berücksichtigung der sozialen, verhaltensorientierten Komponente von Managemententscheidungen. Positiv zu bewerten ist gleichfalls die universelle Anwendbarkeit, so daß sich jedes Unternehmen, unabhängig von seiner Größe, in dieses Raster einordnen läßt. Zudem werden zunächst keine Vorgaben hinsichtlich der Art und Weise des Ausfüllens der Module, Säulen und Ebenen des Konzepts gegeben. Es handelt sich hierbei somit nicht um ein Konzept im eigentlichen Sinne, das konkrete Vorgehensweisen vorgibt, sondern es ermöglicht vielmehr eine unternehmensspezifische Ausgestaltung der jeweiligen Module. Die ganzheitliche Betrachtungsweise bezieht nicht quantifizierbare und nicht mathematisch formulierbare Phänomene in die Betrachtungsweise mit ein und schafft so ein umfassendes Abbild der Realität.

In der Literatur wird jedoch das Fehlen konkreter Aussagen und Handlungshinweise zum Ausfüllen des Leerstellengerüsts als Nachteil dieses Konzepts gewertet. Darüber hinaus werden keine Aussagen über die Aneignung und Schulung einer ganzheitlichen Sichtweise oder bzgl. des konkreten Aufbaus von Strategien für die unterschiedlichen Unternehmensbereiche bzw. Funktionen gemacht. Zudem werden weder die Implementierung noch die Kontrolle der Durchführung oder die Aufrechterhaltung von Veränderungen und neuen Ansätzen behandelt.[61]

Ein weiteres Problem, das sich bei der Anwendung dieses Konzepts im Rahmen des hier vorgestellten *„Integrationsprojektes"* in der Praxis gezeigt hat, besteht in der Darstellung und in der Berücksichtigung der zeitlichen Komponente. So wird die Organisationsentwicklung im Zeitablauf angedeutet, der dafür erforderliche Feedback, insbesondere zwischen den Ebenen, wird lediglich angesprochen, jedoch weder festgeschrieben noch visuell dargestellt.[62] Somit entsteht der Eindruck einer reinen *„Top-Down"*-Orientierung dieses Konzepts und einer mangelnden Einbeziehung der Mitarbeiterbasis. Da mit den drei Ebenen keine Hierarchien dargestellt werden sollen, läßt sich dieser Kritikpunkt jedoch entkräften.

---

[61] Vgl. Eschenbach, R./Kunesch, H. (1996), S. 320 f.

[62] Das Problem der Rückkopplungen im Rahmen des St. Galler Management-Konzepts wird in Kapitel 8 (Abschn. 8.8.2.2) dieser Arbeit erneut aufgegriffen [Anm. d. Verf.].

4.3
Managementsysteme

4.3.1
Kategorisierung verschiedener Managementsystem-Arten

Im Rahmen der Begriffsbestimmung in Abschn. 4.1 wurde bereits darauf hingewiesen, daß eine Vielzahl von Definitionen und Ansichten über die Inhalte und
Aufgaben von Managementsystemen existieren. SCHWANINGER versteht unter
diesem Begriff „*...formal verankerte Systeme für die Gestaltung, Lenkung und
Entwicklung von Unternehmen und anderen Organisationen verschiedenster
Art.*"[63] Er unterscheidet zunächst theoretisch-konzeptionelle Ansätze, welche in
vier Kategorien eingeteilt und hier um eine fünfte Kategorie erweitert werden:[64]

1. **Auf Personalmanagement oder Organisation spezialisierte Ansätze**
   Hierzu lassen sich die Ansätze von LIKERT über „*Führungssysteme*"[65] oder
   von NEUHOF/RINGLE[66] zuordnen, welche die Organisation auf der obersten
   Führungsebene inklusive der Management-Techniken, z. B. der „*Management-
   by...-Ansätze*" betrachten.

2. **Weitere spezialisierte Ansätze**
   Hierunter werden (EDV-gestützte) Informationssysteme, spezielle Systeme
   zum Management von Teilbereichen, z. B. Marketing, Finanz- und Rech-
   nungswesen etc., Planungs- und Kontrollsysteme sowie technische Systeme im
   Sinne von Produktionsplanungs- und Steuerungssystemen (PPS) subsumiert.

3. **Systemorientierte Ansätze**
   Innerhalb dieser Kategorie finden sich die vorgestellten St. Galler-Ansätze
   oder die Ausführungen von ANSOFF, der Managementsysteme als
   „ *...systematic approaches to handling the increasing unpredictability, novelty
   and complexity*"[67] versteht und die im Rahmen dieser Arbeit als Management-
   Konzepte verstanden werden.

4. **Auf Normen basierende Ansätze (Erweiterung des SCHWANINGER-
   Ansatzes)**
   Ausgehend von militärischen Regelwerken zur Qualitätsprüfung entwickelten
   sich normierte Managementsystem-Modelle, welche idealtypische Strukturen
   und Abläufe von speziellen Teilbereichen des Unternehmens als Leitlinien zum
   Aufbau derartiger Systeme vorgeben. Hierzu zählen die in den folgenden Ka-
   piteln vorgestellten zertifizierbaren Spezialmanagementsystem-Modelle der
   ISO 9000er Reihe, der ISO 14000er-Reihe, das EMAS, der BS 8800 etc.

---

[63] Schwaninger, M. (1994), S. 15.
[64] Vgl. ebenda, S. 28 ff.
[65] Vgl. Likert, R. (1972).
[66] Vgl. Neuhof, B./Ringle, G. (1984).
[67] Ansoff, I.(1984), S. 13.

5. Pragmatische Mischformen

Diesem Überbegriff werden praxisorientierte Gestaltungsempfehlungen auf der Basis von Erfahrungsberichten aus speziellen Projekten zugeordnet, z. B. der funktionsübergreifenden Integration von Teilsystemen (z. B. ADAM`S Ansätze zur Zusammenfassung von Arbeitssicherheits- und Umweltmanagementsystemen[68]) zu einem Gesamtsystem.

SCHWANINGER verwendet eine weitere Klassifikation von Managementsystemen. Basierend auf der Überlegung, daß bei allen Arten von Managementsystemen das Unternehmen durch den Faktor *„Information"* gesteuert wird, greift er zunächst auf die Einordnung BLEICHERS zurück. Demnach werden folgende Dimensionen festgelegt, in welche die Ausprägungen des betrachteten Managementsystems wiederum innerhalb verschiedener Kontinui (s. Abb. 4.5) positioniert werden können:[69]

1. Management der Information
   a) Gewinnung und Verarbeitung von Information,
   b) Anwenderorientierung von Informationen.

2. Information des Managements
   a) Kommunikative Verfügbarkeit von Informationen,
   b) Verarbeitung von Informationen durch das Management.

Je nach Positionierung innerhalb dieser Dimensionen kann bei einer gelungenen Harmonisierung der einzelnen Kriterien eine Stabilitätsorientierung oder eine Veränderungsorientierung des Gesamtsystems unterstützt werden. Diese Ausrichtung entsteht vor allem durch den Grad der Beteiligung der Mitarbeiter an der Informationsgewinnung, -verwertung und -weitergabe.
Aufbauend auf diesen Überlegungen unterscheidet SCHWANINGER Managementsysteme erster und zweiter Ordnung. Managementsysteme erster Ordnung lassen sich wiederum in die nachfolgenden Kategorien aufteilen, welche in Wechselbeziehungen zueinander stehen und sich zum Teil inhaltlich überlappen:[70]

a) Zielfindungs-, Planungs- und Kontrollsysteme
   beziehen sich auf die Kernfunktionen des Managementprozesses *„Gestaltung"* und *„Lenkung"* und tragen durch die Verbesserung der Wahrnehmungs-, Voraussichts- und Reaktionsfähigkeit des Unternehmens dazu bei, die Komplexität des relevanten Umfelds zu reduzieren.

b) Informationssysteme
   unterstützen die übrigen Managementsysteme, indem sie z. B. Rückkopplungen über Ergebnisse von Aktivitäten für die Entscheidungsträger zur Verfügung stellen. Kommunikationssysteme werden hier als Teilbereiche der Informationssysteme verstanden.

---

[68] Vgl. Adams, H.W. (1995).
[69] Vgl. Bleicher, K. (1996), S. 300 ff.
[70] Vgl. Schwaninger, M. (1994), S. 43 ff.

c) Personal-Management-Systeme

sollen als Spezialsysteme das Humankapital des Unternehmens erhalten und
z. B. durch die Institutionalisierung des organisationalen Lernens kontinuierlich weiterentwickeln.

d) Wert-Management-Systeme

beschäftigen sich mit dem optimalen Einsatz und der Verwaltung von Sach-
und Nominalgütern.

Bei den Managementsystemen zweiter Ordnung handelt es sich um übergeordnete Meta-Managementsysteme. Sie ermöglichen die Integration der verschiedenen Teilmanagementsysteme eines Unternehmens, welche wiederum alle Arten
von Ressourcen und vielfältige Sachverhalte tangieren. Dieses auch als *„Unter-
nehmensentwicklungssystem"* bezeichnete Meta-System harmonisiert die verschiedenen Komponenten der bestehenden Teilsysteme, koordiniert die Entwicklung der Subsysteme, paßt sie in die Gesamtausrichtung des Unternehmens ein und
stimmt sie mit den Anforderungen des Umfelds ab.[71]

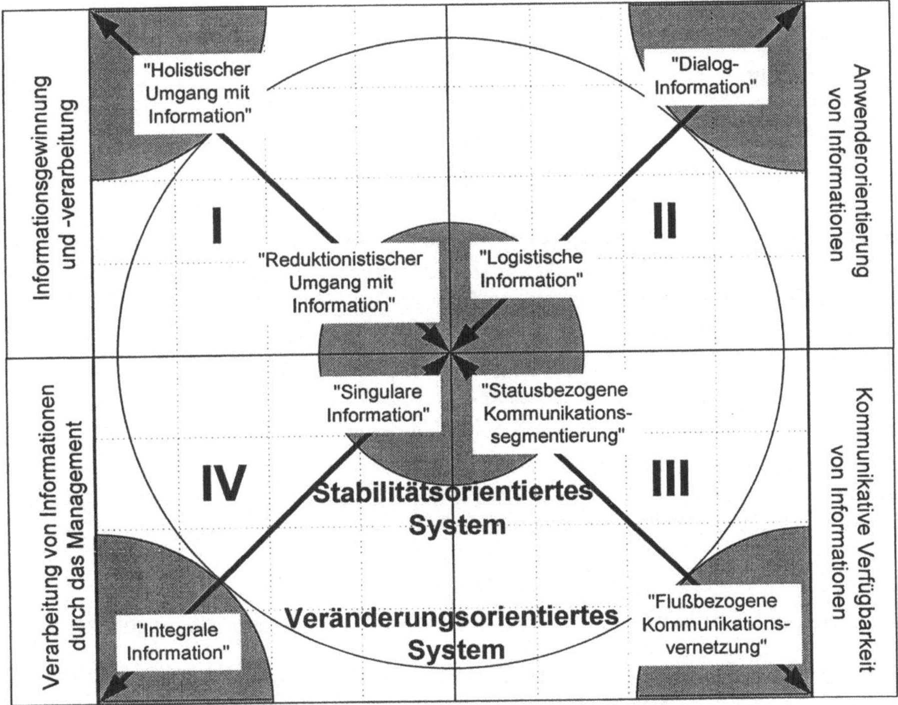

Abb. 4.5. Profil der Managementsysteme; Quelle: Bleicher, K. (1996), S. 313.

---

[71] Vgl. ebenda, S. 46 ff.

Im Rahmen dieser Arbeit werden Managementsysteme erster Ordnung der Kategorie vier (auf Normen basierende Ansätze) untersucht und unter Zuhilfenahme der Konzepte aus Kategorie drei (systemorientierte Ansätze) zu ganzheitlichen, praxisorientierten Ansätzen der Kategorie fünf (pragmatische Mischformen) transformiert. Die in den Kapiteln 5 bis 7 betrachteten Spezial-Managementsysteme für Qualität-, Umweltschutz- und Arbeitssicherheit vereinen die Inhalte der Managementsysteme erster Ordnung und erfordern außerdem ein Meta-Managementsystem (zweiter Ordnung), um eine synchronisierte Unternehmensentwicklung innerhalb der betrachteten Teilbereiche zu gewährleisten.

4.3.2
Managementsysteme als Modul des St. Galler Management-Konzepts

Das in Abschnitt 4.2 vorgestellte St. Galler Management-Konzept beschreibt als oberste Ebene, quasi als Meta-Ebene, eine ganzheitliche Sichtweise der Planung, Steuerung und Kontrolle eines Unternehmens. Innerhalb dieses Gesamtsystems können verschiedene Managementsystem-Module als Subsysteme integriert werden. Diese beschreiben hauptsächlich strukturelle Abläufe und Verantwortlichkeiten für unterschiedliche Themengebiete im Sinne der Kategorien zwei und vier der im vorherigen Abschnitt vorgenommenen Einteilung der Managementsysteme erster Ordnung. Sie werden im Rahmen des St. Galler Konzepts unter dem Aspekt des Informationseinsatzes in das im vorigen Abschnitt vorgestellte Managementsystem-Profil eingeordnet (s. Abb. 4.5). Zusammen mit den normativen, verhaltenssteuernden, rechtlich-wirtschaftlichen Strukturvorgaben der Unternehmensverfassung und den durch Dispositionssysteme gesteuerten, operativen Prozeßabläufen sind sie den strukturell-formalen Aspekten des Managements zuzuordnen und bilden gemeinsam mit diesen Modulen die Säule der Strukturen. Gleichzeitig bilden sie ein Element der strategischen Ebenen des Konzepts, um die Wechselwirkung von Strategie und Struktur innerhalb der Unternehmensgestaltung zu verdeutlichen.[72] Die zertifizierungsfähigen Managementsysteme (erster Ordnung) der Kategorie vier stehen im Mittelpunkt der Ausführungen der nachfolgenden Abschnitte dieses und der folgenden Kapitel. Sie gehen inhaltlich über das Verständnis des Managementsystemmoduls im St. Galler Management-Konzept hinaus, da sie neben den rein strukturellen Vorgaben zusätzlich den Aktivitäten und dem Verhalten zuzuordnende Elemente beinhalten.

4.3.3
Strukturanforderungen und Aufgaben von Managementsystemen

Die ISO 8402 versteht unter einem Managementsystem die Organisationsstruktur, Regelung der Verantwortlichkeiten, Verfahren, Prozesse und erforderlichen Mittel für die Verwirklichung der jeweiligen Managementaufgabe.[73] Basierend auf

---

[72] Vgl. ebenda, S. 26 ff.
[73] Vgl. DIN EN ISO 8402: 1995, S. 5.

diesem Verständnis werden die Systeme der International Standard Organization (ISO) für die Managementaufgaben in den Bereichen der Qualitätssicherung und des Umweltschutzes abgeleitet. Die Tätigkeiten Identifizieren, Organisieren, Führen und Handhaben aller der Wertschöpfung dienenden Prozesse in einer Organisation werden dabei als Hauptaspekte des Managements betrachtet.[74]

Das Management einer Organisation beinhaltet nach dieser Basisnorm (ISO 8402) alle Tätigkeiten, welche im Rahmen des Managementsystems die Unternehmenspolitik, Ziele und Verantwortlichkeiten festlegen und diese durch Mittel wie Planung, Lenkung, Ergebnisbeurteilung und Verbesserung verwirklichen.[75] Das Managementsystem wird somit als die Gesamtheit aller organisatorischen Maßnahmen verstanden, die geeignet sind, diese Prozesse zu beherrschen und das Erreichen der festgelegten Unternehmensziele sicherzustellen. Unter organisatorischen Maßnahmen werden hier sowohl aufbauorganisatorische Festlegungen (z. B. Hierarchie, Verantwortlichkeiten, Zuständigkeiten) als auch ablauforganisatorische Regelungen (z. B. Arbeitsverfahren, Berichtswesen, Informations- und Entscheidungswege) verstanden. Als Bindeglied zwischen den strategischen Antworten einer Unternehmung auf ihre Umfeldbedingungen und deren Umsetzung in die konkrete unternehmerische Praxis können Managementsysteme gleichzeitig als Hilfsmittel der Unternehmensführung bei der Realisierung ihrer Zielsetzungen betrachtet werden.[76] Die grundlegende Vorgehensweise eines Managementsystems beschreibt einen Zyklus an Aktivitäten, der einer Spirale gleich kontinuierlich auf jeweils höherem Niveau durchlaufen wird. Folgende Managementprinzipien bilden die Elemente der in Abb. 4.6 dargestellten Verbesserungsspirale:[77]

1. Ziele festlegen,
2. Handlungsbedarfe bestimmen,
3. Ressourcen zur Verfügung stellen,
4. Maßnahmen planen und deren Durchführung sicherstellen,
5. Erfolgskontrollen durchführen,
6. Ergebnisse bewerten und sich neue Ziele stecken.

Neben diesen Grundprinzipien können verschiedene Aufgaben eines Managementsystems identifiziert werden, welche sich zunächst aus den gesetzlich vorgeschriebenen Pflichten eines Managers ableiten lassen. So regelt § 831 BGB die Haftung des Arbeitgebers für seinen Verrichtungsgehilfen. Nach diesem Paragraphen hat der Arbeitgeber eine sorgfältige Auswahl des Verrichtungsgehilfen (Mitarbeiters) zu treffen, diesen gründlich anzuweisen bzw. zu schulen und ihn regelmäßig zu überwachen bzw. zu überprüfen.[78] Wird dieses Anforderungsprofil auf ein gesamtes Managementsystem erweitert, können verschiedene grundsätzliche

---

[74] Vgl. Petrick, K.: *„Das Konzept der Zusammenführung von Qualitätsmanagement und Umweltmanagement."*, S. 5, in: Petrick, K./Eggert, R. (Hrsg.), (1995), S. 1-51.

[75] Vgl. DIN EN ISO 8402: 1995, S. 15.

[76] Vgl. Felix, R./Pischon, A./Riemenschneider, F./Schwerdtle, H. (1997), S. 5 f.

[77] Vgl. Johann, H./Werner, W./Grund, P. (1995), S. 12.

[78] Vgl. § 831 BGB; Schwerdtle, H. (1996), S. 23.

Aufgaben und Strukturanforderungen eines Managementsystems identifiziert werden.

Die (Qualitäts-) Normenreihe ISO 9000 beschreibt, basierend auf diesen Aufgaben, Strukturanforderungen an ein Qualitätsmanagementsystem. Deren Inhalte lassen sich als allgemeine Struktur auch auf andere Managementsysteme übertragen:[79]

1. Verantwortung der Unternehmensleitung.
2. Aufbau einer Unternehmenspolitik.
3. Aufbau einer systemvorgebenden und -überwachenden Stelle nahe der Unternehmensleitung.
4. Dokumentation des Managementsystems zur Validierung von Abläufen und Prozessen.
5. Festlegung von systemausführenden Stellen und Institutionalisierung von Abläufen.
6. Information, Kommunikation, Schulung und kreative Weiterentwicklung des Systems durch die Mitarbeiter.
7. Systemaudits zur Überprüfung der Anwendung, Wirksamkeit und ständigen Verbesserung des Managementsystems.

Abb. 4.6. Verbesserungsspirale des Managements

---

[79] Vgl. Stein, R. (1996), S. 2; Adams, H.W.: *„Qualitätsmanagement als allgemeines Organisationsprinzip"*, S. 25 ff., in: Adams, H.W./Rademacher, H. (Hrsg.), (1994), S. 25-42.

Die Formulierung dieser Anforderungen bildet die strukturelle Basis eines Managementsystems der Kategorie vier. Sie finden sich als Systemelemente explizit in den durch die Normen ISO 9001 und ISO 14001 modellierten Managementsystemen. In allen anderen, im Rahmen dieser Arbeit betrachteten Normen und Leitfäden, sind sie zumindest sinngemäß als Forderungen enthalten. Diese Struktur eignet sich ebenso als Grundgerüst für den Aufbau Integrierter Managementsysteme.[80] In den nachfolgenden Teilabschnitten werden die wichtigsten hier genannten Elemente skizziert. Eine ausführlichere Spezifikation erfolgt in den jeweiligen Fachkapiteln fünf bis sieben.

4.3.3.1
Verantwortung der Leitung/Unternehmenspolitik/Aufbauorganisation

Voraussetzung für eine glaubwürdige Umsetzung der in den Teilmanagementsystemen festgeschriebenen Zielsetzungen ist eine dokumentierte und veröffentlichte Verantwortung der obersten Leitung des Unternehmens. Dieses Bekenntnis wird als *„Commitment"*- als Verpflichtung - der Führung bezeichnet, die für die Einführung eines Managementsystems erforderlichen Aktivitäten zu unterstützen und dafür entsprechende finanzielle und personelle Mittel bereitzustellen. Aufbauend auf diese Selbstverpflichtung ist eine Politik für das jeweils im speziellen Managementsystem berücksichtigte Sachgebiet zu formulieren, welche die Mitarbeiter zur Einführung und Aufrechterhaltung des Systems unter Beachtung gemeinsamer Prinzipien verpflichtet.[81] Im Anschluß daran ist die Aufbauorganisation hinsichtlich des einzuführenden Spezialsystems festzulegen. Dabei ist eine systemvorgebende und -überwachende Stelle nahe der Unternehmensleitung zu generieren. Die systemverantwortliche Person hat dafür zu sorgen, daß das Managementsystem eingeführt und so aufrechterhalten wird, daß die festgelegten Zielsetzungen erfüllt werden können. In diesem Zusammenhang ist darauf zu achten, daß diese Stelle direkt an die Unternehmensleitung berichten kann.

4.3.3.2
Dokumentation von Managementsystemen

Das Vertrauen in die Leistungsfähigkeit des Unternehmens innerhalb der verschiedenen Sachgebiete (Qualität, Umweltschutz, Arbeitssicherheit etc.) resultiert aus den dokumentierten Informationen und Nachweisen über die vorhandenen Teilmanagementsysteme.[82] In den letzten Jahren hat sich eine gleichbleibende Struktur der Dokumentation von Managementsystemen entwickelt. Um den Aktualisierungsaufwand möglichst gering zu halten und dem jeweiligen Anwender eine handhabare Arbeitsgrundlage zu schaffen, entstanden unterschiedliche Ebenen der Dokumentation (s. Abb. 4.7).[83] Die Dokumentation folgt im allgemeinen einem

---

[80]   Vgl. Felix, R./Pischon, A./Riemenschneider, F./Schwerdtle, H. (1997), S. 45.

[81]   Vgl. Adams, H.W. (1995), S. 162 f.

[82]   Vgl. Seghezzi, H. (1996b), S. 161.

[83]   Vgl. Bayerisches Staatsministerium für Landesentwicklung und Umweltfragen (Hrsg.), (1995), S. 48 f.

hierarchischen Aufbau und kann idealtypisch in drei Ebenen unterteilt werden, wobei die Grenzen dieser Ebenen in der Praxis nicht starr, sondern fließend verlaufen.[84] Das zentrale Dokument des Managementsystems ist das Handbuch[85], es kann als *„Übersetzung der Normen"* auf die unternehmensspezifische Situation interpretiert werden. Das System wird durch dieses Handbuch nach innen und außen dargelegt und weist so insbesondere gegenüber externen Anspruchsgruppen seine Funktionsfähigkeit nach.[86] Es ermöglicht den Mitarbeitern eine Orientierung und hilft ihnen mögliche Schnittstellen zwischen den Arbeitsbereichen zu erkennen.[87] Im Handbuch erfolgt zunächst eine Darstellung der fachspezifischen Unternehmenspolitik sowie der dazugehörigen Grundsätze bzw. Leitlinien. Zudem wird hier eine allgemeine Beschreibung der Aufbau- und Ablauforganisation im Rahmen des spezifischen Managementsystems sowie der sachgebietsbezogenen Aufgaben und Zuständigkeiten im gesamten Unternehmen vorgenommen. Neben der Darstellung betriebsumfassender Zusammenhänge, die für alle Bereiche und Sparten gelten, werden hier Vorgaben für detailliertere Verfahrens- und Arbeitsanweisungen festgelegt.

Adressaten des Handbuchs sind die obere Führungsebene bis zu den Abteilungsleitern sowie interessierte Gruppen aus dem Umfeld des Unternehmens.

Verantwortlichkeiten, Verfahren und einzelne prozessorientierte Tätigkeiten sowie deren Umsetzung werden zum Teil direkt im Handbuch beschrieben, eine auf die verschiedenen Teilbereiche bzw. -prozesse des Unternehmens zugeschnittene, genauere Beschreibung erfolgt in den dazugehörigen Verfahrens- und Arbeitsanweisungen. Diese Verfahrensanweisungen sind dem Handbuch formal nachgeordnet. Sie beschreiben die Ablauforganisation innerhalb der einzelnen Geschäftsprozesse. Dabei wird ein Hauptaugenmerk auf schnittstellenübergreifende Aspekte gelegt. Spezielle Teilaufgaben wie die Beschaffung, die Schulung oder die Durchführung von internen Audits werden möglichst projekt-, produkt- und abteilungsneutral beschrieben. Adressaten der Verfahrensanweisungen sind alle Abteilungen, sofern sie von den entsprechenden Regelungen betroffen sind. Auf der Ebene der Arbeitsanweisungen werden verschiedene Einzeltätigkeiten arbeitsplatz-, bzw. sachgebietsbezogen beschrieben. Konkrete Vorgehensweisen werden hierbei projekt-, produkt- und abteilungsspezifisch dokumentiert. Die Erstellung einer Arbeitsanweisung ist, im Gegensatz zu der Erstellung des Handbuchs und der Verfahrensanweisungen, nicht zwingend festgeschrieben, sondern erfolgt nur dann, wenn ein detaillierterer Beschreibungsbedarf für komplizierte Tätigkeiten besteht. Die Dokumentation muß inhaltlich korrekt, vollständig und zweckmäßig aufgebaut und gepflegt werden. Sie dient häufig als Orientierung und Schulungsunterlage, insbesondere für neue Mitarbeiter und wird im Rahmen interner und externer Audits begutachtet.

---

[84] Vgl. Felix, R./Pischon, A./Riemenschneider, F./Schwerdtle, H. (1997), S. 41.

[85] Adams, H.W. (1995), S. 65-70.

[86] Vgl. Krieshammer, G.: *„Recht und Qualitätsmanagement"*, S. 66, in: Adams, H.W./Rademacher, H. (Hrsg.), (1994), S. 66-78.

[87] Vgl. Bobzien, M./Stark, W./Straus, F. (1996), S. 92 f.

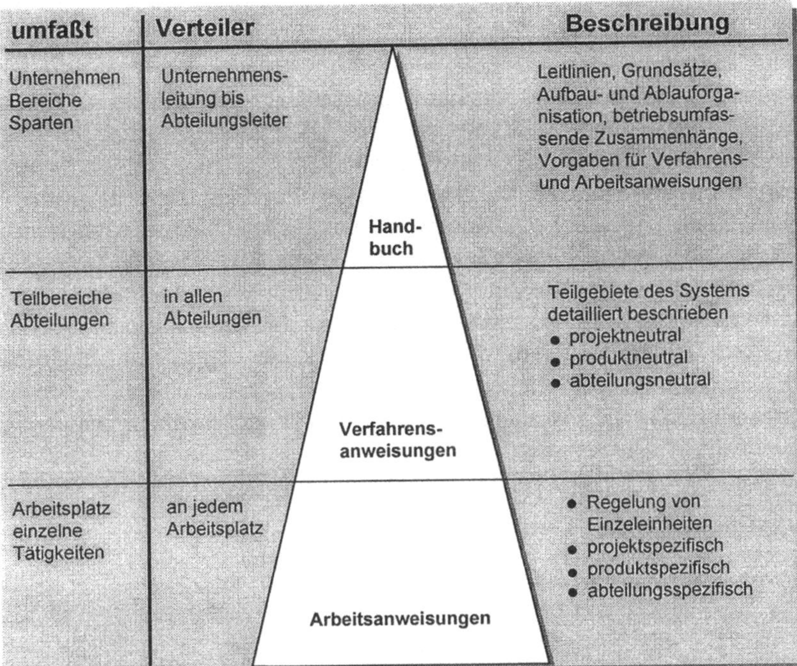

Abb. 4.7. Dokumentationshierarchie eines Managementsystems
Quelle: in Anlehnung an Seghezzi (1996b), S. 162.

Aufgrund der hier beschriebenen allgemeinen Anforderungen an die Dokumentation eines Managementsystems läßt sich leicht erkennen, daß durch die internationale Normierung ein gewisses Maß an Formalismus einzuhalten ist. Das Unternehmen ist daher gefordert, die Abläufe trotz der genauen Beschreibung nicht zu bürokratisch oder unbeweglich zu gestalten.[88]

4.3.3.3
Institutionalisierung von Abläufen

Den Kern des Managementsystems bildet die Institutionalisierung von zumeist operativen Abläufen und deren Zuordnung zu den jeweils verantwortlichen, systemausführenden Stellen. Hierbei sind die entsprechenden Teilaufgaben zu delegieren und Kompetenzen, Verantwortung sowie Anweisungs-, Auswahl- und Überwachungspflichten auf allen Hierarchieebenen festzulegen. Diese Institutionalisierung wird in den Verfahrens- und Arbeitsanweisungen festgeschrieben. Darüber hinaus sind die Systemüberwachung sowie die dazu erforderlichen Kenngrößen festzulegen, anhand deren Veränderung im Zeitablauf die Einhaltung der Vorgaben und Ziele gemessen werden kann.[89]

---

[88] Vgl. Seghezzi (1996b), S.161 ff.
[89] Vgl. Adams, H.W. (1995), S. 165 ff.

4.3.3.4
Information/Kommunikation/Schulung

Ein weiterer Bestandteil eines standardisierten Managementsystems ist die Sicherstellung der Information der Mitarbeiter über das Ziel des Systems und über die Vorgehensweise innerhalb des Unternehmens. Dazu ist zunächst die Installation von offiziellen Kommunikationskanälen erforderlich, z. B. Berichte von den ausführenden Stellen zu der systemverantwortlichen Person und von dieser zur Unternehmensleitung. Vielfach wird außerdem die Festlegung von regelmäßigen Treffen und Versammlungen zu dem jeweiligen Themenschwerpunkt gefordert. Der Aufbau von kleinen, projektbezogenen Arbeitskreisen mit überschaubaren Zielsetzungen dient dabei der kreativen Weiterentwicklung des Systems durch die Mitarbeiter. Zusätzlich ist ein Schulungsbedarf für den entsprechenden Teilaspekt des einzuführenden Spezialmanagementsystems für alle Mitarbeiter zu ermitteln und ein Schulungsplan aufzustellen.[90]

4.3.3.5
Auditierung/Review

Als Audit werden Managementinstrumente bezeichnet, mit deren Hilfe die Wirksamkeit des Managementsystems eines Unternehmens systematisch erfaßt werden können. Dabei können grundsätzlich zwei Ausrichtungen unterschieden werden: Die Kategorie der sog. „*compliance audits*" überprüft inwieweit ein Unternehmen den gesetzlichen Anforderungen genügt, bzw. - auf dem Gebiet des Umweltschutzes - inwieweit es für von ihm verursachte Umweltbelastungen haftbar gemacht werden kann.[91] Dies gilt analog bei Arbeitssicherheits- und Gesundheitsschutzanforderungen bzgl. verursachter Unfälle oder Gesundheitsbelastungen.

Bei der zweiten Gruppe handelt es sich um „*management audits*", welche die Funktionsweise des innerbetrieblichen Teilmanagementsystems und in diesem Rahmen die Entscheidungs- und Kontrollmechanismen zur Vermeidung von Verstößen gegen gesetzliche und andere Anforderungen überprüfen.[92] Diese Form des Audits entspricht den eigentlichen Anforderungen standardisierter Managementsysteme und wird auch auf dem Gebiet des Qualitätsmanagements durchgeführt. Dabei kann zwischen internen und externen Audits unterschieden werden. Während bei internen Audits die Funktion des Systems durch eigene Mitarbeiter oder innerhalb größerer Konzerne durch zentrale Stabsstellen überprüft werden, ist für die Erteilung einer offiziellen Teilnahmeerklärung bzw. eines Zertifikats die Überprüfung durch einen akkreditierten, externen Auditor bzw. Gutachter erforderlich. Die Information der Unternehmensleitung über die Ergebnisse der durchgeführten Audits und die daraus abgeleiteten Veränderungen der Systemvorgaben erfolgt in sog. „*Reviews*". Im Rahmen dieser Erfolgskontrollen werden die bisherigen Zielsetzungen überdacht, SOLL und IST-Werte verglichen und der Grad der

---

[90] Vgl. Adams, H.W. (1995), S. 165 ff.
[91] Vgl. Kerschbaummayr, G./Alber, S. (1996), S. 113.
[92] Vgl. Rhein, C. (1996), S. 9 f.

Verbesserung ermittelt. Sind deutliche Abweichungen festzustellen, werden Korrekturmaßnahmen beschlossen und deren Durchführung delegiert. Dieses Instrument schafft eine Basis für das Treffen von Entscheidungen und dient der Sicherstellung der kontinuierlichen Verbesserung des Systems und der Systemleistung.[93]

4.3.4
Ziele zertifizierbarer Managementsysteme

Mit der Einführung eines standardisierten Managementsystems werden verschiedene Zielsetzungen verfolgt. Vorrangige Aspekte sind dabei die Systemoptimierung und die Entscheidungsunterstützung im Rahmen des betrachteten Spezialgebiets. Auf den Gebieten Qualität, Umweltschutz und Arbeitssicherheit werden zum Teil gleichartige, zum Teil unterschiedliche Zielsetzungen angestrebt (s. Kap. 5-7), wodurch bei parallel im Unternehmen bestehenden Systemen oder bei deren Integration in einigen Fällen Zielkonflikte entstehen können (s. Kap. 8). Durch die Einrichtung solcher Systeme wird zudem versucht, eine optimale Anpassung an das spezifische Unternehmensumfeld zu erreichen. Mit Hilfe dieses Instruments sollen die Forderungen der relevanten Anspruchsgruppen soweit wie möglich erfüllt werden. Weitere allgemeine Ziele eines Managementsystems (der Kategorie 4) sind nachfolgend benannt.[94]

- Die Sicherung der Rechtskonformität aufgrund der von externen Sachverständigen durchgeführten Begutachtung des bestehenden Systems.
- Die Reduzierung des Haftungsrisikos in dem entsprechenden Teilgebiet.
- Die Verbesserung des Images von seiten der relevanten Anspruchsgruppen bzgl. des entsprechenden Teilgebiets durch nachweisbare Aktivitäten und Verbesserungen.
- Die Verbesserung der Identifikation und Motivation der Mitarbeiter auf dem jeweiligen Fachgebiet.
- Die Schaffung nachvollziehbarer Prozeßabläufe durch eine lückenlose Dokumentation.
- Die kontinuierliche Verbesserung der Unternehmensleistungen auf dem betrachteten Gebiet.
- Die Erlangung von Wettbewerbsvorteilen.

4.3.5
Allgemeine Bewertungskriterien eines Managementsystems

Bei der Bewertung von Managementsystemen muß zunächst grundsätzlich unterschieden werden, ob verschiedene Managementsystem-Modelle (aufgrund von Normvorgaben etc.) oder deren Realisierung in konkreten Managementsystemen

---

[93] Vgl. Seghezzi, H.D.: Qualitätsplanung, in: Masing, W. (Hrsg.), (1994), S. 373-400, zitiert bei Seghezzi, H.D. (1996b), S. 288 f.

[94] Vgl. Eggert, R.: *„Zertifizierung von Umweltmanagementsystemen"*, S. 229, in: Petrick, K./Eggert, R. (Hrsg.), (1995), S. 223-244.

zu betrachten sind. Für die Bewertung von Managementsystem-Modellen und für deren Vergleich lassen sich verschiedene Kriterien heranziehen. DYLLICK/ HUMMEL wenden für den Vergleich verschiedener standardisierter Umweltmanagementsysteme u. a. folgende Aspekte an, welche auf die Bewertung und den Vergleich anderer Managementsystem-Modelle (z. B. für Qualitäts- bzw. Arbeitssicherheitsmanagement) übertragbar sind:[95]

- **Geltungsbereich**
  (national, europaweit, weltweit),
- **Systembezug**
  (Möglichkeit der Teilnahme an diesem System: Industrie, Handel, Dienstleistung etc.),
- **Rechtssicherheit (Legal Compliance)**
  (Ist eine diesbezügliche Überprüfung vorgesehen, kann diese nach einer Überprüfung durch das System gewährleistet werden?),
- **Validierung**
  (Ist eine Überprüfung durch einen externen Auditor erforderlich?) und
- **Leistungskriterien**
  (Werden konkrete Kriterien zur Überwachung der kontinuierlichen Verbesserung des Systems vorgegeben bzw. verlangt?).

Folgende Kriterien lassen sich zur Bewertung bereits in der unternehmerischen Praxis existierender Managementsysteme anwenden:[96]

- **Finanzieller und organisatorischer Aufwand**
  (Besteht ein erkennbarer Zusammenhang zwischen den Kosten der Einführung und Aufrechterhaltung des Systems und dem daraus resultierenden Nutzen?),
- **Verantwortlichkeitsregelungen und Kompetenzabgrenzungen**
  (Beachtung der Regelungen, insbesondere an funktionsübergreifenden Schnittstellen.),
- **Akzeptanz der Mitarbeiter**
  (Wird das System tatsächlich *„gelebt"* oder besteht es nur in Form von Dokumentationen?),
- **Zielerreichungsgrad**
  (Werden die gesteckten Ziele erreicht?),
- **Flexibilität**
  (Besteht nach Einführung des Managementsystems noch eine ausreichende Anpassungsfähigkeit an sich ändernde Umfeldbedingungen?) und
- **Innovationsförderung**
  (Ermöglicht und fördert das Managementsystem die Weiterentwicklung von Produkten, Prozessen und Dienstleistungen im Sinne einer kontinuierlichen Verbesserung?)

---

[95] Vgl. Dyllick, T./Hummel, J. (1995), S. 26.
[96] Vgl. Felix, R./Pischon, A./Riemenschneider, F./Schwerdtle, H. (1997), S. 85 ff.

Für den Aufbau eines Integrierten Managementsystems ist die Orientierung an diesen Kriterien von besonderer Bedeutung. Anhand dieser Aspekte können sämtliche Aktivitäten während und nach der Integration von Teilmanagementsystemen zu einem Gesamtsystem gemessen werden. Dabei ist zu beachten, daß die Erfüllung dieser Kriterien nach der Zusammenführung einfacher oder mit einem höheren Zielerreichungsgrad möglich sein sollte.

4.4
Zusammenfassung und Zwischenergebnisse

Im Rahmen einer Begriffsbestimmung wurde zu Beginn dieses Kapitels eine Systematisierung und Vereinheitlichung der organisationstheoretischen Terminologie vorgenommen. Mit der Beschreibung des St. Galler Management-Konzepts erfolgte danach eine Weiterführung der organisationstheoretischen Analyse des dritten Kapitels. Das vorgestellte Management-Konzept dient im folgenden als Leitfaden zur Orientierung bei der Beschreibung der einzelnen Fachgebiete in den Kapiteln 5-7. Durch die Integration der spezifischen Anforderungen aus den betrachteten Teilbereichen in dieses Konzept können Schwachstellen der bestehenden Systeme identifiziert und Verbesserungsvorschläge abgeleitet werden. Bei dem Aufbau des Integrierten Managementsystems und dessen Weiterentwicklung in Kapitel 8 wird das vorgestellte „*Leerstellengerüst*" für eine ganzheitliche Betrachtung sämtlicher Module und der zwischen ihnen bestehenden Interdependenzen genutzt.

Die im Anschluß daran vorgestellte Kategorisierung der bestehenden Arten von Managementsystemen sowie die Einführung in die allgemeinen Aufgaben, Ziele und Strukturanforderungen der Systeme (der Kategorie vier, erster Ordnung), lenken den Blick bei den nachfolgenden Beschreibungen der Teilsysteme bereits auf das Erkennen von Gemeinsamkeiten und Unterschieden, so daß bei der Vorstellung der Integrationskonzepte in Kapitel 8 auf diese gemeinsame Basis zurückgegriffen werden kann.

Teil B

Analyse ausgewählter Managementsysteme

5 Qualitätsmanagement

„Wer aufhört besser zu werden, hört auf, gut zu sein."
MARTIN HEß

Dieses Kapitel widmet sich den Grundlagen des Qualitätsmanagements und bildet das erste von drei Basismodulen für die Integration in Kapitel 8. Dazu werden zunächst die historische Entwicklung (Abschn. 5.1) und die Motive zur Einführung eines standardisierten Qualitätsmanagementsystems (Abschn. 5.2) beschrieben. Abschnitt 5.3 beschäftigt sich mit der Analyse von Qualitätsmanagementsystemen gemäß der Normenreihe DIN EN ISO 9000, die eine Grundlage für die Integrationsdiskussion in Kapitel 8 bilden. Die Entwicklung zu einem ganzheitlichen Qualitätsverständnis wird in Abschnitt 5.4 anhand ausgewählter Methoden und Instrumente dargestellt. Darauf aufbauend wird zur Verdeutlichung der verschiedenen Ausprägungen eines umfassenden Qualitätsansatzes eine Einordnung der Qualitätsaspekte in das St. Galler Management-Konzept vorgenommen (Abschn. 5.5). Am Ende dieses Kapitels erfolgt in Abschnitt 5.6 eine zusammenfassende Veranschaulichung der Zwischenergebnisse.

5.1
Entwicklung des Qualitätsmanagements

Am 22. August 1887 verfügte das britische Parlament im *„Merchandise Marks Act"*, daß ausländische Produkte mit einem Hinweis auf ihr Ursprungsland zu versehen seien. Diese protektionistische Maßnahme entstand angesichts der zunehmenden Handelsrivalität zwischen England und Deutschland - Deutschland avancierte in dieser Zeit erstmals zu einem ernstzunehmenden Konkurrenten des britischen Empires. Mit der Verpflichtung deutsche Waren mit dem Siegel *„Made in Germany"* zu kennzeichnen, sollte der Kunde vor den zum Teil billigen und qualitativ minderwertigen Produkten aus Deutschland *„geschützt"* werden. Die als Diskriminierung gedachte Maßnahme verfehlte jedoch ihr Ziel. Basierend auf zahlreichen, zügig in moderne Produkte umgesetzten Erfindungen gelang es Deutschland, dieses Zeichen für lange Zeit in ein Gütesiegel umzuwandeln. In den fünfziger und sechziger Jahren blieb diese Auszeichnung unangefochten bestehen. Deutsche Ingenieure zählten mit den US-amerikanischen Kollegen zu den führenden Köpfen bei der Weiterentwicklung von aufwendigen, zumeist nachgeschalteten Qualitätssicherungssystemen. Mit der Gründung der *„Deutschen Arbeitsgemeinschaft für statistische Qualitätskontrolle"* (ASQ) 1957, aus der 1972 die *"Deutsche Gesellschaft für Qualität e.V."* (DGQ) entstand, begann die Institutionalisierung der Qualitätssicherung.[1]

---

[1]   Vgl. Oess, A. (1991), S. 135 ff.

Ähnlich, wie knapp hundert Jahre zuvor Deutschland, entwickelte sich Japan in den späten 50er Jahren als weltweit ernstzunehmende Industrienation. Wurden japanische Produkte zunächst als *„Billig-Imitationen"* verspottet, verbesserte sich deren Image in wenigen Jahren maßgeblich, so daß sich japanische Produkte in vielen Branchen (Kameras, Stereoanlagen, Automobile etc.) durch bessere Qualität bei gleichzeitig erheblichen Preisvorteilen auszeichneten.[2] Ausgelöst durch den Erfolg der Japaner und dem damit einhergehenden, stetig zunehmenden, internationalen Wettbewerbsdruck sowie dem parallel vonstatten gehenden Wandel vom Verkäufermarkt der Nachkriegsjahre zu einem durch aggressive Verdrängungswettbewerbe geprägten Käufermarkt, entwickelte sich eine verstärkte Kunden- und Qualitätsorientierung von seiten der Produzenten.[3]

Als erstes Regelwerk für Qualitätsprüfungen wurde in den USA am 9. April 1959 das *„Quality Program Requirements"* MIL-Q-9858 für komplexe Militär- und Raumfahrterzeugnisse erstellt. Das Verfahren sollte durch die Institutionalisierung qualitätsbezogener Tätigkeiten Vertrauen schaffen und einen hohen Qualitätsstandard sicherstellen. Auf der MIL-Q-9858 basierend, folgte einige Jahre später die im NATO-Bereich gültige AQAP-Norm (Allied Quality Assurance Publication).[4] Nicht nur nationale Normungsgremien befaßten sich mit Qualitätsmanagementstandards, auch größere Unternehmen entwickelten zunehmend hauseigene Qualitäts-Darlegungsforderungen für ihre Lieferanten. Alle gemeinsam hatten sie die Basis des MIL-Q-9858, entweder direkt oder indirekt durch bereits entstandene, auf die Militärnorm aufbauende, nationale Standards. Die Terminologie der unterschiedlichen Darlegungsforderungen entwickelte sich jedoch immer weiter auseinander. Dies führte zu Verwirrungen und unnötigen Aufwendungen unter den Lieferanten großer Unternehmen und weltweit tätiger Exporteure. Kongruente Forderungen waren in jeweils differenzierter Weise darzulegen. Darüber hinaus nahmen insbesondere in der Automobilzulieferindustrie die Qualitätsüberprüfungen der Abnehmerfirmen drastisch zu, so daß in zahlreichen Audits die Qualität der Produkte von jeweils unterschiedlichen Kunden nach deren firmeninternen Standards überprüft wurden, wodurch der reibungslose Produktionsablauf merklich gestört wurde. Die Forderung von Exporteuren und Lieferanten nach einer einheitlichen Norm war unvermeidlich. Es entwickelte sich der Wunsch nach international vergleichbaren Qualitätsstandards. Der 1972 gegründete *„Ausschuß Qualitätssicherung und angewandte Statistik"* (AQS) des Deutschen Instituts für Normung e.V. legte 1977 den Normenentwurf DIN 55 355/E11.79 zur Qualitätssicherung vor, welcher aber von Verbänden und der Fachöffentlichkeit grundsätzlich abgelehnt wurde. *„Man könne -* [so wurde argumentiert] - *einer solchen Norm angesichts des sich ständig verschärfenden Produkthaftungsrechts nicht zustimmen. Sie werde in der Rechtsprechung zu nicht finanzierbaren Auflagen für das Qualitätsmanagement führen."*[5] Der Normenentwurf wurde wieder

---

[2]   Vgl. ebenda.
[3]   Vgl. Wittig, H. (1994), S. 3.
[4]   Vgl. Geiger, W. (1994), S. 31 f.
[5]   ebenda, S. 34 f.

zurückgezogen. Die *International Organization for Standardization (ISO)* gründete daraufhin 1979 ein technisches Komitee ISO/TC 176 „*Quality management and quality assurance*", das zur Aufgabe hatte, eine internationale Norm zur Harmonisierung der weltweit existierenden nationalen Darlegungsforderungen zu erarbeiten.

Der Ausschuß legte sechs Jahre später folgende Entwürfe zur Stellungnahme vor: ISO 9001, ISO 9002 und ISO 9003. 1987 erschien von dem Technischen Kommitee TC 176 die erste Fassung der branchen- und produktneutralen Normenreihe ISO 9000, die zur Unterstützung bei der Einführung von Qualitätsmanagementsystemen dienen soll, indem sie die dazu erforderliche Vorgehensweise international normiert.[6] Als Grundlage dieser Norm wurde der *British Standard 5750*, der von der *British Standard Institution (BSI)* erstellt wurde, seinerzeit wörtlich zunächst als ISO 9000 und später auch als europäische und nationale Norm übernommen.[7] Dazu wurde diese internationale Norm zunächst unverändert vom *Europäischen Komitee für Normung (Comité Européen de Normalisation - CEN)* als *Europäische Norm EN ISO 9000* angenommen. Da die Forderung besteht, daß die CEN-Mitgliedsländer dieser Europäischen Norm ohne jede Änderung den Status einer nationalen Norm zu geben haben, wurde die Norm vom *Deutschen Institut für Normung e.V. (DIN)* ebenfalls übernommen. Somit erfüllt die Normenreihe als DIN EN ISO 9000 - 9004 auch den Status einer deutschen Norm. Sie liegt zur Zeit in einer überarbeiteten Fassung von 1994 vor.[8]

Die zunehmende Kritik an diesen Normungsaktivitäten und der stetig zunehmende Erfolg der japanischen Konkurrenz haben Mitte der 80er Jahre in den USA und in Europa dazu geführt, die qualitätsbezogenen Aktivitäten über die Forderungen dieser Normen hinaus zu betreiben. Mit einem Blick auf die in Japan angewandten Methoden, welche die Japaner selbst nach dem Zweiten Weltkrieg aus dem Westen importiert hatten, rückte das Interesse der Kunden in den Fokus sämtlicher Unternehmensaktivitäten. So entstanden Qualitätsmanagementsysteme auf der Basis eines umfassenden Qualitätsverständnisses (TQM) und einer konsequenten Einbindung und Förderung sämtlicher Mitarbeiter auf allen hierarchischen Ebenen mit dem Ziel, eine kontinuierliche Qualitätsverbesserung zu erreichen, die zunehmenden qualitätsbezogenen Kundenanforderungen zu erfüllen und damit eine langfristige Kundenzufriedenheit zu gewährleisten (s. Abschn. 5.4.1).[9]

---

[6]   Vgl. Malorny, C. (1996a), S. 13 f.; Geiger, W. (1994), S. 34.

[7]   Vgl. Glaap, W. (1995), S. 32.

[8]   Im folgenden Text werden alle weiteren DIN EN ISO 9000 ff. - Normen nur mit der internationalen Bezeichnung ISO XXXX aufgeführt, da alle hier beschriebenen Normen vollständig und unverändert vom CEN als Europäische Norm und vom DIN als Deutsche Normen übernommen wurden [Anm. d. Verf.].

[9]   Vgl. Heß, M. (1995), S. 16 f.

5.2
Motive für die Einführung eines Qualitätsmanagementsystems

Die Etablierung eines Qualitätsmanagementsystems und die Einführung aller damit verbundenen Maßnahmen ist ein zunächst aufwendiger und mit Kosten verbundener Vorgang. Ein Unternehmen wird eine solche Implementierung nicht um ihrer selbst willen betreiben, sondern vielmehr damit beabsichtigen, seine Wettbewerbsposition auf den Absatzmärkten zu verbessern, um schließlich einen finanziellen Erfolg verbuchen zu können.[10] Für eine externe Auditierung eines QMS, z. B. nach der Normenreihe 9000, sprechen zwei Zielsetzungen: Zunächst ist eine *„interessenpartnermotivierte"* Ausrichtung zu nennen. Dabei erfüllt ein Unternehmen die externe Anforderung von seiten eines Kunden, sein Qualitätsmanagementsystem zertifizieren zu lassen, um weiterhin als Lieferant zugelassen zu werden.[11] In Element 4.6.2 (Beurteilung von Unterauftragnehmern) der ISO 9001 wird gefordert, daß ein an diesem System teilnehmendes Unternehmen seine Zulieferer wiederum auf deren Qualitätsfähigkeit überprüfen soll.[12] Damit besteht eine indirekte Aufforderung von diesen Zulieferern, ebenfalls ein Qualitätszertifikat zu verlangen. So entsteht eine kaskadenartige *„Zertifizierungswelle"*. Ausgelöst von den großen Industriekonzernen erreicht der sog. *„Teilnahme-Dominoeffekt"* sukzessive eine große Anzahl von Zulieferern, bis hin zu mittleren und kleinen Unternehmen (KMU). Die zweite Begründung für eine ISO-Qualitätsauditierung wird in der ISO Norm 9000-1 als *„leistungsmotivierter"* Ansatz bezeichnet. Den Anstoß zur QMS-Implementierung gibt hierbei die Unternehmensleitung selbst, um damit sich bereits abzeichnende Marktanforderungen und -trends vorwegzunehmen. Die aus diesem Eigeninteresse heraus entstandenen QMS tragen zumeist zu einer umfassenderen Verbesserung des Qualitätsstandards bei, da die Durchführung der entsprechenden Maßnahmen mit erheblich mehr Nachdruck und Glaubwürdigkeit erfolgt, als bei der *„interessenpartnermotivierten"* Variante.[13]

Liegt eine solche intrinsisch motivierte QMS-Einführung vor, werden in vielen Fällen die Forderungen der ISO-Normen nur im Sinne von Mindestanforderungen gesehen. Um einen weitaus höheren Qualitätsstandard zu erreichen, entscheidet sich ein solches Unternehmen dann häufig zu einer Managementsystemerweiterung im Sinne eines Total Quality Management (TQM)-Ansatzes.[14] Nach einer dauerhaft erfolgreichen TQM-Ausrichtung kann ein Unternehmen schließlich an umfassenden internationalen Qualitätsbewertungs-Systemen und -Preisen teilnehmen (s. Abschn. 5.4.3), um sich mit den schärfsten Konkurrenten aus seiner Branche oder anderen erfolgreichen Unternehmen aus anderen Branchen zu vergleichen

---

[10] Vgl. Reinhart, G./Lindemann, U./Heinzl, J. (1996), S. 7.

[11] Vgl. ISO 9000-1: 1994, Art. 6, S. 21.

[12] Vgl. ISO 9001: 1994, Art. 4.6.2, S. 14.

[13] Vgl. ISO 9000-1: 1994, Art. 6, S. 22.

[14] Vgl. Töpfer, A./Mehdorn, H. (1994), S. 8 f.

und Anregungen für weitere Verbesserungen zu erhalten. Zusammenfassend lassen sich folgende Sachverhalte als Motive für eine QMS-Implementierung nennen:[15]

- Bestreben, eine umfassende Kundenzufriedenheit zu erreichen,
- Bestreben zur kontinuierlichen Qualitätsverbesserung der Verfahren, Produkte und Dienstleistungen,
- Verbesserung der Wettbewerbsfähigkeit,
- Mitarbeitermotivation,
- Marketingaspekte/Image,
- Minimierung der Fehlerkosten und -häufigkeiten,
- reduzierte Produktrisiken,
- Reduzierung des Haftungsrisikos,
- Schaffung klarer Verantwortlichkeiten und definierter Schnittstellen,
- Optimierung und genaue Dokumentation der Prozesse (Nachvollziehbarkeit),
- Minimierung der Durchlaufzeiten,
- neutrale Zertifizierung als Vertrauensbildung,
- Befriedigung der Marktanforderungen sowie in vielen Fällen
- Schaffung einer Grundvoraussetzung für die Teilnahme am internationalen Wettbewerb.

Im Dezember 1997 waren in Deutschland bereits rund 14.000 Unternehmen,[16] weltweit rund 500.000 Unternehmen nach dieser Norm durch einen unabhängigen, von der TGA (Trägergemeinschaft für Akkreditierung GmbH) akkreditierten, Auditor zertifiziert.[17]

5.3
Qualitätsmanagementsysteme gemäß der ISO-Normenreihe 9000

5.3.1
Anwendungsbereiche, Basiskonzepte und Terminologie

Bei der hier beschriebenen Normenreihe DIN EN ISO 9000 ff. handelt es sich um *„Normen zum Qualitätsmanagement und zur Qualitätssicherung/*

---

[15] Vgl. Kroppmann, A./Schreiber, S. (1996), S. 11. Bei einer 1996 von der Umweltakademie Fresenius durchgeführten Befragung von 3000 Unternehmen in Nordrhein-Westfalen wurden die Motive in folgender Reihenfolge genannt: 1. Kundenzufriedenheit (auf einer von 1- unwichtig - bis 5 - wichtig - reichenden Skala mit 4,32 bewertet), 2. Produktqualität (4,12), 3. Prozeßsicherheit (3,92), 4. Verbesserung der Wettbewerbsfähigkeit (3,67), 5. Mitarbeitermotivation (3,63), 6. Marketingaspekte/Image (3,6), 7. Kostensenkung (3,46), 8. Produkthaftung (3,4); vgl. Malorny, C. (1996a), S. 37 ff.

[16] Vgl. DQS (Hrsg.), (1997), S. 2.

[17] Stand: Januar 1998 - Bericht von Prof. Seghezzi im Rahmen des AK-IMS an der HSG am 16.1.1998.

QM-Darlegung"[18]. Diese Regelungen sollen die Einführung und Aufrechterhaltung von QM-Systemen in einem breiten Bereich unterschiedlichster Wirtschaftssektoren unterstützen. Zu beachten ist, daß diese Normenreihe kein einheitlich anwendbares QM-System vorschlägt, sondern lediglich Anleitungen für den Aufbau und die Aufrechterhaltung eines Qualitätsmanagementsystems gibt und einheitliche Anforderungen an diese Systeme stellt: *„Die Internationalen Normen der ISO 9000-Familie beschreiben, welche Elemente QM-Systeme enthalten sollten, nicht aber, wie eine spezifische Organisation diese Elemente verwirklicht. "*[19]

Als grundlegende Konzepte werden in Abschnitt 4.1 des Leitfadens zur Auswahl und zur Anwendung der Normenreihe (ISO 9000-1: 1994) das Ziel der kontinuierlichen Verbesserung der Produkt- und Prozeßqualität und die damit einhergehende stetig steigende Kundenzufriedenheit als qualitätsbezogene Schlüsselziele vorausgesetzt.[20] Das Normenwerk kennt im wesentlichen die drei Akteure Unterlieferant, Lieferant und Kunde, auf die sich die jeweiligen Anforderungen zur Erfüllung der Norm beziehen. Der Hauptakteur ist die *„Organisation, die dem Kunden ein Produkt bereitstellt"*[21] und sich nach einer ISO-Norm zertifizieren lassen möchte. Sie wird als Lieferant bezeichnet. Der Zulieferer dieser Organisation ist der Unterlieferant und rückt in den Fokus der Qualitätsnormen, sobald er qualitätsrelevante (Vor-) Produkte für das Endprodukt des Lieferanten bereitstellt. Schließlich wird der *„Empfänger eines vom Lieferanten bereitgestellten Produkts"*[22] Kunde genannt. Neben Unterlieferanten und Kunden werden die Mitarbeiter und die Eigentümer der Organisation sowie die Gesellschaft als Interessenpartner definiert[23], worunter *„ ... eine Einzelperson oder eine Gruppe von Personen mit gemeinsamen Interesse an der Leistung der Organisation eines Lieferanten und an der Umwelt, in der sie arbeitet"*[24] verstanden wird.

5.3.2
Überblick über die einzelnen Normenbausteine

Derzeit umfaßt die ISO 9000er-Familie, zusätzlich zu allen internationalen Normen mit den Nummern ISO 9000-9004 und deren Teile, alle internationalen Normen mit den Nummern ISO 10 001-10 020 (inklusive aller Teile) sowie die ISO 8402 (s. Tabelle 5.1).[25] Die ISO 9000 setzt sich im engeren Sinne aus vier Teilen zusammen (9000-1 bis 9000-4) und ist als Leitfaden gedacht, in welchem die Auswahl und Anwendung des gesamten Regelwerkes beschrieben wird.[26]

---

[18]   DIN EN ISO 9000-1: 1994, S. 5.

[19]   DIN EN ISO 9000-1: 1994, S. 6.

[20]   Vgl. DIN EN ISO 9000-1: 1994, S. 10.

[21]   *„Begriffe aus ISO 8402: 1994"*, in Anhang A der ISO 9000-1: 1994, S. 37.

[22]   *„Begriffe aus ISO 8402: 1994"*, in Anhang A der ISO 9000-1: 1994, S. 37.

[23]   Vgl. DIN EN ISO 9000-1: 1994, S. 10.

[24]   DIN EN ISO 9000-1: 1994, S. 9.

[25]   Vgl. DIN EN ISO 9000-1: 1994, S. 10.

[26]   Vgl. DIN EN ISO 9000-1: 1994, S. 2.

Tabelle 5.1. Die ISO 9000er-Familie im Überblick
Quelle: in Anlehnung an ISO 9000-1: 1994, Kap. 7.2 - 7.16,
S. 23-28; ISO 9001: 1994, S. 2; Malorny, C. (1996 a), S. 15.

ISO 9000er-Familie im Überblick	
Norm	**Anwendung**
ISO 9000-1	Normen zum Qualitätsmanagement und zur Qualitätssicherung/QM-Darlegung; Leitfaden zur **Auswahl und Anwendung**.
ISO 9000-2	Normen zum Qualitätsmanagement und zur Qualitätssicherung/QM-Darlegung; Allgemeiner Leitfaden zur **Anwendung** von ISO 9001, ISO 9002 und ISO 9003.
ISO 9000-3	Normen zum Qualitätsmanagement und zur Qualitätssicherung/QM-Darlegung; Leitfaden für die Anwendung von ISO 9001 auf die Entwicklung, Lieferung und Wartung von (Rechner-)**Software**.
ISO 9000-4	Normen zum Qualitätsmanagement und zur Qualitätssicherung/QM-Darlegung; Anleitung zum Management eines **Zuverlässigkeitsprogramms**.
ISO 9001	QM-Systeme, Modell zur **Qualitätssicherung**/QM-Darlegung in Design/Entwicklung, Produktion, Montage und Wartung.
ISO 9002	QM-Systeme, Modell zur **Qualitätssicherung**/QM-Darlegung in Produktion, Montage und Wartung.
ISO 9003	QM-Systeme, Modell zur **Qualitätssicherung**/QM-Darlegung bei der Endprüfung.
ISO 9004-1	**Qualitätsmanagement** und QM-Elemente - Leitfaden.
ISO 9004-2	Qualitätsmanagement und QM-Elemente - Leitfaden für **Dienstleistung**.
ISO 9004-3	Qualitätsmanagement und QM-Elemente - Leitfaden für **Verfahrenstechnische Produkte**.
ISO 9004-4	Qualitätsmanagement und QM-Elemente - Leitfaden für **Qualitätsverbesserung**.
ISO 10011-1	Leitfaden für das Audit von QM-Systemen- **Auditdurchführung**.
ISO 10011-2	Leitfaden für das Audit von QM-Systemen- Qualifikationskriterien für **Qualitätsauditoren**.
ISO 10011-3	Leitfaden für das Audit von QM-Systemen- **Management von Auditprogrammen**.
ISO 10012-1	Forderungen an die Darlegung des QM-Systems bzgl. Messung - **Bestätigungssystem für Meßmittel**.
ISO 8402	Qualitätsmanagement und Qualitätssicherung - **Begriffe**.

Die Normen ISO 9001-9003 bilden die Kernelemente der Reihe und beschreiben die Forderungen an das QM-System selbst.[27] Nach diesen Normen können sich Unternehmen freiwillig von unabhängigen, bei der TGA zugelassenen Qualitätsauditoren überprüfen und zertifizieren lassen. Während die Normen

---

[27] Vgl. Jackson, P./Ashton, D. (1994), S. 38.

ISO 9001-9003 die eigentliche Grundlage der Zertifizierung von Qualitätsmanagementsystemen bilden, besteht die ISO 9004 aus unterschiedlichen Leitfäden und ist lediglich als Hilfestellung gedacht. Die Normen ISO 9001-3 unterscheiden sich im wesentlichen durch den Umfang des zu überprüfenden Tätig-
keitsbereichs eines Unternehmens. Die umfassendsten Anforderungen stellt dabei
die ISO 9001 an ein zu zertifizierendes Unternehmen. Sie wird angewendet, wenn
sowohl eine eigene Forschungs- und Entwicklungseinrichtung unterhalten wird als
auch Produktion, Montage und Wartung durchgeführt werden. Findet keine Entwicklung im eigenen Hause statt, werden jedoch Produktion, Montage und Wartung ausgeführt, kommt die ISO 9002 zur Anwendung. Die ISO 9003 beschränkt
sich auf die Überprüfung einer ordnungsgemäßen Endprüfung von Zulieferteilen.

5.3.3
ISO 9001

Die ISO 9001, als das umfangreichste Teilwerk der gesamten 9000er-Normen-
reihe, definiert ein Modell zur Darlegung des Qualitätsmanagements in allen
Phasen des Produktionsprozesses. Explizit genannt sind die Phasen Design, Entwicklung, Produktion, Montage und Wartung.[28] Wie bei den darauf aufbauenden
Normen ISO 9002 und ISO 9003 werden hier lediglich die geforderten Elemente
von QM-Systemen spezifiziert, ohne eine grundsätzliche internationale und
branchenübergreifende Vereinheitlichung von gesamten QM-Systemen erreichen
zu wollen.[29] Dies wird in den Normen dahingehend begründet, daß die internen
und externen Ansprüche an das Qualitätsmanagement einer Organisation und die
daraus resultierenden unternehmensspezifischen Zielsetzungen derart differieren,
daß ein universell geeignetes QM-System nicht existieren könne.[30] Primäres
Ziel dieses Anforderungskataloges ist es, eine umfassende Kundenzufriedenheit
*„ ... durch die Verhütung von Fehlern in allen Phasen vom Design bis hin zur
Wartung zu erreichen. "*[31] Der Ablauf der Implementierung eines QM-Systems und
die nach ISO 9001 Absatz 4 geforderten 20 Systemelemente (4.1-4.20) werden in
Abb. 5.1 überblicksartig dargestellt.[32] In Hinblick auf die Integration mit anderen
Managementsystemen (s. Kapitel 8) sind die geforderten Elemente eines QM-
Systems der ISO 9001 von besonderer Bedeutung, deren Inhalte im folgenden
skizziert werden:

---

[28]   Vgl. DIN EN ISO 9001: 1994, S. 4.

[29]   Vgl. DIN EN ISO 9001: 1994, S. 5.

[30]   Vgl. DIN EN ISO 9001: 1994, S. 1.

[31]   DIN EN ISO 9001: 1994, S. 5.

[32]   Die Numerierungen der Elemente in Abb. 5.1 entsprechen den jeweiligen Abschnitts-
numerierungen der ISO 9001. Die Anforderungen an das beschriebene System erfolgen
bei den ISO-Normen generell in Abschnitt 4. Die Abschnitte 0 bis 3 beinhalten eine
Einleitung (0), den Anwendungsbereich (1), Verweise auf andere Normen (2) sowie eine Begriffsbestimmung (3) [Anm. d. Verf.].

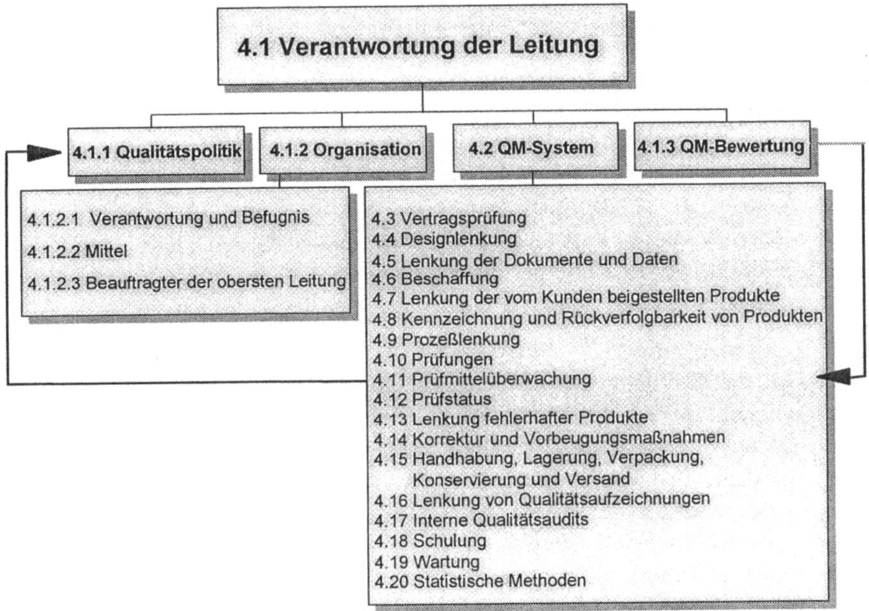

Abb. 5.1. Ablauf der Implementierung eines QM-Systems nach ISO 9001

Die oberste Leitung einer Organisation ist zunächst verpflichtet, die Verantwortung für eine umfassende Qualitätsorientierung zu übernehmen (Element 4.1). Dies erfolgt, indem:[33]

- eine Qualitätspolitik festgelegt und dokumentiert wird (es ist sicherzustellen, daß diese Politik in allen Ebenen der Organisation verstanden, verwirklicht und aufrechterhalten wird - Element 4.1.1),
- die organisatorischen Grundlagen (hinsichtlich Verantwortung, Befugnisse, Mittel, Bestellung eines QMS-Verantwortlichen der obersten Leitung) aufgebaut werden (Element 4.1.2),
- ein Qualitätsmanagementsystem eingeführt, dokumentiert und aufrechterhalten wird, welches 20 genau beschriebene Qualitätssicherungselemente beinhalten muß (Element 4.2) und
- dieses in festgelegten Zeitabständen bewertet wird (Element 4.1.3).

In Abschnitt 4.2.1 dieses Normenbausteins wird gefordert, eine QM-Dokumentation (Handbuch, Verfahrensanweisungen, Arbeitsanweisungen; s. Kap. 4, Abschn. 4.3.3.2) zu erstellen, welche die Inhalte der Norm behandelt, gezielte QM-Verfahrensanweisungen enthält und die Struktur der Dokumentation des QM-Systems skizziert. Zusätzlich ist eine Qualitätsplanung (Element 4.2.3) durchzuführen, durch die festgelegt und dokumentiert werden soll, wie die

---

[33] Vgl. DIN EN ISO 9001: 1994, S. 7-25.

gesteckten Qualitätsziele erreicht werden können.[34] Darauf aufbauend werden folgende 18 Elemente eines QM-Systems gefordert:

4.3   Vertragsprüfung

Es muß eine Verfahrensanweisung zur Vertragsprüfung eingeführt und aufrechterhalten werden, die vor der Unterbereitung eines Angebots oder der Annahme eines Vertrags oder Auftrags die genaue Erfassung der Kundenforderungen, die Vorgehensweise bei Vertragsänderungen und die Dokumentation dieser Vertragsprüfungen gewährleistet. Dabei ist im vorhinein zu klären, ob der Lieferant die Fähigkeit besitzt, die Forderungen des Vertrags oder des angenommenen Auftrags zu erfüllen.

4.4   Designlenkung

Um die Erfüllung der festgelegten Qualitätsanforderungen zu gewährleisten, ist eine Verfahrensanweisung zur Lenkung und Verifizierung des Produktdesigns bei Neuentwicklungen zu erstellen. Dabei sind Design- und Entwicklungspläne zu erstellen (welche Tätigkeiten, Personal- und Mittelbereitstellungen festschreiben), organisatorische und technische Schnittstellen festzulegen und die Einhaltung von Designvorgaben zu überprüfen. Das Designergebnis muß dokumentiert, eine Design-Prüfung vorgenommen, die Zwischenphasen der Entwicklung mit dem Designplan abgestimmt, das Endprodukt validiert und eventuelle Änderungen einem entsprechendem Verfahren unterzogen werden.

4.5   Lenkung der Dokumente und Daten

Die Lenkung der qualitätsbezogenen Dokumente und Informationen muß durch festgeschriebene Verfahren geregelt werden, um einen gesteuerten *„trickle down"*-Effekt der Informationen von der Leitung bis zur untersten Hierarchiestufe zu erzielen.

4.6   Beschaffung

Um die spezifizierten Qualitätsanforderungen der Endprodukte sicherstellen zu können, muß bereits im Bereich der Beschaffung mittels festgeschriebener Verfahrens-anweisungen darauf geachtet werden, daß die

---

[34]   Vgl. DIN EN ISO 9001: 1994, S. 9. Die Qualitätsplanung wird im Rahmen der Integration von Qualitäts- und Umweltmanagementsystemen (s. Kap. 8) häufig mit der Forderung nach einem Aufbau von Umweltmanagementprogrammen verglichen. Dies ist nicht immer korrekt, da die Planung im Qualitätsbereich eher in Zusammenhang mit der Entwicklung eines neuen Produktes oder einer Dienstleistung gesehen wird, so daß im allgemeinen Geschäftsbetrieb eine Qualitätsplanung nicht unbedingt erforderlich ist. Im Gegensatz dazu ist im Umweltbereich ein Umweltprogramm zwingend erforderlich. Ein erweitertes Verständnis im Qualitätsbereich schließt jedoch inzwischen die Projektplanung mit ein, zum Teil wird darunter eine konkrete Maßnahmenplanung verstanden. Wird das Element nach diesen neueren Auffassungen ausgelegt, kann eine Zusammenfassung mit dem Element *„Umweltprogramm"* erwogen werden. [Gespräch mit Prof. Seghezzi am 3. März 1997 im Rahmen des AK-IMS an der HSG, Anm. d. Verf.]

eingekauften Produkte (Roh-, Hilfs- und Betriebsstoffe sowie Halbfertigprodukte bzw. Module), welche in das Endprodukt eingehen oder zu dessen Erstellung benötigt werden, die festgelegten qualitätsbezogenen Standards erfüllen. Dazu muß zunächst eine Beurteilung der Eignung von Unterauftragnehmern bzw. Lieferanten erfolgen, deren Art und Umfang in Abstimmung auf den jeweiligen Produkttyp und dessen Einfluß auf die Qualität des Endprodukts genau zu fixieren ist. Neben einer rein produktbezogenen Qualitätsbewertung muß hierbei auch die dienstleistungsbezogene Qualität des Lieferanten (Liefertermintreue, Lieferbereitschaft, Flexibilität) beurteilt werden. Zusätzlich ist ein qualitätsbezogenes Freigabeverfahren für den Einkauf von Produkten einzurichten und aufrechtzuerhalten, welches detailliert festgelegte Beschaffungsangaben und -Kriterien beinhaltet. Schließlich muß die Möglichkeit bestehen, das Recht der Prüfung von beschafften Produkten beim Unterauftragnehmer durch den Lieferanten oder durch dessen Kunden einzuräumen.[35]

4.7 Lenkung der vom Kunden beigestellten Produkte

Werden vom Kunden Produkte für die Einfügung in die Lieferung oder für zugehörige Tätigkeiten bereitgestellt, ist der Lieferant verpflichtet, Verfahrensanweisungen zu erstellen, die deren Verifizierung, Lagerung und Erhaltung regeln.

4.8 Kennzeichnung und Rückverfolgbarkeit von Produkten

Wenn es sinnvoll erscheint oder es im Rahmen von Vereinbarungen gefordert wird, ist der Lieferant verpflichtet, das Produkt bzw. einzelne Chargen so zu kennzeichnen, daß es in allen Phasen der Produktion, Lieferung und Montage rückverfolgbar ist. So können bei Auftreten eines Fehlers Ursache und Entstehungsort auch im nachhinein bestimmt werden.

4.9 Prozeßlenkung

Produktions-, Montage- und Wartungsprozesse, welche die Qualität des Endproduktes direkt beeinflussen, müssen identifiziert, geplant und dokumentiert werden, um eine Ausführung unter *„beherrschten Bedingungen"* nachweisen zu können. Diese Prozeßbeherrschung beinhaltet auch die Einhaltung von Normen, die Instandhaltung der Einrichtungen und die Durchführung von *„klassischen"* Qualitätsprüfungen.

4.10 Prüfungen

Der Lieferant muß spezifische Verfahrensanweisungen erstellen und aufrechterhalten, welche den Ablauf von Eingangs-, Zwischen- und Endprüfungen von Produkten regeln. Diese Prüfverfahren müssen im Rahmen von Prüfaufzeichnungen dokumentiert werden.

---

[35] Vgl. DIN EN ISO 9001: 1994, S. 14 f.

4.11 Prüfmittelüberwachung

Um die Konformität der Produkte mit den festgelegten Qualitätsanforderungen darlegen zu können, muß die Überwachung, Kalibrierung und Instandhaltung der eingesetzten Prüfmittel durchgeführt und nachgewiesen werden.

4.12 Prüfstatus

Der Prüfstatus eines Produktes muß durch geeignete Mittel gekennzeichnet werden, um die Erfüllung oder Nichterfüllung der Qualitätsanforderungen anzuzeigen. Diese Kennzeichnung des Prüfstatus muß in allen Phasen der Produktion, Montage und Wartung beibehalten werden. Dadurch soll gewährleistet werden, daß nur ein qualitativ einwandfreies Produkt versandt, verwendet oder montiert wird.

4.13 Lenkung fehlerhafter Produkte

Ein Verfahren zur Kennzeichnung, Dokumentation, Beurteilung, Absonderung und Behandlung fehlerhafter Produkte und zur Benachrichtigung der betroffenen Stelle muß aufgebaut und durchgeführt werden. Dadurch soll eine unbeabsichtigte Benutzung oder Montage von Produkten, welche den Qualitätsstandards nicht entsprechen, ausgeschlossen werden.

4.14 Korrektur und Vorbeugungsmaßnahmen

Um die Ursachenbeseitigung tatsächlicher oder potentieller Fehler zu gewährleisten, müssen Korrektur- und Vorbeugungsmaßnahmen in einem dem Problemumfang angemessenen Rahmen durchgeführt werden.

4.15 Handhabung, Lagerung, Verpackung, Konservierung und Versand

Eine Verfahrensanweisung zur Regelung von Handhabung, Lagerung, Verpackung, Konservierung und Versand des Produktes ist zu erstellen.

4.16 Lenkung von Qualitätsaufzeichnungen

Eine Organisation, welche sich nach dieser Norm zertifizieren lassen möchte, ist verpflichtet, ein formalisiertes Verfahren aufzubauen, welches sicherstellt, daß die Aufzeichnungen des gesamten Qualitätsmanagementsystems gesammelt, aufbewahrt und regelmäßig aktualisiert werden.[36]

4.17 Interne Qualitätsaudits

Zur Überprüfung der qualitätsbezogenen Leistungen des aufgebauten Managementsystems müssen in regelmäßigen Zeitintervallen interne Audits durchgeführt werden. Der Ablauf, der Prüfungsumfang und die Dokumentation der Prüfungsergebnisse sind dabei schriftlich zu fixieren (s. Abschn. 5.3.4).

---

[36] Unter Aufzeichnungen sind unveränderbare Situationsbeschreibungen, etwa Prüfprotokolle oder Meßergebnisse zu verstehen. Im Gegensatz dazu unterliegen Handbuch, Verfahrens- oder Arbeitsanweisungen einem Änderungsverfahren und variieren inhaltlich im Laufe der Zeit [Anm. d. Verf.].

4.18 Schulung

Eine weitere Anforderung an ein QM-System liegt in der regelmäßigen Schulung aller Mitarbeiter, die qualitätsrelevante Tätigkeiten ausführen. Dazu ist der jeweilige Schulungsbedarf zu identifizieren und ein Schulungsprogramm zu erstellen.

4.19 Wartung

Sind Wartungsarbeiten im Sinne eines *„after-sales-service"* ein festgelegter Bestandteil von Forderungen, müssen diese regelmäßig durchgeführt und auf ihre Aufgabenerfüllung überprüft werden.

4.20 Statistische Methoden

Zur Unterstützung der Ermittlung, Überwachung und Prüfung von Prozeßfähigkeit und Produktmerkmalen müssen statistische Methoden zum Einsatz kommen.

Das Grundverständnis dieser Norm - das Prinzip der kontinuierlichen Verbesserung der Leistungen im Qualitätsbereich - soll durch ein Feedback der Bewertungsergebnisse des QM-Systems an die Unternehmensleitung gewährleistet werden (durch einen Pfeil in

Abb. 5.1 gekennzeichnet). Diese Ergebnisse werden mit den in der Qualitätspolitik festgelegten Zielsetzungen abgeglichen. Wurden die Anforderungen erreicht, kann ein erneuter Durchlauf der *„Qualitätsschleife"* auf einem höheren Niveau vollzogen werden. Ist dies nicht der Fall, sind die Vorgaben von der Unternehmensleitung zu überdenken und entsprechende Korrekturmaßnahmen einzuleiten, bevor ein neuer Zyklus beginnt.

5.3.4
Auditierung und Zertifizierung

Nach der Implementierung des beschriebenen QM-Systems und dessen interner Auditierung und Bewertung kann ein externes Audit durchgeführt werden. Bei diesem Qualitätsaudit handelt es sich nach der ISO 8402 um eine *„systematische und unabhängige Untersuchung, um festzustellen, ob die qualitätsbezogenen Tätigkeiten und die damit zusammenhängenden Ergebnisse den geplanten Anordnungen entsprechen, und ob diese Anordnungen wirkungsvoll verwirklicht und geeignet sind, die Ziele zu erreichen."*[37] Hierzu wird von der zu überprüfenden Organisation ein Antrag bei einer akkreditierten Zertifizierungsstelle zur Zertifizierung des QMS gestellt. In Deutschland erfolgt die Zulassung von Zertifizierungsstellen bei dem Deutschen Akkreditierungsrat (DAR). Die einzelnen Qualitätsauditoren werden von der Trägergemeinschaft für Akkreditierung GmbH (TGA) zugelassen.[38] Nach einem in den Normen ISO 10011-1/-2/-3 festgeschriebenen

---

[37] ISO 8402, zitiert bei Geiger, W.: *„Die Entstehung, Erstellung und Weiterentwicklung der DIN ISO 9000-Familie"*, S. 47, in: Stauss, B. (Hrsg.), (1994), S. 27-62.

[38] Vgl. Geiger, W.: *„Die Entstehung, Erstellung und Weiterentwicklung der DIN ISO 9000-Familie"*, S. 46, in: Stauss, B. (Hrsg.), (1994), S. 27-62.

Zertifizierungssystem werden zunächst die Dokumentation des QMS und anschließend die Einhaltung der darin beschriebenen Elemente von einem zugelassenen Auditor vor Ort überprüft. Bei der Feststellung einer beanstandungsfreien Implementierung wird ein Zertifikat für die erfolgreiche Teilnahme an diesem System ausgestellt.[39] Um das Zertifikat dauerhaft zu erhalten, ist eine jährliche Überprüfung des QMS zwingend vorgeschrieben. Hierbei wird in einem dreijährigen Zyklus im ersten und zweiten Jahr ein Überwachungsaudit und im dritten Jahr ein umfangreicheres Wiederholungsaudit durchgeführt.[40] Während bei den Überwachungsaudits einzelne Schwerpunkte der Prüfung festgelegt werden können, ist bei den Wiederholungsaudits die Einhaltung aller 20 Elemente der ISO 9001 zu kontrollieren. Dabei ist zu beachten, daß die Elemente 4.1, 4.2, 4.14, 4.17, 4.18 als Kernelemente gelten, die bei jeder Auditierung und somit auch bei Nachfolgeaudits überprüft werden müssen.

5.3.5
Kritische Würdigung

Nach einer anfänglichen Euphorie bzgl. der Einführung und Zertifizierung von QMS nach dem Muster der ISO 9000er-Reihe wurde in den letzten Jahren zunehmend Kritik über die Aussagekraft einer Zertifizierung nach ISO 9000 ff. laut, insbesondere was deren Auswirkung auf die tatsächliche Produktqualität betrifft. Gleichfalls wird in der Diskussion um dieses System die Überbürokratisierung des Qualitätsmanagements, welche sich in der geforderten Dokumentation erkennen läßt, als einer der Hauptkritikpunkte genannt. Zudem wird der von vielen Unternehmen faktisch nur auf das Zertifikat ausgerichtete Einsatz der ISO 9000er Familie bemängelt.[41] Ein erfolgreich abgeschlossener Zertifizierungsprozeß allein ist jedoch noch keine Garantie für ein funktionierendes Qualitätsmanagement, da hiermit einzig die Erfüllung der jeweiligen Norm bzgl. des Managementsystems zum Zeitpunkt der Auditierung bescheinigt wird.[42] Ein Zertifikat signalisiert „ ... *lediglich die Existenz eines derartigen Systems und prinzipielle Qualitätsfähigkeit; es dokumentiert damit das Vorhandensein eines Rahmens, dessen konkrete Ausgestaltung noch zahlreiche Freiheitsgrade beläßt.* "[43] Auch wenn ein systematischer Aufbau eines QMS testiert wurde, kann über das tatsächlich erreichte Qualitätsniveau noch keine Aussage getroffen werden.[44] Eine vertrauenswürdige Feststellung der realisierten Qualität von Prozessen und

---

[39] Vgl. Zink, K.J.: „*Qualitätsmanagement*", S. 886 f., in: Corsten, H./Reiß, M. (Hrsg.), (1995), S. 881-893.

[40] Vgl. Petrick, K.: „*Auditierung und Zertifizierung von Qualitätsmanagementsystemen gemäß den Normen DIN ISO 9000 bis 9004 mit Blick auf Europa*", S. 113 f., in: Stauss, B. (Hrsg.), (1994), S. 93-126.

[41] Vgl. Geiger, W.: „*Die Entstehung, Erstellung und Weiterentwicklung der DIN ISO 9000-Familie*", S. 50, in: Stauss, B. (Hrsg.), (1994), S. 27-62.

[42] Vgl. Rieker, J. (1995); Sprenger, R. (1995).

[43] Kirstein, H./Fernholz, J./Zenz, A. (1996), S. 1730.

[44] Vgl. Botschen, G./Webhofer, M. (1997), S. 71.

Produkten ist damit nicht möglich. Vielmehr kann ein stures Festhalten an den Systemanforderungen zu suboptimalen Lösungen führen, welche eine systematische Orientierung an den Kundenwünschen de facto verhindert. Somit ist eine Zertifizierung lediglich als erster, wichtiger, jedoch nicht ausreichender Schritt auf dem Weg zu einem ganzheitlichen Qualitätsmanagement zu sehen.[45] Trotz der aufgezeigten Mängel lassen sich folgende Vorteile von zertifizierten Qualitätsmanagementsystemen ableiten:[46]

- Gewinnen des Kundenvertrauens,
- Beginn eines kontinuierlichen Verbesserungsprozesses mit dem Ziel des erfolgreichen Abschlusses eines (internen) Qualitätsbewertungssystems,
- Verpflichtung des Top-Managements durch *„Standard-Qualität"*,
- Wettbewerbsvorteile durch Marketingeffekte und Zugang zu internationalen Märkten,
- reibungslose Information, Kommunikation und Abstimmung,
- Erfüllung der Kundenforderungen,
- Entlastung im Produkthaftungsfall und Verminderung des Haftungsrisikos,
- steigendes Selbstvertrauen, Verbesserungen zu erreichen,
- Fähigkeit, Veränderungen zu beherrschen und
- übersichtliche Dokumentation der Prozesse.

Auf der Basis einer von Mai bis August 1993 von der TU Berlin und dem RWTÜV durchgeführten empirischen Untersuchung über die Erfahrung bereits zertifizierter Unternehmen mit ihrem QM-System wurden u. a. folgende Ergebnisse festgehalten:[47]

- 60 % der Befragten gaben an, daß sich die Zahl der kundenspezifischen Audits deutlich verringert hat,
- 56 % erzielten durch das Zertifikat merkliche Vorteile im Marketing und bei Vertragsverhandlungen,
- 48 % steigerten die Produktqualität (wobei davon wiederum 79 % keine konkrete Quantifizierung vornehmen konnten),
- 31 % bemerkten eine Steigerung der Kundenzufriedenheit,
- 32 % konnten ihre Fehlerkosten verringern und
- 17 % senkten die Durchlaufzeiten.

---

[45] Vgl. Stauss, B. (Hrsg.), (1994), S. 5.

[46] Vgl. Saatweber, J.: *„Inhalt und Zielsetzung vom Qualitätsmanagementsystemen gemäß den Normen DIN ISO 9000 bis 9004"*, S. 73, in Stauss, B. (Hrsg.), (1994), S. 63-91.

[47] Die Untersuchung wurde durchgeführt von C. Malorny am Fachbereich Qualitätswissenschaft des Instituts für Werkzeugmaschinen und Fertigungstechnik der Technischen Universität Berlin in Zusammenarbeit mit der RWTÜV-Tochterfirma Integratives Qualitätsmanagement, dem Bereich Anlagentechnik und der TÜVCERT-Zertifizierungsstelle beim RWTÜV sowie mit Unterstützung des FMTÜV und der TÜVCERT. Von 800 befragten Unternehmen im gesamten Bundesgebiet beantworteten 325 die gestellten Fragen, Mehrfachnennungen waren zulässig [Anm. d. Verf.]. Vgl. Malorny, C. (1996a), S. 20-46.

Die Normenreihe ISO 9000 beschreibt demnach kein universell anwendbares Patentrezept. Sie stellt jedoch Mindestanforderungen an ein Qualitätsmanagementsystem, dessen Ausgestaltung sich an den Zielen der Organisation orientieren muß. Die Intention eines Qualitätsmanagementsystems darf nicht bei der Erfüllung einer Norm enden. Die Norm bringt per se nur schwache Wettbewerbsvorteile. Sie garantiert lediglich einen Mindeststandard bei allen Zertifikatsträgern. Das Zertifikat kann damit nur ein Meilenstein auf dem beständigen Weg der kontinuierlichen Verbesserung sein. Das Ziel einer Zertifizierung darf letztendlich nicht darin liegen, die Prozeduren auf dem Papier festzuhalten, um ein Zertifikat zu erhalten. Vielmehr ist darauf zu achten, den Qualitätsgedanken im Bewußtsein aller Mitarbeiter zu verankern und eine kontinuierliche Qualitätssteigerung in allen Prozessen, Produkten und Leistungen eines Unternehmens anzustreben.

5.3.6
Alternative Darstellung der ISO 9001

In Wissenschaft und Praxis werden als wesentliche Kritikpunkte an der vorgestellten ISO 9000er-Reihe die Unübersichtlichkeit der Elementanordnung und die damit verbundenen Schwierigkeiten der Implementierung und Aufrechterhaltung dieses Systems genannt.[48]

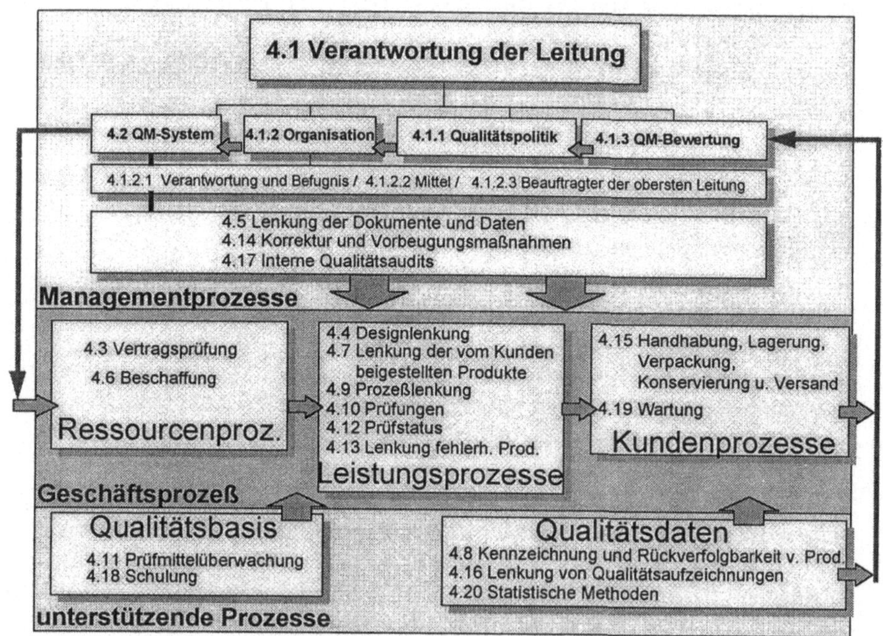

Abb. 5.2. Regelkreis-Darstellung der ISO 9001-Aufrechterhaltung

---

[48]   Vgl. Jackson, P./Ashton, D. (1994), S. 42.

Die schwer nachvollziehbare Logik des Normenaufbaus führt auch bei Integrationsansätzen mit Umwelt- oder Arbeitssicherheitsmanagementsystemen zu Schwierigkeiten. Eine alternative, prozeßorientierte Darstellung zur Implementierung der ISO 9001 trägt zu einer Verbesserung der Übersichtlichkeit und des Verständnisses bei.

Ein Beispiel hierfür gibt Abb. 5.2. Hier wird zunächst eine übergeordnete Verantwortungsebene der obersten Leitung definiert. Die Unternehmensführung erstellt demnach die Grundlagen des QM-Systems, die Aufbauorganisation, die Qualitätspolitik und führt nach dem ersten Durchlauf eine Bewertung des QM-Systems durch, deren Ergebnisse sich auf die Veränderung der Qualitätspolitik auswirken.

Der Systembeauftragte der obersten Leitung koordiniert auf einer zweiten Ebene der Managementprozesse das System insbesondere durch die Organisation der Informationsverteilung (Element 4.5), die Einleitung von Korrektur und Vorbeugemaßnahmen sowie die Durchführung interner Audits.

Den Kern des Systems beschreibt der eigentliche Geschäftsprozeß, welcher sich in die direkt wertschöpfenden Bereiche Beschaffung (Ressourcenprozesse), Produktion (Leistungsprozesse) und Absatz (Kundenprozesse) gliedern läßt.[49] Hier werden die operativen Tätigkeiten des Unternehmens durchgeführt, es entsteht die für den Kunden wahrnehmbare Qualität der Produkte und Dienstleistungen.

Die Basis des Kernprozesses bilden die unterstützenden Prozesse, welche das Qualitätsniveau nur indirekt beeinflussen (Qualitätsbasis) oder die Messung des Qualitätsniveaus ermöglichen (Qualitätsdaten). Diese Qualitätsdaten bilden wiederum die Grundlage der Qualitätsmanagementsystem-Bewertung.

Die Forderung nach einer kontinuierlichen Verbesserung eines QMS nach ISO 9001 läßt sich in Form des in Abb. 5.2 skizzierten Regelkreises darstellen. Die Regelstrecke bildet hierbei die Wertschöpfungskette (Beschaffung, Produktion, Absatz). Die Messung des Qualitätsniveaus erfolgt sowohl am Ende als auch während der einzelnen Prozeßstufen. Die Qualitätsdaten bilden die Regelgröße, welche in bewerteter Form auf die Führungsgröße und nach einem SOLL/IST-Vergleich auf die Qualitätspolitik einwirkt. Deren Veränderung führt wiederum zu einer Modifikation der Organisation und des QM-Systems. Die Vorgaben der Leitung bzw. der verantwortlichen Abteilung bewirkt als Stellgröße eine Anpassung der Regelstrecke.

---

[49] In Anlehnung an das neue Prozeßmodell der ISO (s. Kap. 8, Abschn. 8.6.5) und die erwartete *„Revision 2000"* der ISO 9001 (s. Kap. 8, Abschn. 8.9), [Anm. d. Verf.]. Vgl. Dyllick, T. (1996), S. 10; Seghezzi, H.D. (1998a), S. 12.

5.4
Weiterentwicklung zu einem ganzheitlichen Qualitätsmanagement

Abb. 5.3 skizziert die Entwicklung von der traditionellen Qualitätssicherung über das normgerechte Qualitätsmanagement hin zu einem ganzheitlich ausgerichteten Konzept des umfassenden Qualitätsmanagements.

Eine Möglichkeit der Weiterentwicklung der standardisierten Systeme zu einem ganzheitlichen Qualitätsansatz kann durch den Einsatz des TQM vollzogen werden, welches in Abschnitt 5.4.1 vorgestellt wird. Eine Strategie zur Erreichung eines unternehmensweiten TQM-Niveaus beschreibt der japanisch geprägte KAIZEN-Ansatz (s. Abschn. 5.4.2). Eine Beurteilung der QMS mit Hilfe internationaler Bewertungssysteme generiert dabei unterstützende Informationen über den aktuellen Zielerreichungsgrad (s. Abschn. 5.4.3).

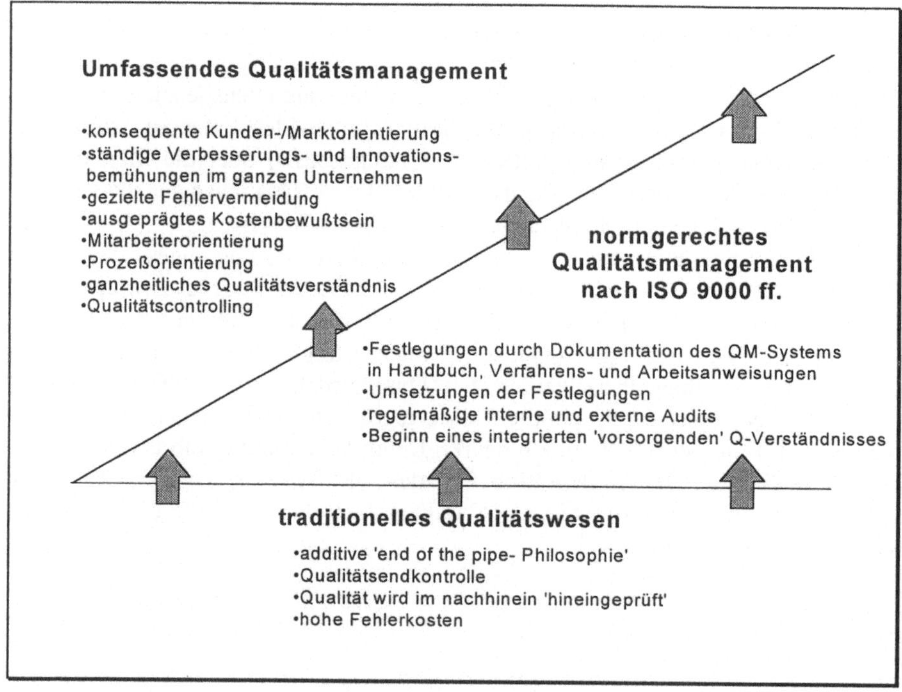

Abb. 5.3.   Die Entwicklung zu einem umfassenden Qualitätsverständnis
Quelle: in Anlehnung an Ritter, A. (1995), S. 8.

5.4.1
Total Quality Management (TQM)

„ Unter TQM werden alle Strukturen, Abläufe, Vorschriften, Regeln, Anweisungen und Maßnahmen verstanden, die dazu dienen, die Qualität von Produkten und Dienstleistungen einer Unternehmung in allen Funktionen (Entwicklung, Konstruktion, Fertigung etc.) und allen Ebenen durch die Mitwirkung aller Mitarbeiter termingerecht und zu günstigen Kosten zu gewährleisten sowie kontinuierlich zu verbessern, um eine optimale Bedürfnisbefriedigung der Konsumenten und der Gesellschaft zu ermöglichen. "[50]

5.4.1.1
Grundsätze, wesentliche Bestandteile und Vorteile des TQM-Ansatzes

Als Grundsätze dieser Qualitätsphilosophie lassen sich folgende Elemente anführen:[51]

- Kundenorientierung,
- qualitätsorientiertes Managementverhalten,
- Einbezug aller Mitarbeiter,
- Interne Kunden-Lieferanten-Beziehungen,
- Teamarbeit,
- Prozeßorientierung,
- Integration der gesamten Prozeßkette,
- präventive Fehlervermeidung sowie
- kontinuierliche Verbesserung aller Prozesse, Produkte und Dienstleistungen.

Das primäre Ziel einer solchen Ausrichtung ist die Verbesserung der Qualitätsfähigkeit eines Unternehmens, welche als *„ ... Fähigkeit, ein Leistungsangebot (Produkt und Dienstleistung) in gleichmäßiger Qualität, auf festgelegtem Qualitätsniveau, in kurzer Zeit, unter Einhaltung vereinbarter Liefertermine, in vereinbarter oder ausreichender Menge, am richtigen Ort, in der richtigen Art und Weise, zu niedrigen Kosten zu erbringen, welches die Bedürfnisse der relevanten Anspruchsgruppen erfüllt "*[52] beschrieben wird. Diese Befähigung wird durch eine prozeßorientierte Sichtweise sämtlicher betrieblicher Abläufe erreicht. Diese trägt dazu bei, die komplexen Zusammenhänge innerhalb des Unternehmens so zu veranschaulichen, daß es jedem Mitarbeiter ermöglicht wird, eine selbständige Verantwortung für die Qualität innerhalb seines Tätigkeitsgebiets (und darüber hinaus) zu tragen.[53] Somit können alle Betriebsangehörigen aus sämtlichen Bereichen in

---

[50] Oess, A.: *„Total Quality Management (TQM): Eine ganzheitliche Unternehmensphilosophie"*, S. 201, in: Stauss, B. (Hrsg.), (1994), S. 199-222.

[51] Vgl. Hirsch-Kreinsen, H.: *„Einführung: Wechselwirkungen zwischen Qualitätsmanagement und Organisation"*, S. 3, in: Hirsch-Kreinsen, H. (Hrsg.), (1997), S. 2-11; Knoblauch, R./Schnabel, R.E. (1992), S. 12.

[52] Seghezzi, H.D. (1996b), S. 29.

[53] Vgl. Hodel, M. (1995), S. 57.

die Qualitätsverbesserung einbezogen werden.[54] Abb. 5.4 verdeutlicht die Zusammenhänge des TQM-Konzepts, wobei hier der Bezug der Qualitätsbemühungen auf die Bereiche des Umweltschutzes und der Arbeitssicherheit erweitert wird.

Ein weiterer wesentlicher Bestandteil des TQM-Ansatzes ist die Qualitätspolitik, welche die Richtlinien zur Durchsetzung des TQM-Ansatzes vorgibt (s. Abschn. 5.5.2).[55] Darüber hinaus sind verschiedene organisatorische Rahmenbedingungen zu beachten. Als zentraler Aspekt ist hier die konsequente Prozeßorientierung unter Herstellung von internen Kunden-Lieferanten-Beziehungen zu nennen, wodurch ein Übergang von einer funktionalen zu einer prozeßorientierten Arbeitsteilung mit einer erheblich stärkeren Betonung der relevanten Geschäftsprozesse erreicht wird.[56] Häufig wird diese organisatorische Ausrichtung mit der Arbeit in selbstverantwortlichen Teams kombiniert.[57] Dadurch kann eine prozeßbezogene Arbeitsteilung realisiert werden, die es dem einzelnen Mitarbeiter durch die Zuteilung einer ganzheitlichen Aufgabenstellung und eines eigenen Verantwortungsbereiches vereinfacht, die jeweiligen Qualitätsanforderungen zu identifizieren.[58]

Bei den personellen Rahmenbedingungen kommt der Qualifikation aller Unternehmensbeteiligten eine große Bedeutung zu. Zudem erfordert die Einsicht zur *„Qualität als Kundennutzen"* eine stärkere Übernahme von Qualitätsverantwortung und ein verändertes Führungsverhalten. Schließlich ist die Einbeziehung der Mitarbeiter in betriebliche Entscheidungsprozesse eine Anforderung an die Vorgesetzten, ihr bisheriges Verhalten zu überdenken.[59] Darüber hinaus nimmt aufgrund der wachsenden Komplexität der Produkte gleichzeitig die Komplexität der Entwicklungs- und Herstellungsprozesse zu.

Erweiterte Qualitätsanforderungen führen zu neuen Fertigungs- und Informationstechniken, deren Beherrschung als technische Rahmenbedingungen einer erfolgreichen Qualitätsstrategie einzustufen ist.[60]

---

[54] Vgl. Frehr, H.-U. (1993), S. 1 f.

[55] Vgl. Binner, H. (1996), S. 33.

[56] Das interne Kunden-Lieferanten-Prinzip ist ein Instrument zur Prozeßbeherrschung. Es trägt dazu bei, die aufgrund der zahlreichen Überschneidungen zwischen den vernetzten Prozessen entstehende Komplexität zu reduzieren und das Qualitätsbewußtsein der Mitarbeiter zu erhöhen. Jeder Empfänger einer Leistung innerhalb der Prozeßkette wird als Kunde behandelt. Seine Bedürfnisse werden in Ergänzung zu den Bedürfnissen der externen Kunden (Endkunden), der Gesellschaft und der Gesamtunternehmung ermittelt und befriedigt. Demzufolge ist jeder gleichzeitig Kunde für die vorgeschaltete und Lieferant für die nachgeschaltete Stelle [Anm. d. Verf.]. Vgl. Seghezzi, H.D. (1996b), S. 91; Haist, F./Fromm, H. (1989), S. 20 f.

[57] Vgl. Zink, K. (1995a).

[58] Vgl. Zink, K.: *„Total Quality Management"*, S. 31 ff. in: Zink, K. (Hrsg.) (1994a), S. 9-52; Zink, K.: *„Total Quality als europäische Herausforderung"*, S. 4 ff. in: Zink, K. (Hrsg.), (1994b), S. 1-29.

[59] Vgl. Schildknecht, R. (1992), S. 148 ff.

[60] Vgl. ebenda, S. 159 ff.

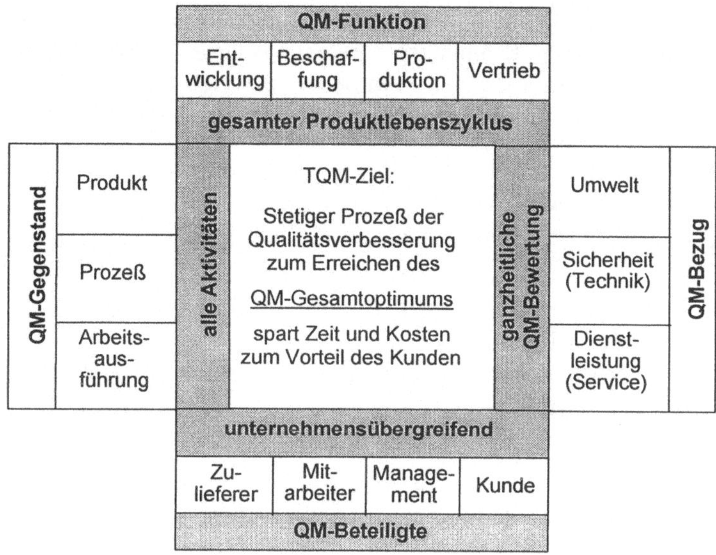

Abb. 5.4. Das TQM-Konzept
Quelle: in Anlehnung an Binner, H. (1996), S. 29.

FREHR faßt den TQM-Ansatz in den folgenden sechs Punkten zusammen:[61]

1. Eine Unternehmung zielt auf die Erfüllung der Bedürfnisse aller Anspruchsgruppen, insbesondere ihrer Kunden und der Öffentlichkeit ab. Qualität ist bei TQM allen anderen Zielen übergeordnet.[62]

2. Fehler im innovativen Bereich werden als Lernquellen betrachtet, ihre Folgen werden kurzfristig eliminiert. Bei repetitiven Tätigkeiten wird der Versuch unternommen, alle Fehler zu vermeiden (Null-Fehler-Prinzip).[63]

3. Zur Erreichung des Null-Fehler-Prinzips werden kontinuierliche, meßbare Verbesserungsmaßnahmen auf allen Ebenen des Unternehmens eingeleitet, in die alle Mitarbeiter integriert sind.

4. Jeder Unternehmensbeteiligte trägt Qualitätsverantwortung. Das Arbeiten in Prozessen geschieht nach dem Prinzip des internen Kunden und Lieferanten.

5. Die traditionellen Stärken einer Unternehmung und ihre Erfolgspotentiale werden in das Konzept einbezogen.

6. TQM muß vom Top-Management eingeführt und aufrechterhalten werden. Innerhalb eines effektiv strukturierten Vorgehens werden alle Führungskräfte und ausführenden Mitarbeiter einbezogen. Systeme, Strukturen und Abläufe

---

[61] Vgl. Frehr, H.-U.: *„Die Qualität des Unternehmens-eine neue Dimension der Qualität"*, S. 151, in: Zink, K. (Hrsg.), (1994a), S. 125-151.
[62] Vgl. Kamiske, G. (1996), S. 2 f.
[63] Vgl. Hodel, M. (1995), S. 57.

sowie Firmenkultur und Lernverhalten unterstützen die Aktivitäten. Ein optimal konzipiertes Schulungsprogramm, welches auf die individuellen Schulungsbedarfe der einzelnen Mitarbeiter ausgerichtet ist, ist eine unabdingbare Voraussetzung für den Erfolg.

Aus den vorliegenden Betrachtungen können folgende Vorteile einer TQM-Ausrichtung zusammengefaßt werden:

- Reduktion der Kosten (z. B. durch geringere Nacharbeit, geringeren Ausschuß etc.),
- Wettbewerbsvorteile durch Imagegewinne bei den Anspruchsgruppen,
- erhöhte Kundenzufriedenheit,
- Mitarbeiterintegration in den Qualitätsprozeß, dadurch steigende Identifikation und Motivation sowie
- Erhöhung der Mitarbeiterzufriedenheit.

5.4.1.2
Instrumente, Organisationsprinzipien und Methoden im Rahmen des TQM-Ansatzes

Die Umsetzung und Weiterentwicklung des TQM-Ansatzes erfordert geeignete Instrumente, von denen exemplarisch zwei in den folgenden Abschnitten vorgestellt werden. Als typische Mikro-Organisationsform im Rahmen des TQM-Ansatzes wird hier zudem das Prinzip der Qualitätszirkel aufgezeigt. Die Vorgehensweise des sog. *„Benchmarking"* trägt schließlich dazu bei, den erreichten Qualitätsstandard zu überprüfen und neue qualitätsbezogene Unternehmensziele zu definieren.

5.4.1.2.1
Deming-Rad, PDCA-Kreis, SDCA-Kreis

Der Amerikaner DEMING führte in den fünfziger Jahren in Japan das Modell des *„Deming-Rades"* als Ausdruck permanenter Verbesserung ein. Er betont damit die Bedeutung einer konstanten Interaktion zwischen den Funktionen Forschung, Design, Produktion und Verkauf (s. Abb. 5.5).[64] Um einen hohen Qualitätsstandard zu erreichen, der die Kunden zufrieden stellt, sollen sich diese vier Elemente innerhalb eines Unternehmens wie ein Rad ständig drehen, wobei der Qualitätsaspekt im Vordergrund steht. Eine kontinuierlich erfolgende Abstimmung zwischen den Bereichen und eine Zusammenarbeit bei gleichzeitigem Abbau eines auf Funktionen orientierten Abteilungsdenkens stehen hierbei im Mittelpunkt. Eine Erweiterung dieses Ansatzes auf das gesamte Management erfolgte durch japanische Manager, wobei die vier Kriterien speziellen Managementaktivitäten zugeordnet wurden. Dieses Konzept wird PDCA (Plan-Do-Check-Act)-Zyklus genannt (s. Abbildung 5.6).

Zwischen *„Deming-Rad"* und *„PDCA-Zyklus"* besteht folgender Zusammenhang: Das Design des Produktes entspricht der Planung des Managements, die

---

[64]   Vgl. Imai, M. (1994), S. 32 f.

Produktion entspricht der Fertigung (Tun) des vorgesehenen Produkts, die Verkaufsstatistik macht Aussagen über die Kundenzufriedenheit, die Reklamationen müssen Aktionen in der Weiterentwicklung bewirken und schließlich alle notwendigen Verbesserungen einleiten.[65]

In einer überarbeiteten Version des PDCA-Zyklus wird ein weiterer PDCA-Zyklus innerhalb der „*Tun*"-Phase durchlaufen (Abb. 5.7). Der Prozeß der Stabilisierung von Standards nach erfolgten Verbesserungen wird SDCA-Kreis (Standardize-Do-Check-Act) genannt. PDCA und SDCA müssen sich sinnvoll ergänzen, um immer wieder Verbesserungen zu erreichen und diese zu erhalten.[66]

Die Einhaltung der festgelegten Standards erfordert eine hohe Disziplin.

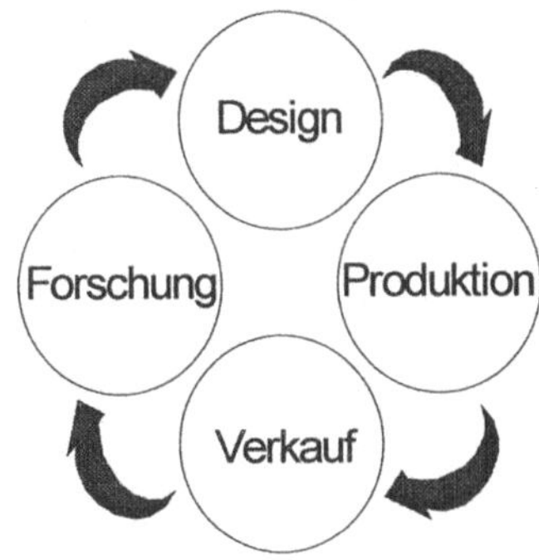

Abb. 5.5.   Das Deming-Rad; Quelle: Imai, M. (1994), S. 33.

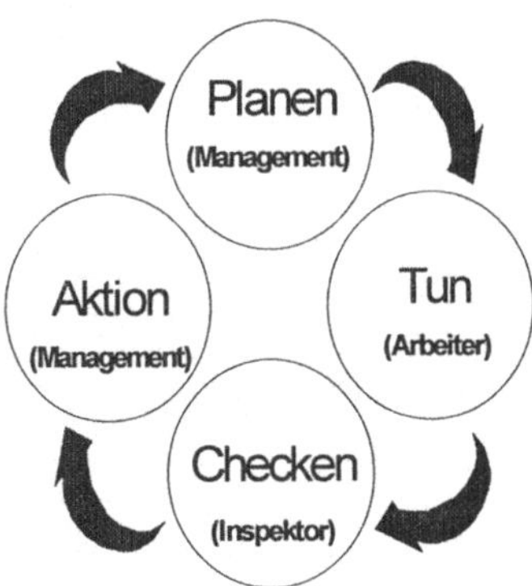

Abb. 5.6.   Der PDCA-Zyklus; Quelle: Imai, M. (1994), S. 87.

---

[65]   Vgl. Petrick, K./Eggert, R. (Hrsg.), (1995), S. 16; Bläsing, J. (1988), S. 129.

[66]   Vgl. Imai, M. (1994), S. 86 ff.; Schildknecht, R. (1992), S. 66 f.; Cornaz, J.-L. (1992), S. 108.

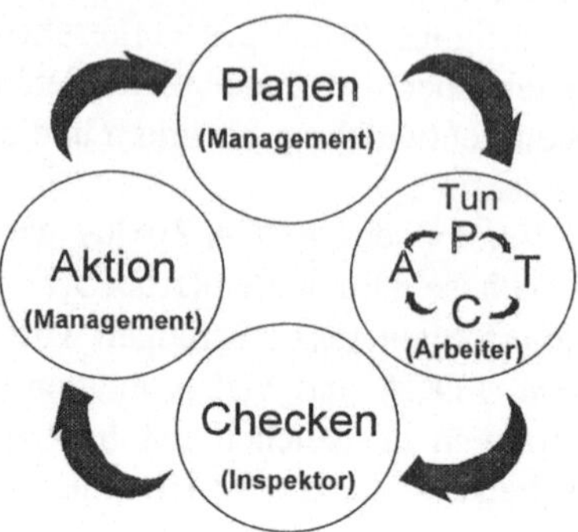

Abb. 5.7. Der verbesserte PDCA-Zyklus; Quelle: Imai, M. (1994), S.88.

Erst wenn diese Standards vollkommen und permanent erfüllt werden, können neue und höhere Standards aufgestellt werden. Die gewonnenen Erfahrungen sollen ständig an alle Beschäftigten weitergegeben werden, wodurch letztendlich eine Steigerung des Know-hows der gesamten Organisation erreicht wird.

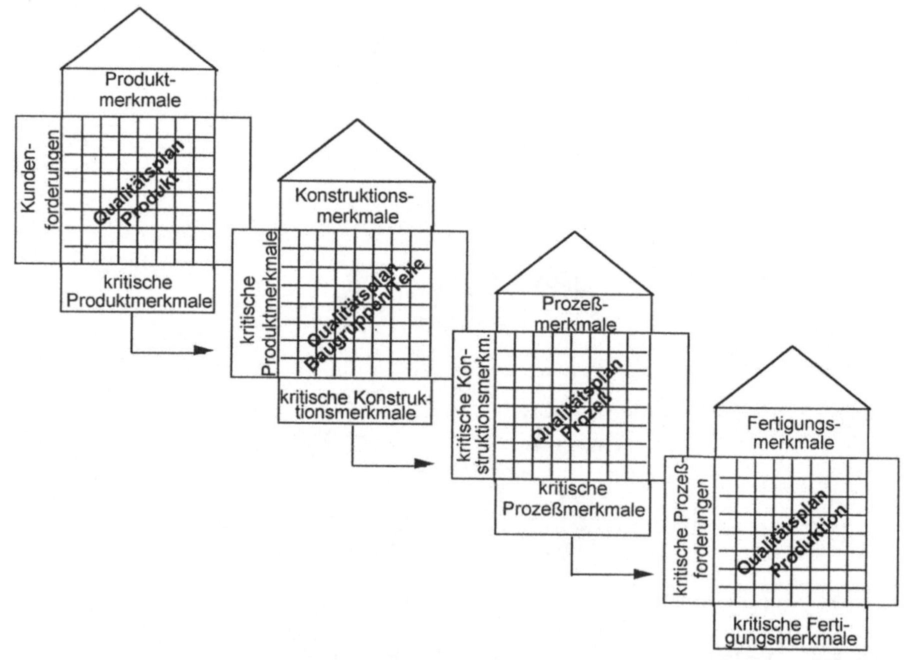

Abb. 5.8. Die Phasen der QFD-Methode
Quelle: in Anlehnung an Petrick, K./Eggert, R. (Hrsg.), (1995), S. 115.

5.4.1.2.2
Quality-Function-Deployment (QFD)
Die Erfüllung der Kundenanforderungen ist das vorrangige Ziel des TQM-Ansatzes. QFD stellt in diesem Zusammenhang eine qualitätstechnische Methode dar, mit deren Hilfe die Kundenwünsche innerhalb eines mehrstufigen Planungsprozesses in Qualitätsanforderungen transformiert werden können.[67] QFD setzt an der Nahtstelle zwischen Kunden und kundenorientierter Produktgestaltung an[68] und stellt hierbei „ ... *systematische Ansätze zur schrittweisen Umsetzung von Kundenforderungen und -erwartungen in meßbare bzw. qualitativ beurteilbare Produkt- und Prozeßparameter"* zur Verfügung.[69] Bei der Umsetzung dieses Ansatzes werden funktionsübergreifend alle Mitarbeiter beteiligt.[70] Dabei wird die Qualitätserzielung aus der fertigungsnachgelagerten *„Inspektionsphase"* in die Planungs- und Fertigungsphase vorgezogen, um dadurch eine aktive Qualitätsplanung zu realisieren.[71] Als Hilfsmittel steht das sog. *„House of Quality"* zur Verfügung, eine Matrix, in welche aus Erkenntnissen der Marktforschung abgeleitete Kundenanforderungen als Eingangsgröße eingetragen, strukturiert und gewichtet werden.

Daraus können in aufeinanderfolgenden Phasen kritische Produkt-, Konstruktions-, Prozeß- und Fertigungsmerkmale abgeleitet werden.[72] Die Methode beginnt mit der Analyse und Strukturierung der registrierten Kundenbedürfnisse. In einem ersten Schritt werden Kundenanforderungen in Produktionsmerkmale umgesetzt. Diese Parameter gehen in die waagrecht abgetragenen, kundenspezifischen Ziele des *„House of Quality"* ein. In der vertikalen Achse werden die technischen Produktanforderungen und -merkmale (Designanforderungen) eingetragen und das Ausmaß ihrer Wechselbeziehungen ermittelt. Diese Ermittlung der Beziehungen zwischen den Design- und den Kundenanforderungen ist von besonderer Bedeutung, da aus den Interdependenzen die Schwierigkeiten der Umsetzung identifiziert und objektive Zielsetzungen definiert werden können.[73] Wurden aus den Erkenntnissen auf der ersten Stufe kritische Produktmerkmale abgeleitet, gehen diese als Eingangsgröße in die konkretere Ebene der Konstruktionsmerkmale ein. Dieser Systematik folgend, fließen die Merkmale der jeweils vorangegangenen Stufe als Eingangsgröße in die jeweils nachgelagerte, weniger aggregierte Stufe ein, bis

---

[67] Vgl. Akao, Y.: *„Eine Einführung in QFD"*, S. 15 f., in: Akao, Y. (1992), S. 15-34.

[68] Vgl. Kamiske, G./Brauer, J.-P. (1993), S. 108.

[69] Liesegang, D.G.: *„Eine Einführung für die Leser der Fallstudiensammlung zum QFD von Yoji Akao"*, S. III, in: Akao, Y. (1992), S. I-VII.

[70] Vgl. Binner, H. (1996), S. 156 f.

[71] Vgl. Kwam, A./Schröder, B./ Sterrenberg, B.: *„Kundenanforderungen an Produkt und Prozesse"*, S. 31, in: Westkämper, E. (Hrsg.), (1996), S. 29-47.

[72] Vgl. Kamiske, G./Theden, P.: *„Qualitätstechniken als Instrumente des Qualitätscontrollings"*, S. 37, in: Wildemann, H. (Hrsg.), (1996a), S. 33-63.

[73] Vgl. Kamiske, G./Brauer, J.-P. (1993), S. 108; Butterbrodt, D./Gogoll, A./Tammler, U.: *„Qualitätstechniken - Einsatzmöglichkeiten im Umweltmanagement"*, in: Petrick, K./ Eggert, R. (Hrsg.), (1995), S. 114 ff.

schließlich auf der Ebene der Fertigungsmerkmale konkrete Anforderungen ermittelt werden können (s. Abb. 5.8).[74]

Als Vorteile des QFD lassen sich folgende Aspekte anführen:[75]

- Anforderungen und Wünsche der Kunden werden durch die Umsetzung in konkrete Produktmerkmale transparent, so daß ihnen besser entsprochen werden kann, als bei konventionellen Entwicklungsmethoden.
- Zielkonflikte werden bereits früh aufgedeckt, so daß Fehler präventiv vermieden werden können.
- Die Beteiligung der Mitarbeiter an der Entwicklung zeigt Motivations- und Innovationspotentiale auf.
- Die konsequent angewendete Systematik gewährleistet, daß keine der Anforderungen in den verschiedenen Stufen der Produktentstehung verloren geht.
- Schnittstellenprobleme werden systematisch beseitigt und der gesamte Planungsprozeß wird objektiviert.
- Die Zeit von der Entwicklung bis hin zur Marktreife eines Produktes (*„time to market"*) wird verkürzt, da der Veränderungsbedarf bereits während der Entwicklungsphase erkannt durchgeführt wird.
- Die Entwicklungszeit und der Entwicklungsaufwand für die nachfolgenden Produktgenerationen werden verringert, da das Prozeßschema des QFD nur in den Veränderungen modifiziert und nicht neu erstellt werden muß. Veränderungen in kleinen Verbesserungsschritten werden so deutlich erleichtert.
- Insgesamt können mit dieser Methode Kostensenkungspotentiale und Wettbewerbsverbesserungen realisiert werden.

5.4.1.2.3
Qualitätszirkel

Der Aufbau sog. Qualitätszirkel ist ein weiterer Schritt bei der Verwirklichung eines umfassenden Qualitätsverständnisses. Ein Qualitätszirkel ist eine kleine Gruppe, die sich in der Regel aus etwa fünf bis zehn Mitarbeitern der unteren Hierarchieebene zusammensetzt.[76] Diese Kleingruppen stellen einen kooperativen und informellen Ansatz zur Problemlösung und zur Einführung von Verbesserungen dar. Es handelt sich dabei um sog. *„ad-hoc"*-Gruppen, die sich auflösen, sobald sie ihr Ziel erreicht haben. Alle hierarchischen Ebenen werden in diese Gruppen einbezogen. Bei den freiwilligen Zusammenkünften werden qualitätsbezogene Aktivitäten am Arbeitsplatz im Rahmen eines unternehmensweiten Programmes

---

[74] Vgl. Liesegang, D.G.: *„Eine Einführung für die Leser der Fallstudiensammlung zum QFD von Yoji Akao"*, S. III, in: Akao, Y. (1992), S. I-VII; Kamiske, G./Brauer, J.-P. (1993), S. 108; Butterbrodt, D./Gogoll, A./Tammler, U.: *„Qualitätstechniken - Einsatzmöglichkeiten im Umweltmanagement"*, in: Petrick, K./Eggert, R. (Hrsg.), (1995), S. 114.

[75] Vgl. Liesegang, D.G.: *„Eine Einführung für die Leser der Fallstudiensammlung zum QFD von Yoji Akao"*, S. III, in: Akao, Y. (1992), S. I-VII.; Frehr, H.-U. (1993), S. 246 f.; Cornaz, J.-L. (1992), S. .99

[76] Vgl. Bobzien, M./Stark, W./Straus, F. (1996), S. 104.

zur Qualitätskontrolle, zur Selbstentwicklung, zum Miteinander-Lernen, zur Ablaufkontrolle und zur allgemeinen Verbesserung unterschiedlichster Aspekte der Arbeit in Eigeninitiative und mit Unterstützung des Managements durchgeführt.[77] Folgende Vorteile der Aktivitäten von Kleingruppen werden in diesem Zusammenhang betont:[78]

- Realisierung einer verbesserten Kommunikation zwischen den Hierarchien und zwischen den verschiedenen Mitarbeitergenerationen,
- Förderung der Teamarbeit durch Setzen und Erreichen von Gruppenzielen,
- Verbesserung der Identifikation mit Unternehmen und Tätigkeit,
- Steigerung der Mitarbeitermotivation durch Integration in die Entscheidungsprozesse,
- die Mitarbeiter entwickeln in den Gruppen neue Fähigkeiten, lernen und arbeiten besser zusammen und
- die Gruppen tragen sich selbst und lösen gemeinsam komplexere Problemstellungen.

5.4.1.2.4
Benchmarking

Wörtlich übersetzt heißt Benchmarking „*Maßstäbe setzen*".[79] Ziel dieser Vorgehensweise ist es, den Grad der Erfüllung von Kundenanforderungen des eigenen Produktes mit den entsprechenden Produkten der Wettbewerber zu vergleichen, um daraus eventuelle Rückschlüsse ziehen zu können.[80] „*Ein Benchmark stellt eine anerkannte Bestleistung, einen Weltklassestandard bei Produkten, Herstell- und Geschäftsprozessen, Dienstleistungen und weiteren abgrenz- und bewertbaren Tätigkeiten und Leistungen dar.*"[81] Unter Benchmark-ing wird die systematische Vorgehensweise verstanden, eine Bestleistung zunächst zu identifizieren, um damit die eigene Position mit ihren kritischen Erfolgsdeterminanten mit ausgewählten Benchmark-Partnern zu vergleichen. Nach der Quantifizierung der Lücken zur Bestleistung sind Maßnahmen zu definieren und umzusetzen, um den höchstmöglichen Standard zu erzielen.[82] Die Methode des Benchmarking setzt ein konkretes Wissen über das eigene Unternehmen voraus sowie die Bereitschaft des Top-Managements und der Mitarbeiter, von anderen zu lernen, sich zu verändern und besser werden zu wollen.[83] Dabei muß das Partnerunternehmen, mit dessen Leistungen sich eine Organisation vergleicht, nicht unbedingt aus der eigenen

---

[77] Vgl. Bungard, W./Wiendieck, G. (Hrsg.), (1986), S. 53 f.

[78] Vgl. Imai, M. (1994), S. 129 ff.

[79] Vgl. Meyer, J.: „*Benchmarking -Ein Prozeß zur unternehmerischen Spitzenleistung*", S. 5, in: Meyer, J. (Hrsg.), (1996), S. 3-26.

[80] Vgl. Kamiske, G./Brauer, J.-P. (1993), S. 113.

[81] Sondermann, J. (1994), S. 235, in: Stauss, B. (Hrsg.), (1994), S. 223-254.

[82] Vgl. ebenda.

[83] Vgl. Vgl. Meyer, J.: „*Benchmarking -Ein Prozeß zur unternehmerischen Spitzenleistung*", S. 7, in: Meyer, J. (Hrsg.), (1996), S. 3-26.

Branche stammen.[84] So können z. B. Logistikprozesse eines Anlagenbauers mit den entsprechenden Prozessen bei einem Unternehmen verglichen werden, dessen Kernkompetenz in der mehrmals täglichen Belieferung von Apotheken mit Pharmaprodukten liegt.

5.4.2
KAIZEN

Der japanische Begriff KAIZEN wird im anglo-amerikanischen Sprachraum mit „*Continous Improvement*" bzw. „*Continous Improvement Process*" (CIP) und im deutschen Sprachgebrauch mit „*Ständige Verbesserung*" übersetzt.[85] Mitte der achtziger Jahre galt KAIZEN als eines der wichtigsten Potentiale für den japanischen Erfolg. Seitdem wurde auch außerhalb Japans mit der praktischen Umsetzung von KAIZEN-Programmen im Rahmen von TQM-Aktivitäten begonnen. Unter KAIZEN wird der Prozeß der kontinuierlichen Verbesserung durch Addieren von Einzelideen verstanden.[86] Der KAIZEN-Ansatz, der im wesentlichen von IMAI entwickelt wurde,[87] basiert auf einem von der japanischen Kultur geprägten Denk- und Lebensstil. Nur mit einer genauen Kenntnis der ihm zugrunde liegenden Philosophie kann dieser Ansatz in allen Ausprägungen in westlichen Unternehmen umgesetzt werden.[88] KAIZEN ist damit gleichzeitig Ziel und grundlegende Verhaltenseinstellung zur täglichen Arbeit.[89] Die permanente Verbesserung des „*Status Quo*" soll kontinuierlich und in kleinen Schritten erfolgen. Dabei werden ebenfalls die Phasen Problemfindung, -definition, -lösung und Standardisierung durchlaufen. Ist der festgelegte Standard erreicht, ist es die Aufgabe der Mitarbeiter, einen höheren Standard zu definieren, um den Prozeß der ständigen Verbesserungen aufrechtzuerhalten.[90] KAIZEN unterscheidet sich von traditionellen, westlichen, ergebnisorientierten Methoden hauptsächlich durch ein prozeß- und mitarbeiterorientiertes Vorgehen. Das prozeßorientierte Vorgehen soll eine langfristige Verhaltensänderung bewirken. Kleinere, kontinuierliche Verbesserungsschritte in rascher zeitlicher Abfolge führen hingegen zu stark verkürzten Innovationszyklen. Die Verbesserungen müssen nicht zu einer Ergebniswirksamkeit führen. Im Vordergrund steht eine Bewußtseinsbildung für eine stetige Veränderung. Innovation im westlichen Sinne, d. h., große, tiefgreifende Veränderungen, werden durch KAIZEN nicht ausgeschlossen, vielmehr ermöglicht eine Kombination zwischen Innovation und KAIZEN eine Aufrechterhaltung eines hohen Standards und dessen

---

[84]   Vgl. Malorny, C. (1996a), S. 280.

[85]   Vgl. Kamiske, G./Brauer, J.-P. (1993), S. 40.

[86]   Vgl. Steinbeck, H.: „*Kaizen - die Entdeckung des Gruppenerfolgs*", S. 17 ff., in: Japan Human Relations Association (Hrsg.), (1994), S. 13-28.

[87]   Vgl. Seghezzi, H.D. (1996b), S. 200.

[88]   Vgl. Rolff, N. (1994), S. 90 f.

[89]   Vgl. Kamiske, G./Brauer, J.-P. (1993), S. 40 f.

[90]   Vgl. Oess, A.: „*Total Quality Management (TQM): Eine ganzheitliche Unternehmensphilosophie*", S. 202 ff., in: Stauss, B. (Hrsg.), (1994), S. 199-222.

graduelle Verbesserung.[91] Die sog. „*C*oncern *W*ide *Q*uality *C*ontrol" (CWQC) - die unternehmensweite Qualitätssteuerung - integriert nicht nur die Prozesse, Dienstleistungen und Produkte, sondern auch sämtliche Mitarbeiter aller Bereiche des Unternehmens.[92] Gemeinsame Ziele im Team werden für alle verbindlich über Zielvereinbarungen formuliert. Um eine produktive Zusammenarbeit zu gewährleisten, ist eine kontinuierliche Aus- und Weiterbildung der Mitarbeiter, die Verbesserung der sozialen Beziehungen am Arbeitsplatz, die Einführung von Teamkonzepten sowie die Bekundung spezieller Anerkennung für KAIZEN-Bemühungen erforderlich.[93] Eine enge Zusammenarbeit zwischen Vorgesetzten und Mitarbeitern ist bei der Realisation eines solchen Ansatzes unabdingbar. Bei der Suche nach Problemursachen werden die der eigenen Produktionslinie vorgelagerten Prozesse untersucht (*„managing upstream"*). Innerhalb des Problemlösungsprozesses können so nicht nur Symptome, sondern auch deren Auslöser identifiziert und eliminiert werden, so daß ein aufgetretener Fehler nicht erneut entstehen kann. Der gesamte Prozeß ist kundenorientiert, selbst nachgelagerte Prozeßstufen werden als Kunden betrachtet, die keinesfalls mit einem qualitativ minderwertigen Produkt beliefert werden dürfen.[94] KAIZEN besteht zum einen aus einer vertikalen Dimension, die alle Hierarchieebenen einbindet, zum anderen aus einer horizontalen Dimension, welche alle Prozeßphasen bis hin zu externen Kunden tangiert. Wichtige Aspekte sind in diesem Zusammenhang die Gewährleistung einer reibungslosen Kommunikation unter den Mitarbeitern in allen Phasen des Prozesses sowie die Vermeidung von Schnittstellenproblemen durch den Abbau des *„Abteilungsdenkens"* und daraus resultierender Rivalitäten. KAIZEN kann in die drei Segmente managementorientiertes, gruppenorientiertes und personenorientiertes KAIZEN gegliedert werden, welchen folgende Aufgabenbereiche zugeordnet werden:[95]

Managementorientiertes KAIZEN
- Optimierung einfachster Arbeits- bzw. Bewegungsabläufe (z. B. Bedienung einer Maschine) zur Vermeidung nicht-wertschöpfender Tätigkeiten,
- Einplanung der Qualität bereits im Design von Seiten der Konstruktion,
- Senkung des Materialumlaufes,
- Abbau von Materialverschwendungen bei der Bearbeitung und bei der Produktion von fehlerhaften Teilen und
- Abbau von Zeitverschwendung an Maschinen und bei der Bewegung von Teilen.

---

91 Vgl. Japan Human Relations Association (Hrsg.), (1994), S. 39.
92 Ishikawa spricht hier von *„Integrierter Qualitätssicherung"* [Anm. d. Verf.]. Vgl. Ishikawa, K.: *„Qualität und Qualitätsmanagement in Japan"*, S. 92, in: Probst, G. J. B. (Hrsg.), (1983), S. 85-93.
93 Vgl. Binner, H. (1996), S. 42 f.
94 Vgl. Heß, M. (1995), S. 87 ff.
95 Vgl. Imai, M. (1994), S. 111 ff.

Gruppenorientiertes KAIZEN
- Bildung und Arbeit von Kleingruppen im Rahmen von Qualitätszirkeln.

Personenorientiertes KAIZEN
- Aufbau und Aufrechterhaltung eines Verbesserungsvorschlagwesens[96], als Mittel zur Bildung eines unternehmensweiten KAIZEN-Bewußtseins.

Der Mitarbeiter soll seine Abwehrhaltung gegenüber Verbesserungen und Veränderungen aufgeben. Die Einzel- und Gruppenvorschläge werden eingeteilt nach ihrer Auswirkung, Originalität und nach dem Schwierigkeitsgrad ihrer Umsetzung. Realisierte Verbesserungsvorschläge können in Rubriken eingeteilt werden, z. B.: Einsparungen von Energie und Betriebsstoffen, Verbesserung von Arbeitsabläufen und Produktivität, Einsparungen von Reparaturen und Ausgaben. Um ein funktionierendes Vorschlagswesen in einem Unternehmen aufzubauen, sind in einer Zeitspanne von fünf bis sechs Jahren verschiedene Phasen zu durchlaufen. Zunächst muß eine Motivation zur Abgabe von Verbesserungsvorschlägen aufgebaut werden. Nachfolgend muß die Entwicklung qualitativer Vorschläge trainiert werden, bis schließlich die wirtschaftlichen Aspekte der Vorschläge betrachtet werden können. Anzahl und Art der von einem Mitarbeiter eingereichten Verbesserungsvorschläge können zur Einschätzung seiner Leistung dienen. Hierbei besteht jedoch die Gefahr, daß ein gewisser Zwang zur Erarbeitung von Vorschlägen entsteht, um positiv bewertet zu werden, was zu Einbußen der Kreativität und Qualität der Vorschläge führen könnte. Eine konkrete Umsetzung der Verbesserungsvorschläge durch das Management erfolgt, wenn eindeutige Verbesserungen in den Bereichen Arbeitserleichterung, Arbeitssicherheit, Produktivitätserhöhung, Zeit- und Kosteneinsparung, Produktqualität oder die Abschaffung von Mißständen und Schwerarbeit zu erwarten sind.[97]

Als wesentliche Determinanten eines erfolgreichen KAIZEN-Managements sind ein funktionsüberschreitendes Management und eine hohe Durchgängigkeit der Unternehmenspolitik zur Unterstützung der sog. *„Total Quality Control (TQC)-Strategie"* zu nennen. Funktionsüberschreitende Ziele sind hierbei Qualität, Kosten und die Terminplanung, denen eine höhere Priorität eingeräumt wird als den Linienfunktionen wie Design, Produktion, Einkauf, Marketing, Produktplanung und Produktion. Die KAIZEN-Aktivitäten werden am Arbeitsplatz durch die Kleingruppenarbeit und das Vorschlagswesen unterstützt, die Ziele werden dabei im Rahmen der Unternehmenspolitik gesetzt, welche auf allen Hierarchieebenen bekannt ist. Es werden Jahresziele formuliert in bezug auf Gewinn, Marktanteile und Produkte sowie auf Verbesserungen der gesamten Prozeßabläufe unter besonderer Berücksichtigung kritischer Schnittstellen. Sog. Kontroll- und Prüfpunkte gewährleisten eine kontinuierliche Überwachung der durchgeführten Maßnahmen.[98]

---

[96] Vgl. Wildemann, H.: *„Problemlösungskapazität als Schlüssel zur Produktivitäts- und Qualitätsverbesserung"*, S. 102 ff., in: Wildemann, H. (Hrsg.), (1994), S. 99-114.

[97] Vgl. Imai, M. (1994), S. 144 ff.; Malorny, C. (1996a), S. 461. ff.

[98] Vgl. ebenda, S. 159 ff.

Das frühzeitige Erkennen und Aufzeigen von Problemen bildet die Grundlage der Problemlösung im Rahmen des KAIZEN-Ansatzes. Probleme sollten dabei mit Hilfe eines positiven Denkansatzes auch als Chance für eine Verbesserung angesehen und damit nicht übergangen werden. Der Aufbau eines Problembewußtseins, welches auftretende Probleme nicht als Schwächen eines Verantwortlichen wertet, nimmt hierbei einen großen Stellenwert ein. Die Aufmerksamkeit des einzelnen Mitarbeiters wird geschult und unterstützt.[99] Dabei ist ein abteilungsübergreifendes Denken und Handeln zu fördern, um die häufig bei Schnittstellen auftretenden Probleme zu beseitigen oder zu verhindern. Konkrete Stellenbeschreibungen werden vermieden, um das dabei mögliche Auftreten von Grauzonen, in denen keine Verantwortlichen existieren, oder den *„Dienst nach Vorschrift"* zu verhindern.[100] Ein weiteres Prinzip ist die kontinuierliche Weitergabe von Wissen, das als Basis für ein *„Mitdenken"* von Seiten der Mitarbeiter angesehen wird. Um dies zu gewährleisten, ist die Distanz und die mangelnde Kommunikation zwischen Angestellten und Arbeitern abzubauen, indem z. B. eine räumliche Trennung weitgehend aufgehoben wird. Der Vorgesetzte hat die Pflicht, die Perspektive seiner Mitarbeiter zu berücksichtigen und einen offenen, unterstützenden Führungsstil sowie eine Demokratisierung der Basis anzustreben, um die Zufriedenheit seiner Mitarbeiter zu erhöhen. Dies wird zudem unterstützt durch die Ausbildung zu einem *„flexiblen Arbeiter"*, der befähigt ist, alle Tätigkeiten innerhalb seiner Abteilung auszuüben (*„job rotation"*). Die Verpflichtung des Managements liegt in der Unterstützung des KAIZEN-Gedankens. Für die Qualität in allen Bereichen ist ursächlich das Management verantwortlich. Daher ist lediglich die Existenz einer Qualitätskontroll-Abteilung für die Durchführung einer unternehmensweiten Qualitätsphilosophie nicht ausreichend. Für die Einführung des KAIZEN-Ansatzes ist eine uneingeschränkte Verpflichtung (*„commitment"*) des Top-Managements erforderlich. KAIZEN erfordert damit eine Kombination einer *„top-down"*-Einführung und -Unterstützung mit einer *„bottom- up"*-Mitarbeit und -Akzeptanz.[101]

5.4.3
Weiterführende Qualitätsstandards und Bewertungssysteme

Um das bereits in Abschnitt 5.1 angesprochene Manko einer Zertifizierung nach ISO 9000 auszugleichen, werden in verschiedenen Branchen weiterführende Qualitätsstandards entwickelt und angewendet. So waren bis Ende 1997 alle Zulieferer der amerikanischen Automobilindustrie aufgefordert, die weiterführende Qualitätsnorm QS 9000 zu erfüllen. Diese auf die ISO 9000 aufbauende Norm weist folgende Erweiterungen auf:[102]

- Nachweis einer permanenten Qualitätsverbesserung.
- Einhaltung strenger Produkttoleranzen.

---

[99]　Vgl. Binner, H. (1996), S. 41.
[100]　Vgl. Rommel, G./Brück, F./Diederichs, R. et. al., (1993), S. 171 f.
[101]　Vgl. Jung, H. F. (1993), S. 7.
[102]　Vgl. Referenzhandbücher zur QS 9000, zitiert bei Malorny, C. (1996a), S. 90.

- Ermittlung von Qualitätsindikatoren (z. B. *Mean Time Between Failures* (MTBF)).
- Nachweis einer umfassenden Kundenzufriedenheit.
- Kostenreduzierung von 10 bis 15 v. H. pro Jahr.

Diese Verbesserungen werden im Abstand von sechs Monaten durch sog. *Review Audits* überprüft. Ein analoges Konzept in der deutschen Automobilindustrie ist der VDA 6-Standard, der vom Verband der Deutschen Automobilindustrie entwickelt und überprüft wird.[103] Das *Supplier Audit Confirmation* (SAC) ist ein vergleichbar anspruchsvoller Qualitätsnachweis, der insbesondere von dem Unternehmen HEWLETT PACKARD und einer Gruppe internationaler High-Tech-Unternehmen angewendet wird.[104] Im ABB-Konzern wird das sog. *Total Quality System Review* (TQSR) als Bewertungssystem für das QM durchgeführt. Basierend auf den *Malcolm Baldridge National Quality Award* (MBNQA) (s. Abschn. 5.4.3.1) und den *European Quality Award* (EQA)(s. Abschn. 5.4.3.2) können mit Hilfe dieses Systems der Geschäftsleitung Informationen über den Stand der kontinuierlichen Verbesserung der Qualität in den Geschäftsprozessen innerhalb der einzelnen ABB-Gesellschaften zur Verfügung gestellt werden. In diesem Zusammenhang werden Visionen über den optimalen Ablauf der Prozese sowie darauf aufbauend gemeinsame, verbindliche Ziele formuliert.

5.4.3.1
MALCOLM BALDRIDGE NATIONAL QUALITY AWARD (MBNQA)

Die Idee zur Aussetzung eines Qualitätspreises entstand zu Beginn der achtziger Jahre, als die US-amerikanische Wirtschaft durch Verlust an Marktanteilen und Wettbewerbsfähigkeit auf dem Weltmarkt in Bedrängnis geriet.[105] Das Ziel dieser Auszeichnung lag darin, die US-amerikanischen Unternehmen dahingehend zu beeinflussen, daß sie ihr kurzfristiges Profitdenken durch langfristige Erfolgskriterien wie Produkt- und Servicequalität substituierten. Dies sollte zu mehr Kundenorientierung und damit zu steigender Wettbewerbsfähigkeit führen. Gleichzeitig sollte das in Japan bereits sehr erfolgreich praktizierte, dem US-amerikanischen Konzept der Qualitätskontrolle weit überlegene TQM-Konzept als eine Grundlage in den MNBQA eingebunden werden. Folgende Ziele dieses Qualitätspreises wurden formuliert:[106]

1. Förderung des Bewußtseins und der Akzeptanz von Qualitätsverbesserungen für die US-amerikanische Wirtschaft.
2. Auszeichnung von Unternehmen für hervorragendes Qualitätsmanagement und vorbildhafte Leistungen.

---

[103] Vgl. VDA 6: 1996, Teil 1.

[104] Vgl. Schwerdtle, H. (1996), S. 5.

[105] Vgl. DeCarlo, N./Sterett, W. (1990), S. 21.

[106] Vgl. Reimann, C./Hertz, H.: *„Der Malcolm Baldrige National Quality Award und die Zertifizierung gemäß den Normen ISO 9000 bis 9004: Die wichtigsten Unterschiede. "*, S. 339, in: Stauss, B. (Hrsg.), (1994), S. 333-364.

3. Aufbau eines institutionalisierten Informationsaustausches über erfolgreiche Qualitätsstrategien zwischen US-amerikanischen Unternehmen.

Seit 1987 wird der Preis in den drei Kategorien *„Große Industrieunternehmen"*, *„Große Dienstleister"* und *„Mittelständische Unternehmen"* (maximal 500 Mitarbeiter) vergeben. Dabei können je Kategorie maximal zwei Preise pro Jahr gewonnen werden - erfüllt kein Unternehmen die Anforderungen, unterbleibt die Preisvergabe. Eine erfolgreiche Qualitätsstrategie im Sinne des BALDRIDGE AWARD zeichnet sich durch folgende drei Eigenschaften aus:[107]

1. Integration der Qualitätsstrategie in die Unternehmensstrategie,
2. Gestaltung aktiver unternehmerischer Lernprozesse, welche Anforderungen und Verantwortung im Unternehmen miteinander verbinden und
3. Steigerung der Wettbewerbsfähigkeit durch detaillierte Bewertungsergebnisse.

Der Gewinner ist verpflichtet, anderen US-amerikanischen Unternehmen Informationen über seine erfolgreichen Qualitätsmanagementpraktiken zur Verfügung zu stellen.

Folgende Grundprinzipien des TQM sind für den MBNQA maßgebend:[108]

- Qualität wird von den Kunden bestimmt,
- Verantwortung der Unternehmensführung,
- Kontinuierliche Verbesserung,
- Mitarbeiterbeteiligung und -entwicklung,
- Schnelle Reaktion,
- Planungsqualität und Fehlerprävention,
- Langfristige Perspektive,
- Faktenorientiertes Management,
- Partnerschaftsbildung und
- Soziale Verantwortung.

Um festzustellen, inwieweit die Unternehmen den Grundprinzipien des TQM entsprechen, werden im Rahmen des MBNQA die folgenden sieben Kategorien aufgestellt: *„Führung durch die Geschäftsleitung"*, *„Management der Prozeßqualität"*, *„Personalentwicklung und -management"*, *„Strategische Qualitätsplanung"*, *„Information und Analyse"*, *„Kundenorientierung und -zufriedenheit"* sowie *„Qualitäts- und Geschäftsergebnisse"*. Das Modell unterstellt einen dynamischen Zusammenhang zwischen den sieben Kategorien und basiert auf vier Hauptelementen (s. Abb. 5.9):[109]

1. **Treiber:** Die Geschäftsleitung schafft die Werte, definiert die Ziele und Systeme und fokussiert alle Bemühungen auf die Verfolgung von Kundenwerten und der Unternehmensleistungsverbesserung.

---

[107] Vgl. ebenda.
[108] Vgl. United States Department of Commerce (Hrsg.), (1993), S. 2 ff.
[109] Vgl. ebenda, S. 5.

2. **Ziel:** Das Basisziel des Qualitätsprozesses ist die Lieferung von sich ständig verbessernden Werten an den Kunden.
3. **System:** Das System umfaßt die Gesamtheit klar definierter und gut strukturierter Prozesse, die den Qualitäts- und Leistungserfordernissen der Kunden einer Unternehmung gerecht werden.
4. **Kennzahlen des Fortschritts:** Die Kennzahlen des Fortschritts stellen eine ergebnisorientierte Basis zur Bündelung aller Aktivitäten auf die Lieferung von sich ständig verbessernden Werten an den Kunden sowie der Verbesserung der Unternehmensleistung dar.

Den Subsystemen sind wiederum verschiedene Unterkriterien zugeordnet, denen eine maximal erreichbare Punktzahl gegenübersteht, welche die Gewichtung des Subsystems sowie der Kriterien erkennen läßt. Die Beschreibung der einzelnen Bereiche ist allgemein gehalten, um sowohl produzierende Unternehmen als auch Dienstleistungsbetriebe von einer Beschäftigtenzahl von einigen Hundert bis zu mehreren Tausend mit einem System bewerten zu können. Zur Spezifikation der Kriterien wird jeder Kategorie eine kurze Beschreibung vorangestellt, die jeweils durch eine Erläuterung jedes Einzelkriteriums weiter aufgeschlüsselt wird.[110]
Die Subsysteme des MBNQA mit den dazugehörigen Unterkriterien und den maximal zu erreichenden Punkten sind in der Tabelle 5.2 dargestellt. Das System des MBNQA wird durch das Konzept zur Bewertung der jeweiligen Angaben vervollständigt.

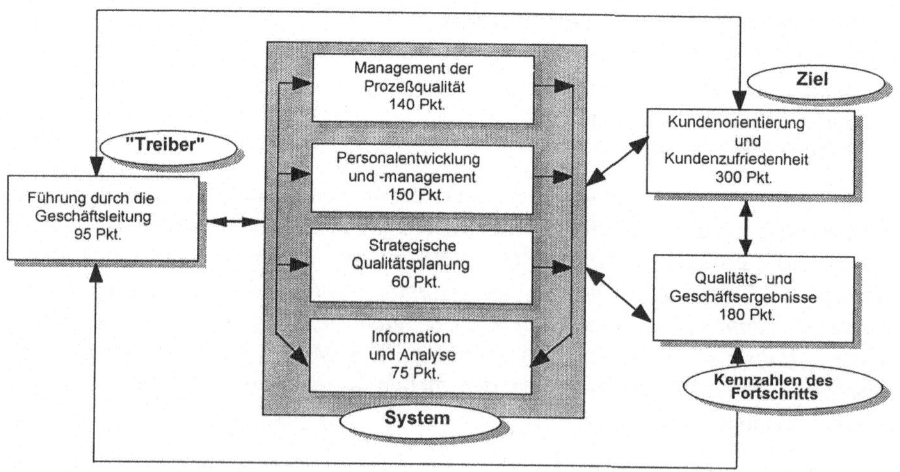

Abb. 5.9. Dynamisches Modell des MNBQA; Quelle: In Anlehnung an United States Department of Commerce (Hrsg.), (1993), S. 5.

---

[110] Vgl. Bush, D./Dooley, K. (1989), S. 29.

Tabelle 5.2. Bewertungshierarchie des Malcolm Baldridge Award 1994; Quelle: In Anlehnung an United States Department of Commerce (Hrsg.), (1993), S. 13.

	Beurteilungskriterien (1994)	max. Punkte
1.0	**Führung durch die Geschäftsleitung**	**95**
1.1	Führungsverhalten der Geschäftsleitung	45
1.2	Management im Sinne der Qualität	25
1.3	Gesellschaftliche Verantwortung	25
2.0	**Information und Analyse**	**75**
2.1	Management und Umfang von Qualitäts- und Leistungsdaten	15
2.2	Vergleiche mit Wettbewerbern und Eckdaten	20
2.3	Analyse und Nutzung von Daten auf Unternehmensebene	40
3.0	**Strategische Qualitätsplanung**	**60**
3.1	Prozeß der strategischen Qualitäts- und Unternehmensplanung	35
3.2	Qualitäts- und Leistungspläne	25
4.0	**Personalentwicklung und -management**	**150**
4.1	Planung und Management der Human-Ressourcen	20
4.2	Mitarbeiterbeteiligung	40
4.3	Mitarbeiteraus- und weiterbildung	40
4.4	Leistungsbeurteilung und -anerkennung der Mitarbeiter	25
4.5	Mitarbeiterzufriedenheit und Wohlbefinden	25
5.0	**Management der Prozeßqualität**	**140**
5.1	Entwicklung und Einführung von Qualitätsprodukten und -service	40
5.2	Prozeßmanagement: Prozesse zur Erstellung von Produkten/Dienstleistungen	35
5.3	Prozeßmanagement: Geschäfts- und Unterstützungsprozesse/interne Dienstlei-	30
5.4	Zulieferqualität	20
5.5	Qualitätsbewertung/-beurteilung	15
6.0	**Qualitäts- und Geschäftsergebnisse**	**180**
6.1	Ergebnisse der Produkt- und Servicequalität	70
6.2	Geschäftsergebnisse (Operationale Ergebnisse des Unternehmens)	50
6.3	Ergebnisse der Geschäfts- und Unterstützungsprozesse	25
6.4	Ergebnisse der Zuliefererqualität	35
7.0	**Kundenorientierung und -zufriedenheit**	**300**
7.1	Kundenerwartungen: Gegenwart und Zukunft	35
7.2	Management der Kundenbeziehungen	65
7.3	Verpflichtungen dem Kunden gegenüber	15
7.4	Bestimmung der Kundenzufriedenheit	30
7.5	Ergebnisse der Kundenzufriedenheit	85
7.6	Kundenzufriedenheit im Vergleich	70
	Erreichbare Punkte gesamt	**1000**

Es beruht auf drei unterschiedlichen Beurteilungsdimensionen, welche folgendermaßen definiert sind:[111]

- **Methoden/Vorgehensweise:**
  Diese Dimension bezieht sich auf die Methoden, die das Unternehmen einsetzt, um die in den Bewertungskriterien angesprochenen Ziele und Inhalte umzusetzen.
- **Verbreitung/Umsetzungsgrad:**
  Hiermit soll bewertet werden, inwieweit die beschriebenen Methoden in den relevanten Bereichen des Unternehmens angewendet werden.
- **Ergebnisse:**
  Diese Dimension soll bewerten, inwieweit die gemachten Anstrengungen in den durch die Kriterien abgedeckten Bereichen zu Ergebnissen geführt haben.

Alle in Tabelle 5.2 aufgelisteten Kriterien werden nach einer oder mehreren Dimensionen bewertet. Für die Einordnung des jeweiligen Erfüllungsgrades ist für jede Dimension ein Bewertungsschema entwickelt worden, das anhand charakteristischer, verbaler Erläuterungen eine Einstufung der Angaben zwischen 0 % und 100 % Erfüllung ermöglicht. Die Multiplikation des maximal zu erreichenden Punktwertes mit der jeweiligen Prozentzahl läßt eine Quantifizierung auf Kriteriumsebene zu, was bei der Durchführung einer internen, vorbereitenden Bewertung eine Prioritätenfindung bzgl. der Verbesserungen ermöglicht.

Der hier vorgestellte US-amerikanische Qualitätspreis fokussiert die besondere Rolle der Unternehmensleitung bei der erfolgreichen Umsetzung des TQM-Modells. Die Vorbildfunktion dieser Personengruppe verdeutlicht sich bei der Betrachtung der Preisträgerunternehmen der letzten Jahre. Hierbei handelt es sich jeweils um Organisationen, deren Führungskräfte sich selbst um die Entwicklung einer ausgeprägten qualitätsorientierten Unternehmenskultur bemühen und durch ihr eigenes Wirken das Bewußtsein und Handeln der Mitarbeiter in besonderem Maße prägen.[112]

5.4.3.2
EUROPEAN QUALITY AWARD (EQA)

Der Erfolg des amerikanischen MBNQA war Anstoß zur Gründung eines europäischen Pendants. Vierzehn europäische Unternehmen gründeten daher 1988 die EUROPEAN FOUNDATION FOR QUALITY MANAGEMENT (EFQM).[113] Seit 1992 wird der europäische Qualitätspreis (European Quality Award (EQA)) jährlich an Wirtschaftsunternehmen verliehen, welche Qualitätsmanagement als fundamentalen Prozeß für kontinuierliche Verbesserungen in hervorragender Art und Weise praktizieren.[114]

---

[111] Vgl. Unites States Department of Commerce (Hrsg.), (1993), S. 33.
[112] Vgl. Malorny, C. (1996a), S. 277.
[113] Vgl. EFQM (Hrsg.), (1992), S. 5.
[114] Vgl. Ellis, V.: *„Der European Quality Award"*, S. 281, in: Stauss, B. (Hrsg.), (1994), S. 277-302.

Tabelle 5.3. Beurteilungskriterien des EQA
           Quelle: In Anlehnung an EFQM (Hrsg.), (1993a), S. 12 ff.

Gruppen	Nr.	Kriterien (1994)	Spezifikationen	maximale Punkte
Befähiger	1	Führung	das Verhalten aller Führungskräfte, um das Unternehmen zu umfassender Qualität zu führen	100
	2	Politik und Strategie	Zweck, Leitbild und strategische Ausrichtung des Unternehmens sowie die Art und Weise, wie das Unternehmen diese realisiert	80
	3	Mitarbeiter-führung	die Führung der Mitarbeiter des Unternehmens	90
	4	Ressourcen	Management, Einsatz und Erhaltung von Ressourcen	90
	5	Prozesse	das Management aller wertschöpfenden Tätigkeiten im Unternehmen	140
Ergeb-nisse	6	Kunden-zufriedenheit	welchen Eindruck externe Kunden vom Unternehmen und seinen Produkten und Dienstleistungen haben	200
	7	Mitarbeiter-zufriedenheit	wie Mitarbeiter ihr Unternehmen empfinden	90
	8	Auswirkung auf die Gesellschaft	welchen Eindruck die Öffentlichkeit insgesamt vom Unternehmen hat. Dazu gehören Meinungen über die Einstellung des Unternehmens zur Lebensqualität, zur Umwelt und zur Erhaltung der globalen Ressourcen	60
	9	Geschäfts-ergebnisse	was das Unternehmen in bezug auf seine geplante betriebliche Leistung erreicht	150
		Gesamtpunkte		**1000**

Träger des EQA sind die genannte EFQM, die Europäische Kommission und die EUROPEAN ORGANIZATION FOR QUALITY (EOQ).[115]

Das Bewertungssystem des EQA beruht - wie das des MBNQA - auf einem Kriterienmodell, welches die einzelnen Kriterien bestimmten Subsystemen oder Überbegriffen zuordnet.[116] Das Modell des EQA ist speziell auf europäische Verhältnisse abgestimmt, verzichtet jedoch auf eine Festlegung der Größe oder Branche der teilnehmenden Unternehmen. Damit werden die Anforderungen eines allgemeinen Modells zur Bewertung unterschiedlichster Unternehmen erfüllt. Dies bedeutet wie beim MBNQA einen Verlust an Bewertungsschärfe. Das System des EQA besteht im einzelnen aus neun Subsystemen, die in Form von inhaltlichen Erläuterungen näher spezifiziert, jedoch im Unterschied zum MBNQA nicht explizit gegliedert werden. Aufgrund dessen bezieht sich die quantitative Bewertung auf das Kriterium als Ganzes und nicht auf die einzelnen inhaltlichen Erklärungen, was die Möglichkeit der Bewertung erneut subjektiviert. Einen Unterschied zum

---

[115] Vgl. EFQM (Hrsg.), (1991), o. S.
[116] Vgl. Zink, K. (1995b).

MBNQA bildet die Gliederung der Subsysteme in zwei Hauptkategorien. In Tabelle 5.3 sind diese, deren Spezifikationen sowie die maximal zu erreichenden Punkte pro Subsystem aufgeführt.

Den Zusammenhang der in Tabelle 5.3 gezeigten Kriterien verdeutlicht das in Abb. 5.10 dargestellte sog. *„Assessment Model"*[117] des EQA. Die fünf Kriterien auf der linken Seite des Modells sind die sog. *„Befähiger"* (oder auch *„Potentiale"*). Sie betreffen das Qualitätsmanagementsystem des Unternehmens, insbesondere das *„Vorgehen"* und die *„Umsetzung"* der verschiedenen Aktivitäten. Auf der rechten Seite sind vier Kriterien, die unter dem Stichwort *„Ergebnisse"* zusammengefaßt werden. Sie stellen sicher, daß die *„erreichten Ergebnisse"* und deren *„Umfang"* aus dem Blickwinkel von vier Anspruchsgruppen (Kunden, Mitarbeiter, Gesellschaft, Geldgeber) betrachtet werden. Die Verteilung der Punkte stellt sicher, daß bei der Bewertung jeweils 50 % den Befähiger-Kriterien und 50 % den Ergebnis-Kriterien zukommen.[118] Diese Form quantitativer Bewertung der Hauptkategorien *„Befähiger"* und *„Ergebnisse"* zeichnet den eigentlichen Unterschied zum MBNQA aus. Zur näheren Spezifizierung lassen sich die Kriterien folgendermaßen definieren:[119]

- **Vorgehen:**
  Das Vorgehen betrifft die Methoden, welche das Unternehmen oder der Teilbereich einsetzt, um den einzelnen Unterelementen zu entsprechen.
- **Umsetzung:**
  Die Umsetzung betrifft das Maß, in dem der Ansatz seinem vollen Potential entsprechend angewendet wird. Die Bewertung spiegelt die angemessene und wirksame Anwendung des Ansatzes wider.
- **Erreichte Ergebnisse:**
  Die Bewertung der erreichten Ergebnisse zeigt folgende Aspekte auf: Das Vorhandensein positiver Trends; Vergleiche mit eigenen Zielen; Vergleiche mit externen Unternehmen; die Fähigkeit des Unternehmens, seine Spitzenposition beizubehalten; Anzeichen dafür, daß die Ergebnisse auf das Vorgehen zurückzuführen sind.
- **Umfang:**
  Der Umfang der Ergebnisse dokumentiert folgende Faktoren: Das Maß, in dem die Ergebnisse sämtliche relevante Unternehmensbereiche abdecken; das Maß, in dem ein für das Kriterium relevantes Spektrum von Ergebnissen dargestellt wird; das Maß des Verständnisses der Relevanz für die dargestellten Ergebnisse.

---

[117] Vgl. EFQM (Hrsg.), (1993b), S. 4; Peacock, R. (1992), S. 526 f.
[118] Vgl. EFQM (Hrsg.), (1993b), S. 19 f.; Ellis, V.: *„Der European Quality Award"*, S. 279 f., in: Stauss, B. (Hrsg.), (1994), S. 277-302.
[119] Vgl. EFQM (Hrsg.), (1994), Modul 5.

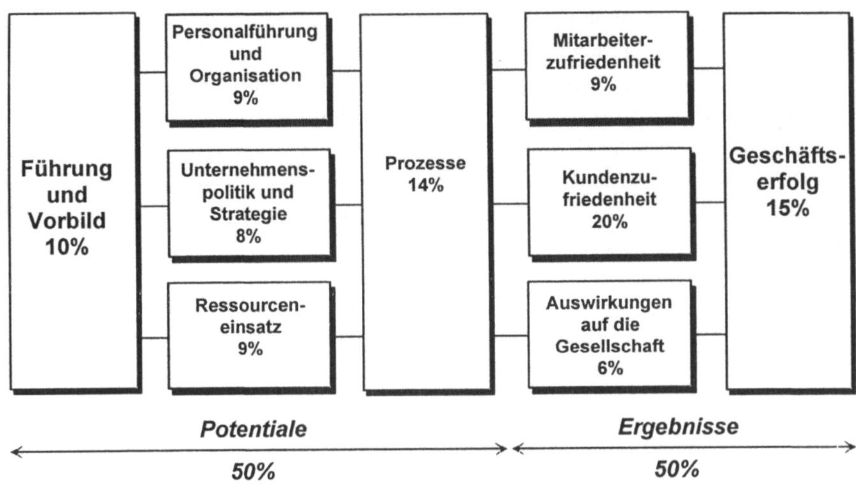

Abb. 5.10. Bewertungsprinzip des EQA; Quelle: EFQM (Hrsg.), (1996), S. 7.

Für die Dimensionen jeder Kategorie wird der Erfüllungsgrad durch eine prozentuale Einstufung - von 0 % bei Nichterfüllung der Anforderungen bis 100 % bei voller Erfüllung - festgelegt, der mit der maximalen Punktzahl des jeweiligen Kriteriums multipliziert, den erreichten Wert widerspiegelt. Es bestehen verschiedene Möglichkeiten des Einsatzes der EQA-Kriterien. Zu unterscheiden sind in diesem Zusammenhang das *„Self Assessment"* und die Bewerbung für den Preis an sich. So ist von einer Bewerbung (nicht aber von dem eigentlichen Selbstassessment) bspw. abzuraten, wenn sich die Firma in einem umfassenden Restrukturierungsprozess oder in ernsthaften finanziellen Schwierigkeiten befindet.[120]

5.5
Integration in das St. Galler Management-Konzept

Das in Kapitel 4 vorgestellte St. Galler Management-Konzept eignet sich nicht nur zur Verdeutlichung der im Unternehmen existierenden Gesamtstrukturen, sondern auch als Hilfsmittel zur Einbindung der TQM-Aspekte in das Gesamtmanagementsystem. Abb. 5.11 zeigt die qualitätsbezogene Variation des St. Galler-Konzepts, welche auf den Ausführungen BLEICHERs[121] basierend 1996 von SEGHEZZI am ITEM an der Hochschule St. Gallen entwickelt wurde.[122] In den folgenden Abschnitten werden die einzelnen modifizierten Module skizziert.

---

[120] Vgl. Foley, E.C. (1994), S. 9 f.
[121] Vgl. Bleicher, K. (1994a); Bleicher, K. (1996).
[122] Vgl. Seghezzi, H.D. (1996b).

5.5.1
Unternehmerische Vision

Die Managementphilosophie und die unternehmerische Vision der Unternehmensleitung beeinflussen als Leitbild alle Aktivitäten im Unternehmen. Sie wirken direkt auf die normative Ebene des vorgestellten Konzepts ein. Im Falle der Integration der Qualitätsaspekte nimmt der TQM- und/oder KAIZEN-Gedanke einen Teil dieser Managementphilosophie ein. Das visionäre Ziel eines sich kontinuierlich verbessernden, komplett fehlerfreien Produktionsablaufs, verbunden mit einer dauerhaft umfassenden Kundenzufriedenheit, beeinflußt als Leitbild im wesentlichen die Qualitätspolitik.

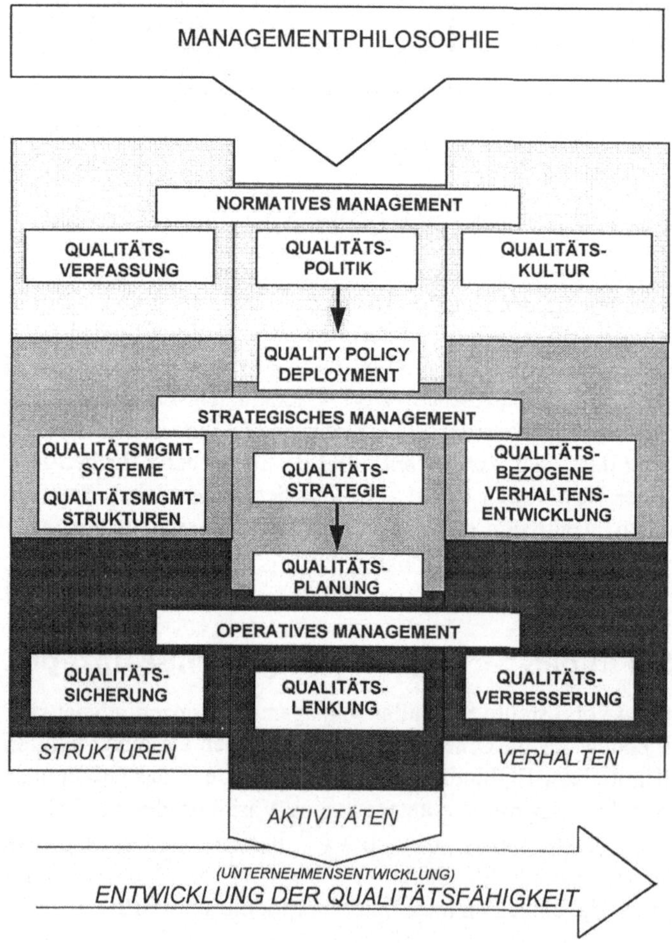

Abb. 5.11. Qualitätsmanagement im St. Galler Management-Konzept
Quelle: Seghezzi, H. D. (1996b), S. 50.

5.5.2
Aktivitäten im Rahmen des TQM

Bestimmend für die normative Ebene der Aktivitäten bildet die Qualitätspolitik den Kopf der *„Aktivitätssäule"* des St. Galler Management-Konzepts. Beeinflußt von der Managementphilosophie und ihrer Vision wird die Qualitätspolitik von der strukturell wirkenden Qualitätsverfassung und der verhaltensbestimmenden Qualitätskultur getragen. Die Qualitätspolitik nimmt durch ihre Umsetzung Gestalt in der Qualitätsstrategie an und wird durch die Qualitätsplanung und -lenkung zur Aufgabe der operativen Ebene.[123]

TQM setzt die Bereitschaft der Unternehmensleitung voraus, Qualität zum Zentrum aller Aktivitäten zu machen. Dazu bedarf es, anhand von generellen Grundsätzen, der Formulierung und Festlegung einer **Qualitätspolitik**. Sie ist aus der allgemeinen Unternehmenspolitik als deren integraler Bestandteil abzuleiten.[124] Durch die Qualitätspolitik werden umfassende Qualitätskonzepte und -ziele festgelegt. Das Unternehmen gibt durch sie die Grundorientierung und den Handlungsrahmen für die strategische und operative Umsetzung des Qualitätskonzeptes vor.[125] Um bei den Mitarbeitern Akzeptanz für diese Ziele zu gewinnen, ist die Qualitätspolitik von der Geschäftsleitung individuell auf das Unternehmen ausgerichtet zu formulieren.[126] Dabei ist auf eine präventive Ausrichtung der Qualitätspolitik im Sinne einer Fehlervermeidung und auf eine grundsätzliche Erreichbarkeit der festgelegten Ziele zu achten.[127] Folgende Elemente kennzeichnen eine umfassende, qualitätsorientierte Unternehmenspolitik:[128]

- **Generelle Zielausrichtung** durch Formulierung prinzipieller Aussagen über die Ziele und das Selbstverständnis des Unternehmens als Orientierungshilfe für Mitarbeiter und Anspruchsgruppen.
- **Kundenorientierung** als zentraler Bestandteil der Unternehmensausrichtung.
- Konkrete Aussagen über Bedeutung und Inhalte eines **qualitätsorientierten Mitarbeiterverhaltens**, um den Mitarbeitern die Möglichkeit zu geben, die Zielsetzung der Qualitätspolitik in ihre eigene Arbeit umzusetzen.
- Umfassende Qualitätsorientierung als Mittel zu Realisierung der **ökonomischen Zielausrichtung** des Unternehmens.
- **Ökologische und soziale Orientierung** als gleichberechtigte Ziele.

---

[123] Vgl. Bleicher, K. (1994a), S. 53, zitiert bei Dyllick, T./Hummel, J. (1996), S. 19.

[124] Vgl. Seghezzi, H.D. (1994), S. 77; Bäuerle, T./Berger, K./ Brauer, P. et. al.: *„Fördernde und hemmende Faktoren des QS-Wissenstransfers"*, S. 61, in: Zink, K.J. (Hrsg.), (1997), S. 59-83.

[125] Vgl. Kamiske, G./Brauer, J.-P. (1993), S. 76; Seghezzi, H.D. (1996b), S. 133.

[126] Vgl. Seiling, H. (1994), S. 31; Seghezzi, H.D. (1996b), S. 138.

[127] Vgl. Zink, K.: *„Total Quality Management"*, S. 29 f., in: Zink, K. (Hrsg.), (1994a), S. 9-51.; Heine, J. (1995), S. 88 ff.

[128] Vgl. Seghezzi, H.D. (1996b), S. 133 ff.; Frehr, H.-U. (1993), S. 69 ff.

Im Anschluß daran wird die Qualitätspolitik über Missionen auf die Ebene der Strategien umgesetzt. Auf dem Gebiet des Qualitätsmanagements wird diese Umsetzung *„Quality Policy Deployment"* genannt. Sie bewirkt eine Vernetzung zwischen der Qualitätspolitik und deren Einbezug in die Strategieformulierung und in die strategische Planung.[129] Die Missionen sind als Konkretisierung der Politik in Form von Leitlinien zu verstehen. Diese Leitlinien treffen in wenigen Sätzen (maximal 10) prägnante und suggestive Aussagen über das fundamentale Selbstverständnis des Unternehmens, welches in der Regel keinen Veränderungen unterworfen ist.[130]

Auf der Basis dieser Grundsätze erfolgt die Definition und Festlegung der **Qualitätsstrategien**. Diese umfassen die mittel- und langfristigen Ziele und Maßnahmen zur Umsetzung der Qualitätspolitik. Die Erfüllung der definierten Bedürfnisse der Bezugsgruppen sowie Aufbau und Pflege strategischer Erfolgspotentiale[131] sind weitere Zielsetzungen, welche im Rahmen des qualitätsbezogenen Strategieaufbaus in konkrete Qualitätsprogramme umzusetzen sind. Um Zielkonflikte zu vermeiden, ist dabei auf die Integrationsfähigkeit dieser Maßnahmenpakete in die bestehende allgemeine Unternehmensstrategie zu achten. Der erste Schritt einer Strategieformulierung besteht aus einer qualitativ zu umschreibenden Richtungsvorgabe (z. B. Fehlerreduktion in der Produktion mit der Zielfestlegung von null Fehlern) und einem quantitativ benennbaren Ziel (z. B. Reduzierung der Fehlerquoten um 2 % pro Jahr). Der zweite Schritt umfaßt die strategische Umsetzung der Maßnahmen und die Bereitstellung der notwendigen Ressourcen.[132] SEGHEZZI führt als Charakterisierung für die Führungsaufgaben *„Strategieentwicklung"* und *„strategische Planung"* folgende Kriterien an:[133]

1. **Qualitätsreichweite**
   Hier ist eine Qualitätsorientierung zwischen den Extrempositionen *„unternehmensisoliert"* und *„entlang der gesamten Wertschöpfungskette"*(Einbezug der Unterlieferanten, Händler und Entsorger) festzulegen.

2. **Qualitätspositionierung**
   Die Extrempositionen - *„Erfüllen von Standards"* (z. B. ISO 9000ff.) und *„Gestalten von Standards"* - beschreiben den Entscheidungsspielraum für den Einsatz der Qualität als Wettbewerbsfaktor.

3. **Strategieentwicklung und -implementierung**
   Dieses Kriterium betrifft den Einbezug der Mitarbeiter bei der Strategieent-

---

[129] Vgl. Seghezzi, H.D. (1996b), S. 145 f.

[130] Vgl. Malorny, C. (1996a), S. 393.

[131] Unter einem strategischen Erfolgspotential (bzw. einer strategischen Erfolgsposition) versteht PÜMPIN *„die für eine erfolgreiche Erschließung des Nutzenpotentials erforderlichen Fähigkeiten, die es ihm* [dem Unternehmen, Anm. d. Verf.] *erlauben, längerfristig überdurchschnittliche Ergebnisse zu erzielen."* [Anm. d. Verf.]. Vgl. Pümpin, C. (1992a), S. 28.

[132] Vgl. Seghezzi, H.D.: *„Konzepte, Strategien und Systeme qualitätsorientierter Unternehmen"*, S. 34, in: Seghezzi, H.D./Hansen, J. R. (1993), S. 1-46.

[133] Vgl. Seghezzi, H.D. (1996b), S. 146 ff.

wicklung und -implementierung. Die Handlungsmöglichkeiten liegen zwischen „*Top-Down*" (per Vorstandsbeschluß ohne Einbindung der Mitarbeiter) und „*partizipativ*" (Erarbeitung der Strategien mit den Mitarbeitern, welche später die Umsetzung durchführen sollen).

4. Strategiedimension

Der Entscheidungsrahmen zur Gewichtung der einzelnen Faktoren der Strategie wird zwischen den Polen „*einseitige*" und „*vielseitige*" Dimensionierung aufgespannt. Maximierung der Produktqualität und damit der Kundenorientierung bzw. Maximierung der Prozeßqualität (häufig bei reiner Ausrichtung nach ISO 9000 ff.) und damit effiziente Arbeitsabläufe mit niedrigeren Kosten und geringeren Durchlaufzeiten bilden jeweils eine einseitige Dimensionierung. Produkt- und Prozeßqualität in einem ausgewogenen Verhältnis zum Optimum zu führen, was dem TQM-Konzept entspricht, gilt hier als vielseitige Dimensionierung.

Als Erweiterung des traditionellen St. Galler Management-Konzepts bildet die **Qualitätsplanung** das Bindeglied zwischen strategischer und operativer Ebene. Die Aufgabe der Qualitätsplanung besteht hauptsächlich in der Erfassung von Bedürfnissen und Erwartungen der Kunden, deren Umsetzung in neue oder verbesserte Leistungen sowie in den Vorgaben und Gestaltungen von Leistungen und Prozessen. Die Erfassung der Kundenbedürfnisse und -erwartungen wie auch ihre Umsetzung kann durch die QFD-Methode erleichtert werden (s. 5.4.1.2.2).[134]

Die **Qualitätslenkung** hat auf der operativen Ebene die Aufgabe, die Prozesse und Abläufe so zu gestalten und zu steuern, daß nur fehlerfreie Leistungen angeboten werden, welche mit den Spezifikationen konform sind. Die Aufgaben der Qualitätslenkung können in verschiedene Teilaufgaben gegliedert werden. So sind zunächst die wettbewerbsentscheidenden Prozesse zu strukturieren, indem die Abläufe und Prozesse entlang der Wertschöpfungskette bzgl. ihres Einflusses auf die Produktqualität und die Wettbewerbsposition des Unternehmens analysiert werden. Die zweite Teilaufgabe besteht darin, die gestellten Qualitätsanforderungen in die Prozesse zu integrieren. In einem dritten Schritt ist die Produkt- und Prozeßqualität zu messen. Dies sollte nicht ausschließlich in Form einer Endkontrolle stattfinden, vielmehr sollten an wichtigen Schnittstellen schon während der Produkterstellung Messungen zur Überprüfung der Spezifikationseinhaltung durchgeführt werden, um die Ausschußquote bzw. aufwendige und kostenintensive Nachbearbeitungen zu reduzieren. Als nächstes ist die Prüfverantwortlichkeit explizit festzulegen, um mehrfache Prüfungen an Schnittstellen zu verhindern und eine höhere Transparenz über die Ergebnisse für alle Beteiligten aufzubauen. Darüber hinaus sollte in einem weiteren Schritt geprüft werden, inwieweit das interne Kunden-Lieferanten-Prinzip in die Prozesse und Abläufe zu integrieren ist (s. Abschn. 5.4.1.1). Schließlich sollte die Prozeßbeherrschung durch die Einführung von Regelkreisen mit Rückkopplungen institutionalisiert werden. Dies kann am einzelnen Arbeitsplatz durch den Einsatz von Prozeßregelkarten geschehen,

---

[134] Vgl. Seghezzi, H.D. (1994), S. 19.

welche Art und Häufigkeit von Fehlern dokumentieren und so die Voraussetzung für eine endgültige Elimination einer dadurch ausgelösten Störung bilden. Das gesamte Unternehmen, inklusive seiner Sublieferanten und Absatzmittler, kann durch Vernetzung von kleinen Regelkreisen zu übergreifenden vermaschten Regelkreisen, z. B. im Rahmen von computergestützen Informationssystemen, den Informationsfluß festschreiben und damit schnell auf Störungen reagieren.[135]

5.5.3
Strukturen im Rahmen von TQM

Getragen von der Unternehmensphilosophie wirkt die Unternehmensverfassung als struktureller Rahmen für die Entwicklung von Nutzen- und Verständigungspotentialen. Die Unternehmensverfassung dient quasi als *„Grundgesetz"* des Unternehmens zur Unterstützung der unternehmenspolitischen Entwicklung, der Missionsfindung und -implementierung. Das normative Management stützt sich auf die Unternehmensverfassung, die als eine konstruktive und strukturierte Ordnung verstanden werden kann.[136]

Der qualitätsbezogene Teil der Unternehmensverfassung wird bei SEGHEZZI **Qualitätsverfassung** genannt. Diese spezifische Art der Unternehmensverfassung beinhaltet einerseits den gesetzlich vorgegebenen Rahmen, andererseits die vom Unternehmen selbst aufgestellten Statuten und Regelungen sowie das zugrundegelegte QM-Modell. Vier Merkmale charakterisieren den Entscheidungsrahmen innerhalb dieses Moduls:[137]

1. **Rolle der Unternehmensleitung**
   Verantwortung der Unternehmensleitung für Qualität. Hier besteht ein Entscheidungsrahmen innerhalb des Kontinuums *„Delegation"* bis *„direkte (Gesamt-)Verantwortung"*

2. **Beitrag des QM zum Unternehmensauftrag**
   Hier bestehen die Extrempositionen des QM-Einsatzes zwischen den Möglichkeiten *„QM als Mittel zur Risikominimierung"* bzgl. Produkthaftungsfällen und *„QM als Nutzenstifter"* für eine erfolgreiche Entwicklung des Unternehmens.

3. **Gewähltes Qualitätsmodell**
   Die Position *„Qualitätsmodell als Rezept"* beschreibt die Übernahme standardisierter Modelle (z. B. ISO 9000 ff.) als handlungsleitender Bezugsrahmen. Unter *„Qualitätsmodell als Rahmen"* ist lediglich eine Orientierung an bestehenden Modellen zu verstehen, welche vom Unternehmen individuell ausgestaltet werden.

4. **Umgang mit gesetzlichen Aufgaben**
   Der Bogen der Handlungsalternativen spannt sich in diesem Bereich von dem *„Erfüllen gesetzlicher Auflagen"* bis hin zur *„verantwortlichen Mitwirkung"* bei der Erstellung neuer Regelungen.

---

[135] Vgl. ebenda, S. 25 ff.
[136] Vgl. Bleicher, K. (1994a), S. 289.
[137] Vgl. Seghezzi, H.D. (1996b), S. 154 f.

Im vorgestellten St. Galler Management-Konzept erfolgt die strukturelle Unterstützung der qualitätsbezogenen Unternehmensaktivitäten auf strategischer Ebene durch die entsprechenden Managementsysteme und -strukturen. Ein **Qualitätsmanagementsystem** beinhaltet als Teil des Gesamtführungssystems sämtliche Elemente, die zum Aufbau und Erhalt der Qualitätsfähigkeit eines Unternehmens benötigt werden, wie spezielle Strukturen, Prozesse, eingesetzte Mittel und Methoden. Wie bei den bereits vorgestellten Modulen können auch hier vier charakterisierende Merkmale beschrieben werden:[138]

1. **Dokumentationssystem**
   Unterschieden werden hier die *„statische"* (an den Standards orientierte) und die *„dynamische"* (unternehmensindividuell modifizierte) Vorgehensweise bei der Erstellung der Dokumentation.

2. **Qualitätscontrolling**
   Zwischen den Extremen ergebnisorientierte *„Kontrolle"* und die gesamte Wertschöpfung berücksichtigende *„Koordination"* können die Instrumente zur Steuerung und Kontrolle sämtlicher Qualitätsaktivitäten eingesetzt werden.[139]

3. **Qualitätsinformationssystem**
   Die Erfassung, Auswertung und Verarbeitung von qualitätsbezogenen Daten kann *„universell-vernetzt"* innerhalb des allgemeinen Managementinformationssystems oder davon abgekoppelt *„spezifisch-insular"* erfolgen.

4. **Personalführungssystem**
   Im Rahmen der allgemeinen Personalführung werden innerhalb dieses Teilsystems jene Faktoren betrachtet, welche zu optimalen qualitätsbezogenen Arbeitsbedingungen führen. Hierbei können die Aktivitäten auf einzelne Mitarbeiter und/oder Teams ausgerichtet werden.

Die **Qualitätsmanagementstrukturen** bzw. die **Organisation** dienen der strukturellen Unterstützung der strategischen und operativen Ebene. Neben den allgemeinen organisatorischen Elementen wie Grundaufbau, Prozesse und Abläufe, Struktur und Führung treten beim Qualitätsmanagement spezifische Organisationselemente auf. So sind Qualitätsstellen, Qualitätsleiter und Qualitätsbeauftragte in den allgemeinen Organisationsaufbau zu integrieren. Zu entscheiden ist hier wiederum über eine Positionierung innerhalb verschiedener Extrempositionen:[140]

- eigene Qualitäts-Aufbauorganisation oder vollkommene Integration der Aufgaben in die bestehenden Einheiten,
- flache oder steile Hierarchie,
- funktionsorientierte oder prozeßorientierte Ablauforganisation und
- Qualität als eigene Funktion oder als Querschnittsaufgabe.

---

[138] Vgl. Seghezzi, H.D. (1996b), S. 162 ff.

[139] Vgl. Wildemann, H./Keller, S.: *„Konzeption und Aufgabenfelder des Qualitätscontrolling"*, S. 3 f., in: Wildemann, H. (Hrsg.), (1996a), S. 1-9.

[140] Vgl. Seghezzi, H.D. (1996b), S. 172 ff.

Die **Qualitätssicherung** hat auf der operativen Ebene die Aufgabe, verbleibende Risiken aufzudecken und durch entsprechende Maßnahmen zu eliminieren. Der Begriff der Qualitätssicherung wurde seit den sechziger Jahren als Oberbegriff sämtlicher Qualitätsaktivitäten eingeführt, wodurch hier eine Doppeldeutigkeit entstehen kann. SEGHEZZI verwendet den Begriff *„Qualitätssicherung i.e.S. "*, worunter lediglich die Unterstützung des Qualitätsmanagements durch strukturelle Maßnahmen auf der operativen Ebene zu verstehen ist. Beispiele für derartige Maßnahmen sind die Institutionalisierung der Durchführung von Prozeß- und Produkt-Audits, von Wareneingangsprüfungen oder von Lieferantenbewertungen. Das Ziel dieses Moduls besteht in der Reduktion des Risikopotentials durch Vermeidung bzw. frühzeitige Identifikation von Fehlern und Störungen. [141] Die Entscheidungsparameter liegen hier zwischen den folgenden Eckpunkten:[142]

- **Verantwortung für Qualitätssicherung** (Selbstkontrolle oder Fremdkontrolle),
- **Ausrichtung der Qualitätssicherung** (Prävention oder Reaktion),
- **Prüfungsmodus** (prozeßisoliert oder -integriert) und
- **Methodische Unterstützung** (systematische Bereitstellung oder reaktiver Einsatz).

5.5.4
Verhalten im Rahmen von TQM

Die vergangenheitsgeprägte Unternehmenskultur bestimmt auf der normativen Ebene das Zukunftsverhalten der Mitarbeiter bei strategischen und operativen Entscheidungen. Wirkt die Kultur eines Unternehmens verhaltensbegründend, so erfolgt auf der strategischen Ebene eine verhaltensleitende Konkretion des Verhaltens bei mittelfristigen Problemstellungen, welches schließlich auf der operativen Ebene in der täglichen Arbeit realisiert wird.[143]

Wird Qualität als wesentliches Unternehmensziel definiert, bedarf es einer Verankerung der Qualitätsphilosophie in der Unternehmenskultur.[144] Im Gegensatz zur Unternehmensphilosophie kennzeichnet die Unternehmenskultur das tatsächlich gelebte Verhalten der Unternehmensmitglieder.[145] Sie wird als wandlungsfähiges System mit unternehmenstypischen Werten und Normen verstanden, das sich über einen langen Zeitraum entwickelt.[146] Im Gegensatz zur Unternehmensverfassung und zur Unternehmenspolitik sind in der Unternehmenskultur sowohl sichtbare (z. B. Symbole) als auch unsichtbare Elemente (z. B. ungeschriebene Gesetze) enthalten. Jener Teil der Unternehmenskultur, welcher die Grundeinstellungen der

---

[141] Vgl. Seghezzi, H.D. (1994), S. 31 ff.; Seghezzi, H.D. (1996b), S. 95 ff.
[142] Vgl. Seghezzi, H.D. (1996b), S. 108 ff.
[143] Vgl. Bleicher, K. (1996), S. 82.
[144] Vgl. Zink, K.: *„Total Quality Management"*, S. 29 f., in: Zink, K. (Hrsg.), (1994a), S. 9-51.
[145] Vgl. Seghezzi, H.D. (1996b), S. 181 f.
[146] Vgl. Fakesch, B. (1991), S. 155.

Mitarbeiter gegenüber der Qualität prägt, wird als **Qualitätskultur** bezeichnet.[147] Unternehmenskulturelle Elemente eines Qualitätsunternehmens sind die Kundenorientierung, die Unterstützung neuer Ideen, gegenseitiges Vertrauen und Respekt, eine Sinngebung durch den ganzheitlichen Ansatz und ein Wandel, der als Chance aufgefaßt wird.[148] Folgende Merkmale, welche wiederum innerhalb von zwei extremen Polen angeordnet sein können, charakterisieren eine Qualitätskultur:[149]

- **Führungsverhalten**
  Führungskräfte vollziehen ein aktives „*Vorleben*" der Normen und Werte und prägen so die Grundeinstellung der Mitarbeiter oder exerzieren ein „*Vorgeben*" der Normen und Werte in verbaler oder schriftlicher Form.

- **Qualitätsbewußtsein**
  Mitarbeiter sehen die Qualität „*absolut*" als unveränderbare Perfektion und Präzision oder „*relativ*" als Erfüllung der Bedürfnisse ihrer internen und externen Kunden, welche einem stetigen Wandel unterliegen.

- **Selbstverständnis der Mitarbeiter**
  Mitarbeiter identifizieren sich „*funktionsbezogen*" mit ihrer eigenen Leistung oder befassen sich mit den „*unternehmensbezogenen*" Zielsetzungen.

- **Verantwortungsübernahme**
  Mitarbeiter befolgen „*passiv*" nur die vorgegebenen Anweisungen oder entwickeln „*aktiv*" eigene Problemlösungsansätze.[150]

Eine wesentliche Anforderung, die an eine Kulturveränderung im Rahmen der Integration des TQM-Gedankens anknüpft, ist die **qualitätsbezogene Verhaltensentwicklung**. Sowohl der einzelne Mitarbeiter als auch die gesamte Unternehmensorganisation müssen geschult werden, sich weiterbilden und lernen. Eine sog. Lernkultur fördert das Wollen und Können und dadurch die gesamte Leistungsfähigkeit.[151] Unterstützt wird dieser Aufbau eines intrinsischen Qualitätsbewußtseins durch eine materielle und immaterielle Anreizgestaltung, welche die Arbeitszufriedenheit fördert und die Motivation der qualifizierten Mitarbeiter und Führungskräfte erhöht. Die qualitätsbezogene Verhaltensentwicklung orientiert sich an den Zielen und Maßnahmen, welche zur Beeinflussung von Wahrnehmungs- und Verhaltensmustern der Führungskräfte und Mitarbeiter beitragen. Sie läßt sich durch folgende Kriterien beschreiben:[152]

---

[147] Vgl. Seghezzi, H.D. (1996b), S. 182.

[148] Vgl. Sattelberger, T.: „*Die lernende Organisation im Spannungsfeld von Strategie, Struktur und Kultur*", S. 41 f., in: Sattelberger, T. (1991), S. 11-55.

[149] Vgl. Seghezzi, H.D. (1996b), S. 182 ff.

[150] Vgl. Jacobi, J.-M. (1993), S. 64 ff.

[151] Vgl. Sonntag, K. (1996), S. 41 ff.

[152] Vgl. Seghezzi, H.D. (1996b), S. 187 ff.

- **Führungsstil**
  Als Bindeglied zwischen der Qualitätskultur auf der normativen Ebene und dem Lernverhalten auf strategischer Ebene kann der Führungsstil zwischen den Extremen: *„Befehlen"* oder *„Coachen"* variieren.
- **Mitarbeitereinbindung**
  „Direktiven" oder *„Partizipation"* bilden hier die Ränder des Führungsstilkontinuums.[153] Im Fall der partizipativen Einbindung werden die Aktivitäten von allen Mitarbeitern getragen und weitgehend autonom gestaltet. Die Unternehmensbeteiligten werden umfassend geschult und informiert. Es findet eine wechselseitige Kooperationsbeziehung zwischen den Vorgesetzten und Kollegen statt.
- **Autorität und Verantwortung**
  Im Falle einer *„institutionalisierten"* Verantwortung besteht die Autorität des jeweiligen Mitarbeiters qua Amt. Bei einer *„tätigkeitsbezogenen"* Bereitschaft zur Verantwortungsübernahme resultiert seine Autorität aus der Fachkompetenz und dem Einsatz z. B. innerhalb eines ihm anvertrauten Projektes.
- **Lernverhalten**
  Ein *„instruktives"* Lernverhalten zeichnet sich durch eine geringe Selbststeuerung des Mitarbeiters aus. Die ausschließlich theoretische Wissensvermittlung erfolgt im Unterricht, der einzelne Mitarbeiter lernt für sich. Im Gegensatz dazu findet in der *„prozessualen"* Variante ein *„training on the job"* statt, welches auf gesamte Teams ausgerichtet ist.

Die **Qualitätsverbesserung (bzw. -förderung)** als operatives Verhaltensmodul hat die Aufgabe, den Prozeß einer permanenten Verbesserung der Qualität von Produkten, Prozessen und Leistungen bei der täglichen Arbeit zu verankern, indem das Qualitätsbewußtsein und die Lernfähigkeit jedes einzelnen Mitarbeiters gestärkt wird. Operative Methoden der Qualitätsförderung sind z. B.:[154]

- **betriebliches Vorschlagswesen** (s. Abschn. 5.4.2 KAIZEN),
- ***„Management by objectives"*** (das Setzen von Zielen für alle Mitarbeiter),[155]
- **Qualitätszirkel** (s. Abschn. 5.4.1.2.3),
- **Qualitätsteams**
  Im Gegensatz zu den Qualitätszirkeln setzen sich diese aus Mitarbeitern höherer Hierarchieebenen und verschiedener Disziplinen zusammen. Im Rahmen dieser nicht institutionalisierten Treffen wird ein abteilungsübergreifendes Qualitätsproblem behandelt und durch interdisziplinären Erfahrungsaustausch eine Lösung gesucht. Nach der Problemlösung wird dieses spezielle Team wieder aufgelöst.[156]
- **Kampagnen und Wettbewerbe**
  Kampagnen sind interne Wettbewerbe, bei denen Qualitätsziele gesetzt (z. B.

---

[153] Vgl. Bea, F.X./Dichtl, E./Schweitzer, M. (1991), S. 9.
[154] Vgl. Seghezzi, H.D. (1996), S. 111 ff.
[155] Vgl. Bea, F.X./Dichtl, E./Schweitzer, M. (1991), S. 11f.
[156] Vgl. Wittig, K.-J. (1994), S. 109.

Null-Fehler-Programme[157]) und ihre Erreichung mit Preisen belohnt werden.[158] Externe Wettbewerbe sind Qualitätspreise wie MBNQA und EQA (s. Abschn. 5.4.3.1 f.)

Neben der kontinuierlichen Verbesserung können weitere Elemente der Qualitätsverbesserung identifiziert werden. So ist die Art und Weise der Entscheidung über die Umsetzung von Verbesserungen zu betrachten, die Zielausrichtung an denen sich die Vorschläge orientieren und der Einsatz von methodischen Instrumenten zur Problemlösung.[159]

5.5.5
Qualitätsorientierte Unternehmensentwicklung

Die vorgestellte Einordnung der Qualitätsaspekte in den Rahmen des St. Galler Management-Konzepts dient der Orientierung bzgl. der Interaktionen und Interdependenzen zwischen den einzelnen Systemmodulen. Die für jedes Modul beschriebenen, charakterisierenden Kriterien und deren an Extrempositionen dargestellten Merkmalsausprägungen zeigen einem Unternehmen, welches die Umsetzung eines TQM-Konzepts beabsichtigt, verschiedene Entscheidungsalternativen auf. Innerhalb der jeweiligen *„Ausprägungspole"* der einzelnen Modulmerkmale kann sich ein Unternehmen bzgl. seines IST-Zustandes positionieren und daraufhin die Lücke zu seinem gewünschten SOLL-Zustand identifizieren.[160] Durch den unternehmensspezifisch modifizierten Einsatz der aufgezeigten Instrumente und Methoden wird das Unternehmen in die Lage versetzt, sich kontinuierlich in Richtung des ganzheitlichen Qualitätsansatzes zu entwickeln, also hin zu einer umfassenden Kundenzufriedenheit und zu fehlerfreien Prozessen und Produkten.[161]

5.6
Zusammenfassung und Ergebnisse

Das vorliegende Kapitel hat gezeigt, daß die Verfolgung einer konsequenten Qualitätsverbesserung in den letzten zwanzig Jahren zu einer nicht mehr zu vernachlässigenden, unternehmerischen Erfolgsdeterminante avancierte. Nach anfänglich nachgelagerten Qualitätskontrollen und einer Weiterentwicklung zu Managementsystemen, die an Normen und Standards ausgerichtet sind, unterstrich der Erfolg japanischer Unternehmen die Bedeutung umfassender Qualitätskonzepte. Unter

---

[157] Vgl. Heß, M. (1995), S. 32.

[158] Vgl. Seghezzi, H.D. (1994), S. 36 f.

[159] Vgl. Seghezzi, H.D. (1996b), S. 124 ff.

[160] Vgl. die Aspekte *„Harmonisierung zum Basisfit"*, *„horizontaler und vertikaler Fit"* im Rahmen des allgemeinen St. Galler-Konzepts. (Kap. 4, Abschn. 4.2.4) Diese Abstimmung sollte ebenso bei der Betrachtung von Teilbereichen wie Qualität, Umwelt oder Arbeitssicherheit erfolgen [Anm. d. Verf.].

[161] Vgl. Seghezzi, H.D. (1996b), S. 231 ff.

den Schlagworten TQM und KAIZEN erfolgte auf dem Sektor der Qualitätsaktivitäten ein Wandel in der Betrachtungsweise. Ursprünglich Ingenieuren und Technikern vorbehaltene Qualitätssicherungstätigkeiten veränderten sich zu betriebswirtschaftlichen, das gesamte Unternehmen betreffende Aufgabenbereichen. Vor diesem Hintergrund ist es erforderlich, alle Mitarbeiter von der Wirksamkeit und Relevanz einer Qualitätsorientierung zu überzeugen und sie für eine eigenverantwortliche Mitarbeit zu motivieren. TQM ist somit nicht als Programm mit begrenzter Lebensdauer, sondern vielmehr als dauerhafte Aufgabe mit strategischer Relevanz zu verstehen.[162] Qualitätssicherung im Sinne einer Funktion einzelner Abteilungen wandelt sich zum Management der Qualität als Führungsaufgabe, die alle Bereiche und Hierarchien des Unternehmens als Querschnittsfunktion durchzieht.

Die Einbindung der Qualitätsaspekte in das Ordnungsgerüst des St. Galler Management-Konzepts trägt dazu bei, den Zusammenhang und die Rückkopplung zwischen den einzelnen Modulen zu verdeutlichen. Die Anwendung dieser Analyse- und Entscheidungsunterstützungsmethode deckt Defizite der TQM-Umsetzung auf bzw. markiert Eckpfeiler bei der Neueinführung. So ist festzuhalten, daß insbesondere das Verhalten aller Unternehmensbeteiligten als Erfolgsdeterminante der TQM-Implementierung zu berücksichtigen ist. Die Wirkung der strukturellen und aktivitätsbezogenen Aufgaben innerhalb eines Qualitätskonzepts wird durch die Akzeptanz dieses Konzepts und die Motivation zu einer aktiven Beteiligung jedes einzelnen Mitarbeiters dominiert. Als das erstrebenswerte Ziel dieser Bemühungen wird der Zustand der sog. *„Business Excellence"* - also das beste Unternehmen der Branche zu sein - postuliert. Unternehmen, welche diesen Zustand erreicht haben, lassen sich im wesentlichen durch folgende Merkmale kennzeichnen:[163]

- Auflösung starrer Organisationsstrukturen (Hierarchie, Funktionen etc.),
- Aufbau von Flexibilität (Risikofreudigkeit, Innovationsfreudigkeit, offen dem Wandel gegenüber),
- Problemlösungen, Wahrnehmung und Umsetzung von Marktchancen sind als Prozesse installiert,
- qualitätsorientierte Unternehmenskultur,
- prozeßübergreifende Entscheidungen von Führungsteams,
- internalisierte *„Dienstleistungsmentalität"* bei allen Mitarbeitern,
- vernetzte Kommunikations- und Beziehungsgeflechte,
- konkurrierende Kooperation zwischen den Teams,
- innovative Arbeitszeitregelungen,
- interne Kunden-Lieferanten-Verhältnisse,
- teamorientierte Prämienregelungen,
- Management der Kundennähe,

---

[162] Vgl. Zink, K.: *„Total Quality Management"*, S. 29 f., in: Zink, K. (Hrsg.), (1994a), S. 9-51.

[163] Vgl. Malorny, C. (1996a), S. 545 f.

- Einbindung der Lieferanten und
- strategische Kooperationen mit wissenschaftlichen und politischen Einrichtungen zum Ausbau der Kernkompetenzen und zur frühzeitigen Adaption neuer Betätigungsfelder.

Ergänzend zu diesen charakterisierenden Merkmalen wird eine Integration der Teilmanagementsysteme in das Gesamtführungssystem diese Entwicklung unterstützen. Die Anregungen aus dem Bereich des KAIZEN und des TQM finden in Kapitel 8 bei der Erstellung eines Orientierungsrahmens zum Aufbau eines ganzheitlichen Integrierten Managementsystems ihre Anwendung.

6 Umweltmanagement

„Umweltmanagement, im Sinne der Umweltbewirtschaftung durch das Unternehmen, beruht ... keineswegs auf dem Bestreben, zu beherrschen und zu zerstören oder auf gewollten Gegensätzen. Es ist die zwangsläufige Konsequenz aus der gesamtwirtschaftlichen Verantwortung, die künftig alle tragen, die einen Einfluß auf das Gleichgewicht unseres Planeten haben."

PAUL DE BACKER

Das Management von Umweltkrisen und die Einhaltung von gesetzlich vorgeschriebenen Grenzwerten können heute nicht mehr die alleinigen Aktivitäten eines Unternehmens auf dem Gebiet des Umweltschutzes sein. Vielmehr sind ein behutsamer Umgang mit der Natur und ein schonender Einsatz von Ressourcen umweltbezogene Anforderungen, welche inzwischen quasi selbstverständlich an ein Unternehmen gestellt werden. Ein vorbeugendes und vorausschauendes betriebliches Umweltmanagement stellt in diesem Zusammenhang ein geeignetes Hilfsmittel für eine erfolgreiche Erfüllung dieser Erwartungen dar.

Dieses Kapitel gibt einen Überblick über Grundlagen und Instrumente des Umweltmanagements und bildet damit nach der Vorstellung des Qualitätsmanagements im vorigen Kapitel das zweite Basismodul für die Integration in Kapitel 8. Unter dieser Zielsetzung wird zunächst die Entwicklung beginnend bei ersten betrieblichen Umweltorientierungen in den 70er Jahren bis hin zu der Entstehung standardisierter Umweltmanagementsysteme in der Mitte der 90er Jahre beschrieben (Abschn. 6.1). Abschnitt 6.2 zeigt danach unternehmerische Motive für die Einführung standardisierter Umweltmanagementsysteme auf. In Abschnitt 6.3 werden die Anforderungen standardisierter Umweltmanagementsysteme (BS 7750, EG-Öko-Audit-Verordnung, ISO 14001) analysiert und im Anschluß daran kritisch gewürdigt und miteinander verglichen (Abschn. 6.4). Mit Hilfe der so abgeleiteten Gemeinsamkeiten werden Möglichkeiten der Zusammenführung dieser Systematisierungen dargestellt (Abschn. 6.4.3). Die Entwicklung zu einem ganzheitlichen Umweltmanagement, welches über eine Erfüllung von Mindestanforderungen hinausgeht, wird durch die Integration der Umweltanforderungen in das St. Galler Management-Konzept verdeutlicht (Abschn. 6.5.2). Vergleichbar mit den Ansätzen des TQM im Qualitätswesen werden hierbei Entwicklungsmöglichkeiten zu einem ganzheitlichen Verständnis aufgezeigt. Den Abschluß dieses Kapitels bildet eine Zusammenfassung, in welcher die *„Kern"*-Determinanten eines erfolgreichen Umweltmanagements noch einmal verdeutlicht werden (Abschn. 6.6).

6.1
Entwicklung des Umweltmanagements

Bereits Ende der 70er Jahre wurden in den USA *„Compliance Audits"* in Unternehmen durchgeführt. Ziel dieser freiwilligen Untersuchungen war die Überprüfung der Einhaltung umweltrechtlicher Vorschriften. Diese Umweltaudits erfolgten zumeist auf der Grundlage von Verhaltenscodices bestimmter Branchen.[1] Ein Beispiel für einen solchen Kodex ist die 1984 in Kanada erarbeitete, weltweite *„Responsible Care"*-Initiative der chemischen Industrie, welche eine regionale Festlegung und Umsetzung von Umweltschutzprinzipien vorsieht.[2]

Mit dem Bericht *„Our Common Future"*, der 1987 von der *World Commission on Environment and Development („Brundtland-Kommission")* verfaßt wurde, ist die Bedeutung des Umweltschutzes für eine dauerhaft umweltgerechte Entwicklung[3] der Wirtschafts- und Lebensweise nachdrücklich betont worden. In diesem Zusammenhang versteht der sog. *„Brundtland-Report"* unter einer umweltverträglichen Wirtschaftsweise, die unter dem Überbegriff *„Sustainable Development"* zusammengefaßt wird, *„ ... den Bedürfnissen der Gegenwart zu entsprechen, ohne künftige Generationen in ihrer Fähigkeit zu beeinträchtigen, ihre eigenen Bedürfnisse zu befriedigen."*[4] Für eine solche Wirtschaftsweise werden folgende Prinzipien als Forderungen abgeleitet:[5]

- Im Sinne des *„Prinzips der Nachhaltigkeit"* dem Planeten Erde nur soviel zu entnehmen, wie auf natürliche Weise wieder nachwachsen kann.
- Das *„Prinzip der Sparsamkeit"* auf nicht-regenerative Ressourcen anzuwenden und mit diesen schonend umzugehen.
- Im Rahmen des *„Prinzips der sanften Technologien"* ressourcen- und umweltschonende Technologien mit geringeren ökologischen Risiken zu fördern.
- Den Reichtum und die Kreativität der ursprünglichen Natur zu bewahren und die Vernichtung der Artenvielfalt und der natürlichen Ökosysteme zu stoppen.
- Dem Bevölkerungswachstum wirksam entgegenzutreten und ein Stabilisierungsziel von ca. 6 Mrd. Menschen zu fixieren.

FABER/JÖST/MANSTETTEN unterscheiden die ökonomische, ökologische und ethische Bedeutung der Nachhaltigkeit. Bezieht sich die ökonomische Nachhaltigkeit auf die Befriedigung menschlicher Bedürfnisse und Wünsche, welche auch in

---

1 Vgl. Waskow, S. (1997), S. 1.
2 Vgl. Becker, G.: „Ökologische Steuerreform - Die Sicht der chemischen Industrie.", S. 251, in: Brickwedde, F. (1996), S. 247-258.
3 Übersetzung des Begriffs „sustainable development", wie er von dem Sachverständigenrat für Umweltfragen der Bundesregierung verwendet wird. In der Literatur findet sich auch die Übersetzung „nachhaltige" oder „langfristig tragfähig Entwicklung" [Anm. d. Verf.].
4 ICC-Business Charter for Sustainable Development, 1991.
5 Vgl. Stahlmann, V., „Mit der EG-Öko-Audit-Verordnung zum Sustainable Development?", S. 9, in: Fichter, K. (1995), S. 9-17.

Zukunft noch möglich sein soll, steht hingegen bei der ökologischen Bedeutung die Erhaltung der Natur im Vordergrund. Im Rahmen der ethischen Betrachtungsweise des Nachhaltigkeitsbegriffs wird die Frage nach der Gerechtigkeit aufgeworfen. Neben der Verteilungsgerechtigkeit zwischen Industrienationen und Entwicklungsländern werden hierbei auch die momentanen Lebens- und Konsumgewohnheiten in den entwickelten Ländern in Frage gestellt.[6] Maßgeblich ausgelöst durch diesen Brundtland-Report entwickelte sich eine zunehmende Umweltsensibilität in der Gesellschaft, welche zu einer verstärkten Kritik an der Umweltvergessenheit der bisherigen Wirtschaftsweise führte. Die Unternehmen als Wirtschaftssubjekte und Hauptverursacher von Umweltproblemen sehen sich von seiten der Gesellschaft in zunehmendem Maße veranlaßt, die ökologischen Aspekte und die Auswirkungen ihres wirtschaftlichen Handelns bei ihren Entscheidungen zu berücksichtigen. In diesem Zusammenhang hat die Enquete-Kommission *„Schutz des Menschen und der Umwelt"* des Deutschen Bundestags die Leitziele des nachhaltigen Wirtschaftens aufgegriffen und vier sog. *„Management-Regeln"* aufgestellt:[7]

1. Nutzung erneuerbarer Ressourcen, wobei deren Abbaurate die Regenerationsrate nicht überschreiten soll.
2. Nutzung nicht-erneuerbarer Ressourcen nur in solchem Umfang, in welchem ein physisch und funktionell gleichwertiger Ersatz in Form erneuerbarer Ressourcen oder höherer Produktivität der erneuerbaren sowie nicht-erneuerbaren Ressourcen geschaffen wird.
3. Inanspruchnahme der Aufnahmekapazität der Umwelt in der Form, daß sich Stoffeinträge in die Umwelt an der Belastbarkeit der Umweltmedien orientieren sollen.
4. Beachtung der Zeitmaße zwischen anthropogenen Einträgen bzw. Eingriffen in die Umwelt und deren Regenerationsfähigkeit.

Im April 1991 wurde auf der *„Zweiten Weltindustriekonferenz für Umweltmanagement (WICEM II)"* von der *„International Chamber of Commerce (ICC)"* die *„Charta für eine langfristig tragfähige Entwicklung (ICC - Business Charter for Sustainable Development)"* verabschiedet, die den Unternehmen eine praktische Umsetzung ihres Engagements für die Umwelt erleichtern soll und sich dabei ebenfalls auf den oben genannten *„Brundtland-Report"* bezieht.[8] Die *ICC* appelliert an die Unternehmen, dem Streben nach Verbesserung ihres Umweltverhaltens dadurch Ausdruck zu verleihen, daß sie diese Grundsätze befolgen und deren Unterstützung öffentlich bekanntgeben. Die ICC-Charta besteht aus den folgenden *„16 Grundsätzen des Umweltmanagements"*:

---

[6]   Vgl. Faber, M./Jöst, F./Manstetten, R. (1997), S. 52 f.

[7]   Vgl. Bericht der Enquete Kommission des Deutschen Bundestages *„Die Industriegesellschaft gestalten - Perspektiven für einen nachhaltigen Umgang mit Stoff- und Materialströmen"*, zitiert bei Kreibich, R. (1997), S. 9.

[8]   Vgl. ICC-Business Charter for Sustainable Development, 1991.

1. Anerkennung eines **umweltorientierten Managements** als vorrangiges Unternehmensziel und als Schlüsselfaktor für eine umweltverträgliche Entwicklung.

2. Behandlung umweltbezogener Politiken, Programme und Praktiken als ein alle Bereiche und Tätigkeiten umspannendes **Integriertes Management**.

3. **Prozeß der Weiterentwicklung** durch Anpassung der eingesetzten Methoden und Verfahren des Umweltschutzes an den jeweils neuesten Stand von Wissenschaft und Technik an allen (internationalen) Standorten.

4. Bewußtseins- und Verantwortungsbildung durch **Schulung der Beschäftigten**.

5. **Vorherige Folgenabschätzung** der Umweltauswirkungen bei Neuaufnahme oder Einstellung einer Tätigkeit oder eines Standortes.

6. Entwicklung und Bereitstellung umweltgerechter **Produkte und Dienstleistungen**.

7. Durchführung einer **Kundeninformation** bzgl. der gefahrlosen Verwendung, Beförderung, Lagerung und Entsorgung gelieferter Produkte.

8. Sparsamer Einsatz von Energie und Rohstoffen, nachhaltige Nutzung erneuerbarer Ressourcen und Minimierung der Umweltschädigung bei der Entwicklung, Konstruktion und dem Betrieb von **Anlagen** und bei der Ausführung von **Tätigkeiten** (Abfall-vermeidung, gefahrlose umweltfreundliche Entsorgung des Restabfalls).

9. Durchführung von **Forschungen** über die Auswirkungen unternehmensspezifischer Umweltaspekte und über Möglichkeiten, diese zu minimieren.

10. **Vorsorge** zur Vermeidung irreversibler Umweltschäden.

11. Ermutigung der **Subunternehmer und Zulieferer** zur Einhaltung dieser Grundsätze.

12. Entwicklung einer umfassenden, eventuell grenzüberschreitenden **Notfallvorsorge**.

13. Förderung des **Technologietransfers** auf dem Gebiet der umweltfreundlichen Technologien und Managementmethoden.

14. **Beteiligung an gemeinsamen Anstrengungen** zur Verbesserung des Umweltzustands bei staatlichen und privatwirtschaftlichen Projekten.

15. **Aufgeschlossenheit für Besorgnisse** der Öffentlichkeit über die Umweltauswirkungen von Produkten, Tätigkeiten, Dienstleistungen und Abfällen.

16. Verpflichtung zur **Einhaltung und Berichterstattung** an die Öffentlichkeit sowie zur regelmäßigen Überprüfung des Umweltverhaltens.

Diese 16 Grundsätze wurden inzwischen von einigen hundert Großunternehmen als für die eigene Umweltpolitik verbindlich inkorporiert. Bei der Entwicklung von unternehmensspezifischen Umweltmanagementsystemen gehen einige Unternehmen über die hier gestellten Anforderungen hinaus und verwenden sie als Orientierungsbasis für weiterführende interne Standards.[9] Auf der *Konferenz der Vereinten Nationen für Umwelt und Entwicklung* wurde im Juni 1992 in

---

[9]   Vgl. Weigelt, H. (1996), S. 1.

Rio de Janeiro ein Aktionsprogramm mit dem Namen *„Agenda 21"* beschlossen. Es erteilt konkrete Handlungsaufträge für alle Staaten auf dem Gebiet der Umwelt- und Entwicklungspolitik. Innerhalb dieses Programmes regelt Kapitel 30, daß die Privatwirtschaft das Umweltmanagement als Schlüsseldeterminante für eine nachhaltige Entwicklung und als eine der höchsten unternehmerischen Prioritäten anerkennen soll.[10] Mit der Einführung verschiedener Umweltnormen bzw. Verordnungen auf nationaler, europaweiter und internationaler Ebene soll den Unternehmen eine individuell zu modifizierende Vorgehensweise an die Hand gegeben werden, um diesen umweltbezogenen Anforderungen auf ökologisch und ökonomisch effiziente Weise gerecht werden zu können. Zu nennen sind hier folgende standardisierte Umweltmanagementsysteme (s. Abschn. 6.3):

- *Britischer Standard BS 7750*: 1992 über umwelttechnische Managementsysteme (nationaler Geltungsbereich);
- *Verordnung (EWG) Nr. 1836/93 des Rates vom 29. Juni 1993 über die freiwillige Beteiligung gewerblicher Unternehmen an einem Gemeinschaftssystem für das Umweltmanagement und die Umweltbetriebsprüfung (EG-Öko-Audit-Verordnung -* europaweiter Geltungsbereich);
- *ISO*-Normenreihe *14000: ISO 14001 zum Umweltmanagement und ISO 14004 zum Umweltaudit (1996)* (internationaler Geltungsbereich).

Obwohl die Beteiligung an den Systemen in allen Fällen in Form einer *„freiwilligen Selbstverpflichtung"* vorgesehen ist, folgen die Unternehmen in zunehmendem Maße dem Ruf dieser Verordnungen, Normen und Leitfäden. Dies resultiert zum einen aus einem steigenden Umweltbewußtsein der Verantwortlichen, zum anderen aus der Erwartung verschiedener Vorteile, welche für eine zertifizierte Teilnahme an solchen Umweltmanagementsystemen sprechen.

6.2
Motive für die Einführung eines Umweltmanagementsystems

Neben den bereits genannten Motiven für einen schonenderen Umgang mit der Natur, wie die Verantwortung für den Erhalt einer intakten Umwelt für nachfolgende Generationen, stehen konkrete ökonomische Gründe im Vordergrund der Unternehmen, welche eine konsequente Umsetzung einer umweltorientierten Unternehmensführung auf der Basis zertifizier- bzw. validierbarer Umweltmanagementsystem-Standards anstreben.[11] Bei dem Aufbau einer solchen Unternehmensausrichtung orientieren sich inzwischen eine Reihe von Unternehmen an den Anforderungen dieser Managementsystematiken. Als Chancen für eine umweltbezogene Ausrichtung eines Unternehmens und als Vorteile einer

---

[10] Vgl. Waskow, S. (1997), S. 4.
[11] Vgl. Winter, G. (1990), S. 20.

Beteiligung an diesen Systemen (EMAS, ISO 14001 etc.) versprechen sich die Unternehmen:[12]

- eine grundsätzliche Vermeidung von Umweltrisiken,
- eine Verminderung von Haftungsrisiken (Vermeidung von Organisationsverschulden),
- eine steigende Absatzerwartung durch verstärkte Nachfrage und neue Märkte für ökologische Produkte,
- Kostensenkungen durch präventiven, produktionsintegrierten Umweltschutz (PIUS),
- eine Einsparung von Material-, Entsorgungs- und Energiekosten,[13]
- eine höhere Glaubwürdigkeit sowie eine Verbesserung der Akzeptanz in der Öffentlichkeit und damit ein verbessertes Unternehmensimage,
- eine höhere Identifikation der Mitarbeiter mit dem Unternehmen und damit eine Steigerung der Motivation,
- eine höhere Attraktivität für Nachwuchskräfte,
- die Entdeckung ökologischer Produkt- und Verfahrensinnovationen sowie
- Steigerung der Wettbewerbsfähigkeit.

Unter dem Stichwort der *„Deregulierung"* wird bzgl. der Beteiligung an der hoheitlich überwachten EG-Öko-Audit-Verordnung mittelfristig die Vereinfachung der Berichtspflichten gegenüber den Aufsichtsbehörden und eine Entlastung bei bevorstehenden Umweltabgaben und Ökosteuern erwartet.[14] Zusätzlich werden in diesem Zusammenhang eine Bevorzugung bei der Vergabe öffentlicher Aufträge und eine Erfassung und Beseitigung ökologischer Schwachstellen genannt.[15] Auf den internationalen Märkten ist ein zunehmender Marktdruck zur Teilnahme an diesen Systemen zu beobachten, so daß für die Vergabe von Aufträgen die erfolgreiche und nachweisbare Teilnahme an diesen Systemen in vielen Fällen bereits eine Voraussetzung ist. Eine von April bis Oktober 1996 von den *„VDI Nachrichten"* und dem Institut für ökologische Betriebswirtschaft (IÖB) der Universität Siegen durchgeführte Studie, bei der rund 2.700 Firmen aus allen Branchen des verarbeitenden Gewerbes befragt wurden (Rücklaufquote ca. 12 %), untersuchte die Einstellungen dieser Unternehmen zur dem EG-Öko-Audit-System. Dabei

---

12   Vgl. Gege, M.: *„Motive einer umweltorientierten Unternehmensführung"*, S. 90 ff., in: Hansmann, K.-W. (Hrsg.), (1994), S. 83-116; Butterbrodt, D. (1997c), S. 1f.

13   Eine im Herbst 1997 bei 800 Unternehmen durchgeführte Umfrage der Arbeitsgemeinschaft Selbständiger Unternehmer (ASU) und des Unternehmer-Instituts (UNI) kam zu dem Ergebnis, daß sich die Einführung eines UMS auch unter ökonomischen Kriterien auszahlt. Demnach standen den Implementierungskosten von im Durchschnitt 160.000 DM bei knapp der Hälfte der Befragten jährliche Einsparungen auf den Gebieten Abfall, Abwasser und Energieeinsatz von mehr als 100.000 DM gegenüber [Anm. d. Verf.]. Vgl. o. V. (1997a), S. 20.

14   Vgl. o. V. (1996b), S. 7.

15   Vgl. Stahlmann, V., *„Mit der EG-Öko-Audit-Verordnung zum Sustainable Development?"*, S. 13, in: Fichter, K. (1995), S. 9-17.

entsprachen die Erwartungen zwar den oben bereits genannten, jedoch zeigten die Erfahrungen, daß diese bislang nicht komplett erfüllt werden konnten. Hier wurde vor allem die von seiten der Banken propagierte bevorzugte Kreditvergabe,[16] die günstigeren Prämien bei den Versicherungen sowie die Erleichterung oder Entbindung von behördlichen Berichtspflichten (mit Ausnahme von Bayern und Baden-Württemberg) bisher noch nicht durchgesetzt oder die Umsetzung nicht als ausreichend empfunden (s. Abbildung 6.1).[17]

Inzwischen ist einer zunehmenden Zahl von Unternehmen die Einsicht zu attestieren, daß der betriebliche Umweltschutz ernst genommen und mit hoher Priorität vorangetrieben wird. Zu beachten ist dabei, daß Imagegewinne und damit verbundene Erleichterungen nur im Rahmen eines seriös verstandenen, alle Bereiche umfassenden Umweltmanagementsystems sowie einer glaubhaft umweltbezogenen Unternehmensführung realisiert werden können.

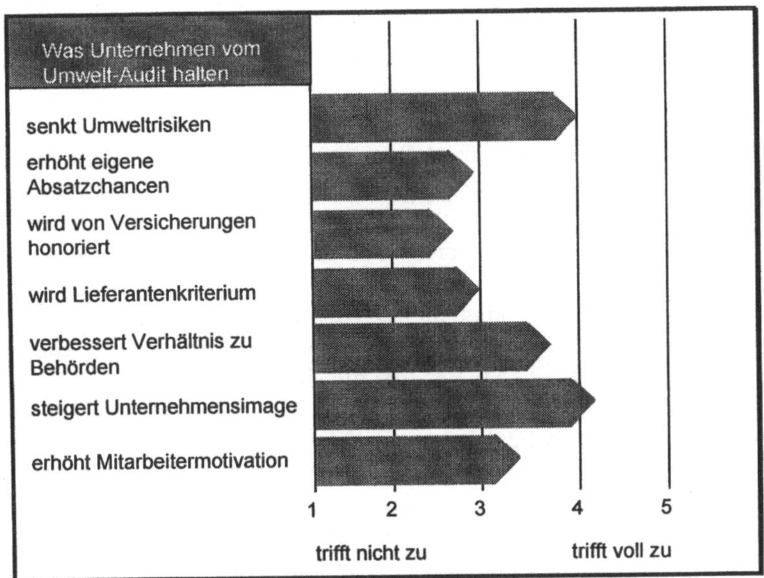

Abb. 6.1. Erwartungen der Unternehmen bzgl. der EMAS-Beteiligung
Quelle: VDI nachrichten Nr. 10, 7. März 1997, S. 30.

---

[16] Vgl. Gottschall, D. (1996), S. 135; Nöthinger, M. (1997), S. 49 ff.

[17] Vgl. Schwarz, P. (1997), S. 30. Bei einer 1996 von der Umweltakademie Fresenius durchgeführten Befragung von 3000 Unternehmen in Nordrhein-Westfalen wurden als Motive für die Einführung eines UMS in folgender Reihenfolge genannt: 1. Höhere Rechtssicherheit (auf einer von 1- unwichtig - bis 5 - wichtig - reichenden Skala mit 4,28 bewertet), 2. Geringeres Haftungsrisiko (4,07), 3. Ressourceneinsparung (4,06), 4. Mitarbeitermotivation (4,05), 5. Kundenzufriedenheit (4,05), 6. Wettbewerbsvorteil (3,98), 7. Marketingaspekte/Image (3,82), 8. Umweltverträglichere Produkte (3,4) [Anm. d. Verf.]. Vgl. Kroppmann, A./Schreiber, S. (1996), S. 14.

6.3
Standardisierte Umweltmanagementsysteme

6.3.1
British Standard (BS 7750)

Die hier beschriebene Norm wurde in ihrer ersten Fassung 1992 von der *British Standard Institution (BSI)* erstellt und liegt zur Zeit in einer aktualisierten Fassung von 1994 vor. Die BSI ist unter der sog. *„Royal Charter"* inkorporiert und trägt als ein unabhängiges Institut die Verantwortung für die Erstellung von Britischen Normen. Es vertritt den britischen Standpunkt bzgl. Normen in Europa und auf internationaler Ebene.[18]

Der British Standard 7750 - Specification for Environmental Management Systems (im folgenden BS 7750) war der weltweit erste Umweltstandard, der unter anderem in weiten Bereichen für die Entwicklung und Durchführung der EG-Öko-Audit-Verordnung herangezogen wurde.[19] Auf der Basis dieses Schriftstückes wurden alle weiteren nationalen und internationalen Normen in diesem Bereich aufgebaut.[20] Mit Verabschiedung der EG-Öko-Audit-Verordnung im April 1993 wurde der BS 7750 überarbeitet und bestimmte Vorgaben der Verordnung in die Fassung von Juni 1994 aufgenommen. Der BS 7750 versteht sich heute als Ergänzung zum EMAS und deckt primär den Bereich der Managementorganisation ab.[21]

Ausgelöst durch zunächst freiwillige Selbstüberprüfungen der Umweltauswirkungen von Unternehmen in der britischen Chemiebranche entwickelte sich in Großbritannien schon frühzeitig eine Methodologie zur Einführung von UMS und zur Durchführung von Öko-Audits, die schließlich als Erfahrungssammlung ihren Niederschlag in der BS 7750 fand. Daneben entstand quasi parallel eine eigene Dienstleistungsbranche in diesem Bereich, die sich aus Umweltexperten und Beratern aus den verschiedensten Fachrichtungen zusammensetzt.[22] Durch die positiven Erfahrungen der BSI bei der Erstellung der Qualitätsnorm BS 5750, die wörtlich als DIN ISO 9000-Norm übernommen wurde, lehnt sich der Umweltstandard 7750 sehr stark an die Systematik des älteren Qualitätsstandards 5750 an[23] und verwendet dementsprechend ähnliche Terminologien, Anforderungen und Verfahren. Der Anwendungsbereich der Norm besteht in der Festlegung von Anforderungen für die Entwicklung, Verwirklichung und Aufrechterhaltung von umwelttechnischen Managementsystemen, die auf die Erfüllung der von der Organisation dargelegten Umweltpolitik und Zielsetzungen ausgerichtet sind.[24] Als

---

[18]   Vgl. BS 7750: 1994, S. 45.

[19]   Vgl. Hopfenbeck, W. (1993), S. 145 ff.

[20]   Vgl. Kothe, P. (1997), S. 7.

[21]   Seidensticker, A. (1995), S. 11.

[22]   Vgl. Kraemer, R. A., *„Zielsetzungen der EG-Öko-Audit-Verordnung und ihr Umfeld in der Europäischen Umweltpolitik"*, S. 24, in: Fichter, K. (1995), S.19-31.

[23]   Vgl. Glaap, W. (1995), S. 32.

[24]   Vgl. BS 7750: 1994, S. 8.

teilnahmeberechtigte Organisationen werden hier nicht nur Industrieunternehmen verstanden, sondern auch andere Institutionen wie Dienstleistungsunternehmen, Groß- und Einzelhändler und öffentliche Körperschaften.[25] In Abb. 6.2 ist der vorgesehene Ablauf einer Implementierung eines sog. *„umwelttechnischen Managementsystems"* im Sinne dieser Norm schematisch dargestellt. Die einzelnen Schritte werden im folgenden näher erläutert.

Die Grundlage für die Einführung eines solchen Systems ist ein umweltorientiertes Engagement des Unternehmens, welches seinen Ausdruck im Rahmen einer öffentlichen Selbstverpflichtung zur Einhaltung aller gesetzlichen Anforderungen und behördlichen Auflagen, im Aufbau und in der kontinuierlichen Verbesserung eines UMS sowie in der Durchführung von Umwelt-Audits findet.[26] Darauf folgt als zweiter vorbereitender Schritt eine Überprüfung der umweltbezogenen Ausgangssituation und des daraus resultierenden Handlungsbedarfs der Organisation, die zwar nicht dringend vorgeschrieben, für erstmalig teilnehmende Unternehmen jedoch empfohlen wird.[27]

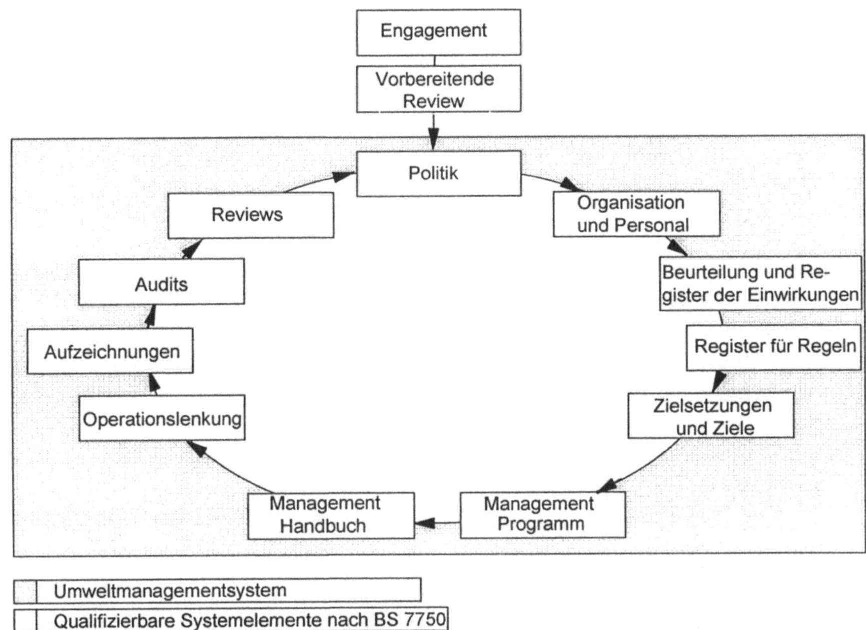

Abb. 6.2. Schematische Darstellung der Implementierungsstufen eines umwelttechnischen Managementsystems (nach BS 7750)
Quelle: in Anlehnung an BS 7750: 1994, S. 8.

---

[25] Vgl. Kraemer, R. A., *„Zielsetzungen der EG-Öko-Audit-Verordnung und ihr Umfeld in der Europäischen Umweltpolitik"*, S. 24, in: Fichter, K. (1995), S. 19-31.
[26] Vgl. ebenda.
[27] Vgl. BS 7750: 1994, S. 7.

Sind diese beiden Schritte abgeschlossen, ist die Durchführung der nachfolgend beschriebenen zehn qualifizierbaren Systemelemente vorgesehen.[28]

1. Politik
Die Organisationsleitung muß eine Umweltpolitik für die gesamte Organisation definieren und dokumentieren, die über die Grenzen der Organisation hinausgeht und Belange des von Umwelteinwirkungen betroffenen Umfeldes (Anspruchsgruppen) miteinbezieht. An Inhalte und Dokumentation dieser Politik sind gewisse Anforderungen geknüpft, so müssen z. B. die möglichen Umwelteinwirkungen aller Tätigkeiten, Produkte und Dienstleistungen der Organisation adäquat berücksichtigt, eine Verpflichtung zu einer kontinuierlichen Verbesserung der umweltspezifischen Leistungen abgelegt und schließlich die umwelttechnischen und -politischen Zielsetzungen der Öffentlichkeit zugängig gemacht werden.

2. Organisation und Personal
In diesem Abschnitt der Norm werden die Organisationen verpflichtet, die Verantwortung, Befugnisse und Mittelverteilung für die Durchführung des gesamten Systems festzulegen. Dabei ist u. a. die Ernennung eines Verantwortlichen der obersten Leitung vorgesehen, der umweltspezifische Entscheidungen verbindlich festlegen kann. Des weiteren soll der Schulungsbedarf des Personals auf allen Ebenen identifiziert und dementsprechend durchgeführt werden. Schließlich sind Vertragslieferanten auf Anforderungen und Vorkehrungen des umwelttechnischen Managementsystems aufmerksam zu machen.

3. Beurteilung und Register der Einwirkungen/Register für Regeln
Die zentrale Forderung dieses Abschnittes ist die Aufstellung eines sog. Registers, welches die zuvor als bedeutend klassifizierten Umwelteinwirkungen aller Aktivitäten, Produkte und Dienstleistungen der Organisation beinhalten soll. Hierzu zählen hauptsächlich die Emissionen, Abwässer, Abfälle, Erdreichkontaminationen, die Nutzung natürlicher Ressourcen, jegliche Einwirkungen auf Ökosysteme sowie Lärm,-, Geruchs-, Staub-, Vibrations- und optische Belästigungen. Bei der Beurteilung der möglichen Verursachung dieser Wirkungen müssen neben den normalen, abnormalen und durch Unfälle erzeugten Betriebsbedingungen auch alle vorhergegangenen, laufenden und geplanten Tätigkeiten einbezogen werden. In einem zweiten Teil dieses Abschnittes wird gefordert, daß die Organisation eine Aufstellung über alle sie unter umweltspezifischen Aspekten betreffenden Gesetze, Verordnungen und Richtlinien anfertigt, in der auch Normen und Kodizes aufgeführt werden sollen, denen sie sich freiwillig unterstellt hat.

4. Zielsetzungen und Ziele
Zur Festlegung und Aufrechterhaltung umweltbezogener Zielsetzungen und

---

[28]   Vgl. BS 7750: 1994, S. 12 ff.

Ziele[29] auf allen zuständigen Ebenen muß das Unternehmen geeignete Verfahren einführen. Dabei sind neben den zwingend vorgeschriebenen gesetzlichen Anforderungen ebenfalls Anforderungen der von möglichen Umwelteinwirkungen betroffenen Anspruchsgruppen zu berücksichtigen. Die festgelegten Ziele müssen zu der festgelegten Umweltpolitik kompatibel sein, und sie sollten wenn möglich sowohl quantitativ als auch zeitlich spezifiziert sein und dabei eine kontinuierliche Verbesserung erkennen lassen.

5. Umwelttechnisches Managementprogramm

Die Organisation wird verpflichtet, ein Managementprogramm einzuführen und aufrechtzuerhalten. Dieses Programm hat sowohl die Verantwortung für die Erfüllung der festgelegten Ziele auf allen Organisationsebenen und für jede relevante Funktion als auch die dafür benötigten Mittel zu beinhalten. Zudem sind entsprechende Programme für neue oder wesentlich modifizierte Entwicklungen, Produkte, Dienstleistungen oder Verfahren aufzustellen.

6. Umwelttechnisches Managementhandbuch und Dokumentation

Um die Umweltpolitik, Ziele, Programme, Verantwortungsbereiche und das Zusammenspiel einzelner Systemelemente zu erläutern, muß eine schriftliche Anleitung erstellt werden. In diesem Handbuch und den dazugehörigen Verfahrens- und Arbeitsanweisungen sollte das Verhalten bei abnormalen Betriebsbedingungen und Notfällen sowie die Vorgehensweise bei der Lenkung dieser Dokumente festgeschrieben werden.

7. Operationslenkung

Nach der Festlegung der Verantwortung der obersten Leitung müssen die umweltrelevanten Funktionen, Tätigkeiten und Verfahren identifiziert und derart geplant werden, daß sie unter kontrollierten Bedingungen ausführbar sind. Dabei wird das Hauptaugenmerk auf dokumentierte Verfahrens- und Arbeitsanweisungen, auf die Überwachung und Lenkung von Prozeßmerkmalen sowie auf schriftlich festgelegte Leistungskriterien gelegt. Zusätzlich verlangt dieser Abschnitt ein Verfahren zur Verifizierung der Zielerfüllung sowie eine Festlegung von Kompetenzen zur Einleitung von Korrekturmaßnahmen im Falle einer Nichterfüllung der angestrebten Zielsetzungen.

8. Umwelttechnische Managementaufzeichnungen

Unter diesem Punkt wird von den teilnehmenden Organisationen die Einführung und Aufrechterhaltung eines Aufzeichnungssystems gefordert, welches als Nachweis für die Erreichung der geplanten umwelttechnischen Ziele dient.

---

[29] In der deutschen Übersetzung der hier vorgestellten Standards versteht man unter Zielsetzungen (objectives) längerfristige Strategien (z. B. Senkung der Emissionen um 20 % bis zum Jahr 2010), während Ziele (targets) als kurzfristige, konkret quantifizierbare Teilziele zur Umsetzung dieser Strategien zu verstehen sind (Emissionsreduktion um 5 % durch den Einsatz einer moderneren Technik bis Ende 1998) [Anm. d. Verf.].

9. Umwelttechnische Managementaudits

Zur Überprüfung der Wirksamkeit der Systemimplementierung sowie aller geforderten Elemente werden die Organisationen veranlaßt, Verfahren zur Durchführung von Audits aufzubauen und diese kontinuierlich durchzuführen. Hierzu soll zunächst ein Auditprogramm erstellt werden, in welchem geregelt wird, welche Tätigkeiten und Bereiche in welchen Abständen und durch welche zuständigen Stellen einem Audit unterzogen werden. In sog. Auditprotokollen werden danach die spezielleren inhaltlichen und organisatorischen Aspekte der Überprüfung konkretisiert und Verfahren für die Berichterstattung in den nach der Durchführung von Überprüfungen zu erstellenden Auditbefunden festgelegt.[30]

10. Reviews

Um den Anforderungen dieser Norm zu entsprechen und um die kontinuierliche Wirksamkeit des eingeführten Managementsystems sicherzustellen, wird die Leitung der teilnehmenden Organisation angehalten, in regelmäßigen Abständen das gewählte System einer Prüfung zu unterziehen und die Ergebnisse dieser sog. Reviews zu dokumentieren. Durch diesen Gliederungspunkt, der sowohl das Ende als auch den Anfang eines vorgeschriebenen Implementierungskreislaufs markiert, soll eine kontinuierliche Verbesserung des Umweltmanagemetsystems realisiert werden. In diesen Reviews werden erforderliche Anpassungen der Umweltpolitik und der daraus abgeleiteten Zielsetzungen vorgenommen, welche zu einem erneuten Durchlauf des BS 7750-Managementkreislaufs auf einem höheren Leistungsniveau führen.

Zusammenfassend formulieren diese zehn Punkte das sog. *„umwelttechnische Managementsystem"*, welches gewährleisten soll, daß *„ ... die Ergebnisse der Maßnahmen, Produkte und Dienstleistungen der Organisation ihrer Umweltpolitik und diesbezüglichen Zielsetzungen ... entsprechen."*[31] Für eine erfolgreiche Zertifizierung nach diesem Standard wird vorausgesetzt, daß dokumentierte Systemverfahren und -anleitungen in Übereinstimmung mit den Anforderungen dieser Norm vorbereitet und wirkungsvoll ausgeführt werden.[32] Wie aus Abb. 6.2 zu entnehmen ist, wird das gesamte Managementsystem als Kreislauf verstanden. Durch eine permanente Wiederholung der beschriebenen Schritte soll eine kontinuierliche Verbesserung der umweltbezogenen Leistung des Gesamtsystems erreicht werden. Zur Unterstützung der Systemimplementierung werden in Anhang A des BS 7750 Leitlinien zur Anwendung umwelttechnischer Managementsystemanforderungen aufgestellt und anhand der zehn vorgestellten Systemschritte konkretisiert.[33] Absatz A.1.1 weist zudem darauf hin, daß ein solches Managementsystem mit bereits bestehenden, allgemeinen Managementsystemen der Organisation eng verflochten werden soll. Explizit genannt werden Subsysteme

---

[30]   Vgl. Sadgrove, K. (1992), S. 18 ff.
[31]   BS 7750: 1994, S. 12.
[32]   Vgl. BS 7750: 1994, S. 12.
[33]   BS 7750: 1994, Anhang A, S. 23-43.

auf den Gebieten des allgemeinen Betriebsmanagements, des Qualitätsmanagements und des Managements für Arbeitssicherheit und Gesundheitsschutz. Diesen gegenüber sollen Redundanzen vermieden und Synergien genutzt werden.[34] Dieser Aspekt wird in den nachfolgenden Kapiteln aufgegriffen und spezifiziert.

6.3.2
EG-Öko-Audit-Verordnung

Das Amtsblatt der Europäischen Gemeinschaften Nr. L168/1-18 hat die *„Verordnung (EWG) Nr. 1836/93 des Rates vom 29. Juni 1993 über die freiwillige Beteiligung gewerblicher Unternehmen an einem Gemeinschaftssystem für das Umweltmanagement und die Umweltbetriebsprüfung"* zum Inhalt[35], die seit April 1995 in Kraft ist.[36] Diese in der deutschsprachigen Literatur zumeist in Kurzform als *EG-Öko-Audit-Verordnung* bezeichnete Norm ist in der internationalen Literatur als *Environmental Management and Audit Scheme (EMAS)* gekennzeichnet und soll nachfolgend ebenso bezeichnet werden.

In der Präambel der Verordnung, welche auf der Grundlage von Art. 130s EWG-Vertrag erlassen wurde,[37] werden die grundlegenden Ziele der Europäischen Umweltpolitik aufgeführt, welche als Grundsätze der Verordnung angesehen werden können. Umweltpolitische Gesamtziele sind demnach *„ ... die Verhütung, die Verringerung und, soweit möglich, die Beseitigung der Umweltbelastungen insbesondere an ihrem Ursprung auf der Grundlage des Verursacherprinzips sowie eine gute Bewirtschaftung der Rohstoffquellen und der Einsatz von sauberen oder saubereren Technologien. "*[38]

Diese Umorientierung in der europäischen Umweltpolitik wurde im 5. Umweltprogramm der EG erneut betont.[39] Im Rahmen der Verordnung findet sie ihren Ausdruck darin, daß den Unternehmern als wesentliche Mitverursacher der ökologischen Probleme ein Teil der Verantwortung für deren Lösung übertragen wird.[40] Die Teilnahme an diesem Gemeinschaftssystem ist freiwillig, teilnahmeberechtigt sind Unternehmen, die an einem oder an mehreren Standorten eine *„gewerbliche Tätigkeit"* ausüben.[41] Diese Beschränkung auf den gewerblichen Bereich kann auf nationaler Ebene im Rahmen von entsprechenden Umsetzungsgesetzen auf nicht gewerbliche Unternehmen ausgedehnt werden.[42] Diese Erweiterung für die Bundesrepublik Deutschland wurde in Form der UAG-Erweiterungsverordnung im September 1997 dem Bundesrat zur Verabschiedung vorgelegt und am 13. Januar

---

[34] BS 7750: 1994, Anhang A, S. 23.

[35] Vgl. Amtsblatt der Europäischen Gemeinschaften Nr. L 168/1-18, Luxemburg 1993, S. 147-164.

[36] Vgl. Dyllick, T./Hummel, J. (1996), S. 1.

[37] Vgl. Kothe, P. (1997), S. 9.

[38] Verordnung (EWG) Nr. 1836/93 des Rates vom 29. Juni 1993, S. 147.

[39] Vgl. 5. Umweltprogramm der EG, Abl. C 138 vom 17. Mai 1993.

[40] Vgl. Rhein, C. (1996), S. 3.

[41] Vgl. Verordnung (EWG) Nr. 1836/93 des Rates vom 29. Juni 1993, Art. 3, S. 149.

[42] Vgl. Verordnung (EWG) Nr. 1836/93 des Rates vom 29. Juni 1993, Art. 14.

1998 beschlossen.[43] Somit sind zukünftig folgende, nichtgewerbliche Bereiche berechtigt, am EMAS teilzunehmen:[44]

- Energieerzeugung und Abfallwirtschaft in öffentlich-rechtlicher Organisationsform,
- Energie- und Wasserversorgung, Abwasserbeseitigung und sonstige Entsorgung,
- Groß- und Einzelhandel,
- wesentliche Teile des Verkehrs,
- Nachrichtenübermittlung,
- Kreditgewerbe,
- Gastgewerbe,
- technische, physikalische und chemische Untersuchungseinrichtungen,
- öffentliche Verwaltung von Gemeinden und Kreisen,
- öffentliches und privates Bildungswesen,
- Krankenhäuser und Labore sowie verschiedene weitere Dienstleistungseinrichtungen.

Bei der Validierung eines teilnehmenden Unternehmens werden die ökologisch relevanten Auswirkungen am jeweiligen Standort des Betriebes, jedoch nicht die Umweltverträglichkeit der dort hergestellten Produkte begutachtet.[45] Zur Aufrechterhaltung des Zertifikats hat mindestens alle drei Jahre eine Erneuerung der Validierung durch einen externen Gutachter[46] und die daran anschließende Registrierung bei der entsprechenden Kammer zu erfolgen.[47] Die EU will mit diesem System einen Anreiz für die Betriebe schaffen, ihre unternehmerische Umweltverantwortung eigenständig wahrzunehmen. Daher wird eine Vorgehensweise für die Einführung und Aufrechterhaltung eines Umweltmanagementsystems etabliert, welche die wahrgenommene Umweltverantwortung transparent macht und damit eine Basis für den Einsatz der Umweltleistung im Rahmen von Kommunikation und Wettbewerb schafft.[48]

---

[43] Vgl. o. V. (1998a), S. 18.

[44] Vgl. § 1 und Anhang zu §1 UAG-ErwV vom 3. Februar 1998; Hamschmidt, J. (1997), S. 92.

[45] Vgl. Dyllick, T.: „Umweltmanagement mit System: EMAS und/oder ISO 14.001?", S. 24, in: Eichhorn, P. (Hrsg.), (1996), S. 21-36.

[46] Vgl. Verordnung (EWG) Nr. 1836/93 des Rates vom 29. Juni 1993, Anhang II H. S. 159.

[47] Vgl. Verordnung (EWG) Nr. 1836/93 des Rates vom 29. Juni 1993, Art. 8, S. 151.

[48] Vgl. Dyllick, T.: „Umweltmanagement mit System: EMAS und/oder ISO 14.001?", S. 24, in: Eichhorn, P. (Hrsg.), (1996), S. 21-36.

Als konkrete Teilziele der EG-Öko-Audit-Verordnung sind zu nennen:[49]

- die Festlegung und Umsetzung einer standortbezogenen Umweltpolitik, von Umweltprogrammen und eines Umweltmanagementsystems,
- die systematische, objektive und regelmäßige Bewertung dieser Instrumente,
- die Förderung der kontinuierlichen Verbesserung des betrieblichen Umweltschutzes bei den teilnehmenden Unternehmen und
- die Bereitstellung von Informationen über den betrieblichen Umweltschutz für die Öffentlichkeit.

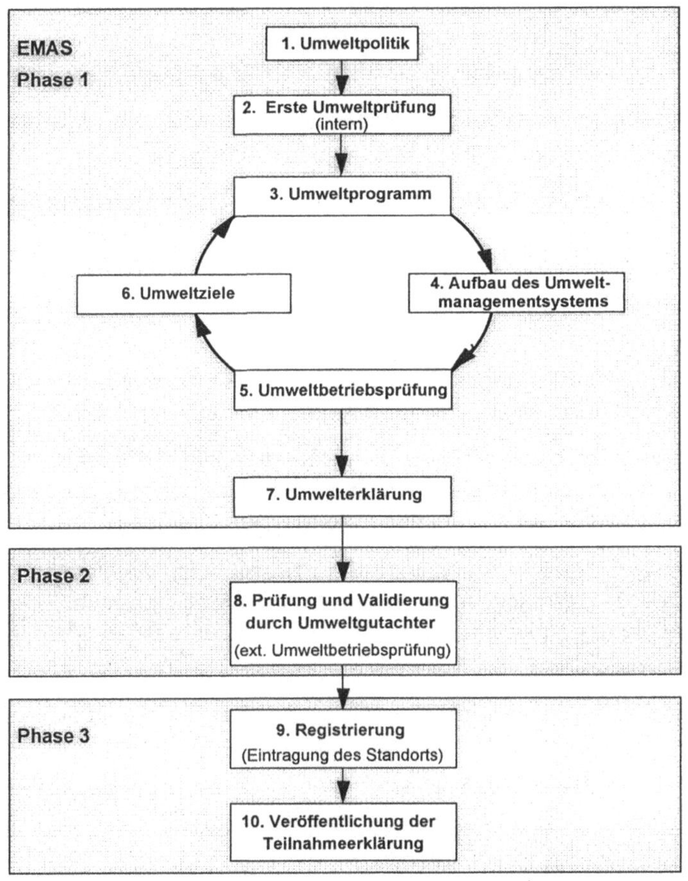

Abb. 6.3.   Der Ablauf der Zertifizierung gemäß EMAS-Verordnung
Quelle: in Anlehnung an Dyllick, T.: *„Umweltmanagement mit System: EMAS und/oder ISO 14.001? "*, S. 25, in: Eichhorn, P. (Hrsg.), (1996), S. 21-36.

---

[49]   Vgl. Verordnung (EWG) Nr. 1836/93 des Rates vom 29. Juni 1993, Art. 1 Ziff. 2, S. 148.

1. Bei den Arbeitnehmern wird auf allen Ebenen das Verantwortungsbewußtsein für die Umwelt gefördert.

2. Die Umweltauswirkungen jeder neuen Tätigkeit, jedes neuen Produkts und jedes neuen Verfahrens werden im voraus beurteilt.

3. Die Auswirkungen der gegenwärtigen Tätigkeit auf die lokale Umgebung werden beurteilt und überwacht und alle bedeutenden Auswirkungen dieser Tätigkeiten auf die Umwelt im allgemeinen überprüft.

4. Es werden die notwendigen Maßnahmen ergriffen, um Umweltbelastungen zu vermeiden bzw. zu beseitigen. Ist dies nicht zu bewerkstelligen, sind umweltbelastende Emissionen und das Abfallaufkommen auf ein Mindestmaß zu verringern, die Ressourcen zu erhalten und umweltfreundliche Technologien zu berücksichtigen.

5. Es werden notwendige Maßnahmen ergriffen, um unfallbedingte Emissionen von Stoffen oder Energie zu vermeiden.

6. Es werden Verfahren zur Kontrolle der Übereinstimmung mit der Umweltpolitik festgelegt und angewandt, sofern diese Verfahren Messungen und Versuche erfordern, wird für die Aufzeichnung und Aktualisierung der Ergebnisse gesorgt.

7. Es werden Verfahren und Maßnahmen für diejenigen Fälle festgelegt und auf dem neuesten Stand gehalten, in denen festgestellt wird, daß ein Unternehmen seine Umweltpolitik und -ziele nicht einhält.

8. Zusammen mit den Behörden werden besondere Verfahren ausgearbeitet und auf dem neuesten Stand gehalten, um die Auswirkungen von etwaigen unfallbedingten Ableitungen möglichst gering zu halten.

9. Die Öffentlichkeit erhält alle Informationen, die zum Verständnis der Umweltauswirkungen der Tätigkeit des Unternehmens benötigt werden; ferner sollte ein offener Dialog mit der Öffentlichkeit geführt werden.

10. Die Kunden werden über die Umweltaspekte im Zusammenhang mit der Handhabung, Verwendung und Endlagerung der Produkte des Unternehmens in angemessener Weise beraten.

11. Es werden Vorkehrungen getroffen, die gewährleisten, daß die auf dem Betriebsgelände arbeitenden Vertragspartner des Unternehmens die gleichen Umweltnormen anwenden.

Abb. 6.4. Die *„11 guten Managementpraktiken"* gemäß EMAS-Verordnung Quelle: Verordnung (EWG) Nr. 1836/93 des Rates vom 29. Juni 1993, Anhang I D.

Der in Abb. 6.3 dargestellte Ablauf der Zertifizierung gemäß der EMAS-Verordnung besteht aus zehn Schritten, die in drei Phasen unterteilt werden können.[50] Der operationale Ablauf dieser Etablierung beginnt in einem ersten Schritt mit dem Aufbau einer betrieblichen **Umweltpolitik**, die sich auf das gesamte Unternehmen bezieht.[51] Diese soll die umweltbezogenen Handlungsgrundsätze (Umweltleitlinien) eines Unternehmens beinhalten und sich dabei nach den folgenden Anforderungen richten, die gleichzeitig auch als Beurteilungskriterien für die ökologische Leistung eines Unternehmens angesehen werden können:[52]

- Einhaltung aller Umweltvorschriften;
- Verpflichtung zu einer angemessenen kontinuierlichen Verbesserung des betrieblichen Umweltschutzes;
- Anwendung der wirtschaftlich vertretbaren, besten verfügbaren Technik (EVABAT), um die Umweltauswirkungen ihrer Tätigkeiten in einem größtmöglichen Umfang zu verringern;
- Einhaltung der 11 guten Managementpraktiken (s. Abb. 6.4).

Die Umweltpolitik sollte jedoch zusätzlich zu diesen geforderten Aspekten unternehmensspezifische Handlungsfelder im ökologischen Bereich aufzeigen, welche dann im Umweltprogramm präzisiert und mit den Instrumenten des Umweltmanagements umgesetzt werden sollen. Diese Konkretisierung kann im Grunde erst nach einer internen Umweltprüfung erfolgen. Daher empfiehlt es sich in der Praxis, die Umweltpolitik erst nach den Ergebnissen der ersten Umweltprüfung zu formulieren.[53]

Der zweite Schritt sieht die Durchführung einer **ersten internen Umweltprüfung** an dem jeweiligen Standort vor. Hierbei handelt es sich um eine Bestandsaufnahme als Basis für eine ökologische Schwachstellenanalyse,[54] die neben der Erfassung und Dokumentation von Umweltvorschriften und der Erfassung und Bewertung der Umweltauswirkungen aller betrieblichen Tätigkeiten auch die Ermittlung des umweltbezogenen Informations- und Bildungsbedarfs der Mitarbeiter aller Hierarchieebenen umfassen soll.[55]

Im Anschluß an diese erste Prüfung ist als dritter Schritt die Aufstellung eines **Umweltprogramms** gefordert. Darin sollen die geplanten Maßnahmen zur Zielerreichung sowie eine Festlegung der entsprechenden Zuständigkeiten, Fristen und der dafür benötigten Mittel enthalten sein.[56]

---

[50] Vgl. Dyllick, T. (1994), S. 6.

[51] Vgl. Haurand, G./Pulte, P. (1996), S. 23.

[52] Vgl. Dyllick, T. (1994), S. 19-20.

[53] Vgl. Lieback, J. U./Schmallenbach, J./Binetti, J.-C. (1996b), S. 20.

[54] Vgl. Rhein, C. (1996), S. 66 f.

[55] Vgl. Fichter, K., *„Der Ablauf des Gemeinschaftssystems. Mit Öko-Controlling zum zertifizierten Umweltmanagementsystem"*, S. 58., in: Fichter, K. (1995), S. 55-70.

[56] Vgl. Dyllick, T. (1994), S. 8; Fichter, K.: *„Der Ablauf des Gemeinschaftssystems. Mit Öko-Controlling zum Zertifizierten Umweltmanagementsystem"*, S. 58., in: Fichter, K. (1995), S. 61.

Der vierte Implementierungsschritt beinhaltet den Aufbau eines **Umweltmanagementsystems**, welches die Umsetzung und Realisation des Umweltprogramms innerhalb des Unternehmens gewährleisten soll. Die Hauptaufgabe ist hierbei die organisatorische Etablierung dieses Gemeinschaftssystems durch die Einrichtung einer möglichst effizienten Aufbau- und Ablauforganisation. Daneben sind die Verantwortung eines Managementvertreters der obersten Führungsebene sowie die Aufgabenbereiche und Kompetenzen von Mitarbeitern in Schlüsselpositionen zu fixieren. Es sind Vorkehrungen zu treffen, die eine kontinuierliche Information und Ausbildung der Mitarbeiter hinsichtlich ihrer Aufgaben und Pflichten innerhalb des Umweltmanagementsystems sicherstellen. Die Registrierung und Bewertungen der Umweltauswirkungen der betrieblichen Tätigkeiten am Standort, auch bei Ausnahme- und Unfallsituationen und die Erstellung einer umfassenden Dokumentation der Politik, Ziele, Maßnahmen und Verantwortlichkeiten sind weitere festgeschriebene Anforderungen an das UMS.[57] Nachfolgend sind die erforderlichen Bestandteile eines UMS zusammenfassend aufgeführt (s. Abb. 6.5).[58]

Erforderliche Bestandteile des UMS nach EMAS:

1. Umweltpolitik, -ziele und -programme;

2. Beschreibung der Zuständigkeiten und Befugnisse;

3. Erfassung und Bewertung der Umweltbeeinflussungen;

4. Aufbau und Ablaufkontrolle;

5. Umweltmanagement-Dokumentation;

6. Umweltbetriebsprüfungen.

Abb. 6.5.   Erforderliche Bestandteile des UMS nach EMAS
Quelle: Verordnung (EWG) Nr. 1836/93 des Rates vom 29. Juni 1993,
Anhang I B.

---

[57] Vgl. Verordnung (EWG) Nr. 1836/93 des Rates vom 29. Juni 1993, Anhang I B, S. 154 ff.

[58] Vgl. Verordnung (EWG) Nr. 1836/93 des Rates vom 29. Juni 1993, Anhang I B. Die hier dargestellten erforderlichen Bestandteile eines UMS beziehen auch die dem Aufbau eines UMS vor- und nachgelagerten Schritte des Gesamtablaufs einer EMAS-Implementierung ein (Vgl. Schritte 1, 3, 5 in Abb. 6.3), die hier getrennt beschrieben werden [Anm. d. Verf.].

Bei der unter dem fünften Schritt genannten **Umweltbetriebsprüfung** handelt es sich um ein internes Öko-Audit, welches auch als Testlauf für eine spätere externe Prüfung gesehen werden kann.[59] Es kann von unternehmenseigenen Mitgliedern oder von extern beauftragten Organisationen durchgeführt werden und ist nicht mit der in Phase zwei als achter Schritt durchzuführenden externen Umweltbetriebsprüfung zu verwechseln.[60] Die Aufgabe dieser internen Überprüfung ist es, festzustellen, ob das aufgebaute UMS den Anforderungen der Verordnung genügt und mit der zuvor festgelegten Umweltpolitik und dem Umweltprogramm übereinstimmt.[61] Die Unternehmensleitung muß neben Ziel, Umfang und Vorgehensweise auch die Periodizität des Auditzyklusses festlegen und als Ergebnis der Überprüfung einen Bericht über Schwächen, Stärken und Verbesserungsmöglichkeiten des Umweltprogramms vorgelegt bekommen.[62] FICHTER schlägt in diesem Zusammenhang vor, die erstmalige Durchführung einer Umweltbetriebsprüfung als Testlauf aufzufassen und dabei die Konzentration auf die Ausarbeitung von Checklisten und Interviewleitfäden sowie auf die Schulung von internen Umweltprüfern zu legen.[63]

Unter Artikel 3 der Verordnung ist als sechster Schritt die Definition von Zielen vorgesehen, die sich ein Unternehmen für seinen betrieblichen Umweltschutz gesetzt hat.[64] Diese auf der obersten Managementebene festzuschreibenden **Umweltziele** sollen „ *... auf eine kontinuierliche Verbesserung des betrieblichen Umweltschutzes gerichtet ... [sein] und das Umweltprogramm gegebenenfalls so abändern, daß diese Ziele am Standort erreicht werden können.* "[65] Mit dieser Formulierung wird der Forderung nach einer fortwährenden Verbesserung und Anpassung des gesamtem Systems an sich verändernde Umweltsituationen explizit Rechnung getragen. Zur Verdeutlichung dieser kontinuierlichen Überprüfung sind die Schritte drei bis sechs in Abb. 6.3 in Form eines Kreislaufs dargestellt, der auch als Rückkopplungsschleife im Sinne der wirtschaftskybernetischen Systemtheorie gesehen werden kann.

---

[59] Vgl. Fichter, K., *„Der Ablauf des Gemeinschaftssystems. Mit Öko-Controlling zum Zertifizierten Umweltmanagementsystem"*, S. 58., in: Fichter, K. (1995), S. 61; Haurand, G./Pulte, P. (1996), S. 26.

[60] Die in Art. 4 der EMAS-VO gewählte Darstellungsweise führt in vielen Fällen zu einer Verwirrung, da hier unter dem Stichpunkt Umweltbetriebsprüfung sowohl die interne als auch die externe Auditierung beschrieben werden. Eindeutig unterschieden werden jedoch die durchführenden Personen. Handelt es sich bei der internen Prüfung um einen *„Betriebsprüfer"* (Art. 4 (1)), so wird die externe Umweltbetriebsprüfung durch einen externen von einer offiziellen Stelle *„zugelassenen Umweltgutachter"* (Art. 4 (3)) durchgeführt [Anm. d. Verf.].

[61] Vgl. Verordnung (EWG) Nr. 1836/93 des Rates vom 29. Juni 1993, Art. 4, S. 150.

[62] Vgl. Dyllick, T. (1994), S. 9.

[63] Vgl. Fichter, K., *„Der Ablauf des Gemeinschaftssystems. Mit Öko-Controlling zum Zertifizierten Umweltmanagementsystem"*, S. 61., in: Fichter, K. (1995), S. 55-70.

[64] Vgl. Verordnung (EWG) Nr. 1836/93 des Rates vom 29. Juni 1993, Art. 2 d), S. 149 f.

[65] Verordnung (EWG) Nr. 1836/93 des Rates vom 29. Juni 1993, Art. 3 e), S. 150.

Ist dieser Kreislauf zufriedenstellend durchlaufen worden, ist in einem siebten Schritt für jeden am Gemeinschaftssystem beteiligten Standort nach Abschluß des jeweiligen Betriebsprüfungszyklusses eine **Umwelterklärung** für die Öffentlichkeit in knapper und verständlicher Form zu verfassen.[66] Vor ihrer Veröffentlichung ist diese Erklärung durch einen zugelassenen Umweltgutachter zu validieren. Zwischen den mindestens dreijährig durchzuführenden externen Umweltbetriebsprüfungen[67] ist jährlich eine vereinfachte Umwelterklärung zu erstellen.[68] Inhaltlich müssen dabei folgende Aspekte berücksichtigt werden:[69]

- Beschreibung der Tätigkeiten des Unternehmens am betreffenden Standort;
- Beschreibung aller relevanten Umweltauswirkungen dieser Tätigkeiten;
- Zusammenfassung der Zahlenangaben über Schadstoffemissionen, Abfälle, Rohstoff-, Energie-, Wasserverbrauch, Lärm und andere in diesem Zusammenhang belangvolle Aspekte;
- Darstellung von Umweltpolitik, -programm und -managementsystem des Unternehmens an dem betreffenden Standort und Hinweise auf bedeutsame Veränderungen in diesen Bereichen seit der letzten Erklärung;
- Termin für die Vorlage der nächsten Umwelterklärung;
- Name des zugelassenen Umweltgutachters, der mit der Validierung und Zertifizierung beauftragt wurde.

Der anschließende achte Schritt, die **externe Umweltbetriebsprüfung** und **Validierung** durch einen zugelassenen Umweltgutachter, ist gleichzeitig als Phase 2 der Gesamtsystemeinführung zu betrachten. Dieser externe Gutachter ist bzgl. der betrieblichen Interna der Geheimhaltung unterworfen und darf in keinem Abhängigkeitsverhältnis zum internen Betriebsprüfer des Standortes stehen. Er prüft die Übereinstimmung von Umweltpolitik, -programm und -managementsystem mit den in Anhang I der Verordnung geforderten Vorschriften, die ordnungsgemäße Durchführung der Umweltprüfung und der internen Umweltbetriebsprüfung sowie die Zuverlässigkeit der Angaben in der Umwelterklärung. Sind alle diese Nachprüfungen positiv verlaufen, oder wurden aufgrund der festgestellten Mängel verbessernde Änderungen durchgeführt, erklärt der Umweltgutachter die Umwelterklärung für gültig.[70]

Die dritte, hauptsächlich administrative Phase der Einführung, bestehend aus den Schritten 9 (Registrierung) und 10 (Teilnahmeerklärung), fällt in das Aufgabengebiet einer in dem jeweiligen EU-Mitgliedsland geschaffenen zuständigen Stelle. In Deutschland werden diese Aufgaben, darunter die Eintragung der Standorte und die Führung eines Standortregisters, von der Registrierstelle der

---

[66] Vgl. Verordnung (EWG) Nr. 1836/93 des Rates vom 29. Juni 1993, Art. 5 (2), S. 150.

[67] Vgl. Verordnung (EWG) Nr. 1836/93 des Rates vom 29. Juni 1993, Anhang II H, S. 159.

[68] Vgl. Verordnung (EWG) Nr. 1836/93 des Rates vom 29. Juni 1993, Art. 5 (5), S. 151.

[69] Vgl. Verordnung (EWG) Nr. 1836/93 des Rates vom 29. Juni 1993, Art. 5, S. 150 f.

[70] Vgl. Verordnung (EWG) Nr. 1836/93 des Rates vom 29. Juni 1993, Art. 4, S. 150.

zuständigen Industrie- und Handelskammer übernommen.[71] Die **Eintragung des Standortes** in eine nationale Standortliste und die Zuweisung einer Registriernummer erfolgt somit im neunten Schritt, wenn der zuständigen Stelle die validierte Umwelterklärung vorgelegt wurde, die dem Standort eine ordnungsgemäße Erfüllung aller Bedingungen dieser Verordnung attestiert. Werden Verstöße gegen diese Verordnung bei der zuständigen Stelle bekannt, so kann eine Eintragung abgelehnt oder vorübergehend aufgehoben werden.[72] Als letzter Vorgehensschritt bietet die Verordnung den teilnehmenden Unternehmen die Möglichkeit eine **Teilnahmeerklärung**, bestehend aus einer Grafik und einem erläuternden Text, für ihre eingetragenen Standorte zu veröffentlichen und auf ihrer schriftlichen Kommunikation (Briefköpfe, Berichte etc.) zu verwenden. Ein Einsatz des Teilnahmeemblems in der Produktwerbung wird jedoch explizit ausgeschlossen.[73]

Bei der praktischen Durchführung der einzelnen Phasen dieser Verordnung empfiehlt das BMU/UBA die Einrichtung eines Projektteams, in welchem neben Vertretern der Geschäftsführung und speziellen Umweltschutzfachkräften auch relevante Funktionsbereiche des Unternehmens vertreten sein sollen.[74] Darüber hinaus weisen Umweltgutachter im Rahmen der EG-Öko-Auditierung u. a. auf folgende, sich häufig bei der externen Validierung wiederholende Fehler hin, welche es grundsätzlich zu vermeiden gilt:[75]

1. Beim Aufbau des UMS werden die bereits bestehenden Managementmethoden zu wenig berücksichtigt.
2. Zentral erstellte bzw. von vergleichbaren Unternehmen bereits vorhandene *„Musterhandbücher"* werden unkritisch übernommen, eigene betriebliche Abläufe werden den dort beschriebenen untergeordnet.
3. Die Umweltpolitik ist unpräzise formuliert, enthält keine konkreten Vorgaben und greift keine unternehmensspezifischen Handlungsfelder auf.
4. Zu geringe Einbeziehung der Mitarbeiter und damit unzureichende Nutzung des kreativen Potentials aller Funktionen auf allen hierarchischen Ebenen.
5. Zu lange Intervalle der internen Umweltbetriebsprüfung und fehlende oder mangelhafte Instanz zur laufenden Systemkontrolle.

6.3.3
ISO-Norm 14001

Die *ISO 14001 - Environmental management systems, Specifications with guidance for use* ist nach knapp einem Jahr Bearbeitungszeit von dem 1993 gegründeten Subkomitee 1 (SC 1) des Technischen Komitees (TC 207) der

---

[71] Vgl. Fichter, K., *„Der Ablauf des Gemeinschaftssystems. Mit Öko-Controlling zum Zertifizierten Umweltmanagementsystem"*, S. 63, in: Fichter, K. (1995), S. 55-70.

[72] Vgl. Verordnung (EWG) Nr. 1836/93 des Rates vom 29. Juni 1993, Art. 8, S. 151 f.

[73] Vgl. Verordnung (EWG) Nr. 1836/93 des Rates vom 29. Juni 1993, Art. 10, S. 152.

[74] Vgl. Fichter, K., *„Der Ablauf des Gemeinschaftssystems. Mit Öko-Controlling zum Zertifizierten Umweltmanagementsystem"*, S. 64, in: Fichter, K. (1995), S. 55-70.

[75] Vgl. Lieback, J. U./Schmallenbach, J./Binetti, J.-C. (1996b), S. 21.

International Standard Organisation (ISO) im Herbst 1994 als *„Draft International Standard (DIS)"* in einem *„Parallel Voting-Prozeß"* gleichzeitig zur Begutachtung dem *Comité Europèen de Normalisation* (CEN) und der ISO vorgelegt worden.[76] Im Oktober 1995 ist dieser Normentwurf unverändert als Deutsche Entwurfsfassung des Normenausschusses Grundlagen des Umweltschutzes (NAGUS)[77] im *Deutschen Institut für Normung e.V.* (DIN) in Berlin übernommen worden.[78] Zwischen August 1995 und Februar 1996 fand eine Abstimmung dieses Normentwurfes innerhalb der ISO-Mitglieder statt, bei der sich fast alle Beteiligten für diese Norm aussprachen (Ausnahme: Irland). Nach einer redaktionellen Abstimmung durch die Sekretariate des TC 207 wurde eine zweimonatige Bestätigungsabstimmung eingeleitet, deren Ergebnis die einstimmige Annahme der Norm von allen stimmberechtigten Mitgliedern war. Somit wurde die ISO 14001 im August 1996 verabschiedet,[79] am 1. September 1996 veröffentlicht und danach unverändert vom CEN und DIN übernommen.

In Deutschland ist sie als DIN EN ISO 14001[80] in ihrer Fassung von Oktober 1996 in Kraft getreten. Diese Norm gilt als *„Umweltpendant"* zur Qualitätsnorm ISO 9000 und soll als internationales Regelwerk zu einer globalen Harmonisierung der Umweltmanagementsystem-Standards beitragen. Die ISO 14001 verfolgt damit weltweit das Ziel der kontinuierlichen Verbesserung des betrieblichen Umweltschutzes. Sie ist in weiten Teilen kompatibel mit den Anforderungen der europaweit geltenden EG-Öko-Audit-Verordnung und soll auf europäischer Ebene zur Erfüllung ihrer Anforderungen beitragen (s. Abschn. 6.3.4).[81]

Die Möglichkeit der Verbindung eines nach dieser Norm aufgebauten Managementsystems mit einem bereits bestehenden Qualitätsmanagementsystem nach der Normenreihe ISO 9000 wird mit dem Hinweis, daß diese Normen auf gemeinsamen Grundsätzen aufbauen, explizit betont.[82] In einem umfangreichen Anhang B werden zur Vereinfachung einer solchen Systemverbindung die Zusammenhänge zwischen ISO 14001 und ISO 9001 tabellarisch gegenübergestellt.[83]

---

[76] Vgl. Jasch, A.: *„Die ISO 14001-Norm und ihre Bedeutung für die EG-Öko-Audit-Verordnung"*, S. 43, in: Fichter, K. (1995), S. 41-51.

[77] Der NAGUS wurde 1992 vom Bundesministerium für Umwelt, Naturschutz und Reaktorsicherheit (BMU) und dem DIN gegründet und ist das Spiegelgremium des SC 1-6 (ohne SC4) des ISO TC 207 in Deutschland [Anm. d. Verf.]. Vgl. Jasch, A.: *„Die ISO 14001-Norm und ihre Bedeutung für die EG-Öko-Audit-Verordnung"*, S. 42, in: Fichter, K. (1995), S. 41-51.

[78] ISO/DIS 14001, Deutsche Entwurfsfassung des Normenausschusses Grundlagen des Umweltschutzes (NAGUS) im DIN Deutsches Institut für Normung e.V., Berlin Oktober 1995.

[79] Vgl. Waskow, S. (1997), S. 15.

[80] Im folgenden wird zur Vereinfachung die verkürzte Version ISO 14001 verwendet, da die internationale Fassung sowohl für die europäische als auch für die deutsche Version unverändert übernommen wurde [Anm. d. Verf.].

[81] ISO 14001: 1996, Nationales Vorwort, S. 1.

[82] ISO 14001: 1996, Einführung, S. 5.

[83] ISO 14001: 1996, Anhang B (informativ), S. 21-25.

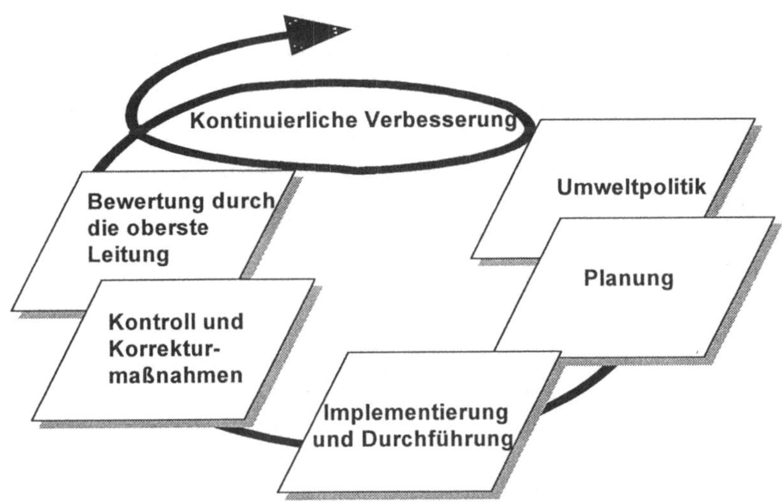

Abb. 6.6. Ablauf einer UMS-Einführung nach ISO 14001
Quelle: ISO 14001: 1996, S. 4.

In Abb. 6.6 ist das Modell des nach Artikel 4.1 der ISO 14001 geforderten Umweltmanagementsystems dargestellt. Die Ablauffolge entspricht dabei dem traditionellen Kreislauf im Planungs- und Controllingbereich: *„Politik - Planung – Umsetzung - Kontrolle - Revision."*[84] In einem kurzen Überblick werden die in fünf Phasen gegliederten Elemente der ISO 14001 vorgestellt, welche im Sinne einer *„Spirale der kontinuierlichen Verbesserung"* auf jeweils höheren Leistungsniveaus immer wieder durchschritten werden sollen und gleichzeitig wiederum als Anforderungen an ein UMS angesehen werden können.

Phase 1: Umweltpolitik
Hierunter versteht die Norm eine *„Erklärung der Organisation über ihre Absichten und Grundsätze in bezug auf ihre Umweltleistungen insgesamt, [die] einen Rahmen für Handlungen und für die Festlegung der umweltbezogenen Zielsetzungen und Einzelziele bildet."*[85] Explizit zu berücksichtigen sind u. a. laut Artikel 4.2 der Norm, die Verpflichtung zur kontinuierlichen Verbesserung, die Einhaltung der relevanten gesetzlichen Umweltbestimmungen sowie die Dokumentation, Umsetzung und Bekanntgabe bzw. Veröffentlichung dieser Politik nach innen und nach außen.[86]

---

[84] Vgl. Dyllick, T. (1994), S.33. Die Struktur der ISO 14001 kann ebenso mit der aus dem TQM bekannten *„Plan-Do-Check-Act"*-Abfolge (s. PTCA-Zyklus, Kap. 5, Abschn. 5.4.1.2.1) verglichen werden [Anm. d. Verf.]. Vgl. Dyllick, T./Gebhardt, P./Häfliger, B. (1998), S. 4.

[85] ISO 14001: 1996, Art. 3.9, S. 7.

[86] ISO 14001: 1996, Art. 4.2, S. 8.

Phase 2: Planung

Diese Phase ist unterteilt in die vier Einzelschritte: Umweltaspekte, gesetzliche und andere Forderungen, Zielsetzungen/Einzelziele und Umweltmanagementprogramme:

- **Umweltaspekte**

  Unter diesem Stichwort versteht diese Norm denjenigen „ ... *Bestandteil der Tätigkeiten, Produkte oder Dienstleistungen einer Organisation, welcher in Wechselwirkung mit der Umwelt treten kann".*[87]Demnach muß ein Verfahren zur Erfassung dieser Aspekte eingeführt und auf dem neuesten Stand aufrechterhalten werden. Hierzu wird im Anhang A der Norm jenen Organisationen, welche noch kein UMS eingeführt haben, vorgeschlagen, in einem ersten Schritt ihren Ausgangszustand durch eine Umweltprüfung zu ermitteln.[88] Werden Aspekte mit *„bedeutenden Auswirkungen"* auf die Umwelt identifiziert, müssen diese in den umweltbezogenen Zielsetzungen der Organisation berücksichtigt werden.[89]

- **Gesetzliche und andere Forderungen**

  Hier ist die Einführung eines Verfahrens gefordert, welches gewährleistet, daß diejenigen gesetzlichen und anderen Forderungen[90] ermittelt werden, welche für die oben beschriebenen Umweltaspekte der Tätigkeiten, Produkte oder Dienstleistungen des Unternehmens relevant sind.[91]

- **Zielsetzungen und Einzelziele**

  Das teilnehmende Unternehmen muß für alle hierarchischen Ebenen möglichst konkrete umweltbezogene Ziele formulieren, die im Einklang mit der festgelegten Umweltpolitik, den gesetzlichen und anderen Forderungen und den bedeutenden Umweltaspekten stehen. Dabei sollte darauf geachtet werden, daß bei der Zielausrichtung die betrieblichen Rahmenbedingungen (Technologie, Finanzen etc.) und die Standpunkte sog. *„interessierter Kreise"* (Anspruchsgruppen) berücksichtigt werden.[92]

- **Umweltmanagementprogramme**

  Zur Verwirklichung der umweltbezogenen Zielsetzungen muß die Organisation ein oder mehrere Programme festlegen, die neben den Verantwortlichkeiten auf allen Ebenen auch die Mittel und den Zeitrahmen der Umsetzung festschreiben. Bei neuen Projekten oder Produkten bzw. modifizierten Tätigkeiten hat eine Anpassung des Programms zu erfolgen.[93]

---

[87]   ISO 14001: 1996, Art. 3.3, S. 7.

[88]   ISO 14001: 1996, Anhang A 4.3.1, S. 15.

[89]   ISO 14001: 1996, Art. 4.3.1, S. 8.

[90]   Unter dem Begriff *„andere Forderungen"* werden hier nicht gesetzlich vorgeschriebene Anforderungen verstanden, zu deren Einhaltung sich die Organisation verpflichtet hat (Bsp. ICC-Business Charter for Sustainable Development) [Anm. d. Verf.].

[91]   ISO 14001: 1996, Art. 4.3.2, S. 9.

[92]   ISO 14001: 1996, Art. 4.3.3, S. 9.

[93]   ISO 14001: 1996, Art. 4.3.4, S. 9.

Phase 3: Implementierung und Durchführung
Nach den beiden vorbereitenden Phasen 1 und 2 erfolgt in der dritten Phase die
eigentliche Umsetzung und Durchführung des Umweltmanagementsystems. Dazu
werden die folgenden Teilschritte in der Norm behandelt:

- **Organisationsstruktur und Verantwortlichkeit**
  Um eine den Anforderungen der Norm entsprechende Einführung und Aufrechterhaltung des UMS sicherzustellen, hat die Unternehmensleitung die entsprechenden Aufgaben, Verantwortlichkeiten und Befugnisse der einzelnen
  Mitarbeiter festzuschreiben. Im Rahmen dieser umweltbezogenen Aufgabendelegation ist mindestens ein Beauftragter der obersten Leitung zu benennen,
  der gewährleistet, daß die von seiten der ISO 14001 an das UMS gestellten
  Forderungen erfüllt werden. Als Basis für eine Bewertung und Verbesserung
  des Systems, sind von diesem Beauftragten Leistungsberichte an die oberste
  Leitung zu erstatten.[94]

- **Schulung, Bewußtsein und Kompetenz**
  Die Organisation ist nach dieser Norm angehalten, den Schulungsbedarf in
  umweltbezogenen Fragestellungen zu ermitteln und daraufhin ein Schulungs-
  system für alle Mitarbeiter (in umweltrelevanten Funktionen) aufzubauen, welches deren Bewußtseins- und Kompetenzbildung auf diesem Gebiet aktiv unterstützt. Zu vermitteln sind hierbei u.a. Informationen über die Bedeutung der
  Konformität mit der Umweltpolitik, die tatsächlichen und potentiellen Einwirkungen der einzelnen Tätigkeiten auf die Umwelt, das optimale Verhalten bei
  Notfällen und bei Gefahrenabwehr und die möglichen Folgen bei Abweichungen von vorgeschriebenen Arbeitsabläufen.[95]

- **Kommunikation**
  Unter diesem Aspekt wird den teilnehmenden Unternehmen eine interne und
  externe Kommunikation über ihre *„bedeutenden Umweltaspekte"* und die
  diesbezüglich getroffenen *„Entscheidungen"* vorgeschrieben. Von besonderer
  Bedeutung ist hierbei der *„Dialog mit den interessierten Kreisen"* (Anspruchsgruppen), um ein positives Image der Organisation hinsichtlich ihres
  Umweltengagements aufzubauen und aufrechtzuerhalten.[96]

- **Dokumentation des Umweltmanagementsystems**
  Um die Anforderungen an das UMS und ihre Wechselwirkungen zu beschreiben und Hinweise an das Auffinden zugehöriger Beschreibungen zu geben,
  muß eine Dokumentation des Umweltmanagementsystems in schriftlicher Form
  erstellt werden. Der Aufbau eines Handbuchs ist dabei nicht zwingend erforderlich.[97]

---

[94] ISO 14001: 1996, Art. 4.4.1, S. 9.
[95] ISO 14001: 1996, Art. 4.4.2, S. 10.
[96] ISO 14001: 1996, Art. 4.4.3, S. 10.
[97] ISO 14001: 1996, Art. 4.4.4, S. 10 und A.4.4, S. 18.

- **Lenkung der Dokumente**
  Die ordnungsgemäße Lenkung aller nach dieser Norm erforderlichen Dokumente, deren Zuordnung, Aktualisierung, Überprüfung und Aufbewahrung muß seitens der Organisationsleitung mit Hilfe eines geeigneten Verfahrens gewährleistet werden.[98]

- **Ablauflenkung**
  Das teilnehmende Unternehmen hat für umweltrelevante Tätigkeiten eindeutige Arbeits- und Verfahrensanweisungen festzulegen und zu dokumentieren. Diese haben mit den umweltpolitischen Zielsetzungen übereinzustimmen. Dabei sind die eingesetzten Güter und Dienstleistungen von Vorlieferanten in der Form einzubeziehen, daß den jeweiligen Zulieferern die entsprechenden umweltbezogenen Anforderungen und Verfahrensanweisungen bekanntgegeben werden.[99]

- **Notfallvorsorge und -maßnahmen**
  Hierzu sieht diese internationale Norm vor, daß die Organisation Verfahren einrichten, aufrechterhalten und regelmäßig erproben muß, „ *... um mögliche Unfälle und Notfallsituationen zu ermitteln und auf diese entsprechend zu reagieren sowie Umwelteinwirkungen, die damit verbunden sein könnten, zu verhindern und zu begrenzen.* "[100]

Phase 4: Kontroll- und Korrekturmaßnahmen

Die vierte Phase entspricht dem Teilschritt *„Kontrolle"* im traditionellen Kreislauf des Planungs- und Controlling-Prozesses. Sie kann in vier Einzelschritte untergliedert werden.

- **Überwachung und Messung**
  Das Unternehmen muß dokumentierte Verfahren zur kontinuierlichen Überwachung und Messung jener Arbeitsabläufe und Tätigkeiten einführen, welche eine *„bedeutende Auswirkung"* auf die Umwelt haben können. Die Einhaltung von gesetzlich geregelten Umweltbestimmungen, z. B. bestimmter Grenzwerte bei Schadstoffemissionen, ist dabei als Grundvoraussetzung anzusehen. Die umweltbezogenen Zielsetzungen des Unternehmens sind als Leistungskriterien heranzuziehen.[101]

- **Abweichungen, Korrektur- und Vorsorgemaßnahmen**
  Verantwortlichkeiten bzgl. der Durchführung von Verfahren zur Untersuchung und Korrektur von Abweichungen festgelegter Abläufe sowie Vorsorgemaßnahmen zur Beseitigung von Ursachen potentieller und tatsächlicher Abweichungen müssen von der teilnehmenden Organisation festgelegt, umgesetzt und entsprechend dokumentiert werden.[102]

---

[98] ISO 14001: 1996, Art. 4.4.5, S. 10.
[99] ISO 14001: 1996, Art. 4.4.6, S. 11.
[100] ISO 14001: 1996, Art. 4.4.7, S. 11.
[101] ISO 14001: 1996, Art. 4.5.1, S. 11.
[102] ISO 14001: 1996, Art. 4.5.2, S. 12.

- **Aufzeichnungen**
  Das Unternehmen ist angehalten, umweltbezogene Aufzeichnungen auch über Schulungen und Ergebnisse von Umweltaudits zu erstellen und aufzubewahren, um in der Lage zu sein, die Konformität des UMS mit dieser Norm darlegen zu können.[103]

- **Umweltmanagementsystem-Audit**
  Zur regelmäßigen Auditierung des aufgebauten UMS ist ein Programm zu erstellen, mit dessen Hilfe überprüft werden soll, ob und in welchem Umfang die Forderungen der Norm und die geplanten Vorgaben erfüllt und das UMS ordnungsgemäß umgesetzt und aufrechterhalten worden ist. Das Auditprogramm ist auf Basis der Umweltwirksamkeit der jeweiligen Tätigkeiten und aufgrund der Ergebnisse vorangegangener Audits zu erstellen.[104] Die Audits können sowohl von Mitarbeitern der Organisation und/oder von externen, bei der TGA akkreditierten Zertifizierern durchgeführt werden.[105] Es wird ein jährliches Auditierungsintervall vorgesehen, wobei in den ersten beiden Jahren ein kleineres Überwachungsaudit und im dritten Jahr ein komplettes Wiederholungsaudit durchzuführen ist.

Phase 5: Bewertung durch die oberste Leitung

Die fünfte und letzte Phase dieser UMS-Implementierung sieht eine Bewertung des aufgebauten UMS durch die oberste Leitung vor und ist als Schlüsselelement des Implementierungszyklusses Anfangs- und Endglied zugleich. Diese Bewertung soll eine fortdauernde Eignung, Angemessenheit und Wirksamkeit des UMS gewährleisten. Zusammen mit der in diesem Abschnitt der Norm festgeschriebenen Verpflichtung, das System an Veränderungen anzupassen, bildet sie die Grundlage für eine Umwandlung des Implementierungskreislaufs in eine Spirale der kontinuierlichen Verbesserung.[106]

6.3.4
Überblick über die Normenreihe ISO 14000

Zusätzlich zur vorgestellten Norm ISO 14001 bestehen inzwischen eine Reihe von weiteren Normen und Normentwürfen zum Thema Umwelt, die - sofern sie noch nicht verabschiedet wurden - den einzelnen Unterkomitees des TC 207 der ISO zur Bearbeitung vorliegen. Abb. 6.7 gibt einen Überblick über den Stand der Normierung im Rahmen der Normenreihe der ISO 14000:

---

[103] ISO 14001: 1996, Art. 4.5.3, S. 12.
[104] ISO 14001: 1996, Art. 4.5.4, S. 12.
[105] ISO 14001: 1996, Anhang A 5.4, S. 20.
[106] ISO 14001: 1996, Art. 4.6, S. 12 f.

ISO-Nr.	Titel der jeweiligen Norm	Arbeitsgremium der ISO/Status der Norm/ Erscheinungsjahr[107]
ISO 14001	Environmental Management Systems - Specification with Guidance for use	SC 1/DIN EN ISO/1996
ISO 14004	Environmental Management Systems - General Guidelines on Principles, Systems and supporting Techniques	SC 1/DIN EN ISO/1996
ISO 14010	Guidelines for Environmental Auditing - General Principles	SC 2/DIN EN ISO/1996
ISO 14011	Guidelines for Environmental Auditing - Audit Procedures - Auditing of Environmental Management Systems	SC 2/DIN EN ISO/1996
ISO 14012	Guidelines for Environmental Auditing - Qualification Criteria for Environmental Auditors	SC 2/DIN EN ISO/1996
ISO 14020	Environmental labels and declarations - General Principles	SC 3/FDIS/1998
ISO 14021	Environmental labels and declarations - Self declaration environmental claims - Guidelines and definition and usage of terms	SC 3/DIS/1998-1999
ISO 14022	Environmental Labelling - Symbols	SC 3/WI/1997
ISO 14023	Environmental Labelling Testing -Verification - Methodologies for Application in Environmental Labelling	SC 3/WI/1997
ISO 14024	Environmental labels and declarations - Type I environmental labelling - Guiding principles and procedures	SC 3/DIS/1998
ISO 14031	Environmental Management - Environmental Performance Evaluation	SC 4/DIS/1998-1999
ISO 14040	Environmental Management - Life Cycle Assessment - Principles and Framework	SC 5/DIN EN ISO/1997
ISO 14041	Environmental Management - Life Cycle Assessment - Goal and Scope definition and Inventory Analysis	SC 5/FDIS/1998
ISO 14042	Life Cycle Assessment - Life Cycle Impact Assessment	SC 5/CD/1999
ISO 14043	Life Cycle Assessment - Life Cycle Improvement Assessment	SC 5/ CD/1999
ISO 14050	Environmental Management - Vocabulary	SC 6/FDIS/1998

Abb. 6.7.   Auszug aus der Normenreihe ISO 14000
Quelle: Information des UBA, Gespräch mit R. Peglau, Stand: März 1998.

---

[107] Arbeitsgremium der ISO = Sub Committee (SC); Status der Norm = Draft International Standard (DIS), Committee Draft (CD), Work Item (WI), FDIS = Final Draft International Standard [Anm. d. Verf.].

Im Rahmen dieser Normungsaktivitäten werden zum einen Aspekte geregelt, etwa die Direktiven bzgl. der Auditierungsinhalte und -kriterien, die Bewertungskriterien für die Umweltleistung eines Unternehmens, die ökologische Produktgestaltung, die Vergabe von Umweltzeichen für ökologische Produkte und die Produktlebenszyklusanalyse, zum anderen werden Leitfäden zur Unterstützung der Ausführung dieser Normen aufgestellt.

6.4
Kritische Würdigung und Vergleich der betrachteten Systeme

6.4.1
BS 7750 als Vorläufer des EMAS

Bei der inhaltlichen Gegenüberstellung dieser beiden Normen ist zu erkennen, daß der Britische Standard BS 7750 der EMAS-Verordnung von der Grundidee in weiten Teilen entspricht. Dieser Zusammenhang ist jedoch nicht von zufälliger Natur. Zum einen waren der British Standard Institution die Pläne der Europäischen Kommission zum Aufbau einer solchen Verordnung bekannt, zum anderen kam dem britischen Beispiel bei dem Aufbau der EG-Norm eine Vorreiterrolle und damit eine starke normative Kraft zu.[108] Die Übereinstimmungen in einer großen Anzahl der vorgesehenen Implementierungsstufen (Umweltpolitik, -ziele, -programm etc.) sind bei der formalen Gegenüberstellung der beiden Umweltmanagementsysteme zu erkennen. Zu bemerken ist jedoch, daß bei der EMAS-Verordnung eine inhaltliche Konkretisierung der einzelnen Schritte stattgefunden hat. Im Gegensatz zum EMAS verlangt der BS 7750 keine kontinuierliche Verbesserung, die über die Anforderungen der Umweltgesetze und Umweltvorschriften hinausgeht. Ebensowenig ist eine Umwelterklärung erforderlich, lediglich Umweltpolitik und -ziele sind der Öffentlichkeit zugänglich zu machen.[109] Die zukünftige Bedeutung des BS 7750 wird primär von den Unternehmen in Großbritannien und deren Kundenforderungen abhängen. Der BS 7750 wird durch das EMAS abgedeckt und findet inzwischen innerhalb Deutschlands nur noch wenig Beachtung. Aus internationaler Sicht kann davon ausgegangen werden, daß die Relevanz des BS 7750 durch die Annahme der ISO 14001 weiter zurückgehen wird.[110]

6.4.2
EMAS im Vergleich zu ISO 14001

Kritiker der EMAS bemängeln an der Verordnung vor allem die unsicheren Prüfkriterien, die vielen bürokratischen Vorgaben und Regelungen des Staates, die

---

[108] Vgl. Kraemer, R. A., *„Zielsetzungen der EG-Öko-Audit-Verordnung und ihr Umfeld in der Europäischen Umweltpolitik“*, S. 26, in: Fichter, K. (1995), S. 19-31.
[109] Vgl. Seidensticker, A. (1995), S. 11.
[110] Vgl. ebenda, S. 12.

Doppelverpflichtung für deutsche Unternehmer durch die Berichtspflicht gegenüber dem Staat und den externen Auditoren sowie die daraus resultierende Verzerrung des Wettbewerbs.[111] Zudem wird die Standortbezogenheit der Verordnung kritisiert, welche der wachsenden internationalen Arbeitsteilung mit der Folge der Verlagerung von Produktionsstandorten ins Ausland, insbesondere in Länder mit geringen Umweltauflagen, keine Rechnung trägt.[112]

Negativ beurteilt werden außerdem folgende Aspekte:[113]

- Die „wettbewerbsverzerrende Industrieauditierung" gegenüber dem Handel, kommunalen Einrichtungen und dem Dienstleistungsgewerbe, welche bislang nicht an der Verordnung teilnehmen können, jedoch gleichermaßen hohe Umweltschäden bewirken.

- Die Ausrichtung der geforderten Umweltmanagementstruktur an veralteten Managementprinzipien (funktionsorientiert, hierarchisch) anstatt einer Orientierung an modernen, an der Wertschöpfungskette ansetzenden, flachen und teamorientierten Strukturen.

- Die aufwendige formale Darstellung in Form von Handbüchern und schwer zu generierenden Umweltdaten, deren Kenntnis in einigen Fällen nur bedingte Verbesserungen versprechen und welche für kleine und mittlere Unternehmen nur mit größtem Aufwand zu ermitteln sind.

- Die subjektive Sicht der Gutachter und deren Konzentration auf schriftliche Protokolle, Meßberichte und Dokumentationen und nicht auf den tatsächlich ablaufenden Prozeß.

- Die hohen Kosten beim Aufbau, der Aufrechterhaltung und der Auditierung dieses Systems.

- Die zu starke Ausrichtung des Systems an den Managementstrukturen von Großkonzernen, wodurch sich das EMAS in weiten Teilen als mittelstandsfeindlich und, aufgrund des fehlende Praxisbezugs, für klein- und mittelständische Unternehmen als nur schwer realisierbar erweist.[114]

Eine im internationalen Vergleich relativ große Zahl der deutschen Industrieunternehmen reagierte jedoch optimistisch. Sie haben bereits ein Umweltmanagement installiert und nehmen aus Wettbewerbsgründen am EMAS teil oder planen zumindest eine Teilnahme. Im Februar 1998 waren insgesamt rund 1500 Standorte innerhalb der EU nach EMAS validiert, davon alleine 1070 in Deutschland.[115] Es ist festzustellen, daß die Anforderungen des EMAS selbst nach der Überarbeitung der ISO-Entwurfsfassung noch immer etwas umfangreicher sind, als die der ISO 14001 Norm. Dieser Unterschied ist damit zu begründen, daß die ISO 14001 Norm auf einer privatwirtschaftlichen Initiative beruht, welche die einheitliche

---

[111] Vgl. Schottelius, D. (1995), S. 1550 f.
[112] Vgl. Clausen, J./Fichter, K.: „Die Umwelterklärung - der Umweltbericht des EG-Öko-Audit-Gemeinschaftssystems", S. 159, in: Fichter, K. (1995), S. 151-163.
[113] Vgl. Hartmann, W. D. (1997), S. 2 ff; Dyllick, T. (1998), S. 4 f.
[114] Vgl. Braun, S. (1996), S. 16.
[115] Vgl. o. V. (1998a), S. 18.

Regelung durch die Legislative umgeht. Ziel der Wirtschaft war es, eine einfachere und kosteneffektivere Lösung zu kreieren. Dies wurde durch die Elimination des Standortbezugs und die Auslassung der Elemente *„Veröffentlichung einer Umwelterklärung"*, die zudem durch *„zugelassene Umweltgutachter"* validiert werden muß, sowie *„Anwendung der besten verfügbaren Technologie"* und *„Umsetzung guter Managementpraktiken"* verfolgt.

Während bei der stärker umweltleistungsbezogenen EMAS die zu erhebenden und zu bewertenden Umweltauswirkungen detaillierter spezifiziert sind, zeichnet sich die ISO 14001 durch eine stärkere Umweltmanagementsystem-Orientierung aus, da hier eine detailliertere Darstellung des Aufbaus und der Abläufe eines Managementsystems erfolgt.[116] In formaler Hinsicht weist die ISO 14001 Norm zudem eine übersichtlichere, signifikant kürzere und damit praktikablere Struktur auf, welche sich an der bekannten Ablauffolge des herkömmlichen Planungs- und Controllingkreislaufes *„Politik - Planung - Umsetzung - Kontrolle - Revision"* orientiert[117]. So wirkt der an den betrieblichen Alltag orientierte Aufbau der 18 Schlüsselelemente logischer und verständlicher als der *„...Begriffswirrwarr* [der EMAS], *der mit keiner bislang geltenden Sprachregelung vereinbar ist."*[118] Dies zeigt sich vor allem durch den, im Vergleich zu den zu berücksichtigenden, ausführlichen Anhängen der EMAS, weitaus geringeren Detaillierungsgrad der ISO-Norm-Elemente.[119]

Eine Erschwernis der ISO 14001 besteht jedoch durch den Anspruch, daß das Umweltmanagementsystem zum Zeitpunkt der Auditierung bereits durch die Mitarbeiter gelebt werden muß. Dies setzt voraus, daß bereits ein halbes Jahr vor der Zertifizierung interne Audits und Schulungen durchgeführt sein müssen. Die ISO 14001 beansprucht außerdem mit der *„Notfallvorsorge und -maßnahmenplanung"* ein Element, welches das EMAS nicht vorsieht. Diese zusätzliche Anforderung ist für deutsche Unternehmen jedoch unerheblich, da derartige Vorkehrungen in Deutschland bereits vom Gesetzgeber vorgeschrieben sind. Die ISO geht jedoch in einem stärkeren Maße von der Eigenverantwortung der Unternehmen und einer sich durch den Marktdruck kontinuierlich selbst verstärkenden Nachfrage nach entsprechenden Zertifikaten aus.[120]

Das hoheitliche EMAS zeichnet sich durch eine höhere Glaubwürdigkeit gegenüber den gesellschaftlichen Anspruchsgruppen, etwa dem Staat, den Natur- und Umweltschutzverbänden, den Bürgerinitiativen, den Parteien, den Warentestinstituten sowie den Medien aus. Die zugelassenen Umweltgutachter nach der UAGZVV, die materielle Umweltprüfung und die überprüfbare Umwelterklärung

---

[116] Vgl. Lütkes, S. (1997), S. 10.

[117] Dyllick, T. (1994), S. 33.

[118] Klemmer, P./Meuser, T.: *„Das EG-Umweltaudit - Eine Einführung"*, S. 31, in: Klemmer, P./Meuser, T. (Hrsg.), (1995), S. 17-35.

[119] Vgl. Jasch, A.: *„Die ISO 14001-Norm und ihre Bedeutung für die EG-Öko-Audit-Verordnung"*, S.46, in: Fichter, K. (1995), S. 41-51.

[120] Vgl. Dyllick, T.: *„Umweltmanagement mit System: EMAS und/oder ISO 14.001?"*, S. 23, in: Eichhorn, P. (Hrsg.), (1996), S. 21-36.

stellen für diese Kreise einen höheren Grad an Gewährleistung der Umweltschutzbemühungen eines Unternehmens dar.[121] Dieses öffentliche Vertrauen verstärkt
sich zudem durch die Einbindung sowohl der Umweltgutachtertätigkeiten als auch
der Erteilung von Teilnahmeerklärungen in ein öffentlich und hoheitlich über-
wachtes Aufsichtssystem.[122] In der folgenden Tabelle 6.1 werden die Unterschiede
und Gemeinsamkeiten der Anforderungen an das Umweltmanagementsystem nach
EMAS und ISO 14001 abschließend zusammengefaßt (die grauen Felder
verdeutlichen die Hauptunterschiede der beiden Systeme).

Die Entscheidung eines Unternehmens, sich nach EMAS oder ISO 14001 Norm
zertifizieren zu lassen, wird unter anderem durch das Kunden- und Produktspek-
trum geprägt. Global tätige Unternehmen werden sich eher für ein weltweit anerkanntes Zertifikat nach ISO 14001 entscheiden, wohingegen Firmen, die im europäischen Umfeld agieren, dem EMAS Vorzüge abgewinnen können. In der Ge-
brauchsgüterbranche werden sich Unternehmen eher gefordert fühlen, mit einer
validierten Umwelterklärung gemäß EMAS das Vertrauen der Öffentlichkeit zu
gewinnen, im Gegensatz zu Firmen im Investitionsgüterbereich.[123] Zudem erhoffen
sich die Unternehmen in Deutschland durch die Beteiligung am EMAS-System,
insbesondere durch vereinfachte staatliche Überwachungs- oder Genehmigungsverfahren, deregulierende Effekte zu erzielen.

6.4.3
Möglichkeiten der Kombination von EMAS und ISO 14001

Wie sich das bestehende Konkurrenzverhältnis zwischen EMAS und ISO 14001
weiterentwickelt, ist zum heutigen Stand noch nicht abzusehen. Es zeichnen sich
jedoch Tendenzen ab, wonach den beiden Systemen ein paralleles Fortbestehen
prognostiziert werden kann. So sind in der Praxis bereits einige Unternehmen nach
beiden Systemen zertifiziert. Voraussetzung für eine *„Doppel-Zertifizierung"* ist
ein etabliertes Umweltmanagementsystem, welches so aufgebaut ist, daß es allen
gestellten Anforderungen aus beiden Katalogen entspricht. Den Unternehmen,
welche zumeist aufgrund ihrer gleichzeitigen Präsenz auf europäischen und weltweiten Märkten und damit aus Wettbewerbsgründen beide Zertifikate anstreben,
kommt eine Regelung über die Anerkennung verschiedener Normen im Rahmen
des EMAS zugute.[124]

---

[121]   Eine 1997 durchgeführte Studie des *„Doktoranden-Netzwerk Öko-Audit"* kommt im
Rahmen der Befragung sämtlicher Umweltministerien und Standortregistrierstellen in
Deutschland u. a. zu dem Ergebnis, daß bislang von seiten der Öffentlichkeit nur
eine geringe Resonanz auf Informationen über teilnehmende Standorte bzw. auf die
Veröffentlichung von Umwelterklärungen zu verzeichnen ist [Anm. d. Verf.]. Vgl.
Nissen, U./Pape, J./Vollmer, S./Kreiner-Cordes, G. (1997), S. 9 ff.

[122]   Vgl. Dyllick, T. (1995), S. 336 f. und Dyllick, T.: *„Umweltmanagement mit System:
EMAS und/oder ISO 14.001?"*, S. 32, in: Eichhorn, P. (Hrsg.), (1996), S. 21-36.

[123]   Vgl. ZVEI (Hrsg.), (1996), S. 10.

[124]   Vgl. Weber, J. (1995), S. 24.

Tabelle 6.1.　　Gemeinsamkeiten und Unterschiede der UMS-Anforderungen nach EMAS und ISO 14001 Quelle: Dyllick; T. (1994), S. 34; Dyllick, T.: „Umweltmanagement mit System: EMAS und/oder ISO 14.001?", S. 23, in: Eichhorn, P. (Hrsg.), (1996), S. 21-36; Fichter, K., „Die Umweltbetriebsprüfung", S. 189 f., in: Fichter, K. (1995), S. 179-197; Jasch, A.: „Die ISO 14001-Norm und ihre Bedeutung für die EG-Öko-Audit-Verordnung", S.46, in: Fichter, K. (1995), S.41-51; Butterbrodt, D. (1997a), S. 9; o. V (1998), S. 18.

Vergleichs-kriterien	EMAS	ISO 14001
Räumlicher Geltungsbereich	auf den Raum EU/EWR beschränkt	weltweit
Sachlicher Geltungsbereich	bislang nur gewerbliche Tätigkeiten, in Deutschland seit Januar 1998 keine Teilnahmebeschränkungen mehr (UAG-ErwV) standortspezifisch, die Umweltverträglichkeit der hergestellten Produkte wird nicht überprüft	keine Teilnahmebeschränkung (Handel- und Dienstleistung können sich zertifizieren lassen) Aktivitäten, Produkte und Dienstleistungen sowie ihre ökologischen Auswirkungen werden integriert.
Umweltpolitik	Bekenntnis der obersten Führung zur Umweltverantwortung und Einhaltung aller umweltrelevanten Gesetze und Vorschriften	Bekenntnis der obersten Führung zur Umweltverantwortung und Einhaltung aller umweltrelevanten Gesetze und Vorschriften
Erhebungen zur Umweltschutzorganisation	Auswirkungen auf die Umwelt sind zu ermitteln	Umweltaspekte sowie gesetzliche und andere Forderungen sind zu ermitteln
Umweltprüfung	materielle Umweltprüfung (Bestandsaufnahme) wird zwingend gefordert	wird nicht verlangt, jedoch bei UMS-Neueinführung empfohlen
Umweltziele	Festlegung von Handlungsfeldern und Zielen wird vorgeschrieben	Festlegung von Handlungsfeldern und Zielen wird vorgeschrieben
Umweltprogramm **Umweltmanagementsysteme**	konkrete Maßnahmen, Mittel und Fristen zur Zielerreichung sind im Programm festzulegen Zur Umsetzung des Programms sind UMS aufzubauen, welche organisatorische, personelle und instrumentelle Aspekte regeln	konkrete Maßnahmen, Mittel und Fristen zur Zielerreichung sind im Programm festzulegen Zur Umsetzung des Programms sind UMS aufzubauen, welche organisatorische, personelle und instrumentelle Aspekte regeln
Dokumentation	Umweltmanagement-Dokumentation ist gefordert	Umweltmanagement-Dokumentation ist gefordert

Tabelle 6.1.   Fortsetzung

Vergleichs- kriterien	EMAS	ISO 14001
Durchführung organisatori-scher Maßnahmen	Verantwortung und Befugnisse Managementvertreter Personal Ausbildung Kommunikation Festlegung von Aufbau- und Ab-laufverfahren (Lieferantenbewertung) Kontrolle Nichteinhaltung und Korrektur-maßnahmen	Organisationsstruktur und Verantwortung Beauftragter der obersten Leitung Schulung, Bewußtsein und Kompetenz Kommunikation Ablauflenkung (Lieferantenbewertung) Überwachung und Messung Abweichungen; Korrektur- und Vorsorgemaßnahmen
Notfallvorsorge	nicht gefordert	gefordert
Umweltaudits	Externe Umweltbetriebsprüfung mindestens alle drei Jahre	Umweltmanagementsystem-Audit (jährlich Überwachungs-audit, nach drei Jahren Wieder-holungsaudit)
Begutachtung	hoheitliches System, Validierung durch zugelassenen Umweltgut-achter	privatwirtschaftliches System, Zertifizierung durch akkreditier-ten Zertifizierer im Rahmen eines privatwirtschaftlichen Vertragsverhältnisses
Umwelterklä-rung	ist zu erstellen und von Gutachter zu validieren	nicht vorgesehen
Veröffentli-chung	Veröffentlichung der Umwelter-klärung wird gefordert	Umweltpolitik ist der Öffentlich-keit *„zugänglich"* zu machen, geeignete Verfahren der externen Kommunikation sind zu planen
Management Review	Bewertung durch die oberste Lei-tung ist nicht institutionalisiert, ist aber bei Gewährleistung einer kontinuierlichen Verbesserung nahezu unumgänglich	Bewertung durch die oberste Leitung ist gefordert
Leistungs-kriterien	wirksames UMS für die Verwirklichung selbstdefinierter Umweltziele Sicherstellung der Einhaltung aller einschlägigen Umweltgesetze und -vorschriften Forderung nach einer kontinuierlichen Verbesserung EVABAT *„Gute Managementpraktiken"*	wirksames UMS für die Ver-wirklichung selbstdefinierter Umweltziele Sicherstellung der Einhaltung aller einschlägigen Umweltge-setze und -vorschriften Forderung nach einer kontinu-ierlichen Verbesserung *„Vermeidung von Umwelt-belastungen"*
Werbung	Teilnahmeerklärung darf nicht für Produktwerbung eingesetzt werden	keine Regelungen

Erfüllen einzelstaatliche, europäische und internationale Normen für Umweltmanagementsysteme und Betriebsprüfungsverfahren die einschlägigen Vorschriften der EMAS-Verordnung, so können diese gemäß (EMAS-) Artikel 12 und 19 von der EU-Kommission als gleichwertig anerkannt werden.[125]

Zur Vereinfachung der Teilnahme am EMAS können Unternehmen nach erfolgreicher Beteiligung an so anerkannten Normen und Zertifizierungsverfahren die Bescheinigung (Zertifikat) einer anerkannten Zertifizierungsstelle vorlegen und danach lediglich die Umwelterklärung von einem Umweltgutachter auf ihre Übereinstimmung mit den EMAS-Anforderungen überprüfen lassen. Wurden die Forderungen erfüllt, kann es sich von der Registerstelle in das Verzeichnis der teilnehmenden Standorte eintragen lassen, um schließlich die Teilnahmeerklärung des EMAS zu erhalten.[126] Dabei wird jedoch von seiten der Verantwortlichen streng darauf geachtet, daß die Erlangung einer Öko-Audit-Validierung *„zweiter Klasse"* über den Umweg eines (minderwertigeren) anerkannten Standards grundsätzlich ausgeschlossen wird.[127]

Obwohl der BS 7750 als Grundlage für diese Verordnung diente, wurde er lange Zeit nicht anerkannt. Erst am 2. Februar 1996 hat die Kommission der Europäischen Gemeinschaft die Anerkennung gemäß Artikel 12 (Abs. 1 Buchstabe a) ausgesprochen.[128] Daneben wurden bislang der irische Standard IS301 und der spanische Standard UNE 77/801 als gleichwertig anerkannt, wobei zu beachten ist, daß es sich aufgrund einer fehlenden Anerkennung eines geeigneten Zertifizierungsverfahrens (gefordert gemäß EMAS Art. 12 Abs. 1 Buchstabe a) hierbei im Hinblick auf die praktische Relevanz dieses Vorgehens eher um einen *„symbolischen Akt"* handelt.[129]

In einer Entscheidung der EG-Kommission vom 16. April 1997 wurde die ISO 14001 als Basis für das EMAS anerkannt. Diese Entscheidung wurde im Amtsblatt der EG L 104/37 vom 22. April 1997 veröffentlicht.[130] Wie aus Tabelle 6.1 zu entnehmen ist, besteht in den Kernbereichen eine weitgehende Übereinstimmung der Anforderungen beider Systeme. Die über die Anforderungen der ISO 14001 hinausgehenden Regelungen des EMAS sind jedoch in einem ausschließlich nach der ISO-Norm aufgebauten Managementsystem entsprechend zu ergänzen. Hierzu wurde ein Dokumentenpaket erarbeitet, welchem von einer einberufenen Arbeitsgruppe des Programmkomitees 7 des CEN (CEN PC 7 WG „EMAS") gegen die Stimmen von Dänemark, Irland und Deutschland zugestimmt

---

[125] Vgl. Verordnung (EWG) Nr. 1836/93 des Rates vom 29. Juni 1993, Art. 12 (S. 152) und 19 (S. 153); Jasch, A.: *„Die ISO 14001-Norm und ihre Bedeutung für die EG-Öko-Audit-Verordnung"*, S. 48, in: Fichter, K. (1995), S. 41-51.

[126] Vgl. Verordnung (EWG) Nr. 1836/93 des Rates vom 29. Juni 1993, Artikel 12 Abs. 1 b).

[127] Vgl. Lütkes, S. (1997), S. 12.

[128] Vgl. Waskow, S. (1997), S. 13.

[129] Vgl. Lütkes, S. (1997), S. 11.

[130] Vgl. Anerkennung der ISO 14001: 1996 in EG-Entscheidung (97/265/EG); Anerkennung des Zertifizierungsverfahrens in EG-Entscheidung (97/264/EG).

wurde.[131] Den Kern dieses Pakets bildet ein *„europäisches Brückendokument".* Dieses basiert auf einem deutschen Vorschlag von seiten des NAGUS[132], den die CEN in dem Bericht CR 12969: 1997 weitgehend übernommen hat. Hier werden im wesentlichen folgende Erweiterung der unveränderten EN ISO 14001-Basis vorgesehen:[133]

1. Erweiterung der Umweltpolitik um die Aspekte *„kontinuierlicher Verbesse-rungsprozeß"* bei der umweltbezogenen Leistung und Verringerung der Um-weltauswirkungen auf ein begrenztes Maß durch den Einsatz von EVABAT.

2. Durchführung einer Umweltprüfung, welche die in EMAS Anhang I Teil C genannten Aspekte berücksichtigt. Somit sind weitere Umweltaspekte (ISO 14001) bei der Bestandsaufnahme im Rahmen der ersten Umweltprüfung (EMAS) einzubeziehen:[134]

   - Bewertung, Kontrolle und Reduktion der umweltbezogenen Auswirkungen betrieblicher Tätigkeiten auf die verschiedenen Umweltmedien;
   - Energiemanagement, -einsparung, -auswahl;
   - Rohstoffmanagement, Einsparung, Auswahl und Transport sowie die Reduzierung des Wasserverbrauchs;
   - Abfallmanagement, Recycling;
   - Lärmreduktion;
   - Auswahl neuer sowie Modifikation bestehender Produktionsprozesse;
   - Produktplanung;
   - Berücksichtigung der Umweltleistung von Unterauftragnehmern und Zulieferern;
   - Vermeidung von Umweltunfällen;
   - besondere Verfahren bei umweltschädigenden Unfällen;
   - Mitarbeiterschulung und Information;
   - externe Information über ökologische Fragestellungen.

3. Erweiterung der Anforderungen bzgl. der Auditierung, insbesondere Berück-sichtigung der Inhalte von Auditprogrammen (Berücksichtigung der Aspekte aus EMAS Anhang I C und I D (11 gute Managementpraktiken) Zielfestle-gung, Audithäufigkeit mindestens alle drei Jahre, Abgleich mit Umweltpolitik und -programm des jeweiligen Standortes etc.).

---

[131] Zur Überbrückung der nicht als gleichwertig erachteten Teilbereiche der ISO-Norm stehen derzeit drei Ergänzungsdokumente zur Diskussion. Hierzu zählen ein synoptisch aufgebautes Vergleichsdokument, ein Brückendokument (CR 12969: 1997), welches die fehlenden Elemente der ISO 14001 im Vergleich zum EMAS beschreibt sowie ein Erläuterungsdokument, welches die Funktion des Brückendokumentes im Rahmen des Artikel 12 (EMAS) aufzeigt [Anm. d. Verf.]. Vgl. Waskow, S. (1997), S. 16.

[132] Vgl. DIN, Koordinierungsstelle Umweltschutz (Hrsg.), (1996), S. 1 ff.

[133] Vgl. CR 12969: 1997.

[134] Vgl. Verordnung (EWG) Nr. 1836/93 des Rates vom 29. Juni 1993, Anhang I C, S. 157.

4. Nachweis des Einbezugs der Punkte acht bis elf von den *„11 guten Managementpraktiken"* in das Umweltmanagementsystem, insbesondere Veröffentlichung und Erstellung einer Umwelterklärung (s. Abb. 6.4).
5. Nachweis der Zugehörigkeit zum Geltungsbereich der EMAS.

Betriebliche Umweltmanagementsysteme, die auf der Basis der ISO 14001 aufgebaut und nach diesen Aspekten überarbeitet wurden, werden nach beiden Systemen nacheinander oder parallel auditiert/zertifiziert und nach der Erstellung, Validierung und Veröffentlichung einer Umwelterklärung in das Standortregister der nach EMAS validierten Standorte eingetragen. Eine *„Parallel-Auditierung/Zertifizierung"* ist von Auditoren durchzuführen, die sowohl für den Bereich der ISO bei der TGA akkreditiert sind als auch die Zulassung als Umweltgutachter von seiten der DAU besitzen.

6.5
Entwicklung zu einem ganzheitlichen Umweltmanagement

6.5.1
Risiken der Stagnation und Chancen der Weiterentwicklung

Die Teilnahme an den vorgestellten Systemen kann mit unterschiedlichem unternehmerischen Engagement erfolgen. So können die geforderten Aktivitäten lediglich auf das Niveau einer defensiven Risokoabsicherung reduziert werden. Dies erfordert eine ausführliche Dokumentation über die Einhaltung der durch Gesetze, Auflagen und Normen geforderten Mindestanforderungen, um dadurch Klagen und Haftungsansprüchen effektiv vorzubeugen. Des weiteren ist das umweltbezogene Einstiegsniveau des teilnehmenden Unternehmens von immenser Bedeutung. Einem Betrieb, der vor der Einführung eines UMS noch keinerlei Aktivitäten auf diesem Gebiet gezeigt hat, fällt es wesentlich leichter, die selbst auferlegte Hürde der Anforderungen zu nehmen und in sehr kleinen Schritten von Audit zu Audit marginale Verbesserungen zu erreichen, als einem *„Pionierunternehmen"*, welches bereits große Umweltanstrengungen unternommen hat. Der bereits zuvor umweltaktive Unternehmer hat wesentlich höhere Investitionen zu tätigen, um das bereits erreichte Leistungsniveau weiter zu verbessern. Wird das Zertifikat als alleiniges bzw. hauptsächliches Ziel der Bemühungen betrachtet und werden die Umweltaktivitäten nach Erreichung dieses Ziels bis zum nächsten Audit *„eingefroren"*, so wird nur ein sehr geringer Teil des Potentials, welches mit der engagierten Einführung eines UMS verbunden sein kann, ausgeschöpft. Dadurch entsteht das Risiko, daß sich sowohl personeller als auch finanzieller Aufwand der Einführung und sporadischen Aufrechterhaltung eines UMS nicht mit dem Nutzen dieser Aktivitäten deckt. Ein offensives, chancenorientiertes Umweltmanagement hingegen demonstriert, welche

Möglichkeiten mit diesem Instrument verbunden sein können. Es läßt sich durch folgende Aspekte charakterisieren:[135]

- es bedient sich systematisch ökologisch bedingter Nutzenpotentiale,
- es motiviert die Mitarbeiter durch aktive Überzeugungsarbeit und frühzeitige Projekteinbindung,
- es vermindert die unternehmerischen Kredit- und Haftungsrisiken,
- es nutzt Erleichterungen im Vollzug des Umweltrechts aus und
- es schöpft die Möglichkeiten der ökologisch orientierten Marktpositionierung voll aus.

Eine ausschließliche Orientierung an standardisierten Umweltmanagementsystemen wird jedoch derartige Chancen nicht eröffnen, da verschiedene, zum Teil gravierende Defizite dieser Systeme im Hinblick auf eine ganzheitliche Ausrichtung der betrieblichen Umweltaktivitäten zu diagnostizieren sind.

6.5.2
Integration in das St. Galler Management-Konzept

Ein Ansatz zur Visualisierung dieser oben bereits angedeuteten Defizite besteht auch hier, wie im Bereich des Qualitätsmanagements, in der Integration des Umweltmanagements in den Rahmen des St. Galler Management-Konzepts (s. Kap. 4). Die in den folgenden Abschnitten skizzierte Einordnung in dieses Schema verdeutlicht einerseits die Mängel der standardisierten UMS, andererseits werden damit Handlungsfelder für eine gezielte Ergänzung des betrieblichen Umweltengagements aufgezeigt, um schließlich eine ganzheitliche Ausrichtung erzielen zu können.[136] Abb. 6.8 zeigt die umweltbezogene Modifikation des St. Galler Management-Konzepts.

6.5.2.1
Unternehmerische Vision für ein nachhaltiges Wirtschaften

Die **unternehmerische Vision für ein nachhaltiges Wirtschaften** beschreibt die philosophische Grundausrichtung des Unternehmens in bezug auf den Umgang mit umweltbezogenen Problemstellungen und diesbezüglichen Entscheidungen. Als Leitbild für das normative Management beeinflußt diese Vision im wesentlichen die Umweltpolitik des Unternehmens. Die Orientierung an den grundlegenden Prinzipien der Nachhaltigkeit (s. Abschn. 6.1) läßt verschiedene Wege der Realisierung offen. Allen gemeinsam ist das Anliegen, eine konkrete Verbesserung der umweltbezogenen Unternehmensleistung auf den Gebieten der Produkt- und

---

[135] Vgl. Dyllick, T.: *„Umweltmanagement mit System: EMAS und/oder ISO 14.001?"*, S. 33 ff., in: Eichhorn, P. (Hrsg.), (1996), S. 21-36.

[136] Zu Abschn. 6.5.2.1 bis 6.5.2.5 vgl. Dyllick, T./Hummel, J. (1996), S. 16-38 ff; Dyllick, T./Hummel, J.: *„Integriertes Umweltmanagement im Rahmen des St. Galler Management-Konzepts"*, in: Steger, U. (Hrsg.), (1997), S. 137-154; Theile, K. (1996), S. 133 ff.

Prozeßgestaltung zum Schutze der natürlichen Umwelt und Schonung der Ressourcen zu erlangen. Das Ziel einer in Zukunft gesellschaftspolitisch und ökologisch verantwortungsbewußten Wirtschaftsweise steht dabei im Fokus aller betrieblichen Aktivitäten.[137]

6.5.2.2
Aktivitäten im Rahmen des Umweltmanagements

Basierend auf einer umweltorientierten Vision durchzieht die Säule der Aktivitäten die drei Ebenen des St. Galler Konzepts. Getragen durch die strukturgebende Umweltverfassung und die verhaltensbestimmende Unternehmenskultur, konkretisiert sich die normative Umweltpolitik in den Umweltstrategien, welche in den Umweltprogrammen operationalisiert wird und ihre Konkretisierung schließlich in Form umweltverträglicher Aktivitäten findet.[138] Die langfristigen Ziele und Verhaltensgrundsätze des Unternehmens bei umweltbezogenen Entscheidungsprozessen werden im Rahmen der **Umweltpolitik** festgelegt. Entsprechend den Anforderungen aus den verschiedenen Umweltmanagementsystem-Standards (s. Abschn. 6.3.1-6.3.3) drückt sie das Selbstverständnis und die Verpflichtung der Unternehmensleitung aus, ökologische Belange gleichberechtigt neben anderen Zielsetzungen zu verfolgen. Sie bildet damit den Rahmen für das unternehmerische Handeln und wirkt nach außen in dokumentierter Form als Ausdruck einer glaubhaften und nachvollziehbaren ökologischen Verantwortung. Die schriftliche Fixierung dieses ökologischen Selbstverständnisses in Form von Umweltleitlinien (resp. -grundsätzen) verstärken die Transparenz eines Betriebes gegenüber Mitarbeitern, Kunden und Lieferanten sowie allen anderen ökologischen Anspruchsgruppen und bilden somit einen zentralen Ausgangspunkt für eine umweltbezogene Unternehmenspolitik.[139] Eine erste Umsetzung der Umweltpolitik erfolgt im Rahmen von **Umweltstrategien**, welche sich nach diesem Konzept in *Öko-Effizienzstrategien, markt-* und *gesellschaftsbezogene Umweltstrategien* untergliedern lassen. Das Ziel der *Öko-Effizienzstrategien* liegt in einer Verminderung des stofflich-energetischen Einsatzes bei gleichzeitiger Erreichung der wirtschaftlichen Zielsetzungen. Innerhalb dieser Ausrichtung unterscheidet SCHNEIDEWIND vier Ausprägungen: Auf unterster Ebene die *„ökologische Betriebseffizienz"*, welche mit Hilfe nachgeschalteter *„End-of-pipe-Maßnahmen"* das Verhältnis zwischen Wertschöpfung und Umweltschädigung verbessern sollen. Im Anschluß daran erfolgen Maßnahmen zur umweltbezogenen Verbesserung der *„ökologischen Lebenszykluseffizienz der Produkte"*, wie Substitution von Problemstoffen oder Aufbau von Verwertungskreisläufen. In einem nächsten Schritt wird der ursprüngliche Nutzen der Produkte, z. B. Transport oder Freiheit von Schädlingen, im Sinne einer *„ökologischen Funktionseffizienz"* betrachtet und dabei die Frage gestellt, inwieweit diese Funktionen alternativ erreicht werden können.

---

[137] Vgl. Jahnes, S.: *„Umweltorientierte Unternehmensführung"*, S. 50 ff., in: Winter, G. (1997), S. 27-93.
[138] Vgl. Bleicher, K. (1994a), S. 44, zitiert bei Dyllick, T./Hummel, J. (1996), S. 19.
[139] Vgl. Günther, K. (o.J.), S. 22.

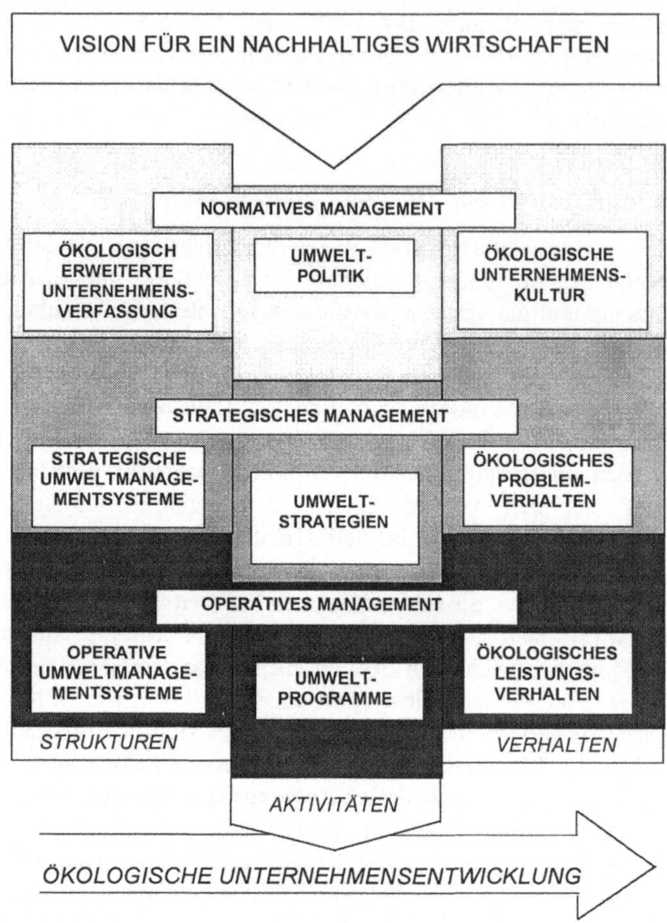

Abb. 6.8.   Umweltmanagement im St. Galler Management-Konzept
Quelle: Dyllick, T./Hummel, J. (1996), S. 17.

Die letzte Stufe der „ökologischen Erkenntnis" ist nach dieser Systematik erreicht, wenn eine „ökologische Bedürfniskritik" geführt wird und im Sinne von Suffizienzüberlegungen auf verschiedene Produkte und Dienstleistungen verzichtet wird oder - wenn dies nicht möglich ist - eine ganzheitliche, umweltorientierte Optimierung angestrebt wird.[140]

Die marktbezogenen Umweltstrategien fokussieren die ökologisch relevanten Anforderungen von seiten des Marktes. Dabei erfolgt eine Ausrichtung auf die Prozeßverbesserung in der Herstellung und/oder bei produktbezogenen Strategien, eine ökologische Ausrichtung *„von der Wiege bis zur Bahre"* (bzw. bei

---

[140] Vgl. Schneidewind, U. (1995), S. 23 ff., zitiert bei Dyllick, T./Hummel, J. (1996), S. 21.

Berücksichtigung des Recycling: *„Von der Wiege bis zur Wiege").*[141] Ein Abgleich mit der Wettbewerbsstrategie ist dabei zwingend erforderlich, so daß eine Kostenführerschaft aufgrund einer Prozeßoptimierung (defensive Strategieausrichtung) oder die Nutzung von Differenzierungschancen aufgrund hervorragender Produkte (offensive Strategieausrichtung) erreicht werden kann.[142] *Bei gesellschaftsbezogenen Umweltstrategien* wird versucht, umweltbezogene Anforderungen aus Gesellschafts- und Politikkreisen frühzeitig zu antizipieren. Dies geschieht vor allem mit Hilfe einer aktiven Umweltberichterstattung und einer engen Zusammenarbeit mit den verschiedenen umweltbezogenen Anspruchsgruppen. Als Ziele einer solchen Strategie werden eine verbesserte Position gegenüber den Behörden etwa bei Genehmigungsverfahren und Imagegewinne erwartet, welche zu einer besseren Wettbewerbssituation führen sollen. Zur erfolgreichen Realisierung dieser Umweltstrategien ist, neben deren strukturellen Einbindung in die Umweltmanagementsysteme, ein innerbetrieblicher Konsens auf der Basis des ökologischen Problemverhaltens der Mitarbeiter erforderlich (defensive, ökologische Marktabsicherungsstrategie). Eine progressive Alternative zur Marktabsicherung besteht in der ökologischen Marktentwicklungsstrategie, welche am ökologischen Transformationsprozeß ansetzt und diesen durch geeignete Maßnahmen zu beschleunigen versucht. Dabei sollen durch Mitgestaltung der gesellschafts- und ordnungspolitischen Rahmenbedingungen Entstehung und Vergrößerung von ökologischen Wettbewerbsfeldern unterstützt werden.[143]

Zur Umsetzung der Umweltstrategien sind **Umweltprogramme** zu erstellen, welche auf operativer Ebene konkrete Ziele, Maßnahmen, Fristen und Verantwortlichkeiten definieren. Im Rahmen einer EMAS-Umsetzung sind hierbei die in Anhang I C geforderten Aspekte, wie Energie-, Abfall- und Transportmanagement zu berücksichtigen.[144] Voraussetzung für die Erstellung solcher Programme im Sinne der vorgestellten standardisierten Systeme ist eine umfangreiche Analyse bestehender Umweltauswirkungen der betrieblichen Tätigkeit, eine Bildung von Prioritäten zur Verbesserung dieser Umweltauswirkungen und eine konkrete Einbindung der wichtigsten Unternehmensbereiche (Beschaffung, Produktion, Absatz/PR/Marketing, Personal, Verwaltung/Finanzen, F&E) sowohl in die Analyse als auch in die Maßnahmenfestlegung.[145] Zur Kontrolle der Wirksamkeit von durchgeführten Maßnahmen und zum Ergreifen entsprechender Korrekturmaßnahmen ist eine Einbindung in ein ökologisches Controllingsystem unabdingbar.[146]

---

[141] Zu produktbezogenen Umweltschutzstrategien vgl. Krcal, H.C. (1995), S. 24 ff.

[142] Vgl. Dyllick, T./Belz, F./Schneidewind, U. (1997), S. 76.

[143] Vgl. ebenda, S. 78.

[144] Vgl. Verordnung (EWG) Nr. 1836/93 des Rates vom 29. Juni 1993, Anhang I C, S. 157.

[145] Vgl. Backer, P. de (1996), S. 243 ff.

[146] Vgl. Stahlmann, V. (1994); Hopfenbeck, W. (1993).

6.5.2.3
Strukturen im Rahmen des Umweltmanagements

Den institutionellen Rahmen für sämtliche Aktivitäten eines Unternehmens bilden die entsprechenden Strukturen, welche sich - nach dem hier betrachteten, um Umweltaspekte ergänzten Konzept - auf normativer Ebene durch eine **ökologisch erweiterte Unternehmensverfassung** ausdrücken lassen. Hier wird die Machtstruktur des Unternehmens definiert und ein umweltbezogener Verhaltensrahmen aufgestellt, welcher von allen Mitarbeitern zu respektieren ist.[147] Dabei werden sowohl die grundsätzlichen Kompetenzen und Verantwortlichkeiten bei umweltbezogenen Fragestellungen als auch das Verhalten gegenüber externen Anspruchsgruppen festgelegt. So ist die Stellenbeschreibung und Ernennung eines Umweltmanagementsystem-Vertreters auf der obersten Managementebene, wie er in den vorgestellten standardisierten Systemen (EMAS, ISO 14001) vorgeschrieben wird, dieser Ebene zuzuordnen. Eine weitere Möglichkeit einer konstitutiven Verankerung einer unternehmerischen Umweltorientierung besteht in der Berufung eines Umweltbeirats, welcher sich aus dem Top-Management und Vertretern externer Anspruchsgruppen zusammensetzt und bei relevanten umweltbezogenen Entscheidungen zu Rate gezogen wird.[148]

Auf der strategischen Ebene wird die umweltbezogene Grundausrichtung des Unternehmens durch sog. **strategische Umweltmanagementsysteme** konkretisiert. Diese unterstützen das Umweltmanagement bei der Planung, Steuerung und Kontrolle der Umweltstrategien und setzen sich aus aufbau- und ablauforganisatorischen Aspekten zusammen. Im Rahmen der **Umweltorganisation** ist zunächst der Aufbau der personellen Struktur festzulegen. Hierzu zählen die Beschreibung der umweltbezogenen Zuständigkeiten, Verantwortlichkeiten, Kompetenzen und Weisungsbefugnisse in Form von Stellenbeschreibungen oder Arbeitsanweisungen.[149] Dies beinhaltet zudem die Aufgaben des z. T. hauptamtlichen Umweltschutzbeauftragten und die Einordnung der gesetzlich geforderten Spezialbeauftragten (Immissionsschutz, Gewässerschutz, Abfall etc.) in die Organisationsstruktur. Beim Aufbau der Umweltorganisation kann zwischen zwei grundsätzlichen Alternativen gewählt werden. Zum einen besteht die Möglichkeit, eine additive Umwelt-Stabsstelle einzurichten, welche sich durch ein hohes Spezialwissen und ausreichende Zeitreserven auszeichnet, jedoch das Engagement der übrigen Mitarbeiter nicht zwingend fördert. Demgegenüber ist eine integrierte Lösung denkbar, welche dem Umweltmanagement als Querschnittsaufgabe insofern gerecht wird, daß jeder Mitarbeiter für die Umweltfragen in seinem Bereich zuständig ist. Eine ausgewogene Kombination zwischen diesen Möglichkeiten erscheint jedoch durchaus sinnvoll: Umweltschutz als Querschnittsaufgabe, welche von jedem Mitarbeiter in seiner Funktion zu erfüllen ist, und Koordination der

---

[147] Vgl. Hummel, J./Pichel, K. (1997), S. 20.
[148] Vgl. Dyllick., T./Hummel, J. (1996), S. 25 ff.
[149] Vgl. Keller, A./Lück, M. (1996), S. 29.

Aktivitäten durch einen Umweltbeauftragten oder durch einen Umweltstab bei größeren Konzernen.

Die **strategischen Umweltmanagementsysteme** bilden den langfristigen Rahmen zur Planung, Steuerung und Kontrolle von Umweltstrategien. Sie sind in der Unternehmenspraxis bislang höchstens in Ansätzen zu finden und konkretisieren sich durch langfristige Wirkhorizonte, Bindung von Ressourcen und Orientierung nach außen. Ziele können dabei eine ökologische Profilierung durch die angebotenen Produkte und Dienstleistungen am Markt oder die Entwicklung von ökologischen Problemlösungen sein. Dabei sind sowohl vor- als auch nachgelagerte Wertschöpfungsstufen in die Überlegungen einzubeziehen.[150]

Unter **operativen Umweltmanagementsystemen** werden in diesem Zusammenhang die standardisierten, zertifizier- bzw. validierbaren Umweltmanagementsysteme wie ISO 14001 und EMAS verstanden (s. Abschn. 6.3.2 und 6.3.3). Sie unterstützen das operative Management bei der Umsetzung der umweltbezogenen Maßnahmen. Dazu zählen die Festlegung konkreter Verfahren (operative Verantwortlichkeiten, Inhalte und Durchführung der Schulung, Abfallbehandlung, Beschaffung, Umgang mit Gefahrstoffen, Lagerung usw.) und die Dokumentation des Managementsystems. Die Überprüfungen der Systeme in Form von Audits können ebenso diesem Modul zugeordnet werden, da in den überwiegenden Fällen die Funktionsweise des operativ ausgerichteten Managementsystems kontrolliert wird und nicht *„weiche"* Faktoren wie Verhalten und Motivation, welche im Sinne eines *„ganzheitlichen"* Controlling zu berücksichtigen wären.

6.5.2.4
Verhalten im Rahmen des Umweltmanagements

Die *„Säule des Verhaltens"* ist, wie die Rahmenstruktur, erfolgsdeterminierend für die unternehmerischen Aktivitäten und setzt sich zusammen aus den drei Modulen ökologische Unternehmungskultur (normativ), ökologisches Problemverhalten (strategisch), ökologisches Leistungsverhalten (operativ).

Die **ökologische Unternehmenskultur** dient auf der normativen Ebene der umweltbezogenen Verhaltensbegründung und -prägung der Mitarbeiter auf allen Hierarchiestufen. Sie ist mit den allgemeinen, im Unternehmen bestehenden Wertvorstellungen, Normen, Denk- und Verhaltensgewohnheiten abzustimmen. Eine ökologische Erweiterung der bestehenden Kultur basiert zunächst auf einer ökologisch sensibilisierten Unternehmensleitung. Des weiteren zählen symbolische Elemente wie optisch einprägsame innerbetriebliche Abfallsortiersysteme, eine Erweiterung des Vorschlagswesens um ökologische Verbesserungsbeiträge oder die Einrichtung von Umweltzirkeln zu einer umweltorientierten Kultur. Ebenso ist das Verhalten im Unternehmen bzgl. des Umgangs mit ökologischen Erfolgserlebnissen[151] aber auch inakzeptablem Umweltverhalten von den Mitarbeitern der

---

[150] Vgl. Dyllick., T./Hummel, J. (1996), S. 28 f.

[151] Vgl. Hopfenbeck, W. (1990), S. 128 ff., zitiert bei Dyllick., T./Hummel, J. (1996), S. 32.

umweltorientierten Unternehmenskultur zuzuordnen.[152] Finden etwa umweltbezogene Verbesserungsvorschläge von Mitarbeitern keine Beachtung oder werden im Gegensatz dazu Verstöße gegen die aufgestellten Umweltregeln nicht gerügt, handelt es sich nicht um eine ernstzunehmende Umweltorientierung, von welcher weitreichende Verhaltensänderungen bei dem Umgang mit ökologischen Problemstellungen zu erwarten sind.

Die Konkretisierung der Unternehmenskultur findet auf der strategischen Ebene im Rahmen des **ökologischen Problemverhaltens** der Mitarbeiter statt. Die Leistungsbereitschaft bzgl. eines umweltfreundlichen Verhaltens jedes einzelnen Mitarbeiters steht hierbei im Mittelpunkt der Betrachtung. Dabei sind zum einen die vorhandenen Mitarbeiter durch Schulung, Integration bei Problemlösungs- und Entscheidungsprozessen und/oder finanzielle Anreizsysteme von dem Sinn der Umweltaktivitäten zu überzeugen. Zum anderen sind bei neu einzustellenden Mitarbeitern ökologische Fragestellungen bei der Auswahl mit zu berücksichtigen.

Auf der operativen Ebene der *„Verhaltenssäule"* zeichnet sich der Einfluß von Kultur und Problemverhalten im **ökologischen Leistungsverhalten** jedes einzelnen Unternehmensmitgliedes im Tagesgeschäft ab. Mit dem Ziel einer langfristig ausgerichteten, kontinuierlichen ökologischen Verbesserung des Unternehmens in allen Bereichen sind die Mitarbeiter zu einem umweltgerechten Verhalten zu motivieren. Im Rahmen eines positiven „Umweltklimas" sind personale Widerstände gegen durch Umweltaspekte ausgelöste Veränderungen abzubauen und ein Engagement zur Verbesserung des positiven Umweltbeitrages des Unternehmens am Standort, in seinen Produkten über alle Lebenszyklusphasen hinweg und bei seinen Dienstleistungen zu fördern.[153] Dies kann erreicht werden, indem bei der Implementierung neuer Systeme bzw. Systemelemente einige grundsätzliche Aspekte der Verhaltenspsychologie beachtet werden:[154]

- Die Veränderungen sollten für die Beschäftigten unmittelbare persönliche Vorteile erbringen oder zumindest Nachteile vermeiden.
- Die Veränderungen sollten auf der Basis eines breit angelegten Konsens eingeführt sowie umgesetzt werden und nicht von *„oben"* aufoktroyiert werden.
- Die Maßnahmen sollten über betriebliche Interessen hinausgehende Werte aktivieren und die Mitarbeiter motivieren, an der Weiterentwicklung dieser Werte mitzuwirken.

6.5.2.5
Ökologische Unternehmensentwicklung

Im Sinne der Erzielung einer kontinuierlichen Verbesserung der Umweltleistung eines Unternehmens liegt bei der Einordnung der Umweltaspekte in das St. Galler Konzept ein Hauptaugenmerk auf der ökologischen Unternehmensentwicklung. Dabei soll ein ökologischer Nutzen sowohl für die externen Anspruchsgruppen als

---

[152] Vgl. Hammerl, B./Rosenstiel, L. v. (1996), S. 17 f.
[153] Vgl. Dyllick., T./Hummel, J. (1996), S. 34 f.
[154] Vgl. Stoltenberg, U./Thomas, H. (1996), S. 23.

auch für das Unternehmen selbst erzielt werden. Der Erfolg zeigt sich hierbei anhand einer entsprechenden Entwicklung der Wettbewerbsposition und des Umweltimages. Problematisch ist in diesem Zusammenhang jedoch die Nutzendefinition und -messung, da sehr heterogene Ansprüche von den verschiedenen Interessengruppen an das Unternehmen herangetragen werden und diese zum Teil eine erhebliche Diskrepanz zu der gewünschten Entwicklung aufweisen. Der Nutzen für das Unternehmen liegt daher im wesentlichen in der Sicherung der gesellschaftlichen Akzeptanz, in der Abwendung von Umwelt- bzw. Umwelthaftungsrisiken und in der schnellen Anpassung an die sich rasch ändernde Umfeldbedingungen insbesondere von seiten des Gesetzgebers und des Wettbewerbs. Die *„ökologische Nische"* zu finden, um mit konsequent umweltfreundlichen Produkten und Dienstleistungen eine breite Käuferschicht sichern zu können, ist eine Zielrichtung, welche zur Zeit nur von einem kleinen Teil der Unternehmen verfolgt wird. Dies begründet sich darin, daß die Umweltfreundlichkeit eines Produktes vom potentiellen Käufer zwar geschätzt und zum Teil auch gefordert wird, dieser jedoch (noch?) nicht bereit ist, für diesen Zusatznutzen einen höheren Kaufpreis zu akzeptieren.[155]

Als Determinanten eines erfolgreichen Umweltmanagements definiert PFRIEM in Anlehnung an PÜMPIN in folgenden unternehmensexternen und -internen Bereichen ökologische Nutzenpotentiale:[156]

- **Externe Nutzenpotentiale:**
  Beschaffung, Marktstellung, Fachkräfte, Finanzierung, Konsumenten, Image, Kommunikation, strategische Allianzen, Politikmitgestaltung.
- **Interne Nutzenpotentiale:**
  Informationssysteme, Investitionsvorsprünge, *„Clean Management"*, Know-how, Wertsteigerung, Standortsicherung, Leistungsklima, Unternehmensführung.

Gelingt es einem Unternehmen, diese Bereiche in seine ökologischen Strategiepläne einzubinden und die Strategien langfristig und konsequent zu verfolgen, entwickelt es sich zu einem umweltorientierten Unternehmen mit einem ganzheitlichen Umweltmanagement, welches dazu beiträgt, die volkswirtschaftlich erforderlichen Kriterien einer dauerhaft umweltgerechten Entwicklung zu erfüllen.

6.5.3
Die Mängel der vorgestellten Systeme unter ganzheitlichen Aspekten

Die hier vorgestellte Einordnung des Umweltmanagement in das St. Galler Management-Konzept hat gezeigt, daß selbst bei einer offensiven Auslegung der vorgestellten standardisierten Systeme Mängel vorliegen, welche die Entwicklung

---

[155] Vgl. Meffert, H./Kirchgeorg, M. (1995), S. 20.
[156] Vgl. Pümpin, C. (1992a), zitiert bei Pfriem, R.: *„Umweltpolitik und Umweltleitlinien"*, S. 75., in: Fichter, K. (1995), S. 71-84; Pfriem, R. (1995).

hin zu einem ganzheitlichen, alle Teilaspekte eines Unternehmens umfassenden UMS behindern können.

Große Teile der das Unternehmen und dessen Entwicklung determinierenden Module des Konzepts werden nicht von den standardisierten UMS „*abgedeckt*". Wird durch die Forderung nach einer Umweltpolitik die normative Ebene zumindest noch angesprochen, lassen sich die übrigen Systemelemente hauptsächlich der operativen Ebene zuordnen. Bei Unterstellung der drei im St. Galler-Konzept dargestellten Führungsebenen kommt es demnach zu der Erkenntnis, daß die mittlere, strategische Ebene durch die Normelemente nur schwach ausgefüllt wird. So könnten die Schulungsaktivitäten als Maßnahme zur Sensibilisierung des ökologischen Problemverhaltens ausgelegt werden. DYLLICK /HUMMEL sprechen in diesem Zusammenhang von einem strategischen Defizit innerhalb der vorgestellten Anforderungskataloge. Damit werden die klassischen Aufgaben, die auf dieser Ebene geleistet werden sollen, nur unzureichend erfüllt. Dazu zählen insbesondere der Aufbau und die Nutzung von ökologischen Erfolgspotentialen (s. Abschn. 6.5.2.5).[157] Aus der Betrachtung des St. Galler-Konzepts aus vertikaler Sicht lassen sich folgende Aussagen ableiten (s. Abb. 6.8): Die „*Säule der Strukturen*" wird durch standardisierte Systeme wie EMAS oder ISO 14001 weitgehend abgedeckt. Die organisatorische Aufbaustruktur nimmt einen großen Raum innerhalb dieser Systeme in Anspruch. Ebenso werden die Elemente Umweltpolitik und Umweltprogramme, beides Module der „*Aktivitätssäule*", sowohl bei EMAS als auch bei ISO 14001 explizit gefordert. Demgegenüber werden die verhaltensorientierten Aspekte eines ganzheitlichen Umweltmanagements weitgehend vernachlässigt. Somit lassen sich durch diese Einordnung in das schweizerische „*Leerstellengerüst*"[158] mitarbeiter- bzw. verhaltensbezogene Defizite aufzeigen, welche größtenteils aus einer mangelnden internen Kommunikation, Information und schließlich einem unzureichendem Motivationsmanagement resultieren.[159]

6.6
Zusammenfassung und Zwischenergebnisse

Die Berücksichtigung umweltrelevanter Aspekte bei nahezu allen unternehmerischen Entscheidungen hat in den vergangenen Jahren zunehmend an Bedeutung gewonnen. Basierend auf einer nachgeschalteten, sehr umfassenden „Detailgesetzgebung", welche zumeist explizit auf bestimmte Umweltschadensfälle reagierte und bei der Festlegung von Emissionshöchstgrenzen und anderer ordnungsrechtlicher Ge- und Verbote eine nahezu unüberschaubare Vielzahl von Gesetzen generierte, wurde von staatlicher Seite lange Jahre versucht, die Umweltproblematik in den Griff zu bekommen. Internationalen Entwicklungen folgend, hat sich inzwischen eine zunehmend präventiv, auf dem Verursacherprinzip

---

[157] Vgl. Dyllick, T./Hummel, J. (1995), S. 26 ff.

[158] Vgl. Bleicher, K. (1996), S. 71.

[159] Vgl. Hummel, J./Pichel, K. (1997), S. 19 ff. und Stoltenberg, U./Thomas, H. (1996), S. 22 f.

basierende und kooperativ ausgerichtete Umweltpolitik von seiten der EU und der Bundesregierung entwickelt, welche sich seit April 1995 durch das in Kraft treten der EG-Öko-Audit-Verordnung konkretisiert. Angeregt von diesen Bestrebungen sind weitere standardisierte Umweltmanagementsysteme entstanden, welche zumeist in Form von Leitfäden den Unternehmen bei der selbstverantwortlichen und in weiten Teilen freiwilligen Umsetzung der Anforderungen aus Gesetzen, Verordnungen und Normen zum Schutze der Umwelt dienen.

Eine beachtliche Anzahl insbesondere deutscher Unternehmen hat sich bereits freiwillig diesen Anforderungskatalogen unterworfen, ein entsprechendes Umweltmanagementsystem aufgebaut und sich zertifizieren lassen. Positive Aspekte einer solchen Beteiligung sind vor allem die systematische Beschäftigung mit dem Thema Umwelt und damit der Beginn einer Sensibilisierung für Umweltaspekte bei allen Mitarbeitern auf allen hierarchischen Ebenen, in allen Funktionen und bei allen Entscheidungen innerhalb der *„umweltaktiven"* Betriebe. Die Feststellung relevanter Umweltaspekte bei den betrieblichen Tätigkeiten und deren transparente Darstellung haben zu einer Abkehr von einer Unternehmenspolitik des Verschweigens von Umweltproblemen hin zu einer Verpflichtung zur offenen externen Kommunikation geführt. Diese Entwicklung kann als Basis für eine in Zukunft kollektive Problemlösung von komplexen Umweltaspekten angesehen werden, bei der die Anforderungen aller Anspruchsgruppen zumindest wahrgenommen und zum Teil bereits befriedigt werden können. Schließlich ist die Verpflichtung zu einer kontinuierlichen Verbesserung der Umweltleistung in Verbindung mit einer regelmäßigen externen Überprüfung durch zugelassene Gutachter bzw. Zertifizierer als positive Errungenschaft dieser Systeme zu betrachten.

Die Entscheidung für die Beteiligung an einem solchen System wird jedoch von einer ökonomisch geprägten Bewertung von Aufwand und Ertrag abhängen. So sind als Kosten eines Systemaufbaus neben dem Einsatz interner Mitarbeiter, den Honoraren für externe Berater und den Aufwendungen für die Schulung und Weiterbildung der gesamten Belegschaft ebenso die Gebühren für die akkreditierten Umweltgutachter/Zertifizierer, für die Registrierung der Standorte bei den Kammern und die Kosten für die Öffentlichkeitsarbeit zu veranschlagen. Diese Aufwandspositionen hängen von der Größe und der *„Umweltrelevanz"* des Unternehmens ab und sind nur zum Teil konkret kalkulierbar. Demgegenüber steht der zu erwartende Nutzen, welcher sich aus der Minimierung von Haftungsrisiken, der Verbesserung der Prozeßabläufe und der betrieblichen Organisation, der Erhöhung der Wettbewerbsfähigkeit sowie der Minimierung von Kosten zusammensetzt.[160] So wurde in der Vergangenheit festgestellt, daß „ *... Umweltschutz im Unternehmen nicht nur ein Kostenfaktor ist, sondern im Gegenteil in zahlreichen Fällen zu einer Erhöhung der Wirtschaftlichkeit führen kann.* "[161] Angeführt werden hierbei vor allen Einsparungspotentiale in den Bereichen Energie, Abwasser und Entsorgung von Abfällen. Dennoch entsteht eine Problematik bei der Betrachtung dieser ökonomisch bewertbaren Vor- und Nachteile einer Beteiligung, da der zu

---

[160] Vgl. Lorenz-Mayer, V. (1997), S. 22 f.
[161] Vgl. Merkel, A. (1996), S. 1.

erwartende Nutzen - im Gegensatz zu dem verhältnismäßig gut zu kalkulierenden Aufwand - im vorhinein nicht eindeutig zu ermitteln ist.[162]

Es entsteht darüber hinaus ein zeitliches Problem, welches aus dem unterschiedlichen Anfall der Zahlungsströme resultiert. Während die Kosten für die UMS-Einführung unmittelbar anfallen und exakt in die gegenwärtige Kalkulation einbezogen werden müssen, ist der in der Höhe nicht bestimmbare Erlös erst in den Folgeperioden zu erwarten, so daß die Amortisierungsdauer der *„Umweltinvestitionen"* nur schwer abschätzbar ist. Unter klassischen betriebswirtschaftlichen Überlegungen kann also die Teilnahme an einem solchen System nur unter einer gewissen Risikobereitschaft befürwortet werden. Diese Risikobereitschaft kann jedoch auch als Umweltengagement betrachtet werden, welches zudem die zu erwartenden Entwicklungen bzgl. sich verschärfender Gesetze und der Verteuerung von Inputfaktoren sowie den langfristig zu erwartenden Erleichterungen (Behörden, Banken, Versicherungen) antizipiert.

Aus volkswirtschaftlicher Sicht kann die Einführung und ausführliche Dokumentation eines UMS auf Basis dieser Systemanforderungen mit dem vorrangigen Ziel der Erreichung eines Zertifikats noch nicht als ausreichend im Sinne eines ernstgemeinten, umfassenden Umweltschutzes gewertet werden. Die Erfüllung dieser Anforderungen geht zwar in die richtige Richtung, dabei aber nur ein kleines Stück über die Erfüllung gesetzlichen Mindestanforderungen hinaus. Dies begründet sich vor allem darin, daß die Unternehmen die Höhe der *„Meßlatte"* ihrer Umweltverbesserungen individuell bestimmen können und somit auch marginale Verbesserungen für eine Zertifikatsvergabe ausreichen. Die Beteiligung an den hier vorgestellten Systemen kann durch zur Zeit noch fehlende, konkret meßbare Erfolgskriterien nur als erster Schritt in ein zukunftsfähiges Umweltverhalten der Gesellschaft, in diesem Fall der Industrieunternehmen, gewertet werden.

Die Ausführungen haben gezeigt, daß die vorgestellten Systeme noch immer weitreichende Defizite aufweisen. Diese liegen vor allem in den Bereichen der strategischen Ausrichtung, insbesondere durch mangelnde Nutzung potentieller umweltbezogener Erfolgsfaktoren, in einer zu geringen internen und externen Kommunikation und Information sowie in einer zu geringen Berücksichtigung des Verhaltens und damit der Motivation der Mitarbeiter. Zwar werden sowohl vom EMAS als auch von der ISO 14001 Prozeßstrukturen und Instrumente zur Umsetzung der Umweltprogramme zur Verfügung gestellt, eine erfolgreiche Umsetzung verbunden mit der geforderten kontinuierlichen Verbesserung ist jedoch nur dann zu erwarten, wenn die Mitarbeiter davon überzeugt sind und sich dementsprechend engagieren. Dieses Engagement entsteht jedoch nur bei einem ausgeprägten ökologischen Leistungsverhalten aller Mitarbeiter, welches die vorgestellten Systeme nicht berücksichtigen.[163]

Zur Visualisierung dieser Mängel wurde eine Einordnung der Umweltaspekte in das St. Galler Management-Konzept vorgenommen und die von DYLLICK/ HUMMEL vorgeschlagenen Verbesserungsaspekte dargestellt und zum Teil

---

[162] Vgl. Lorenz-Mayer, V. (1997), S. 23.
[163] Vgl. Hummel, J./Pichel, K. (1997), S. 21.

erweitert. Als Ergebnis dieser Vorgehensweise können zusammenfassend folgende *„Kern"*-Determinanten für ein erfolgreiches, ganzheitlich ansetzendes Umweltmanagement definiert werden:

- Zustimmung und Unterstützung der Umweltmanagement-Aktivitäten von seiten der Unternehmensleitung (Commitment).
- Frühzeitige Einbindung der Mitarbeiter bei der Einführung und Aufrechterhaltung eines UMS und breite Streuung der Umweltverantwortlichkeit.
- Umfassende und kontinuierliche Aufklärung und Schulung des Personals in umweltbezogenen Fragestellungen des Unternehmens und der eigenen Tätigkeit.
- Orientierung an den Standards des EMAS und der ISO 14001 (sowie weiterer Anforderungskataloge, z. B. ICC-Charta).
- Nutzung des strategischen Erfolgspotentials durch die Besetzung *„ökologischer Produkt- und/oder Dienstleistungsnischen"*.
- Präzise Anpassung des Systems an die speziellen Bedürfnisse des jeweiligen Unternehmens.
- Die Einführung in modularen, überschaubaren Schritten unter der Leitung eines fachlich ausgewogen zusammengesetzten Projektteams.
- Offene Kommunikation mit allen Anspruchsgruppen, insbesondere mit eigenen Mitarbeitern, Kunden, Nachbarn, Behörden und Umweltverbänden.

Im Rahmen der in Kapitel 8 erfolgenden Integration von Qualitäts-, Umwelt- und Arbeitssicherheitsmanagementsystemen sowie deren Weiterentwicklung und Implementierung (Kapitel 9) ist an dieser Stelle zu betonen, daß ein ganzheitliches Umweltmanagement, welches sich auf die Pfeiler standardisierter UMS-Ansätze stützt, eine ideale Basis für ein funktionsfähiges unternehmensweites (integriertes) Managementsystem bildet.

7 Arbeitssicherheitsmanagement

„Gerade für deutsche Unternehmen, die im internationalen Vergleich stehen, sind ... methodisch gestaltete Programme zur Verbesserung ihres Arbeits- und Gesundheitsschutzes sinnvoll und notwendig, weil damit ohne hohe Kosten zusätzlich wirtschaftliche Ressourcen mobilisiert werden können."

CHRISTOPH A. HUF

Als drittes Basismodul für die angestrebte Integration der Teilmanagementsysteme beschäftigt sich das vorliegende 7. Kapitel mit den Besonderheiten von Arbeitssicherheits- und Gesundheitsschutzmanagementsystemen.[1] Nach einem kurzen Blick auf die Historie der Arbeitssicherheit und des betrieblichen Gesundheitsschutzes in Deutschland (Abschn. 7.1) werden die Motive für die Einhaltung von Arbeitssicherheitsanforderungen und für den Aufbau von Arbeitssicherheitsmanagementsystemen beleuchtet (Abschn. 7.2). Im Anschluß daran erfolgt in Abschnitt 7.3 ein Überblick über die bestehenden Leitfäden und Normentwürfe zum Aufbau eines Arbeitssicherheitsmanagementsystems. Nach einer kritischen Würdigung der vorgestellten Ansätze (Abschn. 7.4) werden die auf dem Gebiet der Arbeitssicherheit und des Gesundheitsschutzes bereits bestehenden sowie die zukünftig im Rahmen von Normen hierzu eventuell geforderten Aktivitäten in das Ordnungsgerüst des St. Galler Management-Konzepts eingeordnet (Abschn. 7.5). Analog zu der Vorgehensweise in den beiden vorangegangenen Kapiteln werden so eine ganzheitliche Sichtweise dieses Themas gewährleistet und in Zukunft verstärkt zu beachtende Aspekte identifiziert. Mit einer Zusammenfassung und einer Darstellung der Zwischenergebnisse wird das siebte Kapitel mit dem Abschnitt 7.6 abgeschlossen.[2]

7.1 Entwicklung des Arbeitssicherheitsmanagements

Durch Arbeit und Beruf ausgelöste Gefahren für Leben und Gesundheit wurden bereits in vorchristlicher Zeit thematisiert. So erwähnt HIPPOKRATES erstmals mögliche negative gesundheitliche Folgen der Arbeit: Er beschreibt u. a. Haltungsschäden bei Schneidern, Blei- und Quecksilbervergiftungen bei Berg- und Grubenarbeitern sowie Augenentzündungen bei Schmieden.[3]

---

[1] Zur Vereinfachung wird im folgenden die verkürzte Version „Arbeitssicherheitsmanagementsystem" (AMS) verwendet, der Gesundheitsschutz ist dabei eingeschlossen [Anm. d. Verf.].

[2] Vgl. Pischon, A./Liesegang, D.G. (1997).

[3] Vgl. Wenninger, G. (1991), S. 10.

DIE HISTORISCHE ENTWICKLUNG DER REGELUNGEN ZUM ARBEITSSCHUTZ

Stufe I: 1839-1891:

- *„Regulativ über die Beschäftigung jugendlicher Arbeiter in Fabriken"* (1839)
- Preußische Gewerbeordnung (GewO) (1845)
- Gründung betreibereigener Dampfkesselüberwachungsvereine (1866)
- Einführung der staatlichen Fabrikinspektoren, die späteren Gewerbeaufsichtsbeamten (1878)
- Reichskanzler OTTO VON BISMARCK führt die „Bismarksche Sozialgesetzgebung" ein, dazu zählen:
  - das Gesetz über die Krankenversicherung (1883),
  - das Gesetz über die Unfallversicherung (1884),
  - das Gesetz über die Invaliditäts- und Altersversicherung (1889).
- Gründung des Zentralverbandes der preußischen Dampfkessel-Überwachungsvereine (1884)

Stufe II: 1893-1914:

- Inkrafttreten des Handelsgesetzbuches (1900)
- Bekanntmachung des Bundesrates für Anlagen bestimmter Art (§ 120 e der Gewerbeordnung)
- Ablösung der Dampfkesselbekanntmachung vom 5. August 1890 durch § 24 der Gewerbeordnung
- Reichsversicherungsordnung (1911)
- Aufhebung fast aller Schutzgesetze (1914-1918)

Stufe III: 1918-1939:

- Einführung des achtstündigen Arbeitstages (48-Stunden-Woche) bzw. von Arbeitszeitregelungen (1919)
- Gründung des Reichsausschusses für Arbeitszeitermittlung (REFA) (1924)
- Scheitern eines umfassenden Arbeitsschutzgesetzes im Reichstag (1928)
- Gesetz zur Ordnung der nationalen Arbeit: Einführung des „Führerprinzips" in der Sozialversicherung (1934)
- Bestimmungen für die Kriegswirtschaft setzen sozialpolitisch fortschrittliche Verordnungen außer Kraft (1939-1945)

Stufe IV: 1950-1967:

- Einrichtung des Bundesgesundheitsamtes (1952)
- Jugendarbeitsschutzgesetz verbietet die Kinderarbeit (1960)
- Neuordnung des Rechtes der überwachungsbedürftigen Anlagen in §24 der Gewerbeordnung
- Atom- und Strahlenschutzrecht

Stufe V: 1968-heute

- Arbeitssicherheitsgesetz (ASiG) regelt den Einsatz von Betriebsärzten, Sicherheitsingenieuren und Fachkräfte für Arbeitssicherheit (1973)
- Gefahrstoffverordnung (1986)
- Erste Ansätze zu zertifizierungsfähigen, umfassenden Arbeitssicherheitsmanagementsystemen (z. B. SCC) (1995)
- Erste Entwürfe zur Normierung von Arbeitssicherheitsmanagementsystemen von seiten der ISO (1996)
- Gesetz zur Umsetzung der EG-Rahmenrichtlinie Arbeitsschutz und weiterer Arbeitsschutzrichtlinien (1996)
- British Standard 8800 als Leitfaden für den Aufbau eines AMS (1996)
- SGB VII - Siebtes Buch Sozialgesetzbuch Gesetzliche Unfallversicherung (1997)

Abb. 7.1. Die historische Entwicklung der Regelungen zum Arbeitsschutz
Quelle: In Anlehnung an Mertens, A. (1978), S. 5-14; Weber, W (1988), S. 13-28; Hahn, P. (1986), S. 10; Wenninger, G. (1991), S. 12 f.

THEOPHRASTUS VON HOHENHEIM, genannt PARACELSUS, veröffentlichte 1567 seine Schrift *„Von der Bergsucht und anderen Bergkrankheiten"* und beschreibt in späteren Büchern ausführlich die Berufskrankheiten von Hüttenleuten, Schmelz- und Münzmeistern, Goldschmieden etc..[4] Erst Jahrhunderte später wurden Maßnahmen zum Schutz des Lebens und der Gesundheit des arbeitenden Menschen eingeführt. 1802 wurde in England ein erstes Gesetz zur Einschränkung der Kinderarbeit verabschiedet.[5] Bis 1830 gab es in Deutschland mit Ausnahme von alten Bergwerks- und Handwerksordnungen keine gesetzlichen Regelungen zum Schutz der Arbeiter vor Gefahren und Folgen von Arbeitsunfällen.[6]

Das *„Regulativ über die Beschäftigung jugendlicher Arbeiter in Fabriken"* von 1839, welches die Arbeit von Kindern unter neun Jahren verbot und die Arbeitszeit von Kindern fortgeschrittenen Alters einschränkte, war die erste gesetzliche Regelung zum Arbeitsschutz in Deutschland.[7] Einen weiteren Schritt in diese Richtung stellte die Einführung der *„Bismarckschen Sozialgesetzgebung"* von Reichskanzler OTTO VON BISMARCK dar. Als deren Kerngesetz gilt das *„Unfallversicherungsgesetz"* von 1884, wodurch die Zwangsmitgliedschaft der Unternehmer in einer Berufsgenossenschaft und die Solidarhaftung bei Unfällen eingeführt wurde (dieses Umlageverfahren wird noch heute so praktiziert: Betriebe führen rund 2% ihrer Bruttolohnsumme als Beitrag an die Berufsgenossenschaften ab). Darüber hinaus bezeichnete dieses Gesetz einen weiteren Meilenstein, da es die Berufsgenossenschaften ermächtigte, Unfallverhütungsvorschriften zu erlassen und deren Einhaltung durch technische Aufsichtsbeamte überwachen zu lassen. Es schuf die Basis für den noch heute in Deutschland bestehenden sog. *„Dualismus"* zwischen Gewerbeaufsicht und Berufsgenossenschaft.[8] Einen Abriß über die historische Entwicklung des Arbeitsschutzes auf der Basis des staatlichen Vorschriftenwesens von 1839 bis zur Gegenwart gibt Abb. 7.1.

7.2
Motive für die Einführung eines Arbeitssicherheitsmanagementsystems

7.2.1
Basismotive

Die Sorge um die Gesundheit und den Schutz der Mitarbeiter im Unternehmen steht als Primärziel im Mittelpunkt aller Arbeitssicherheitsaktivitäten. Diese Grundanforderung an die Bewahrung des Menschen vor Gesundheitsrisiken - ausgelöst durch Unfälle, Krankheiten und sonstige Gefahren - leitet sich zunächst aus allgemeinen ethischen Wertvorstellungen ab. Humanitäre Aspekte tragen dazu bei,

---

[4] Vgl. Weber, W. (1988), S. 40.
[5] Vgl. ebenda, S. 14.
[6] Vgl. Wenninger, G. (1991), S. 10 f.
[7] Vgl. Weber, W. (1988), S. 16.
[8] Vgl. Mertens, A. (1978), S. 7 f.

daß die Gewährleistung einer umfassenden Arbeitssicherheit für jeden Mitarbeiter als Basisvoraussetzung für unternehmerisches Handeln und damit als ein unabdingbares Unternehmensziel verstanden wird.[9]

Ein Aufruf zur Verbesserung der humanitären Aspekte des Arbeitens erfolgte durch das im Mai 1974 vom Bundesministerium für Arbeit und Sozialordnung sowie vom Bundesministerium für Forschung und Technologie ins Leben gerufene Aktionsprogramm zur *„Humanisierung des Arbeitslebens"*. Hierbei galt folgendes Postulat: *„Die Humanisierung des Arbeitslebens darf sich ... nicht nur in einem Abbau von Belastungen* [und Gefahrenquellen, Anm. d. Verf.] *erschöpfen, sondern sollte darüber hinaus dem einzelnen auch Möglichkeiten für die Entfaltung seiner Fähigkeiten und damit zur Selbstverwirklichung geben."*[10] Die Hauptziele dieses Programms lagen in der Entwicklung von:[11]

- Mindestanforderungen an Maschinen, Anlagen und Arbeitsplätze,
- menschengerechten Arbeitstechnologien sowie
- beispielhaften Modellen für Arbeitsorganisation und Arbeitsplatzgestaltung.

Mit dem Ziel, die Arbeit dem Menschen anzupassen, wurden verschiedene Strategien und Maßnahmen der Arbeitshumanisierung erarbeitet. Eine solche, auf den Menschen ausgerichtete Umgestaltung der Arbeitsumwelt, der Arbeitsorganisation und der Arbeitszeitordnung beschreibt gleichzeitig Elemente des Arbeitsschutzes, welche u. a. durch folgende Maßnahmen erreicht werden können:[12]

- geplanter Arbeitsplatzwechsel (job rotation)
- Arbeitserweiterung (job enlargement),
- Arbeitsbereicherung (job enrichement) und
- Einsatz (teil-) autonomer Arbeitsgruppen.

Die zunehmend propagierte Forderung, Arbeitssicherheitsbelange zur *„Chefsache"* zu machen, basiert auf weiterführenden Überlegungen. So sind in diesem Zusammenhang unter betriebswirtschaftlichen und rechtlichen Gesichtspunkten die folgenden Argumente für eine strikte Einhaltung arbeitssicherheitsbezogener Anforderungen zu nennen:[13]

1. Arbeitssicherheit garantiert störungsfreie Arbeitsabläufe,

---

[9]   Vgl. Becker, R. (1984), S. 14.

[10] Forschung zur Humanisierung des Arbeitslebens, Sozialpolitische Informationen, Sonderausgabe vom 8. Mai 1974, BMA (Hrsg.), zitiert bei: Krause, H./Zander, E. (1982), S. 22.

[11] Vgl. Bundesministerium für Forschung und Technik (Hrsg.): Forschungsprogramm Humanisierung des Arbeitslebens, Bonn, o. J., S. 3, zitiert bei: Ellinger, T.: *„Humane Gestaltung von Arbeitsplätzen in der industriellen Produktion"*, S. 165, in: Kraus, W. (Hrsg.) 1979, S. 163-198.

[12] Vgl. Kreikebaum, H.: *„Humanisierung der Arbeit"*, S. 1675 ff. in: Wittmann, W. (Hrsg.), (1993), S. 1674-1681.

[13] Vgl. Siller, E./Schliephacke, J. (1987), S. 19 ff.

2. trägt zur Einsparung von unfall- und störungsbedingten Kosten bei[14] und
3. führt zu geringeren berufsgenossenschaftlichen Leistungen und damit zu geringeren Beitragszahlungen.
4. Der Nachweis eines hohen Arbeitssicherheitsstandards nach außen (gegenüber Anspruchsgruppen, insbesondere Kunden) läßt auf eine hohe Leistungsfähigkeit und auf qualitativ hochwertige Produkte schließen.
5. Arbeitssicherheit vermeidet eine Haftung mit rechtlichen Konsequenzen (Organisationsverschulden; straf- und privatrechtliche Verantwortung von Führungskräften).
6. Sie trägt dazu bei, Schadensersatzforderungen abzuwehren.

Dennoch wird in vielen Fällen von seiten der Geschäftsführung eines Unternehmens den Aufgabenbereichen der Arbeitssicherheit nur wenig Aufmerksamkeit geschenkt, da sie vordergründig als notwendiges Übel und zusätzliche Belastung empfunden werden. Daß jedoch eine umfassende Berücksichtigung der Arbeitssicherheit über die Mindestanforderungen der gesetzlichen Vorschriften und der Unfallverhütungsvorschriften (UVV) hinaus zu einer Stärkung der Wettbewerbsposition führen kann, verdeutlichen die oben angeführten Argumente.

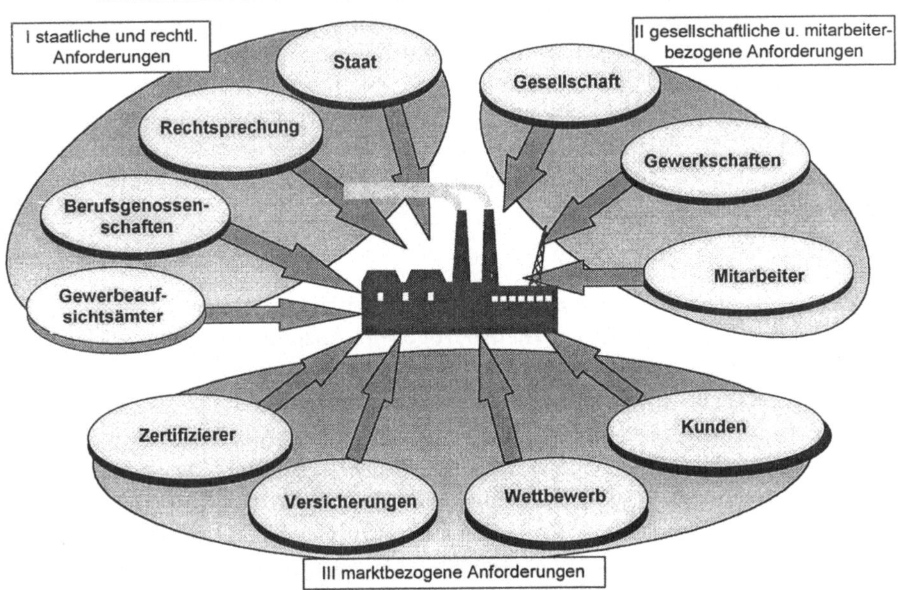

Abb. 7.2. Arbeitssicherheitsbezogene Anspruchsgruppen
Quelle: In Anlehnung an Stahlmann, V. (1994), S. 27

---

[14] Vgl. Kollerer, H. (1978).

7.2.2
Arbeitssicherheitsbezogene Anspruchsgruppen

Neben den bereits genannten Motiven für die Einhaltung von Arbeitssicherheitsanforderungen sind auch auf diesem Gebiet die Einflüsse auf das Unternehmen von seiten der verschiedenen Anspruchsgruppen („*Stakeholder*") zu nennen (s. Kap. 3, Abschn. 3.4.2). Die in Abb. 7.2 dargestellten arbeitssicherheitsbezogenen Anspruchsgruppen lassen sich zu den folgenden drei Kategorien zusammenfassen:

I Anforderungen von seiten des Staates und der Rechtsprechung
Die Anforderungen von seiten des Staates beinhalten neben der arbeitssicherheitsbezogenen Gesetzgebung die Kontrolle über die Einhaltung der geforderten Standards mit Hilfe der Gewerbeaufsicht. Darüber hinaus erlassen die Berufsgenossenschaften im Auftrag des Staates die Unfallverhütungsvorschriften und teilen sich in Deutschland die Aufsichtspflicht auf dem Gebiet der Arbeitssicherheit mit den Gewerbeaufsichtsämtern (s. Kap. 2, Abschn. 2.3.3.3). Kommt es zu Verstößen gegen die rechtlichen Rahmenbedingungen der Arbeitssicherheit (s. Kap. 2, Abschn. 2.3.3), ist unter dieser Kategorie überdies die Rechtsprechung zu subsumieren.

II Anforderungen von seiten der Gesellschaft und der Mitarbeiter
Die Gesellschaft reagiert auf Unfälle in zunehmendem Maße besorgt, insbesondere bei umweltbeeinflussenden Vorfällen, wenn also mit einer Bedrohung der Gesundheit von Anwohnern oder Konsumenten zu rechnen ist. Somit ist das Drohen von Imageverlusten durch Unfälle aufgrund mangelnder Arbeitssicherheit ein weiteres Argument für eine strenge Einhaltung von Arbeitssicherheitsanforderungen.[15] Der Personenkreis der Mitarbeiter, vertreten durch die Gewerkschaften, ist zweifelsohne im direkten Fokus der Arbeitsschutzaktivitäten. Deren Gesundheit gilt es zu erhalten und zu schützen.

III Anforderungen von seiten des Marktes
Kunden, Wettbewerb, Versicherungen und Zertifizierer bilden gemeinsam die dritte Gruppe der arbeitssicherheitsbezogenen Anspruchsgruppen. Nicht nur bei Großprojekten stehen inzwischen hohe Kundenanforderungen bzgl. einer strengen Einhaltung von Arbeitssicherheitsanforderungen in den Ausschreibungen und später in den Baustellenordnungen. Eine vom Auftraggeber geforderte Zertifizierung eines bestehenden Arbeitssicherheitsmanagementsystems gilt als Eintrittskarte für die Subunternehmer auf Baustellen der Mineralölindustrie (s. Abschn. 7.3.2.1 Sicherheits Certifikat Contractoren - SCC). Hat sich ein Unternehmen für die Validierung seines Arbeitssicherheitsmanagementsystems und den Erwerb eines externen Zertifikates entschieden, bildet neuerdings die externe Zertifizierungsgesellschaft ebenfalls eine Anspruchsgruppe. Die Erhaltung oder

---

[15] Vgl. Adams, H. W.: „*Arbeitssicherheit*", S. 171 f., in: Adams, H. W. (1990), S. 170-184.

Verbesserung der Wettbewerbsposition ist ein weiterer Anspruch, welcher nicht zuletzt durch Kostensenkungen aufgrund geringerer Ausfall- und Fehlzeiten erreicht werden kann. Schließlich sind in diesem Zusammenhang die Versicherungen, insbesondere die Krankenkassen zu nennen, welche durch gezielte Informationen und nach Inanspruchnahme von Leistungen gestaffelte Beiträge für ein hohes Arbeitssicherheitsniveau werben.

7.3
Arbeitssicherheitsmanagementsysteme

7.3.1
Ansätze zur Neuorientierung

Ein Ansatz der Neuorientierung auf dem Gebiet der Arbeitssicherheit zeichnet sich in einem neuen Verständnis der Aufsichtsbehörden, insbesondere der Berufsgenossenschaften ab. Von einer ausschließlichen Aufsichts- und Kontrollfunktion Abstand nehmend, sehen sich diese in Zukunft als Partner der Unternehmen. In diesem Zusammenhang soll die Beratung als Serviceleistung verstanden werden, die dazu beiträgt, durch eine optimierte Information, Schulung, Organisation und Führung bessere Ergebnisse auf dem Gebiet der Arbeitssicherheit und des Gesundheitsschutzes zu erreichen.[16]

Die Sicherheit in einem Unternehmen wird durch das Zusammenspiel der drei Komponenten Technik, Verhalten (Motivation) und Organisation gewährleistet. Da die Technik in den meisten Unternehmen bereits mehrfach auch hinsichtlich der Arbeitssicherheit optimiert wurde, sind in diesem Bereich keine großen Verbesserungspotentiale mehr zu erwarten. Vielmehr besteht eine Gefahr darin, daß bei einem zu starken Vertrauen in die Technik das Sicherheitsbewußtsein der Mitarbeiter abnimmt.[17] Erfahrungen bei der CONTINENTAL AG haben gezeigt, daß 70 % der Unfälle personen- und 30 % technikbezogen verursacht wurden.[18] Einen *„erheblichen Nachholbedarf"* erkennt ADAMS daher bei den Elementen

---

[16] Vgl. Siller, E.: *„Die Arbeitssicherheit hängt von guter Organisation und Führung ab"*, S. 129, in: Siller, E./Schliephacke, J. (1989), S. 128-136.

[17] Vgl. Undeutsch, U.: Sicherheitspsychologie, Sonderdruck aus Peters/Meyna: Handbuch für Sicherheits-technik, Band 2, München/Wien 1986, S. 138, zitiert bei: Mieles, K. (1996), S. 87.

[18] So wurden z. B. an schweren Stanzmaschinen spezielle Lichtschranken installiert, welche die Bedienung für die Mitarbeiter sicherer gestalten sollte. Dieser Umbau wurde von den betroffenen Maschinenführern als Behinderung ihrer Arbeitsabläufe empfunden, so daß diese Lichtschranken vielfach umgangen wurden und es trotz der Vorkehrungen zu Unfällen kam. Nach einer Demontage dieser Schutzvorrichtungen und einer ausführlichen individuellen Schulung konnten die Unfälle an diesen Maschinen nachhaltig verhindert werden. Dieses positive Ergebnis läßt sich auf die individuelle Einsicht der Beschäftigten und auf deren gesteigerte Selbstverantwortung zurückführen [Anm. d. Verf.]. Vgl. Hardegen, D. (1996), o. S.

Organisation und Motivation.[19] Das Sicherheitsmanagement, die arbeitssicherheitsbezogene Motivation und die Schulung von Sicherheitsaspekten rücken damit in den Fokus der Neuorientierung. Um diese Komponenten zu verbessern, bietet es sich an, ein Managementsystem der Arbeitssicherheit und des Gesundheitsschutzes in Anlehnung an bereits bestehende Qualitätsmanagementsysteme (nach der ISO 9000er Reihe) und Umweltmanagementsysteme (nach BS 7750[20], EMAS[21] und/oder ISO 14001[22]) aufzubauen und zu institutionalisieren. Damit soll in Zukunft ein präventives Arbeitssicherheits- und Gesundheitsschutzverständnis die bislang vorherrschenden kurativen Aktivitäten ablösen.[23]

7.3.2
Standardisierte Arbeitssicherheitsmanagementsysteme

Der Britische Standard 8800 versteht unter einem allgemeinen Managementsystem *„ein Zusammenwirken von Personal, Ressourcen, Verfahren und Verfahrensanweisungen in unterschiedlichster Komplexität, in dem die Bestandteile, die in einer organisierten Struktur teilnehmen, sicherstellen, daß eine vorgegebene Aufgabe erfüllt wird oder ein festgesetztes Ergebnis erreicht oder beibehalten wird."*[24] Die BGZ definiert ein Arbeitsschutzmanagementsystem als „ *... Integration des Arbeitsschutzes in alle Struktur- und Organisationsebenen eines Unternehmens mit dem Ziel (...), ihn als einen unerläßlichen Bestandteil der Unternehmensstruktur und -leistungen anzuerkennen.* "[25]

Allein die Schaffung geeigneter Strukturen oder Verfahren wird noch nicht zu einer Verbesserung der Arbeitssicherheitssituation führen. Dennoch leisten die derzeit bestehenden Normentwürfe und Leitfäden zum Aufbau von Arbeitssicherheitsmanagementsystemen einen erheblichen Beitrag zur Orientierung und zur sinnvollen Konzentration der bislang zumeist unabgestimmten, dezentral organisierten Arbeitssicherheitsaktivitäten in den Unternehmen. Der Leitgedanke bei dem Aufbau eines solchen Systems sollte darin bestehen, durch die Verankerung des Arbeits- und Gesundheitsschutzes auf allen betrieblichen Ebenen die Eigenverantwortlichkeit der Unternehmen zu stärken und das Thema *„Arbeitssicherheit"* als zentrale Führungsaufgabe zu etablieren. Das Bestreben eines Arbeitssicherheitsmanagementsystems sollte es sein, zielgerichtet und wirtschaftlich vertretbar eine Sicherheitsarbeit zu leisten, welche sowohl die Gefahren für das Leben und die Gesundheit der Mitarbeiter auf ein Minimum reduziert als auch allen

---

[19] Vgl. Adams, H. W. (1995), S. 3 ff.
[20] Vgl. BS 7750: 1994.
[21] Vgl. Verordnung (EWG) Nr. 1836/93, (1993).
[22] Vgl. DIN EN ISO 14001, (1996).
[23] Vgl. Waldeck, D. (1995), S. 645.
[24] BS 8800: 1996, S. 8.
[25] Vgl. Waldeck, D. (1995), S. 641.

rechtlichen Anforderungen genügt.[26] Die nachfolgenden Unterabschnitte beschreiben die derzeit existierenden bzw. sich in der Diskussion befindlichen standardisierten Arbeitssicherheitsmanagementsysteme.

7.3.2.1
Sicherheits Certifikat Contractoren (Safety Checklist Contractors-SCC)

Frühe Bestrebungen zur Auditierung von Arbeitssicherheitsmanagementsystemen entstanden 1995 auf Drängen der petro-chemischen Industrie. Der Anlaß dazu bestand darin, daß in den Betriebsstätten der deutschen Mineralölindustrie Unterauftragnehmer, sog. *„Kontraktoren"*, im Rahmen von Dienst- und Werkverträgen für Bau- und Montagearbeiten zum Einsatz kamen, die durch ihr Management und das Verhalten ihrer Mitarbeiter wesentlich auf den Sicherheits-, Gesundheitsschutz und Umweltschutzstandard auf dem Betriebsgelände der Auftraggeber und damit auch auf deren Qualitätsstandard einwirkten. Nach unterschiedlichen firmenspezifischen Kriterien begannen die auftraggebenden Unternehmen die Managementsysteme für Gesundheit, Sicherheit und Umweltschutz ihrer Auftragnehmer, sofern diese zu diesem Zeitpunkt schon bestanden, durch Audits im Einzelfall zu prüfen. Da diese Prüfungen mit einem erheblichen Aufwand personeller und finanzieller Art verbunden waren, wurde gemeinsam mit den Kontraktoren nach Möglichkeiten gesucht, die unterschiedlichen Prüfkriterien zu vereinheitlichen und damit eine allgemeine gegenseitige Anerkennung der Prüfergebnisse zu erreichen. In diesem Zusammenhang wurde festgestellt, daß die Qualitätsnormen ISO 9000 ff. nur unzureichende Kriterien zur Überprüfung derartiger Managementsysteme enthalten und somit ein eigenständiges Zertifizierungssystem aufgebaut werden mußte. Da in den Niederlanden bereits seit 1994 ein solches System (SCC) bestand, entschloß sich die deutsche Mineralölindustrie, dieses zu übernehmen.[27]

Bei dem sog. *Sicherheits Certifikat Contractoren* handelt es sich um eine privatwirtschaftliche Lösung, die als ein erster Ansatz für eine internationale, branchenübergreifende Norm zur Standardisierung von Arbeitssicherheitsmanagementsystemen angesehen werden kann. Dieses SCC-Konzept beschreibt ein allgemeines Verfahren zur Zertifizierung eines Sicherheits-, Gesundheits- und Umweltschutz-Managementsystems. Es ist demnach kein Managementsystemansatz im eigentlichen Sinne, es handelt sich vielmehr um einen Fragenkatalog im Rahmen einer Auditierungssystematik. Wird jedoch davon ausgegangen, daß sich ein Unternehmen nach diesem System prüfen lassen möchte, so ist dafür ein nach diesen Kriterien gestaltetes Managementsystem erforderlich. Dieses System ist in den Niederlanden von dem sog. *Central Committee of Experts (CCOE)* und in Deutschland von dem *Sektorkomitee SCC* bei der *Trägergemeinschaft für Akkreditierung (TGA)* anerkannt. Akzeptiert wird es zur Zeit von fast allen Unternehmen der petro-chemischen Industrie. Als erster Zertifizierer wurde in Deutschland das

---

[26] Vgl. Becker, R. (1984), S. 11-47.
[27] Vgl. Littinski, R. (1995), o. S..

Unternehmen DET NORSKE VERITAS GERMANY GMBH bei der TGA akkreditiert, inzwischen sind die meisten großen Zertifizierungsgesellschaften zur Überprüfung und Zertifikatsausstellung zugelassen.[28]

7.3.2.1.1
Anforderungen an ein zu zertifizierendes Unternehmen

Das SCC ist ein Auditsystem, das im Kern aus einem in zehn Elemente gegliederten Fragenkatalog besteht, der sich wiederum aus 54 Fragen zusammensetzt. Diesen Fragen ist je nach Wertigkeit eine entsprechende Punktezahl zugeordnet. Es wird zwischen zwei Formen von SCC-Zertifikaten unterschieden, dem eingeschränkten SCC*-Zertifikat für kleine Unternehmen mit maximal 35 Mitarbeitern und dem umfangreicheren SCC**-Zertifikat für Unternehmen mit mehr als 35 Mitarbeitern. Zertifiziert werden können Unternehmen und organisatorische Einheiten, welche aufgrund eines Werk- oder Dienstvertrages bestimmte technische Werk- oder Dienstleistungen erbringen. Um ein entsprechendes Zertifikat zu erhalten, müssen je nach Größe des Unternehmens 19 (20) bis 27 (28) sog. „*Pflichtfragen*" zu 100 % positiv beantwortet werden.[29] Große Firmen müssen zusätzlich mindestens 105 Punkte bei der Beantwortung sämtlicher Fragen erreichen.[30] Als weiteres Kriterium zur erfolgreichen Zertifizierung ist die Unfallstatistik des zu überprüfenden Unternehmens von Bedeutung.

Die Unfallhäufigkeit (UH) ist eine Kennziffer, die sich nach folgender Formel berechnen läßt:[31]

$$UH = \frac{\text{Anzahl der Arbeitsunfälle} * 1.000.000}{\text{geleistete Arbeitsstunden}}$$

	SCC*	SCC**
Zwangsfragen	19 (20)	27 (28)
Mindestpunktzahl	-	105
UH	max. 50	max. 50
UH nach 3 Jahren	max. 40	max. 40

Abb. 7.3. Überblick über die SCC-Zertifizierungsanforderungen
Quelle: O.V. (1998b), S. 3.

---

[28] Vgl. o. V. (1996a), S. 1.

[29] Ab 1. Januar 2000 ist unabhängig von der Unternehmensgröße eine zusätzliche Pflichtfrage zu 100 % positiv zu beantworten. Diese Frage bezieht sich auf eine umfangreichere Sicherheitsschulung aller Mitarbeiter. Die Zahlen in den Klammern (sowohl im Text als auch in Abb. 7.3) berücksichtigen diese Erweiterung [Anm. d. Verf.]. Vgl. o. V. (1998b), S. 3.

[30] Vgl. ebenda.

[31] Vgl. o. V. (1998b), S. 5.

Sie hat im 3-Jahres-Durchschnitt vor der Zertifizierung unter dem Wert 50 zu liegen. Hierbei werden jedoch nicht nur meldepflichtige Unfälle (in Deutschland ab drei Ausfalltagen) berücksichtigt, sondern alle Unfälle, welche mindestens einen Tag Ausfallzeit verursacht haben. Diese Statistiken werden in jährlichen Überwachungsaudits überprüft. Drei Jahre nach der ersten Zertifizierung findet ein umfangreiches Wiederholungsaudit statt, dabei wird die gesamte Checkliste erneut überprüft. Die durchschnittliche UH-Kennziffer muß dann auf mindestens 40 gesunken sein. Zum Aufbau und zur Fortführung des SCC-Systems sind schließlich im Organigramm des zu zertifizierenden Unternehmens mindestens ein (interner) SCC-Auditor und ein SCC-Koordinator zu benennen. Während der Auditor mit der operativen Umsetzung der SCC-Anforderungen beauftragt ist, berichtet der Koordinator sämtliche SCC-Aktivitäten in den jeweiligen Projekten direkt an die Geschäftsleitung.[32] Abb. 7.3 stellt die Anforderungen des SCC* und des SCC** zusammenfassend gegenüber.

7.3.2.1.2
SCC-Fragenkatalog

Abb. 7.4 zeigt einen Überblick über die zehn Kategorien der *„Checkliste für die Beurteilung des Managementsystems für Sicherheit, Gesundheit und Umweltschutz bei Kontraktoren in der Mineralöl-, chemischen und anverwandten Industrie".*[33] Folgende Anforderungen werden darin formuliert:[34]

zu 1.　Sicherheit, Gesundheits- und Umweltschutz (SGU)-
**　　　Politik und Organisation, Engagement des Managements**

Hier wird zunächst die Erstellung einer Grundsatzerklärung zu SGU gefordert, die von der Geschäftsführung zu unterzeichnen ist. Damit soll die Verantwortung der obersten Leitung verdeutlicht werden. Daran anschließend ist eine SGU-Aufbauorganisationsstruktur zu implementieren, wobei insbesondere die folgenden Aspekte zu berücksichtigen sind:

- die Beschreibung von Linienverantwortlichkeiten,
- die Anstellung mindestens einer Sicherheitsfachkraft für das Unternehmen bzw. pro Projekt und
- die Ernennung eines Umweltschutzbeauftragten.

Zusätzlich wird ein besonderes Engagement des oberen und mittleren Managements gefordert. Dabei ist neben der periodischen Durchführung von SGU-Arbeitsplatzinspektionen, die Organisation von Sicherheitsveranstaltungen mit dem gesamten Personal vorgesehen. Mindestens einmal pro Jahr sind die Führungskräfte bzgl. ihrer SGU-Leistung zu beurteilen. Zudem ist der Aufbau eines SGU-Aktionsplanes zu konkreten Aktivitäten und dessen jährliche Überprüfung auf Einhaltung der darin festgelegten Ziele und Maßnahmen erforderlich.

---

[32]　Vgl. ebenda.
[33]　Vgl. Central Committee of Experts/Unter-Sektorkomitee SCC Deutschland (Hrsg.), (1998), S. 1a-12b.
[34]　Vgl. ebenda.

zu 2.   Gefährdungsermittlung und -bewertung

Unter Berücksichtigung der §§ 5 und 6 des Arbeitsschutzgesetzes (ArbSchG) ist in der seit Mai 1998 vorliegenden Neufassung des SCC-Fragenkatalogs eine Gefährdungsermittlung und -beurteilung sowie die Erstellung eines sog. Gefährdungskatasters vorgeschrieben. Für die ermittelten Gefährdungen sind Schutzziele sowie die entsprechenden Maßnahmen festzulegen und regelmäßig zu bewerten. Darüber hinaus wird die kostenlose Zurverfügungstellung und Instandhaltung von persönlicher Schutzausrüstung (PSA) für die eigenen Mitarbeiter sowie für das Fremdpersonal im Sinne des Arbeitnehmerüberlassungsgesetzes (AÜG) gefordert.

zu 3.   Personalauswahl

Vor Arbeitsantritt sind zunächst in Absprache mit dem Auftraggeber die Anforderungen an die eigenen Mitarbeiter und die der eingesetzten Subunternehmer festzulegen. Im Rahmen der Auswahl der Mitarbeiter ist auf deren Fachausbildung, spezifische SGU-Ausbildungen und/oder Zeugnisse sowie auf die Sprachbeherrschung im Sinne der Verbreitungskommunikation von SGU-Aspekten zu achten.

zu 4.   Information und Ausbildung

Die Basis der geforderten Schulungsaktivitäten bildet die Durchführung einer betriebsinternen SGU-Informationsveranstaltung bei Arbeitsantritt neuer Mitarbeiter auf allen Hierarchieebenen. Ab dem 1. Januar 2000 haben zudem alle operativ arbeitenden Mitarbeiter und Führungskräfte eine anerkannte Sicherheitsschulung zu absolvieren. Eine besondere Schulung ist für Mitarbeiter durchzuführen, deren Tätigkeiten mit einem hohen Gefährdungspotential verbunden sind. Die Teilnahme an diesen Schulungen und die Ergebnisse der arbeitsmedizinischen Vorsorgeuntersuchungen sind zu dokumentieren. Jeder Arbeitnehmer erhält daraufhin einen sog. Sicherheitsausweis, der Informationen über gesundheits- und arbeitssicherheitsbezogene Aspekte enthält.

zu 5.   Sicherheits-, Gesundheits- und Umweltschutzkommunikation

Dieser Punkt der Checkliste bezieht sich auf § 11 des Arbeitssicherheitsgesetzes (ASiG), wonach in Betrieben mit mehr als zwanzig Beschäftigten ein Arbeitsschutzausschuß zu bilden ist, der vierteljährlich zu tagen hat (s. Kap. 2, Abschn. 2.3.3.2) und über dessen Ergebnisse alle Mitarbeiter zu informieren sind. Zusätzlich sollten Sitzungen stattfinden, in denen SGU-Aspekte einen wichtigen Tagesordnungspunkt darstellen und an welchen Führungskräfte aller Hierarchieebenen regelmäßig teilnehmen. Ein weiterer Aspekt ist die regelmäßige (monatlich für operativ arbeitende, vierteljährlich für Verwaltungspersonal) SGU-Unterweisung aller Mitarbeiter durch den jeweiligen Vorgesetzten. Zudem wird im Rahmen der Kommunikation die Durchführung von Kampagnen mit aktuellen Schwerpunkten gefordert, bei denen spezielle Themen aus den Bereichen SGU behandelt werden.

zu 6.   Regeln, Vorschriften, Projektsicherheitsplan

Hier wird der Aufbau von SGU-Vorschriften und Betriebsanweisungen verlangt, welche sowohl die allgemeinen als auch die speziellen Tätigkeiten berücksichtigen. Auch gefährliche Arbeiten, die einer Genehmigung bedürfen, sind hierin einzubeziehen. Der Aufbau unternehmensspezifischer Projektpläne, die alle SGU-bezogenen Anforderungen und Maßnahmen zu beinhalten haben, sowie die Erstellung einer Richtlinie zur Durchführung von Sicherheitsgesprächen mit dem Auftraggeber vor Beginn eines Projektes sind weitere Elemente dieses Anforderungskataloges. Darüber hinaus müssen spezielle SGU-Treffen (sog. *„toolbox meetings"*) mit dem gesamten Betriebspersonal einschließlich der Subunternehmer durchgeführt werden. Im Rahmen dieser Veranstaltungen sind die wichtigsten Regeln bzw. Vorschriften und Arbeitsgenehmigungen mit dem Betriebspersonal regelmäßig zu besprechen. Schließlich sind vorbereitende SGU-Treffen (sog. *„kick off meetings"*) mit den Subunternehmern durchzuführen. Auf dem Gebiet des Umweltschutzes wird das Hauptaugenmerk auf die Abfallentsorgung gelegt, hier hat das Unternehmen entsprechende Festlegungen nachzuweisen. Unter der Teilüberschrift *„Vorbereitung auf Notsituationen"* bestehen zudem Anforderungen bzgl. des Aufbaus eines Schulungsprogramms für Ersthelfer und für den Umgang mit Feuerlöschern, die in ausreichender Menge vorhanden sein müssen.

zu 7.　Sicherheits-, Gesundheits- und Umweltschutzinspektionen/Beobachtungen

Hier ist die Durchführung von Arbeitsplatz- und Baustelleninspektionen durch unmittelbar aufsichtführende Personen in regelmäßigen Abständen gefordert. Festgestellte Mängel und deren Ursachen sind zu beseitigen, die dafür eingeleiteten Maßnahmen sind bis zu deren Abschluß zu verfolgen.

zu 8.　Betriebliches Gesundheitswesen

Alle Mitarbeiter sind gemäß VBG 123 und Arbeitssicherheitsgesetz arbeitsmedizinisch zu betreuen. Auf der Basis der ermittelten Gefährdungen sind Mitarbeiter, welche einem besonderen Gefährdungspotential ausgesetzt sind, regelmäßig zu untersuchen. Zudem sind Vorsorgeuntersuchungen in den gesetzlich vorgeschriebenen Zyklen durchzuführen.

zu 9.　Einkauf und Prüfung der Materialien, Geräte und Leistungen

Das Unternehmen muß ein System zur Erarbeitung von SGU-Spezifikationen für die Beschaffung des gesamten arbeitssicherheitsrelevanten Materials und der Ausrüstung einführen und aufrechterhalten. Wo es erforderlich ist, sind Materialien bzw. Ausrüstungen mit Sicherheitszertifikaten zu verwenden. Die Organisation muß darüber hinaus ein System zur regelmäßigen Überprüfung dieser Mittel einführen, aufrechterhalten und aktualisieren. Die Prüfungsergebnisse sind zu dokumentieren und die geprüften Mittel durch entsprechende Hinweise zu kennzeichnen. Eine weitere Forderung bei diesem Gliederungspunkt liegt darin, daß bei der Auswahl von Subunternehmern die SGU-Kriterien dieses SCC-Fragenkatalogs zu berücksichtigen sind.

zu 10. Meldung, Registrierung und Untersuchung von
Unfällen/Zwischenfällen und unsicheren Situationen

Neben dem Aufbau und der Aufrechterhaltung eines Verfahrens zur Meldung, Untersuchung und Erfassung von Unfällen, Umweltschäden und Sachschäden muß ein formelles System für die Analyse unsicherer Situationen bzw. Beinahe-Unfälle erarbeitet werden. Schließlich ist die Fortschreibung einer Unfallstatistik und die Erstellung von Umweltkennzahlen vorgesehen.

7.3.2.1.3
Ablauf der Zertifizierung

Der Ablauf des Zertifizierungsverfahrens entspricht im wesentlichen den Vorgehensweisen auf den Gebieten des Qualitäts- und Umweltmanagements. Nach der Durchsicht der Dokumente (Dokumentenprüfung) wird die Einhaltung der festgelegten Abläufe zunächst in der Zentrale des Unternehmens überprüft. Danach werden stichprobenartig verschiedene *„laufende"* Projekte außerhalb der Zentrale begutachtet. Die Ergebnisse der Überprüfungen werden von der Zertifizierungsgesellschaft in einem Auditbericht festgehalten. Werden bei einem Zertifizierungsaudit Mängel festgestellt, die eine erfolgreiche Zertifizierung verhindern, legt der Auditor Korrekturmaßnahmen fest, die in einem nachgeschalteten *„Follow-up"*-Audit überprüft werden können. Erfolgten keine Beanstandungen, wird dem überprüften Unternehmen ein Zertifikat über die erfolgreiche Teilnahme ausgestellt, welches drei Jahre Gültigkeit besitzt.[35] Zudem ist ein erfolgreich auditiertes Unternehmen berechtigt ein sog. *„SCC-Zertifizierungslogo"* zu führen.[36]

7.3.2.1.4
Kritische Würdigung

Hinsichtlich seiner unverzichtbaren Forderungen, die das SCC an ein zu zertifizierendes Unternehmen stellt, kann dieser Anforderungskatalog zunächst positiv bewertet werden. Zu nennen sind hier insbesondere die Regelungen bzgl. der zwingenden Einhaltung der Unfallverhütungsvorschriften, der Erstellung von Notfallplänen und der Durchführung von Risiko- oder Gefährdungsanalysen.

Zu den wesentlichen Vorteile des SCC zählen des weiteren:[37]

- die einfache Übertragbarkeit auf andere Industriesektoren,
- die Verbesserung des SGU-Verhaltens der Unterauftragnehmer der Großindustrie,
- der Beitrag zur Schaffung einer international einheitlichen SGU-Terminologie,
- die geringeren Kosten durch eine standardisierte Auditierung sowie
- die mögliche Vernetzung mit anderen Managementsystemen und damit das Einsparungspotential bzgl. der Zertifizierungskosten.

---

[35] Vgl. o. V. (1998b), S. 7.
[36] Ebenda, S. 2.
[37] Vgl. Ritter, A. (1995), S. 35.

Eine weiterführende Dimension im Bereich der Arbeitssicherheit wird durch die Erfassung von Beinahe-Unfällen, den sog. *„Vorfällen"* bzw. *„unsicheren Situationen"*, eröffnet. Auf dem Gebiet der Managementsystemanforderungen ist die Festschreibung der Höhe der Unfallhäufigkeitskennzahl als wichtigste Neuerung anzusehen. Das SCC gibt hier eine konkret in Zahlen meßbare Einstiegshürde vor. Im Bereich der Arbeitssicherheit ist die Erstellung derartiger Kennziffern zwar bereits üblich (vgl. 1000-Mann-Quote der BG), bei vergleichbaren Managementsystemen (UMS, QMS) ist dies jedoch bislang noch nicht erforderlich. Somit könnte es sich bei dieser Vorgabe um eine richtungsweisende Entwicklung handeln, die auch auf den Gebieten des Umweltschutzes (Festlegung einer konkreten Umweltleistung, z. B. nachweisbare Emissionsreduzierungen) und des Qualitätsmanagements (z. B. Festlegung einer bestimmten Fehlerquote) zu einer sinnvollen Ergänzung des Anforderungskatalogs führen würde.

SCC-Checkliste

1. **Sicherheit, Gesundheit und Umweltschutz (SGU)-Politik und Organisation, Engagement des Managements**

2. **Gefährdungsermittlung und -bewertung**

3. **Personalauswahl**

4. **Information und Ausbildung**

5. **Sicherheits-, Gesundheits- und Umweltschutzkommunikation**

6. **Regeln, Vorschriften, Projektsicherheitsplan**

7. **Sicherheits-, Gesundheits- und Umweltschutzinspektionen/Beobachtungen**

8. **Betriebliches Gesundheitswesen**

9. **Einkauf und Prüfung der Materialien, Geräte und Leistungen**

10. **Meldung, Registrierung und Untersuchung von Unfällen/Zwischenfällen und unsicheren Situationen**

Abb. 7.4. Die 10 Kategorien des SCC-Fragenkatalogs
Quelle: Central Committee of Experts/Unter-Sektorkomitee SCC Deutschland (Hrsg.), (1998).

Die Aussagekraft einer solchen Unfallhäufigkeitskennziffer ist jedoch beschränkt, da die Schwere des Arbeitsunfalles in Ausfalltagen gemessen wird und damit von subjektiven Faktoren beeinflußt wird. Leichte Verletzungen, z. B. die Beanspruchung einer Erste-Hilfe-Leistung, werden im Verbandsbuch eingetragen und führen zu einer Unfallerfassung, ebenso wie ein schwerer Unfall. Es liegt dann in der Entscheidung des Arztes, ob ein Unfall anzeigepflichtig ist oder nicht. Er legt fest, wie viele Tage Ausfall entstehen. In der Statistik bleiben die Unfallfolgen unklar, da ein Tag Ausfall und ein Todesfall nicht mehr zu unterscheiden sind.[38] Darüber hinaus läßt sich aus Erfahrungen bei deutschen Unternehmen feststellen, daß die Erfüllung der hier beschriebenen, relativ hoch angesetzten Unfallhäufigkeitskennziffer in der Regel bereits ohne besondere Arbeitssicherheitsaktivitäten problemlos zu erreichen ist. Damit eignet sie sich in dieser Ausprägung nicht als Indikator für außergewöhnlich sichere Unternehmen.[39]

Auch die Umweltanforderungen dieses Konzepts sind eher untergeordnet. Es werden hier bei weitem geringere Anforderungen an die Umweltleistung des zu zertifizierenden Unternehmens gestellt, als bei der EG-Öko-Audit-Verordnung und der internationalen DIN EN ISO 14001. Bezogen auf diese Umweltanforderungen wird somit ein Nachweis über ein bereits bestehendes und zertifiziertes Umweltmanagementsystem nach EMAS oder ISO 14001 ausreichen und strenggenommen die Forderungen sogar übererfüllen. Die Dokumentation der Umweltaktivitäten muß hierzu nicht zusätzlich in die der Arbeitssicherheit integriert werden. Somit besteht für ein bereits umweltzertifiziertes Unternehmen ein geringerer Aufbauaufwand als für ein nicht zertifiziertes Unternehmen.

Zu kritisieren sind des weiteren die Unterrepräsentation des Gesundheitsschutzes[40] sowie die zum Teil relativ unscharfe Formulierung der Arbeitssicherheitsanforderungen. Für ein deutsches Unternehmen, welches die hier geltenden gesetzlichen Anforderungen erfüllt, bedarf es keiner großen Anstrengung, diesen Forderungen vom Inhalt her zu entsprechen. Es ist damit zu rechnen, daß sich die Zertifizierungsvorbereitung auf eine rein formale Dokumentation beschränken wird, welche im Tagesgeschäft als lästige Zusatzarbeit empfunden und nach einem erfolgreichen Audit bis zum Wiederholungsaudit nicht mehr aktiv fortgesetzt wird. Dabei besteht die Gefahr, daß dieses Arbeitssicherheitsmanagementsystem ein theoretisches Konstrukt bleibt, welches seiner zweifelsohne sinnvollen Zielsetzung - einer meßbaren Verbesserung der Arbeitssicherheit - nicht gerecht wird, da es von den Mitarbeitern nicht akzeptiert und somit auch nicht „*gelebt*" wird.

Insgesamt erscheint der Ansatz des Aufbaus eines Arbeitssicherheitsmanagementsystems und dessen Normierung nach dem Qualitäts- und Umweltvorbild sinnvoll. Das SCC leistet dabei einen erheblichen Beitrag, insbesondere als Anhaltspunkt bzgl. der Ausgestaltung eines solchen Systems. Die alleinige Ausrichtung nach dem SCC ist jedoch im Sinne eines umfassenden SGU-Gedankens nicht

---

[38]   Vgl. Heimann, N. (1985), S. 20 ff.
[39]   Vgl. Felix, R./Pischon, A./Riemenschneider, F./Schwerdtle, H. (1997), S. 31.
[40]   Vgl. Ritter, A. (1995), S. 35.

ausreichend. Das vorgestellte Audit-System ist durchaus verbesserungswürdig, da dessen Hauptelement - der Fragenkatalog - sowohl inhaltlich als auch von der Aufbaustruktur bei weitem noch nicht ausgereift ist.

7.3.2.2
Normen und Normentwürfe für Gesundheitsschutz- und Arbeitssicherheitsmanagementsysteme

7.3.2.2.1
Stand der Normung von seiten der ISO

Auf dem ISO-Workshop „*Occupational health and safety management systems standardization. An ISO contribution?*" im September 1996 in Genf (Schweiz)[41] wurde der Beschluß gefaßt, in absehbarer Zeit keine spezielle ISO-Norm zur Gestaltung von Arbeitssicherheitsmanagementsystemen zu erstellen. Obwohl im Vorfeld dieser Veranstaltung in vielen Gremien bereits verschiedene Normentwürfe diskutiert wurden, stellten auf dieser Tagung insbesondere die Industrieländer eine zusätzliche Norm mit der Begründung in Frage, daß die bereits bestehenden nationalen Arbeitssicherheitsregelungen als ausreichend befunden werden. Weitere Argumente gegen eine solche Norm waren: Bedenken hinsichtlich möglicher Widersprüche zu bereits bestehenden Gesetzen, die zusätzliche finanzielle Belastung der Unternehmen durch externe Zertifizierungen, die mangelnde Mitarbeiterbeteiligung bei den vorliegenden Entwürfen sowie die Befürchtung, daß eine einheitliche Normung nicht genügend Raum für branchen- bzw. unternehmensspezifische Lösungen läßt.[42] Dennoch sind auf nationaler oder regionaler Ebene einige Normentwürfe zu beobachten, die in Zukunft eine größere Bedeutung erlangen dürften. Neben den kanadischen, norwegischen, spanischen und australischen Normvorschlägen ist auf europäischer Ebene mit einem verstärkten Einfluß der von der *British Standards Institutions (BSI)* vorgelegten Vorschläge zu rechnen.[43] Konsens bestand bei den Tagungsteilnehmern vor allem darin, daß ein Arbeitsschutzmanagementsystem als solches durchaus zu begrüßen sei, da es zu einer Verbesserung der Arbeitssicherheit und des Gesundheitsschutzes maßgeblich beitrage, eine Normung zur Zeit diesen Vorteil jedoch nicht verstärken würde.[44]

7.3.2.2.2
Successful Health & Safety Management

Die britische Health & Safety Executive (HSE), das Pendant zur deutschen Gewerbeaufsicht, hat bereits 1991 einen Vorschlag für ein normiertes Arbeitsschutzmanagementsystem erarbeitet, welches mit „*Successful Health & Safety*

---

[41] Vgl. ISO Central Secretariat (Hrsg.), (1996), S. 1 ff.

[42] Vgl. Coenen, W./Jansen, M. (1996), S. 4 f.

[43] Vgl. Felix, R./Pischon, A./Riemenschneider, F./Schwerdtle, H. (1997), S. 31 f.

[44] Die endgültige Entscheidung gegen eine jetzige Erstellung einer ISO-Arbeitsschutzmanagementsystem-Normung wurde im Januar 1997 von dem ISO Technical Management Board in Genf getroffen [Anm. d. Verf.]. Vgl. ISO Central Secretariat (Hrsg.), (1996); Kommission Arbeitsschutz und Normung - KAN (1997), S. 57.

Management"[45] benannt wurde. Abb. 7.5 zeigt die in diesem Vorschlag propagierten Schlüsselelemente eines erfolgreichen Gesundheits- und Sicherheitsmanagements.

Der Ansatz beschreibt 5 Elemente, die dem klassischen Management-Regelkreis (Planen, Ausführen, Kontrolle, Aktion) folgen und dadurch einer kontinuierlichen Verbesserung unterliegen sollen. Diese Elemente sind in jährlichen Abständen einem externen Audit zu unterziehen. Sie weisen folgende Inhalte auf:

- **Politik**

  Organisationen, die einen hohen Gesundheits- und Sicherheitsstandard erreichen und auch halten möchten, sollten eine Arbeitssicherheitspolitik erarbeiten, die auf ihre individuelle Geschäftstätigkeit abgestimmt ist und über die gesetzlichen Forderungen hinausgeht. Dabei sind die Anforderungen der Anspruchsgruppen Anteilseigner, Mitarbeiter, Kunden, Gesellschaft zu erfüllen. Die Politik sollte kosteneffizient ausgerichtet sein und darauf abzielen, die physikalischen und menschlichen Ressourcen zu schützen und zu entwickeln sowie finanzielle Ausfälle und sonstige finanzielle Verpflichtungen (z. B. Beiträge) zu reduzieren. Diese Gesundheits- und Sicherheitspolitik sollte alle Entscheidungen und Aktivitäten durchziehen und beeinflussen. Dazu zählen auch die Auswahl von Ressourcen und Informationen, die Gestaltung und Funktionsweise von Maschinen und Anlagen, die Produktgestaltung sowie Auslieferung, Service und schließlich Kontrolle und Lagerung von Abfällen.

- **Organisation**

  Die Organisation sollte so gestaltet werden, daß sie eine effektive Umsetzung der Arbeitssicherheitspolitik gewährleistet. Dies wird durch die Schaffung einer kreativen Unternehmenskultur ermöglicht, die eine aktive Partizipation aller Mitarbeiter auf allen Hierarchieebenen anregt. Eine solche Kultur sollte durch eine funktionierende Kommunikationsstruktur und eine gezielte Ausbildung der Mitarbeiter unterstützt werden, so daß alle Mitarbeiter verantwortlich an dem Erfolg der Arbeitssicherheitsaktivitäten teilnehmen. Dabei ist eine sichtbare, aktive Führung und Unterstützung von seiten der Geschäftsleitung erforderlich. Das Ziel sollte nicht nur darin liegen, Unfälle zu vermeiden, sondern vielmehr die Mitarbeiter zu befähigen und motivieren, sicher zu arbeiten. Die Visionen, Werte und Einstellungen der obersten Führung werden so zu einem von allen geteilten Wissen.

- **Planung und Implementierung**

  Eine weitere Grundvoraussetzung für ein in diesem Sinne erfolgreiches Unternehmen ist die Erarbeitung eines Planes zur systematischen Implementierung der festgelegten Arbeitssicherheitspolitik, deren Ziel es ist, die durch Arbeitsvorgänge, Produkte oder Dienstleistung entstehenden Risiken zu minimieren. Hierzu werden Risikoerkennungsmethoden eingesetzt, um mit deren Hilfe Prioritäten und Ziele zur Elimination von Gefahren und zur Reduktion von Risiken festzulegen. Des weiteren werden Standards gesetzt, an denen die

---

[45] Vgl. Health & Safety Executive (Hrsg.), (1992), S. 2 ff.

arbeitssicherheitsbezogenen Leistungen gemessen werden. Spezielle Aktionen zur Unterstützung einer positiven Gesundheits- und Sicherheitskultur und zur Beseitigung und Kontrolle von Risiken sind durchzuführen. Wo immer es möglich ist, sind Risiken durch eine umsichtige Auswahl und Gestaltung der technischen Hilfsmittel, Ausrüstungen und Prozesse zu vermeiden oder durch den Einsatz von Kontrollen zu minimieren. In Fällen, in denen dies nicht möglich ist, werden Arbeitsschutzsysteme und persönliche Schutzausrüstungen genutzt, um die Risiken zu kontrollieren.

- **Messen der Leistung**
Die arbeitssicherheitsbezogene Leistung eines Unternehmens ist an zuvor festgelegten Standards zu messen. Der Erfolg von durchgeführten Risikokontrollen wird unterstützt durch eine aktive Selbstüberwachung mit Hilfe einer ganzen Reihe von Techniken. Darin eingeschlossen ist sowohl die Kontrolle der sog. Hardware (Fabriken, Maschinen, Anlagen) als auch der sog. Software (Mitarbeiter, Prozesse, Systeme), einschließlich des persönlichen Verhaltens. Kontrollfehler werden durch nachträgliche Überprüfungen bewertet, welche eine eingehende Untersuchung sämtlicher Unfälle, Krankheiten oder Beinahe-Unfälle bzw. Ereignisse, die Schäden oder Verluste hätten verursachen können, erfordern. Sowohl die präventiven als auch die ex-post durchgeführten Überprüfungen sollen nicht nur die augenscheinlichen Gründe der unter dem Standard liegenden Arbeitssicherheitsleistung analysieren, sondern vielmehr die Ursachen und deren Auswirkungen auf die Gestaltung und die Durchführung des bestehenden AMS.

- **Auditierung und Review**
Das Lernen aus allen relevanten Erfahrungen und die Umsetzung des Erlernten sind wichtige Elemente eines erfolgreichen Arbeitssicherheitsmanagements. Dies erfolgt durch kontinuierliche Leistungsberichte aufgrund interner Überprüfungen und unabhängiger Auditierungen des gesamten Gesundheits- und Arbeitssicherheitsmanagementsystems. Eine kontinuierliche Verbesserung schließt eine stetige Entwicklung der Politiken, der Implementierungsansätze und der Risikokontrollmethoden mit ein. Interne leistungsbezogene Schlüsselkennziffern und externe Vergleiche mit den Leistungen der stärksten Konkurrenten sind ebenso Überprüfungsinstrumente eines solchen Managementsystems, wie auch die regelmäßige Berichterstattung dieser Leistungen in den veröffentlichten Jahresberichten des Unternehmens.

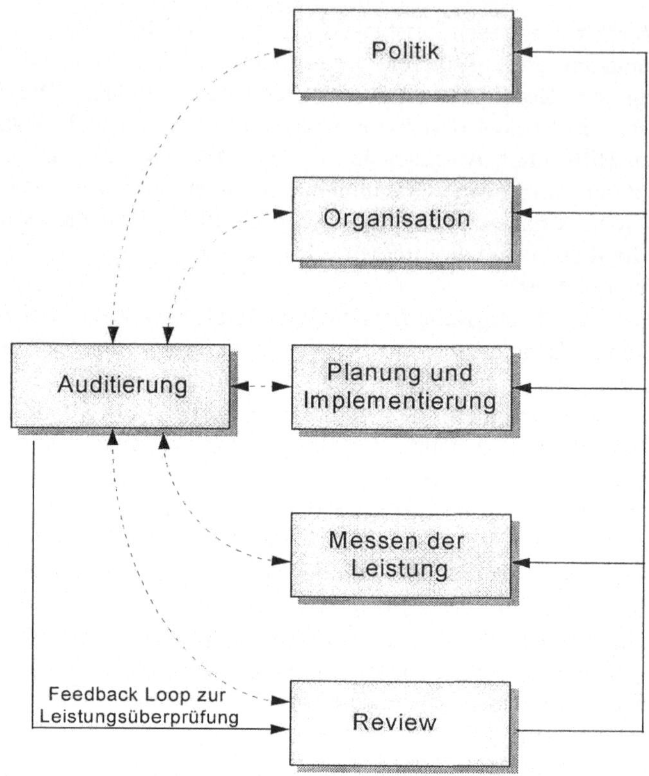

Abb. 7.5. Schlüsselelemente eines erfolgreichen Gesundheits- und Sicherheitsmanagements nach HSE; Quelle: Health & Safety Executive (Hrsg.), (1992), S. 3.

7.3.2.2.3

BS 8800: 1996 Arbeitsschutz- und Sicherheitsmanagementsystem

Als Entwurf zur öffentlichen Stellungnahme wurde das BSI-Dokument Nr. 94/408875, der *„Leitfaden zur Errichtung von Managementsystemen im Bereich des Arbeitsschutzes“*, bereits am 12.12.1994 von der BSI vorgestellt.[46]

Das erklärte Ziel dieses Normentwurfes war es, „ *... die Risiken für das Personal und andere Personen auf ein geringstmögliches Niveau herabzuführen, die Unternehmensleitung zu verbessern* [und] *dazu beizutragen, daß sich die Organisationen auf dem freien Markt ein verantwortungsbewußtes Image aufbauen können.“*[47]

Eine Kombination dieser Entwurfsfassung mit verschiedenen, parallel bestehenden Vorschlägen, wie z. B. dem Verfahrenskodex der Health & Safety Commission (HSC) *„Management of Health and Safety at Work“* war schon in dieser Fassung vorgesehen.

---

[46]   Vgl. British Standard Institution (BSI), (Hrsg.), (1994).
[47]   ebenda, S. 2.

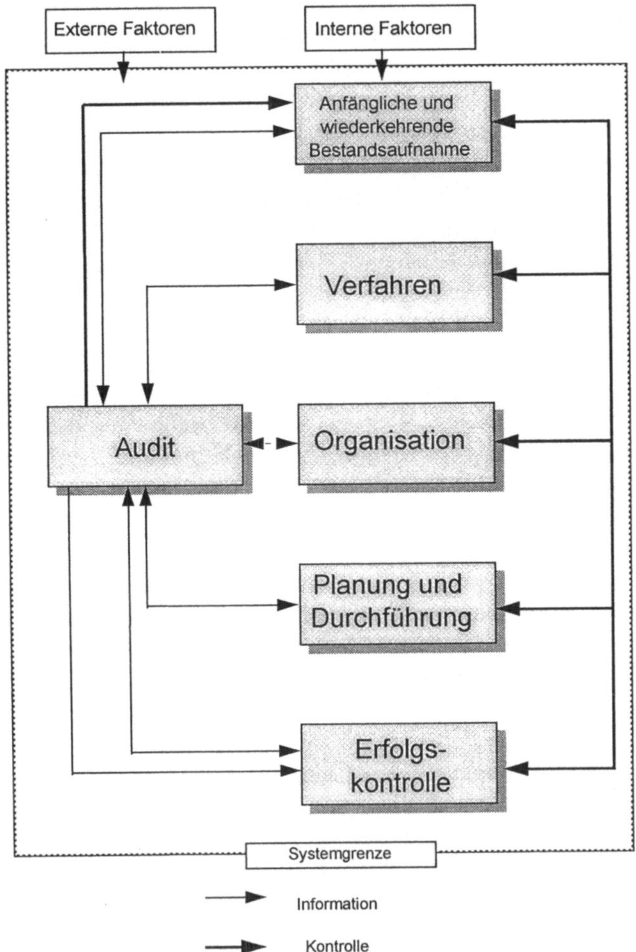

Abb. 7.6. Elemente eines erfolgreichen Managements im Bereich des Arbeitsschutzes, basierend auf Diagramm 1 des HS (G) 65
Quelle: BS 8800: 1996, S. 10.

Diese Version wurde schließlich weitgehend für die endgültige Norm übernommen, seit dem 15. Mai 1996 ist der British Standard 8800 als Richtlinie für Arbeitsschutz- und Sicherheitsmanagementsysteme in Kraft.[48]
Er basiert auf den *„Guten Managementpraktiken"* und soll die Integration des Arbeitsschutz- und Sicherheitsmanagementsystems in ein bestehendes Gesamtsystem und dessen Aufrechterhaltung unterstützen.

---

[48] Expertengespräch mit Herrn Thomas Kohstall (Hauptverband der Berufsgenossenschaften, St. Augustin) am 7. März 1996.

Im Rahmen dieses Standards wird lediglich eine Systematik beschrieben. Es werden weder Anforderungskriterien für Arbeitsschutzsysteme festgelegt noch detaillierte Anweisungen für die Gestaltung allgemeiner Managementsysteme gegeben.[49] Dabei werden verschiedene Entwicklungspfade beschrieben. Der erste Pfad stützt sich auf die Ausführungen des Leitfadens *„Erfolgreiches Gesundheits- schutz- und Arbeitssicherheitsmanagement"* (s. *„Successful Health & Safety Management"* Abschn. 7.3.2.2.2) und gestaltet sich weniger normativ als der zweite Pfad. Dieser lehnt sich an die Umweltnorm ISO 14001 an und unterstützt Unternehmen, welche beabsichtigen, sich nach dieser Norm zertifizieren zu lassen bzw. bereits danach zertifiziert sind.

Darüber hinaus gibt der Anhang dieses Britischen Standards Hinweise auf Zusammenhänge und Gemeinsamkeiten mit der Qualitätsnorm ISO 9001[50] für Unternehmen, welche ihr Qualitätsmanagementsystem nach dieser Richtlinie auditieren lassen. Die Grundausrichtungen und angestrebten Ergebnisse aller Entwicklungspfade entsprechen einander vollständig, lediglich die Ausgangssituation in den Unternehmen wird unterschieden, um eine praxisgerechte Einbindung des Arbeitsschutz- und Sicherheitsmanagementsystems zu gewährleisten.[51] Abb. 7.6 zeigt die Vorgehensweise in Anlehnung an HS(G)65.

Bei allen hier aufgeführten Aktivitäten sind im Sinne einer kontinuierlichen System- und Ergebnisverbesserung regelmäßige Rückkopplungsschleifen vorgesehen. Diese aus systemtheoretischer Sicht für eine Verbesserung der Gesamtsystemleistung erforderlichen Rückkopplungsschleifen bestehen hier zum einen aus einseitigen Kontrollwegen, zum anderen aus bilateralen Informationswegen. Die Inhalte dieser Schritte werden in Abb. 7.7 dargestellt.

Abb. 7.8 zeigt die Systematik des zweiten Pfades. Es handelt sich hierbei um dieselben Anforderungen und Inhalte, wie bei der oben vorgestellten Vorgehensweise nach HS(G)65, lediglich die Strukturierung lehnt sich an die Vorgehensweise Umweltpolitik - Planung - Implementierung und Durchführung - Kontroll- und Korrekturmaßnahmen - Bewertung durch die oberste Leitung [52] der Umweltnorm ISO 14001 an (s. Abb. 4.6, Abb. 6.6). Auch hier wird eine kontinuierliche Verbesserung des Systems und der Arbeitssicherheits- bzw. Gesundheitsschutz- Situation angestrebt.

In Abb. 7.9 wird die Einführung eines Arbeitssicherheitsmanagementsystems, ausgerichtet an der Umweltnorm ISO 14001, überblicksweise dargestellt.

Da es sich lediglich um einen Leitfaden und somit um eine Hilfestellung zum Aufbau eines Arbeits- und Gesundheitsschutzmanagementsystems handelt, ist eine externe Zertifizierung bislang nicht vorgesehen. Bezüglich der Bedenken gegenüber einer Normierung eines solchen Systems von seiten der Aufsichtsbehörden sei abschließend zu beachten, daß die Erfüllung dieser Norm ein Unternehmen nicht von den geltenden gesetzlichen Bestimmungen entbindet.

---

[49]   Vgl. BS 8800: 1996, S. 7.
[50]   Vgl. DIN EN ISO 9000-1: 1994.
[51]   Vgl. BS 8800: 1996, S. 3.
[52]   Vgl. DIN EN ISO 14001: 1996, S. 4.

<u>Vorgehensweise nach HS(G)65</u>

- **Anfängliche Bestandsaufnahme**
- **Festlegung des Arbeitsschutzverfahrens durch die oberste Leitung bzgl.:**
  - Festlegung des Verfahrens,
  - Orientierung an gesetzlichen Vorschriften als Mindestanforderung,
  - Einbindung in die Unternehmenspolitik, Mittelbereitstellung,
  - Festlegung und (interne) Bekanntmachung von Arbeitsschutzzielen,
  - Festlegung der Verantwortlichkeiten, Miteinbeziehung der Mitarbeiter,
  - periodische Überprüfung des Verfahrens,
  - Schulung.
- **Organisation**
  - Festlegung der Verantwortlichkeiten,
  - Einrichtung der Organisation,
  - Arbeitsschutzdokumentation.
- **Planung und Durchführung**
  - Risikoabschätzung,
  - Gesetzliche und andere Forderungen,
  - Vorkehrungen für das Arbeitsschutzmanagement/Planung.
- **Kontrollmaßnahmen**
  - vorhergehende Kontrollmaßnahmen (z. B. Überwachung, Inspektionen),
  - nachgeschaltete Kontrollmaßnahmen (z. B. Unfallanalyse).
- **Audit**
  - Erkennen von Mängeln und Schwachstellen,
  - Festlegung von Korrekturmaßnahmen.
- **Regelmäßige Bestandsaufnahme**
  - Kontrolle der Wirksamkeit des Systems und durchgeführter Korrekturmaßnahmen,
  - Anpassung an sich ändernde Umfeldbedingungen.

Abb. 7.7. Vorgehensweise des BS 8800 nach HS(G)65
Quelle: BS 8800: 1996, S. 10-17.

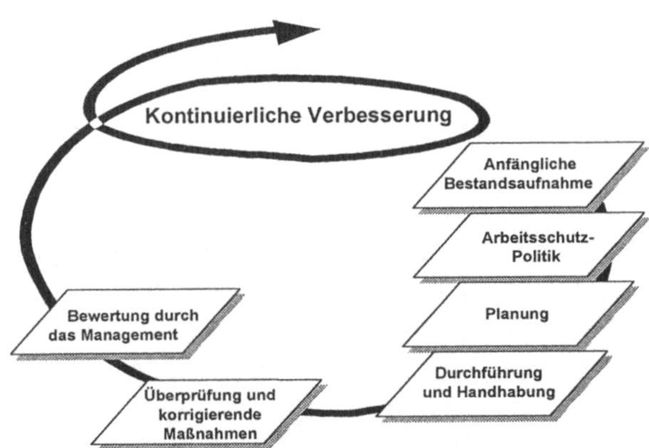

Abb. 7.8. Elemente eines erfolgreichen Arbeitsschutzmanagementsystems aufgrund der Ausführung für ISO 14001
Quelle: BS 8800: 1996, S. 18.

<u>**Vorgehensweise nach ISO 14001**</u>

- **Einführung**
  - Anfängliche Bestandsaufnahme
- **Arbeitsschutzpolitik**
  - Festlegung des Verfahrens,
  - Orientierung an gesetzlichen Vorschriften als Mindestanforderung,
  - Einbindung in die Unternehmenspolitik, Mittelbereitstellung,
  - Festlegung und (interne) Bekanntmachung von Arbeitsschutzzielen,
  - Festlegung der Verantwortlichkeiten, Miteinbeziehung der Mitarbeiter,
  - periodische Überprüfung des Verfahrens,
  - Schulung.
- **Planung**
  - Risikoabschätzung,
  - Gesetzliche und andere Forderungen,
  - Vorkehrungen für das Arbeitsschutzmanagement/Planung.
- **Durchführung und Handhabung**
  - Aufbau und Verantwortung,
  - Schulung, Kenntnis und Kompetenz,
  - Kommunikation,
  - Dokumentation im Arbeitsschutzmanagementsystem,
  - Ablaufkontrolle,
  - Vorbereitung und Begegnung von Notfällen.
- **Überprüfung und Korrekturmaßnahmen**
  - Aufzeigen und Messen (vorhergehende Kontrollmaßnahmen (z. B. Überwachung, Inspektionen), nachgeschaltete Kontrollmaßnahmen (z. B. Unfallanalyse),
  - Korrigierende Maßnahmen,
  - Aufzeichnungen,
  - Audit (Erkennen von Mängeln und Schwachstellen, Festlegung von Korrekturmaßnahmen).
- **Bewertung durch das Management**
  - Kontrolle der Wirksamkeit des Systems u. durchgeführter Korrekturmaßnahmen,
  - Anpassung an sich ändernde Umfeldbedingungen.

Abb. 7.9.   Vorgehensweise des BS 8800 nach ISO 14001
Quelle: BS 8800: 1996, London 1996, S. 18-26.

Damit werden die traditionellen Überwachungsaufgaben nicht in Frage gestellt, sondern deutlich erleichtert und die Neuorientierung bzgl. einer partnerschaftlichen Beratung der Unternehmen letztendlich unterstützt.

7.3.3
Arbeitsschutz und sicherheitstechnischer Check in Anlagen (ASCA)

Ausgelöst durch eine Serie von Betriebsstörungen wurde im Frühjahr 1993 das ASCA-Programm *„Arbeitsschutz und sicherheitstechnischer Check in Anlagen"* von der Hessischen Landesregierung mit dem Ziel initiiert, alle relevanten Aspekte des medizinischen, sozialen und technischen Arbeitsschutzes, der menschengerechten Arbeitsgestaltung und der Arbeitsorganisation in einem integrierten Arbeitsschutzkonzept zusammenzufassen. Im Rahmen dieses Konzepts werden vor allem in kleinen und mittelständischen Unternehmen die Bedingungen an den Arbeitsplätzen und das betriebliche Arbeitsschutzmanagement untersucht, um aus den gewonnenen Erkenntnissen Empfehlungen für konkrete Maßnahmen abzuleiten. Abb. 7.10 verdeutlicht die Ziele des ASCA-Programms.

Unter Berücksichtigung dieser Ziele soll ein modernes, systematisch ausgerichtetes Arbeitsschutzmanagement aufgebaut werden, welches sich in Zukunft mit den bestehenden Qualitäts- und Umweltmanagementsystemen sowie der Investitionsplanung und dem Personalwesen verknüpfen läßt.[53]

Neu an diesem Konzept ist die konsequente Kooperation des Hessischen Arbeitsministeriums mit den Arbeitgebern, allen Beteiligten innerhalb des Unternehmens, den Gewerkschaften, Kammern und Berufsgenossenschaften.[54] Im Zentrum des ASCA-Programms steht die Qualität des Arbeitsschutzsystems. Dabei werden nicht mehr lediglich Detailprobleme betrachtet, z. B. isolierte Defizite in der Sicherheitsstechnik oder bei der arbeitsplatzbezogenen Gefahrstoffsituation. Vielmehr erfolgt eine betriebliche Gesamtbeurteilung, welche den Aufbau, die Arbeitsbeziehungen und die organisatorischen Abläufe in Produktion, Prozeßeinrichtung, Instandhaltung, Wartung und deren Interdependenzen einbezieht. Die Erhebungsinstrumente bestehen aus einer Reihe spezieller, modular aufgebauter Checklisten, welche die Ermittlung des IST-Zustandes sowie der Ursachen bestehender Defizite ermöglichen.[55] Inkonsistenzen in der Organisation und Gefahrenpotentiale sollen bereits im Vorfeld erkannt werden, um entsprechende Korrekturmaßnahmen präventiv durchzuführen. Dabei wird, den Bestimmungen der EG-Rahmenrichtlinie zum Arbeitsschutz entsprechend, der arbeitende Mensch in den Blickpunkt gerückt und aktiv an dem Aufbau des Managementsystems beteiligt.[56]

---

[53] Vgl. Weigand, H./Lehnhardt, H./Schuch, B./Wachkamp, M. et. al. (1997a) und (1997b).

[54] Vgl. Schröder, P./Albracht, G./Brückner, B./Gillich, P./Splittgerber, B./Troia, C. (1995), S. 3. Eine vergleichbare Vorgehensweise besteht seit Dezember 1997 in Bayern. Hier wurde ein sog. *„Arbeitssicher-heits-Pakt-Bayern"* zwischen Aufsichtsbehörde und Industrie beschlossen und gemeinsam ein Manage-mentsystemstruktur für Arbeitsschutz und Anlagensicherheit aufgebaut [Anm. d. Verf.]. Vgl. Bayerisches Staatsministerium für Arbeit und Sozialordnung, Familie, Frauen und Gesundheit (Hrsg.), (1997).

[55] Vgl. Albracht, G./Gillich, P./Splittgerber, B. (1995), S.13.

[56] Vgl. Schröder, P./Albracht, G./Brückner, B./Gillich, P./ Splittgerber, B./Troia, C. (1995), S. 4 f.

Grundlage des Konzeptes ist die umfassende Betrachtung der *„Mensch-Arbeitsorganisation-Arbeitsmittel-Beziehungen"* mit dem Bewußtsein, daß alle Prozesse und Funktionen innerhalb eines Unternehmens ineinander greifen und sich wechselseitig beeinflussen.

Abb. 7.11 verdeutlicht das Leitbild des ASCA-Checks. Die Ergebnisse dieser Initiative zeigen, daß durch diese Methode nicht nur die Gesundheit gefördert sowie die Unfallzahlen und die krankheitsbedingten Ausfalltage gesenkt werden, sondern darüber hinaus die Qualität der Arbeitsleistung steigt.[57]

Ziele der ASCA-Untersuchungen

- Schaffung gesundheitsfördernder Arbeitsbedingungen durch Verbesserung der Prävention am Arbeitsplatz,
- Humanisierung der Arbeitsplätze durch Senkung der Belastungen,
- Effizienzsteigerung bei der Umsetzung der Arbeitsschutzpflichten durch
- Schaffung und Optimierung der betrieblichen Organisationsstrukturen im Hinblick auf Arbeits- und Gesundheitsschutz,
- qualitative und quantitative Verbesserung der Arbeit der Staatlichen Ämter für Arbeitsschutz und Sicherheitstechnik.

Abb. 7.10. Ziele der ASCA-Untersuchungen
Quelle: Albracht, G./Gillich, P./Splittgerber, B. (1995), S. 6.

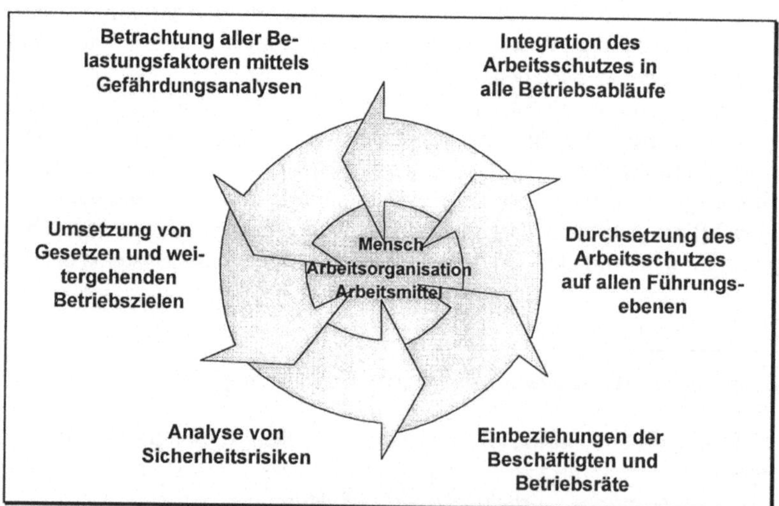

Abb. 7.11. Das ASCA-Leitbild für einen ganzheitlichen Arbeitsschutz
Quelle: Schröder, P./Albracht, G./Brückner, B./Gillich, P./Troia, C. (1995), S. 11.

---

[57]   Vgl. Albracht, G./Gillich, P./Splittgerber, B. (1995), S. 24.

7.4
Kritische Würdigung der betrachteten Systeme

Im Rahmen eines 1995 erstellten Sachverständigengutachtens für das Bundesministerium für Arbeit und Sozialordnung in Bonn bewertet RITTER die vorliegenden Entwürfe für den Aufbau und die Normierung von Arbeitssicherheitsmanagementsystemen und deren Kombination mit bestehenden Qualitätsmanagementsystemen folgendermaßen:

Die Einführung eines unternehmensspezifisch gestalteten Managementsystems für den Arbeits- und Gesundheitsschutz als integriertes System ist empfehlenswert, weil dadurch Effizienz und Effektivität des betrieblichen Arbeits- und Gesundheitsschutzes verbessert werden können. Eine abschließende Aussage über die Notwendigkeit einer Standardisierung im Rahmen einer Norm wird hier zu diesem Zeitpunkt nicht getroffen. Gegen eine solche Norm spricht demnach die Gefahr einer zusätzlichen Reglementierung. Positive Aspekte einer als Leitfaden formulierten Norm sind neben der Unterstützung der Unternehmen beim Aufbau eines solchen Systems die bessere Eigenkontrolle bzgl. dessen Wirksamkeit.[58] Ein in das zentrale Managementsystem eines Unternehmens integriertes Arbeitssicherheitsmanagementsystem ist nach diesem Gutachten einem eigenständigen System vorzuziehen. Eine Verbindung mit den bestehenden Qualitäts- und Umweltmanagementsystemen sowie eine umfassende Auditierung und eventuelle *„Mitzertifizierung"* der Arbeitssicherheit folgt daraus als logische Konsequenz.[59]
Aus diesen Überlegungen heraus könnte sich langfristig eine Tendenz zur Deregulierung ableiten lassen, welche zu einer übersichtlicheren Rechtslandschaft im Arbeitssicherheitsbereich und zu einer diesbezüglich erhöhten Rechtssicherheit der Unternehmen führen könnte. Eine derartige Übertragung der Prinzipien bestehender Teilmanagementsysteme (Qualität/Umwelt) auf den Arbeits- und Gesundheitsschutz käme jedoch einem Paradigmawechsel gleich. Eine Deregulierung könnte z. B. durch eine *„Arbeitsteilung"* zwischen den Gewerbeaufsichtsämtern und den Unternehmen realisiert werden. Durch den Aufbau von Arbeits- und Gesundheitsschutzmanagementsystemen könnte die Selbstverpflichtung und -verantwortung der Unternehmen gestärkt und die Arbeit der Ämter erleichtert werden, zumal letztere im Zuge der momentanen Einsparungsmaßnahmen mit einem zunehmenden Personalabbau rechnen müssen. Bislang lehnt ein Teil der arbeitssicherheitsbezogenen Anspruchsgruppen die Einführung einer internationalen Arbeitssicherheitsnorm aus den genannten Gründen ab (s. Abschn. 7.3.2.2.1). Diese Haltung erscheint zunächst verständlich, handelt es sich in Deutschland doch um eine bewährte Zusammenarbeit zwischen den Gewerbeaufsichtsämtern, den Berufsgenossenschaften und dem betrieblichen Arbeitsschutz. Des weiteren wird eine zunehmende Formalisierung dieses Gebietes befürchtet, welche sich zumindest in der Aufbauphase definitiv nicht kostenneutral realisieren ließe. Dennoch ist von

---

[58] Vgl. Ritter, A. (1995), S. 47 f.
[59] Vgl. ebenda, S. 49.

verschiedenen Seiten ein zunehmender Druck in Richtung einer Normierung derartiger Systeme festzustellen. So liegt bei dem CEN derzeit ein spanischer Normungsantrag für eine europäische Arbeitssicherheits- und Gesundheitsschutzmanagementsystem-Normung vor.[60] Selbst wenn es in diesem Falle zu einer Ablehnung käme, sollte diese Entwicklungsrichtung nicht unterschätzt werden. Die Verantwortlichen in den nationalen Normungsgremien sollten die negativen Erfahrungen aus dem Bereich der Umweltmanagementsystem-Normung nutzen. Hier wurde die Entwicklung sehr lange gebremst und man konnte letztendlich kaum noch gestaltend in den Normungsprozeß einwirken. In der aktuellen Diskussion sollte Deutschland eine derartige Haltung vermeiden und als Vorreiter den bereits angestoßenen Prozeß aktiv begleiten. Darüber hinaus sei an dieser Stelle erneut darauf hingewiesen, daß der Aufbau eines solchen Systems maßgeblich dazu beitragen kann, die existierenden Forderungen aus der EG-Richtlinie 89/391/EWG zu erfüllen, deren Umsetzung das neue Arbeitsschutzgesetz für deutsche Unternehmen verbindlich vorschreibt. Aus diesen Gründen erscheint es schon heute für ein Unternehmen sinnvoll, sich an den bereits bestehenden Systemvorschlägen zu orientieren und ein entsprechendes Arbeitssicherheitsmanagementsystem aufzubauen.

7.5
Aufbau eines Integrierten Arbeitssicherheitsmanagementsystems auf der Basis des St. Galler Management-Konzepts

Die bislang aufgezeigten Ansätze zum Aufbau von Arbeitssicherheitsmanagementsystemen konzentrieren sich in weiten Teilen auf die isolierte Betrachtung einzelner Systemelemente und auf die Formulierung detaillierter Teilziele. Die Wechselwirkungen zwischen den einzelnen Systemelementen und die interdisziplinären Beziehungen zwischen dem Arbeitssicherheitsmanagementsystem und dem allgemeinen Managementsystem werden in diesem Zusammenhang weitgehend vernachlässigt. Ein Beitrag zur Verbesserung der Arbeitssicherheits- und Gesundheitsschutzsituation in einem Unternehmen kann durch eine systematische Integration des Arbeitsschutzes auf allen betrieblichen Ebenen geleistet werden.[61] Darüber hinaus ist eine Integration der Arbeitssicherheit in das bestehende allgemeine Managementsystem eines Unternehmens anzustreben, um ein ganzheitliches Verständnis für dieses Teilgebiet aufzubauen und eine profunde Erfassung der in der Realität bestehenden Wechselwirkungen zwischen den unterschiedlichen Systemelementen zu unterstützen.[62]

---

[60]   Expertengespräch mit Herrn Christoph A. Huf (Leiter des Funktionsbereiches Sicherheit und Umweltschutz bei der Deutschen ABB AG, Präsident des VDSI) am 8. April 1997.

[61]   Vgl. Kohstall, T. (1996), S. 378.

[62]   Vgl. Mieles, K. (1996), S. 115.

Als Orientierungsrahmen bietet sich auch hier das St. Galler Management-Konzept an. Es zeigt die bei einer umfassenden Betrachtung zusätzlich zu berücksichtigenden Aspekte auf, welche über den operativen Charakter eines formalen, auf die Arbeitssicherheit beschränkten Managementsystems hinausgehen. Mit dessen Hilfe können ganzheitliche Systemzusammenhänge zwischen Technik, Organisation, Aktivitäten und Verhalten realitätsnah verdeutlicht werden. Ausgehend von einer solchen holistischen Betrachtungsweise ist es möglich, eine gleichrangige Einbindung der Arbeitssicherheit in das unternehmensweite Zielsystem vorzunehmen, um daraus verhaltenssteuernde Maßnahmen abzuleiten. Ziel ist es dabei, den Aufbau einer unternehmensumspannenden Perspektive des Arbeitsschutzes zu unterstützen. Abb. 7.12 zeigt zunächst die grafische Einbindung der Arbeitssicherheit in das St. Galler-Konzept (s. Abb. 4.3, Abb. 5.11, Abb. 6.8).[63]

7.5.1
Unternehmerische Vision für einen unfallfreien Arbeitsablauf und einen umfassenden Schutz der Gesundheit der Mitarbeiter

Die *„Energiequelle"* oder auch Motivationsgrundlage für eine ernst gemeinte, ganzheitliche Einbindung des Arbeitsschutzes in das gesamte Unternehmen bildet eine unternehmerische Vision für einen unfallfreien Arbeitsablauf und einen umfassenden Schutz der Gesundheit der Mitarbeiter. Diese erwartete, zukünftige Entwicklungsrichtung des Unternehmens[64] beschreibt ein langfristiges Ziel, welches ebenso als Optimum der Gesamtaktivitäten in diesem Bereich betrachtet werden kann. Das Ziel des Arbeitsschutz-Engagements ist erreicht, wenn alle Prozesse und Aktivitäten sicher beherrscht werden und auf Dauer keine Unfälle zu verzeichnen sind sowie ein optimaler Gesundheitszustand für alle Mitarbeiter dauerhaft gewährleistet werden kann. Daß eine solche Vision als erstrebenswert zu erachten ist, begründet sich zum einen aus einer philanthropisch-ethischen Grundeinstellung, zum anderen aus ökonomischen Aspekten, z. B. einer durch weniger krankheitsbedingte Ausfälle zu erzielenden Kosteneinsparung. Dieses visionäre Leitbild prägt die normative Ebene und bestimmt so implizit alle Aktivitäten innerhalb des Unternehmens. Die Arbeitssicherheitspolitik, die als ein zentraler Bestandteil des unternehmensumspannenden, normativen Managements anzusehen ist,[65] stellt den Kopf der *„Aktivitätssäule"* des hier besprochenen Konzepts dar.

---

[63] Da in der unternehmerischen Praxis bislang nur in wenigen Ausnahmefällen eine ansatzweise ganzheitliche Einbindung der Arbeitssicherheit in das Gesamtunternehmen zu beobachten ist, handelt es sich bei den folgenden Ausführungen um einen theoretischen Vorschlag zur Integration. Dieser Abschnitt greift dabei die Vorgehensweise der Qualitätsmanagement-Integration bei Seghezzi, H.D. (1996) sowie der Integration des Umweltmanagements bei Dyllick, T./Hummel, J. (1996) in das St. Galler Management-Konzept auf und spezifiziert diese bezüglich der Anforderungen aus Sicht des Arbeitssicherheitsmanage-ments [Anm. d. Verf.].

[64] Vgl. Dyllick, T./Hummel, J. (1996), S. 18.

[65] Vgl. Bleicher, K. (1994a), S. 44.

7.5.2
Aktivitäten im Rahmen des Arbeitssicherheitsmanagements

Die Säule der Aktivitäten besteht aus den drei Modulen Arbeitssicherheitspolitik, Arbeitssicherheitsstrategien und Arbeitssicherheitsprogramme und bildet wie in dem St. Galler Basiskonzept die zentrale Achse. Beeinflußt von der unternehmerischen Vision für einen unfallfreien Arbeitsablauf wird sie von der Säule der Strukturen gestützt und steht in enger Wechselbeziehung zu den verhaltensbestimmenden Modulen der rechts in der Abb. 7.12 dargestellten Säule.

7.5.2.1
Arbeitssicherheitspolitik und -grundsätze

Die Erstellung einer Arbeitssicherheits- und Gesundheitsschutzpolitik ist eine Grundanforderung aller in Kapitel 5 vorgestellten Konzepte für die Gestaltung eines entsprechenden Managementsystems.[66] Als „oberstes" Modul der Aktivitätssäule hat sie für das gesamte Unternehmen einen normativen, gesetzesähnlichen Charakter. Sie begründet die langfristigen, allgemeingültigen Ziele und Verhaltensgrundsätze im Bereich der Arbeitssicherheit. Eingebettet in die strukturengebende, um Arbeitssicherheitsaspekte erweiterte Unternehmensverfassung und die verhaltensbestimmende, um Arbeitssicherheitsaspekte erweiterte Unternehmenskultur, formuliert sie das Arbeitssicherheitsverständnis in Form eines langfristig gültigen Leitbildes. Hierbei erscheint es sinnvoll, das vorhandene allgemeine Unternehmensleitbild um arbeitssicherheitsbezogene Aspekte zu erweitern, um dadurch im vorhinein eine Zielkonformität zu gewährleisten. Dabei ist darauf zu achten, daß die Inhalte der allgemeinen, übergeordneten Unternehmenspolitik nicht denen der Arbeitssicherheitspolitik widersprechen.

Die Grundvoraussetzung für eine glaubwürdige Arbeitssicherheitspolitik ist die Einbeziehung der obersten Unternehmensleitung bei deren Formulierung und Implementierung. Durch eine derartige „top-down"-Implementierung wird der übergeordnete Stellenwert der Arbeitssicherheitsaktivitäten signalisiert und gleichzeitig die Basis für eine hohe Akzeptanz auf allen Unternehmensebenen gelegt.

Die Führungsspitze bringt in dieser Politik das Selbstverständnis des Unternehmens hinsichtlich der Sicherheit ihrer Mitarbeiter als unumstößliches Ziel zum Ausdruck und dokumentiert zudem ihre diesbezügliche Verantwortung. Darüber hinaus werden durch die Formulierung der Arbeitssicherheitspolitik im Rahmen von arbeitssicherheitsbezogenen Leitlinien die Rahmenbedingungen für alle weiteren Aktivitäten gesetzt, bei denen Arbeitssicherheitsbelange betroffen sind.

---

[66]   Vgl. Punkt 1 Anforderungen nach SCC; Element 1 „Successful Health & Safety Management"; BS 8800 Punkt 2 in beiden Pfaden [Anm. d. Verf.].

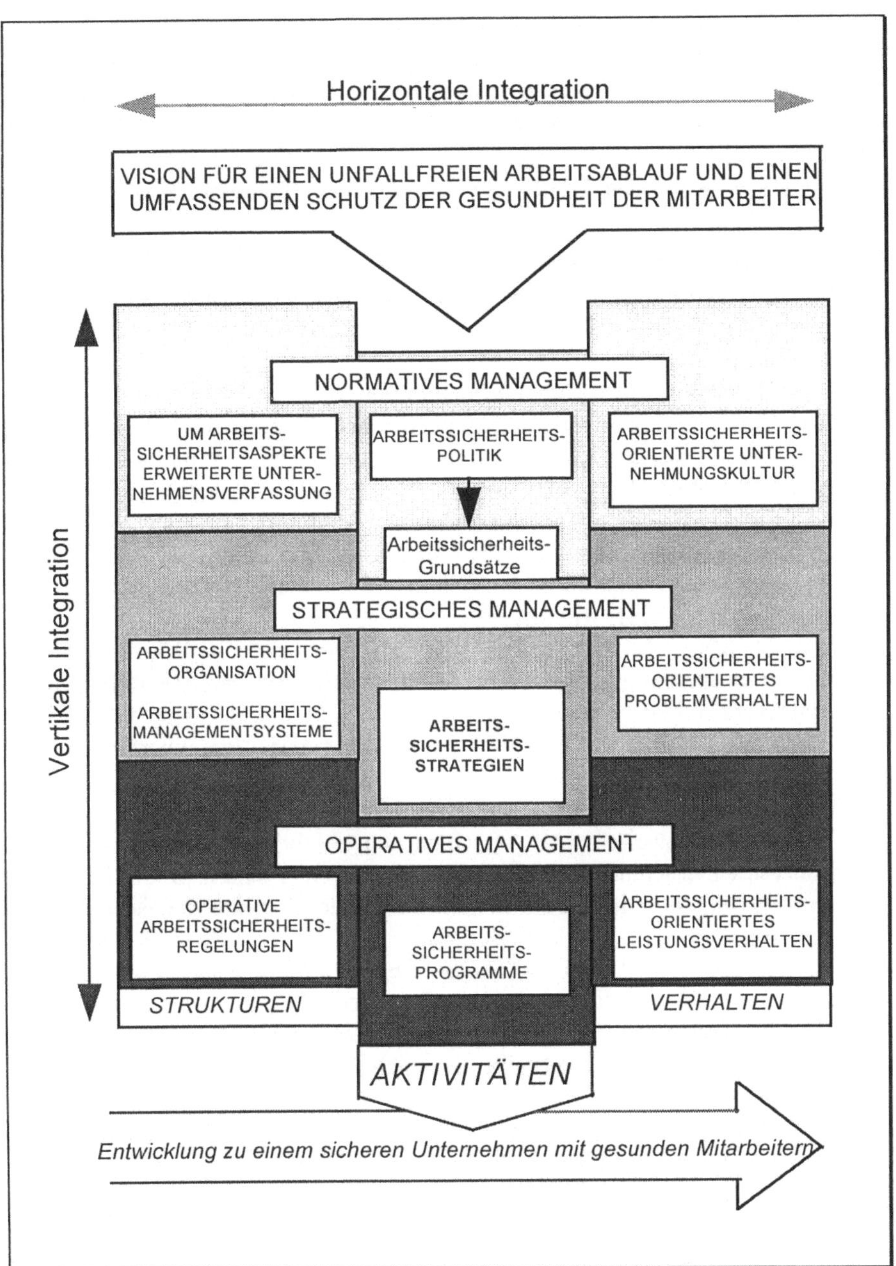

Abb. 7.12. Arbeitssicherheit im St. Galler Management-Konzept
Quelle: In Anlehnung an Bleicher, K. (1996), S. 76 und 81.

Bei der Erstellung der Arbeitssicherheitspolitik gilt es zu beachten, daß sich die Mitarbeiter eines Unternehmens in der festgeschriebenen Politik *„wiederfinden"*, d. h. sich mit ihr identifizieren können. FINK konkretisiert in diesem Zusammenhang in den folgenden sechs Punkten die Inhalte einer kontinuierlich zu aktualisierenden
Sicherheitspolitik, die sich flexibel an ein sich stetig veränderndes Umfeld anpassen sollten:[67]

1.   Ziele setzen und Stellenwert verdeutlichen

Die oberste Leitung muß den Stellenwert der Arbeitssicherheit im Unternehmen klar herausstellen und Sicherheitsziele, die sie mit Priorität verfolgen möchte, festlegen.

2.   Teilziele setzen und Aufgaben bestimmen

Eine Formulierung unternehmensspezifischer Teilziele und die Festlegung daraus resultierender Aufgabenstellungen sind weitere Aspekte der Arbeitssicherheitspolitik. Hier sollte bereits darauf hingewiesen werden, daß Insellösungen für Einzelbereiche zu vermeiden sind. Weitere konkrete Teilziele könnten z. B. die Erstellung eines umfassenden Unfall- und Katastrophenplanes und die systematische Auswertung von Beinahe-Unfällen sein.

3.   Regelung der Verantwortung

Kompetenzen, Zuständigkeiten und insbesondere die Kontrollpflichten müssen so eindeutig geregelt sein, daß zum einen der Tatbestand des Organisationsverschuldens weitgehend ausgeschlossen werden kann, zum anderen jedoch eine effiziente Einzelfallentscheidung des Verantwortlichen noch möglich ist.

4.   Verfahren und Methodik

Die Vorgehensweisen bei verschiedenen Aktivitäten sollten gerade in größeren Unternehmen festgelegt werden. Hierunter sind z. B. die Festlegung der Kontrollintervalle und die zu kontrollierenden Aspekte zu beschreiben.

5.   Risikoabwägung

Dieser Punkt betrifft eine das *„Riskmanagement"* einbeziehende Sicherheitspolitik. Hierbei sollten Aussagen zur Versicherungspolitik des Unternehmens gemacht werden und eine Erklärung bzgl. des Umfanges der Übernahme von grundsätzlich abwälzbaren Risiken abgegeben werden.

6.   Anforderungen an Partner

Die arbeitssicherheitsbezogenen Beziehungen zu Lieferanten, Abnehmern und sonstigen Vertragspartnern sollten hier grundsätzlich angesprochen werden. Maßgebliche Kriterien zur Beurteilung und Auswahl sicherheitsrelevanter Geschäftspartner können hier aufgeführt werden.

---

[67] FINK schließt im Rahmen einer umfassenden Sicherheitspolitik neben der Arbeitssicherheit auch Bereiche, wie Objektsicherung und Störfallverhinderung mit ein. Vgl. Fink, B.: *„Sicherheitspolitik - eine unternehmerische Aufgabe"*, S. 129 ff., in: Adams, H.W. (Hrsg.), (1990), S. 125-132.

Diese inhaltlichen Anforderungen gehen über die im Rahmen des St. Galler-Konzepts an die Arbeitssicherheitspolitik gestellten Forderungen hinaus. Dies verdeutlicht die Komplexität des Gesamtsystems Unternehmen und die vernetzte Struktur der einzelnen Module, welche sich durch ihre Interdependenzen gegenseitig beeinflussen. Im Sinne des Schweizer Konzepts müssen die hier genannten Gesichtspunkte weiter aufgegliedert und den einzelnen Modulen zugeschrieben werden. So wird z. B. die Festlegung von Zielen dem Modul Arbeitssicherheitsstrategien (s. Abschn. 7.5.2.2) und die daraus resultierenden Verantwortlichkeiten dem Modul Arbeitssicherheitsorganisation zugeordnet (s. Abschn. 7.5.3.2). Das Bindeglied zwischen der Arbeitssicherheitspolitik und den entsprechenden Strategien und Programmen bilden die konkret ausformulierten Missionen bzw. Arbeitssicherheitsgrundsätze, welche die Intention der Politik greifbar machen.[68] Diese sollten als Leitlinien bzw. Arbeitssicherheitsgrundsätze allen Beschäftigten in schriftlicher Form vermittelt werden und Aussagen über folgende Themen enthalten:[69]

- Sicherheit und Gesundheitsschutz als gleichrangiges Unternehmensziel;
- Präventive Gestaltung der Arbeitssicherheit als Führungsaufgabe;
- Verantwortung ist nicht delegierbar;
- Vorrang von Leben und Gesundheit der Mitarbeiter bei allen Entscheidungen;
- Gewährleistung der Sicherheit Dritter;
- Vermeidung von Sachschäden;
- Festlegung von Prioritäten der Sicherheit in der Betriebsausübung;
- Verpflichtung der Mitarbeiter zur Unterstützung aller der Arbeitssicherheit dienender Maßnahmen;
- Bemühen um die ständige Verbesserung aller Arbeitssicherheitsaktivitäten.

Das Beispiel der RUHRKOHLE AG zeigt eine konkrete Umsetzung dieser Forderungen. Hier werden folgende Grundsätze zur Arbeitssicherheit formuliert:[70]

> *„ ... Arbeitssicherheit ist ein gleichrangiges Unternehmensziel*
> *- neben Produktivität und Wirtschaftlichkeit.*
>
> *Für Arbeitssicherheit sind alle Mitarbeiter verantwortlich.*
>
> *Arbeitssicherheit hat im Zweifelsfall immer Vorrang.*
>
> *Sicherheitsgerechte Arbeit ist fachgerechte Arbeit.“*

7.5.2.2
Arbeitssicherheitsstrategien

Die Konkretisierung der Arbeitssicherheitspolitik erfolgt durch die Erstellung einer Arbeitssicherheitsstrategie. Sie umfaßt die mittel- und langfristigen Ziele

---

[68] Vgl. Bleicher, K. (1994a), S. 282 f.

[69] Vgl. Central Committee of Experts/Unter-Sektorkomitee SCC Deutschland (Hrsg.), (1998), S. 1b.

[70] Grundsätze zur Arbeitssicherheit der RUHRKOHLE AG, in: Mieles, K. (1996), S. 88.

sowie Maßnahmen zur Umsetzung der festgeschriebenen Grundsätze und der Bedürfnisse der arbeitssicherheitsbezogenen Anspruchsgruppen. Um Zielkonflikte auf dieser Ebene zu vermeiden, darf die Strategie nicht im Widerspruch zur allgemeinen Unternehmensstrategie und den bestehenden oder aufzubauenden strategischen Erfolgspotentialen stehen.[71]

Vielmehr ist an dieser Stelle wiederholt zu betonen, daß eine grundlegende Verbesserung der Arbeitssicherheitssituation einen Beitrag zur Verbesserung der Wettbewerbssituation leistet und gleichfalls als strategisches Erfolgspotential definiert werden kann.[72] Des weiteren ist auf eine frühzeitige Einbindung aller betroffenen Mitarbeiter in den Aufbau der Strategie zu achten. Eine partizipative Vorgehensweise bei der Erarbeitung und Implementierung einer Strategie führt zu einer deutlichen Verringerung der personalen Widerstände.[73] Zur Ableitung der mittel- und langfristigen Ziele ist zunächst im Rahmen einer IST-Analyse der im Unternehmen bestehende Arbeitssicherheitsstandard zu ermitteln. Dazu zählen die Unfallzahlen, die Beinahe-Unfälle, die Unfall- und krankheitsbedingten Fehltage und deren Entwicklungstendenz in den letzten Jahren sowie die bestehenden Gefährdungspotentiale innerhalb aller Unternehmensaktivitäten. Weitere Zielvorgaben können aus den Anforderungen normierter Managementsysteme resultieren. Daran anschließend hat die Unternehmensleitung gemeinsam mit den verschiedenen Mitgliedern der Arbeitssicherheitsorganisation quantitativ meßbare und qualitative Sollziele bzgl. des zukünftigen Sicherheitszustandes zu erarbeiten. Aufgrund der Ausgestaltung dieser Zielvorgaben wird die zukünftige Qualität des Arbeitssicherheitsmanagementsystems maßgeblich beeinflußt.[74] Die Inhalte mittelfristiger, unternehmensspezifischer Arbeitssicherheitsziele können z. B. aus folgenden Aspekten bestehen:

- qualitative Richtungsvorgaben (z. B. *„absolute Unfallfreiheit"*);
- Verbesserung der Arbeitsplatzsituationen im Rahmen einer *„Humanisierung der Arbeitswelt"*;
- konkret quantifizierte Verringerung der Unfallzahlen;
- konkret quantifizierte Verringerung der krankheitsbedingten Fehltage;
- Minimierung der bestehenden Gefährdungspotentiale (z. B. auf Baustellen);
- Zertifizierung nach bestehenden Normen oder Standards (SCC, BS 8800 etc.) zur Verbesserung der Arbeitssicherheitssituation und zur Erfüllung von Kundenanforderungen (s. SCC als Anforderung von seiten der Mineralölindustrie).

Die Erreichung dieser Ziele sollte in verschiedene Teilziele (Meilensteine) aufgeteilt und in ein Zeitraster eingeordnet werden. Dabei sind die erforderlichen Maßnahmen und Verantwortlichkeiten festzulegen sowie die entsprechenden

---

[71] Vgl. Seghezzi, H.D. (1996), S. 146 f.

[72] Vgl. Pümpin, C. (1992a) S. 28.

[73] Vgl. Seghezzi, H.D. (1996), S. 152-153.

[74] Vgl. Schneider, B.: *„Aufgaben der Arbeitssicherheit und ihre Wahrnehmung im Betrieb"*, S. 11, in: Rehhahn, H./Neumann, E./Schneider, B. (1981), S. 9-62.

Mittel zur Verfügung zu stellen. Maßnahmen zur Erreichung dieser Ziele können z. B. sein:

- Aufbau und Implementierung eines AGMS;
- Durchführung spezieller Informationsveranstaltungen bzw. Aktionen;
- Aufnahme des Themas *„Arbeitssicherheit"* auf die Tagesordnung sämtlicher Besprechungen;
- Durchführung von Gefährdungsanalysen;
- Aufnahme von Beinahe-Unfällen bei der Unfallmeldung und -analyse.
- spezielle Schulungsprogramme;
- technische Optimierungsmaßnahmen;
- Erstellung von Notfallplänen;
- internes und externes arbeitssicherheitsbezogenes Benchmarking;[75]
- Zusammenarbeit mit Beratern und Aufsichtsbehörden.

Zu beachten ist die bestehende Interdependenz zwischen diesem Modul und dem Modul des Problemverhaltens. Dies begründet sich darin, daß die entsprechenden Mitarbeiter die Strategieinhalte auf der Basis ihres subjektiven Problembewußtseins erstellen. Eine weitere Abhängigkeit besteht von seiten der Strukturmodule, welche eine konkrete Umsetzung der Strategie erst ermöglichen.

7.5.2.3
Arbeitssicherheitsprogramme

Für die erfolgreiche Umsetzung der aufgestellten Arbeitssicherheitsstrategie ist es sinnvoll, die konkret durchzuführenden Maßnahmen in einem Arbeitssicherheitsprogramm festzulegen. Diese Programme umfassen operative Ziele und kurzfristig durchzuführende Maßnahmen des Unternehmens - sie bestimmen damit die tägliche Arbeit. Bei deren Erstellung ist darauf zu achten, daß die geplanten Schritte detailliert beschrieben und sowohl Verantwortliche als auch Instrumente, Termine und Fristen benannt werden.[76]

BLEICHER bezeichnet in diesem Modul der *„Aufträge"* die Projekte und Prozesse als die Realisation der unternehmenspolitischen Missionen und strategischen Programme.[77] Die Aufträge bilden dabei den Mittelpunkt des operativen Managements, welches wie folgt definiert wird: *„Operatives Management ist im Kern auftragsbezogene lenkende, gestaltende und entwickelte Willensbildung, -durchsetzung und -sicherung in Prozessen durch Projekte."*[78] Bei dem Aufbau eines

---

[75] So werden z. B. bei der CONTINENTAL AG Vergleiche innerhalb von Unternehmensteilen an weltweiten Produktionsstandorten mit ähnlichen Aufgabenstellungen und Maschinenpark bzgl. der Häufigkeit, Art und Schwere von Unfällen angestellt. Durch die Zusammenführung von Maschinenführern mit unterschiedlichem *„Arbeitssicherheitserfolg"* an vergleichbaren Maschinen wird die unternehmensweite Nutzung von Verbesserungspotentialen gewährleistet [Anm. d. Verf.]. Vgl. Hardegen, D. (1996).

[76] Vgl. Dyllick, T./Hummel, J. (1996), S. 23.

[77] Vgl. Bleicher, K. (1996), S. 371.

[78] ebenda, S. 371.

Arbeitssicherheitsprogramms ist diese Definition von Prozessen und Projekten etwas weiter zu fassen. Sowohl die Verbesserung der Arbeitssicherheit bei der Ausführung immer wiederkehrender, unternehmensspezifischer Prozesse als auch die Sicherheit bei der Ausführung einmaliger Projekte ist anzustreben. Hierbei sollten folgende Aspekte berücksichtigt werden, welche die enge Beziehung zwischen konkreten Aktivitäten und dem Verhalten der Mitarbeiter (Module: arbeitssicherheitsorientiertes Problem- und Leistungsverhalten) verdeutlichen:[79]

- Die oberste Leitung sollte bei der Erstellung dieser Programme mitwirken und diese verbindlich in Kraft setzen.
- Die aktive Teilnahme und das sichtbare Interesse der Führungskräfte an den Maßnahmen wirkt auf die Mitarbeiter sehr motivierend.
- Im Rahmen von verschiedenen Arbeitssicherheitszirkeln sollte eine regelmäßige und offene Kommunikation zwischen allen Hierarchieebenen geführt werden.
- Mitarbeiter sind mindestens bei sie direkt tangierenden Entscheidungen einzubeziehen.
- Begleitende motivierende Maßnahmen erhöhen die Umsetzungsbereitschaft bzgl. des aufgestellten Programms.

Die inhaltliche Ausgestaltung der Programme und operativen Maßnahmen kann folgende Gesichtspunkte umfassen:

- Festlegung konkreter Ausbildungsziele, -veranstaltungen, inklusive Teilnehmer und Termine.
- Durchführung von arbeitssicherheitsbezogenen Informationsveranstaltungen für Neueintritte.
- Durchführung von Gefährdungsermittlungen (gem. § 5 ArbSchG) für alle Tätigkeiten.
- Festschreibung der sofortigen Gefahrenbeseitigung, Sauberkeit und Ordnung als ständiger Tagesordnungspunkt für alle Aktivitäten (Dies motiviert die Beschäftigten, weil dadurch das Interesse des Managements an guten Arbeitsbedingungen und Wohlbefinden der Mitarbeiter signalisiert wird)[80].
- Durchführung formaler Inspektionen der aktuellen Arbeitssicherheitssituation an allen Arbeitsplätzen (sowohl in der Produktion als auch auf Baustellen, bei der Montage und im Büro).
- Durchführung konkreter technischer Veränderungen (z. B. Anbringung von Schutzvorrichtungen, rutschfeste Bodenbeläge, Reflexionsschutz für Computerbildschirme, Verbesserung der Arbeitsplatzergonomie).
- Konsequente Auswertung und Kommunikation von Unfallursachen.
- Durchführung von Notfallübungen.
- Verbesserung und Vervollständigung der persönlichen Schutzausrüstung.

---

[79] Vgl. Smith, M. J. et. al.: *„Characteristics of successful safety programs"*, in: Journal of Safety Research, 10, S. 5-15, zitiert bei Hoyos, C.G. (1980), S. 225 f.

[80] Vgl. ebenda.

- Angebot von Ausgleichssportmöglichkeiten, Rückenschule etc. für alle Angestellten.

Zur Kontrolle des Erfolges der operativen Arbeitssicherheitsmaßnahmen und zur Gewährleistung einer kontinuierlichen Verbesserung der Arbeitssicherheit und des Gesundheitsschutzes im Unternehmen sind die festgeschriebenen Programme in regelmäßigen Zyklen zu überprüfen. Die Untersuchungen können in Form von internen und/oder externen Audits stattfinden, welche zum Teil in den verschiedenen Arbeitssicherheitsmanagementsystem-Normvorschlägen gefordert werden. Die Rückkopplungen über die Ergebnisse dieser Überprüfungen (z. B. Auditberichte) sind im Rahmen von mindestens jährlich stattfindenden Management-Reviews der Geschäftsführung vorzulegen, welche dann bei festgestellten Zielabweichungen korrigierende Maßnahmen einzuleiten hat. Die wesentlichen Inhalte der Überprüfungen sind allen betroffenen Mitarbeitern mitzuteilen. Um das Verbesserungspotential in allen Bereichen und auf allen hierarchischen Ebenen auszuschöpfen, sind alle Mitarbeiter in den Controlling-Kreislauf einzubeziehen und zur aktiven Beteiligung zu animieren.

7.5.3
Strukturen im Rahmen des Arbeitssicherheitsmanagements

Neben den bereits angesprochenen Verflechtungen der Aktivitäts- mit den Verhaltensmodulen bestehen weitere Interdependenzen mit den strukturgebenden Modulen, welche den institutionellen Rahmen und damit eine wesentliche Voraussetzung für den Erfolg dieser Aktivitäten bestimmen. Die Säule der Strukturen durchzieht, wie die beiden anderen Säulen des St. Galler Konzepts, alle Ebenen und beschreibt damit eine stufenweise Konkre-tion einer arbeitssicherheitsbezogenen Aufbauorganisation von den übergeordneten Strukturen bis hin zu operativen Verfahrensregelungen.

7.5.3.1
Um Arbeitssicherheitsaspekte erweiterte Unternehmensverfassung

„Getragen von der Unternehmungsphilosophie, wirkt die Unternehmungsverfassung als struktureller Rahmen für die Entwicklung von Nutzen- und Verständigungspotentialen."[81] Determiniert von den gesetzlichen Regelungen, begründet die Verfassung die Ordnung des Unternehmens durch ihren quasi-grundgesetzlichen Charakter.[82] Diese konstitutiven Rahmenregelungen legen die grundsätzlichen Kompetenzen für alle innerbetrieblichen Organe fest und definieren einen Verhaltensrahmen, der von allen Mitarbeitern zu respektieren ist.[83] Gleichzeitig gibt die Verfassung einen strukturierten Rahmen für die unternehmenspolitische Entwicklung einer Mission vor, die wiederum als Vorgabe für das strategische und

---

[81] Vgl. Bleicher, K. (1994a), S. 289.
[82] Vgl. Bleicher, K. (1996), S. 139.
[83] Vgl. Dyllick, T./Hummel, J. (1996), S. 25.

operative Management dient.[84] Ihren formalen Niederschlag findet sie in schriftlich niedergelegten Statuten, in der Geschäftsordnung bzw. in anderen Dokumenten, z. B. den Grundsätzen oder Leitlinien.[85]

Im Rahmen der hier vorgenommenen Einordnung der Arbeitssicherheit in das St. Galler Konzept hat eine arbeitssicherheitsbezogene Erweiterung der Unternehmensverfassung zu erfolgen. Dieser Ordnungsrahmen wird zu großen Teilen von unternehmensexterner Seite bestimmt. Dies ergibt sich aus den zu berücksichtigenden Interessen von seiten der arbeitssicherheitsbezogenen Anspruchsgruppen (s. Abschn. 7.2.2). Hierzu zählen insbesondere die entsprechenden gesetzlichen Regelungen bzgl. der Arbeitssicherheit und des Gesundheitsschutzes (s. Kap. 2). So stellt bspw. die nach dem SCC geforderte Ernennung eines Managementvertreters auf der obersten Führungsebene, der für die Aufrechterhaltung und Weiterentwicklung des Arbeitssicherheitsmanagements verantwortlich ist, nur einen in der Verfassung festzulegenden Aspekt dar. Darüber hinaus sind regelmäßig stattfindende arbeitssicherheitsbezogene Besprechungen (z. B. im Rahmen des gesetzlich vorgeschriebenen Arbeitsschutzausschusses) auf dieser Ebene zu institutionalisieren. In Anlehnung an die Qualitätseinbindung bei SEGHEZZI sollten außerdem folgende Grundsatzentscheidungen getroffen werden:[86]

- die Rolle der Unternehmensleitung (Delegation oder direkte Verantwortung; im Bereich der Arbeitssicherheit sind dabei die gesetzlichen Regelungen zu beachten),
- der Beitrag der Arbeitssicherheit zum Unternehmensauftrag (Risikominimierung im Sinne einer gerichtsfesten Organisation oder optimale Arbeitssicherheit als strategisches Erfolgspotential),
- Umgang mit gesetzlichen und normativen Bestimmungen (Erfüllen der Mindestanforderungen oder verantwortliche Mitwirkung) sowie
- die Auswahl des Arbeitssicherheitsmanagementsystem-Modells und dessen Bedeutung für das Unternehmen (Modell: SCC, BS 8800 etc.; Bedeutung: einziges Ziel ist das Zertifikat oder das Modell als Orientierungsrahmen zur kontinuierlichen Verbesserung).

7.5.3.2
Arbeitssicherheitsorganisation und Arbeitssicherheitsmanagementsysteme

Die Arbeitssicherheitsorganisation ist weitgehend gesetzlich vorgeschrieben und regelt die arbeitssicherheitsbezogenen Aufgaben und Verantwortlichkeiten innerhalb des Unternehmens. Hierbei existieren sowohl funktional-additive Lösungen (z. T. hauptamtliche Sicherheitsfachkräfte als Stabsfunktion) als auch dem Verständnis des Arbeitsschutzes als Querschnittsfunktion entsprechende, integrierte

---

[84] Vgl. Bleicher, K. (1994a), S. 289.
[85] Vgl. Bleicher, K. (1996), S. 139.
[86] Vgl. Seghezzi, H.D. (1996), S. 155.

Ansätze (nebenamtliche Sicherheitsbeauftragte als Linienfunktion).[87] Mit der Architektur der Organisationsstruktur und der Festlegung der Kompetenzen wird gleichzeitig das Führungsverständnis der Unternehmensleitung zum Ausdruck gebracht. Stark hierarchisierte Strukturen betonen die autoritäre Haltung der Führung, die einen Erfolg der Arbeitssicherheit von der strikten Befolgung der Weisungen abhängig macht. Autonome Strukturen wie Arbeitssicherheitszirkel betonen den partizipativen Führungsstil, welcher eine optimale Arbeitssicherheitssituation von einem selbstverantwortlichen, auf Einsicht basierenden Verständnis ableitet.

Die durch die Organisation festgelegten Rahmenbedingungen werden durch Managementsysteme ausgefüllt und unterstützt. Durch sie werden Kommunikationsstrukturen zwischen den unterschiedlichen Organisationseinheiten institutionalisiert und damit vertikale und horizontale Informationsströme festgeschrieben. Managementsysteme dienen der Diagnose, Planung und Kontrolle. Sie unterstützen die Formulierung strategischer Konzepte und überprüfen deren operativen Vollzug. Um derartigen Funktionen gerecht zu werden, bilden diese Managementsysteme die Beziehungen und bestehenden Verhaltensweisen innerhalb des Unternehmens bzw. zwischen dem Unternehmen und seinem relevanten Umfeld ab[88] und beschreiben sowohl aufbau- als auch ablauforganisatorische Aspekte.[89] Arbeitssicherheitsmanagementsysteme, wie sie im Leitfaden BS 8800 als Modell charakterisiert werden, beschreiben, regeln und unterstützen die Module Politik, Strategien und das operative Arbeitssicherheitsmanagement. Zum Arbeitssicherheitsmanagementsystem gehören somit alle Elemente, die zur Umsetzung der Arbeitssicherheit angewendet werden. Dazu zählen bspw. die Strukturen, die Prozesse, die eingesetzten Mittel und die anzuwendenden Methoden.[90] Ziel eines solchen Systems ist es außerdem, Schnittstellenregelungen vorzunehmen und verschiedene Verfahren festzulegen. Darunter können u. a. die Vorgehensweisen bei der Dokumentation (Handbuch, Verfahrensanweisungen, Arbeitsanweisungen), der Schulung, der Ablauflenkung und der Auditierung subsumiert werden.

Die funktionsübergreifende Ausrichtung der Arbeitssicherheit bewirkt eine enge Vernetzung mit den genannten Modulen, wodurch eine Einordnung an dieser Stelle des St. Galler Konzepts nicht eindeutig vorzunehmen ist. Da eine entsprechende Norm jedoch den Aufbau und den Ablauf durchzuführender Arbeitssicherheitsmaßnahmen beschreibt, kann sie als strukturgebendes, strategisches Modul aufgefaßt werden. Zu beachten ist, daß diese Systeme lediglich durch die Forderung von Schulungsmaßnahmen indirekt auf die Säule des Verhaltens einwirken. Daraus wird ersichtlich, daß hier ein Mangel in den beschriebenen Systemen besteht, der durch die Berücksichtigung dieser Aspekte behoben werden kann.

---

[87] Vgl. Dyllick, T./Hummel, J. (1996), S. 27.
[88] Vgl. Bleicher, K. (1996), S. 299.
[89] Vgl. Dyllick, T./Hummel, J. (1996), S. 29.
[90] Vgl. Seghezzi, H.D. (1996), S. 160.

7.5.3.3
Operative Arbeitssicherheitsregelungen

Das strukturgebende operative Management zeichnet sich durch die Lenkung und Gestaltung der konkreten Prozesse aus. Ziel ist es dabei, einen sowohl effektiven als auch effizienten Vollzug normativer Missionen und strategischer Programme zu gewährleisten.[91] Übertragen auf die Belange der Arbeitssicherheit übernehmen diese Funktion die operativen Arbeitssicherheitsregelungen. Das *„lebende"* Arbeitssicherheitsmanagementsystem eines Unternehmens zeichnet sich durch die bei der täglichen Ausführung von Arbeitsschritten zu beachtenden Verfahrensschritte und Regelungen aus. Ein Beispiel hierfür sind die fünf Sicherheitsregeln in den UVV/VBG 4 der Berufsgenossenschaft der Feinmechanik und Elektrotechnik für Arbeiten an spannungsführenden Anlagen, deren Anwendung der Regelfall sein muß:[92]

1. Freischalten,
2. Gegen Wiedereinschalten sichern,
3. Spannungsfreiheit feststellen,
4. Erden und Kurzschließen,
5. Benachbarte unter Spannung stehende Teile
   abdecken oder abschranken.

Weiter können spezielle Arbeits- bzw. Betriebsanweisungen als operative Regelungen von konkreten Prozessen oder Projekten betrachtet werden. Hier sind Anweisungen zum Umgang mit Gefahrstoffen oder zu konkreten Inhalten von Arbeitssicherheitsunterweisungen exemplarisch zu nennen. In diesen Regelungen werden die zu berücksichtigenden arbeitssicherheitsbezogenen Aspekte prozessorientiert beschrieben und somit die operativen Aktivitäten explizit beeinflußt. Zu beachten ist dabei eine kontinuierliche Aktualisierung und Weiterentwicklung dieser prozeßbezogenen Regelungen. Hierbei sollten die Ergebnisse aus Gefährdungsanalysen, die Erfahrungen der Mitarbeiter vor Ort und die Auswertungsergebnisse von Unfällen sofort in die Novellierung der Anweisungen einfließen.

7.5.4
Verhalten im Rahmen des Arbeitssicherheitsmanagements

Die vergangenheitsgeprägte Unternehmenskultur bestimmt auf der normativen Ebene das Zukunftsverhalten der Mitarbeiter bei strategischen und operativen Entscheidungen. Wirkt die Kultur eines Unternehmens verhaltensbegründend, so erfolgt auf der strategischen Ebene eine verhaltensleitende Konkretion bei mittelfristigen Problemstellungen, welches schließlich auf der operativen Ebene in der täglichen Arbeit realisiert wird.[93] Da Arbeitssicherheit stark verhaltensgeprägt ist,

---

[91] Vgl. Bleicher, K. (1996), S. 380 f.
[92] Vgl. Unfallverhütungsvorschriften, Berufsgenossenschaft der Feinmechanik und Elektrotechnik (Hrsg.), VBG 4, Durchführungsanweisung zu § 6 Abs. 2, S. 14.
[93] Vgl. Bleicher, K. (1996), S. 82.

spielen positive Handlungen und negative Unterlassungen eine entscheidende Rolle. Eine Umsetzung der Arbeitssicherheit kann nur dann optimal sein, wenn die entsprechenden Vorkehrungen und Regelungen von den Mitarbeitern akzeptiert und gelebt werden. Da Arbeitssicherheit nicht rein statisch installierbar ist, etwa durch Vorschriften, Regelungen, Kompetenzzuweisungen etc., übernehmen hier Unternehmenskultur und Mitarbeitermotivation entscheidende Aufgaben.[94]

7.5.4.1
Arbeitssicherheitsorientierte Unternehmungskultur

Die Unternehmenskultur ist kein physisch existentes Modul und ist somit nicht direkt beobachtbar. Es handelt sich dabei um ein System von der Mehrzahl der Unternehmensmitglieder gemeinsam getragener Werte, Normen, Einstellungen, Überzeugungen und Ideale, welche das Selbstverständnis und die Eigendefinition eines Unternehmens prägt. Eine Unternehmenskultur wird unbewußt und aufgrund selbstverständlicher Annahmen gelebt.[95] *„Ihre Prägung erhält die Unternehmenskultur (...) vor allem durch die Umwelt, sie erfährt aber auch durch unternehmensinterne Persönlichkeiten (die nicht unbedingt der obersten Führungsebene angehören müssen) und die eigene (Erfolgs- oder Mißerfolgs-) Geschichte des Unternehmens wichtige Impulse."[96]*

Auf dem Gebiet der Arbeitssicherheit kann eine entsprechende Kultur durchaus durch häufige Mißerfolge in der Vergangenheit geprägt sein. Ist es bereits zu schweren Unfällen gekommen, insbesondere wenn entsprechende öffentliche Anspruchsgruppen davon Kenntnis genommen haben, kann häufig eine Sensibilisierung der Mitarbeiter festgestellt werden, welche eine positive Auswirkung auf ihr arbeitssicherheitsorientiertes Verhalten hat. Diese Eigendynamik ist bei positiven Ereignissen weniger zu erwarten, da eine unfallfreie Vergangenheit häufig nicht kommuniziert, sondern als selbstverständlich angenommen wird und keinen Anlaß zu einer Verbesserung des Verhaltens gibt. Werden von diesen Aussagen die entsprechenden für ein erfolgreiches Arbeitssicherheitsmanagement verantwortlichen Determinanten abgeleitet, ist es zunächst erforderlich, die Rahmenbedingungen für eine mitarbeiterorientierte und für Arbeitssicherheitsbelange sensibilisierte Unternehmenskultur zu definieren. Die Verhütung von arbeitsbedingten Unfällen und Gesundheitsschäden muß zu einem integralen Bestandteil der Unternehmenskultur einer Organisation werden. Als wesentlicher Bestandteil des erfolgreichen Arbeitssicherheitsmanagements bildet die Kultur eine Basis dafür, daß dieses System von allen Organisationsmitgliedern getragen wird und eine in allen Funktionen und Ebenen verankerte *„Sicherheitskultur"* entsteht.[97]

Da sowohl die Mitarbeiter als auch die Unternehmensführung ein Interesse an einer gefahrfreien Arbeitsgestaltung haben und somit kaum Zielkonflikte vorliegen, ist eine Integration der Arbeitssicherheitsbelange in die Unternehmenskultur

---

94 Vgl. Siller, E. (1992), S. 7 f; Siller, E. (1986).
95 Vgl. Weßling, M. (1992), S. 23.
96 Voigt, K.I. (1996), S. 40.
97 Vgl. Stoewer, G. (1993), o. S.

vergleichsweise einfach zu realisieren. Ein enger Zusammenhang besteht dabei zu der konkreten Formulierung arbeitssicherheitsbezogener Unternehmensziele. So läßt sich beobachten, daß Unternehmen, die auf dem Gebiet der Arbeitssicherheit besonders erfolgreich sind (z. B. IBM, 3M, Du Pont), über klare Formulierungen verfügen. Ziele, welche die Arbeitssicherheit betreffen, sind hier fest in den Unternehmensgrundsätzen verankert und zum Teil bereits zu einem realen Bestandteil der Unternehmenskultur geworden.[98] Ausschlaggebend ist darüber hinaus, inwieweit unternehmerische Anweisungen für sicheres Arbeiten von allen Mitarbeitern tatsächlich verinnerlicht und in gewohnheitsmäßig sicheres Verhalten umgesetzt werden. Geschieht dies lediglich aufgrund äußerer Zwänge, wie etwa Strafandrohung oder Disziplinarverfahren, verliert das System an Akzeptanz und wird so weit wie möglich umgangen.[99] Eine bzgl. der Arbeitssicherheit stark positiv geprägte Unternehmenskultur fördert hingegen einen gemeinsamen arbeitssicherheitsorientierten Grundkonsens, der eine Motivationsgrundlage für ein zielkonformes Verhalten der Mitarbeiter bildet.[100]

7.5.4.2
Arbeitssicherheitsorientiertes Problemverhalten

Die Konkretisierung der kulturellen Grundausrichtung findet auf der strategischen Ebene ihren Ausdruck in einem arbeitssicherheitsorientierten Problemverhalten. Der positiv geprägte Verhaltensrahmen ermöglicht die Bildung und Förderung einer erhöhten Leistungsbereitschaft der Mitarbeiter bzgl. der arbeitssicherheitsorientierten Ziele. Bei der Ableitung dieser Zielsetzungen ist nach SCHNEIDER „ ... *ein Problembewußtsein erforderlich, in dem das sicherheitlich Erforderliche mit dem unter den gegebenen Bedingungen Realisierbaren nicht in einem lähmenden Widerspruch steht, sondern mit Hilfe gesellschaftlicher Konventionen über die Akzeptanz von Restgefährdungen zur praktizierbaren Synthese geführt werden kann".* [101]

Entscheidend ist dabei das Grundverständnis über die Rolle von Mitarbeitern auf Seiten der Führung und des Personalmanagements. Für ein strategisches Verständnis der Rolle menschlichen Problemverhaltens sollte nicht von der Bereitstellung von Human-Ressourcen für die Erfüllung definierter Aufgaben ausgegangen werden. Vielmehr erscheint es sinnvoll zu postulieren, „ ... *daß strategische Vorgaben zugleich die Folge menschlichen Entdeckergeistes, Problembewußtseins, Beurteilungsvermögens, der Initiative, Entscheidungsfreude und Realisierungskraft sind".* [102] Das sicherheitsgerechte Verhalten wird nach SKIBA durch Information über Gefahren, Motivation zu sicherheitsgerechtem Verhalten sowie

---

[98] Vgl. Trefz, P: *„Arbeits- und Gesundheitsschutz als Merkmale der Unternehmenskultur",* S. 144 f., in: Bachinger, R. (Hrsg.), (1990), S. 144-150.

[99] Vgl. Stangier, V. (1993), S. 1.

[100] Vgl. Dyllick, T./Hummel, J. (1996), S. 32.

[101] Vgl. Schneider, B.: *„Aufgaben der Arbeitssicherheit und ihre Wahrnehmung im Betrieb",* S. 43, in: Rehhahn, H./Neumann, E./Schneider, B. (1981), S. 9-62.

[102] Bleicher, K. (1996), S. 323.

Training und Ausbildung verbessert.[103] Die erfolgreiche Umsetzung und Aufrechterhaltung eines Arbeitssicherheitsmanagements umfaßt also nicht nur die entsprechenden technischen und organisatorischen Maßnahmen zur Gewährleistung
der Arbeitssicherheit, sondern auch ein entsprechendes Motivationsmanagement
für die Mitarbeiter, um diese für ein sicheres Verhalten zu gewinnen.[104] Ein zu
berücksichtigender Aspekt ist dabei die frühzeitige und umfassende Einbindung
aller Mitarbeiter bei der Umsetzung neuer Managementmodelle. Bereits bei der
Einstellung, bei der Grundausbildung und bei den regelmäßig durchzuführenden
Wiederholungsschulungen der Mitarbeiter ist auf das Vorhandensein bzw. den
Aufbau eines ausgeprägten Bewußtseins bzgl. der Akzeptanz von Arbeitssicherheitsaspekten zu achten.

7.5.4.3
Arbeitssicherheitsorientiertes Leistungsverhalten

Die Förderung eines arbeitssicherheitskonformen Leistungsverhaltens der Mitarbeiter bei der täglichen Arbeit ist die verhaltensbezogene Aufgabe auf der operativen Ebene. Ein Hauptaugenmerk muß dabei auf das konkrete Führungsverhalten der Vorgesetzten gelegt werden. Hierbei sind je nach Situation sowohl Maß-
regelungen bei Nichteinhaltung von Sicherheitsregeln, ein kollegialer oder partizipativer Führungsstil bei arbeitssicherheitsbezogenen Neuerungen als auch lobende
Worte bei sicherheitsgerechtem Verhalten durchaus angebracht. Das Ziel aller
Aktivitäten liegt in dem Erreichen eines intrinsischen, positiven Arbeitssicher-
heitsbewußtseins bei allen Mitarbeitern. Die erfolgreiche Umsetzung einer umfassenden betrieblichen Sicherheitskultur, welche im Unternehmen ein Klima der
ständigen Verbesserung der Arbeitssicherheits- und Gesundheitsschutzsituation
schafft, manifestiert sich auf der operationalen Ebene zusammenfassend in folgenden Aspekten:[105]

- Eine sensibilisierte Unternehmensleitung, die sich für die Arbeitssicherheit
  engagiert und eine Vorbildfunktion durch Worte und Taten einnimmt.
- Der Aufbau eines Symbolsystems, welches sich z. B. durch das konsequente
  Tragen der persönlichen Schutzausrüstung aller Mitarbeiter (auch Bürokräfte,
  wenn sie sich nur kurz in gefährdeten Bereichen aufhalten), durch den Einbezug von Arbeitssicherheitsthemen im betrieblichen Vorschlagswesen und durch
  den Aufbau von Arbeitssicherheitszirkeln auszeichnet.
- Die positive Veränderung des Verhaltens der Mitarbeiter durch Erfolgs-
  erlebnisse, wie die öffentliche Prämierung von Vorschlägen oder spezielle
  Schulungsbesuche als „*fringe benefits*".
- Die Gewährleistung funktionierender Informationsströme sowohl „*top down*"
  als auch „*bottom up*".

---

[103] Skiba, R. Taschenbuch Arbeitssicherheit, 5. Aufl., Bielefeld 1985, S. 306, zitiert bei
Mieles, K. (1996), S. 87.

[104] Vgl. Adams, H.W. (1995), S. 2 f.

[105] Vgl. Hopfenbeck, W. (1990), S. 128 ff.

- Eine offene Kommunikation und eine kontinuierliche Lernbereitschaft im Sinne einer lernenden Organisation.

Die vorangegangene Diskussion hat gezeigt, daß sowohl die herrschende Unternehmenskultur als auch die Motivation der Mitarbeiter sich arbeitssicherheitsbezogene Aspekte zu eigen zu machen von einer Vielzahl von Determinanten bewirkt wird. Ähnliche Aussagen lassen sich für den Krankenstand und die krankheitsbedingten Fehlzeiten treffen. Komplexe Ursachen, die oftmals qualitativen Ursprungs sind, führen zu erhöhten Krankenständen. Dazu zählen neben dem sozialen Klima, bedingt durch Führungsstil und Autonomiefreiräume bei der Aufgabenstruktur, gleichermaßen die Belegschaftsstruktur, der qualifikationsgerechte Einsatz der Mitarbeiter, die Arbeitszeiten sowie die allgemeine Arbeitssituation im Unternehmen.[106]

7.5.5
Entwicklung zu einem sicheren Unternehmen mit gesunden Mitarbeitern

Im St. Galler Management-Konzept wird durch die Unternehmensentwicklung die zeitliche Komponente in den hier vorgestellten Bezugsrahmen integriert. Unter diesem Begriff wird die Veränderung von Potentialen eines Unternehmens zur Stiftung von Nutzen sowohl für die Anspruchsgruppen als auch für das Unternehmen selbst verstanden.[107] Mit dieser Komponente wird dem Aspekt der kontinuierlichen Verbesserung und der flexiblen Anpassung an sich ändernde Umfeldbedingungen Rechnung getragen. Das komplexe Zusammenspiel der einzelnen Module macht dabei deutlich, daß bereits kleine Veränderungen in den unterschiedlichen Bereichen relativ große, zum Teil nicht absehbare Folgen positiver wie negativer Art verursachen können. Das Verständnis dieser Zusammenhänge erleichtert es einem Unternehmen, Aspekte gezielt positiv zu beeinflussen, um daraus ein verbessertes Ergebnis abzuleiten. Auf dem Gebiet der Arbeitssicherheit und des Gesundheitsschutzes ist dabei das ganzheitliche Wirken der organisationalen Strukturen, der Technik und des Verhaltens determinierend für den Erfolg eines Arbeitssicherheitsmanagementsystems. Nur eine fortwährende Weiterentwicklung all dieser Bereiche führt zu einem langfristig sicheren Unternehmen (bzgl. der Arbeitssicherheit) mit gesunden Mitarbeitern.

7.6
Zusammenfassung und Zwischenergebnisse

Die alleinige Erfüllung von gesetzlichen Mindestanforderungen bzgl. der Arbeitssicherheit und des Gesundheitsschutzes kann aus vielen, in dieser Arbeit

---

[106] Vgl. Freigang-Bauer, I.: *„Investition Gesundheitssicherung oder: Was kostet ein durch Krankheit bedingter Fehltag?"*, S. 44 f., in: Hauptverband der gewerblichen Berufsgenossenschaften (HVGB), (Hrsg.), (1995), S. 39-50.

[107] Vgl. Bleicher, K. (1996), S. 407.

vorgestellten Gründen heute nicht mehr das Ziel eines innovativen Arbeitssicherheitsengagements sein. Vielmehr hat sich gezeigt, daß der Aufbau eines Arbeitssicherheitsmanagementsystems nach den Richtlinien des SCC oder des BS 8800 ein erster Schritt in die richtige Richtung ist. Darüber hinaus gilt es zu berücksichtigen, daß der Erfolg eines Arbeitssicherheitsmanagementsystems zu großen Teilen durch sog. „weiche" Elemente wie Unternehmensphilosophie, -kultur, -politik und die unternehmensspezifische Historie begründet wird. Dies sind allesamt Aspekte, welche sich nicht von einem auf das andere Unternehmen übertragen lassen. Auf andere Unternehmen im wesentlichen übertragbar hingegen sind organisatorische und technische Systemoptimierungen, welche ebenso zu einer Verbesserung der Arbeitssicherheitssituation beitragen. Dabei ist jedoch zu beachten, daß die reine Optimierung der Technik in den meisten Bereichen ausgereift ist und sich nur noch marginal verbessern läßt.

Aus diesen Gründen ist ein Arbeitssicherheitsmanagementsystem nur teilweise auf andere Unternehmen übertragbar. Daraus läßt sich ableiten, daß es auch in Zukunft nur Leitfäden und Orientierungshilfen zu diesem Thema geben kann. Die „optimale Lösung", welche sich beliebig von dem Kleinunternehmen auf den Großkonzern projizieren läßt, rückt damit in weite Ferne. Zu empfehlen ist ein unternehmensspezifischer Aufbau eines Arbeitssicherheitsmanagementsystems, der die besondere Historie und die individuellen Gegebenheiten eines Unternehmens explizit berücksichtigt. Der Schwerpunkt sollte dabei auf die Organisation und die Motivation gelegt werden. So kann eine breite Akzeptanz geschaffen und ein System kreiert werden, mit welchem sich die Mitarbeiter identifizieren können.

Eine theoretische Einordnung der Arbeitssicherheitsaspekte in das „Leerstellengerüst" des St. Galler Management-Konzepts gewährleistet eine umfassende Berücksichtigung aller Aspekte, welche ein Unternehmen in der Realität determinieren. Durch eine Gesamtintegration der Arbeitssicherheit und des Gesundheitsschutzes in das allgemeine Managementsystem eines Unternehmens kann eine belastungsfähige Basis für eine erfolgreiche Arbeitssicherheitssituation geschaffen werden.

Teil C

Aufbau und Implementierung eines Integrierten Managementsystems

8 Integration

Auf der Basis der theoretischen Ausführungen werden in dem vorliegenden Kapitel die Grundlagen der Integration von Teilmanagementsystemen in ein umfassendes Integriertes Managementsystem (IMS) entwickelt. Dabei liegt das Hauptaugenmerk zunächst auf der *„technischen"* Integration der einzelnen Teilsystemelemente aus den Bereichen Qualität, Umweltschutz, Arbeitssicherheit und Gesundheitsschutz. Nach einer kurzen Beschreibung der Problematik separater Managementsysteme (Abschn. 8.1) erfolgt eine terminologische Abgrenzung und eine Darstellung von Grundgedanken der Integration (Abschn. 8.2). Im Anschluß daran findet ein Vergleich der vorgestellten Managementsysteme statt, der die Ausgangssituation für die Integration der einzelnen Systemelemente bildet (Abschn. 8.3). Die Ziele einer Integration der Teilsysteme werden in Abschnitt 8.4 diskutiert. Nach einer Beschreibung der Rahmenbedingungen und Grobkonzepte der Integration (Abschn. 8.5) werden in Abschnitt 8.6 mögliche Konzepte der Zusammenführung von Teilmanagementsystemen erarbeitet. Abschnitt 8.7 setzt sich im Anschluß daran konstruktiv mit der Kritik an IMS auseinander. Aus den hier gewonnenen Erkenntnissen werden in Abschnitt 8.8 Möglichkeiten der Weiterentwicklung von IMS aufgezeigt. Nach einem Ausblick auf die Entwicklungsrichtung internationaler Normungsaktivitäten (Abschn. 8.9), welche den zukünftigen Aufbau von IMS stark beeinflussen werden, bildet ein zusammenfassender Überblick über die Zwischenergebnisse den Abschluß dieses Kapitels (Abschn. 8.10).

8.1
Problematik separater Managementsysteme

Bei Betrachtung der historischen Entwicklung der einzelnen Teilsysteme läßt sich für den Bereich Qualitätsmanagement und Umweltschutz folgende Gemeinsamkeit feststellen: Ausgelöst von sehr unterschiedlichen Problemstellungen und einem zeitlich differierenden Erscheinen der jeweiligen Spezialnormen (resp. der EMAS) wurden die beiden Bereiche getrennt voneinander aufgebaut und bislang zumeist separat geführt. Dies galt bis vor wenigen Jahren als einzig mögliche Vorgehensweise, da ein Zusammenhang zwischen den Gebieten bei der Mehrzahl der Verantwortlichen nicht gesehen wurde. Beide Bereiche galten zudem aufgrund der jeweiligen öffentlichen Diskussion zum Zeitpunkt ihrer Einführung als besonders wichtig und damit nur im Rahmen einer eigenständigen Organisation zu verwalten. Aus dieser Vorgehensweise heraus entstand jedoch eine Problematik der separat geführten Managementsysteme, welche sich in Anbetracht der eventuell bevorstehenden Einführung eines zusätzlichen (separaten) Managementsystems für Arbeitssicherheit und Gesundheitsschutz ohne korrigierende Eingriffe in Zukunft voraussichtlich verstärken wird. Als Beispiele für mögliche Problemfelder bei getrennten Managementsystemen lassen sich folgende Aspekte nennen:

1. Auf der normativen Ebene entsteht durch die Existenz von zwei parallelen Politiken sowie den daraus abgeleiteten Zielsetzungen und strategischen Programmen eine Konfusion, welche die Glaubwürdigkeit und Logik des Führungskonzepts in Frage stellt.

2. Auf der operativen Ebene werden identische Abläufe und Tätigkeiten mehrfach aus unterschiedlichen Sichtweisen heraus geregelt. Ein Beispiel hierfür ist das Bestehen von zwei Verfahrensanweisungen zum Thema *„Beschaffung"*, welche nicht aufeinander abgestimmt sind und im Extremfall sich widersprechende Regelungen zum Inhalt haben. Im Zweifelsfall wird der betroffene Mitarbeiter beide Vorgaben ignorieren. Hierdurch entstehen ineffiziente Insellösungen, welche den Wertschöpfungsprozeß insgesamt behindern.

3. An den Schnittstellen zwischen den Aufgabenbereichen der jeweiligen Systemverantwortlichen bzw. der entsprechenden Sachpromotoren entsteht ein Konkurrenzdenken und damit eine Problematik bzgl. der Kompetenzen und Verantwortlichkeiten.

4. Aus einer getrennten Erstellung, Aktualisierung und Verteilung der Dokumente resultiert ein mehrfacher Aufwand und eine umfangreiche Dokumentation. Die Folge davon ist, daß diese nicht von den Mitarbeitern genutzt, sondern lediglich für die regelmäßige Überprüfung aufrechterhalten und somit zweckentfremdet wird.

5. Die Bürokratisierung und mehrfache Festschreibung der einzelnen Abläufe hemmt innovative Prozesse. Selbständiges Arbeiten und Problemlösen werden dabei weitgehend verhindert.

6. Aufgrund einer nicht abgestimmten Datenerhebung und -auswertung im Rahmen der regelmäßigen Überprüfungen entstehen Informationsverluste. Bestehende Interdependenzen zwischen den Teilbereichen werden nicht erkannt.

7. Redundante oder sich widersprechende Detailregelungen führen bei den Mitarbeitern zu Identifikationsproblemen mit dem Unternehmen. Durch die häufig wechselnde, sequentielle Schwerpunktsetzung (Qualitätsorientierung wird gefolgt von Umweltorientierung) entsteht zudem häufig eine Motivationsproblematik.

8. In der Regel erfolgt im Vorfeld eines Audits über einen gewissen Zeitraum hinweg eine Konzentration auf das zu überprüfende Teilgebiet. Danach gilt diesem Aufgabengebiet bis zur nächsten Kontrolle eine geringere Aufmerksamkeit. Das Hauptaugenmerk wird nun auf das folgende zu überprüfende Teilgebiet gelegt. Ein solches Vorgehen stellt bei den Mitarbeitern die Ernsthaftigkeit der jeweiligen Aktivitäten in Frage.

9. Die kontinuierliche Verbesserung eines Ablaufs hinsichtlich eines speziellen Teilaspektes kann zu einer mangelnden Flexibilität führen. Das Unternehmen ist dann nicht mehr imstande, schnell auf sich ändernde Rahmenbedingungen zu reagieren.

10. Mehrfachaudits aufgrund nicht abgestimmter Auditzyklen führen zu einer Behinderung des gesamten betrieblichen Ablaufs. Verantwortliche einzelner Teilbereiche werden über mehrere Wochen hinweg von verschiedenen internen und externen Auditoren über ihre Tätigkeiten und Vorgehensweisen befragt. Die Folge sind häufig eingeübte Antwortmuster, welche die Sinnhaftigkeit der Überprüfung in Frage stellen.

Zur Erreichung eines effizienten Gesamtablaufs im Unternehmen ist idealerweise eine *„ungestörte Betriebsstunde"*[1] erforderlich. Aus den genannten Aspekten zeigt sich jedoch, daß diese bei mehreren parallel geführten, nicht-integrierten Teilmanagementsystemen nicht annähernd realisierbar ist. Der Beginn einer Diskussion, um die Notwendigkeit eines weiteren international normierten Managementsystems (für Arbeitssicherheit und Gesundheitsschutz) sowie die Vorbereitungen auf eine sog. *„Revision 2000"*[2] der Qualitätsnormenreihe ISO 9000 im Jahr 2000 lösten ein verstärktes Nachdenken über Lösungsansätze zur Behebung dieser Fehlentwicklung aus. Die Zusammenführung der Teilgebiete und der Aufbau eines Integrierten Managementsystems werden in diesem Zusammenhang zunehmend gefordert.

8.2
Begriff und Grundgedanken der Integration

Der lateinische Begriff *„integratio"* bedeutet in seinem ursprünglichen Sinne *„die Erneuerung"*[3], wird aber zumeist im Sinne von *„Wiederherstellung eines Ganzen"* oder *„Eingliederung in ein größeres Ganzes"* übersetzt.[4] Bei der Integration im Rahmen dieser Arbeit sollen vorher getrennte Objekte zu einem Ganzen zusammengefügt werden, ohne daß einzelne Teile verloren gehen. Integration geht damit über den Vorgang der Koordination - der Abstimmung zwischen mehreren Objekten - hinaus. Zwar sollen bei der Integration, wie auch bei der Koordination, Redundanzen und Widersprüche eliminiert werden, die Integration hat aber auch die Eingliederung in ein größeres Ganzes zum Ziel. Dieses Ganze ist im Sinne der ganzheitlichen Betrachtungsweise wiederum mehr als die Summe seiner Teile (s. Kap. 3, Abschn. 3.3). Somit übersteigt eine Integration gleichfalls die Ambitionen einer Addition, deren Ziel das Hinzufügen von etwas Neuem zu etwas

---

[1] Unter der sog. „ungestörten Betriebsstunde" ist die Vision einer Betriebsstunde zu verstehen, welche komplett dem Wertschöpfungsprozeß dient und nicht durch Fehler, Unfälle, Auditierungen etc. unterbrochen wird [Anm. d. Verf.].

[2] Vgl. Biagini, R. (1996), S. 117 ff.

[3] Vgl. Petschenig, M. (1965), S. 274.

[4] Vgl. Müller, W. (Bearb.); (1982), S. 349.

Altem ist, wodurch insgesamt zwar mehr entsteht, aber nicht unbedingt ein besserer Zustand erreicht werden kann. DYLLICK stellt im vorliegenden Zusammenhang die folgenden grundlegenden Fragen:[5]

1. *„Was soll integriert werden? "*
2. *„Wann soll integriert werden? "*
3. *„Warum soll integriert werden? "*

Diese drei Fragen sind um die vierte Frage: *„Wie soll integriert werden? "* zu erweitern.

Zu Frage 1 - *„Was soll integriert werden? ":* Die Objekte der Integration sind die vorgestellten Managementsysteme für Qualität, Umweltschutz, Arbeitssicherheit und Gesundheitsschutz, die in vielen Unternehmen auf der Basis der entsprechenden Normen und Leitfäden bereits aufgebaut worden sind. Eine Erweiterung des aufzubauenden IMS, z. B. um Elemente des Risk-, des Personal- oder des Finanzmanagements sowie die Einordnung sämtlicher Elemente in das Gesamtmanagementsystem eines Unternehmens, ist denkbar und wird an späterer Stelle diskutiert (s. Abschn. 8.8 ff.).

Zu Frage 2 - *„Wann soll integriert werden? ":* Diese Frage zielt zum einen auf die erwünschte Wirksamkeit der Integration ab, zum anderen auf die optimale Entwicklungsphase in der sich das jeweilige Unternehmen zum Zeitpunkt der Integration befindet. DYLLICK unterscheidet hier die drei Phasen der Systementwicklung:

4. *Systemaufbau und -dokumentation,*
5. *Systembetrieb und -weiterentwicklung,*
6. *Zertifizierung.*

Er betont hierbei, daß es sich nicht um eine *„zertifizierungs- bzw. dokumentationsgetriebene"* Motivation zur Integration handeln sollte. Dies gilt auch für die hier angestellten Überlegungen, da weder die Papiereinsparung bei den Dokumentationen noch die jährlichen Einsparungen an Zertifizierungsgebühren ein derart umfassendes Vorgehen im Rahmen einer Integration rechtfertigen. Nur wenn die Integration im Rahmen des täglichen Betriebes zu deutlichen Verbesserungen führt, ist das Ziel einer Integration erreicht.

Die Frage nach dem optimalen Zeitpunkt der Integration läßt sich hingegen nur schwer beantworten. Ein Unternehmen, welches noch keines der besprochenen Managementsysteme implementiert hat, wird sich eventuell leichter mit der Einführung eines von vornherein komplett integrierten Systems zurechtfinden. Ferner kann jeder Zeitpunkt der Veränderung, z. B. die Einführung eines neuen Teilmanagementsystems für Arbeitssicherheit oder die Veränderungen von Prozeßabläufen, welche zu zwangsläufigen Veränderungen von Verfahrensanweisungen führen, als Anlaß für eine Integration genommen werden (s. Abschn. 8.5).

Zu Frage 3 - *„Warum soll integriert werden? ":* Eine vorgezogene Antwort auf die Frage des *„Warum?"* geben folgende Überlegungen: Die Ausführungen der vor-

---

[5]   Vgl. Dyllick, T. (1996), S. 112 f.

angegangenen Kapitel haben gezeigt, daß bei den vorgestellten Teilmanagementsystemen eine Reihe von Überschneidungen und Widersprüchen existiert. Ähnliche Forderungen der unterschiedlichen Normen und Leitfäden können im Falle einer differierenden Auslegung zu erheblichen Unstimmigkeiten führen, welche den betrieblichen Ablauf deutlich stören. Bei jedem einzelnen Managementsystem ist somit zunächst darauf zu achten, daß es sich in die Ausrichtung des gesamten Unternehmenssystems einbinden läßt. Entsprechen z. B. die Qualitätspolitik und die daraus abgeleiteten Zielsetzungen nicht den Zielen des Unternehmens, oder werden Vorgänge wie die Beschaffung von den drei verschiedenen Sichtweisen aus entsprechend unterschiedlich geregelt, entstehen Konflikte. Diese hemmen die unternehmerischen Prozesse und stehen dem Ziel einer kontinuierlichen Verbesserung der Teilsysteme und der entsprechenden Unternehmensleistung entgegen. Die daraus entspringende Zielsetzung, die Kontraproduktivität *„unstimmiger"* Systemteile zu verhindern, entspräche einer Koordination der Managementsysteme. Sollen nicht nur Redundanzen und Störungen vermieden, sondern etwa durch die Identifikation und Nutzung von Synergien auch Verbesserungen erreicht werden, ist es erforderlich, die Teilsysteme in ein ganzheitliches Gesamtsystem zu integrieren. Eine ausführliche Antwort auf die Frage drei gibt die Beschreibung der Zielsetzung der Integration in Abschn. 8.4.

Zu Frage 4 - *„Wie soll integriert werden?"*: Die möglichen Konzepte einer Integration werden im zweiten Teil dieses Kapitels vorgestellt (s. Abschn. 8.6).

8.3
Systemvergleich als Basis der Integration

Eine Basis für den Aufbau eines Integrierten Managementsystems bildet die folgende Gegenüberstellung der in den Kapiteln 4-6 betrachteten Managementsysteme. Hierbei wird zunächst ein Vergleich zwischen den allgemeinen Inhalten der Managementbereiche durchgeführt, um darauf aufbauend die vorgestellten Normen, Leitfäden und Verordnungen inhaltlich und formal gegenüberzustellen.

8.3.1
Vergleich des Qualitäts-, Umwelt- und Arbeitssicherheitsmanagements

Ohne zunächst auf die Überschneidungen in den Regelungen der spezifischen Normen und Leitfäden der betrachteten Gebiete einzugehen, können einige Differenzen zwischen Umwelt-, Arbeitssicherheits- und Qualitätsmanagement festgestellt werden. Als grundlegende Unterschiede zwischen den drei Fraktionen lassen sich folgende Punkte nennen:[6]

---

[6] Bzgl. Qualitäts- und Umweltmanagement vgl. Dyllick, T. (1996), S. 113; Dyllick, T. (1997a), S. 3 ff.

1. Unterschiedliche Zielsetzungen

In der Art der Zielsetzung der Teilbereiche sind grundlegende Unterschiede zu finden, da jedes der drei Teilsysteme ein eigenes Oberziel des Unternehmens verfolgt. Ziel des Umweltmanagements ist der Schutz der Umwelt, die Erhöhung der Öko-Effizienz sowie die kontinuierliche Verbesserung des Umweltmanagementsystems und der Umweltleistung.[7] Das Hauptaugenmerk des Qualitätsmanagements wird hingegen auf eine optimale Qualität der Produkte, der Prozesse und des Unternehmens als Ganzes gelegt.[8] Bei Routineprozessen wird eine Null-Fehler-Mentalität angestrebt,[9] während bei kreativen und innovativen Prozessen das Lernen aus Fehlern im Vordergrund steht. Qualität bedeutet außerdem die Erfüllung der Bedürfnisse des Kunden, um eine umfassende Kundenzufriedenheit zu erreichen. Auf dem Gebiet der Arbeitssicherheit und des Gesundheitsschutzes steht der Mensch als Mitarbeiter im Vordergrund, den es vor Unfällen und Gesundheitsrisiken zu schützen gilt.

2. Vielfalt an Anspruchsgruppen und öffentliches Interesse

Auf dem Gebiet des Umweltmanagements besteht eine sehr große Vielfalt an Anspruchsgruppen (s. Kap. 3, Abschn. 3.4.2), wobei hier neben den klassischen Vertretern (Kunden, Geldgeber, Mitarbeiter, Lieferanten etc.) insbesondere interessierte Kreise (Nachbarn, Umweltschutzverbände, Parteien, Gemeinden etc.) zu berücksichtigen sind, welche aufgrund der externen Effekte des Unternehmens an dessen Umweltleistung interessiert sind. Das gestiegene Umweltbewußtsein in der Gesellschaft fördert die Sensibilität dieses Themas. Demgegenüber besteht im Qualitätsmanagement ein überschaubarer Kreis an Anspruchsgruppen, der sich im wesentlichen aus den Kunden zusammensetzt. Das Interesse besteht dabei am vermarktbaren Output des Transformationsprozesses. Der Kunde bewertet die Produkt- bzw. Dienstleistungsqualität ohne ein Interesse an den umwelt- oder arbeitssicherheitsbezogenen Aspekten des Herstellungsprozesses zu zeigen. Ein öffentliches Interesse besteht nicht. Im Bereich der Arbeitssicherheit und des Gesundheitsschutzes setzen sich die relevanten Anspruchsgruppen im wesentlichen aus den Mitarbeitern selbst, der staatlichen Aufsicht und seit jüngster Zeit aus dem marktlichen Bereich zusammen (Kunden fordern Zertifikate über die Einhaltung der Arbeitssicherheit z. B. auf Baustellen, s. Kap. 7, Abschn. 7.3.2.1.2). Ein öffentliches Interesse besteht hier nur im Falle des Bekanntwerdens von drastischen Zuwiderhandlungen, die zu einer vorsätzlichen oder fahrlässigen Beeinträchtigung von Gesundheit und Leben der Mitarbeiter führen.

3. Komplexität der Materie

Aufgrund der Interdisziplinarität auf dem Gebiet des Umweltschutzes sind die Anforderungen bzgl. der Qualifikation von Umweltbeauftragten und Auditoren

---

[7] Vgl. Jasch, A.: *„Die ISO 14001-Norm und ihre Bedeutung für die EG-Öko-Audit-Verordnung"*, S. 46, in: Fichter, K. (1995), S. 41-51.

[8] Vgl. Seghezzi, H.D. (1996b), S. 26 ff.

[9] Vgl. Crosby, P.B. (1990), S. 82 ff.

wesentlich umfassender als in den beiden anderen betrachteten Bereichen. Gefordert werden hier umfassende Kenntnisse der umweltbezogenen Naturwissenschaften (Biologie, Chemie, Physik), der Umwelttechnik, dem Umweltrecht, dem Umweltmanagement und den verschiedenen Normen. Der Qualitätsbereich ist noch deutlich ingenieurwissenschaftlich geprägt und konzentriert sich auf die Prozeßbeherrschung sowie auf die Reduzierung von Durchlaufzeiten, Fehlerquoten und Ausfallzeiten. Der moderne Qualitätsbegriff sieht jedoch eine stärkere Einbindung des Kundennutzens vor. Die Anforderungen aus dem Bereich der Arbeitssicherheit und des Gesundheitsschutzes bestehen in einer genauen Kenntnis der umfangreichen gesetzlichen Anforderungen, der Ergonomie und der Sicherheitstechnik. Auf dem Gebiet der Gefahrstoffe bestehen starke Verbindungen zum Umweltschutz, da es sich im Falle von unsachgemäßer Behandlung und daraus resultierenden Unfällen gleichermaßen um Belastungen der Umwelt und der Mitarbeiter handelt.

4. Rechtliche Grundlagen

Die Festschreibung des Umweltschutzes in Artikel 20 a des Grundgesetzes als Staatsziel der Bundesrepublik Deutschland und den umfangreichen Regelungen des Umweltrechts auf allen gesetzlichen Ebenen bilden einen engen Handlungsspielraum im Rahmen des Umweltschutzes (s. Kap. 2, Abschn. 2.2.3). Die Aktivitäten des Qualitätsmanagements unterliegen keinen vergleichbaren gesetzlichen Anforderungen. Zu nennen sind hier das Produkthaftungsgesetz und die vertragsrechtlichen Vereinbarungen, die im Falle von nicht zufriedenstellenden Leistungen zur Kompensation des Mangels führen (s. Kap. 2, Abschn. 2.1.3). Die gesetzlichen Rahmenbedingungen des Arbeits- und Gesundheitsschutzes sind vergleichbar umfangreich und bindend wie auf dem Gebiet des Umweltschutzes. Sie lassen in Deutschland nur einen vergleichsweise geringen Spielraum für die Gestaltung entsprechender Managementsysteme zu (s. Kap. 2, Abschn. 2.3.3).

5. Auswirkungen bei Verstößen gegen die jeweiligen Anforderungen

Beim Vergleich der untersuchten Spezialgebiete liefert die Frage nach den Auswirkungen für ein Unternehmen bei Verstößen gegen die jeweiligen Anforderungen einen weiteren wesentlichen Aspekt. Handelt es sich etwa um einen Verstoß gegen Umweltgesetze, können bei dem Nachweis eines Organisationsverschuldens Haftungsansprüche an das Unternehmen und dessen Leitung gestellt werden.[10] Neben empfindlichen Geldstrafen können so im schlimmsten Falle strafrechtliche Konsequenzen für die Verantwortlichen entstehen.[11] Darüber hinaus ist mit starken Imageverlusten in der Öffentlichkeit zu rechnen, die neben dem Verlust des aktuellen Kundenstamms auch die Akquise neuer Kunden erschweren und daher zu wirtschaftlichen Verlusten führen. Bei

---

[10]   Vgl. Gellrich, C.: *„Erfassung und Dokumentation von Umweltvorschriften"*, S. 91, in: Fichter, K. (1995), S. 85-93.

[11]   Vgl. Jasch, A.: *„Die ISO 14001-Norm und ihre Bedeutung für die EG-Öko-Audit-Verordnung"*, S. 46, in: Fichter, K. (1995), S. 41-51.

starken, durch Störfälle verursachten Umweltverschmutzungen ist eine Wiedergutmachung meist unmöglich. Derartige Verstöße führen unter volkswirtschaftlichen Gesichtspunkten zu umfangreichen Konsequenzen. Zu nennen sind hier bspw. die häufig von der Gesellschaft zu tragenden Folgekosten einer Sanierung von Altlasten oder die Minderung der Wohlfahrt zukünftiger Generationen durch einen verschlechterten Umweltzustand.

Verstößt ein Unternehmen gegen die Qualitätsanforderungen, kann es aufgrund der Produkthaftung insbesondere im Ausland (z. B. USA) zu erheblichen Schadensersatzzahlungen führen. Auch hier ist mit dem Abwandern von Kunden zu rechnen, eine Wiedergutmachung des Schadens ist jedoch meist möglich. In vielen Fällen können Imageverluste durch kulante Regulierungen und Serviceleistungen ausgeglichen werden. Bestehen Mängel bei der Prozeßbeherrschung, die hohe Fehlerkosten entstehen lassen, sind ebenfalls erhebliche wirtschaftliche Verluste die Folge. Eine volkswirtschaftliche Auswirkung besteht im weitesten Sinne durch eine Minderung der Wettbewerbsfähigkeit deutscher Produkte auf den Weltmärkten.

Die Auswirkungen der Nichteinhaltung von Arbeitssicherheits- und Gesundheitsschutzanforderungen sind wiederum vergleichbar mit denen auf dem Gebiet des Umweltschutzes. Aufgrund der strengen gesetzlichen Bestimmungen entstehen hier ebenso strafrechtliche Konsequenzen für die verantwortlichen Führungspersonen sowie erhebliche finanzielle Belastungen durch Geldstrafen, Renten- und Hinterbliebenenzahlungen etc. Bei erheblichen Verstößen ist auch in diesem Falle mit negativen Auswirkungen auf das Unternehmensimage zu rechnen. Aus volkswirtschaftlicher Perspektive entsteht langfristig eine Minderung der Wohlfahrt durch die Belastung der Sozialgemeinschaft, z. B. durch erhöhte Krankenkassen- und Rentenbeiträge.

8.3.2
Vergleich der Standardisierungen zum Qualitäts-, Umwelt- und Arbeitssicherheitsmanagement

Obwohl als Grundlage für die Erarbeitung der ISO 14001 die Erfahrungen aus der ISO 9000er-Reihe zur Qualitätssicherung herangezogen wurden, sieht ein früherer ISO-Entwurf noch grundsätzliche inhaltliche Unterschiede zwischen beiden Normen: „*It should be understood however, that there are significant differences between QMS and Environmental management system. While QMS deals with customer requirements where a required level of performance is addressed, an Environmental management system has to take into account the needs of the environment as well as the needs of a range of stakeholders, in setting its policy, objectives and targets.*"[12] Im Rahmen der Überarbeitung dieser Normentwürfe wurde diese Diskrepanz zwischen den Gebieten des Umwelt- und Qualitätsmanagements relativiert. Es entstand die Ansicht, daß das Qualitätsmana-

---

[12] Vgl. ISO-Statement, zitiert bei Jasch, A.: „*Die ISO 14001-Norm und ihre Bedeutung für die EG-Öko-Audit-Verordnung*", S. 45, in: Fichter, K. (1995), S. 41-51.

gement sehr nützliche Orientierungshilfen bei dem Aufbau eines Umweltmanagementsystems bieten kann.

Ein erster inhaltlich logischer Zusammenhang zwischen diesen beiden Systemen wird erkennbar, wenn die Umweltverträglichkeit als Qualitätsmerkmal eines Produktes definiert wird,[13] welches aufgrund eines zunehmenden Umweltbewußtseins des Kunden in dessen Anforderungskatalog eingegangen ist. In der endgültigen Fassung der ISO 14001 vom Oktober 1996 findet sich noch immer eine ähnliche Formulierung, wie in der Entwurfsfassung: *„While quality management systems deal with customer needs, environmental management systems address the needs of a broad range of interested parties and the evolving needs of society for environmental protection. "*[14] Jedoch wird nun dieser Aussage der explizite Hinweis vorangestellt, daß zum einen bei der ISO 14001 gemeinsame Grundsätze mit den Internationalen Normen der ISO 9000er-Reihe für Qualitätsmanagement existieren, zum anderen Unternehmen mit einem bereits bestehenden Qualitätsmanagementsystem nach ISO 9000 ff. dieses als Basis für ein Umweltmanagementsystem verwenden können.[15]

In Anhang B der ISO 14001 wird der Zusammenhang zwischen dieser Norm und der Qualitätsnorm ISO 9001 durch die Gegenüberstellung in Form zweier Tabellen präzise aufgezeigt. Hierbei werden jene Teile der Verordnung miteinander verknüpft, welche von den Anforderungen her weitgehend übereinstimmen. Ziel dieses formalen Vergleichs ist es, sinnvolle Kombinationsmöglichkeiten beider Standards aufzuzeigen.[16] Damit werden in der ISO 14001er-Spezifikation alle Elemente, die für beide Normenreihen wichtig sind, teils in modifizierter Gewichtung methodisch übernommen. Ausgehend von der abnehmenden Bedeutung des EMAS, die in der Industrie zu beobachten ist, und den Ergänzungsmöglichkeiten eines nach ISO 14001 aufgebauten Umweltmanagementsystems zur Erreichung eines höheren EMAS-Standards (s. Kap. 6), wird auf einen ausführlichen Vergleich zwischen EMAS und ISO 9001 verzichtet und auf die formale Gegenüberstellung in Abschnitt 8.3.2.3 verwiesen.

Die Anforderungen des SCC, welche sich auf das Gesamtmanagementsystem beziehen, lassen sich ohne größeren Aufwand bei bestehendem Umwelt-, Qualitäts- und Arbeitssicherheitsmanagementsystem (z. B. nach BS 8800) ergänzen, da mehr als ein Drittel der Gesamtfragen den Umweltschutz betreffen und somit bereits durch das entsprechende System abgedeckt werden. Die verbleibenden Anforderungen beziehen sich ausschließlich auf spezielle Einzelprojekte und müssen dort fallweise erfüllt werden. Der Arbeitssicherheits-Leitfaden BS 8800 unterstützt die Integration eines Arbeitssicherheitsmanagementsystems in ein Umwelt- und/oder Qualitätsmanagementsystem explizit, indem hier konkrete Hinweise zur Zusammenführung der Teilgebiete gegeben werden.[17]

---

[13]　Vgl. Petrick, K.: Vorwort, S. IX, in: Petrick, K./Eggert, R. (Hrsg.), (1995), S. IX-XII.

[14]　ISO 14001: 1996, S. 5.

[15]　Vgl. ISO 14001: 1996, S. 5.

[16]　Vgl. ISO 14001: 1996, Anhang B, Tabellen B 1 und B 2, S. 21 ff.

[17]　Vgl. BS 8800: 1996, S. 18 ff. und Anhang A (informativ), S. 27 ff.

8.3.2.1
Allgemeine Unterschiede der untersuchten Standards

Die allgemeinen Unterschiede zwischen den vorgestellten Standards (Normen, Verordnungen und Leitfäden) der betrachteten Teilgebiete lassen sich innerhalb folgender Kategorien darstellen:[18]

1. Systemarchitektur

Wird die Struktur der Umweltnorm ISO 14001 einem Umweltmanagementsystem zugrundegelegt, so ist eine Integration in das allgemeine Managementsystem eines Unternehmens relativ einfach vorzunehmen. Durch die dem allgemeinen Controlling- bzw. Managementkreislauf entsprechende Systematik Politik, Planung, Durchführung, Kontrolle und Korrektur, besteht hier eine moderne Gliederung, welche sich als Basis für ein IMS sehr gut eignet. Die Zusatzanforderungen aus dem EMAS lassen sich ebenfalls problemlos in diese Struktur einordnen.

Auf dem Gebiet des Qualitätsmanagements besteht bei der ISO 9001 ein 20 Elemente-Schema, welches den modernen Anforderungen nicht entspricht und keine eindeutige Systematik bzw. Logik erkennen läßt. Da in den nächsten Jahren mit einer grundlegenden Revision dieser Normenreihe zu rechnen ist, scheint eine Orientierung an diesem Schema als Basis für ein IMS nicht sinnvoll.[19]

Die Betrachtung des Arbeitssicherheitssektors unter diesem Aspekt ist relativ unproblematisch. Das vorgestellte SCC-Fragebogenschema ist als solches nicht mit einer Norm vergleichbar, läßt sich jedoch größtenteils in das Schema der ISO 14001 eingliedern. Der BS 8800 erleichtert eine solche Vorgehensweise, da er auf den generellen Grundsätzen der *„guten Managementpraktiken* [basiert] *und ... für die Einbindung des Arbeitsschutzmanagements in das Gesamtmanagement geschaffen* [ist]. "[20] So wird in einem zweiten Pfad eine Vorgehensweise zur Integration in die Vorgaben der ISO 14001 explizit beschrieben (s. Kap. 7, Abschn. 7.3.2.2.3). In Anhang A werden die Verbindungen zur ISO 9001 formal aufgezeigt.[21]

2. Bedeutung von Politik und Planung

Im Rahmen der Umweltnorm ISO 14001 nehmen Politik und Planung als Führungsaufgaben gegenüber den bei der ISO 9001 im Vordergrund stehenden operativen Aufgaben der Prozeßbeherrschung eine exponierte Stellung ein.[22] Die Logik der Norm resultiert aus dem oben beschriebenen Managementkreislauf. Er beginnt mit der Ermittlung der für das betrachtete Unternehmen

---

[18] Bzgl. Qualitäts- und Umweltmanagement vgl. Dyllick, T. (1996), S. 113; Dyllick, T. (1997a), S. 4 ff.

[19] Vgl. Seghezzi, H.D./Blankenburg, D. (1997a).

[20] Vgl. BS 8800: 1996, Einführung, S. 5.

[21] Vgl. BS 8800: 1996, S. 18 ff. und Anhang A (informativ), S. 27 ff.

[22] Vgl. Dyllick, T. (1997b), S. 156.

bedeutenden Umweltaspekte sowie der relevanten gesetzlichen und anderen Anforderungen. Diese Bestandsaufnahme bildet die Basis für die erstmalige Ausrichtung der Politik, der Festlegung der längerfristigen Zielsetzungen, der konkreteren Einzelziele und für den Aufbau von Programmen, in welchen die erforderlichen Maßnahmen zur Erreichung der gesetzten Ziele festgelegt werden.

Im Gegensatz dazu werden im Rahmen der Qualitätsnorm ISO 9001 systemsteuernde, übergeordnete Elemente (z. B. Politik, Verantwortung etc.) auf einer Ebene und mit gleicher Intensität behandelt wie spezielle prozeßbezogene Elemente (z. B. Beschaffung) oder der Kontrolle (z. B. Prüfungen) zuzuordnende Regelungen. Die Politik basiert auf allgemeinen Zusagen der obersten Leitung, sämtliche Aktivitäten zur Erhaltung und Verbesserung des Qualitätsniveaus zu unterstützen. Eine auf die Politik aufbauende Planung ist nicht grundsätzlich erforderlich. Die sog. Qualitätsplanung ist hauptsächlich für spezielle Projekte vorgesehen, welche Maßnahmen erfordert, die über die üblichen Tätigkeiten hinausgehen.

Im Rahmen des Arbeitssicherheits-Leitfadens BS 8800 erfolgt in Pfad 2 eine Erweiterung des beschriebenen Managementkreislaufs um das Element *„Anfängliche Bestandsaufnahme"*, welches vergleichbar mit der Ermittlung der bedeutenden Umweltaspekte die Basis der Politik und der Planung in diesem Bereich bildet.

3. Rechtskonformität

Die Konformität mit den bestehenden Rechtsnormen, welche die Tätigkeiten des betrachteten Unternehmens tangieren, ist sowohl im Rahmen der Umweltnormen als auch auf dem Gebiet der Arbeitssicherheit und des Gesundheitsschutzes zwingend erforderlich. Diese einzuhaltenden gesetzlichen Regelungen sind systematisch zu erfassen und in der Planung zu berücksichtigen. Die Einhaltung dieser Vorschriften ist regelmäßig zu beurteilen. Vergleichbare Anforderungen sieht die Qualitätsnormung nicht vor. Eine Ausnahme bildet hier Artikel 4.4.4 der ISO 9001, welcher die Einhaltung der gesetzlichen und behördlichen Forderungen im Rahmen der Entwicklung neuer Produkte vorschreibt.[23]

4. Kommunikation

Die Kommunikation spielt im Rahmen des Umweltmanagements eine besondere Rolle. So sieht die ISO 14001 vor, spezielle Verfahren für die interne und externe Kommunikation bzgl. umweltrelevanter Aspekte zu installieren.[24] Dies gilt ebenso im Rahmen des EMAS, welches eine Erstellung und Veröffentlichung einer Umwelterklärung nach der ersten Umweltprüfung und nach jeder folgenden Betriebsprüfung bzw. nach jedem Betriebsprüfungszyklus fordert.[25]

---

[23]   Vgl. ISO 9001: 1994, Artikel 4.4.4, S. 11.
[24]   Vgl. ISO 14001: 1996, Artikel 4.4.3, S. 10.
[25]   Vgl. Verordnung (EWG) Nr. 1836/93 des Rates vom 29. Juni 1993, Artikel 5, S. 150.

Derartige Regelungen existieren bei der ISO 9001 nicht. Eine Erweiterung um die Institutionalisierung einer internen Kommunikation ist im Rahmen der Integration jedoch denkbar. So kann in Form einer Implementierung von regelmäßig veranstalteten Qualitäts- und Lernzirkeln den Anforderungen eines im Sinne des TQM erweiterten Qualitätsmanagements entsprochen werden.

Das SCC-Auditschema fordert ebenfalls explizit die regelmäßige Durchführung von Informationsveranstaltungen und die Festschreibung interner arbeitssicherheitsbezogener Kommunikationsverfahren.[26] Eine effektive, offene Kommunikation und Information über die Belange der Arbeitssicherheit bei Einbezug aller Mitarbeiter ist ebenso eine zentrale Forderung des BS 8800.[27]

5. Leistung

Während die ISO 9001 und der BS 8800 die kontinuierliche Verbesserung des Managementsystems anstreben, gehen die Forderungen der Umweltnorm ISO 14001 und des EMAS deutlich darüber hinaus. Bei beiden Anforderungskatalogen wird eine meßbare Verbesserung der Umweltleistung des Unternehmens festgeschrieben. So ist eine Reduzierung der Umweltbelastungen, welche aus den Tätigkeiten, Produkten und Dienstleistungen des Unternehmens resultieren, anzustreben und nach jedem Auditzyklus nachzuweisen.

6. Bewertung durch die oberste Leitung

Die Bewertung der Auditergebnisse durch die oberste Leitung, das sog. Review, bildet das letzte Modul eines Durchlaufs durch den Managementkreislauf innerhalb der ISO 14001 und des BS 8800. Somit ist sowohl im Umwelt- als auch im Arbeitssicherheitsbereich eine Einbindung des obersten Managements in die Überprüfung der Systemfunktion, der Rechtskonformität und der Zielerreichung bzgl. der Umweltleistung bzw. der Arbeitssicherheits- und Gesundheitsschutzsituation festgeschrieben. Diese Forderung besteht im Bereich des Qualitätsmanagements nur zum Teil. So ist der Qualitätsbeauftragte der obersten Leitung gegenüber verpflichtet, dieser „ ... *einen Überblick über die Leistung des QM-Systems als Grundlage für dessen Verbesserung zu geben.* "[28]

8.3.2.2
Gemeinsamkeiten der untersuchten Standards

Neben den vorgestellten Unterschieden zwischen den betrachteten Normen, Leitfäden und Verordnungen lassen sich einige grundsätzliche Gemeinsamkeiten aufzeigen. Der Zusammenhang zwischen Qualitäts-, Umwelt- und Arbeitssicherheitsaspekten wird z. B. bei der Aufnahme und Analyse von Abweichungen und der Einleitung von Korrekturmaßnahmen deutlich. So beruhen die Behandlung von Abweichungen festgelegter Grenzwerte oder Beinaheunfällen zur vorbeugenden Vermeidung von Unfällen auf den gleichen Prinzipien, wie die Behandlung

---

[26]   Vgl. Central Committee of Experts/Unter-Sektorkomitee SCC Deutschland (Hrsg.), (1998), S. 6a.

[27]   Vgl. BS 8800: 1996, Artikel 4.3.3, S. 22.

[28]   Vgl. ISO 9001: 1994, Artikel 4.1.2.3, S. 8.

fehlerhafter Einheiten in den QM-Systemen. GLAAP sieht des weiteren erste mögliche Ansätze der Verknüpfung aller drei Bereiche bei der qualitätsorientierten Lieferanten-Auditierung im Sinne der ISO 9000er-Reihe, bei deren Durchführung gleichzeitig die Sicherheitsarbeit dieser Lieferanten und die umweltbezogenen Anforderungen überprüft werden sollten.[29] Die in Kapitel 4 erfolgte Darstellung der grundlegenden Strukturanforderungen, Aufgaben und Ziele von Managementsystemen lassen sich nach erfolgter Analyse der Managementmodelle für die betrachteten Teilgebiete (Kap. 5.7) bestätigen und in den folgenden vier Punkten zusammenfassen:[30]

1. Philosophie
Eine verbindende Philosophie aller hier betrachteten Teilsysteme ist das zugrundeliegende Prinzip der kontinuierlichen Verbesserung. Die Eigenverantwortung des Unternehmens für die Erreichung der selbstgesetzten Ziele soll gefördert und methodisch unterstützt werden. Die Prozeßbeherrschung erfolgt aufgrund der lenkenden Wirkung der funktionierenden Managementsysteme, deren Aufbau durch die vorgegebenen Modelle unterstützt wird. Diese Hifestellung erfolgt im wesentlichen nicht durch konkrete inhaltliche Vorgaben zur Ausgestaltung der Systeme, sondern vielmehr in Form eines Aufzeigens von Rahmenbedingungen und Implementierungshilfen. Dies gilt nicht für das SCC, da hier projektspezifische Anforderungen für die Überprüfung von zeitlich begrenzten Aktivitäten insbesondere auf Baustellen gestellt werden.

2. Systemelemente
Wie die folgenden Ausführungen in Abschnitt 8.3.2.3 zeigen, lassen sich bei den betrachteten Modellen einige Überschneidungen hinsichtlich der Systemelemente, insbesondere auf den Stufen der Implementierung und Kontrolle erkennen. Beispiele hierfür sind die Elemente Organisationsstruktur und Verantwortlichkeit, Schulung, Dokumentation, Lenkung der Dokumente und einige Teilelemente unter der ISO 14001-Überschrift: *„Ablauflenkung"*. Auf der Stufe der Kontrolle sind die Elemente Überwachung und Messung, Ermittlung von Abweichungen, Ergreifen von Korrektur- und Vorsorgemaßnahmen, Aufzeichnungen und internes Audit zu nennen, welche, wenn auch nicht immer mit identischer Formulierung, inhaltlich kongruente Anforderungen stellen.

3. Erfahrungen und Organisationsstrukturen
Die allgemeinen Strukturanforderungen und Hauptaufgaben von Managementsystemen basieren, wie in Kapitel 4 (Abschn. 4.3.3) gezeigt, auf der Logik des klassischen Controlling-Kreislaufs. Bestehen bereits ein oder mehrere Teilmanagementsysteme, so sind beim Aufbau eines weiteren Systems oder bei der Integration der bestehenden Systeme die Erfahrungen des Systemaufbaus, der

---

[29]   Vgl. Glaap, W. (1995), S. 15.

[30]   Vgl. Dyllick, T. (1996), S. 114; Kiesgen, G./Schnauber, H.: *„Umweltaudits als Werkzeug zur Umsetzung integrierter Umwelt- und Qualitätsmanagementsysteme"*, S. 239 f., in: Klemmer, P./Meuser, T. (Hrsg.), (1995), S. 237-249.

Dokumentation, der Durchführung, der Zuordnung von Verantwortlichkeiten, der Auditierung und der Beurteilung der bestehenden Systeme durchaus hilfreich.

4. Zertifizierung

Auf dem Gebiet der Zertifizierung sind ebenfalls Gemeinsamkeiten zu erkennen. In den meisten Fällen ist die Zertifizierung des jeweiligen Teilmanagementsystems durch eine akkreditierte, externe Stelle ein erklärtes Ziel der Implementierung. Darüber hinaus erfolgt die Zertifizierung der Teilsysteme zumeist durch dieselbe Zertifizierungsstelle und in neuester Zeit immer häufiger durch denselben Auditor bzw. Gutachter. Daraus lassen sich bei einer Integration Synergien erzeugen, welche zu einem erheblich vereinfachten Auditablauf und zu deutlichen Kosteneinsparungen führen.[31]

8.3.2.3
Formaler Vergleich von ISO 14001, EMAS, ISO 9001, BS 8800 und SCC

Der formale Vergleich zwischen den einzelnen Elementen der verschiedenen Normen zeigt weitere Grundlagen für deren Zusammenführung im Rahmen eines Integrierten Managementsystems auf. Zu beachten ist hierbei, daß die Gegenüberstellungen der Systemelemente sowohl in den Anhängen der ISO 14001 als auch in denen des BS 8800 nur als erste Orientierung dienen können. Anhand dieser Tabellen lassen sich mögliche Überschneidungen identifizieren, welche jedoch in der unternehmerischen Praxis bei bereits bestehenden Systemen in unterschiedlicher Ausprägung vorliegen können. So kann in der Realität die Situation entstehen, daß mit formal identischen Systemelementen aufgrund unterschiedlicher Auslegung verschiedene Ziele verfolgt werden. Dadurch lassen sich diese vordergründig korrespondierenden Elemente nicht sinnvoll oder nur nach erheblichen Modifikationen zusammenfassen.

Ebenso ist die umgekehrte Situation vorstellbar, so daß sich Elemente, welche laut dieser Vergleichstabellen keine Interdependenzen aufzeigen dennoch sehr gut zusammenfassen lassen. Mit Hilfe der folgenden Matrix (Tabelle 8.1) ist ein Unternehmen imstande, sein Managementsystem auf potentielle Integrationsansätze hin zu analysieren. Hier werden den einzelnen, horizontal eingetragenen Elementen der ISO 14001 die vertikal dargestellten Elemente der ISO 9001 gegenübergestellt.[32]

Die Markierungen in der Matrix signalisieren einen inhaltlichen Zusammenhang zwischen Elementen der ISO 14001 und der ISO 9001. Dabei sind die inhaltlichen Übereinstimmungen der einzelnen Elemente der Tabelle im Anhang der ISO 14001 entnommen.[33]

---

[31] Vgl. Herzog, H. (1995), S. 67.

[32] Sowohl in Tabelle 8.1 als auch in Tabelle 8.2 (Anhang) erfolgt die Gegenüberstellung der Normen ISO 9001 und ISO 14001 erst ab Gliederungspunkt 4.1, da die Punkte 1-3 aus allgemeinen, einleitenden Beschreibungen bestehen [Anm. d. Verf.].

[33] Vgl. ISO 14001: 1996, Tabelle 1, S. 22.

<h2 style="text-align:center">Praxisbeispiel 1</h2>

Ein Beispiel für die fehlende Übereinstimmung zwischen der Aussage der Korrelationstabelle und den Gegebenheiten in der Praxis ist das Element *„Vertragsprüfung"*. In der ISO 9001 besteht es explizit als Element 4.3. Bei der ISO 14001 kann es unter dem Element 4.4.6 *„Ablauflenkung"* und hier unter dem Unterpunkt *„Beschaffung"* subsumiert werden. Diese beiden Elemente werden in allen Gegenüberstellungen als identisch und somit eindeutig integrierbar gekennzeichnet. In beiden Fällen wird überprüft, inwieweit der Auftragnehmer in der Lage ist, die festgelegten Vertragsbestandteile und -anforderungen zu erfüllen.

Dennoch besteht zwischen ihnen eine deutliche Differenz, welche sich aus einer unterschiedlichen Betrachterposition erklären läßt. Dabei besteht jedoch folgender Unterschied: Im Rahmen des Qualitätsmanagements prüft sich die betrachtete Organisation als Auftragnehmer quasi selbst, ob sie beispielsweise fähig ist, die in ihrem Angebot beschriebenen Leistungen zu erbringen und ob diese Beschreibungen inhaltlich mit dem abgeschlossenen Vertrag übereinstimmen. Demgegenüber prüft die betrachtete Organisation im Rahmen des Umweltmanagements aus Sicht des Auftraggebers, ob z. B. ein beauftragtes Entsorgungsunternehmen aufgrund seiner technischen Möglichkeiten (bzw. seines von akkreditierter Stelle erteilten Zertifikates als Entsorgungsfachbetrieb) qualifiziert ist, die speziellen Reststoffe gesetzeskonform zu beseitigen. Ein Unterschied besteht hier wiederum vor allem bei Nichterfüllung dieser Managementsystemanforderung *„Vertragsprüfung"*. Findet auf dem Gebiet des Qualitätsmanagements keine ausreichende Vertragsprüfung statt, so wird die Konsequenz eine Kundenunzufriedenheit sein, welche eventuell durch finanzielle Aufwendungen beseitigt werden kann, bzw. im schlimmsten Falle zu dem Verlust des Auftrages und des Kunden führen wird. Die Konsequenzen auf dem Gebiet des Umweltschutzes gehen jedoch weit darüber hinaus. Erfüllt das betrachtete Unternehmen seine gesetzlich vorgeschriebene Vertragsprüfungspflicht nicht und kommt es zu einer Umweltverschmutzung aufgrund unsachgemäßer Abfallbehandlung von seiten des Entsorgungsunternehmens, können irreversible Schäden an der Umwelt entstehen. Zudem haftet das auftraggebende Unternehmen oder bei mangelnder Exkulpationsmöglichkeit der Unternehmer bzw. die Mitglieder der Geschäftsführung persönlich für diese Schäden.

Um einen Überblick über die Bereiche mit bzw. ohne Synergiepotentiale hervorzuheben, sind die Zeilen bzw. Spalten, bei denen keine direkten thematischen Verknüpfungen zwischen den Normen existieren, grau unterlegt. Dagegen besteht bei den nicht unterlegten Feldern mindestens eine inhaltliche Verbindung zwischen einem Umweltmanagement-Element auf der horizontalen Achse und einem Qualitätsmanagement-Element auf der vertikalen Achse.[34] Diese Darstellung gibt einen ersten Überblick über die *„integrierbaren"* Elemente und trägt dazu bei, die

---

[34] Vgl. Felix, R./Pischon, A./Riemenschneider, F./Schwerdtle, H. (1997), S. 57.

vielfach bestehenden Überschneidungen zwischen den betrachteten Qualitäts- und Umweltnormen zu verdeutlichen.

In Tabelle 8.3 (im Anhang, S. 396) erfolgt eine Erweiterung der Tabelle 8.1 um die Systemelemente der EMAS, des BS 8800 und die Hauptelemente des SCC. Neben dieser zusammenfassenden Gegenüberstellung - wobei als Gliederungskriterium die *„moderne"* Struktur der ISO 14001 herangezogen wird - werden jeweils in Form eines kurzen Kommentars erste Hinweise für die inhaltliche Zusammenführung dieser Systeme gegeben. Dabei wird insbesondere auf die zu beachtenden Besonderheiten bei der Integration hingewiesen, welche aus den unterschiedlichen Verständnissen über die Elementinhalte resultieren. Zu beachten ist auch hier, daß die dargestellten formalen Überschneidungen in der Praxis zum Teil nur in Details bestehen. Damit ist eine umfassende, unternehmensspezifische Abstimmung erforderlich, um die Systemmodelle sinnvoll miteinander zu verschmelzen.

In Tabelle 8.3 (im Anhang, S. 396) sind sämtliche Elemente der ISO 14001 erfaßt. Alle darüber hinaus betrachteten Systemanforderungen werden an dieser Systematik gespiegelt. Dabei werden Anknüpfungspunkte identifiziert, an denen sich eine spätere IMS-Gliederungs-struktur orientieren kann. Diese Vorgehensweise wurde als Vorgriff auf den Integrationsvorschlag in Kapitel 9 gewählt, der eine erweiterte Systematik der ISO 14001 als IMS-Struktur vorsieht. Bei einer solchen *„technischen"* Elementzuordnung handelt es sich jedoch noch nicht um eine Integration. Folgende Besonderheiten und/oder Ergänzungen sind zu beachten, wenn für alle betrachteten Systeme ein Zertifikat bzw. eine Teilnahmeerklärung angestrebt wird:

Um den **EMAS-Anforderungen** zu entsprechen, sind einige Zusätze zur ISO 14001 erforderlich. Diese Ergänzungen wurden im Rahmen des sog. *„Bridging-Standards"* in Kapitel 6 (Abschn. 6.4.3) bereits dargestellt.
Die folgenden **ISO 9001**-Elemente haben keine direkte Entsprechung zu den Systemanforderungen aus den Bereichen Umwelt-, Gesundheitsschutz und Arbeitssicherheit:

4.8	Qualitätsplanung (hier überschneidet sich lediglich die geforderte Beachtung der gesetzlichen Vorschriften),
4.8	Kennzeichnung und Rückverfolgbarkeit von Produkten und
4.12	Prüfstatus.

Die unten aufgeführten Elemente der ISO 9001 erfordern bei einer Einordnung in die Systematik der ISO 14001 eine besondere inhaltliche Überprüfung, da sie sehr spezielle Qualitätsanforderungen stellen:

4.3	Vertragsprüfung (s. Praxisbeispiel 1),
4.7	Lenkung der vom Kunden beigestellten Produkte,
4.15	Handhabung, Verpackung, Konservierung und Versand,
4.19	Wartung (s. Praxisbeispiel 2),
4.20	Statistische Methoden.

Tabelle 8.1. Gegenüberstellung von ISO 9001 und ISO 14001
Quelle: In Anlehnung an Schwerdtle, H./Bräunlein, R.: (1996),
S. 79, dargestellt bei Felix, R./Pischon, A./Riemenschneider, F./Schwerdtle,
H. (1997), S. 58.

Anforderungen der ISO 9001 \ Anforderungen der ISO 14001	4.1 Allgemeine Forderungen	4.2 Umweltpolitik	4.3 Planung	4.3.1 Umweltaspekte	4.3.2 Gesetzliche und andere Forderungen	4.3.3 Zielsetzungen und Einzelziele	4.3.4 Umweltmanagement-programm(e)	4.4 Implementierung und Durchführung	4.4.1 Organisationsstruktur und Verantwortlichkeit	4.4.2 Schulung, Bewußtsein und Kompetenz	4.4.3 Kommunikation	4.4.4 Dokumentation des Umweltmanagementsystems	4.4.5 Lenkung der Dokumente	4.4.6 Ablauflenkung	4.4.7 Notfallvorsorge und -maßnahmen	4.5 Kontroll- und Korrekturmaßnahmen	4.5.1 Überwachung und Messung	4.5.2 Abweichungen, Korrektur- und Vorsorgemaßnahmen	4.5.3 Aufzeichnungen	4.5.4 Umweltmanagementsystem-Audit	4.6 Bewertung durch die oberste Leitung
4.1 Verantwortung der Leitung																					
4.1.1 Qualitätspolitik		X																			
4.1.2 Organisation									X												
4.1.3 QM-Bewertung																					X
4.2 Qualitätsmanagementsystem																					
4.2.1 Allgemeines	X											X									
4.2.2 QM-Verfahrensanweisung														X							
4.2.3 Qualitätsplanung																					
4.3 Vertragsprüfung														X							
4.4 Designlenkung														X							
4.5 Lenkung der Dokumente und Daten													X								
4.6 Beschaffung														X							
4.7 Lenkung der vom Kunden beigestellten Produkte														X							
4.8 Kennzeichnung und Rückverfolgbarkeit der Produkte																					
4.9 Prozeßlenkung														X							
4.10 Prüfung																	X				
4.11 Prüfmittelüberwachung																	X				
4.12 Prüfstatus																					
4.13 Lenkung fehlerhafter Produkte																		X			
4.14 Korrektur und Vorbeugungsmaßnahmen																		X			
4.15 Handhabung, Lagerung, Verpackung, Konservierung und Versand														X							
4.16 Lenkung von Qualitätsaufzeichnungen																			X		
4.17 Interne Qualitätsaudits																				X	
4.18 Schulung										X											
4.19 Wartung														X							
4.20 Statistische Methoden																					

Das Element 4.4.6 (Ablauflenkung) der ISO 14001 bildet für die Mehrzahl der hier genannten Qualitätselemente (ausgenommen 4.20) ein sog. *„Sammelbecken"* für eine mögliche Zuordnung. Ein Abgleich ist jedoch nur in Randbereichen zu realisieren. Der eigentliche Inhalt muß daher unverändert aus der Qualitätsnorm übernommen und zu den übrigen Anforderungen *„addiert"* werden.

Wird der zweite Pfad des Arbeitssicherheitsstandards **BS 8800** dem Vergleich zugrundegelegt, entsprechen die Anforderungen denen der ISO 14001 nahezu vollständig. Eine Integration in die Elemente der Umweltnorm ist von den Verfassern des BS 8800, wie in Kapitel 6 beschrieben, bereits vorgesehen worden. Damit treten hier im Vergleich zu den anderen Anforderungskatalogen die geringsten

Abstimmungsschwierigkeiten auf. Inhaltlich sind jedoch auch an dieser Stelle unterschiedliche Aufgabenstellungen zwischen den Bereichen Umweltschutz und Arbeitssicherheit zu berücksichtigen. Neben den Überschneidungen bei der Problematik der Notfallvorsorge und des Umgangs mit Gefahrstoffen werden keine weiteren Arbeitssicherheits- und Gesundheitsschutzaspekte im Rahmen der ISO 14001 gefordert.

Bei der Integration in die vorliegende Systematik birgt der Anforderungskatalog des SCC einige Besonderheiten gegenüber den übrigen Ansätzen. Dies resultiert aus dem Faktum, daß es sich hierbei weder um ein Managementsystem-Modell noch um einen konkreten Leitfaden handelt. Wie beschrieben (s. Kap. 7) beinhaltet das SCC lediglich einen Fragenkatalog, der hauptsächlich auf die Überprüfung von Arbeitssicherheit, Gesundheits- und Umweltschutzaspekten auf speziellen Groß-baustellen(-projekten) abgestimmt ist. Somit werden hierin einige Aspekte gefordert, die über die Anforderungen der übrigen Managementsystem-Modelle hinausgehen. Dazu zählen insbesondere die Elemente:

- 9.4 SGU-Checkliste als grundsätzliches Auswahlkriterium für Subunternehmer.
- 1.3.2 Regelmäßige SGU-Veranstaltungen der oberen und mittleren Führungsebene mit dem gesamten Personal.
- 5.4 Durchführung von Kampagnen (Sonderaktionen) bezügl. SGU-Themen.
- 8. Forderungen zu einem betrieblichen Gesundheitswesen (Vorsorgeuntersuchungen etc.), die jedoch in Deutschland aufgrund ASiG und VBG 123 obligatorisch sind.
- 4.2/4.3 Absolvierung einer anerkannten Sicherheitsschulung ab 1. Januar 1999 für alle Führungskräfte, ist ab 1.Januar 2000 für alle Mitarbeiter zwingend vorgeschrieben.
- Nachweis der Einhaltung der sog. Unfallhäufigkeitskennziffer.

Daher sollte ein Unternehmen sich nur dann an den zusätzlich gestellten Anforderungen orientieren, wenn eine explizite Aufforderung zur Zertifizierung nach SCC von einem Kunden gestellt wurde. Anderenfalls sollten nur diejenigen Aspekte berücksichtigt werden, die entweder gesetzlich vorgeschrieben oder gleichzeitig in den Systemanforderungen der übrigen Standards enthalten sind.

Praxisbeispiel 2

Das ISO 9001-Element *„Wartung"* (4.19) kann in den Unterpunkt *„Ablauflen-kung"* der Umweltschutznorm integriert werden. Die entsprechende Vorgehens-weise ist weiterhin vom Qualitätsmanagement vorzugeben und zu überwachen, dabei sind jedoch verschiedene Besonderheiten zu berücksichtigen. Während im Bereich des Umweltschutzes und der Arbeitssicherheit die Wartung der unterneh-menseigenen Maschinen und Anlagen betrachtet wird, gilt die Serviceleistung beim Kunden nach dem Verkauf und der Montage einer Anlage als Wartung im Sinne des Qualitätsmanagements. Eine Überschneidung des Aufgabenbereichs besteht jedoch auch bei den internen Wartungsmaßnahmen, welche in der ISO 9001 unter 4.9 Prozeßlenkung geregelt werden und ebenfalls der Ablauflen-kung der ISO 14001 zugeordnet werden können. Als Beispiel hierfür kann die Überprüfung der Kühlung und Schmierung von Maschinen betrachtet werden, welche je nach durchführender Instanz von verschiedenen Blickwinkeln vorge-nommen wird.

Die Qualitätssicherung betrachtet die Effektivität der Kühlung und Schmierung, um die Einhaltung der festgelegten Toleranzen und damit qualitativ fehlerfreie Produkte zu gewährleisten. Die Vertreter der Arbeitssicherheit überprüfen den unfall- und gefährdungsfreien Betrieb der Anlage auf der Basis der gesetzlichen Anforderungen. Unter Umweltschutzaspekten wird bei einer Begutachtung zu-nächst auf die Dichtigkeit der diese Flüssigkeit führenden Maschinenteile geachtet, um Kontaminationen des Bodens durch Tropfverluste zu vermeiden. Danach wer-den Möglichkeiten zur Verlängerung der Nutzungseinheiten (Standzeiten), zur Realisierung einer Kreislaufführung und zur Wiederaufbereitung der ölhaltigen Kühlschmieremulsionen untersucht, um eine möglichst große Ressourcenschonung und Abfallreduzierung zu erreichen. Treten an diesem System Defekte oder Män-gel auf, sind sowohl qualitätsbezogene, umweltbezogene und arbeitssicherheits-als auch gesundheitsschutzbezogene Risiken zu erwarten. Eine Abstimmung aller relevanten Aspekte ist somit überaus sinnvoll. Ist der die Wartung durchführende Vertreter der Qualitätssicherung über die Anforderungen der beiden anderen Teil-bereiche informiert, können deutliche Kosteneinsparungen (Arbeitszeiten, Still-standszeiten) und Effizienzsteigerungen realisiert werden.

8.4
Ziele der Integration und potentielle Zielkonflikte

Die in Abschnitt 8.3 dargestellten Zusammenhänge und Gemeinsamkeiten der vorgestellten Managementsysteme sprechen für eine ganzheitliche Verknüpfung der geforderten Aktivitäten zu einem umfassenden Metasystem. In einem bereits 1996 verfaßten Bericht über die Erfahrung von Umweltgutachtern wird betont: *„Nur durch eine Integration der Managementbereiche QM, UM und ggf. Arbeits-schutz wird es auf Dauer gelingen, sie* [die Managementbereiche] *mit* *betriebswirtschaftlich sinnvollem Aufwand am Leben zu halten und eine Anwendung auf allen Ebenen sicherzustellen.* "[35] Eine Integration der Teilsysteme erfolgt somit hauptsächlich aus der Überlegung heraus, daß bestimmte Unternehmensziele mit einem IMS besser erreicht werden können, als mit drei untereinander partiell unabhängigen Managementsystemen. Diese Integrationsziele lassen sich nach unterschiedlichen Kriterien in *Basisziele, Effizienzziele, Sicherungsziele* und *Innovationsziele* einteilen (s. Tabelle 8.2).[36]

Als Basisziele werden zunächst die ursprünglichen Zielsetzungen der zu integrierenden Teilmanagementsysteme verstanden, welche nach einer Zusammenfassung mit einem unveränderten Engagement verfolgt werden sollen. Dazu zählen zum einen die allgemeinen Ziele einer umweltorientierten Unternehmensausrichtung, z. B. eine geringe Umweltbelastung, die Schonung natürlicher Ressourcen und das Anstreben einer nachhaltigen Entwicklung (Sustainable Development). Zum anderen werden eine optimale Qualität aller Produkte und Dienstleistungen, eine fehlerfreie Beherrschung der Prozesse und Abläufe und damit die Zufriedenheit der Kunden als ursprüngliche Qualitätsziele dieser Kategorie zugeordnet. Schließlich werden die arbeitssicherheits- und gesundheitsschutzbezogenen Ziele, die Vermeidung von Unfällen und die Erhaltung der Gesundheit der Mitarbeiter zu dieser Gruppe gezählt.[37]

Die Nutzung von Synergie- und Einsparpotentialen bei Systemaufbau, -pflege, Dokumentation, Systembetrieb und Zertifizierung kann insgesamt zu dem Ziel einer größtmöglichen Systemeffizienz zusammengefaßt werden. Es trägt dazu bei, die Leistungen der beteiligten Teilsysteme auf möglichst kostensparende Weise zu erreichen.[38]

---

[35] Vgl. Lieback, J.U./Schmallenbach, J./Binetti, J.-C. (1996a), S. 8.

[36] Vgl. Felix, R./Pischon, A./Riemenschneider, F./Schwerdtle, H. (1997), S. 2 f.

[37] Vgl. Pischon, A. (1997), S. 55.

[38] Vgl. Dyllick, T./Gebhardt, P./Häfliger, B. (1997), S. 7 f.; Zöller, M./Müssig, S./Kettermann, I. (1996), S. 25.

Tabelle 8.2.   Ziele eines Integrierten Managementsystems
Quelle: Felix, R./Pischon, A./Riemenschneider, F./Schwerdtle, H. (1997), S. 3.

Basisziele	Effizienzziele	Sicherungsziele	Innovationsziele
Umweltschutz: Geringe Umweltbelastung Schonung der natürlichen Ressourcen *„Sustainable Development"* **Qualität:** Optimale Qualität *„Null-Fehler"* Zufriedene Kunden **Arbeitssicherheit & Gesundheitsschutz:** Keine Unfälle Gesunde Mitarbeiter	Anwendung der *„besten Managementpraxis"* *„ungestörte Betriebsstunde"* Kosteneinsparung durch Redundanzreduktion Minimierung des Auditierungsaufwands Personaleinsparung Klare Verantwortlichkeiten Schnittstellenoptimierung Konfliktfreie Arbeitsanweisungen Schlankere Organisation Übersichtlichere Dokumentation Einheitliche, verständliche Sprache Größere Identifikation und Motivation der Mitarbeiter	Sicherung der Rechtskonformität Vermeidung und Verminderung von Haftungsrisiken *„Gerichtsfeste"* Organisation Vermeidung von Imageschäden	Kontinuierliche Verbesserung der Systemleistung Informationsbasis zur Unterstützung von Entscheidungen Entwicklung neuer Management-instrumente und Organisationsabläufe Entwicklung neuer Technologien, Produkte und Dienstleistungen Anpassungsfähigkeit an sich ändernde Umfeldbedingungen Anpassungsfähigkeit an sich ändernde Anforderungen der unterchiedlichen Teil-managementsysteme

Im einzelnen werden darunter folgende Aspekte subsumiert: Die Anwendung der sog. *„besten Managementpraxis"*, die Erreichung einer *„ungestörten Betriebsstunde"*, eine Minimierung des Überprüfungsaufwands durch kombinierte Auditierung und Zertifizierung (bzw. Validierung), die Entwicklung einer übersichtlichen Dokumentation, der Aufbau einer personalsparenden, schlanken Organisation, die Realisierung von Kosteneinsparung durch Redundanzreduktion, die Schaffung eindeutiger Verantwortlichkeiten, die Erstellung konfliktfreier Arbeitsanweisungen, eine Synchronisation der Begriffsverwendung sowie die Optimierung der einzelnen Schnittstellen.[39] Diese wirtschaftlich orientierten Ziele können gleichzeitig dazu beitragen, die Akzeptanz eines zusammengefaßten IMS und die Motivation der Mitarbeiter zur Anwendung darin enthaltener, neuer Instrumente zu steigern.

Unter Sicherungszielen werden die Gewährleistung der Rechtskonformität (legal compliance) sowie die Vermeidung und Verminderung von Haftungsrisiken durch den Aufbau einer sog. *„gerichtsfesten"* Organisation verstanden. Sie sind von besonderem Interesse, wenn in einem Unternehmen besondere Risikopotentiale mit den vorliegenden Tätigkeiten, Anlagen, Produkten oder Dienstleistungen verbunden sind (z. B. Chemie, Metallverarbeitung, Mineralöl, Energieversorgung, Unfall-, Brand- und Explosionsgefahren). Dabei sollen die Beziehungen zu Behörden, Banken, Versicherungen und der Öffentlichkeit verbessert und potentielle Imageschäden abgewendet werden. Bei der Integration der Teilsysteme ist darauf zu achten, daß insbesondere diese sensible Aufgabenstellung nicht aufgrund eines unreflektierten Effizienzstrebens weniger aufmerksam behandelt wird.[40]

Die Befähigung zu einer kontinuierlichen Innovation schließt als eine weitere Zielmenge die Verbesserung der gesamten Systemleistung sowie die Schaffung einer Informationsbasis zur Entscheidungsunterstützung mit ein. Des weiteren sind dieser Rubrik die Optimierung von Managementinstrumenten (Ökobilanzen, statistische Methoden im Rahmen des Qualitätsmanagements etc.), Organisationsabläufen, Technologien (z. B. PIUS), Produkten und Dienstleistungen zuzuordnen. Bei der Berücksichtigung dieser Aspekte ist schließlich auf die Erhaltung einer hohen Flexibilität des Unternehmens zu achten. Dies bezieht sich vor allen auf die Gewährleistung einer flexiblen Anpassungsfähigkeit an sich ändernde Umfeldbedingungen. Derartige Veränderungsbedarfe können insbesondere aus sich verschärfenden Anforderungen aufgrund von Gesetzen, Verordnungen etc. und aus Neuorientierungen auf dem Gebiet der Teilmanagementsystem-Modelle (z. B. *„Revision 2000"* der ISO 9000er-Familie) resultieren.[41] Zur Gewährleistung dieser Flexibilität, sollte das neue Integrierte Managementsystem offen, modular und ganzheitlich konstruiert werden.

Die hier beschriebenen Ziele oder Zielbündel werden von den unterschiedlichen Unternehmen mit jeweils auf ihre Grundausrichtung spezifizierten Gewichtungen

---

[39]   Vgl. Dyllick, T. (1996), S. 112; Europäisches Institut für postgraduale Bildung an der TU Dresden e. V. (EIPOS), (Hrsg.), (1996), S. 5.

[40]   Vgl. Dyllick, T./Gebhardt, P./Häfliger, B. (1997), S. 8.; Dyllick, T. (1997b), S. 27.

[41]   Vgl. Pischon, A. (1997), S. 55.

verfolgt. Somit können sehr differierende Erwartungen an den Aufbau eines Integrierten Managementsystems gestellt werden. Je nach Schwerpunktsetzung werden daraus ebenso unterschiedliche Gesamtsysteme resultieren. Eine notwendige Voraussetzung für eine erfolgreiche Integration ist es daher, die während des Integrationsprozesses zu beschreitende Zielrichtung zu klären. Neben diesen Integrationszielen, sind die spezifischen unternehmerischen Strategien sowie die dahinter stehenden normativen Wertvorstellungen von essentieller Bedeutung für die Frage, unter welcher Zielhierarchie das Unternehmen seine Managementsysteme integrieren will.

Für ein Unternehmen, welches genormte Kleinteile (z. B. Schrauben) produziert und sich am Markt als Kostenführer profiliert, kann die Sicherheit der Prozesse die wichtigste Rolle spielen. Ein Bedarf für kreative und innovative Problemlösungen ist schon allein aufgrund des standardisierten Produkteportfolios nicht gegeben. Dementsprechend sind die Mitarbeiter eine klare Aufgabenbeschreibung und fest definierte Verantwortungen gewohnt. Ein innovatives Unternehmen in der Softwarebranche, welches sich als Problemlöser für den Kunden sieht, wird hingegen andere Ziele priorisieren. Seine Kernkompetenzen sieht ein solches Unternehmen beispielsweise in den Aspekten Kreativität und Innovationsfähigkeit sowie in dem hohen Ausbildungsstand seiner Mitarbeiter. Beide Unternehmen verfolgen beim Aufbau eines Integrierten Managementsystems unterschiedliche Schwerpunkte.

Zwischen den Ansprüchen an Qualität, Umweltschutz und Arbeitssicherheit können sowohl positive als auch negative Korrelationen identifiziert werden. Übt eine Maßnahme auf alle relevanten Zielfunktionen einen positiven bzw. neutralen Einfluß aus - entstehen also keinerlei Zielkonflikte - gestaltet sich eine Integration der Teilbereiche relativ einfach. Wenn z. B. durch ein verändertes Mischungsverhältnis bei einem bestimmten Produktionsverfahren weniger toxische und teure Lösungsmittel verwendet werden können, so hat dies einen positiven Einfluß auf die Umwelt-, Arbeitssicherheits- und Kostenziele sowie einen möglicherweise neutralen Einfluß auf die Lieferzeit- und Qualitätsziele des Unternehmens. In diesem Fall wird die unternehmerische Entscheidung zur Änderung des Produktionsverfahrens einfach durchzusetzen sein.[42] Schwieriger gestaltet es sich, wenn bei der Integration der betrachteten Teilsysteme Zielkonflikte zu erwarten sind. So ist es denkbar, daß die optimale Qualität eines Produktes aus Sicht des Konstrukteurs nur durch den Einsatz umweltgefährdender Stoffe erreicht werden kann, welche sowohl auf die Umwelt als auch auf die Gesundheit der Mitarbeiter negative Auswirkungen haben.[43]

---

[42] Vgl. Felix, R./Pischon, A./Riemenschneider, F./Schwerdtle, H. (1997), S. 35 ff.

[43] Eine Abhilfe kann in diesem Fall durch den Einsatz neuer Technologien und umweltfreundlicher, wiederverwertbarer Werkstoffe geschaffen werden, welche inzwischen in vielen Fällen den qualitativen Anforderungen durchaus entsprechen. Vgl. Liesegang, D.G./Pischon, A. (1996); VDI-Richtlinie 2243: *„Konstruieren recyclinggerechter technischer Produkte"*, VDI (Hrsg.), (1991).

Sind zwischen Arbeitssicherheits-, Gesundheits- und Umweltschutz in der Regel keine erheblichen Zielkonflikte zu erwarten, so ist eine Konkurrenz in den Zielsetzungen der Arbeitssicherheit und der Qualitätssicherung jedoch durchaus möglich. So könnte z. B. das Weglassen oder *„Überbrücken"* von vorhandenen Schutzeinrichtungen an Maschinen aufgrund der dadurch ermöglichten schnelleren Bearbeitungszeit zu einer vertragskonformen Befriedigung der Kundenwünsche bzgl. des Liefertermins beitragen. In Anbetracht der eindeutigen gesetzlichen Regelungen kann ein solches Vorgehen jedoch nicht ernsthaft unterstellt werden, so daß auch zwischen diesen beiden Teilbereichen keine hier zu berücksichtigenden Zielkonflikte bestehen.

Wird jedoch aufgrund der Änderung des oben angesprochenen Produktionsverfahrens die Anschaffung einer neuen Maschine erforderlich, deren Amortisationszeit nicht innerhalb der Lebensdauer dieser Maschine liegt, richtet sich die Entscheidung für oder gegen die Einführung des neuen Produktionsverfahrens nach der Bewertung, d. h. nach der von der Unternehmung wahrgenommenen Rangfolge der einzelnen Ziele. Im Qualitätsmanagement wird in diesem Zusammenhang auf das sog. Spannungsdreieck zwischen Kosten, Zeit und Qualität verwiesen, welches potentielle Zielkonflikte zwischen diesen drei Anforderungen an das Unternehmen verdeutlicht.[44] Obwohl der Kunde die Gesamtleistung als Einheit bestehend aus Preis, Lieferzeit und Qualität des Produktes wahrnimmt, scheint es sinnvoll, diese drei Aspekte analytisch zu trennen, um mit spezifischen Maßnahmen an den richtigen Stellen ansetzen zu können.

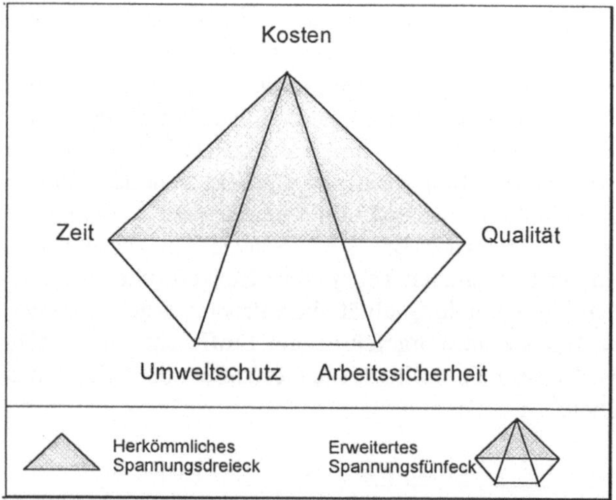

Abb. 8.1. Herkömmliches Spannungsdreieck und erweitertes Spannungsfünfeck
Quelle: Felix, R./Pischon, A./Riemenschneider, F./Schwerdtle, H. (1997),
S. 37, in Anlehnung an Seghezzi, H.D. (1996b), S. 14.

---

[44] Vgl. Seghezzi, H.D. (1996b), S. 14.

In Anlehnung an diese Darstellung kann somit ein Spannungsfünfeck aufgezogen werden, welches zusätzlich die Bereiche des Umweltschutzes und der Arbeitssicherheit miteinbezieht (s. Abb. 8.1).[45] Eine Zielabstimmung zwischen den hier aufgezeigten fünf Extrempositionen ist bereits im Vorfeld der Integration vorzunehmen. Soweit es möglich ist, sollten die potentiellen Zielkonflikte im vorhinein bedacht und im Idealfall eliminiert werden.

8.5
Rahmenbedingungen und Grobkonzepte der Integration

Beim Aufbau eines Integrierten Managementsystems sind grundsätzlich verschiedene Rahmenbedingungen zu unterscheiden. So können zunächst folgende Ausgangssituationen in einem Unternehmen bestehen:

I.   Es besteht bislang noch keines der drei betrachteten Spezial-Managementsysteme.

II.   Es besteht ein Qualitätsmanagementsystem nach der entsprechenden Norm der ISO 9000er-Reihe. Umwelt- und Arbeitssicherheitsmanagementsysteme existieren noch nicht.

III. Es besteht ein jeweils separat aufgebautes und noch nicht verknüpftes Qualitäts- und Umweltmanagementsystem, aber noch kein Arbeitssicherheitsmanagementsystem.

IV. Alle drei Systeme existieren bereits, sind jedoch noch nicht miteinander verknüpft.[46]

Je nach Ausgangssituation sind verschiedene Vorgehensweisen der Integration möglich. So stellt sich die Frage, ob in Situation I zunächst alle gewünschten Managementsysteme getrennt aufgebaut und erst in einem zweiten Schritt zusammengefaßt werden sollen oder ob bereits von Anfang an ein integriertes System aufgebaut werden soll. Aufgrund der Erfahrungen aus verschiedenen Praxisprojekten ist hier relativ eindeutig der von Beginn an integrierte Ansatz zu präferieren, um Redundanzen von vornherein zu vermeiden und frühzeitig eine Abstimmung zwischen den Bereichen vorzunehmen. HALLAY geht von einem Integrationsansatz auf der Basis der unter Punkt II beschriebenen Situation aus. Diese Ausgangssituation (bestehendes QMS) entspricht zur Zeit der am häufigsten in der Praxis vorzufindenden Realität. Er sieht dabei einige Kompatibilitätsprobleme bei der Integration des Umweltmanagements in ein bereits bestehendes Qualitätsmanagementsystem. Dabei unterscheidet HALLAY unter dem Blickpunkt der Aufbauorganisation (getrennte versus integrierte Funktionsbereiche) und der Dokumentation (Handbuch getrennt, Arbeitsanweisungen integriert) wiederum verschiedene Spielarten der

---

[45]   Vgl. Felix, R./Pischon, A./Riemenschneider, F./Schwerdtle, H. (1997), S. 36 f.

[46]   Die Unterscheidung: verknüpftes QM/UM und kein bzw. ein separat aufgebautes AGMS soll aufgrund der fehlenden Praxisrelevanz hier nicht berücksichtigt werden, zumal bei Verknüpfung von QM/UM bereits eine Integration stattgefunden hat [Anm. d. Verf.].

Zusammenführung.[47] Die in Situation II grundsätzlich bestehenden Vorgehensweisen bei der Integration werden in Abb. 8.2 dargestellt. Die durchgezogene Linie symbolisiert das bereits bestehende Managementsystem. Fünf unterschiedliche Grobkonzepte für die Zusammenführung der Systeme (A-E) werden hier abgebildet:[48]

- **Grobkonzept A:**
  Simultane Einführung (gestrichelte Linie) eines UMS und eines AGMS mit gleichzeitiger Integration in das bestehende QMS innerhalb der ersten Phase.

- **Grobkonzept B:**
  Einführung eines UMS und Verknüpfung mit QMS in der ersten Phase. Danach vollständige Integration durch zusätzliches Integrieren des AGMS in Phase zwei.

- **Grobkonzept C:**
  Gemeinsame Einführung und Verknüpfung eines UMS mit einem AGMS in der ersten Phase und erst in einer zweiten Phase vollständige Integration durch das Zusammenführen mit dem bestehenden QMS.

- **Grobkonzept D:**
  Einführung des AGMS bei gleichzeitiger Integration in das bestehende QMS und in einer zweiten Phase Integration des UMS in dieses Managementsystem.

- **Grobkonzept E:**
  Separate Einführung beider Systeme in Phase eins. Anschließende Durchführung der Integrationskonzepte B, C oder D in einer zweiten und dritten Phase.

Erfolgt wie bei den Grobkonzepten A-D die Integration innerhalb der ersten Phase, also während des Systemaufbaus, hat dies den Vorteil, daß noch keine festen Strukturen etabliert sind, die während eines Änderungsprozesses zu Widerständen der Mitarbeiter führen könnten. Diese Problematik ist jedoch zu erwarten, wenn die Integration während des Systembetriebs bzw. während der Systemweiterentwicklung und somit in den Phasen zwei und drei vollzogen wird. Allerdings besteht bei letzterer Vorgehensweise ein geringerer Komplexitätsgrad während der Anfangsphase der Integration, so daß die Gefahr einer Überforderung der Mitarbeiter geringer ist als bei Grobkonzept A.[49]

Der Vorteil von Grobkonzept A besteht in der Nutzung von Erfahrungen aus dem Qualitätsmanagement und in der kürzeren Implementierungsphase. Es erfolgt hier nur eine Überarbeitung des bestehenden QMS. Negativ zu bewerten ist die hohe Komplexität dieser Vorgehensweise, da zwei neue Systeme gleichzeitig eingebunden werden müssen. Das Grobkonzept B wird in der Praxis zur Zeit präferiert, da in vielen Fällen noch keine Entscheidungen für die Einführung eines AGMS getroffen wurden.

---

[47]   Vgl. Hallay, H.: *„Die Integration des Umweltmanagementsystems und des Qualitätssicherungs-Systems nach ISO 900x"*, S. 262 f., in: Fichter, K. (1995), S. 261-270.

[48]   Vgl. Schwerdtle, H. (1996), S. 21 ff.

[49]   Vgl. Felix, R./Pischon, A./Riemenschneider, F./Schwerdtle, H. (1997), S. 81 ff.

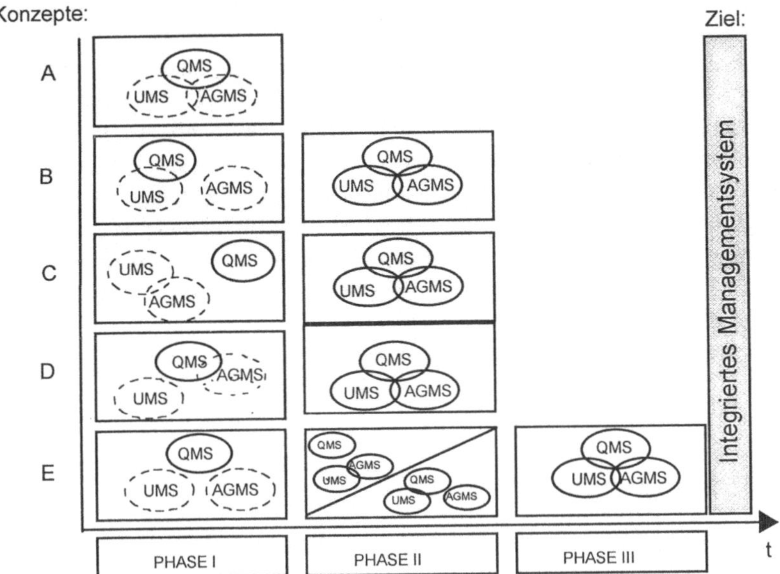

Abb. 8.2.   Ausgangssituationen für die Integration
Quelle: Felix, R./Pischon, A./Riemenschneider, F./Schwerdtle, H. (1997), S. 81.

Die bestehenden Erfahrungen können bei dieser Vorgehensweise genutzt werden. Durch eine spätere Einbindung eines AGMS kann die Komplexität in der ersten Phase reduziert werden. Grobkonzept C ist in Bereichen mit hohen Arbeitssicherheits- und Umweltrelevanzen zu beobachten (Chemieindustrie).Da die größte Problematik erst bei der Verbindung mit dem QMS zu erwarten ist, werden die eigentlichen Integrationsaktivitäten um eine Zeitphase hinausgezögert, die Erfahrungen aus dem Qualitätswesen werden zunächst nicht genutzt. Sollte jedoch in wenigen Jahren ein Managementmodell für ein Integriertes Managementsystem von seiten der ISO angeboten werden, können mit diesem Ansatz aufwendige Integrationsbemühungen vermieden werden. Eine spätere Partizipation an diesem System garantiert dann einen weltweit einheitlichen Aufbau eines IMS. Das Grobkonzept D ist als theoretisches Konstrukt denkbar, hat aber keine Praxisrelevanz, da die Zusammenhänge zwischen AGMS und QMS vergleichsweise gering sind. Eine getrennte Einführung von UMS und AGMS sowie eine spätere zweiphasige Integration zu einem ganzheitlichen System, wie es mit Grobkonzept E beschrieben wird, erscheint ebenso wenig sinnvoll, da eine mehrfache Bearbeitung bestehender Teilkonzepte als ineffizient einzustufen ist.

Welches dieser Grobkonzepte zum Einsatz kommt ist im wesentlichen abhängig von den unternehmensspezifischen Rahmenbedingungen (Machtverhältnisse zwischen den Funktionsbereichen, externe Anforderungen etc.) und den zeitlichen Zielsetzungen. Liegt die hier beschriebene Situation vor, sollten die Erfahrungen aus dem Bereich des Qualitätsmanagements bereits zu Beginn berücksichtigt werden. Da eine Integration der Umwelt- und Arbeitssicherheitsanforderungen in die 20 Elemente der ISO 9001 als nicht sinnvoll zu bewerten ist (s. Abschn. 8.6.2), ist jedoch darauf zu achten, daß eine neue, unabhängige Gliederungssystematik für das IMS erarbeitet wird (s. Vorschlag in Abschn. 8.8.2). Die Vorgehensweise bei den Basissituationen III und IV ergibt sich aus den bereits angestellten Überlegungen. In Situation III (QMS und UMS bestehen separat, AGMS existiert noch nicht) sollten parallel zur Integration des Qualitäts- und Umweltmanagementsystems die möglichen Verknüpfungen mit dem neu zu installierenden Arbeitssicherheitsmanagementsystem vorgenommen werden. Bei Situation IV (alle drei Teilsysteme bestehen bereits separat) ist eine Teilintegration von nur zwei Managementsystemen in einer ersten Phase mit der Anbindung des dritten Managementsystems in einer zweiten Phase ebenso denkbar, wie eine Gesamtintegration in der ersten Phase.[50]

8.6
Konzepte der Integration

In diesem Abschnitt werden verschiedene Konzepte zur Zusammenführung von Qualitäts-, Umwelt- und Arbeitssicherheitsmanagementsystemen zu einem *Integrierten Managementsystem* vorgestellt. Nach einer kurzen Differenzierung möglicher Integrationstiefen (Abschn. 8.6.1), beschreibt Abschnitt 8.6.2 zunächst verschiedene Vorläufer der Integrationskonzepte. Während SCHWANINGER eine Heuristik für die Gestaltung und Implementierung von Führungssystemen von Grund auf beschreibt,[51] wählen Unternehmen zumeist einen pragmatischeren Ansatz. Dabei versuchen sie, die bereits bestehenden Teilsysteme zu verbinden und um erforderliche Erweiterungen zu ergänzen.[52] Bei dieser Vorgehensweise können im wesentlichen drei Wege (Integrationskonzepte) charakterisiert werden: Das Verfahren der sog. *„Partiellen Integration"* wird in Abschnitt 8.6.3 vorgestellt und an einem praktischen Beispiel erläutert. Abschnitt 8.6.4 zeigt die Methodik der *„Systemübergreifenden Integration"*. Die Grundgedanken der *„Prozeßorientierten Integration"* beinhaltet schließlich Abschnitt 8.6.5. Obwohl die verschiedenen Integrationskonzepte hier getrennt vorgestellt werden, ist deren Kombination durchaus möglich und zum Teil bereits in der Praxis zu beobachten.

8.6.1
Integrationstiefe

Bei einer Differenzierung der Integrationsaktivitäten nach ihrer Tiefe können fünf Kategorien gebildet werden:[53]

---

[50] Vgl. ebenda.
[51] Vgl. Schwaninger, M. (1994), S. 307 ff.
[52] Vgl. Seghezzi, H.D. (1997), S. 13.
[53] Vgl. Vortrag von Prof. Dyllick im Rahmen des Arbeitskreises Integrierte Managementsysteme an der Hochschule St. Gallen am 3. März 1997.

1. Informationsaustausch.
2. Überlappende Arbeitskreise.
3. Integrierte Richtlinien, Verfahrens- und/oder Arbeitsanweisungen.
4. Gemeinsame Führungsverantwortung.
5. Ernennung eines Systemverantwortlichen.

Wie bereits zu Beginn dieses Kapitels vermerkt, handelt es sich bei der Verbindung dieser Teilmanagementsysteme nur dann um eine echte Integration, wenn aus diesen Aktivitäten konkrete Verbesserungen zu den separaten Lösungen erzielt werden können. Dies ist nur möglich, wenn die Integrationsbemühungen deutlich über einen rein verbalen Informationsaustausch zwischen den Fachbereichen hinausgehen. Die Etablierung überlappender Arbeitskreise ermöglicht im Gegensatz zur ersten Stufe einen frühzeitigen, umfassenden Erfahrungsaustausch, der in der Regel zu gemeinsamen Projekten führt, in die wiederum gegenseitige Erfahrungen einfließen. Die dritte Kategorie der integrierten Richtlinien, Verfahrens- und/oder Arbeitsanweisungen beruht auf einer Integration einzelner Prozesse sowie Abläufe und stellt somit eine Integration im engeren Sinne dar.

Um bei der Dokumentation dieser Prozesse und Abläufe Redundanzen zu vermeiden und potentielle Synergien optimal zu nutzen, ist innerhalb dieser Kategorie 3 eine weitere unternehmensspezifische Differenzierung der Integrationstiefe vorzunehmen. Dabei entstehen in Abhängigkeit des Tätigkeitsfeldes der betrachteten Organisation jeweils unterschiedliche Möglichkeiten einer sinnvollen Systemzusammenführung. Diese unternehmensspezifische Differenzierung der Integrationstiefe wird auch als *„Integrationsgrad"* (IG) bezeichnet.

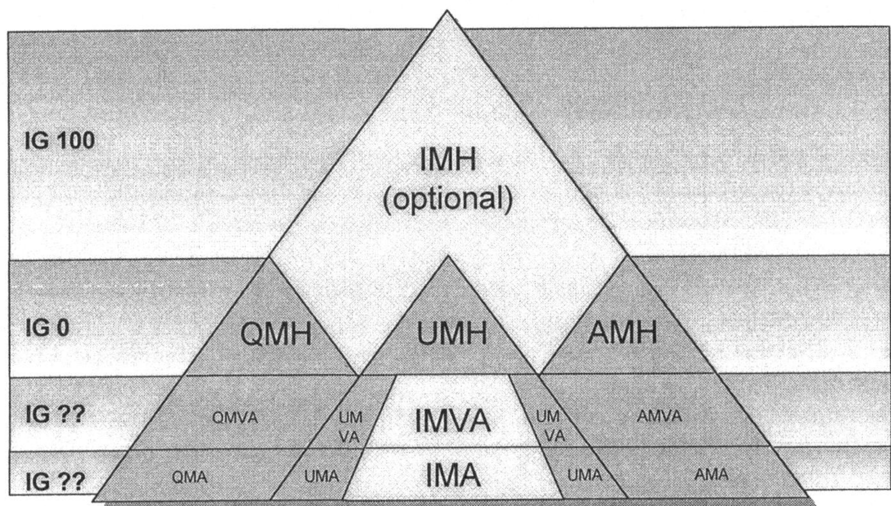

Abb. 8.3. Bestimmung des Integrationsgrades

Der Integrationsgrad gibt an, wie viele Normelemente sinnvoll zu einem integrierten Element zusammengefügt werden können. Dabei handelt es sich um ein theoretisches Konstrukt, welches die Verschiedenartigkeit der Integrationsmöglichkeiten zwischen verschiedenen Unternehmen kennzeichnet. Ein Integrationsgrad von 0 besteht, wenn keine sinnvolle Integration möglich ist und alle Managementsysteme weiter separat geführt werden. Ein Integrationsgrad von 100 wäre erreicht, wenn alle Elemente zu einem Integrierten Managementsystem verschmolzen werden. Der in der Realität zu erreichende Grad wird zwischen diesen Werten liegen. Nach den Erfahrungen bei Integrationsprojekten in der Praxis ist auf der Ebene der Verfahrens- und Arbeitsanweisungen mit Werten um 70 (%) zu rechnen. Abb. 8.3 zeigt verschiedene Möglichkeiten der Integration auf der Ebene der Dokumentationen. Hierbei ist die Integration auf der Stufe der Verfahrensanweisungen von besonderer Bedeutung, da hier funktionsübergreifende Tätigkeiten an den Schnittstellen definiert werden. So entsteht eine Schnittmenge an integrierten Verfahrensanweisungen sowie verschiedene weiterhin getrennte Verfahrensanweisungen der betrachteten Spezialgebiete (UMVA, QMVA, AMVA). Das gleiche gilt für die Arbeitsanweisungen auf der operationalen Ebene (IMA, QMA, UMA, AMA). Auf der Ebene des Handbuchs können sowohl drei getrennte Handbücher mit entsprechenden Verweisen beibehalten (Integrationsgrad IG = 0), als auch ein Integriertes Managementhandbuch erstellt werden (IG = 100). Bei einer darauf aufbauenden organisatorischen Verankerung des IMS ist es vorstellbar, daß ein Managementvertreter ausgewählt wird, der eine gemeinsame Führungsverantwortung für die integrierten Teilbereiche trägt. Eine noch weitreichendere Integration stellt die Ernennung eines Systemverantwortlichen dar, welcher die operative Verantwortung für das gesamte IMS trägt.[54] Alle fünf Stufen schließen sich gegenseitig nicht aus und können im Laufe des Integrationsprozesses nacheinander durchschritten werden.

8.6.2
Vorläufer der Integrationskonzepte

Bereits mit dem Beginn der Zertifizierungsaktivitäten von Umweltmanagementsystemen entstand die Diskussion über die Möglichkeiten der Zusammenführung von Umwelt- und Qualitätsmanagementsystemen. Da in zahlreichen Unternehmen bereits seit Mitte der 80er Jahre ein Qualitätsmanagementsystem nach den Forderungen der ISO 9000er-Reihe implementiert worden war, wurde diese Integrationsdiskussion in der Anfangsphase stark von seiten des Qualitätsmanagements geprägt. Dabei bestand bei den bereits etablierten Qualitätsabteilungen zum Teil das Bestreben, ihr Aufgabengebiet durch „*Annektierung*" des Umweltmanagements auszudehnen und damit ihre Stellung im Unternehmen zu stärken. Da sich die in den folgenden Unterabschnitten beschriebenen Konzepte in der Praxis größtenteils nicht bewährt haben, werden sie hier als Vorläufer der Integrationskonzepte bezeichnet. Weitere Ansätze für die Entwicklung erfolgversprechender

---

[54]   Vgl. Felix, R./Pischon, A./Riemenschneider, F./Schwerdtle, H. (1997), S. 83.

Integrationskonzepte konnten durch die Betrachtung der Abläufe in kleinen und mittelständischen Unternehmen bzw. in überschaubaren Teilbereichen von Großkonzernen entwickelt werden. Hier hatte entweder der Unternehmer selbst die Aufgabe der jeweiligen Systembetreuung übernommen, oder der Managementsystembeauftragte für Qualität, Umwelt und Arbeitssicherheit wurde durch eine einzige Stelle abgedeckt. Durch die bestehende Mehrfachbelastung und dem daraus resultierenden Wunsch nach einer Arbeitserleichterung fand im Rahmen der Selbstorganisation in vielen Fällen nahezu zwangsläufig eine Integration der Systeme statt. Bestand bereits ein Qualitätsmanagement, wurden die mit den hinzukommenden Managementsystemen identischen bzw. leicht anzupassenden Strukturen und Anforderungen so weit wie möglich genutzt, um eine Mehrarbeit konsequent zu verhindern.[55] So konnten zwar sinnvolle Ansätze zur Nutzung von Synergien identifiziert werden, deren Vorgehensweise jedoch entweder nicht dokumentiert ist oder sich nicht auf andere Unternehmen übertragen lassen, so daß von deren Darstellung hier abgesehen wird.

8.6.2.1
Addition

Als einen ersten Ansatz der Zusammenführung kann zunächst eine als *„Addition"*[56] bezeichnete Methode genannt werden, die bestenfalls als ein Vorläufer der Integration angesehen werden kann. Hierbei werden lediglich die Handbücher der drei zu integrierenden Themengebiete Qualität, Umwelt und Arbeitssicherheit in einer Dokumentation zusammengefaßt, ohne daß eine tiefgreifende inhaltliche Abstimmung erfolgt. In Form von Referenzlisten, welche die Interdependenzen der Teilsysteme aufzeigen, werden die beschriebenen Systeme zueinander in Verbindung gebracht. Konflikte und Widersprüche werden in den Inhalten der Teilführungssysteme weitgehend eliminiert. Eine Abstimmung der Aufbau- bzw. Ablauforganisation findet hierbei nicht statt, die einzelnen Teilsysteme bleiben erhalten. Das Zusammenfassen der Dokumentationen ist jedoch nicht mit der inhaltlichen Integration verschiedener Managementsysteme gleichzusetzen. Somit lassen sich bei der *Addition* kaum Verbesserungen erkennen, die über erste Konfliktlösungsansätze und eine übersichtlichere Anordnung, bedingt durch ein gemeinsames Inhaltsverzeichnis, hinausgehen. Allerdings führt diese in der Praxis häufig angewendete Methode zu einer Sensibilisierung der Beteiligten, wodurch ihr Problemverhalten angeregt wird, so daß die Addition häufig weiterführende Integrationsaktivitäten anstößt.

---

[55] Vgl. ebenda, S. 43-47.

[56] Vgl. ebenda, S. 43. SEGHEZZI/CADUFF bezeichnen die gemeinsame Dokumentation inhaltlich getrennter UMS und QMS anhand der Struktur der ISO 14001 als *„Addition"*. Sie unterscheiden darüber hinaus die sog. *„Verschmelzung"* eines UMS mit einem bestehenden QMS nach ISO 9001 sowie eine prozessorientierte Vorgehensweise (s. Abschn. 8.6.5) im Rahmen der Integration [Anm. d. Verf.]. Vgl. Seghezzi, H.D./Caduff, D. (1997), S. 56.

8.6.2.2
Integration der Umweltaspekte in die 20 Elemente der ISO 9001

Eine in der unternehmerischen Praxis relativ häufig anzutreffende Form der Integration ist die Eingliederung aller Anforderungen aus der ISO 14001[57] in die bestehenden 20 Elemente der ISO 9001 ohne jegliche Zusätze. Von den Befürwortern dieser sog. *„20 + 0 Elemente-Integration"* wurden vor allem die bereits bestehenden Erfahrungen aus der Einführung eines Qualitätsmanagementsystems angeführt. Die ausführlichen Qualitätsdokumentationen in Form von Handbüchern, Verfahrens- und Arbeitsanweisungen sollten nun lediglich um einige Aspekte erweitert werden. So sollte durch die 1994 erschienene DGQ-Schrift 100-21 die volle Systemverträglichkeit zwischen ISO 9001 und EMAS (zu diesem Zeitpunkt die einzige Bezugsbasis) nachgewiesen werden.[58] Die Erfahrungen bei der konkreten Umsetzung dieser Ansätze haben jedoch gezeigt, daß eine solche Vorgehensweise kaum sinnvoll ist. Den zum Teil sehr unterschiedlichen Qualitäts- und Umweltanforderungen kann diese Methode nicht gerecht werden, da sich eine Reihe von Elementen des Umweltmanagements nicht in die bestehenden 20 Elemente der ISO 9000er-Reihe eingliedern lassen.[59] Der logische Aufbau der ISO 14001 (Planen-Durchführen-Prüfen-Verbessern) *„ ... wird durch die Eingliederung in die ganz andere, funktionale Struktur des QMS zerrissen. Die Zusammenhänge zwischen den einzelnen Schritten des UMS werden zerstört. "*[60] Somit ist die Struktur der ISO 9001 nicht geeignet, um die Lernprozesse, wie sie durch den Ablauf der ISO 14001 vorgesehen sind, sinnvoll zu unterstützen.[61] Ähnliches gilt für die Integration von Arbeitssicherheitssystemelementen (s. Abschn. 8.3.2.3). So kritisierte STARK die hier durchgeführte analoge Übersetzung der Umweltanforderungen in das Gerüst der ISO 9001 folgendermaßen: *„Diese Schrift ist (...) geradezu der Beweis, daß es nicht möglich ist, die Aufgaben des Umweltmanagements nach den Kategorien der ISO 9000 zu ordnen. Es reicht eben nicht aus, die*

---

[57] Zur Vereinfachung der Ausführungen wird hier lediglich von einer Integration von Umweltanforderungen gemäß der ISO 14001 gesprochen. Der Unterschied zwischen ISO 14001 und EMAS wird in Kap. 6 (Abschn. 6.4.2) dargestellt. Hier wird davon ausgegangen, daß ein Unternehmen entweder ausschließlich die ISO 14001 berücksichtigt oder diese um die Zusatzanforderungen des EMAS ergänzt hat (s. Bridging Standard, Abschn. 6.4.3) [Anm. d. Verf.].

[58] Vgl. Deutsche Gesellschaft für Qualität e.V. DGQ (Hrsg.), (1994); Petrick, K./Eggert, R. (1994) sowie die 1996 erschienene DGQ-Schrift 19-41: Aufbau eines Umweltmanagementsystems, welche ebenfalls eine Einbindung der Umweltanforderungen in die ISO 9001-Struktur vorsieht, vgl. Deutsche Gesellschaft für Qualität e.V. DGQ (Hrsg.), (1996).

[59] Vgl. Nagel, U./Wegner, U: *„Aufbau und Zertifizierung von integrierten Managementsystemen"*, S. 3, in: Ellringmann, H./Schmihing, C./Chrobock, R. (1995), Bd. 2; Kap. VI-III, S. 1-6.

[60] Dyllick, T./Gebhardt, P./Häfliger, B. (1998), S. 11.

[61] Vgl. ebenda, S. 12;

Elemente der ISO 9001 (...) analog zu interpretieren, um so die Elemente für ein Umweltmanagementsystem zu erhalten."[62]

Parallel zu der Einbindung der Umweltaspekte in die 20 Qualitätselemente entstand eine ebenso wenig erfolgversprechende Variante, wonach die gesamten Umweltanforderungen in einem 21. Kapitel an die Qualitätselemente angekoppelt werden sollten. Diese Vorgehensweise entspricht jedoch im wesentlichen einer Addition und beschränkt sich auf eine schlichte Modifikation der Gliederung. Ein zusätzliches Kapitel reicht nicht aus, um die im Qualitätsmanagementsystem ungeregelten Umweltelemente ernsthaft zu berücksichtigen.[63]

Vergleichbar mit den beiden beschriebenen Varianten unterscheidet BUTTERBRODT ein *„Summarisches-"* und ein *„Adaptives Integrationsmodell".*[64] Das *„Summarische Modell"* basiert ebenfalls auf der Annahme, daß ein Unternehmen bereits ein QMS nach ISO 9001 implementiert hat und den Umweltschutz als 21. Element an diese Qualitätsnorm *„anhängt".* Dabei werden die folgenden vier Varianten innerhalb des zusätzlichen 21. Umweltelements angeboten:[65]

1. Ordnung der umweltspezifischen Aspekte nach dem Schema der 20 ISO 9001-Elemente.
2. Ordnung der umweltspezifischen Aspekte nach dem Schema einer anerkannten Umweltnorm (z. B. BS 7750, ISO 14001).
3. Durchführung einer umweltmedienorientierten Untersuchung (Boden, Wasser, Luft) aller Unternehmenstätigkeiten und Darlegung innerhalb des entsprechenden Elements des QMH.
4. Ausrichtung des 21. Umweltkapitels an der Gliederung des Anhang I der EMAS.

Das *„Adaptive Integrationsmodell"* unterscheidet ebenfalls zwei Varianten. Variante 1 beschreibt die Adaption der ISO 9001 zum Aufbau eines eigenständigen Umweltmanagementsystems und dessen Darlegung in einem separaten Umweltmanagementhandbuch. Variante 2 beschreibt die Adaption der ISO 9001 zum Aufbau eines gemeinsamen Qualitäts- und Umweltmanagementsystems und dessen Darlegung in einem gemeinsamen Managementhandbuch. Dabei erfolgt die Erweiterung des Qualitätsbegriffs, indem die gesamte Gesellschaft mit ihren Anforderungen als Kunde des Unternehmens verstanden wird, so daß im Rahmen der Kundenorientierung der Umweltschutz einbezogen wird.

---

[62] Stark, R.: *„Struktur und Inhalte des Umweltmanagementsystems der CONTINENTAL AG",* S. 37, in: Bläsing, J.P. (Hrsg.), (1995), S. 31-52.

[63] ZENK sieht das Anhängen eines 21. Kapitels an die ISO 9001 als Übergangslösung. Zur Umgehung dieses 21. Kapitels erweitert er das Element 2 der ISO 9001 *„Qualitätsmanagementsystem"* um die folgenden Komponenten der EMAS: Umweltpolitik, -ziele und Programme, Organisation und Personal, Auswirkungen auf die Umwelt, Aufbau und Ablaufkontrolle, Umweltmanagement-Dokumentation, Umweltbetriebsprüfungen und Umwelterklärung. Vgl. Zenk, G. (1995), S. 113 ff.

[64] Vgl. Butterbrodt, D. (1997b), S. 83 ff; Butterbrodt, D. (1997c), S. 42 ff.

[65] Vgl. Butterbrodt, D. (1997b), S. 84; Butterbrodt, D. (1997c), S. 43 ff.

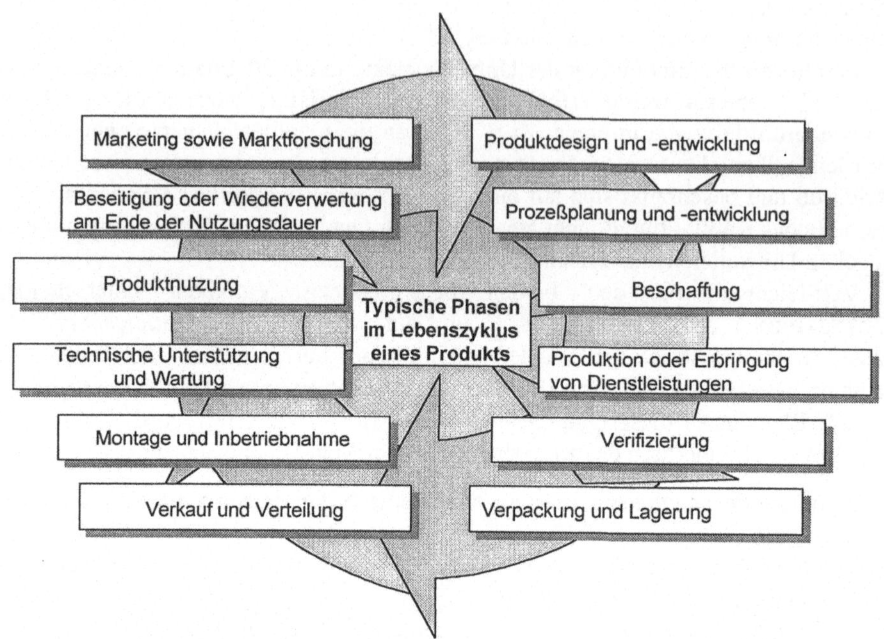

Abb. 8.4.   Produktlebenszyklus nach ISO 9004-1
Quelle: ISO 9004-1: 1994, S. 13.

Innerhalb dieser Variante lassen sich zwei weitere Untervarianten ableiten. Variante 2.1 unterstellt, daß eine Verbindung von QMS und UMS auf Basis der 20 Qualitätselemente nicht vollständig gelingt, damit ist eine Ergänzung der Struktur um operative Elemente des UMS erforderlich.[66] Variante 2.2 geht von einer vollständigen Einbindung der Umweltelemente auf Basis der 20 Elemente der ISO 9001 aus.[67]

Die Ausführungen zu Beginn dieses Kapitels haben gezeigt, daß die unterschiedlichen Ausrichtungen, Grundlagen und Zielsetzungen der drei Bereiche eine tiefgreifende inhaltliche Integration erfordern. Die hier skizzierten Methoden der Integration werden dieser Anforderung nicht unbedingt gerecht. Dennoch gilt es an dieser Stelle zu betonen, daß einige Unternehmen, z. B. die AT&T GIS DEUTSCHLAND GMBH, positive Erfahrungen bei der Integration der Umweltanforderungen in die Struktur der ISO 9001 gemacht haben.[68] Dies ist jedoch letztendlich auf eine intensive inhaltliche Überarbeitung zurückzuführen, welche die

---

[66]   Eine vergleichbare Vorgehensweise findet sich bei TETTÉ [Anm. d. Verf.]. Vgl. Tetté, M.A. (1996), S. 22 ff.

[67]   Vgl. Butterbrodt, D. (1997b), S. 84; Butterbrodt, D. (1997c), S. 50 ff.

[68]   Vgl. Kleinsorge, P.: „*Zertifizierung des Umweltmanagement-Systems als Erweiterung des Qualitätsmanagement-Systems - Ein Erfahrungsbericht aus der Computerindustrie*", in: Petrick, K./Eggert, R. (Hrsg.), (1995), S. 245-259.

20 Qualitätselemente lediglich als Überschriften des neuen Systems nutzt. Die bestehenden Erfahrungen bzgl. des Aufbaus, der Dokumentation, der Überprüfung und der Aufrechterhaltung von Managementsystemen aus dem Bereich des Qualitätsmanagements sollten jedoch in jedem Falle genutzt werden.

8.6.2.3
Produktlebenszyklus-Modell der Deutschen Gesellschaft für Qualität (DGQ)

Das Modell der DGQ-Schrift 19-41 orientiert sich am Produktlebenszyklus-Modell der ISO 9004-1 (s. Abb. 8.4) und beruht auf folgender Feststellung: *„Typischerweise wird das QM-System auf alle Tätigkeiten angewandt, welche die Qualität eines Produktes betreffen, und es steht in Wechselbeziehungen zu diesen. Es wird alle Phasen im Lebenszyklus eines Produktes sowie Prozesse enthalten, von der anfänglichen Feststellung von Markterfordernissen bis zur abschließenden Erfüllung der Forderungen."* [69] Auf der Basis dieser Feststellung abstrahiert das Modell die typischen unternehmerischen Prozesse.

Um die innerhalb der verschiedenen Prozesse jeweils relevanten Umweltaspekte berücksichtigen zu können, gibt die DGQ-Schrift 19-41 die entsprechenden, von den EMAS-Anforderungen abgeleiteten Anregungen. Ein Unternehmen soll nach einer umweltorientierten Analyse der Lebensläufe seiner spezifischen Produkte die Ergebnisse mit dem hier zugrundeliegenden Modell vergleichen und daraus Rückschlüsse für die noch vorzunehmenden Umweltaktivitäten ziehen.[70] Das Modell unterscheidet dabei phasenspezifische und phasenübergreifende Elemente. Unter den phasenspezifischen Elementen (s. grau unterlegte Kästchen in Abb. 8.4) sind Maßnahmen zur Qualitätssicherung zu verstehen, welche einzelnen Produktentstehungs- oder der Nutzungsphase zugeordnet werden können.[71]
Zu jedem dieser phasenspezifischen Elemente werden folgende Unterpunkte gebildet: Ziel und Zweck (1.), Produktlebenszyklus (2.), Auswirkungen auf die Umwelt (3.), Maßnahmen (4.) und Hilfsmittel (5.). Am Beispiel der Instandhaltung (Technische Unterstützung und Wartung) kann die Einordnung der phasenspezifischen Umweltaspekte in den Produktlebenszyklus verdeutlicht werden.[72]

Die phasenübergreifenden Elemente bestehen aus Funktionen und Aufgaben, welche keiner speziellen Phase des Produktentstehungsprozesses allein zugeordnet werden können. Dazu zählen die EMAS-Elemente Umweltpolitik, -ziele, -programme, Umweltbetriebsprüfungen, Dokumentation, Kommunikation, Motivation und Schulung. Diese Elemente werden im Rahmen der DGQ-Schrift 19-41 jedoch lediglich besprochen, Hinweise zur Integration mit bestehenden Qualitätsmanagementelementen werden nicht gegeben.[73]

---

[69] DIN EN ISO 9004-1: 1994, S. 12.
[70] Vgl. Deutsche Gesellschaft für Qualität e.V. DGQ (Hrsg.), (1996), S. 36.
[71] Vgl. Pfeifer, T. (1993), S. 345 f.
[72] Vgl. Deutsche Gesellschaft für Qualität e.V. DGQ (Hrsg.), (1996), S. 59 f.
[73] Vgl. ebenda, S. 64 ff.

Instandhaltung

1. Ziel und Zweck

Ziele einer umweltgerechten Instandhaltung sind die Verhinderung solcher Umweltauswirkungen, die durch mangelhafte Inspektion/Wartung/Instandsetzung entstehen, eine Abweichung vom genehmigten Normalbetrieb bedeuten sowie die Minimierung unerwünschter Umweltauswirkungen durch die Vorgänge der Instandhaltung selbst. Wartungs- und Instandhaltungsarbeiten gehören zu den Betriebspflichten nach dem BImSchG.

2. Produktlebenszyklus

Die Maßnahmen der Instandhaltung haben eine wesentliche Funktion in der Produktion und während des Gebrauchs der Produkte (Kundendienst, Service). Aspekte der Instandhaltung müssen jedoch schon bei der Produktplanung-/entwicklung und bei der Konstruktion berücksichtigt werden. Die Bereitstellung der benötigten Materialien ist durch die Beschaffung zu sichern.

3. Auswirkungen auf die Umwelt

Im wesentlichen kann es durch unzureichende Instandhaltungsarbeiten zu Umweltbelastungen kommen. Beispiele hierfür sind:
- erhöhte Emissionen durch verstopfte Filter.
- erhöhte Schadstoffkonzentration im Abwasser durch falsch eingestellte Dosieranlagen.

4. Maßnahmen

Zur ordnungsgemäßen Instandhaltung gehören:
- Erstellen eines Planes zur vorbeugenden Instandhaltung für sämtliche Anlagen und Maschinen mit Festlegung der Durchführungs- bzw. Prüfintervalle, -verfahren und -mittel.
- Festlegen der bei den Arbeiten einzusetzenden Hilfs- und Betriebsstoffe unter Berücksichtigung:
- der Verwendung möglichst geringer Stoffmengen (Reinigungsmittel),
- des Einsatzes umweltschonender Stoffe.

5. Hilfsmittel
- Zuständigkeitsregelungen
- Kontrolldaten und -aufzeichnungen.

Dieser prozeßorientierte Ansatz entspricht bei konsequenter Anwendung im Bereich der phasenspezifischen Elemente den Anforderungen an eine sinnvolle Integration von UMS und QMS. Eine Erweiterung um arbeitssicherheits- und gesundheitsschutzbezogene Aspekte ist ebenfalls denkbar (s. Abschn. 8.6.5). Da in der Praxis jedoch hauptsächlich Qualitätsmanagementsysteme gemäß ISO 9001 implementiert sind, welche sich nicht am Produktlebenszyklus-Modell der

ISO 9004-1 orientieren, bedeutet eine solche Integrationsweise eine vollständige prozeßorientierte Umorientierung eines Unternehmens. Zudem ist die Einordnung der phasenübergreifenden, lenkenden und verhaltenssteuernden Elemente nicht gelöst, so daß ein großer Teil des durch eine Integration zu erwartenden Verbesserungspotentials ungenutzt bleibt. Insgesamt stellt dieser Ansatz somit kein zufriedenstellendes Integrationskonzept dar.

8.6.3
Elementorientierte Partielle Integration

Aufgrund der heterogenen unternehmensspezifischen Ausgangssituationen und Anforderungsprofile an ein einheitliches Managementsystem, ist eine rein schematische Integration aller Normelemente auf allen Dokumentationsebenen nicht vorbehaltlos zu empfehlen. Daher erscheint es sinnvoll, in Abhängigkeit von dem jeweiligen Anwendungsgebiet die Zusammenfassung jedes einzelnen Elements fallweise zu entscheiden. Demnach wird in einigen Fällen lediglich partiell integriert, d. h. nicht alle Elemente können sinnvoll zusammengefaßt werden, so daß einige von ihnen nach den Integrationsaktivitäten weiterhin separat zu behandeln sind. Die sog. Partielle Integration ist folglich eine Methode zur formalen Abstimmung der verschiedenen zugrunde gelegten Normen bzw. Verordnungen. Sie kann zum einen auf der Ebene der Handbücher, zum anderen auf der Ebene der Verfahrensanweisungen und Arbeitsanweisungen durchgeführt werden.[74] Die Integrationsbasis können hier sowohl die 20 Elemente der ISO 9001 bilden als auch die Systemarchitektur der ISO 14001. Eine Einordnung in ein bestehendes AGMS ist ebenso denkbar, entspricht aber nicht den aktuellen Gegebenheiten in den Unternehmen. Da in vielen Unternehmen bereits ein Qualitätsmanagement nach ISO 9001 existiert, wird die Partielle Integration hier am Beispiel eines bestehenden QMS beschrieben.

8.6.3.1
Partielle Integration auf Ebene der Handbücher

In die nach den 20 ISO 9001-Elementen gegliederten Kapitel des Qualitätshandbuchs werden zunächst die sinngemäß passenden Pendants der ISO 14001 eingeordnet. So lassen sich zum Beispiel die Bereiche *Politik, Schulung, Beschaffung* und *Auditierung* formal in die entsprechenden Unterkapitel der Qualitätsnorm einordnen. Umweltelemente, die keine eindeutige Entsprechung auf der Qualitätsseite haben, werden als Zusatzkapitel an die 20 Qualitätselemente „angehängt". Demnach könnte z. B. Kapitel 21 die „*Identifikation der Umweltaspekte*" beinhalten oder in Kapitel 22 das „*Notfallmanagement*" geregelt werden (s. Abb. 8.5). Im Anschluß an die Durchführung der Integration von Umweltschutzanforderungen, kann mit der Integration von Arbeitssicherheitsanforderungen begonnen werden. Werden z. B. die SCC-Anforderungen dem hier zu integrierenden

---

[74] Vgl. Pischon, A. (1997), S. 55; Pischon, A./Iwanowitsch, D. (1998).

Arbeitssicherheitsmanagement zugrundegelegt, ist die Vorgehensweise analog zur Integration der Umweltanforderungen.[75]

Bei Aspekten, bei denen es sinnvoll erscheint, werden die SCC-/bzw. BS 8800-Kriterien den 20 bereits integrierten Qualitäts-/Umweltelementen bzw. den zuvor um spezielle Umweltanforderungen erweiterten Zusatzelementen zugeordnet. Die Eingruppierung zu *Politik, Verantwortung der obersten Leitung* und *Schulung* ist somit gleichermaßen möglich. Die *Vorbereitung auf Notsituationen* wird in das neu geschaffene 21. Kapitel eingeteilt. Des weiteren würde sich die Einhaltung der Unfallhäufigkeitskennziffer als zusätzliches Element an die bis dahin bestehenden Elemente angliedern, da eine solche konkret meßbare Anforderung in den beiden anderen Managementsystemen nicht besteht.

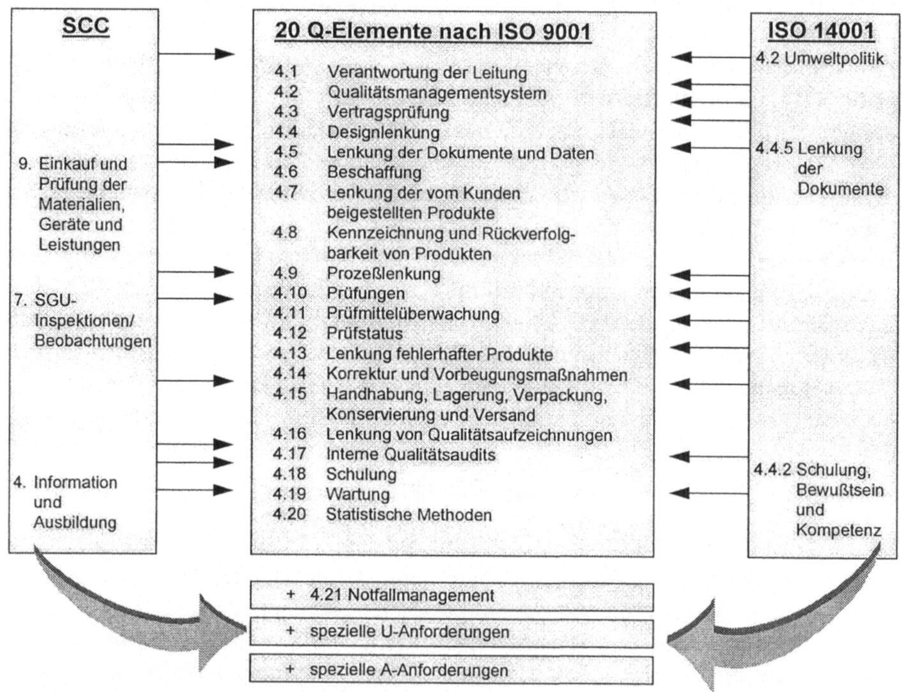

Abb. 8.5.   Die Partielle Integration (beispielhafte Darstellung der Elementeintegration)
Quelle: Felix, R./Pischon, A./Riemenschneider, F./Schwerdtle, H. (1997), S. 48.

---

[75] Soll hingegen eine Orientierung am BS 8800 erfolgen, ist es sinnvoll, zunächst die Umwelt- und Arbeitssicherheitsanforderungen abzustimmen und diese dann gemeinsam in das Qualitätsmanagement zu integrieren. Allerdings bietet sich in diesem Falle eine Orientierung der IMS-Struktur am Beispiel der ISO 14001 an [Anm. d. Verf.].

Eine derartige sukzessive Vorgehensweise bietet sich an, da nach dem ersten Integrationsschritt (Q/U-Integration) eine sehr übersichtliche Basis für die weiterführende Integration anderer Managementsystemanforderungen geschaffen ist. Eine parallele Integration ist gleichermaßen denkbar, hierbei ist jedoch die kurzfristige Komplexitätszunahme zu berücksichtigen, die zu relativ unübersichtlichen Strukturen führen kann. Wird dieser partiellen Integrationsweise unter rein formalen Gesichtspunkten gefolgt, ist eine Zusammenfassung auf der Ebene eines gemeinsamen Handbuchs relativ einfach zu handhaben. Die danach erforderliche, konkrete inhaltliche Abstimmung der unterschiedlichen Systeme auf der Ebene der Verfahrensanweisungen weist demgegenüber eine wesentlich größere Komplexität auf.[76]

8.6.3.2
Partielle Integration auf Ebene der Verfahrensanweisungen

Die eigentliche Hauptaufgabe einer unternehmensspezifischen Integration liegt in der Umsetzung der teilintegrierten Elemente auf der strategischen Ebene, d. h. auf Basis der Verfahrensanweisungen.[77] Diese Anweisungen beschreiben den Ablauf von Tätigkeiten bzw. Prozessen in einem Unternehmen und konzentrieren sich vor allem auf eine konkrete Definition der Aufgaben an den Nahtstellen zwischen Abteilungen und/oder Bearbeitungsstufen. Bei der Integration auf dieser Ebene ist das Hauptaugenmerk zunächst auf einen optisch und strukturell einheitlichen Aufbau der Verfahrensanweisungen zu legen, um danach deren inhaltliche Abstimmung vornehmen zu können. Als Vorteil einer einheitlichen, formalen und inhaltlichen Gestaltung der Verfahrensanweisungen ist in erster Linie eine erhöhte Normensicherheit zu nennen, da nur so eine eindeutige Regelung von Aspekten wie Revision, Freigabe etc. gewährleistet werden kann. Darüber hinaus verhilft die inhaltlich eindeutige Beschreibung von Schnittstellen zu einer Transparenz und vermeidet eine Doppelarbeit sowie ein „Übersehen" wichtiger Aspekte.[78]

Zudem entsteht aufgrund der besseren Orientierung eine leichtere Handhabung der Dokumentation und somit eine schnellere Zugriffsmöglichkeit. Darüber hinaus werden durch das einheitliche Layout psychologische Barrieren bzgl. der Anwendung von neu hinzugefügten Teilbereichen reduziert. Dies erfolgt aufgrund des bekannten Erscheinungsbildes, welches dem Anwender eine bereits vertraute Vorgehensweise suggeriert. Die Verwirklichung eines nach innen gerichteten „Corporate Design" in Form einheitlicher Verfahrensanweisungen kann schließlich als ein erster sichtbarer Schritt der Integration verschiedener Teilbereiche gesehen werden. Nachteilig kann sich jedoch der relativ große Aufwand bei der Umstellung bereits vorhandener Verfahrensanweisungen auswirken, so daß es innerhalb der betreffenden Organisation zu entscheiden gilt, inwieweit eine schrittweise Umstellung der bestehenden Verfahrensanweisungen sinnvoll ist.

---

[76]   Vgl. Felix, R./Pischon, A./Riemenschneider, F./Schwerdtle, H. (1997), S. 48 f.
[77]   Vgl. Dyllick, T. (1996), S. 114.
[78]   Vgl. Lieback, J.U./Schmallenbach, J./Binetti, J.-C. (1996a), S. 7.

In der Regel könnte dies im Rahmen erforderlicher Überarbeitungen in Folge von Prozeßumstellungen oder Wiederholungsaudits der Fall sein. Bei der Integration der Umwelt-Verfahrensanweisungen mit den bereits bestehenden Qualitätsverfahrens-Anweisungen sind drei Stufen zu unterscheiden, welche einen unterschiedlichen Grad der Integration zulassen:[79]

Verfahrensanweisungen der Stufe 1:
Verfahrensanweisungen, welche auf die Handlungsweise des Qualitätsmanagementsystems und damit auf konkrete Qualitäts-Verfahrensanweisungen verweisen, da hier die entsprechenden Vorgehensweisen nahezu übereinstimmend geregelt sind (Beispiel: Dokumentenlenkung, Prüfmittelüberwachung, Schulung). Bei dieser Variante ist eine direkte Integration möglich, da lediglich geringe Modifikationen erforderlich sind. Die Hauptaufgabe liegt darin, die Qualitätsbezeichnungen in den Qualitäts-Verfahrensanweisungen durch die Termini *„Integrierte-..."* oder *„Qualitäts-/ Umwelt-/Arbeitssicherheits-..."* zu ersetzen.

Verfahrensanweisungen der Stufe 2:
Verfahrensanweisungen, welche Tätigkeiten beschreiben, die auch im Qualitätsmanagement geregelt werden, jedoch im Umwelt- bzw. Arbeitssicherheitsmanagement wichtiger Zusätze bedürfen (Beispiel: Beschaffung). Die Integration besteht hier in der Ergänzung der Qualitätsanweisungen um die speziellen Umwelt- und Arbeitssicherheitsanforderungen.

Verfahrensanweisungen der Stufe 3:
Verfahrensanweisungen, die ausschließlich Umwelt- bzw. Arbeitssicherheitsaspekte regeln, welche kein Pendant im Qualitätsbereich aufweisen (Beispiel: Identifikation von Umweltaspekten, Unfallanalyse). Hier findet keine Integration statt, es bestehen weiterhin spezielle Verfahrensanweisungen für den jeweiligen Bereich.

Selbst nach einer vollzogenen Systemabstimmung existieren somit Anweisungen, die nur einen der Bereiche betreffen, einige, die zwei Bereiche abdecken, sowie etliche, welche allen drei zu integrierenden Anforderungskatalogen gerecht werden.[80] Zu beachten ist, daß diese drei Stufen bzgl. ihrer Zielsetzungen in unterschiedlicher Weise miteinander in Zusammenhang stehen können: Verfahrensanweisungen der ersten Stufe weisen eine weitgehend komplementäre Zielerreichung auf.

Die Ziele der *Stufe 2-Verfahrensanweisungen* konkurrieren in den meisten Fällen, wohingegen bei der Zielerreichung der dritten Stufe eine Indifferenz zu erwarten ist. Für die Integration der drei Bereiche sind die sog. *Stufe 2-Verfahrensanweisungen* von besonderer Bedeutung. Um bei diesen Verfahren einen reibungslosen Arbeitsablauf gewährleisten zu können, ist eine einheitliche Regelung der unterschiedlichen Bestimmungen innerhalb dieser Verfahrensanweisungen zwingend erforderlich. Findet hier kein Abgleich in Form einer umweltbezogenen

---

[79]   Vgl. Felix, R./Pischon, A./Riemenschneider, F./Schwerdtle, H. (1997), S. 51 ff.
[80]   Vgl. Lieback, J.U./Schmallenbach, J./Binetti, J.-C. (1996a), S. 8.

Erweiterung statt, können widersprüchliche Mehrfachregelungen desselben Prozesses entstehen. Bei der konkreten Neugestaltung integrierter Verfahrensanweisungen zeigt es sich in der Praxis, daß die Form des Flußdiagramms, des sog. *Flow-Charts*, eine geeignete Darstellungsform ist (s. Abb. 8.6). Der Hauptvorteil eines solchen Ablaufdiagramms liegt in der optimalen Übersicht über den gesamten Prozeß. Sie ermöglicht sowohl dem jeweiligen *„owner of process"*, dem Auditor als auch den Mitarbeitern, welche sich auf einer neuen Position einarbeiten, eine zügige und umfassende Orientierung. Wird diese Darstellungsform mit verschiedenen Spalten versehen, entsteht eine Übersichtsmatrix, die es ermöglicht, komplexe Zusammenhänge auf nur einer Seite darzustellen. Eine sinnvolle Ergänzung bildet eine *„Inputspalte"*, in der die erforderlichen Informationen und Sachmittel für die jeweilige Prozeßstufe beschrieben werden. Des weiteren ist eine *„Outputspalte"* hinzuzufügen, welche das Ergebnis der jeweiligen Prozeßstufe darlegt sowie eine *„Verantwortlichkeitsspalte"*, welche die für die jeweilige Prozeßstufe verantwortlichen Mitarbeiter beschreibt. Schließlich ist eine Spalte zu ergänzen, welche auf die mitgeltenden Dokumente verweist (z. B. die jeweils zu berücksichtigenden Arbeitsanweisungen, Anordnungen, Gesetze usw.). Die Ergebnisse dieser Integration sind im Anschluß an die Zusammenfassung der Verfahrensanweisungen auf die operative Ebene der Arbeits- bzw. Betriebsanweisungen für die einzelnen Tätigkeiten zu übertragen.[81]

8.6.3.3
Der SPIral-Ansatz

Die in dem vorhergehenden Abschnitt vorgestellten Methoden entsprechen einem theoretischen Ansatz, der im unternehmerischen Tagesgeschäft bei einer parallelen Ausführung der Integrationsschritte zu einer relativ hohen Komplexität führt. Bei der konkreten Umsetzung in der Praxis ist die sog. *„Sukzessive Partielle Integration (SPI)"* ein erfolgversprechender Ansatz. Es handelt sich hierbei um eine Methode zur Zusammenführung unterschiedlicher Managementsysteme in fünf Teilschritten, die spiralförmig *„von der Mitte her"*, d. h. auf der Ebene der Verfahrensanweisungen ansetzt. Diese praxisorientierte Vorgehensweise stellt eine Sonderform der Partiellen Integration dar. Der *„SPIral-Ansatz"* wurde im Rahmen des Forschungsprojektes bei der Deutschen ABB AG entwickelt. Die Ausgangsbasis für die Durchführung dieser Methode waren ein bestehendes Qualitätsmanagementsystem, ein zentral erstelltes Umweltmanagement-Musterhandbuch und entsprechende Musterverfahrensanweisungen sowie die Verpflichtung der obersten Leitung zu qualitäts- und umweltorientierter Ausrichtung der Unternehmensführung. Auf dem Gebiet der Arbeitssicherheit und des Gesundheitsschutzes existierte kein zertifiziertes Managementsystem.[82]

---

[81] Vgl. Möller, J./Pischon, A. (1997), S. 34 f.
[82] Vgl. Pischon, A. (1997).

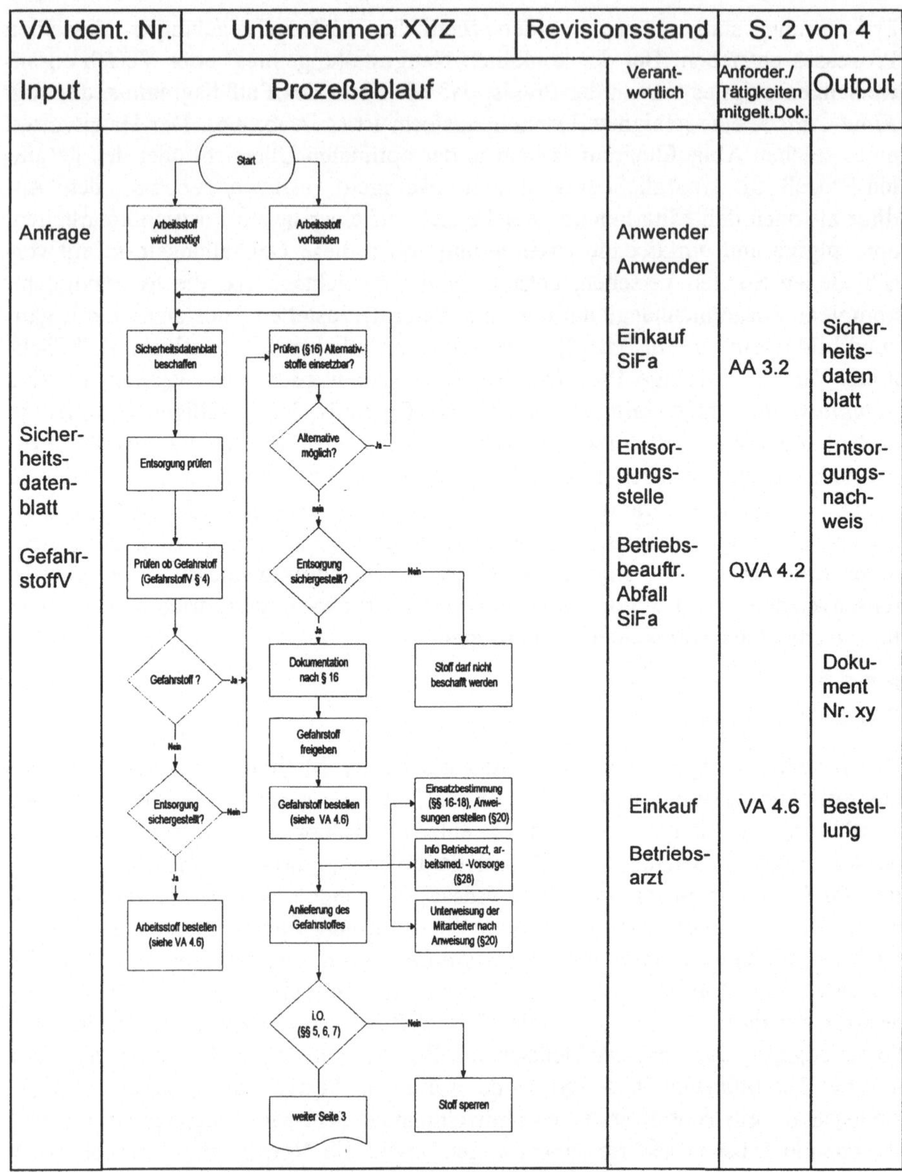

Abb. 8.6. Auszug aus einer Verfahrensanweisung in Flow-Chart-Prozeßdarstellung.

Die Anwendung der hier beschriebenen Methode bedarf gewisser Grundvoraussetzungen. So ist darauf zu achten, daß die bestehenden Politiken und Zielsetzungen der jeweiligen Teilgebiete keinesfalls von der Unternehmensleitung zunächst „geopfert" und erst im nachhinein an die neu entwickelte Struktur in geeigneter Form angepaßt werden.

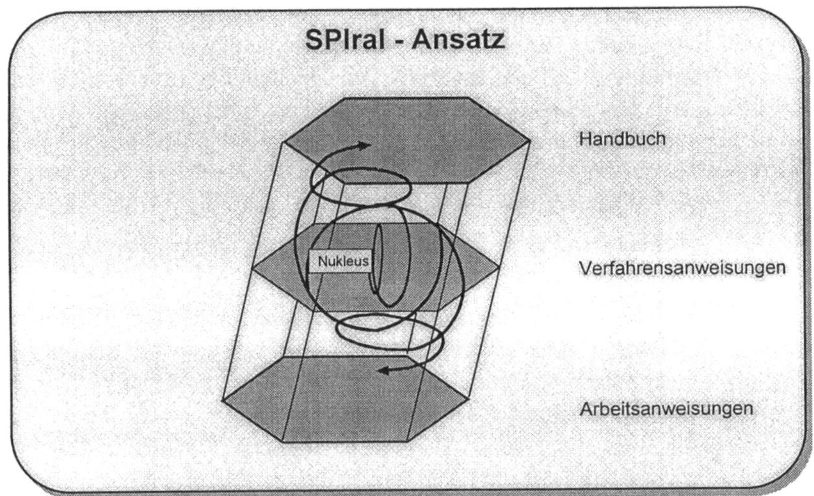

Abb. 8.7.   Schematische Darstellung des SPIral-Ansatzes
Quelle: Pischon, A. (1997), S. 56.

Die eindeutig dokumentierte und kommunizierte Verantwortung der obersten Leitung (Commitment)[83], eine auf der Analyse der Problemstellungen im Unternehmen aufbauende ganzheitliche Politik, ein entsprechendes Programm und die dazugehörigen Zielvereinbarungen bilden den Rahmen des neu entstehenden Integrierten Managementsystems (s. Abb. 8.7). Sind diese Voraussetzungen geschaffen, kann auf der Ebene der Verfahrensanweisungen mit der Integration im Rahmen der folgenden Schritte begonnen werden.

Schritt 1:
Auf der Ebene der Verfahrensanweisungen - als mittlere Ebene der Dokumentationsstruktur eines Managementsystems - wird mit der Zusammenführung der *„Stufe 1-Verfahrensanweisungen"* begonnen. Da hier lediglich eine Erweiterung der bestehenden Qualitäts-Verfahrensanweisungen um die umwelt- bzw. arbeitssicherheitsbezogenen Aspekte erforderlich ist - häufig reicht der Zusatz *„Umwelt"* bzw. *„Arbeitssicherheit"* in verschiedenen Textpassagen bereits aus (s. Abschn. 8.6.3.2) - wird der Einstieg in die Integrationsaktivitäten erleichtert.

Schritt 2:
Im Anschluß daran werden die *„Stufe 2-Verfahrensanweisungen"* zusammengefaßt, indem zunächst die jeweils vorhandene Qualitäts-Verfahrensanweisung (z. B. das Element *„Beschaffung"*) als Flußdiagramm abgebildet wird. Danach ist der ausgewählte Prozeß aus Sicht der Umweltanforderungen ebenfalls in einem sog.

---

[83]   Vgl. Adams, H.W. (1995), S. 162.

„Flow-Chart" zu beschreiben (s. Abb. 8.6). Dieser Ablauf erscheint zunächst als Doppelarbeit. Die Erfahrungen haben jedoch gezeigt, daß die anschließende Verbindung der beiden grafischen Darstellungen wesentlich leichter durchzuführen ist, als eine unmittelbare Erstellung einer integrierten Verfahrensanweisung aus den relativ abstrakten Textpassagen der jeweiligen Norm. Eine analoge Vorgehensweise ist für den Bereich der Arbeitssicherheit zu wählen, wobei hier wiederum eine Vorab-Integration von Umwelt- und Arbeitssicherheitsaspekten möglich ist.

Schritt 3:

Sind alle *„Stufe 2-Verfahrensanweisungen"* identifiziert und integriert, folgt eine Integration der *„Stufe 3"*. Da es sich hierbei um sehr umwelt- oder qualitätsspezifische Anforderungen handelt, deren Integration auf sinnvolle Weise nicht möglich ist, wird auf dieser Stufe lediglich eine einheitliche Gestaltung der Verfahrensanweisung vorgenommen. So kann z. B. eine einheitliche Flow-Chart-Darstellung erfolgen, das Layout angepaßt und die Bezeichnung *„Integrierte Verfahrensanweisung"* als Titel verwendet werden.

Hat auf dieser, die konkreten Prozesse des Unternehmens abbildenden Ebene die Integration stattgefunden, kann ein Lernprozeß bei den Beteiligten beobachtet werden. Dieser erlaubt es, die Integration von der mittleren Dokumentationsebene her aufzubrechen und sowohl auf die obere als auch auf die untere Dokumentationsebene zu übertragen.

Schritt 4:

Das Handbuch, als oberste, in weiten Teilen normativ ausgerichtete Ebene der Managementsystem-Dokumentationsstruktur,[84] kann nun als ex post Abbildung und Dokumentation des konkreten Managementsystems auf wenigen Seiten erstellt werden. Dies gelingt wesentlich einfacher als eine ex ante Handbucherstellung, welche nur eine theoretische Vorstellung über das später erwartete Integrierte Managementsystem beinhalten kann. Die Erfahrungen zeigen, daß sich eine Handbucherstellung im vorhinein als schwierig und nicht immer sinnvoll erweist, da die erwartete Struktur in vielen Fällen nicht mit ihrer endgültigen Form übereinstimmt. Um den Pflegeaufwand weitgehend zu reduzieren, bietet es sich an, EDV-gestützte Lösungen einzusetzen, welche eine zentrale Aktualisierung mit dezentralen Zugriffsoptionen z. B. im Rahmen eines bestehenden unternehmensweiten Netzwerkes (Intranet) ermöglicht.[85] Zu beachten ist, daß die richtungsweisenden, zielsetzenden und damit strategischen Überlegungen für die einzelnen Managementsysteme vor den Integrationsbestrebungen im Unternehmen als Orientierungshilfe zu formulieren sind.

---

[84] Vgl. Bleicher, K. (1996), S. 73 ff.

[85] Vgl. Sprenger, F./Maier, T.: *„Die Einführung von Umweltmanagementsystemen als Prozeß der Unternehmensberatung"*, S. 665, in: Birke, M./Burschel, C./Schwarz, M. (Hrsg.), (1997), S. 652-669.

Schritt 5:

Die Erfahrungen aus der Integration der Verfahrensanweisungen werden nun auf die unterste, operative Dokumentationsebene der Arbeitsanweisungen transferiert, deren Erstellung in der jeweiligen Fachabteilung stattfindet. Dies sollte so vorgenommen werden, daß der entsprechende Mitarbeiter nicht mehr unterscheiden muß, ob es sich um eine Anforderung aus den Bereichen Qualität, Umwelt oder Arbeitssicherheit handelt. Von besonderer Bedeutung ist hierbei die Eindeutigkeit der Anweisungen.[86] Die optimale Vorgehensweise bei der Ausführung der zu regelnden Tätigkeiten wird in kurzer, übersichtlicher Form beschrieben, so daß alle aus den unterschiedlichen Bereichen zu berücksichtigenden Aspekte in einem Dokument zusammengefaßt sind. Diese Unterlagen sollten in unmittelbarer Nähe des jeweiligen Arbeitsplatzes angebracht (z. B. in der Produktion) oder als zentrale Computerdatei jederzeit abrufbar sein.

Eine zügige und möglichst kostengünstige Erreichung einer umfassenden Zertifizierung ist unbestrittenes Ziel dieser Vorgehensweise. Der mit Recht geforderte Top-Down-Ansatz bei der Implementierung oder Veränderung von Managementsystemen wird hierbei jedoch keineswegs vernachlässigt. Die systembeschreibenden und -steuernden Elemente, wie *„Politik"*, *„Programm"*, *„Auditierung"* und *„Management Review"* bestehen häufig in den einzelnen Teilsystemen, welche dann im Rahmen dieses Ansatzes miteinander verknüpft werden. Ist dies bei neu hinzuzufügenden Managementsystemen noch nicht der Fall, werden diese Elemente weiterhin von der Unternehmensleitung unternehmensspezifisch und in Abstimmung mit den Konzernzielen erstellt. Innerhalb des vorgestellten Ansatzes folgt somit die Struktur des Integrierten Managementsystems der Strategie des Unternehmens (*structure follows strategy*[87]). Die strategische Ausrichtung gleicht hierbei einem Nukleus, der in Form einer Idee, verbunden mit einem möglichen Systemaufbau und -ablauf, in das Unternehmen auf mittlerer Ebene eingepflanzt wird. Im Rahmen der Umsetzungsmaßnahmen entwickelt er sich in Form einer veränderbaren Spirale kontinuierlich weiter und bezieht sowohl die übergeordneten als auch die darunterliegenden Ebenen sukzessive mit ein (s. Abb. 8.7). Um die Fähigkeit der Organisationsentwicklung aufrechtzuerhalten, führt dieser *„SPIral-Ansatz"* zu einem offenen, modularen System, so daß genügend Freiraum für die Entwicklung von Eigendynamik und flexibler Anpassung an neue Gegebenheiten entsteht.[88] Die zu Beginn vorgegebene Strategie entwickelt sich im Laufe der Integrationsaktivitäten durch die intensive Beteiligung der betroffenen Mitarbeiter innerhalb einer grob vorgegebenen Bandbreite weiter, welche die Erfüllung der Basisziele gewährleistet. Dieser Ansatz wird der Dynamik einer lernenden

---

[86]　Vgl. Hallay, H.: *„Die Integration des Umweltmanagementsystems und des Qualitätssicherungs-Systems nach ISO 900x"*, S. 269 f., in: Fichter, K. (1995), S. 261-270.

[87]　Vgl. Chandler, A.D. (1966)

[88]　Vgl. Pümpin, C. (1992b), S. 179 ff.

Organisation gerecht und ist als Rahmen für eine unternehmensspezifische Ausgestaltung zu verstehen.[89]

8.6.4
Systemübergreifende Integration

Wie in Kapitel 4 (Abschn. 4.3.3) beschrieben, kann eine gewisse Grundstruktur aller betrachteten Managementsystem-Modelle verzeichnet werden. Die detaillierte Analyse der Managementsysteme in den Bereichen Qualität, Umweltschutz und Arbeitssicherheit hat gezeigt, daß jedes System bestimmte Elemente besitzt, die sich in die Bereiche Managementfunktionen, Produktionsprozeß und übergeordnete Querschnittsfunktionen aufteilen lassen.[90]

Der Leitgedanke der systemübergreifenden Integrationsvariante besteht nun darin, diese lenkenden und systematisierenden Elemente eines Managementsystems von den Elementen zu trennen, welche sich den prozeß- oder ablauforientierten Funktionen widmen. Diejenigen Elemente, die sowohl den Managementfunktionen als auch den Querschnittsfunktionen zuzuordnen sind, werden hier unter dem Begriff der *„systemübergreifenden Elemente"* zusammengefaßt. ADAMS bezeichnet die Gesamtheit dieser Elemente als das *„Management der Managementsysteme"*.[91]

Im Rahmen der Gegenüberstellung von zu berücksichtigenden Spezial-Managementsystemen können die systemübergreifenden Elemente des geplanten IMS zunächst identifiziert und in einem zweiten Schritt zu jeweils einem integrierten Element zusammengefaßt werden.

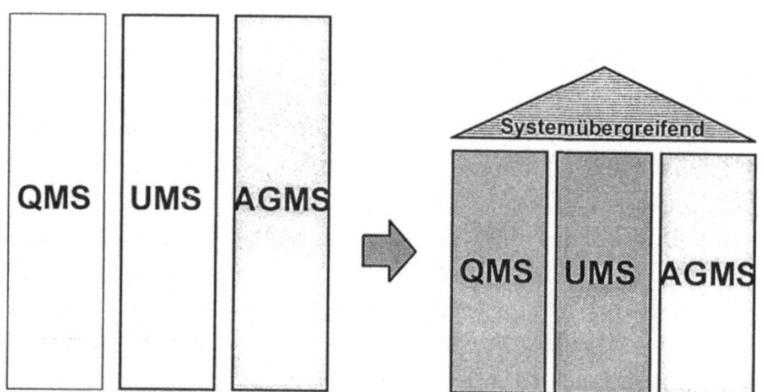

Abb. 8.8.   Systemübergreifende Integration
Quelle: Felix, R./Pischon, A./Riemenschneider, F./Schwerdtle, H. (1997), S. 70.

---

[89]   Vgl. Pischon, A. (1997), S. 55 ff.; Felix, R./Pischon, A./Riemenschneider, F./Schwerdtle, H. (1997), S. 53 f.
[90]   Vgl. Adams, H.W. (1995), S. 122-125.
[91]   Vgl. ebenda, S. XIV.

Bildlich gesprochen formen sie ein Dach über die fachspezifischen Elemente in den Modulen Qualität, Umweltschutz und Arbeitssicherheit. Die fachspezifischen Forderungen des Qualitäts-, Umweltschutz- und Arbeitssicherheitsmanagementsystems werden den sog. Modulen *„unter"* den systemübergreifenden Elementen zugewiesen. Die produktionsprozeßbezogenen Elemente verbleiben auf einer zweiten darunterliegenden Systemebene (s. Abb. 8.8).

Eine konkrete Umsetzung dieser Integrationsvariante stellt das *„Hoechst Integrierte Management System (HIMS)"* dar. Dieses System wurde von der HOECHST AG in den letzten Jahren entwickelt und wird zur Zeit am Standort Höchst umgesetzt. Das System faßt die Gebiete Umweltschutz, Arbeitsschutz, Anlagensicherheit, Gesundheitsschutz, Notfallmanagement und Qualität zusammen. Es ist modular aufgebaut und damit jederzeit um zusätzliche Themen erweiterbar. Am praktischen Beispiel der HOECHST AG wird im folgenden die Umsetzung für die Gebiete Umweltschutz, Qualität und Arbeitssicherheit skizziert.[92]

Die systemübergreifenden Elemente beschäftigen sich mit grundsätzlichen Themenstellungen, die für alle Module gelten. Sie bilden den *„größten gemeinsamen Nenner"* der drei Managementsysteme und betreffen die folgenden Aspekte:[93]

- Die **Zielsetzung des Unternehmens**.
  Sie kommt in der Vision, der Politik und den daraus abgeleiteten Zielen und Programmen zum Ausdruck. Hier wird geregelt, durch wen und in welcher Form diese Zielsetzung formuliert, freigegeben und fortgeschrieben wird.
- Die **Beschreibung des IMS**.
  Hierunter zählen u. a. die Aspekte der Verantwortung und der Delegation sowie die Beschreibung der internen und externen Systemgrenzen.
- Die **Lenkung von Aufzeichnungen und Dokumenten**.
  Sie beschreibt, wie interne und externe Dokumente gelenkt werden. Zusätzlich werden Aufbewahrungsort und -dauer für Aufzeichnungen hier festgeschrieben.
- Ein **dreistufiges Bewertungs- und Kontrollsystem**.
  Dieses setzt sich zusammen aus der Management-Bewertung (Management Review: Bewertung der Wirksamkeit des Systems durch die oberste Leitung), der Auditierung (Planung, Durchführung, Auswertung und Dokumentation der Auditierung) und den Routine- und Beauftragtenüberprüfungen (Planung, Durchführung, Auswertung und Dokumentation der Überprüfungen).
- Die Verpflichtung für eine **kontinuierliche Verbesserung**.
  Sie spiegelt sich in den Regelungen zur Effizienzsteigerung, zu Korrektur- und

---

[92] An der Umsetzung und Weiterentwicklung dieses von ADAMS erarbeiteten Konzepts bei der HOECHST AG ist der Mitautor des IWÖ-Diskussionsbeitrags Nr. 41 (Felix, R./Pischon, A./Riemenschneider, F./ Schwerdtle, H., 1997) Frank Riemenschneider federführend beteiligt. Vgl. Bock, H./Riemenschneider, F. (1997). Im Rahmen einer von ihm angefertigten Dissertation wird gegen Ende 1998 eine ausführliche Darstellung dieser Vorgehensweise erscheinen [Anm. d. Verf.].

[93] Vgl. Felix, R./Pischon, A./Riemenschneider, F./Schwerdtle, H. (1997), S. 71.

Vorbeugemaßnahmen, Motivation, interner Kommunikation, Personalqualifikation und Schulung wider.

- Die **rechtlichen Aspekte**.
  Hierunter lassen sich z. B. die Regelwerksverfolgung und der Umgang mit Genehmigungen bzw. die Auflagenverfolgung subsumieren.
- Sonstige Aspekte wie **Risiko- und Versicherungsmanagement, Statistische Methoden, Öffentlichkeitsarbeit**.

Die Regelungstiefe dieser lenkenden, systematisierenden Elemente ist abhängig von den jeweiligen unternehmensspezifischen Gegebenheiten. Aspekte wie Größe des Unternehmens, bestehende Unternehmenskultur und Mitarbeiterqualifikation sind in diesem Zusammenhang wichtige Determinanten. In den darunter liegenden, fachlichen Modulen der Bereiche Qualitäts-, Umwelt- und Arbeitssicherheitsmanagement verbleiben die Elemente, welche nicht in den übergreifenden Teil eingeflossen sind: So finden sich im *„Modul Qualitätsmanagement"* die nicht vorangestellten Elemente der ISO 9001, welche um die relevanten Umwelt- und Arbeitssicherheitsaspekte zu ergänzen sind. Beispielsweise werden auf dem Themengebiet Beschaffung Vorgaben für den Einkauf von Roh- und Hilfsstoffen, Materialien, Geräten, Anlagen, Anlagenteilen und Dienstleistungen festgelegt. Hierbei werden die Zuständigkeiten für diese Tätigkeiten eindeutig geregelt und die erforderlichen Merkmale für die zu beschaffenden Güter und Dienstleistungen festgelegt. Die Leistungsmerkmale sind aus den betrieblichen Forderungen abgeleitet und enthalten die Anforderungen aus Sicht der Qualität, des Umweltschutzes und der Arbeitssicherheit. Eine solche Forderung ist etwa die Einstufung aller zu beschaffenden Güter in eine Risikoklasse (z. B. Wassergefährdungsklassen nach VAWS) sowie die Forderung ab Stufe II, aktuelle Sicherheitsdatenblätter bereitzustellen, aus denen die relevanten Sicherheits- und Umweltschutzdaten hervorgehen.

Im *„Modul Arbeitssicherheit"* wird u. a. das Thema des vorbeugenden Umweltschutzes behandelt. Hier finden sich Forderungen zur Vermeidung von Betriebsunfällen bzw. zur größtmöglichen Begrenzung deren arbeitssicherheits-, gesundheitsschutz- und umweltschutzbezogenen Auswirkungen. Eine charakteristische Forderung innerhalb dieses Elements ist die regelmäßige Durchführung und Dokumentation von Gefährdungsermittlungen sowie die Einleitung geeigneter Maßnahmen nach Unfällen und Beinaheunfällen. Die Spezial-Regelungen im *„Modul Umweltschutz"* behandeln u. a. den Gewässerschutz. Hier werden Vorgaben zur Wasserentnahme, Wassernutzung, Abwasserbehandlung und Einleitung von Abwässern getroffen. So sind z. B. alle Einwirkungen auf Umwelt und Mitarbeiter abzuschätzen, die sich aufgrund der Tätigkeiten und der Eigenschaften der Produkte bei der beabsichtigten und unbeabsichtigten Ableitung in Gewässer ergeben können.

Der Ansatz des systemübergreifenden Integrierten Managementsystems ist bei jeder Unternehmensgröße anwendbar. Dabei kann die Struktur des Systems grundsätzlich beibehalten werden. Je nach Unternehmensgröße ergeben sich Änderungen im Sinne von unterschiedlichen Detaillierungsgraden der Elemente. Der Umfang und die Tiefe der Regelungen sind an die Tätigkeiten des Unternehmens anzupassen. So können komplette Themengebiete, wie der Umgang mit Gefahrstoffen, innerhalb eines Moduls entfallen, wenn im betrachteten Unternehmen keine derartigen Tätigkeiten durchgeführt werden. Bei der Reduzierung der Themen ist jedoch mit Bedacht vorzugehen, da es sich bei strenger Auslegung selbst bei einem Klebestift um einen Gefahrstoff handeln kann. Ab einer gewissen Unternehmensgröße bzw. innerhalb von Großkonzernen kann eine Zwischenstufe innerhalb des Systems sinnvoll sein, um die Zusammenarbeit im Unternehmen zu beschreiben und somit Schnittstellen zu definieren. Auf dieser Ebene werden unternehmensweit gültige Regelungen getroffen, die bei der betrieblichen Umsetzung als Richtlinien benutzt werden können. Innerhalb der Teilbereiche werden diese Regelungen auf den jeweilig erforderlichen Detaillierungsgrad angepaßt. Neben der systemübergreifenden Integration auf der obersten Ebene des Unternehmens, ist auf der Ebene der Teilbereiche letztendlich sowohl eine systemübergreifende als auch eine prozeßorientierte oder partielle Integration möglich. Der Vorteil dieser Vorgehensweise besteht darin, daß ein identischer Aufbau und eine einheitliche Methodik für die inhaltlich unterschiedlichen Managementsysteme geschaffen werden. Durch die Vermeidung einer parallelen Mehrfachregelung der systemübergreifenden Elemente in separaten Systemen wird die Komplexität reduziert, die Transparenz erhöht und das System für alle Mitarbeiter nachvollziehbarer und verständlicher gestaltet. Effektivitäts- und Effizienzsteigerungen sind somit das Ergebnis einer systemübergreifenden Integration.[94]

8.6.5
Prozeßorientierte Integration

Eine Orientierung an den in den Unternehmen anzutreffenden Unternehmensprozessen bietet eine weitere Möglichkeit der Integration von Qualitäts-, Umwelt- und Arbeitssicherheitsmanagement. Diese Vorgehensweise ist dann sinnvoll, wenn das betrachtete Unternehmen seine Ablauforganisation im Rahmen des *„Lean Production"* oder des *„Reengineering"* in eine Prozeßorganisation umgestaltet hat. GAITANIDES definiert den Prozeß als *„Abfolge von Aktivitäten, die in einem logischen inneren Zusammenhang dadurch stehen, daß sie im Ergebnis zu einem Produkt bzw. einer Leistung führen, die durch einen Kunden(-prozeß) nachgefragt wird."*[95] Dabei bildet eine Aktivität, als zielgerichteter Einzelvorgang oder Einzelmaßnahme, das Grundelement der Unternehmenstätigkeit. So kann die Ausführung einer Bestellung als Beispiel für eine Aktivität genannt werden.[96] Eine Prozeßorganisation zeichnet sich vorwiegend durch die folgenden zwei Eigenschaften aus:

---

[94] Vgl. ebenda, S. 69-74.
[95] Gaitanides, M. (1996), Sp. 1683.
[96] Vgl. Baumgarten, H. (1996), Sp. 1672.

1. Die Grundlage der Unternehmensstruktur bilden die Prozesse. Somit wird das CHANDLER`SCHE Strategiekonzept *„structure follows strategy"*[97] in *„structure follows process and process follows strategy"* modifiziert.[98]
2. Die Prozeßorganisation besitzt einen funktionsübergreifenden Charakter. Im Unterschied zur Aufbauorganisation, die auf die Aufgabenerfüllung und somit auf die funktionale Aufgabenspezialisierung ausgerichtet ist, hat die Prozeß-organisation eine ganzheitliche Vorgangsbearbeitung zum Ziel.[99]

Den folgenden Ausführungen wird ein Unternehmen zugrunde gelegt, welches bereits eine Prozeßorganisation eingeführt hat.[100] Eine Möglichkeit der Prozeß-strukturierung bietet die zur Zeit im Rahmen der Revision 2000 der ISO 9001 diskutierte Unterteilung in Management-, Ressourcen-, Leistungserstellungs-, Kunden- sowie unterstützende Prozesse (s. Abb. 8.9). Diese fünf Prozesse stellen die erste Ebene der Prozeßstruktur dar. Auf der zweiten Ebene erfolgt eine Kon-kretisierung hinsichtlich spezieller Unternehmensprozesse sowie einzelner Prozeß-schritte.[101]

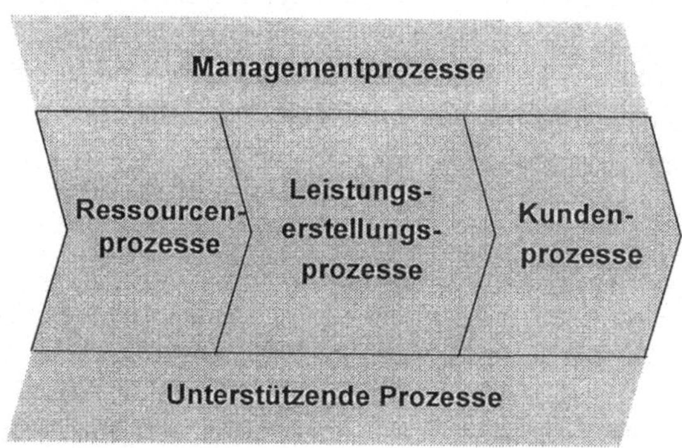

Abb. 8.9.   ISO-Gliederungsstruktur der Prozesse
Quelle: Dyllick, T. (1996), S. 10.

---

[97] Vgl. Chandler, A.D. (1966)
[98] Vgl. Scholz, R. (1994), S. 356-363.
[99] Vgl. Davenport, T.H./Nohria, N.: (1995), S. 81-90.
[100] Zur Einführung einer Prozeßorganisation vgl. Krickl, O.Ch. (1994); Gaitanides, M./Scholz, R./Vrohlings, A., et al. (1994); Hess, T./Brecht, L. (1995) sowie Chrobock, R./Tiemeyer, E. (1996).
[101] Die Unternehmensberatung DR. ADAMS UND PARTNER hat in einem Verbundprojekt mit dem nordrhein-westfälischen Wirtschaftsministerium ein integriertes Q-/UMS-Musterhandbuch für KMU erstellt, welches auf einer vergleichbaren Prozeßdarstellung basiert [Anm. d. Verf.]. Vgl. Adams, H.W. (1996), S. 5. Die Unternehmensberatung COOPERS & LYBRAND hat im Auftrag der Hessischen Landesanstalt für Umwelt einen Leitfaden für Integrierte Managementsysteme entwickelt, der sich ebenfalls an den Un-ternehmensprozessen orientiert [Anm. d. Verf.]. Vgl. Meuche, T./Doerner, U./Hofmann-Kamensky, M./ Langefeld, L. et. al. (1997).

Die Prozesse sind insgesamt an den Bedürfnissen des jeweiligen Kunden ausgerichtet. Kunde des Prozesses kann in diesem Zusammenhang der darauffolgende Prozeß (interner Kunde) oder der externe Käufer des Produkts bzw. der Dienstleistung sein. Die Integration der Anforderungen der einzelnen Managementsysteme kann anhand der folgenden vier Schritte geschehen:

1. Analyse der Prozesse nach qualitäts-, umweltschutz- bzw. arbeitssicherheitsrelevanten Aktivitäten.

2. Erweiterung der Prozeßbeschreibung um die jeweiligen qualitäts-, umweltschutz- bzw. arbeitssicherheitsrelevanten Aktivitäten.

3. Überprüfung jeder einzelnen Forderung der zugrundeliegenden Normen, Leitfäden und Verordnungen (ISO 9001, ISO 14001, EMAS, BS 8800, SCC) hinsichtlich ihrer Erfüllung und Identifikation des jeweiligen Prozesses, in welchen sie integriert sind.

4. Erstellung jeweils separater Prüfmatrizen für Qualität, Umweltschutz und Arbeitssicherheit. Diese verdeutlichen, in welchem Prozeß das entsprechende Normelement einwirkt bzw. durch welchen Prozeß das jeweilige Element erfüllt wird.

Abb. 8.10 zeigt eine beispielhafte Einbindung verschiedener Systemelemente in die beschriebene Prozeßstruktur. Zur Erhöhung der Transparenz der Prozeßorganisation und zur Überwachung der Vollständigkeit des Systems ist eine Übersichts- bzw. Prüfmatrix erforderlich. Sie trägt dazu bei, einem externen Prüfer den Zertifizierungsvorgang zu erleichtern.

Abb. 8.10. Beispielhafte Einbindung verschiedener Systemelemente in die Prozeßstruktur Quelle: Felix, R./Pischon, A./Riemenschneider, F./Schwerdtle, H. (1997), S. 67.

Die in Abb. 8.11 dargestellte Prüfmatrix kann beispielsweise für ein zu zertifizierendes Umweltmanagement eingesetzt werden. Der Buchstabe U in der ersten Zeile enthält die Information, daß die Erstellung der Umweltpolitik innerhalb der Managementprozesse geregelt ist. Alle weiteren Eintragungen verdeutlichen exemplarisch den in Abb. 8.10 dargestellten Zusammenhang. Für die Bereiche des Qualitäts- sowie Arbeitssicherheitsmanagements sind vergleichbare Prüfmatrizen zu erstellen.

Für die Einhaltung der jeweiligen Aktivität ist nach Abschluß dieser Tätigkeiten der sog. *„Prozeß-Owner"* verantwortlich. Die Aufgaben der Fachbereiche für Qualität, Umweltschutz und Arbeitssicherheit beschränken sich nach einer solchen Prozeßausrichtung auf die Beratung und Unterstützung der einzelnen Prozeßteams. Der Vorteil einer solchen prozeßorientierten Integration besteht im wesentlichen in der Möglichkeit, den überwiegenden Teil der zur Aufrechterhaltung der einzelnen Spezial-Managementsysteme erforderlichen Tätigkeiten in die Linie zu verlagern. Damit wird die Verantwortung für Qualität, Umweltschutz und Arbeitssicherheit in den täglichen Entscheidungsprozeß nahezu jedes Mitarbeiters eingebunden. Die Größe der Stabsabteilungen kann somit auf ein Mindestmaß reduziert werden.[102]

Unternehmens-prozesse \ Anforderungen der DIN EN ISO 14001	4.1 Allgemeine Forderungen	4.2 Umweltpolitik	4.3 Planung	4.3.1 Umweltaspekte	4.3.2 Gesetzliche und andere Forderungen	4.3.3 Zielsetzungen und Einzelziele	4.3.4 Umweltmanagement-programm(e)	4.4 Implementierung und Durchführung	4.4.1 Organisationsstruktur und Verantwortlichkeit	4.4.2 Schulung, Bewußtsein und Kompetenz	4.4.3 Kommunikation	4.4.4 Dokumentation des Umweltmanagementsystems	4.4.5 Lenkung der Dokumente	4.4.6 Ablauflenkung	4.4.7 Notfallvorsorge und -maßnahmen	4.5 Kontroll- und Korrekturmaßnahmen	4.5.1 Überwachung und Messung	4.5.2 Abweichungen, Korrektur- und Vorsorgemaßnahmen	4.5.3 Aufzeichnungen	4.5.4 Umweltmanagementsystem-Audit	4.6 Bewertung durch die oberste Leitung
Managementprozesse		U																			
Ressourcenprozesse																U					
Leistungserstellungsprozesse																U					
Kundenprozesse																U					
Unterstützende Prozesse																			U		

Abb. 8.11. Prüfmatrix für das Umweltmanagementsystem
Quelle: Felix, R./Pischon, A./Riemenschneider, F./Schwerdtle, H. (1997), S. 68.

---

[102] An der Umsetzung und Weiterentwicklung dieses Konzepts im Rahmen der MICRO COMPACT CAR GMBH ist der Mitautor des IWÖ-Diskussionsbeitrags Nr. 41 (Vgl. Felix, R./Pischon, A./Riemenschnei-der, F./ Schwerdtle, H. 1997) Hartwig Schwerdtle federführend beteiligt. Im Rahmen einer von ihm angefertigten Dissertation wird Ende 1998 eine ausführliche Darstellung dieser Vorgehensweise erscheinen [Anm. d. Verf.].

8.7
Konstruktive Auseinandersetzung mit der Kritik an IMS

Sowohl in der wissenschaftlichen Diskussion als auch in den Unternehmen, Verbänden, Zertifizierungsgesellschaften etc. teilen sich die Fraktionen in Befürworter und Kritiker der Integration. In der unternehmerischen Praxis insbesondere in sensiblen Branchen, wie der Chemieindustrie, werden die Aufgabenbereiche des Umweltschutzes und der Arbeitssicherheit aufgrund vielfacher Überschneidungen (Bsp. Gefahrstoffe) seit jeher gemeinsam bearbeitet.[103] Der Zusammenhang dieser Arbeitsfelder mit den Aspekten des Qualitätsmanagements wird hingegen noch vielfach negiert und damit eine Zusammenführung der entsprechenden Systeme abgelehnt. Demgegenüber besteht in weniger sensiblen Bereichen, in denen die Umweltaspekte aufgrund der verstärkten öffentlichen Diskussion erst in neuerer Zeit berücksichtigt werden, die Tendenz, das *„junge"* Umweltmanagement als ein zusätzliches Teilelement des *„erfahrenen"* und zumeist als wichtiger erachteten Qualitätsmanagements anzusehen. Hat eine derartige Unterordnung der Umweltbelange in das Qualitätsmanagement nicht stattgefunden, so haben sich in den Unternehmen häufig völlig getrennte und nicht aufeinander abgestimmte Stabsbereiche für Arbeitssicherheit und Umweltschutz sowie für das Qualitätswesen entwickelt. Diese Bereiche betreuen die verschiedenen Divisionen als interne Dienstleister. Gleichzeitig erfolgt innerhalb der Divisionen keine Harmonisierung der jeweiligen Teilsysteme. Aus dem Verständnis heraus, daß ein Managementsystem die gesamte Lenkung eines Unternehmens umfassen sollte und aufgrund der angeführten Problematik separater Managementsysteme, kann dieser Zustand nicht optimal sein. Dennoch werden von seiten der *„Integrations-Kritiker"* verschiedene Vorbehalte gegenüber einer Verschmelzung der Systeme angeführt. Die Ablehnung basiert jedoch häufig auf subjektiven Problemstellungen. Aufgrund einem über Jahre hinweg gepflegten Abteilungsdenkens entsteht zwischen den Fachbereichen eine interne Konkurrenz, welche die Befürchtung von individuellen Machteinbußen verstärkt. Als Folge der Integration wird mit der Kürzung von Stellen gerechnet, so daß eine Angst vor dem Abbau des eigenen Arbeitsplatzes entsteht. Beide Argumente können theoretisch eintreffen, hierbei ist jedoch die Gesamtentwicklung des Unternehmens höher zu bewerten, als die möglichen negativen Auswirkungen einer Integration für einzelne Mitarbeiter, welche zudem in der unternehmerischen Praxis bislang nicht zu beobachten sind. Darüber hinaus werden folgende Aspekte als Hindernisse der Integration genannt:[104]

---

[103] So führte z. B. EXXON CHEMICAL 1994 ein Qualitätsmanagementsystem für Sicherheit, Gesundheits- und Umweltschutz ein. Vgl. Glaap, W. (1995), S. 8. Ebenso hat die DEUTSCHE BAHN eine Strategie für den Nah- und Fernverkehr entwickelt, welche Umweltvorsorge und Arbeitssicherheit zusammenfaßt. Vergleichbare Ansätze bestehen auch bei verschiedenen Gesellschaften der Deutschen ABB AG. So hat z. B. die ABB Calor Emag Schaltanlagen AG als einen ersten Schritt der Integration ein gemeinsames Sicherheits- und Umweltmanagement Handbuch aufgebaut [Anm. d. Verf.].

[104] Vgl. Artischewski, R. (1997), S. 6 ff.

- *Die häufig anzutreffende Einordnung der Umweltaspekte in die bereits bestehenden 20 Elemente der ISO 9001 wird den hohen Umweltanforderungen nicht gerecht und verhindert deren effiziente Umsetzung.* Vor diesem Hintergrund wurden in dieser Arbeit alternative Integrationskonzepte erarbeitet.

- *Die Integration führt zu einem nicht mehr überschaubaren, inflexiblen und bürokratisierten System.* Diese Gefahr ist bei einer rein additiven Vorgehensweise durchaus vorhanden, die vorgestellten Konzepte führen jedoch zu einer nachweisbaren Reduktion des Dokumentationsaufwandes.

- *Die grundsätzlich unterschiedlichen Basisanforderungen der Teilbereiche verhindern die Erfüllung der jeweiligen Maximalanforderungen.* So werden etwa die Qualitätsanforderungen im wesentlichen von der Wirtschaft (z. B. DIN-Ausschüsse) für die Wirtschaft erstellt und als verhandelbarer Konsens zwischen Produzent und Kunde gesehen. Dabei kann ein Kompromiß zwischen Qualität und Preis erzielt werden. Die Umweltanforderungen hingegen resultieren aus festgeschriebenen, nicht-verhandelbaren Gesetzen, die als Mindestanforderungen eingehalten werden müssen. Beide Anforderungen mit nur einem System optimal zu erfüllen scheitert nach Auffassung verschiedener Kritiker an der entstehenden Komplexität. Auch hier haben die vorangegangenen Ausführungen gezeigt, daß die Rechtskonformität auf den Gebieten des Umweltschutzes und der Arbeitssicherheit trotz einer Zusammenführung der Teilgebiete durchaus erreicht werden kann.

- *Die unterschiedlichen Sichtweisen der Managementsysteme sind ein unüberwindbares Integrationshemmnis.* Der Vergleich der bestehenden Sichtweisen bestätigt zwar deren Unterschiede, deckt jedoch gleichzeitig eine Reihe von Überschneidungen auf, die durch eine Integration zu Synergien führen können.

- *Der hohe personelle, zeitliche und damit finanzielle Integrationsaufwand übersteigt die zu erwartenden Erträge und Verbesserungen.* Diesen skeptischen Einschätzungen ist dann zu folgen, wenn ein Unternehmen drei bereits erfolgreich zertifizierte und hervorragend implementierte Teilmanagementsysteme ohne konkreten Änderungsbedarf innerhalb eines kurzen Zeitraumes (drei Monate bis zu einem halben Jahr) unter hohem Personalaufwand zusammenführt. Ist jedoch ein Änderungsbedarf vorhanden, soll etwa ein Arbeitssicherheitsmanagementsystem neu eingeführt und ein Wiederholungsaudit im Umweltbereich durchgeführt werden, führen die Integrationsaktivitäten nicht zu einem Mehraufwand. Zudem ist eine sukzessive Umstellung auf Verfahrensanweisungsebene immer dann möglich, wenn sich z. B. im Rahmen eines Verfahrensablaufs Veränderungen ergeben. Die Einsparungsmöglichkeiten, die sich durch eine koordinierte Arbeitsweise im Rahmen eines IMS auf lange Sicht ergeben, dürften die Implementierungskosten bei weitem übertreffen.

- *Aufgrund der Zusammenfassung der Dokumentation ist bereits bei kleinen Änderungen in einem Teilbereich die Änderung des nun wesentlich umfassenderen Gesamtdokumentationssystems erforderlich.* Dieser Kritikpunkt läßt sich bereits durch eine Loseblattsammlung entkräften. Sollte in Zukunft die Papierform der Dokumentation durch eine EDV-Lösung ersetzt werden, können

Änderungen ohne größeren Aufwand vorgenommen und jedem *„Intranet-User"* bei Zugriff auf die Dokumentation kurz eingeblendet werden.

- *Es entsteht eine verwirrende Informationsüberlast, da verschiedene Stellen mit zusätzlichen Informationen versorgt werden, welche sie im Rahmen ihrer Aufgabenstellung eigentlich nicht benötigen.* Insbesondere bei der angesprochenen EDV-Lösung kann dieses Argument eine gewisse Bedeutung erlangen. Entsprechend geschulte Mitarbeiter werden jedoch in der Lage sein, die benötigten Informationen gezielt abzugreifen.

- *Für die internen und externen Auditoren entsteht aufgrund mangelnder Spezialkenntnis die Problematik, das komplexe IMS auf einmal zu prüfen. Daraus entstehen höhere Zertifizierungskosten.* Praxisrecherchen haben gezeigt, daß Zertifizierungsgesellschaften bereits heute befähigt sind, integrierte Audits durchzuführen und diese aufgrund des geringeren Zeitaufwands sogar zu geringeren Kosten auf dem Markt anbieten.

- *Insgesamt stellt ein IMS in allen integrierten Teilbereichen nur eine suboptimale Lösung im Vergleich zu jeweils separaten Systemen dar, da sich bei getrennten Aufgabengebieten die jeweils Verantwortlichen ausschließlich auf ihren Bereich konzentrieren können.* Die Mitarbeiter sollten im Rahmen der komplexen Aufgabenstellungen in Zukunft verstärkt dahingehend geschult werden, sich abteilungsübergreifende Sichtweisen anzueignen und ganzheitliche Problemlösungen anzustreben.

Trotz dieser direkten *„Entkräftung"* der angeführten Gegenargumente sollten diese Einwände im Rahmen der Integrationsaktivitäten als Orientierungspunkte konstruktiv eingebracht werden, um derartige Entwicklungen von vornherein zu verhindern. So ist eine Integration auf der Ebene der Dokumentation zwar ein nützliches Hilfsmittel, sie ist jedoch nur eine notwendige, keine hinreichende Bedingung zum Aufbau eines IMS. Das unbestrittene Ziel ist es vielmehr, die Integration der unterschiedlichen Anforderungen in den Köpfen der Mitarbeiter so zu verankern, daß ein umfassendes Denken und ein kooperatives Handeln zwischen den verschiedenen Funktionen zu einer Selbstverständlichkeit im täglichen Arbeitsalltag wird. Führung, Information und Schulung sind dabei die zentralen Elemente.[105] Nach dem Aufbau eines IMS ist eine Weiterentwicklung zu einem ganzheitlichen System erforderlich, um das gesamte Ausmaß an Vorteilen der Integration auszuschöpfen. Eine Integration der Teilmanagementsysteme bzw. des bereits erarbeiteten IMS in das allgemeine Managementsystem des Unternehmens ist anzustreben. So betonen DYLLICK/ GEBHARDT/HÄFLIGER auf dem Gebiet des Umweltmanagements: *„Von einem effektiv integrierten Umweltmanagement sollte eigentlich erst gesprochen werden, wenn UMS und QMS in dieses für jedes Unternehmen zentrale, allgemeine Managementsystem eingebunden sind."*[106] Diese Aussage läßt sich bezüglich eines IMS generalisieren. Demnach ist darauf zu achten, daß das neu geschaffene IMS nicht wiederum als separates

---

[105] Vgl. Dyllick, T./Gebhardt, P./Häfliger, B. (1998), S. 22.

[106] Dyllick, T./Gebhardt, P./Häfliger, B. (1997), S. 21.

Managementsystem aufgebaut wird, welches in personeller und organisatorischer Hinsicht vom allgemeinen Managementsystem losgelöst ist. Bei der Integration sämtlicher Teilmanagementsysteme in das unternehmerische Metasystem, dessen Mittelpunkt zumeist das Planungs- und Controllingsystem bildet, sind folgende Aspekte gewissermaßen als *„Stoßrichtung"* der Weiterentwicklung zu beachten:[107]

- **Integration der Planung** sämtlicher Teilziele und Programme in die reguläre Unternehmensplanung und Budgetierung, um so alle Teilaspekte von Anfang an in den Zusammenhang mit sämtlichen unternehmensrelevanten Aspekten zu stellen und damit eine für das Unternehmen als Ganzes sinnvolle Berücksichtigung zu gewährleisten.

- **Einbindung der Linienstellen in die Verantwortung** der Umsetzung von Zielen aus den Bereichen Umwelt, Qualität, Arbeitssicherheit etc., da hier die nötigen Prozeßkenntnisse vorhanden sind. Bei der Umsetzung der festgelegten Ziele bildet die Stabstelle eine Serviceeinheit und unterstützt die Verantwortlichen aus der Linie mit der Bereitstellung eines fortwährend aktualisierten Fachwissens. Eine Koordinationsstelle auf Konzernebene wird darüber hinaus eine alle Teilgesellschaften übergreifende Gesamtsicht pflegen und bei besonderen Problemstellungen z. B. interne Benchmark-Partner zusammenführen.

- Einbindung aller Teilbereiche in eine **integrierte Ziel- und Leistungsbeurteilung**. Qualitäts-, Umweltschutz- und Arbeitssicherheitsaspekte können neben den klassischen, marktorientierten Leistungszielen bei der Gehaltsberechnung einbezogen werden, um die Ernsthaftigkeit der Bemühungen auf diesen Gebieten zu verdeutlichen.

8.8
Möglichkeiten der Weiterentwicklung von IMS

8.8.1
Generische Managementsysteme

In der Literatur zur Integration von Managementsystemen wird häufig der Begriff des *„Generic Management System"* verwendet, welcher mit *„generischem Führungssystem"* zu übersetzen ist. Der aus der Biologie stammende Begriff *„generic"* bezieht sich ursprünglich auf eine gleiche Gattung; in der allgemeinsprachlichen Form bezeichnet der englische Ausdruck *„generic term"* einen Oberbegriff. Übertragen auf die Betriebswirtschaftslehre wird unter einem Generischen Managementsystem (GMS) ein umfassendes, übergeordnetes Managementsystem verstanden. Da diese Definition einen weitreichenden Interpretationsspielraum offen läßt, werden hier zwei grundsätzliche Auslegungsarten unterschieden: Zum einen wird von einem Generischen Managementsystem gesprochen werden, wenn zwei oder mehrere Teilsysteme so umfassend integriert sind, daß sie praktisch nicht mehr als eigene Systeme unterschieden werden können. Aufgrund der

---

[107] Vgl. Dyllick, T. (1997b), S. 158 f.

vollständigen Verschmelzung und Auflösung im Generischen Managementsystem, haben sie ihre eigene Identität aufgegeben.[108] Diese Auffassung entspricht jedoch nicht der eines Generischen Managementsystems im eigentlichen Sinne. Eine geeignetere Interpretation bietet das Verständnis des generischen Managementsystems als übergeordnetes System, welches die Koordination der untergeordneten Teilsysteme sicherstellt. Das Generische Managementsystem weist in dieser Form keine eigenen fachlichen Inhalte auf, wie ein Qualitäts-, Umwelt-, Arbeitssicherheits- oder Finanzmanagementsystem. Vielmehr bildet es ein abstrakt formuliertes Steuerungssystem auf übergeordneter Ebene.[109]

Die Beobachtung, daß es in den Unternehmen zunehmend mehr Managementsysteme gibt, die oftmals weitgehend isoliert voneinander existieren und nur wenig koordiniert sind, führt ADAMS zu der Forderung nach einem *„Management der Managementsysteme".*[110] Einen vergleichbaren Vorschlag formuliert SEGHEZZI, der eine Einordnung der Teilmanagementsysteme in ein übergeordnetes GMS als Basissystem fordert[111] und dazu anmerkt: *„Je größer und komplexer ein Unternehmen ist, desto mehr ist es notwendig, die Komplexität der Führung durch Aufsplittung in Teilführungssysteme zu reduzieren und gleichzeitig diese Teilführungssysteme zu einem ganzheitlichen Führungssystem zusammenzufassen, das in seiner umfassenden Ganzheitlichkeit die Komplexität nicht reduziert, sondern ihr Rechnung trägt und sie in Wettbewerbsvorteile ummünzt."*[112] SCHWANINGER hält hierzu fest: *„Je besser* [die Teilsysteme] *mit dem allgemeinen Managementsystem einer Unternehmung verschmolzen sind, je weniger sie aufgepfropfte Anhängsel sind, die neben der bereits bestehenden Führungspraxis zusätzlich gehandhabt werden müssen (etwa weil entsprechende Reglemente bestehen), um so größer kann im Prinzip ihre Effektivität sein."*[113] Bei einem so verstandenen Generischen Managementsystem handelt es sich also nicht um ein neues oder ein zusätzliches Managementsystem, sondern um ein gemeinsames Konstruktionsprinzip für alle vorhandenen Teilsysteme. Zur Festlegung dieses gemeinsamen Konstruktionsprinzips unterscheidet ADAMS grundsätzlich zwei Möglichkeiten:[114]

1. Entwicklung einer abstrakten Norm und daraus eine deduktive Ableitung des IMS mit seinen verschiedenen Ausprägungen in den Regelungsbereichen.
2. Induktive Vorgehensweise durch Befreiung der verfügbaren Teilsysteme (z. B. ISO 9001 oder ISO 14001) in einem bottom-up-Ansatz von ihren (fachspezifischen) Prozeßfunktionen, so daß die übrig bleibenden allgemeinen Management- und Querschnittsfunktionen die Anforderungen an ein IMS festlegen. Die Summe der Anforderungen, die auf diese Weise das integrierte

---

[108]   Vgl. Weick, K.E. (1976), S. 3; Orton, J. D./Weick, K.E. (1990), S. 205.

[109]   Vgl. Felix, R./Pischon, A./Riemenschneider, F./Schwerdtle, H. (1997), S. 75 ff.

[110]   Adams, H.W. (1995), S. XIV.

[111]   Vgl. Seghezzi, H.D. (1997), S. 16.

[112]   ebenda, S. 8.

[113]   Schwaninger, M. (1994), o. S., zitiert bei Seghezzi, H.D. (1997), S. 8.

[114]   Vgl. Adams, H.W. (1995), S. XIV-XIV sowie 154-174.

Managementsystem erzeugen, bezeichnet ADAMS als Generic Management System. Erst in einem zweiten Schritt soll das so erarbeitete Generic Management System top-down als Gestaltungsprinzip für alle zu errichtenden Teilsysteme eingeführt werden.

Der von ADAMS favorisierte, induktive Ansatz soll zu einer höheren Akzeptanz der Mitarbeiter führen, da sie in den Gestaltungsprozeß des Generic Management Systems partizipativ einbezogen werden. Die Struktur eines solchen universellen Managementsytems ist hochflexibel und lernfähig. Damit ist es in der Lage, alle zukünftigen Anforderungen an ein Unternehmen zu erfüllen, gleichzeitig erfüllt es jedoch auch die Forderung nach Stabilität, indem es von neuen Anforderungen weder in seiner Lebensfähigkeit noch bezüglich der betrieblichen Relevanz beeinträchtigt wird.[115] Als Kritiker von ADAMS sieht DYLLICK weder in der Zusammenführung von Qualitäts-, Umweltschutz- und Arbeitssicherheitsmanagementsystemen noch in dem Aufbau eines übergeordneten Managementsystems durch das *„vor die Klammer ziehen"* systemübergreifender Elemente bereits eine Realisation eines Generischen Managementsystems. Vielmehr besteht eine seiner Hauptanforderungen an ein generisches Modell, daß es jede Art der Gestaltung offen läßt. Es handelt sich demnach um ein allgemeines Strukturmodell, welches allen Managementsystemen zugrunde gelegt werden kann. Dieser Auffassung nach entspricht ein GMS einem Leerstellengerüst bzw. einem Ordnungsrahmen im Sinne des St. Galler Management-Konzepts. Das Ziel bei dem Aufbau eines GMS, welches als Grundlage für ein IMS dienen kann, ist die Formulierung einer grundsätzlichen Gliederungsvorschrift und einer Vorschrift zur inhaltlichen Gestaltung der jeweiligen Teilsysteme.[116] Dabei ist z. B. eine fraktale Gliederungsstruktur denkbar, welche sich in den verbleibenden Teilsystemen wiederfindet.[117] Ein GMS soll nach DYLLICK *„...ein neues, ideales Haus sein, in das jeder seine Möbel stellen kann."*[118] Es sollte nach seiner Ansicht Eingang in die Normung finden und die Möglichkeit eröffnen, sämtliche unternehmensrelevante Aspekte, etwa Finanzen und Personal, zu integrieren, so daß daraus langfristig eine neue Gliederung der Betriebswirtschaftslehre entstehe. SEGHEZZI formuliert demnach die folgenden Kriterien, an welchen ein generisches Organisationsmodell gemessen werden kann:[119]

---

[115] Vgl. ebenda, S. 161 ff.; Adams. H.W./Haker, W. (1996), S. 778 ff.

[116] Vgl. Dyllick, T. (1997b), S. 158 f.

[117] Unter dem Begriff *„Fraktal"* wird eine mathematisch-geometrische Beschreibung natürlicher Strukturen bei lebenden Organismen und Materie verstanden. Die Fraktale sind gekennzeichnet durch eine hohe Selbstähnlichkeit von Strukturen und dem Verhalten des gesamten Systems sowie seiner Subsysteme und Elemente. Hier angewendet bedeutet dies, daß jede Gliederungsstruktur der einzelnen Subsysteme der Struktur des Gesamtsystems entspricht. Die fraktale Struktur (bzw. Rekursivität) eines IMS bedeutet, daß auf jeder Organisationsebene und bei Konzernen innerhalb jeder Teilgesellschaft eine identische Struktur besteht [Anm. d. Verf.]. Vgl. Warnecke, H.J. (1992a); Warnecke, H.J. (1992b), S. 52; Seghezzi, H.D./Blankenburg, D. (1997b), S. 5.

[118] Vortrag von Prof. Dyllick im Rahmen des AK-IMS an der HSG am 3. März 1997.

[119] Vgl. Seghezzi, H.D./Blankenburg, D. (1997b), S. 1 ff; Seghezzi, H.D. (1998a), S. 9.

1. Modularität und Offenheit (Einbindung weiterer Subsysteme muß möglich sein),
2. Vollständigkeit/Ganzheitlichkeit (alle Führungsaspekte i. S. des St. Galler Konzepts: drei Ebenen, drei Säulen und die Unternehmensentwicklung müssen berücksichtigt werden),
3. Neutralität bezüglich der funktionalen Ausrichtung (nicht spezifisch für Qualität, Umwelt, Finanzen etc.),
4. Komplexitätsbewältigungskapazität,
5. Flexibilität (Anpassungsfähigkeit an sich änderndes Unternehmensumfeld),
6. Einfachheit/Verständlichkeit,
7. Akzeptanz,
8. Differenzierbarkeit,
9. Einbindung des spezifischen Unternehmensumfelds,
10. Identifizierung und Berücksichtigung von Interdependenzen (z. B. zwischen Kultur, Politik, Strategie),
11. Selbstreflektion,
12. Institutionalisierung von Rückkopplungen (Feedback-Schleifen),
13. Robustheit,
14. Innovationsförderung und Dynamik,
15. Einheitlichkeit der Abstraktionsgrade auf jeder Ebene,
16. Rekursivität (fraktale Struktur),
17. Anwendbarkeit für sämtliche Branchen und Unternehmensgrößen,
18. Eindeutigkeit,
19. Fähigkeit zur Weiterleitung der Unternehmensphilosophie sowie
20. Internationalität und Freiheit von kulturellen Eigenheiten.

Die Punkte 1-5 werden hierbei unter dem Stichwort *„Integrationskraft"* zusammengefaßt und können als sog. *„Muß-Kriterien"* verstanden werden.[120] Bei den übrigen Aspekten handelt es sich um sog. *„Kann-Kriterien"*, aus denen ein Anwender auswählen kann, welche Gesichtspunkte für seine Zielsetzungen relevant sind.[121] Die Aufstellung dieses Kriterienkatalogs macht deutlich, daß ein IMS bzw. ein GMS im ADAMS'schen Sinne lediglich eine Weiterentwicklung der nach bestehenden Normen aufgebauten Systeme hin zu einem vollständig verschmolzenen System darstellt. Den Anforderungen an ein GMS wird es somit noch nicht gerecht. Als Basis für ein *„echtes"* GMS können folgende Ansätze dienen:

1. Das St. Galler Konzept gibt einen guten Bewertungsmaßstab, inwieweit alle genannten Kriterien erfüllt sind. Bei gezielter Betreuung eines Unternehmens kann dieses Konzept zu einer maßgeschneiderten Lösung beitragen. Als allgemeines, praktikables Modell für alle weiteren ISO-Normen erscheint es jedoch

---

[120] Vgl. Seghezzi, H.D. (1997), S. 16 ff.

[121] Hierbei wird vorausgesetzt, daß es sich bei dem Anwender der Kriterien um eine normgebende Instanz handelt. Für ein Unternehmen werden als grundsätzliche Auswahl- und Bewertungskriterien weiterhin Aspekte wie Kosten, Effizienz, Personalaufwand, Akzeptanz im Vordergrund stehen [Anm. d. Verf.].

etwas zu kompliziert und damit nicht geeignet, da es für potentielle Praxisan-
wender Defizite bzgl. der Möglichkeit einer autodidaktischen Erarbeitung aufweist (s. Abschn. 8.8.2).

2. Prozeßmodelle wie z. B. PORTERS *„Wertkettenansatz"*[122] gehen von den
Unternehmensprozessen aus und binden die Führungsaufgaben darin ein. Sie
systematisieren die Aktivitäten und ordnen die Inhalte darin ein. Auf der operativen Ebene sind sie leicht verständlich. Die normative und strategische Ebene wird jedoch vernachlässigt.[123]

3. Der EFQM-Ansatz (s. Abschn. 5.4.3.2) bindet weiche Faktoren (i. S. des *„ 7 S-
Modells"* von McKinsey[124]) ein und berücksichtigt alle Ebenen und Säulen i. S.
des St. Galler Management-Konzepts. Er erfüllt die gestellten 20 Anforderungen weitgehend. Die Unternehmensentwicklung wird jedoch nicht berücksichtigt. Das Problem bei diesem Befähiger/Kriterienmodell besteht darin,
daß ein schlechtes System gute Ergebnisse bringen kann und umgekehrt
(s. Abschn. 8.9).

8.8.2
Einordnung einer potentiellen IMS-Struktur in das
St. Galler Management-Konzept

Trotz der zuvor genannten Kritik wird das St. Galler Management-Konzept erneut
für einige weiterführende Überlegungen aufgegriffen. Maßgebend für diese Auswahl ist die Anwendungsmöglichkeit dieses Konzepts als ganzheitlicher Bewertungsmaßstab für eine geplante oder bereits realisierte IMS-Struktur. Ziel dieses
Abschnittes ist es, durch die Einordnung einer potentiellen IMS-Gliederungs-
struktur in das Gerüst des St. Galler-Konzepts den Blick für die typischen Defizite
normenbasierender Managementsysteme zu schärfen (s. Abb. 8.12).

Wie bereits in Abschnitt 8.3.2.1 ausgeführt, bietet sich die Systemarchitektur
der Umweltnorm ISO 14001 aufgrund ihres am Controlling-Kreislauf ausgerichteten Aufbaus als Orientierungsraster bei der Erarbeitung einer IMS-Struktur an.

---

[122] Vgl. Porter, M.E. (1986), S. 62 ff.

[123] Vgl. Seghezzi, H.D. (1996a), S. 4. Zur prozeßorientierten Vorgehensweise im Rahmen
der Integration s. Dissertation von H. Schwerdtle, voraussichtlicher Erscheinungstermin
1998/99 [Anm. d. Verf.].

[124] Das *„ 7 S-Modell"* beschreibt eine Organisation als vernetztes System von sieben Dimensionen und zeigt deren Verknüpfungen und Interdependenzen auf. Dabei werden
drei harte "S" Strategie (strategy), Struktur (structure) und Systeme (systems) sowie
vier weiche "S" Stil (style), Mitarbeiter (staffing), Fähigkeiten (skills), Werte (shared
values) unterschieden. Die harten "S" sind eindeutiger meßbar und wurden dadurch
bislang eher in den Vordergrund von Analysen und Veränderungsansätzen gestellt. Es
wird aber auf die zunehmende Bedeutung der weniger greifbaren weichen "S" hingewiesen, an denen die Veränderungen ansetzen sollen. Dabei ist zu beachten, daß bei einer isolierten Konzentration auf eine Dimension und der Vernachlässigung des Zu-
sammenspiels aller Dimensionen ein Umsetzungsdefizit entstehen kann [Anm. d.
Verf.]. Vgl. Peters, T./Waterman, R.H. (1991), S. 32.

Wird diese fünf Punkte umfassende Gliederungsstruktur (Politik-Planung-Durchführung-Kontrolle-Review) um verschiedene Abschnitte erweitert, entsteht folgender Vorschlag für ein auf einem zehn Punkte-Raster basierendes IMS:

1. Bestandsaufnahme,
2. Unternehmenspolitik,
3. Aufbauorganisation und Verantwortlichkeiten,
4. Planung,
5. Durchführung und Handhabung,
6. Schulung, Aus-/Weiterbildung, Information, Kommunikation,
7. Dokumente und Aufzeichnungen,
8. Überprüfende und korrigierende Maßnahmen,
9. Reporting (Auditberichte, Abfallbilanz, Qualitätskosten etc.),
10. Bewertung durch das Management (Review).

Aus der Erweiterung der ISO 14001-Struktur um fünf Überschriften resultieren im wesentlichen zwei Vorteile. Zum einen entsteht eine neue Numerierung der Kapitelüberschriften, die losgelöst ist von den bekannten Strukturen der ISO 9001 und der ISO 14001. Dadurch müssen beide traditionellen Hauptparteien einer Integration (Qualitäts- und Umweltabteilung) auf das ihnen bekannte Schema verzichten, so daß der psychologische Aspekt der Vereinnahmung eines Bereiches durch den anderen von vornherein vermieden wird. Zum anderen betonen die zur ISO 14001-Struktur hinzugefügten Hauptüberschriften den Stellenwert der hierunter behandelten Gesichtspunkte, welche zuvor lediglich als Unterpunkte behandelt wurden (Schulung, Kommunikation etc.).[125]

Abb. 8.12 ordnet diese potentiellen Hauptgliederungspunkte eines IMS in die Struktur des St. Galler Management-Konzepts ein. Punkt 1 bezieht sich auf die Bestandsaufnahme. Werden die Inhalte dieser der Integration vorgeschalteten Basisanalyse über die Feststellung des status quo in den einzelnen Bereichen hinaus erweitert, werden also hier bereits Managementvertreter auf der obersten Führungsebene als IMS-Verantwortliche ernannt, die einzuhaltenden gesetzlichen Regelungen sowie die zu befriedigenden Interessen der Anspruchsgruppen identifiziert und eine Auswahl der dem IMS zugrundeliegenden Normen und Verordnungen getroffen, läßt sich dieser Gliederungspunkt in das Modul *„Unternehmensverfassung"* einordnen. Gliederungspunkt 2 deckt die Anforderungen des Moduls *„Unternehmenspolitik"* ab. Ebenso erfüllt Punkt 3 *„Aufbauorganisation und Verantwortlichkeiten"* das Modul *„Organisationsstruktur und Managementsysteme"*, wobei die Einrichtung von Managementsystemen implizit durch das Bestehen eines IMS erfolgt ist.

Der Punkt 4 *„Planung"* beinhaltet die strategische Ausrichtung des Moduls *„Programme"*. Das in Kapitel 6 (Abschn. 6.5.3) beschriebene, strategische Defizit

---

[125] In der Praxisanwendung in Kapitel 9 wird der hier skizzierte Aufbau am Beispiel der Struktur des ABB-IMS näher erläutert (s. Kap. 9, Abschn. 9.5.2.1), [Anm. d. Verf.].

standardisierter Umweltmanagementsysteme ist dabei ebenso im Zusammenhang mit dem IMS-Aufbau zu berücksichtigen.[126]

Um die Pflege und den Ausbau strategischer Erfolgspotentiale sicherzustellen, ist darauf zu achten, daß im Rahmen dieser Planung nicht nur unternehmensinterne Zielsetzungen, sondern auch sich entwickelnde externe Chancen und Risiken frühzeitig beachtet werden. Die *„Durchführung und Handhabung"*, welche im Rahmen des 5. IMS-Gliederungspunktes behandelt werden, betreffen hauptsächlich die Anforderungen des operativen Aktivitätsmoduls *„Aufträge"*. Zusätzlich können hier jedoch im Rahmen sehr spezifischer Verfahrensanweisungen (z. B. Umgang mit Gefahrstoffen etc.) *„organisatorische Prozesse"* im Sinne des gleichnamigen operativen Strukturmoduls beschrieben werden. Punkt 6 bezieht sich durch die Aspekte *„Aus- und Weiterbildung"* im Sinne der Schulung auf das Modul *„Problemverhalten"* und durch die Aspekte *„Information, Kommunikation, Motivation"* auf das Modul *„Leistungs- und Kooperationsverhalten"*, wobei beide Module alleine durch das Bestehen gleichnamiger Verfahrensanweisungen noch nicht ausreichend erfüllt sind. Die Gliederungspunkte 7 bis 9 lassen sich allesamt dem Modul *„Aufträge"* zuordnen, wobei zu beachten ist, daß durch die schriftliche Fixierung der Vorgehensweise gleichzeitig eine Einordnung in das Strukturmodul *„Organisatorische Prozesse"* denkbar ist (dies gilt auch für Gliederungspunkt 5 in Abb. 8.12 durch die weißen Doppelpfeile gekennzeichnet). Das *„Management Review"*, Inhalt des 10. Punktes, ist die Grundlage der Veränderung und Weiterentwicklung des Gesamtsystems und entspricht demnach der dynamischen, dritten Dimension des St. Galler-Konzepts - der *„Unternehmensentwicklung"*.
Bei der Einordnung dieser an den Normelementen orientierten IMS-Struktur in das St. Galler Leerstellengerüst können folgende Schwachstellen identifiziert werden:

- das Unternehmensumfeld wird nicht ausreichend berücksichtigt, somit können Chancen und Risiken nicht vollständig erkannt und genutzt werden (strategisches Defizit),
- eine übergeordnete Philosophie des IMS ist nicht erkennbar,
- Leitlinien wurden nicht erstellt,
- die Verhaltenssäule ist nicht ausreichend erfüllt: der Aspekt *„Unternehmenskultur"* wird nicht behandelt, Problem- und Leistungsverhalten werden nicht ausreichend berücksichtigt,
- die Informations- und Kommunikationsströme sind nicht ausreichend institutionalisiert.

Zudem wird durch die vorgenommene Zuordnung ein Defizit bei der Darstellung des St. Galler-Konzepts deutlich. Es besteht darin, daß die vorhandenen Feedback-Schleifen nicht visualisiert werden können (s. Verbesserungsvorschlag in Abschn. 8.8.2.2). Sollen also die Kriterien eines ganzheitlichen Integrierten Managementsystems (TIM - Total Integrated MS) erfüllt werden, sind insbesondere im Rahmen der *„weichen"* Faktoren verschiedene Modifikationen erforderlich.

---

[126] Vgl. Dyllick, T./Hummel, J. (1995), S. 26 ff.

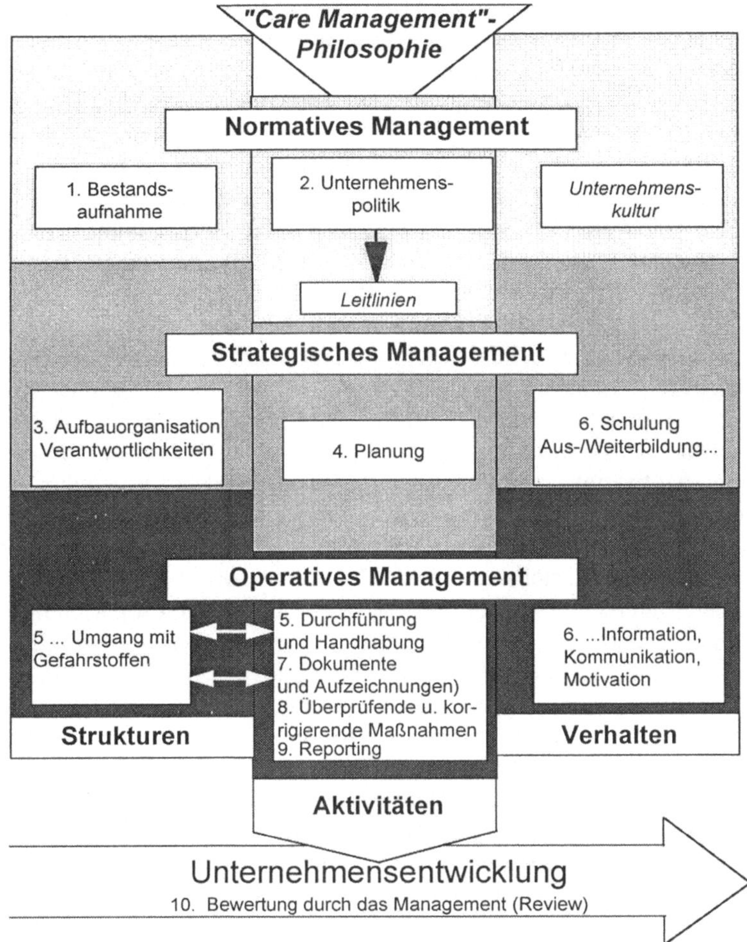

Abb. 8.12. Einordnung einer potentiellen IMS-Struktur in das St. Galler Management-Konzept; Quelle: in Anlehnung an Bleicher, K. (1996), S. 76 und 81.

Dieses Bewertungsergebnis ist nicht verwunderlich, lassen sich doch alleine durch die Gestaltung einer Struktur, die Festlegung von Verantwortlichkeiten sowie durch die Beschreibung von Abläufen im Rahmen der Managementsystemformulierung diese *„weichen"* Erfolgsfaktoren nicht bzw. nur schwer fassen.

8.8.2.1
Inhaltliche, „philosophische" Ausgestaltung im Sinne eines „Care Management"-Ansatzes

Die Bedeutung der Unternehmensphilosophie liegt vor allem in der Festlegung der gesellschaftlichen Verantwortung, die ein Unternehmen zu übernehmen bereit ist.

Somit liefert die zugrundegelegte Philosophie die Legitimation des unternehmeri-schen Handelns.[127] Dieser Aspekt ist gerade im Zusammenhang mit der hier zu-grundegelegten Fragestellung von besonderer Bedeutung. Ist ein Unternehmen nicht bereit, die umfassende Verantwortung seines Handelns zu übernehmen, wer-den keine ernsthaften Anstrengungen unternommen, die negativen Auswirkungen dieses Handelns auf das gesamte Umfeld des Unternehmens zu beschränken. So-mit erscheinen sämtliche Politiken, Leitlinien und Programme als fragwürdige Leerformeln. Ohne eine übergeordnete philosophische Ausrichtung haben diese Festlegungen keine Basis, in Form von Aussagen und Werten, an der sie letztend-lich gemessen werden können. Als Vorgriff auf diesen Abschnitt wurde bereits in Abb. 8.12 die übergeordnete Philosophie des IMS als *„Care Management"*-Philosophie bezeichnet. Diese Formulierung bietet sich bei der vorliegenden Pro-blemstellung an, da es das Ziel eines IMS ist, daß sich die Mitarbeiter eigenver-antwortlich um qualitäts-, umwelt- und arbeitssicherheitsbezogene Sachverhalte *„sorgen"*. Der selbständige Umgang mit diesen Problemstellungen muß aus einer intrinsischen Motivation der Mitarbeiter resultieren, welche dazu führt, daß die Sorge um Qualität, Umweltschutz und Arbeitssicherheit als Selbstverständlichkeit im täglichen Handeln verstanden wird. Kann eine Unternehmenskultur geschaffen werden, welche diese Einstellungen des *„Sich sorgen um ..."* als Selbstverständnis des gesamten Unternehmens transportiert, leistet dieser philosophische Überbau des IMS einen erheblichen Beitrag zur Identifikation und Motivation der Mitar-beiter. Nur durch die gezielte Auseinandersetzung des gesamten Unternehmens mit den behandelten Themengebieten und ein vorbildhaftes Bestreben von seiten der Unternehmensführung, die formulierten Zielsetzungen ernsthaft zu verfolgen, kann die erfolgversprechende Implementierung eines umfassenden Managementsystems erreicht werden. Das Ziel der Integration besteht dann nicht mehr ausschließlich in der möglichst kostengünstigen Erreichung eines bzw. mehrerer Zertifikate. Viel-mehr stehen der unternehmensweite Lernprozeß und die Verbesserung der Lei-stung im Vordergrund.[128]

Bei der sukzessiven Ausformulierung eines integrierten Systems befindet sich das Unternehmen in einer gestaltbaren Lenkungsphase. In dieser Phase besteht somit die Möglichkeit, nicht nur neue Strukturen zu implementieren, sondern auch das Verhalten der Mitarbeiter positiv zu beeinflussen. In der Ausformulierung der Unternehmenspolitik und der verkürzten Darstellung ihrer Quintessenz in Form von Leitlinien besteht eine gute Möglichkeit, die Aussagen einer *„Care-Management"*-Philosophie intern und extern zu verbreiten. LIESEGANG betont in diesem Zusammenhang: *„Leitlinien in Papierform lassen sich schnell verändern. Schwieriger, aber ungleich wichtiger ist es, daß die Leitlinien mit der gelebten*

---

[127] Vgl. Bleicher, K. (1994), S. 57 ff.

[128] ADAMS sieht in einer von ihm als *„Total Community Care"* bezeichneten Vision einer Globalisierung der Kunden- und Mitarbeiterorientierung eine logische Fortentwicklung des TQM-Konzepts. Im Gegensatz zu den Ausführungen in diesem Abschnitt (8.8.2.1) legt er sein Hauptaugenmerk auf die strategisch wichtige gesellschaftliche Akzeptanz der Unternehmen und deren Produkte [Anm. d. Verf.]. Vgl. Adams, H.W. (1997), S. 123.

Unternehmenskultur verschmelzen und als Wegweiser für ein praktiziertes kohärentes Zielsystem gelten. Diese Veränderung ist ein partizipativer Lernprozeß, welcher durch Schulungen, vor allem aber durch Motivation und Lernkreise vergleichbar den Quality Circles vorangetrieben werden kann."[129] Die Bekundung der philosophischen Grundausrichtung ist somit nur der Anfang einer Veränderung. Durch Informationsveranstaltungen und Schulungen sowie durch die Implementierung von Lerngruppen, welche den Sinn der Integrationsaktivitäten besprechen und die konkreten Ausprägungen in ihrem Bereich (z. B. Integrierte Arbeitsanweisungen) aktiv mitgestalten, wird der Wandel vorangetrieben und gleichzeitig institutionalisiert. ADAMS spricht hier von einem erforderlichen *„Aktiven Motivationsmanagement"*, welches die Information, die Kommunikation und die Förderung der Kreativität jedes einzelnen Mitarbeiters einbezieht.[130]

8.8.2.2
Institutionalisierung der Kommunikations- und Informationswege

Ein weiteres Augenmerk beim Aufbau eines IMS ist auf die Institutionalisierung der Kommunikations- und Informationswege zu legen. Dabei ist zunächst der im vorigen Abschnitt angesprochene Mangel in der Darstellung des St. Galler Management-Konzepts aufzugreifen. Die für einen Lernprozeß und eine kontinuierliche Systemverbesserung erforderlichen Feedback-Schleifen werden zwar im theoretischen Rahmen des Konzepts kurz genannt, jedoch nicht in der Abbildung dargestellt. Wird im Rahmen der Subsysteme eine Selbstorganisation und -optimierung der separat bleibenden Spezialaufgaben (z. B. Bewertung von Umweltaspekten) im Sinne einer fraktalen Organisation angestrebt, muß die reibungslose Kommunikation und Information der einzelnen Subsysteme als Grundlage der Koordination des IMS sichergestellt werden. Daher sind kleine und schnell zu durchlaufende Regelkreise zu bilden, deren gemeinsame Abstimmung durch ein institutionalisiertes Informations- und Kommunikationssystem gewährleistet wird.

Durch die mit Kommunikationsbahnen verbundenen fraktalen Strukturen können sämtliche Kreativpotentiale, eine interdisziplinäre Zusammenarbeit, ein zügiger Informationsaustausch sowie kontinuierlich stattfindende Lernprozesse gefördert und genutzt werden.[131] Übertragen auf die in das St. Galler-Konzept eingeordnete IMS-Struktur ergeben sich die in Abb. 8.13 auf der rechten Seite abgebildeten Lösungsansätze. Die oberste Ebene des Ansatzes stellt das normative Management dar, welches sich mit den generellen, langfristigen Zielen der Unternehmung auseinandersetzt. Auf diesem Niveau werden von der Unternehmensleitung Prinzipien, Normen und Spielregeln festgelegt, die Lebens- und Entwicklungsfähigkeit der Unternehmung gewährleisten sollen.[132] Die Aufrechterhaltung der Entwicklungsfähigkeit bildet einen zentralen Aspekt dieser Handlungsebene. Sie ist vor allem dann gegeben, wenn sie im Sinne eines institutionalisierten

---

[129] Liesegang, D.G. (1995a), S.137.
[130] Adams, H.W. (1995), S. 168 ff.
[131] Vgl. Warnecke, H.J. (1992b), S.52.
[132] Vgl. Bleicher, K. (1996), S. 73.

Lernprozesses begriffen wird. Hier können durch die Einrichtung von Feedback-Schleifen, welche einen kontinuierlichen *„bottom up"*-Informationsfluß zu den jeweils übergeordneten Führungsebenen institutionalisieren, alle Handlungen und deren Ergebnisse kontinuierlich reflektiert werden. Durch die Implementierung von drei bis vier Kreisläufen ist eine optimale und reaktionsschnelle Anpassung an sich verändernde Rahmenbedingungen und Umfeldsituationen möglich. Auf der operativen Ebene sind regelmäßig stattfindende horizontale (zwischen den Bereichen) und vertikale (zwischen den jeweils übergeordneten Hierarchien) Gespräche in monatlichen Abständen durchzuführen, welche einen *„kleinen"*, operativen Optimierungsprozeß ermöglichen. Ein *„mittlerer"*, strategischer Entwicklungsprozeß (im Sinne eines übergeordneten Regelkreises) sollte mindestens zweimal im Jahr zwischen den Teilsystemverantwortlichen (Qualitäts-, Umweltmanagement-beauftragte etc.) und dem *„Systemverantwortlichen IMS"* durchgeführt werden.

Das Überdenken der normativen Vorgaben ist mindestens in den Zeitintervallen der Wiederholungsaudits auf der obersten Führungsebene im Rahmen der *„Reviews"* vorzunehmen. Sie bilden den *„großen"*, normativen Entwicklungsprozeß, welcher langfristig eine Auswirkung auch auf die Grundausrichtung der Unternehmensphilosophie haben kann.

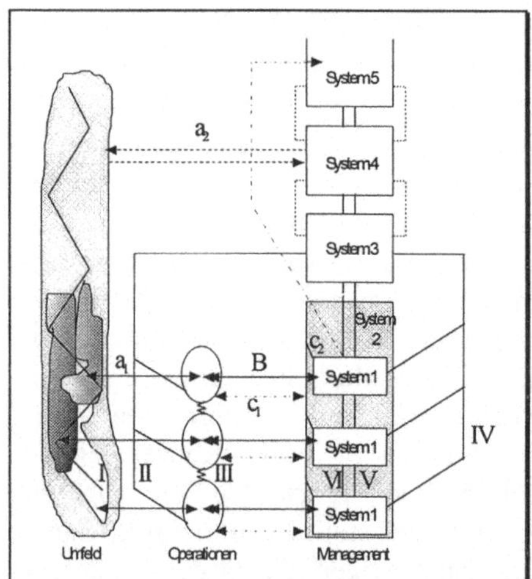
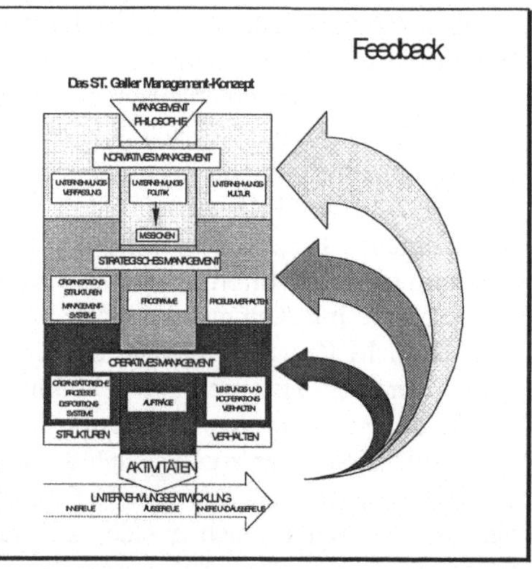

Abb. 8.13. Skizzenhafte Gegenüberstellung von VSM und St. Galler Management-Konzept; Quelle: in Anlehnung an Beer, S. (1990), S. 94 f. und 136 ff; Bleicher, K. (1996), S. 76 und 81.

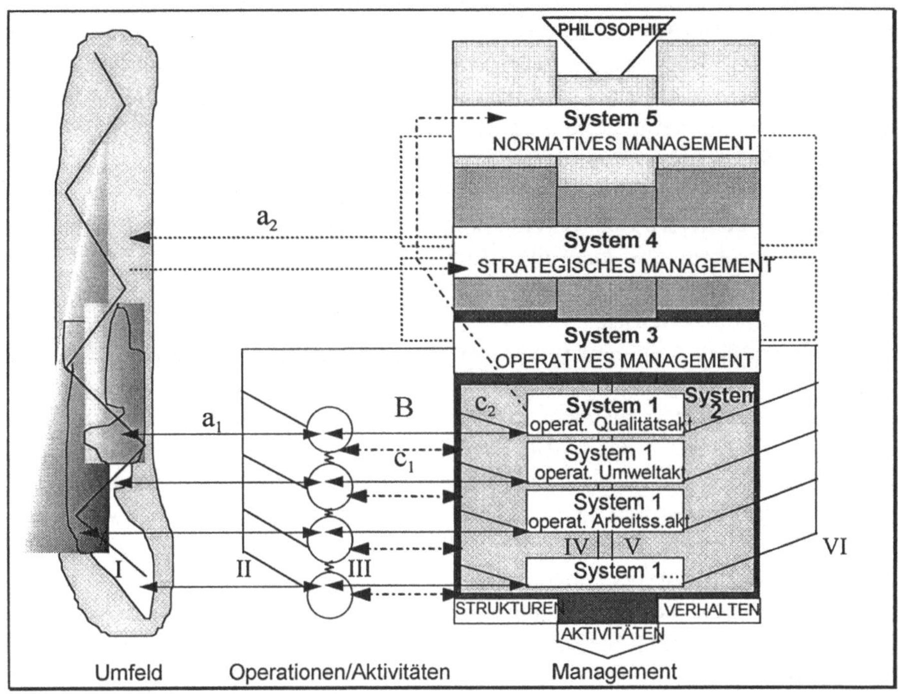

Abb. 8.14. Die Verbindung von VSM und St. Galler Management-Konzept

Die Skizzierung des St. Galler Management-Konzepts mit integrierten Feedback-Schleifen in Abb. 8.13 (rechte Seite) berücksichtigt jedoch nur die schrittweise Rückmeldung von Informationen von den unteren zu den oberen Systemebenen.

Werden jedoch die einzelnen Umfelder der integrierten Teilbereiche betrachtet, erscheint eine Koordination der Reaktionen auf die Veränderungen in den jeweiligen Einzelumfeldern erforderlich. So ist zu gewährleisten, daß bei einer etwaigen Anpassung an eine Änderung auf dem Arbeitssicherheitsumfeld keine isolierte Aktion ohne eine Abstimmung mit den anderen Bereichen möglich ist. Findet keine derartige Abstimmung statt, kann durch unkoordinierte Einzelentscheidungen die „*Lebensfähigkeit*" des gesamten IMS in Frage gestellt werden. Eine Unterstützung bei der Darstellung dieser Informationsströme gibt das in Kapitel 3 (Abschn. 3.3.3) vorgestellte „*Modell lebensfähiger Systeme*" (VSM) von BEER. Die linke Seite der Abb. 8.13 stellt das Konzept des VSM dar und stellt es dem St. Galler-Ansatz zur Seite. Dieser Vergleich regt zu dem in Abb. 8.14 illustrierten Kombinationsansatz an.[133] Die Systeme 1 bestehen bei der Betrachtung eines IMS aus der operativen Abwicklung der nicht integrierten „*Spezial*"-Aktivitäten der

---

[133] Zur Vereinfachung werden die Inhalte der Module des St. Galler-Management-Konzepts in Abb. 8.14 nicht dargestellt, s. Kap. 4, Abschn. 4.2 [Anm. d. Verf.].

betrachteten Themengebiete. Diese fachspezifischen Funktionen der Qualiäts-, Umweltschutz- und Arbeitssicherheitsmanagementsysteme bilden gleichgewichtete Systeme 1 (vgl. Teil B dieser Arbeit). Sie können durch fachspezifische Funktionen aus Gebieten wie Personal, Finanzen etc. erweitert werden. Die Koordination der Subsysteme der Kategorie 1 (z. B. durch einen IMS-Systemverantwortlichen, der die Funktion eines Promotoren übernimmt) findet in System 2 statt, welches die Eigendynamik der Systeme erster Ordnung begrenzt und Rückkopplungen für das System 3 generiert. Das System 3 koordiniert die gesamte operative Ebene des St. Galler-Ansatzes, also auch die Abwicklung der wertschöpfenden *„Aufträge"* (z. B. Herstellung von Turbinen), die durch die Prozesse der Spezialgebiete (Q/U/A) unterstützt werden.

Hier findet eine Abstimmung der Controlling-Feedbacks des Systems 2 mit den Vorgaben der Systeme 4 und 5 statt, so daß ein Gleichgewichtszustand des Gesamtsystems erreicht werden kann. Die strategische Ebene des St. Galler-Konzepts entspricht der Ebene 4 des VSM. Hier findet im Rahmen der strategischen Programme und der flexiblen Organisationsstruktur eine optimale Anpassung des Gesamtsystems an die sich kontinuierlich verändernden Umfeldbedingungen statt.

Das übergeordnete System 5 regelt die Grundausrichtung des Gesamtsystems und ist identisch mit der Ebene des normativen Managements im St. Galler-Ansatz. Hier findet die Abstimmung zwischen der operativen und der strategischen Ebene statt. Diese fünf Systeme werden durch sechs vertikale (I-VI) und fünf horizontale Informationskanäle (A-C) miteinander verbunden, welche bei dieser (IMS-) Anwendung folgende Inhalte transportieren:[134]

Kanal I:	Austausch zwischen den spezifischen Umfeldern der einzelnen Teilsysteme (z. B. Abstimmungsprozeß der internationalen Normung auf den Gebieten Qualität, Umweltschutz, Arbeitssicherheit etc.).
Kanal II:	Nicht institutionalisierte Überprüfungsberichte über neue bzw. außergewöhnliche Tätigkeiten der einzelnen Teilbereiche (z. B. Überprüfung des Erfolges einer Einführung von computergestützten Managementinformationssystemen zur Gefahrstofferfassung oder zur Gefährdungsermittlung).
Kanal III:	Informale Kommunikation zwischen Vertretern der unterschiedlichen Fachbereiche (z. B. horizontale Gespräche zwischen QMS-Beauftragten und der Sicherheitsfachkraft, monatliche Teamsitzungen).
Kanal IV:	Klassischer Dienstweg mit Alarmfunktion zum Überspringen der Systeme 3 und 4, wodurch System 1 im *„Notfall"* direkt die normative Ebene 5 informieren kann (im speziellen Fall könnte es sich um eine Störung der Produktion handeln, welche Arbeitssicherheits- bzw. umweltschutzbezogene Auswirkungen größeren Ausmaßes hat).
Kanal V:	Verbindung zwischen den Systemen 1 und 3 zum Zwecke der Aushandlung der Ressourcenallokation ohne Einschaltung von System 2 (hier ist z. B. die Beantragung zur Anschaffung von speziellen

---

[134] Vgl. allgemeine Ausführungen zu VSM in Kap. 3, Abschn. 3.3.3.

		Gefahrstoffschränken von seiten der Sicherheitsfachkraft denkbar, welche durch gesetzliche Vorschriften zwingend gefordert werden).
Kanal VI:		Verbindung zwischen den Systemen 1 und 3 zum Zwecke der Aushandlung der Ressourcenallokation <u>mit</u> Einschaltung von System 2 (hier wird der IMS-Systemverantwortliche eingebunden, da eventuell konkurrierende Einzelziele der Fachbereiche vorliegen: zur Verbesserung der Qualität soll z. B. eine neue Anlage beschafft werden, welche den Umweltschutzanforderungen nicht ausreichend entspricht).
Kanal A:	a_1:	Austausch zwischen dem spezifischen Umfeld und dem entsprechenden Fachbereich (z. B. Teilnahme eines Teilsystembeauftragten an einem Fachkongreß der entsprechenden internationalen Normungsstelle oder Durchführung von Benchmarks mit anderen Unternehmen).
	a_2:	Austausch zwischen Gesamtumfeld und strategischem Management des Systems 4 (z. B. Mitarbeit von Unternehmensvertretern in branchenspezifischen Verbänden zur Einflußnahme auf die nationale Gesetzgebung).
Kanal B:		Verbindung zwischen den Operationen und der dazugehörigen operativen Managementebene (z. B. Abstimmung zwischen Sicherheitsfachkräften von Teilgesellschaften mit dem konzernweiten Fachbereich für Arbeitssicherheit).
Kanal C:	c_1:	Verbindung zwischen den Operationen und System 2 (z. B. Durchführung integrierter, interner Audits durch den IMS-Systemverantwortlichen).
	c_2:	Verbindung zwischen den operativen Managementebenen und System 2 (z. B. Regelmäßige Treffen der Teilmanagementsystembeauftragten mit dem IMS-Systemverantwortlichen).

8.9
Entwicklungsrichtung internationaler Normungsaktivitäten

Bei der Abschätzung der Entwicklungsrichtung internationaler Normungsaktivitäten, die in Zukunft die Gestaltung integrierter Managementsysteme maßgeblich beeinflussen werden, ist vor allem das Engagement von seiten der ISO von Bedeutung. In einem am Institut für Technologiemanagement (ITEM) der Hochschule St. Gallen 1997 durchgeführten Forschungsprojekt wurde im Auftrag der ISO ein Managementsystem-Modell als Grundlage der sog. *„Revision 2000"* der ISO 9001 erarbeitet. Dieses Kernmodell baut zum einen auf Ergebnissen aus verschiedenen Befragungen, zum anderen auf den Erfahrungen bei dem Umgang mit dem St. Galler Management-Konzept und der Systematik des EFQM-Modells auf. Abb. 8.15 zeigt eine Entwurfsfassung des sog. *„Business Excellence Model"*, welche die Anlehnung an das EFQM-Modell erkennen läßt.[135] Hierbei werden ebenfalls die Befähiger (*„Enablers"*) und die konkreten Ergebnisse (*„Results"*) der Unternehmensaktivitäten berücksichtigt. Dieses Generische

---

[135] Vgl. Seghezzi, H.D. (1998a), S. 10.

Managementmodell gibt einen Rahmen vor, dessen inhaltliche Ausgestaltung unternehmensspezifisch vorgenommen werden kann. Dabei sind die folgenden fünf Module auszufüllen: *„Resources"* (hierzu lassen sich Elemente wie die Human-, Finanz-, Wissens- und Informationsressourcen zählen), *„Leadership & Culture"* (Politik, Strategie, Aufbauorganisation, Planung, Kontrolle, Lernen etc.), *„ Operations"* (F&E, Produktion. Logistik, Verwaltung, Marketing etc.), *„Products & Services"* (Hardware, Serviceware, Software) und *„Outcome"* (Mitarbeiter-, Partner-, Kundenzufriedenheit, finanzielle Ergebnisse etc.).[136]

Die sog. *„Working Group 18"* des TC 176 (verantwortlich für Qualitätsmanagement) hat dieses Modell aufgegriffen und einen Vorschlag zur Neugestaltung der ISO 9001, welche für das Jahr 2000 vorgesehen ist, generiert. Dieser gilt inzwischen als weitgehend verbindlich. Er orientiert sich an dem oben vorgestellten IGOM-Modell und dem Prozeßmodell der ISO (s. Abb. 8.9). Die ursprünglich 20 Elemente der ISO 9001 werden auf 27 erweitert und den Hauptgruppen Führungsprozesse, Prozeßmanagement, Ressourcenmanagement sowie unterstützende Prozesse (Messung und Analyse, Verbesserung) zugeordnet (s. Abb. 8.16). Dabei wird dem Aspekt, daß bis zum Januar 1998 weltweit rund 500.000 Unternehmen nach der Struktur der *„alten"* ISO 9000er-Reihe zertifiziert wurden, Rechnung getragen: Die ursprünglichen 20 Elemente bleiben noch erkennbar; eine durchgängige Prozeßbeschreibung ist nicht erforderlich, lediglich für die wertschöpfenden Prozesse ist eine Prozeßdarstellung vorgesehen; übergeordnete und unterstützende Prozesse werden weiterhin *„elementorientiert"*, d. h. im Sinne einer inhaltlichen Anforderung formuliert.

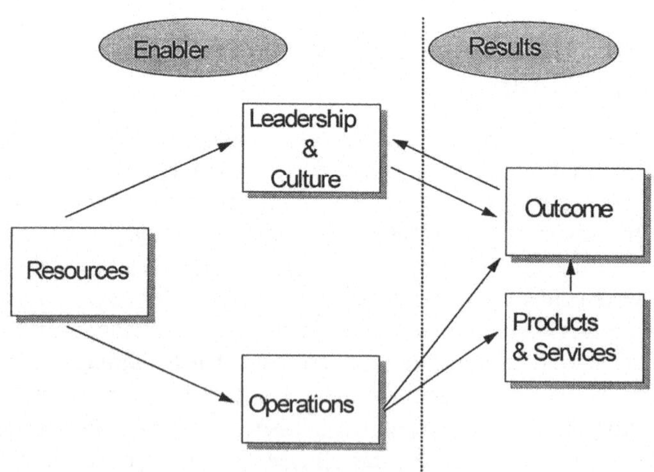

Abb. 8.15. ITEM Generic Organisation Model (IGOM).
Quelle: Seghezzi, H.D. (1998b), S. 24.

---

[136] Vgl. Seghezzi, H.D./Blankenburg, D. (1997a), S. 2 ff.

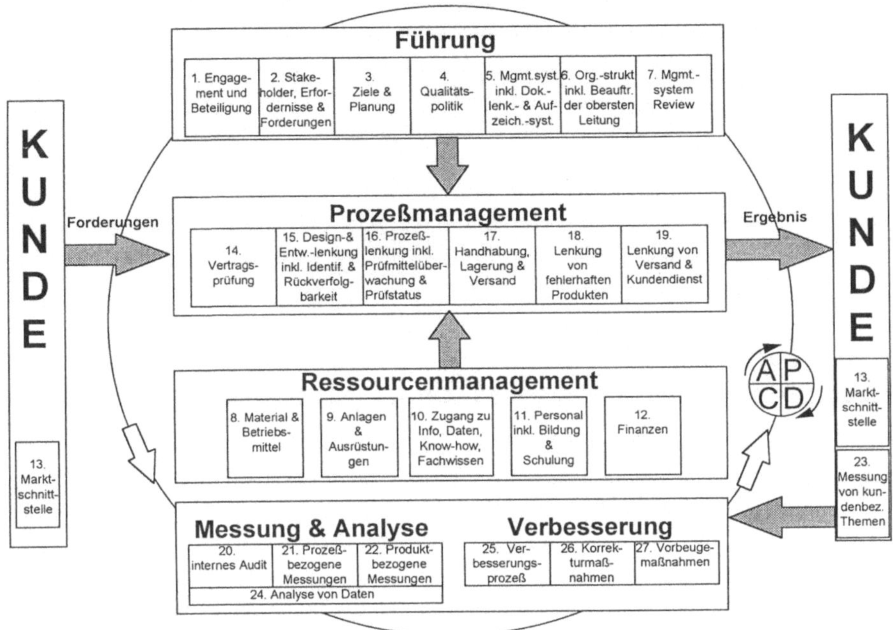

Abb. 8.16. ISO 9001 Revision 2, Systemprozeßmodell, Entwurfsfassung Dezember 1997
Quelle: ISO/CDI 9001 : 2000 in: ISO/TC 176/SC 2/N 415, Genf 1998, S. 7.

Eine tiefgreifende Änderung betrifft die Gesamtstruktur der ISO 9000er-Reihe - die Normen ISO 9002 und 9003 werden in Zukunft voraussichtlich nicht mehr bestehen. Im Austausch ist mit branchenspezifischen Varianten der ISO 9001 für Bereiche wie Software-Hersteller, Dienstleister, produzierendes Gewerbe etc. zu rechnen.[137] Die in Zukunft fehlende Berücksichtigung der unterschiedlichen Unternehmensgrößen (Eliminierung der Normen ISO 9002 und 9003) kann zu einer Benachteiligung von KMU führen, da für diese Gruppe der bisher vorhandene Anpassungsspielraum verloren geht.

Eine aus den beiden Komitees TC 176 und TC 207 (verantwortlich für Umweltmanagement) gebildete *„Technical Advisory Group (12)"* hat zudem verschiedene Entscheidungen hinsichtlich der Kompatibilität zwischen der neuen ISO 9001 (Revision 2) und der spätestens im Jahr 2001 in überarbeiteter Form erscheinenden ISO 14001 (Revision 1) getroffen. Demnach sind die beiden Normen ab diesem Zeitpunkt *„ ... in der Struktur vergleichbar, im Inhalt konfliktfrei und in der Begriffsverwendung gleich"*[138].

---

[137] Vgl. Seghezzi, H.D. (1998a), S. 8.
[138] Seghezzi, H.D.: Vortrag im Rahmen des Arbeitskreises Integrierte Managementsysteme an der Hochschule St. Gallen am 16. Januar 1998.

Diese Vereinbarung eröffnet den Unternehmen in Zukunft einen *„standardisier-ten"* Weg zur Integration der Managementsysteme.[139]

Auf dem Gebiet der Arbeitssicherheit und des Gesundheitsschutzes ist auf der ISO-Ebene zwar weiterhin keine spezielle Norm vorgesehen, die nationalen Be-strebungen von seiten der Fachverbände, Berufsgenossenschaften und der betrof-fenen Ministerien orientieren sich jedoch bei dem Aufbau von entsprechenden Leitfäden an der Struktur und der Logik der ISO 14001. Als weiterer Orien-tierungspunkt im Rahmen des Aufbaus eines IMS entwickelt sich auch hier das Bewertungsschema des EFQM, welches in verschiedenen Publikationen als Inte-grationsbasis empfohlen wird.[140]

8.10
Zusammenfassung und Zwischenergebnisse

Das vorliegende 8. Kapitel dokumentiert den eigentlichen Kern der Untersuchung. Nach einem ausführlichen Vergleich der in den vorangegangenen Kapiteln be-trachteten Spezialmanagementsystem-Standards konnte bereits die erste der zu Be-ginn dieses Kapitels gestellten Fragen der Integration beantwortet werden - die Frage nach dem Integrationsobjekt (*„Was soll integriert werden?"*). Das *„Warum?"* der Integration konnte durch die Darstellung der Problematik separa-ter Managementsysteme und der Ziele der Integration begründet werden. Hier zeigte es sich, daß der erwartete Kostenvorteil eines IMS, durch Einsparungen von Beratungs-, Zertifizierungs-, Verwaltungs- und sonstiger interner Kosten nur eine von mehreren Zielsetzungen der Integration ist.[141] Vielmehr wurde deutlich, daß die im Zuge der Integration stattfindende Harmonisierung der systemübergreifen-den Elemente, wie Unternehmenspolitik, strategische Zielausrichtung, Schulung und Kommunikation einen wesentlichen Beitrag zur Komplexitätsbewältigung leistet und letztendlich eine ganzheitliche Unternehmensführung erst ermöglicht.

Auf die Fragen des *„Wann und Wie?"* der Integration gaben im Anschluß dar-an die Darstellung der Grobkonzepte und Ausgangssituationen sowie die Erarbei-tung der eigentlichen Integrationskonzepte eine detaillierte Antwort. Durch die genaue Beschreibung der verschiedenen denkbaren Einstiegssituationen wurde die Möglichkeit geschaffen, ein *„integrationsgeneigtes"* Unternehmen an seine indivi-duelle Startposition heranzuführen und dort mit dem *„passenden"* Integrations-konzept bzw. Integrationskonzept-Mix *„abzuholen"*.

Die Auseinandersetzung mit der Kritik an IMS hat gezeigt, daß für eine erfolgreiche Integration und eine optimale Ausschöpfung des Kosteneinsparungs- und Synergiepotentials eine umfangreiche Integration erforderlich ist, welche weit über die bloße Aneinanderreihung von Systemelementen oder die Neuformu-lierung von Überschriften hinausgeht. Mit einem Blick auf die Generischen Managementsystem-Ansätze wurden die hohen Anforderungen an ein umfassendes

---

[139] Vgl. Seghezzi, H.D. (1998a), S. 8.
[140] Vgl. Dyllick, T./Gebhardt, P./Häfliger, B. (1998), S. 23 f.
[141] Vgl. Bally, W./Richter, H.-J. (1996), S. 349.

IMS verdeutlicht. Durch den Aufbau einer potentiellen Gliederungsstruktur und deren Einordnung in das Gerüst des St. Galler Management-Konzepts konnten danach zu erwartende Defizite eines rein an den Normelementen orientierten IMS identifiziert werden. Durch die Erweiterung des Konzepts mit Hilfe einer sog. *„Care-Management"*-Philosophie sowie institutionalisierter Kommunikationskanäle wurde eine visionäre Entwicklungsrichtung aufgezeigt. Eine derartige Weiterentwicklung ist jedoch nur durch einen langfristigen Anpassungsprozeß zu erreichen, der zwar bereits in der Implementierungsphase anzustoßen ist, sich danach jedoch über Jahre hinweg auf jeweils unternehmensspezifische Weise einspielen muß. Schließlich ist bei dem Aufbau eines IMS die Entwicklung der internationalen Normungsgremien (insbesondere der ISO) zu berücksichtigen. Es bietet sich daher an, die hier skizzierten Modelle bereits heute zu antizipieren, um spätere, kostenaufwendige Anpassungen größeren Ausmaßes zu vermeiden.

Die nachfolgenden Ausführungen in Kapitel 9 fokussieren die in diesem Kapitel erarbeiteten Grundlagen der *„technischen"* Integration und wenden sie an einem konkreten Praxisprojekt an.

9 Praxisanwendung: Aufbau und Implementierung eines Integrierten Managementsystems bei der Deutschen Asea Brown Boveri AG

> *„Es gibt für jedes Unternehmen nur eine gute Strategie, und das ist die, die auf der eigenen Kultur, der eigenen Vergangenheit und Identität basiert. Dessen muß man sich bewußt sein bei der Suche nach Lösungen, die mit dem eigenen System kompatibel sind. Das erfordert, sich mit Phantasie auf die neu zu gestaltende Zukunft zuzubewegen und dabei die Ressourcen der eigenen Kultur zu nutzen. "*
>
> DANIEL GOEUDEVERT

In diesem Kapitel findet eine Praxisanwendung der erarbeiteten Integrationskonzepte im Rahmen des zugrundeliegenden Forschungsprojektes *„Aufbau und Implementierung eines IMS bei der Deutschen Asea Brown Boveri AG"* statt.[1] Hierzu werden nach einer kurzen Vorstellung des Unternehmens (Abschn. 9.1) zunächst die zu Beginn des Integrationsprojekts bestehenden Ausgangssituationen in den Bereichen des Qualitäts- (Abschn. 9.2), Umwelt- (Abschn. 9.3) und Arbeitssicherheitsmanagements (Abschn. 9.4) vorgestellt. Im Anschluß daran erfolgt eine Projektbeschreibung (Abschn. 9.5). Der Aufbau eines Maßnahmenkataloges zum Ablauf des Integrationsprozesses (Abschn. 9.5.1) und die Darstellung einer möglichen Struktur eines IMS (Abschn. 9.5.2) stehen dabei im Fokus der Betrachtungen. Mit einer Zusammenfassung und einem Blick auf die Ergebnisse des Praxisprojekts endet dieses Kapitel in Abschnitt 9.6.

9.1 Die Asea Brown Boveri AG

Der ABB Konzern ist ein weltweit tätiges Unternehmen der Elektro-, Verkehrs- und Umwelttechnik. Das Unternehmen entwickelt, produziert, plant, installiert und betreut Produkte, Systeme und Anlagen auf den Gebieten Stromerzeugung, Stromübertragung und Stromverteilung, Schienenverkehr sowie Industrie- und Gebäudetechnik. Diese Aktivitäten werden auf internationaler Ebene von der Holding des ABB-Konzerns - der Asea Brown Boveri AG in Zürich - koordiniert. Sie erzielte in 1997 mit insgesamt 213.000 Mitarbeitern, in etwa 1.000 Gesellschaften,

---

1 Das Projekt wurde vom Autor, als Vertreter der Universität Heidelberg, und der Deutschen Asea Brown Boveri AG von März 1996 bis Februar 1998 federführend begleitet [Anm. d. Verf.].

in ca. 140 Ländern der Welt, einen Umsatz von rund 31 Milliarden US-Dollar.[2] In der weltweit angewendeten Matrixorganisation des ABB-Konzerns sind lokale ABB-Gesellschaften für das operative Geschäft auf zugewiesenen Märkten in ihrem Geschäftsfeld verantwortlich. Eine lokale Gesellschaft hat eine Ergebnisverantwortung gegenüber ihrer Landesgesellschaft und ist wiederum einem Segment zugeordnet. Die acht Segmente des ABB-Konzerns (Kraftwerke, Stromübertragung, Stromverteilung, Industrie, Verkehrswesen, Umwelttechnik, Finanzdienstleistungen und Verschiedenes) sind in Geschäftsbereiche gegliedert, die weltweit miteinander verknüpft, die lokalen operativen Aktivitäten synchronisieren und strategisch führen. Unter diesen Segmenten faßt die ABB-Gruppe auf internationaler Ebene ABB-Töchter mit ähnlichen Produktpaletten oder Technologien zu 65 Unternehmensbereichen, sog. *„Business Areas (BA)"*, zusammen (s. Abb. 9.1).

Abb. 9.2 zeigt das Organigramm der Deutschen ABB AG, die mit rund 50 selbständigen Unternehmen die größte Gesellschaft des weltweiten ABB-Konzerns bildet.

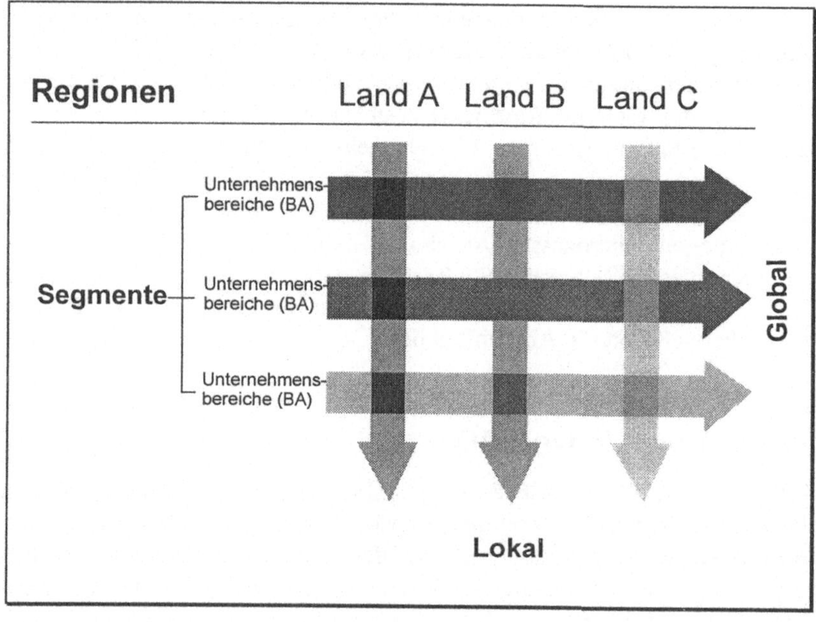

Abb. 9.1.   Die Matrix Organisation der internationalen ABB

---

[2]   ABB (Hrsg.), (1998). Wenn keine zusätzlichen Literaturverweise angegeben sind, basieren in diesem Kapitel alle Angaben zu ABB auf internen Informationen, welche mit Genehmigung der ABB Kommunikation GmbH erfolgten [Anm. d. Verf.].

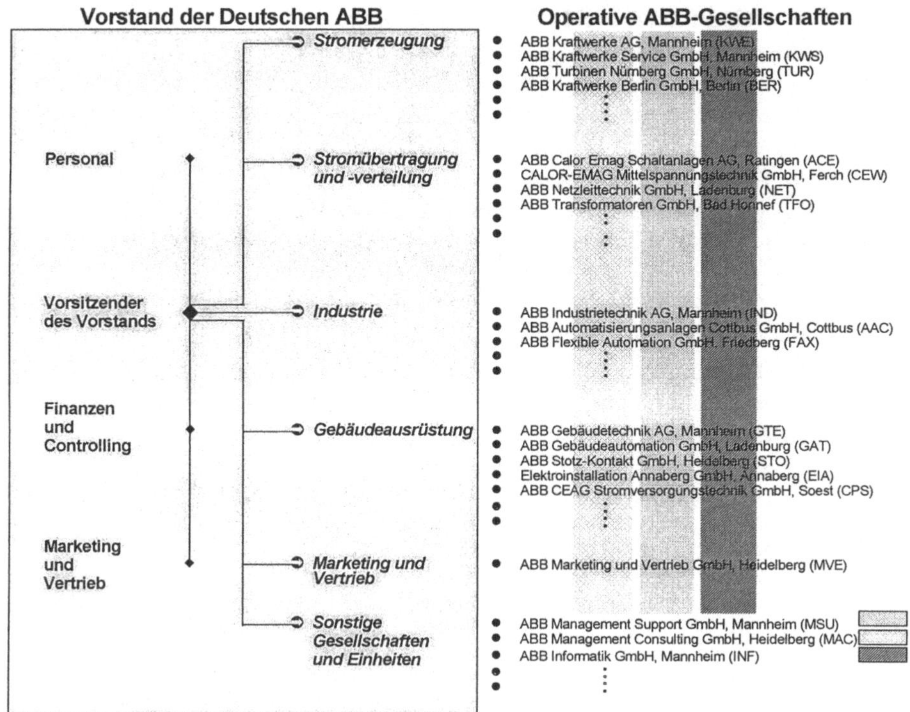

Abb. 9.2. Organigramm der Deutschen ABB

In 36 Produktionsstandorten innerhalb der Bundesrepublik Deutschland sowie zahlreichen Service- und Instandhaltungsbetrieben im In- und Ausland erwirtschafteten inklusive Beteiligungen ca. 25.000 Mitarbeiter in 1997 einen Auftragseingang von über 8,6 Mrd. DM.[3] Die in Abb. 9.2 vertikal angeordneten, grau hinterlegten Rechtecke deuten die Querschnittsfunktionen an, welche einige ehemalige Stabsgesellschaften innehaben. Im Rahmen des Forschungsprojektes zur Integration von Qualitäts-, Umwelt- und Arbeitssicherheitsmanagementsystemen koordiniert die ABB Management Support GmbH (Funktionsbereich: Sicherheit und Umweltschutz) in Zusammenarbeit mit der ABB Management Consulting GmbH derzeit erste Pilotprojekte.

9.2
Qualitätsmanagement bei ABB

Die Qualitätsmanagement-Aktivitäten werden im deutschen ABB-Konzern von einem Konzernbeauftragten für Qualität koordiniert und unterstützt, der direkt an

---

[3]   Vgl. ABB (Hrsg), (1998).

den Vorstandsvorsitzenden der Deutschen ABB Holding berichtet und der ABB Management Consulting GmbH (MAC) zugeordnet ist. Innerhalb der einzelnen operationalen Gesellschaften wurde jeweils ein Qualitätsmanagement-Beauftragter ernannt, welcher für die Einführung und Aufrechterhaltung des QMS verantwortlich ist. Bereits 90 % der produzierenden ABB Gesellschaften haben ein Qualitätsmanagementsystem nach der ISO 9000er-Reihe und/oder QS 9000 bzw. VDA 6 (bei Automobilzulieferern) implementiert und führen unter Regie des Konzernbeauftragten jährlich interne Audits und das konzernweite Bewertungssystem TQSR durch (s. Kap. 5, Abschn. 5.4.3). Ein Ziel des ABB-Konzerns besteht derzeit darin, von der Einzelzertifizierung der jeweiligen ABB-Gesellschaften über die sog. *„Matrixzertifizierung"*[4] eine *„Herstellererklärung"* zu erlangen[5]. Die Herstellererklärung erlaubt es dem ABB Konzern, seine gesamte weltweite Produktpalette als qualitätsgeprüft zu erklären. Eine Voraussetzung, um diesen Weg beschreiten zu können und damit Rationalisierungspotentiale sowohl beim externen Zertifizierer als auch bei den internen Abläufen zu erzielen, ist die Bindung an eine Zertifizierungsgesellschaft.[6] Auf der Basis der Matrixzertifizierung hat sich der ABB-Konzern folgende Ziele gesetzt:[7]

- Reduzierung des formalen Anteils bei der Auditierung;
- Steigerung des Nutzens für die Organisation durch konsequentes Verfolgen von Korrekturmaßnahmen;
- stärkere Einbindung des Vorstandes in den Auditierungsprozeß;
- Verminderung der Auditierung von ABB-Gesellschaften durch die DQS um 70 %, so daß bei ca. 50 ABB-Gesellschaften in Deutschland im Rahmen einer Erstzertifizierung bzw. einem Wiederholungsaudit (nach drei Jahren) lediglich sieben Gesellschaften und bei einem Überwachungsaudit (jährlich zwischen den Wiederholungsaudits) nur noch fünf Gesellschaften zu überprüfen sind und damit
- Reduzierung der Kosten für externe Zertifizierer.[8]

---

[4] Die Matrixzertifizierung bedeutet, daß alle ABB Gesellschaften in der Matrixorganisation über ein zertifiziertes Managementsystem verfügen [Anm. d. Verf.].

[5] Vgl. ABB (Hrsg.), (1996b), S. 1.

[6] Bei der Zertifizierung des Qualitätsmanagementsystems wird bei der Deutschen ABB die DQS als externer Zertifizierer herangezogen [Anm. d. Verf.].

[7] Vgl. ABB (Hrsg.), (1996a), Anlage, o. S.

[8] Die durchschnittlichen Kosten für ein Erhaltungsaudit betragen 7.000 DM pro ABB-Gesellschaft; hierbei beansprucht der Vorbereitungsaufwand ca. *„15 Mann-Tage"* - abhängig von der Größe des Unternehmens. *„15 Mann-Tage"* bedeutet, daß entweder fünfzehn Mitarbeiter an einem Tag oder ein Mitarbeiter fünfzehn Tage lang beschäftigt sind - hierbei bleibt die Qualifikation des einzelnen Mitarbeiters unberücksichtigt. Die Verwendung der Einheit *„Mann-Tage"* liefert jedoch eine einheitliche Vergleichsbasis zur Aufwandsermittlung [Anm. d. Verf.].

Die Voraussetzungen für eine Matrixzertifizierung bestehen vor allem in:[9]

- der Existenz eines konzernweiten Qualitätsmanagementhandbuchs;
- dem Nachweis, daß alle Unternehmensbereiche ein seit drei Jahren zertifiziertes Qualitätsmanagementsystem aufweisen;
- der Ernennung eines unabhängigen Qualitätsmanagementbeauftragten für den ABB-Konzern;
- der jährlichen Auditierung des Vorstandsvorsitzenden und eines Vorstandes zum Qualitätsmanagementelement *„Verantwortung der Leitung"* (4.1);
- der jährlichen Auditierung der Elemente *„Verantwortung der Leitung"* (4.1), *„Qualitätsmanagementsystem"* (4.2), *„Korrektur- und Vorbeugungsmaßnahmen"* (4.14), *„Interne Qualitätsaudits"* (4.17) und *„Schulung"* (4.18) in jeder ABB-Gesellschaft durch den internen Zertifizierer ABB MAC GmbH.

Seit 1997 beteiligt sich die Deutsche ABB an dem Pilotverfahren *„ISO-TIP (Trust Improvement Program)"*, welches „ ... *zur Stärkung des Vertrauens in die Qualitätsfähigkeit und zur Förderung der Eigenverantwortlichkeit in reifen Managementsystemen"*[10] beitragen soll. Dieses Verfahren wurde von führenden Unternehmen in der Bundesrepublik Deutschland, der DQS und verschiedenen Industrieverbänden (u. a. dem ZVEI) initiiert. Es wird als organische Weiterentwicklung eines Zertifizierungsverfahrens verstanden, welches die Basis der Standardzertifizierung unterstreicht. Voraussetzung für die Teilnahme ist auch hier ein seit mindestens drei Jahren ohne Abweichungen zertifiziertes QMS, ein unabhängiger QM-Beauftragter, die regelmäßige Durchführung interner Audits und eine lückenlose Dokumentation der angeführten Punkte. Nach der Vorlage des QMS-Zertifikats nach ISO 9001 oder ISO 9002, wird eine Erklärung des Herstellers zu seinem QMS sowie die letzten Audit-Reports vorgelegt und die Qualifikation und die Unabhängigkeit des Leiters der internen Audits nachgewiesen. Die Überprüfung des Unternehmens erstreckt sich dann ausschließlich auf die Dokumentenprüfung, eine Kontrolle in den operativen Bereichen findet nicht mehr statt. Als Ergänzung zu den ausschließlich intern durchgeführten Audits ist die Beteiligung an Selbstbewertungsverfahren (z. B. EQA) vorgesehen.[11] Der Vorteil dieses Verfahrens liegt in der deutlichen Reduzierung des Auditierungsaufwands. ABB prüft derzeit dieses Verfahren als Alternative zu der oben beschriebenen Matrixzertifizierung bzw. Herstellererklärung. Insbesondere bei der erfolgreichen unternehmensweiten Einführung eines IMS verspricht TIP eine bessere Zertifizierungsmöglichkeit, da die Bereiche Umweltschutz und künftig eventuell auch Arbeitssicherheit zusätzlich einbezogen werden können.

---

[9]   Vgl. ABB (Hrsg.), (1996c), Anlage, o. S.

[10]   DQS (Hrsg.), (1997), S. 1.

[11]   Vgl. ebenda, S. 4 ff.

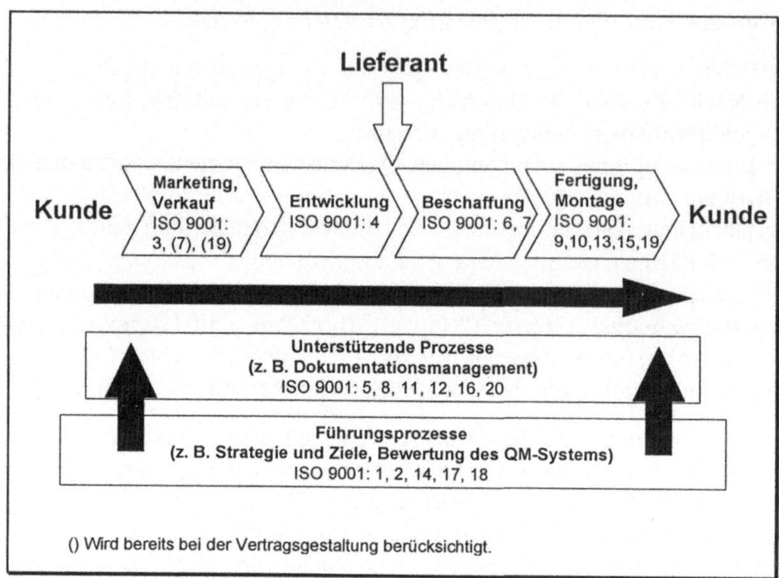

Abb. 9.3.   Prozeßdarstellung der ISO 9001-Elemente nach ABB

Bei der Vorbereitung auf die im Jahre 2000 geplante Revision der ISO 9000er-Normenreihe werden sich die QMS der einzelnen ABB-Gesellschaften in Zukunft an der Wertschöpfungskette im Rahmen einer Prozeßdarstellung orientieren, wie sie in Abb. 9.3 dargestellt ist. Hierbei wurde die ISO Gliederungsstruktur der Prozesse (s. Abb. 8.9) zugrunde gelegt und darin die 20 Elemente der ISO 9001 eingeordnet.[12]

9.3
Umweltmanagement bei ABB

Der ABB-Konzern bezeichnet sein Engagement auf dem Gebiet des Umweltschutzes als eine historisch gewachsene Verpflichtung gegenüber dem Erhalt der Umwelt. So unterzeichnete ABB als eines der ersten Unternehmen weltweit bereits 1991 die ICC-Charta und setzte sie als Leitlinie für seine Umweltpolitik ein. Folglich schreibt ABB Deutschland in der Präambel ihrer Umweltleitlinien: *„ABB trägt Mitverantwortung, die natürliche Lebensgrundlage zu schützen, zu schonen und zu erhalten. ... ABB verfolgt das Ziel, dem präventiven vor dem reparativen Umweltschutz Vorrang zu geben*[13]*."* Diese Umweltleitlinien, welche auf normativer Ebene sämtliche Aktivitäten von ABB beeinflussen, werden nicht nur als

---

[12]   In Abb. 9.3 sind jeweils nur die Elementnummern der ISO 9001 ohne die Kapitelzuordnung angegeben, so bezeichnet etwa die Zahl 18 das Element 4.18 (Schulung) [Anm. d. Verf.].

[13]   ABB (Hrsg.), (o. J.), S. 1.

freiwillige Selbstverpflichtung, sondern als zwingende Aufgabe angesehen, um in der Zukunft den Unternehmenserfolg im Einklang mit der Umwelt zu sichern.[14]

In 1992 begann ABB die Durchführung eines Dreiphasen-Umweltschutz-Managementprogramms. Die erste Phase (1992-1994) umfaßte die Gründung einer Umweltschutzorganisation parallel zu den bestehenden Linienfunktionen und die Bestimmung einer generellen Umweltschutzstrategie. Als Informationsbasis diente eine umfassende Auditierung der Umweltsituation an ca. 500 Standorten in mehr als 30 Ländern.[15] Abb. 9.4 zeigt die Umweltmanagement-Organisation von ABB. Auf internationaler Ebene wurde ein unabhängiges Umweltberatungs-Gremium (EAB - Environmental Advisory Board) eingerichtet, welches den Vorstandsvorsitzenden (CEO - Chief Executive Officer) der internationalen ABB in Umweltfragen unterstützt. Der Sekretär des EAB ist gleichzeitig der Leiter der internationalen Umweltkoordinationsstelle im ABB-Konzern (CS-EA - Corporate Staff - Environmental Affairs), er berichtet direkt an den CEO und unterstützt mit seinem Team die nationalen Umweltaktivitäten.

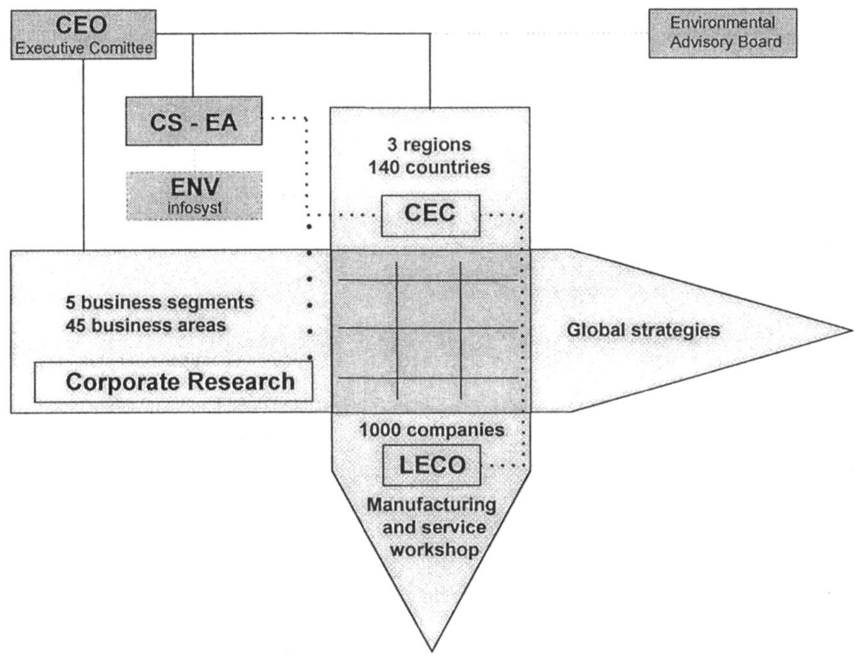

Abb. 9.4.   Die Umweltmanagement-Organisation von ABB
Quelle: ABB (Hrsg.); (1996d), S. 27.

---

[14]   Vgl. ebenda, S. 4.
[15]   Vgl. Weis, U. (1996), S. 129.

Auf nationaler Ebene wurden Umweltschutzkoordinatoren (CEC - Country Environmental Controller) ernannt, welche wiederum die Umweltschutzbeauftragten (LECO - Local Environmental Controller) innerhalb der selbständigen ABB-Gesellschaften unterstützen und überwachen.[16] In Deutschland ist der CEC gleichzeitig Funktionsbereichsleiter für Umweltschutz und für Arbeitssicherheit, er berichtet direkt an den Vorstand der deutschen ABB Holding. Als Leiter des Dienstleistungsbereichs Sicherheit und Umweltschutz ist er der ABB Management Support GmbH (MSU) in Heidelberg zugeordnet.

Die zweite Phase begann 1994 und umfaßte die Untersuchung der ABB-Produkte. Zulieferer und Vertragspartner wurden im Rahmen von Schulungen in den Prozeß der UMS-Implementierung eingebunden. 1995 schloß sich die dritte Phase mit der Einführung von Umweltmanagementsystemen an den Standorten der ABB-Gesellschaften in mehr als 30 Ländern an, in welche alle Geschäftsprozesse integriert wurden. Es ist vorgesehen, diese Phase bis zum Jahr 2000 abzuschließen, bis dahin sollen weltweit alle produzierenden und dienstleistenden ABB-Unternehmensbereiche bis zu diesem Zeitpunkt über ein funktionsfähiges UMS verfügen.[17] Bis März 1998 waren weltweit 50 Standorte in elf Ländern umweltzertifiziert, wobei Deutschland mit 19, Finnland mit 13, Schweden mit sechs und die Schweiz mit vier Standorten den größten Anteil stellten. Abb. 9.5 zeigt den Stand der Implementierung in Deutschland zum Stichtag 31.12.1997. Von insgesamt 50 Standorten waren zu diesem Zeitpunkt 28 nach EMAS und/oder ISO 14001 zertifiziert, in 1997 fanden neun Zertifizierungen dieser Art statt.

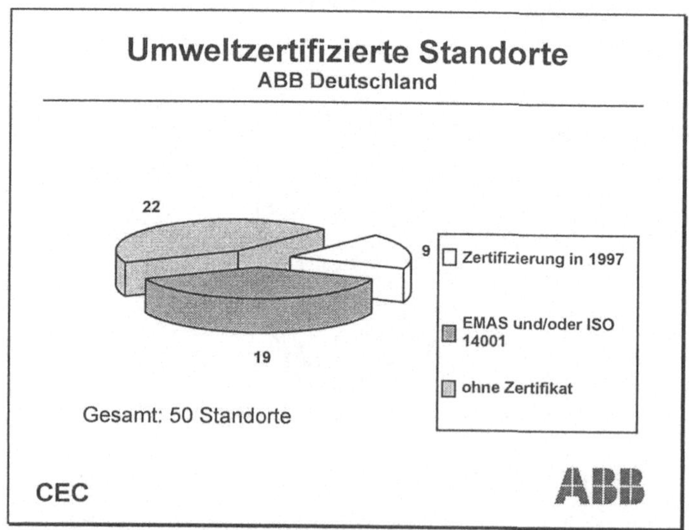

Abb. 9.5.   Umweltzertifizierte Standorte ABB Deutschland (Stand März 1998)

---

[16]   Vgl. ABB (Hrsg.), (1996d), S. 27.
[17]   Vgl. ebenda, S. 24 f.

Die Grundlage der Umweltzertifizierung deutscher ABB-Standorte bilden ein zentral erstelltes Muster-Handbuch und die dazugehörigen Verfahrensanweisungen. Das so dokumentierte ABB Standard-UMS erfüllt sowohl die Anforderungen der ICC-Charta, der ABB-Umweltleitlinien, des BS 7750, der EMAS als auch der ISO 14001. Den ABB-Unternehmen steht es somit frei, sich wahlweise getrennt nach EMAS bzw. ISO 14001 oder gemeinsam nach beiden Standards auditieren zu lassen. Eine Entscheidung über die entsprechende Vorgehensweise trifft die Unternehmensleitung der jeweiligen Gesellschaft, in Abhängigkeit von den Kundenanforderungen und der Struktur der Abnehmermärkte. Die UMS-Einführung wird bei den ABB-Gesellschaften von dem jeweiligen LECO in Zusammenarbeit mit einem Projektteam durchgeführt und vom zentralen Referat Umweltschutz - einem dem CEC und damit der ABB MSU GmbH zugeordneten interdisziplinären Spezialistenteam - begleitet. Die Anpassungen an lokale Erfordernisse wie kommunale Satzungen, betriebliche Abläufe sowie gesellschafts- und standortbezogene umweltrelevante Aktivitäten werden am jeweiligen Standort durch den LECO durchgeführt. Bei der externen Zertifizierung bzw. Validierung des UMS wird bei der Deutschen ABB überwiegend DET NORSKE VERITAS als externer Zertifizierer herangezogen, die Aufrechterhaltung wird zwischen den externen Überprüfungsintervallen im Rahmen von internen Audits durch den CEC überprüft.

Parallel zur Einführung der Umweltmanagementsysteme widmet sich ABB national und international derzeit intensiv der ganzheitlichen Bewertung von Umweltaspekten, insbesondere der Betrachtung der Umweltauswirkungen ihrer Produkte über ihren gesamten Lebenszyklus hinweg im Rahmen von sog. *„Life Cycle Assessments"* (LCA). Die Beurteilung von Ressourcen- und Energieverbrauch bei Produktion und Nutzung bis hin zur Entsorgung des Produktes nach der Nutzungsphase stehen im Mittelpunkt der zukünftigen Umweltaktivitäten von ABB.[18]

9.4
Arbeitssicherheit bei ABB

Die dritte Basiskomponente eines IMS, die Arbeitssicherheit und der Gesundheitsschutz, haben bei ABB Deutschland ebenfalls einen sehr hohen Stellenwert. Die Einhaltung der in Kapitel 2 (Abschn. 2.3.3) beschriebenen gesetzlichen Regelungen auf diesem Gebiet bilden als Mindestanforderung die Grundlage sämtlicher Aktivitäten. Wie das Referat *„Umweltschutz"* ist auch das Referat *„Arbeitssicherheit"* der ABB Management Support GmbH und hier dem Dienstleistungsbereich *„Sicherheit und Umweltschutz"* (MSU-SU) zugeordnet. Der Leiter dieses Referats unterstützt mit seinem Team den Funktionsbereichsleiter für Arbeitssicherheit - eine Funktion, welche in Personalunion vom CEC bekleidet wird. Als zentraler Dienstleistungsbereich betreut das Referat *„Arbeitssicherheit"* sämtliche operativen ABB-Gesellschaften in Deutschland. Direkte Ansprechpartner sind hier jeweils die leitenden Sicherheitsingenieure (Fachkräfte für Arbeitssicherheit,

---

[18] Vgl. Weis, U. (1996), S. 130 f.

s. Kap. 2, Abschn. 2.3.3.2), welche von MSU-SU koordiniert, geschult und in Spezialfragen (z. B. Gesetzesänderungen) beraten werden. Weitere Tätigkeitsfelder des zentralen Referats sind die Unterstützung bei der Implementierung von Arbeitssicherheitsmanagementsystemen (nach SCC), deren interne Auditierung, die Durchführung spezieller konzernweiter Programme zum Gesundheitsschutz, etwa zur Ergonomie an Bildschirmarbeitsplätzen. Zudem werden EDV-Programme zur Ermittlung und Analyse von Gefährdungen (gem. § 5 ArbSchG), zur Unfallanalyse sowie Gefahrstoffdatenbanken erarbeitet und den einzelnen Gesellschaften zur Verfügung gestellt. Durch die organisationale Anbindung an die zentrale Koordinationsstelle für den Umweltschutz bei ABB und die gemeinsame Leitung beider Bereiche hat eine Abstimmung der Arbeitssicherheit, des Gesundheitsschutzes und des Umweltschutzes bei ABB bereits weitgehend stattgefunden. Dies gilt insbesondere für die sich jeweils tangierenden Problemfelder, wie der Umgang mit Gefahrstoffen oder die Notfallplanung.

Zudem werden die Referate *„Brandschutz"* und *„Unfallversicherung"*, die beide ebenfalls der MSU-SU zugeordnet sind, bei der Konzeption eines konzernweiten IMS berücksichtigt. Die Aufgaben des Brandschutzreferats bestehen hauptsächlich in der Überwachung der Einhaltung von relevanten gesetzlichen Brandschutzvorschriften sowie der Kontrolle brandschutztechnischer Standards in den einzelnen Teilgesellschaften. Zu den Brandschutzanforderungen zählen schwerpunktmäßig der bauliche Brandschutz (Gebäude, Brandabschnitte etc.), der abwehrende Brandschutz (Löschwasserversorgung, Hydranten, Feuerlöscher etc.), der organisatorische Brandschutz (Flucht- und Rettungswege, Brandschutzordnung etc.) und der anlagentechnische Brandschutz (Sprinkler, Brandmeldeanlagen, Löschanlagen etc.). Brandschutztechnisch gefährdete Bereiche werden identifiziert und entsprechende Maßnahmen baulicher und anlagentechnischer Art ergriffen, um Brandenstehungen zu vermeiden. Sollten dennoch Brände entstehen, werden insbesondere für strategisch sensible Produktionsanlagen, von denen beispielsweise die Produktion einer oder mehrerer ABB-Gesellschaften direkt abhängen, Alternativpläne erarbeitet. Im Rahmen eines solchen Risk-Managements ist es möglich, einen Produktionsausfall aufgrund von Brand- oder Löschwasserschäden auf ein Minimum zu beschränken und somit die wirtschaftliche Überlebensfähigkeit von Teilgesellschaften oder des Gesamtkonzerns auch in Ausnahmefällen zu gewährleisten. Auf dem Gebiet des Unfallversicherungswesens besteht die Hauptaufgabe vor allem darin, die ordnungsgemäße, branchen- und tätigkeitsbezogene Eingruppierung der Mitarbeiter in die gesetzlich vorgeschriebene Unfallversicherung zu überprüfen, um die Leistungen der Versicherung für den einzelnen Mitarbeiter im Falle eines Unfalles sicherzustellen. Des weiteren werden in Zusammenarbeit mit den Berufsgenossenschaften und Versicherungen bei den einzelnen ABB-Gesellschaften Unfall-Meldeverfahren aufgebaut, Unfallkostenanalysen durchgeführt sowie die Wirtschaftlichkeit der Beitragszahlungen zur Gesetzlichen Unfallversicherung kontrolliert.

9.5
Projektbeschreibung: Aufbau und Implementierung eines IMS bei ABB

Das Forschungsprojekt *„Aufbau und Implementierung eines IMS bei der Deutschen Asea Brown Boveri AG"* wurde im März 1996 gestartet. Projektpartner waren die Deutsche ABB, vertreten durch den Konzernvorstand für Marketing und Umweltschutz, die beiden Gesellschaften ABB MSU GmbH und ABB MAC GmbH, die Universität Heidelberg, vertreten durch den Ordinarius für Betriebswirtschaftslehre I an der Wirtschaftswissenschaftlichen Fakultät sowie das Institut für Umweltwirtschaftsanalysen Heidelberg e.V. (*IUWA*). Der Autor fungierte hierbei als Projektkoordinator. Das Projekt gliederte sich in vier Phasen, welche in Abb. 9.6 dargestellt sind.

Die **erste Phase** (März - August 1996) bestand in einer umfangreichen Bestandsaufnahme. Dabei wurden zunächst die bereits bestehenden, standardisierten Systemmodelle in den Bereichen Qualität (ISO 9000er-Reihe), Umweltschutz (BS 7750, EMAS, ISO 14001) und Arbeitssicherheit (SCC, BS 8800) sowie bereits bestehende Ansätze zu deren Integration analysiert. Parallel wurden die theoretischen Grundlagen der Integration geschaffen, indem die bestehende Organisationstheorie hinsichtlich hier anwendbarer Ansätze sowie allgemeiner Anforderungen an ein Managementsystem untersucht wurden. Durch die Teilnahme und Mitarbeit des Autors bei dem Aufbau und der internen und externen Auditierung von QMS, UMS sowie AMS (nach SCC) bei mehreren ABB-Gesellschaften konnten zudem die erforderlichen praktischen Erfahrungen gesammelt und Kontakte zu den beteiligten Personen hergestellt werden.

Die Aktivitäten der **zweiten Phase** (September 1996 - Februar 1997) konzentrierten sich auf den Bereich der Arbeitssicherheit und des Gesundheitsschutzes. Da hier bis zum Ende des Projektes noch keine standardisierten, europa- bzw. weltweit extern zertifizierbare Modelle zum Aufbau von Managementsystemen bestanden, wurden Möglichkeiten geprüft, derartige Systeme aufzubauen und für eine spätere Integration mit den Bereichen Qualität und Umweltschutz vorzubereiten. Hierzu fand u. a. ein Austausch mit dem VERBAND DEUTSCHER SICHERHEITSINGENIEURE (VDSI) statt, so daß ein Ansatz zum Aufbau eines ganzheitlichen Arbeitssicherheitsmanagementsystems erarbeitet werden konnte (s. Kap. 7).[19] Den Abschluß dieser Phase bildete die Dokumentation der bestehenden Situation bei ABB sowie die Darstellung von Gemeinsamkeiten und Unterschiede der betrachteten Fachbereiche und Normen. Aus dieser Analyse wurde ersichtlich, daß eine Integration dieser Bereiche möglich ist, jedoch verschiedene Spezialgebiete weiterhin separat geregelt werden sollten. Während des gesamten Projektes fand ein kontinuierlicher Austausch zwischen verschiedenen, mit diesem Themengebiet befaßten Personen und Institutionen statt. Zu nennen sind hier vor allem der Austausch mit Mitarbeitern der HOECHST AG und der MICRO COMPACT

---

[19] Vgl. Pischon, A./Liesegang, D.G. (1997).

CAR GMBH (Hersteller des Kleinwagens „*Smart*"), die entsprechende Integrationsprojekte in ihren Unternehmen durchführten.

Der Aufbau einer Arbeitsgruppe zur Integration von Managementsystemen an der Hochschule St. Gallen, an denen neben verschiedenen auf diesem Gebiet aktiven Doktoranden und Habilitanden auch die Leiter der Institute IWÖ und ITEM vertreten waren sowie Kontakte zu Verbänden (VDSI, ZVEI) und Zertifizierern (DQS, DNV) waren sehr hilfreich, um die Interessen der beteiligten Gruppen frühzeitig zu identifizieren. Des weiteren fanden regelmäßige Sitzungen von ABB-internen Arbeitsgruppen zum Thema „*Integration*" statt, die interdisziplinär mit Vertretern aus unterschiedlichen ABB-Gesellschaften besetzt waren. Die Zwischenergebnisse des Projektes wurden in dreimonatigen Abständen im Rahmen des Vorstandsarbeitskreises Umweltschutz vorgestellt und diskutiert.

In **Phase drei** (März - August 1997) fand die Entwicklung von Integrationskonzepten statt (s. Kap. 8)[20], die durch kleinere Pilotprojekte in verschiedenen ABB-Gesellschaften überprüft wurden. Hierbei entstanden nützliche Wechselwirkungen zwischen der theoretischen Erarbeitung und der praktischen Umsetzung. So stellte sich beispielsweise heraus, daß die Integration am sinnvollsten auf der Ebene der Verfahrensanweisungen durchgeführt wird und daß diese durch eine Struktogrammdarstellung am übersichtlichsten zu gestalten sind (s. Kap. 8, Abschn. 8.6.3).

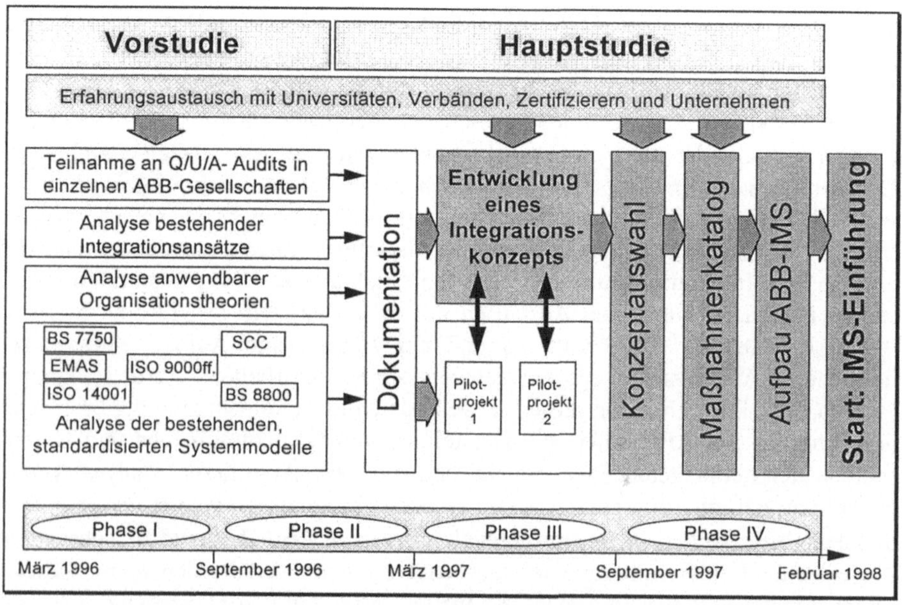

Abb. 9.6.   Projektplan des ABB-Forschungsprojekts „*Aufbau und Implementierung eines IMS*"

---

[20]   Vgl. Felix, R./Pischon, A./Riemenschneider, F./ Schwerdtle, H. (1997).

Die Ergebnisse und Erfahrungen bei diesen Anwendungen führten zu einer permanenten Überarbeitung, Verbesserung und Operationalisierung der Integrationskonzepte und des IMS-Aufbaus.

In der **vierten Phase** (September 1997 - Februar 1998) wurde die Konzeptbildung abgeschlossen und Ansätze zur Vorgehensweise bei einer möglichen Implementierung erarbeitet. Hierzu wurden Überlegungen zur Konzeptauswahl vorgenommen, ein Maßnahmenkatalog zur Implementierung aufgestellt sowie ein Muster IMS für den ABB Konzern auf der Basis von Verfahrensanweisungen erarbeitet. Die Ergebnisse dieser Phase werden in den folgenden Abschnitten vorgestellt. Mit der Beendigung des Projektes wurde ein Nachfolgeprojekt gestartet, welches die konkrete Umsetzung des Muster-IMS in den ABB-Gesellschaften zum Ziel hat.

9.5.1
Maßnahmenkatalog zum Aufbau eines IMS

Abgeleitet aus den Erfahrungen, die im Rahmen der Integrationsaktivitäten bei der Deutschen ABB AG gesammelt werden konnten, wird in diesem Abschnitt der Ablauf eines Integrationsprojektes vorgestellt. Es handelt sich hierbei um einen Vorschlag in Form eines Maßnahmenkatalogs, der den Weg zu einem Integrierten Managementsystem unterstützt.

Bei der Zusammenführung der bestehenden Spezial-Managementsysteme und dem Aufbau eines IMS ist davon auszugehen, daß im Rahmen der Integrationsbemühungen zu verschiedenen Zeitpunkten Änderungen der zu Beginn angestrebten Struktur des IMS vorgenommen werden. Diese Abwandlungen resultieren im wesentlichen aus dem während des Projektverlaufs stetig zunehmenden Wissen der Beteiligten. Das interdisziplinär zusammengesetzte Team von Spezialisten profitiert von den Erkenntnissen und Erfahrungen der einzelnen Mitglieder. So entwickelt sich letztendlich ein ganzheitlicher Systemblick, der dazu führt, daß die zu Beginn festgelegten Ziele in verschiedenen Punkten in Frage gestellt werden. Obwohl ein solcher Lernvorgang durchaus erwünscht ist, gilt es dabei jedoch zu beachten, daß grundlegende inhaltliche bzw. organisatorische Modifikationen der ursprünglichen Zielsetzungen in einem möglichst frühen Projektstatus durchzuführen sind.

Dies resultiert aus dem Faktum, daß eine zu Beginn des Systemaufbaus vorgenommene Veränderung bzw. Erweiterung noch verhältnismäßig einfach und mit geringen Kosten zu vollziehen ist. Je weiter die Einführung eines Systems fortgeschritten ist, desto schwieriger und finanziell aufwendiger gestaltet sich eine Änderung (s. Abb. 9.7). Daher ist bei dem Aufbau eines IMS ein Hauptaugenmerk auf die vorbereitenden und richtunggebenden Aktivitäten zu legen. Das System ist so zu gestalten, daß es an sich ändernde Rahmenbedingungen jederzeit flexibel angepaßt werden kann.[21]

---

[21] Vgl. Adams, H.W. (1995), S. 15; Pischon, A./Liesegang, D.G. (1997), S. 71.

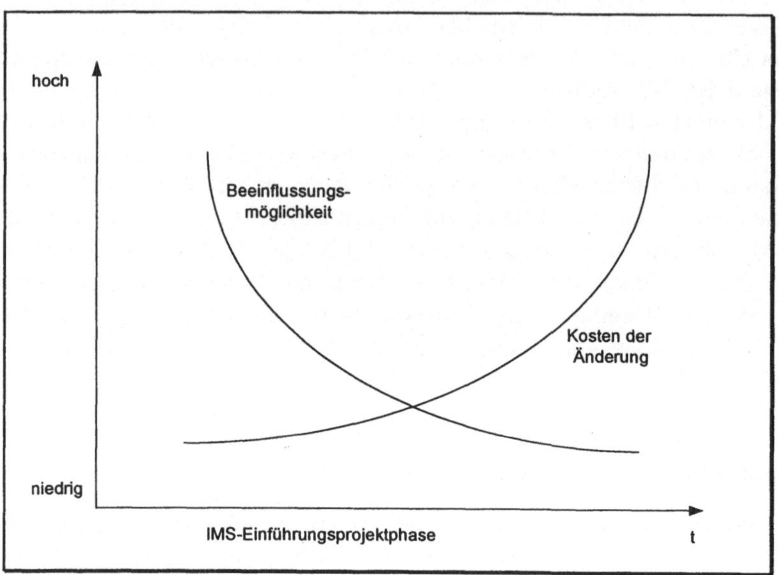

Abb. 9.7.   Beeinflussungsmöglichkeit und Kostenentwicklung bei Änderungen in Abhängigkeit von dem Projektstatus
Quelle: In Anlehnung an Adams, H. W. (1995), S. 15.

Der Weg zur Integration von Qualitäts-, Umwelt- und Arbeitssicherheitsmanagementsystemen kann in den zehn Schritten vorgenommen werden (s. Abb. 9.8), welche nachfolgend im einzelnen beschrieben werden. Die zehn Schritte entsprechen im wesentlichen den in Kapitel 3 (Abschn. 3.4.7.1) beschriebenen Phasen des Veränderungsprozesses, wobei hier die Schritte 1-3 der IST-Analyse (bzw. Diagnose) in Schritt 4 vorgeschaltet sind. Die Schritte 5 und 6 entsprechen der Konzeptionsphase, die Implementierungsphase besteht aus den Schritten 7 und 8, Schritt 9 beinhaltet die Kontrolle und Schritt 10 erfüllt die Forderung nach einem kontinuierlichen Verbesserungsprozeß (KVP). Der eingezeichnete Feedback-Loop erfolgt bei der Integration zusätzlicher, zuvor nicht berücksichtigter Teilgebiete (Personal, Finanzen etc.).[22]

Zu 1. Verpflichtung der obersten Leitung zu Q/U/A-MS und deren Integration
Die Basis jeglicher Integrationsaktivitäten ist die eindeutige und unmißverständlich geäußerte Verpflichtung des obersten Managements, welches die Rolle der Machtpromotoren übernimmt (s. Kap. 3, Abschn. 3.4.7.3), die Anforderungen der einzelnen Managementsysteme einzuhalten und deren Integration anzustreben

---

[22]   Die folgenden Ausführungen orientieren sich an der Struktur der Deutschen ABB. Soll die Integration nicht konzernweit, sondern nur innerhalb eines Unternehmens durchgeführt werden, ist die vorgestellte Vorgehensweise ebenso anwendbar, indem die hier beschriebenen Aktivitäten auf der Ebene des Gesamtvorstandes auf die Leitung des betrachteten Unternehmens übertragen werden [Anm. d. Verf.].

(Commitment). Diese Erklärung sollte innerhalb des Unternehmens allen Mitarbeitern mitgeteilt werden.[23] Hierfür bietet sich eine Veröffentlichung im Rahmen der Mitarbeiterzeitschrift und eine dem Integrationsprojekt vorgeschaltete Informationsveranstaltung für alle Mitarbeiter an. Bei der Begründung dieser Integrationszielsetzung ist darauf zu achten, daß ein Hauptaugenmerk auf die Verdeutlichung der Sinnhaftigkeit dieses Zieles sowie auf die Beschreibung der geplanten Vorgehensweise gelegt wird. Dabei ist die angestrebte Erhaltung von Systemleistungen der bislang separat geführten Managementsysteme zu betonen und eine Minderung dieser Leistungen von vornherein auszuschließen.

Handelt es sich bei dem betrachteten Unternehmen um einen Konzern mit mehreren selbständigen Teilgesellschaften, so ist diese Verpflichtung sowohl von seiten der obersten Konzernleitung als auch von den Leitern (Geschäftsführern) der einzelnen Teilgesellschaften abzugeben. Neben diesem Engagement ist eine eindeutige Unterstützung und Kontrolle des Integrationsprozesses von der obersten Führungsebene erforderlich. Dazu zählen ebenso die Bereitstellung von Mitteln, wie die aktive Begleitung des Projektes. Hierfür bietet es sich an, einen Lenkungsausschuß (steering committee) zur Integration zu gründen, der sich während der Projektdauer in regelmäßigen Zeitabständen trifft. Hierin ist die konzernweite Integrationsstrategie festzulegen und bei Bedarf an die jeweiligen Gegebenheiten anzupassen. In diesem Kreis, der sich aus einem Mitglied des Gesamtvorstandes, verschiedenen Geschäftsführern von Teilgesellschaften, den Fachbereichsleitern für die Gebiete Qualität, Umweltschutz, Arbeitssicherheit und Gesundheitsschutz auf der Konzernebene zusammensetzen sollte, werden die Teilergebnisse besprochen und Erfahrungen ausgetauscht.

Zu 2. Aufbau eines Integrationsteams und Festlegung des Projektablaufs
Der gesamte Integrationsprozeß ist von verschiedenen Integrationsteams zu koordinieren. Auf der Ebene des Konzerns ist ein Integrationsteam aus den Fachbereichsleitern der beteiligten Disziplinen, ausgewählten Mitarbeitern und gegebenenfalls externen Beratern aufzubauen, welches die Integrationsteams in den betroffenen Teilgesellschaften bei der Umsetzung unterstützt und nach Projektabschluß eine interne Auditierung des neu geschaffenen IMS durchführt. Dieses übergeordnete Team übernimmt die Aufgabe der Prozeßpromotoren (s. Kap. 3, Abschn. 3.4.7.3) und legt nach Absprache mit den Teilgesellschaften verschiedene Pilotprojekte fest. Hierbei bietet es sich an, zunächst einen überschaubaren Teilbereich auszuwählen, der einen schnellen Integrationserfolg verspricht, um die Motivation der Beteiligten zu unterstützen.

Im Anschluß daran sind Teilbereiche auszuwählen, die verschiedene Aufgabengebiete abdecken, um ein möglichst großes Erfahrungswissen aufzubauen. Denkbar sind hier etwa Dienstleistungsbereiche, Produktionsbereiche von Serienteilen, Einzelfertigungen im Großanlagenbau sowie Teilgesellschaften mit unterschiedlichen Mitarbeiterzahlen und Ausgangssituationen. Zur Festlegung des Projektablaufs auf Konzernebene sind ein genauer Zeitplan, entsprechende Teilziele

---

[23] Vgl. Voorhees, J./Woellner, R.A. (1997), S. 199 ff.

(*„Meilensteine"* in Form von Teilgesellschaften, die eine Integration erfolgreich durchgeführt haben) sowie die beteiligten Personen und deren Aufgaben zu bestimmen. Die Erfahrungen der Integrationsaktivitäten und die Ergebnisse der vom übergeordneten Integrationsteam durchgeführten Audits werden in festgelegten Abständen an den Lenkungsausschuß berichtet. Durch diese regelmäßigen Rückkopplungen wird ein Lernvorgang im gesamten Konzern initiiert, der das Integrationskonzept sukzessive professionalisiert und die dort beschriebenen Vorgehensweisen optimiert.

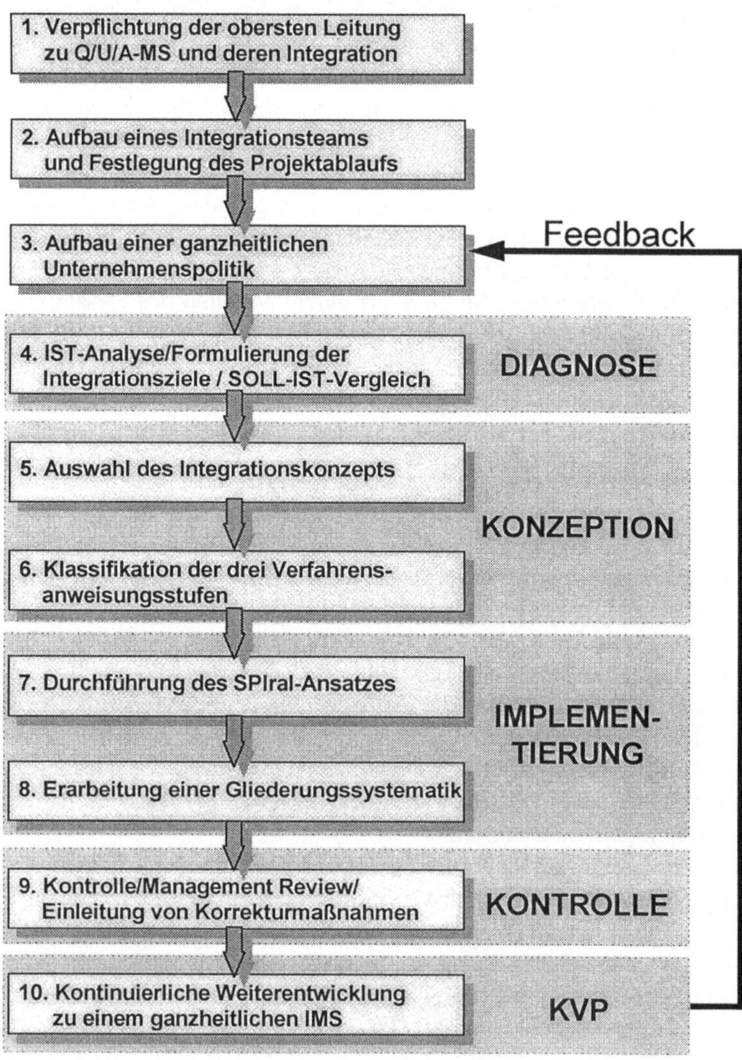

Abb. 9.8.   10 Schritte zur Integration

Bevor das Integrationsprojekt innerhalb einer Teilgesellschaft begonnen wird, ist auch auf dieser Ebene ein Arbeitskreis mit Vertretern aus allen beteiligten Unternehmensbereichen aufzubauen. Die Leiter der betroffenen Fachabteilungen werden somit von Projektbeginn an eingebunden und tragen dazu bei, die Forderungen des IMS direkt an der Wertschöpfungskette umzusetzen.[24] Ein Moderator hat innerhalb dieser interdisziplinären Integrationsteams darauf zu achten, daß der Arbeitskreis gleichmäßig besetzt ist und die jeweiligen Interessen aller Beteiligten berücksichtigt werden. Als Mitglieder dieser Gruppe sollten die jeweiligen Managementbeauftragten für Qualität, Umwelt sowie Arbeitssicherheit- und Gesundheitsschutz bestellt werden sowie sog. Schlüsselpersonen, die durch ihre Tätigkeit einen erheblichen Einfluß auf diese Bereiche ausüben. Die konkrete Integration der jeweiligen Managementsysteme wird von den einzelnen Managementsystembeauftragten in enger Abstimmung sowie ständiger Kommunikation und Einbindung aller betroffenen Parteien erarbeitet. Damit besteht während der Integrationsphase für alle Mitarbeiter die Möglichkeit, etwa im Rahmen von regelmäßig stattfindenden abteilungsübergreifenden Workshops die sie betreffenden Aspekte zu überdenken und dementsprechende Überlegungen in den Zielfindungsprozeß mit einzubringen. Bei ABB findet auf Konzernebene mindestens vierteljährlich ein Arbeitskreis statt, an dem Mitarbeiter aus verschiedenen ABB-Gesellschaften teilnehmen, die wiederum in den unterschiedlichsten Geschäftsfeldern tätig sind. Hierdurch soll einerseits ein interner Erfahrungsaustausch und Wissenstransfer gewährleistet (internes Benchmarking), andererseits von Anfang an eine breite Akzeptanz für das gesamte Integrierte Managementsystem geschaffen werden.[25]

Zu 3. Aufbau einer ganzheitlichen Unternehmenspolitik

Ein weiterer Schritt im Vorfeld der konkreten Integration von speziellen Abläufen ist der Aufbau einer ganzheitlichen Unternehmenspolitik bei gleichzeitiger Einbindung der einzelnen Teilpolitiken. Dies gilt wiederum sowohl auf der Ebene des Gesamtkonzerns als auch auf der Ebene der an der Integration beteiligten Teilgesellschaften. Auf Konzernebene bietet sich zunächst eine inhaltliche Zusammenfassung der bereits bestehenden Leitlinien auf den Gebieten des Umwelt- und des Qualitätsmanagements an, welche um grundlegende Stellungnahmen bzgl. des

---

[24]   Vgl. Butterbrodt, D. (1997a), S. 13.

[25]   Bei dem Aufbau eines IMS bei der Hoechst AG wurden zwei Arten von Widerständen gegen das geplante System identifiziert. Zum einen handelte es sich dabei um Ressentiments aufgrund der Veränderungen unternehmenspolitischer Machtstrukturen, zum anderen entstanden Akzeptanzprobleme aufgrund von Defiziten in den Bereichen des Verstehens, Kennens, Könnens und Wollens. Zur Reduzierung dieser Integrationshemmnisse und zur Vorbereitung aller Mitarbeiter auf die Integrationsaktivitäten wurde hier ein projektbegleitendes Kommunikationskonzept auf der Basis sog. Kreativworkshops initiiert. Hierbei handelt es sich um ein Schulungs- und Informationsprogramm, welches dazu beiträgt, eine breite Basis von Mitarbeitern bereits in der Konzeptionsphase in das Projekt einzubinden. Vgl. hierzu Schneider, G./Riemenschneider, F., (1997), S. 969 ff.

Arbeitssicherheits- und Gesundheitsschutzes zu erweitern sind. Diese *„Missionen"* sind in kurzer, verständlicher Form zu verfassen und allen Mitarbeitern bekanntzugeben (z. B. zusammen mit der Lohnabrechnung). Auf der Gesellschaftsebene werden diese normativen Missionen als Orientierung der Formulierung einer spezifischen Unternehmenspolitik für den betreffenden Teilbereich zugrunde gelegt. Dabei ist auf die Besonderheiten der bestehenden Unternehmenskultur, der Mitarbeiterqualifikation sowie des Tätigkeitsfeldes des Unternehmens zu achten. Des weiteren ist eine Erweiterung der Unternehmenspolitik um jene Aspekte vorzunehmen, welche über die Systemgrenze der zu integrierenden Teilgebiete hinausgehen. So ist etwa die Grundausrichtung und das Selbstverständnis des Unternehmens zu den Bereichen Forschung und Entwicklung, Finanzierung, Personalpolitik etc. in knapper Form zu berücksichtigen. Diese Vorgehensweise gewährleistet eine nachvollziehbare und glaubwürdige Gesamtpolitik des Unternehmens, die den Mitarbeitern als Leitlinie dient und an deren Ausrichtung sämtliche Aktivitäten gemessen werden können. Eine frühzeitige Formulierung und Bekanntgabe der Politik, in welche die Visionen des Unternehmens einfließen, begründet das allgemeine unternehmerische Handeln und den speziellen Prozeß der Integration. Im Sinne des St.Galler Management-Konzepts werden auf dieser normativen Ebene die zweckgerichteten Ziele des Unternehmens, mit ihren Prinzipien und Normen, im wirtschaftlichen und gesellschaftlichen Umfeld festgelegt. Den Beteiligten kann dadurch Sinn und Identität vermittelt werden.[26]

Zu 4. IST-Analyse/Formulierung der Integrationsziele/SOLL-IST-Vergleich
Im Anschluß an den Aufbau des unternehmenspolitischen Rahmens ist eine Analyse des IST-Zustandes in dem betrachteten Unternehmen (auf der Ebene der Teilgesellschaft) durchzuführen. Hierbei ist zu überprüfen, welche Ausgangssituation bzgl. der zu integrierenden Teilbereiche vorliegt. Es gilt zu klären, welche Teilmanagementsysteme bereits eingeführt sind, welche Auditierungszyklen vorliegen und welche Aspekte im Rahmen des angestrebten IMS noch zu ergänzen sind. Darauf aufbauend sind die unternehmensspezifischen Integrationsziele zu formulieren. Dabei sollte das betroffene Unternehmen sich selbst gegenüber Rechenschaft ablegen, aus welchen Gründen es eine Integration vornehmen möchte. Handelt es sich dabei lediglich um Effizienzziele unter der Nebenbedingung der Einhaltung der gesetzlichen Vorschriften oder um die schnellstmögliche und kostengünstige Erreichung von drei Zertifikaten, können verschiedene Aspekte der nachfolgenden Vorgehensweise vernachlässigt werden. Für eine seriöse Verfahrensweise ist es jedoch erforderlich, daß die in der Politik formulierte Grundausrichtung und das Selbstverständnis des Unternehmens ihre Entsprechung auch hier in der konkreten Zielformulierung für das geplante IMS wiederfinden. Eventuell zu erwartende Zielkonflikte sind bereits in dieser Projektphase so weit wie möglich zu identifizieren und zu lösen. Für das aufzubauende IMS sind folgende Prämissen zu berücksichtigen:[27]

---

[26] Siehe hierzu Kap. 4, Abschn. 4.2.3.2; vgl. Bleicher, K. (1994b), S. 16.
[27] Kerschbaummayr, G./Alber, S. (1996), S. 199 ff.

- **Klar erkennbarer Nutzen:**
Für alle betroffenen Interessengruppen innerhalb und außerhalb des Unternehmens muß der Nutzen des angestrebten IMS eindeutig erkennbar sein, da nur auf diese Weise die erforderliche Unterstützung der Integrationsaktivitäten zu erreichen ist. Um diese Forderung zu erfüllen, müssen die Erwartungen der Interessengruppen bekannt sein und die darauf abgestimmten Zielsetzungen des IMS nach innen und außen kommuniziert werden.

- **Wirtschaftlichkeit:**
Die Kosten der Implementierung und Aufrechterhaltung des IMS dürfen den Nutzen mittelfristig nicht übersteigen. Eine realistische Abschätzung der Kosten vor und eine intensive Kontrolle während des Integrationsprojektes sind erforderlich um den Erfolg zu gewährleisten. Dabei ist eine Kostenprognose jedoch relativ schwierig durchzuführen, da einige Verbesserungen etwa aufgrund von *„weichen"* Faktoren wie Motivation, Lernfähigkeit etc. quantitativ nicht faßbar sind. In der Phase der Implementierung des IMS ist mit einem weitaus höheren Aufwand zu rechnen (ev. externe Berater, interne Projektgruppen, die von ihrer *„normalen"* Tätigkeit freizustellen sind, Arbeitsunterbrechungen durch Teamsitzungen und Einbezug der jeweils betroffenen Mitarbeiter), der Ertrag wird hingegen in dieser Phase gering sein bzw. gegen Null tendieren, da sich die meisten Verbesserungen nicht sofort in monetären Einheiten messen lassen. Die Amortisationszeit dieser Investition wird sich jedoch bei kontinuierlicher Ausnutzung des Kosteneinspar- und Synergiepotentials in einem überschaubaren Rahmen halten. So beginnt die *„Payback"*-Phase bereits mit der gemeinsamen Auditierung der integrierten Teilsysteme, die deutlich günstiger ist, als eine separate Auditierung. Ausgehend von einer Projektphase von drei bis sechs Monaten sollten durch den Wegfall der Doppelarbeiten und aufgrund der Harmonisierung von Aktivitäten der integrierten Teilbereiche ca. ein Jahr nach der Einführung des IMS die Kosten der Zusammenführung durch die erreichten Verbesserungen neutralisiert sein.

- **Einfachheit:**
Das neu zu schaffende IMS sollte sich an den bisherigen Abläufen orientieren und neue Terminologien weitgehend vermeiden, um den Mitarbeitern eine gewisse *„Wiederer-kennbarkeit"* zu gewährleisten und so Widerstände gegen das neue System zu reduzieren. Dabei sind die bestehenden Abläufe jedoch zu hinterfragen und insbesondere bürokratische Regelungen, etwa im Bereich der Dokumentation, so pragmatisch wie möglich zu handhaben. Darüber hinaus ist darauf zu achten, daß die beteiligten Personen nicht durch komplizierte Regelungen in ihren Kapazitäten überfordert werden.

- **Flexibilität:**
Den sich ändernden Umfeldbedingungen auf den berücksichtigten Fachgebieten ist durch einen modularen und damit flexibel erweiter- bzw. veränderbaren Aufbau Rechnung zu tragen. Die übergreifenden Module (Politik, Dokumentation, Schulung etc.) sowie die Module, welche die Erfüllung von Mindestanforderungen (z. B. gesetzliche Anforderungen) gewährleisten, sind zu Beginn

einzuführen. Im Rahmen einer kontinuierlichen Verbesserung, bei der Anpassung an Anforderungsänderungen oder bei einer Erweiterung des IMS mit Inhalten aus zusätzlichen Bereichen (Finanzen-, Personal-, Risk-Management etc.) können zu den bestehenden Querschnittsmodulen schrittweise neue Module hinzugefügt werden.

In einem anschließenden SOLL/IST-Vergleich sind im Rahmen eines unternehmensspezifischen Integrationsprogramms entsprechende Maßnahmen zur Eliminierung der Zielkonflikte und zur Festlegung des Projektablaufs auf Unternehmensebene zu ergreifen. Dabei sind, wie auf Konzernebene bereits beschrieben, ein Zeitplan, entsprechende Teilziele (Meilensteine) sowie die beteiligten Personen und deren Aufgaben festzulegen. Eine Konkretisierung dieses Programms auf der operativen Ebene erfolgt sukzessive nach der jeweiligen Durchführung der folgenden Projektschritte.

Zu 5. Auswahl des Integrationskonzepts

Im Rahmen der Aufstellung des Integrationsprogramms ist ein Integrationskonzept auszuwählen. Dabei kann zwischen den in Kapitel 8 (Abschn. 8.6) vorgestellten Konzepten selektiert werden. Werden die Vorläuferkonzepte (Addition, Integration in die 20 Elemente der ISO 9001 etc.) aus der Auswahl genommen, verbleiben die Möglichkeiten der elementorientierten Partiellen Integration, der Systemübergreifenden Integration sowie der Prozeßorientierten Integration. Da in vielen Unternehmen noch keine umfassende Definition sämtlicher Unternehmensprozesse vorliegt, wird nachfolgend ein Kombinationsansatz aus den Konzepten Partielle Integration und Systemübergreifende Integration vorgestellt. Dies entspricht der Vorgehensweise, die zur Zeit im Deutschen ABB Konzern angewendet wird.

Tabelle 9.1 zeigt eine Übersicht über die Möglichkeiten bei der Auswahl der Integrationskonzepte. Hierbei ist festzustellen, daß die Partielle Integration in ein bestehendes Qualitätsmanagementsystem aufgrund der veralteten Struktur der ISO 9001 nicht optimal ist, jedoch die optimale Nutzung bereits bestehender, in allen Managementsystemen wiederkehrender Elemente garantiert. Dieses Konzept wird daher als neutral bewertet (s. Tabelle 9.1, Zeile 1). Eine Partielle Integration in ein bestehendes Umweltmanagementsystem (sofern es nach ISO 14001 aufgebaut ist) erscheint grundsätzlich empfehlenswert (s. Tabelle 9.1, Zeile 2), da die Struktur dem bekannten Controlling-Kreislauf folgt und somit am einfachsten durchzuführen und von den Mitarbeitern am besten akzeptiert wird. Abzuraten ist von einer Partiellen Integration in ein bestehendes Arbeitssicherheitssystem (s. Tabelle 9.1, Zeile 3). Dies begründet sich darin, daß diese Systeme bislang noch nicht die „Reife" in der Unternehmenspraxis erreicht haben, die als sinnvolle Basis für ein IMS erforderlich ist. Die Systemübergreifende Integration bietet sich bei einem gleichzeitigem Aufbau von allen drei Managementsystemen an, wenn also noch kein Managementsystem im betrachteten Unternehmen existiert (s. Tabelle 9.1, Zeile 4). Eine weitere Einsatzmöglichkeit der systemübergreifenden Variante ist als Ergänzung im Sinne einer Kombination mit der Partiellen Integration denkbar (s. Abschn. 9.5.2.1). Der Übergang zu einer

Prozeßorientierung stellt einen aufwendigen Reorganisationsprozeß dar, so daß eine solche Ausrichtung zumeist nicht ausschließlich aufgrund einer angestrebten Systemintegration durchgeführt wird.[28] Die prozeßorientierte Vorgehensweise ist daher immer dann empfehlenswert, wenn entweder bereits eine genaue Erfassung und Beschreibung der unternehmensinternen Prozesse stattgefunden hat oder wenn dies bis zu einer sehr detaillierten Ebene durchführbar und aufgrund anderer Anforderungen (z. B. Einführung von PPS-Systemen) geplant ist. Da es sich in diesem Falle um eine sehr spezielle, situationsbedingte Entscheidung handelt, wird dieses Konzept hier neutral bewertet (s. Tabelle 9.1, Zeile 5).

Tabelle 9.1.   Übersicht über die Möglichkeiten bei der Auswahl von Integrationskonzepten

Ausgangssituation Integrationskonzept	bislang kein MS vorhanden	nur QMS vorhanden	nur UMS vorhanden	nur AMS vorhanden	Separates QMS und UMS vorhanden	Separates QMS und AMS vorhanden	Separates UMS und AMS vorhanden	Separates QMS, UMS und AMS vorhanden
1. Partielle Integration in bestehendes QMS	-	X	-	-	X	X	-	X
2. Partielle Integration in bestehendes UMS	-	-	☒	-	☒	-	☒	☒
3. Partielle Integration in bestehendes AMS	-	-	-	⊗	-	⊗	⊗	⊗
4. Systemübergreifende Integration	☒	☒	X	☒	X	☒	X	X
5. Prozeßorientierte Integration	X	X	X	X	X	X	X	X

[X möglich; - nicht möglich;   O nicht zu empfehlen;   ☐ zu empfehlen]

---

[28] Vgl. Dyllick, T./Gebhardt, P./Häfliger, B. (1998), S. 21.

Tabelle 9.2. Auszug aus einer unternehmensspezifischen Bestimmung der Verfahrensanweisungsstufen 1-3 am Beispiel der ABB XYZ GmbH

Zuordnung von ABB XYZ Verfahrensanweisungen **basierend auf den Normen ISO 14001 und ISO 9001**			
ISO 14001	**ABB Umwelt VA**	**ISO 9001**	**ABB Qualität VA** **(VA Stufe: ①②③)**
4.1 Allgemeine Forderungen Die Organisation ist ver- pflichtet, ein UMS einzufüh- ren.	–	**4.2.1 Allgemeines** Die Organisation ist verpflichtet, ein QMS einzuführen.	–
4.2 Umweltpolitik Die Verantwortung für die Umweltpolitik und deren Festlegung erfolgt durch die oberste Leitung.	**VA-1.0-1** **Erstellung der** **Umweltpolitik**	**4.1.1 Qualitätspolitik** Die Verantwortung für die Umweltpolitik und deren Festlegung erfolgt durch die oberste Leitung.	**QMV 4.1** **Verantwortung der** **Leitung** ②
Diese Abschnitte korrespondieren miteinander, sie sind mit der allgemeinen Unternehmenspolitik zumindest abzustimmen, können aber auch in eine umfassende Unternehmenspolitik einfließen.			
4.3 Planung **4.3.1 Umweltaspekte** Das Unternehmen muß Ver- fahren einführen und auf- rechterhalten, um seine Um- weltauswirkungen zu ermit- teln ...	**VA-2.1-1** **Ermittlung und** **Bewertung von** **Umweltaspekten** **VA-2.1-2** **Führung des Ver-** **zeichnisses von** **bedeutenden Um-** **weltaspekten**	**Keine direkte** **Entsprechung**	– ③
4.3.2 Gesetzliche und ande- **re Forderungen** Das Unternehmen muß Verfahren einführen und aufrechterhalten, um gesetzliche u.a. Forderungen zu ermitteln ...	**VA-2.2-1** **Führung des Ver-** **zeichnisses recht-** **licher und anderer** **Anforderungen**	**4.4 Designlenkung** **4.4.4 Designvorgaben** Die produktbezogenen Forderungen, die als Designvorgaben die- nen, eingeschlossen die anwendbaren ge- setzlichen und behörd- lichen Forderungen müssen festgestellt und dokumentiert werden...	**QMV 4.4.4.5** **Designergebnis** *(„ ... einschl. der zu* *berücksichtigenden* *Gesetze. “, s. S. 3)* ② - ③
Hier ist eine regelmäßige Aktualisierung und Abstimmung der umwelt-, qualitäts- , arbeitssicher-heits- und gesundheitsschutzrelevanten Vorschriften und Regelungen zu institutionalisieren.			
4.3.3 Zielsetzungen und **Einzelziele** Die Organisation muß für jede relevante Funktion und Ebene innerhalb ihrer Organisations- struktur entsprechend doku- mentierte, umweltbezogene Zielsetzungen und Einzelziele festlegen ...	**VA-2.3-1** **Ermittlung von** **Zielsetzungen und** **Einzelzielen**	**4.1.1 Qualitätspolitik** Die oberste Leitung des Lieferanten muß ihre Qualitätspolitik, eingeschlossen ihrer Zielsetzungen und ihrer Verpflichtung zur Qualität, festlegen und dokumentieren.	**QMV 4.1** **Verantwortung der** **Leitung** **4.1.1.3 Qualitätsziele** *(... werden jährlich qua-* *litätsbezogene Ziel-* *setzungen für ABB XYZ* *festgeschrieben.“, S. 2)* ① - ②
Die Unternehmensführung formuliert diese Ziele im U-, A- und Q-Bereich. Zur Vermeidung von Zielkonflikten ist eine Abstimmung mit der Unternehmenspolitik und zwischen den einzelnen Teilbereichen erforderlich.			

Zu 6. Klassifikation der drei Verfahrensanweisungsstufen

Die Einstufung der Verfahrensanweisungen wird von den aktuellen Kontext-variablen des Unternehmens beeinflußt. Um eine Klassifikation der drei Verfah-rensanweisungsstufen im Rahmen der Partiellen Integration durchführen zu kön-nen (s. Kap. 8, Abschn. 8.6.3.2), ist daher zunächst eine unternehmensspezifische Elementzuordnung auf der Basis einer Referenzmatrix vorzunehmen. Hierbei sind die Elemente der angewendeten Managementsystem-Normen, Leitlinien und Verordnungen aufzulisten und, wie in Tabelle 8.2 (Anhang) dargestellt, an der Systematik der ISO 14001 zu spiegeln. Der Aufbau einer solchen Referenzmatrix bietet sich an, da im Rahmen der Revision 2000 der ISO 9001 und dem geplanten Aufbau eines IMS-Schemas von seiten der ISO damit zu rechnen ist, daß die Struktur der ISO 14001 diesen neuen Normen zugrunde gelegt wird. Zudem ent-spricht die moderne Struktur der ISO 14001 dem heutigen Managementdenken und ist relativ einfach mit den Strukturen des allgemeinen Managementsystems zu integrieren.[29] In einem zweiten Schritt sind die bestehenden Verfahrensanweisun-gen aus den Bereichen Qualität, Umwelt und Arbeitssicherheit diesen Elementen der Referenzmatrix zuzuordnen. Bei dieser formalen Zuordnung werden alle be-stehenden Anweisungen gesichtet und der tatsächliche Grad der Überschneidung festgestellt, so daß eine unternehmensspezifische Einteilung der Verfahrensanwei-sungen in die Stufen 1-3 durchgeführt werden kann. Tabelle 9.2 zeigt einen Aus-zug aus einer unternehmensspezifischen Bestimmung der Verfahrensanweisungs-stufen für die Normen ISO 14001 und ISO 9001 am Beispiel der ABB XYZ GmbH.

Zu 7. Durchführung des SPIral-Ansatzes

Nach der in Schritt 6 durchgeführten Bestimmung der drei Verfahrensanweisungs-stufen ist der in Kapitel 8 (Abschn. 8.6.3.3) vorgestellte SPIral-Ansatz, begleitet durch ein konsequentes Coaching von seiten des Integrationsteams, durchzuführen. Im Sinne eines didaktischen Instruments dient diese Methode als Unterstützung des organisationalen Lernprozesses im Rahmen der Integrationsaktivitäten. Der Prozeß der Implementierung des IMS kann dabei als dynamisches System verstan-den werden. Er durchläuft im übertragenen Sinne den Verlauf einer Spirale der kontinuierlichen Selbstüberprüfung und Verbesserung. Das erarbeitete Manage-mentsystem entspricht in der Einführungsphase einem Modell, welches sich noch nicht in einer statischen Endphase befindet. Im Zuge der Implementierung durch-läuft der theoretische Ansatz von der Idee bis hin zur Endfassung einen Konkreti-sierungsprozeß. Die Ausformulierung der im Nukleus implementierten Grundidee erfolgt mit vielen Freiheitsgraden in einem großzügig gesteckten unternehmenspo-litischen Rahmen. Dabei werden folgende Ergebnisse erzielt: eine sukzessive Inte-gration der Verfahrensanweisungen unter Einbeziehung aller betroffenen Mitar-beiter, eine Umsetzung der Integration auf der Ebene der Arbeitsanweisungen sowie eine Beschreibung des Systems im Rahmen eines Integrierten Management-handbuchs.

---

[29] Vgl. Dyllick, T. (1996), S. 114.

Der SPIral-Ansatz kann zum einen bis zum Ende durchgeführt werden, so daß daraus eine selbstorganisierte Struktur des endgültigen IMS resultiert. Wird diese Variante des SPIral-Ansatzes präferiert, ist der Aufbau und die Nutzung eines konzernweiten *„Lernnetzes"* sinnvoll, dessen Knoten aus den Macht- und Prozeßpromotoren, eventuellen Mentoren und Mitgliedern von Pilotgruppen bestehen, welche sich in einem regen Informationsaustausch befinden und so gegenseitig unterstützen. Wird die Idee der Integration gleichzeitig in mehreren unabhängigen Integrationsteams initiiert, kann durch diese sog. *„Multiple Nucleus Strategie"* der Fortschritt des organisationalen Lernens im Rahmen der Integrationsphase erheblich gesteigert werden (s. Kap. 3, Abschn. 3.4.7.3).

Eine zweite Möglichkeit besteht darin, das Gerüst eines Managementsystems (im Sinne des St. Galler-Ansatzes) von einer kleineren Expertengruppe mit Unterstützung von externen Beratern zu erarbeiten (Integrationsteam) und danach an die unterschiedlichen Bereiche zum *„Ausfüllen"* freizugeben. Das *„Füllen"* des Managementsystem-Gerüsts erfolgt danach lediglich mit Hilfe einer *„coachenden"*, nicht reglementierenden Unterstützung von Seiten des Expertenteams.

Ebenso ist als dritte Variante des SPIral-Ansatzes die Strukturbildung denkbar, die an den Lernprozeß angeschlossen wird (s. Schritt 8), d. h. die Gliederungssystematik des Handbuchs wird nach vollzogener Integration auf der Verfahrens- und Arbeitsanweisungsebene im Sinne einer Ordnung des Vorhandenen im nachhinein im Integrationsteam festgelegt. Ein solcher Aufbau der Gliederungsstruktur entspricht der Vorgehensweise in Schritt 8.

Zu 8. Erarbeitung einer Gliederungssystematik und der Aufbauorganisation

Hat z. B. aufgrund knapp kalkulierter Zeitrestriktionen keine selbstorganisierte evolutorische Strukturierung des IMS stattgefunden, ist im Anschluß an den SPIral-Ansatz eine Gliederung des Systems vorzunehmen. Gleichzeitig wäre es denkbar, die Schritte 7 und 8 auszutauschen, so daß durch die Festlegung der Systematik im vorhinein die Abfolge der zu integrierenden Elemente determiniert wird (s. entsprechende Alternative in Schritt 7). Dabei wird jedoch die Eigendynamik des SPIral-Ansatzes beschränkt, da eine klare Zielrichtung einen Teil des Kreativpotentials der Mitarbeiter beeinträchtigt. Bei dem Aufbau dieser Grundstruktur als Basis des umfassenden Managementsystems erscheint es sinnvoll, sich von den bestehenden Strukturen der ISO 9001 zu lösen und eine erweiterte Struktur der ISO 14001 unter Nutzung einer neutralen Numerierung zu wählen.[30] Des weiteren sind allgemeine Aufgaben eines Managementsystems in der Gliederungssystematik zu berücksichtigen. So definiert ADAMS am Beispiel der ISO 9001 die drei Funktionsbereiche: Managementfunktionen (z. B. Verantwortung der Leitung, Systembeschreibung, Vertragsprüfung, etc.), Prozeßfunktionen (z. B.

---

[30] Diese Empfehlung resultiert aus Erfahrungen aus der Praxis, wonach die beteiligten Personen aus den verschiedenen Fachgebieten (insbesondere Qualität und Umweltschutz) eine Übernahme der jeweils *„fremden"* Numerierung der Handbuchkapitel, Verfahrens- und Arbeitsanweisung als Einverleibung und Abwertung ihres eigenen Aufgabengebietes werten [Anm. d. Verf.].

Prozeßlenkung, Prozeßsicherheit, Prüfungen, Prüfmittelüberwachung etc.) und Querschnittsfunktionen (z. B. Handbuchsystem, interne Audits, Schulung, Beschaffung etc.),[31] welche sich sinngemäß in allen anderen Spezial-Managementsystemen wiederfinden. Durch die *„Befreiung"* dieser Managementsysteme von den prozeßbezogenen Funktionen identifiziert er die allgemeinen Anforderungen an ein Managementsystem, die er als Gerüst des Managementsystems der Managementsysteme (Generic Management System) definiert:[32]

1. Dokumentierte Verantwortung der obersten Leitung (Commitment).
2. Festlegung von Leitsätzen bzw. Grundsätzen im Rahmen einer Unternehmenspolitik.
3. Festlegung einer Systemgrenze/-tiefe: unternehmensinterner, -externer Regelungsbereich.
4. Effiziente Aufbau- und Ablauforganisation: Ausgangssituation, Effizienzsteigerung, Realisierung.
5. Information, Kommunikation, Kreativität.
6. Dokumentation: Struktur, Aktualisierung.
7. Supervision: Audits, Korrekturmaßnahmen, Systembewertung.

Die Festlegung der Aufbauorganisation und die damit verbundene Neuverteilung der Verantwortlichkeiten ist hierbei von besonderer Bedeutung und erfordert eine intensive Diskussion zwischen allen Beteiligten. Dabei sind hauptsächlich zwei Fragen zu klären:[33]

1. Sind die Aufgaben und Verantwortlichkeiten im Zusammenhang mit dem Integrierten Managementsystem in einer Linienfunktion oder in einer Stabstelle zu verankern?
2. Lassen sich die in vielen Unternehmen bereits bestehenden Abteilungen für Qualität, Umweltschutz und Arbeitssicherheit zusammenfassen?

Grundsätzlich ist eine Linienfunktion, die im operativen Geschäft steht und somit über Entscheidungs- und Weisungsbefugnis verfügt, einer Stabsstelle, die diese Möglichkeiten nicht hat, vorzuziehen. Allgemein läßt sich die Empfehlung aussprechen, möglichst viele Aufgaben in die Linie zu integrieren und nur noch unterstützende sowie überprüfende Tätigkeiten im Stab zu belassen. Die verbleibenden Stabstellen für Qualität, Umweltschutz und Arbeitssicherheit können anschließend in einem Team für Managementsystem-Support zusammengefaßt werden. Dies hat den Vorteil, daß neben der zu erwartenden Kostenreduktion der Informationsfluß der früher getrennten Managementsystem-Abteilungen einfacher wird. Zudem kann ein konkreter Ansprechpartner die unterschiedlichen Interessen der Mitarbeiter bündeln. Einen konkreten Vorschlag zur Gliederungssystematik und zur

---

[31] Zur Kategorisierung der drei Funktionsbereiche vgl. Kroppmann, A./Schreiber, S. (1996), S. 19.
[32] Vgl. Adams, H.W. (1995), S. 162 ff.
[33] Vgl. Felix, R./Pischon, A./Riemenschneider, F./Schwerdtle, H. (1997), S. 59 f.

Festlegung der Verantwortlichkeiten am Beispiel der Deutschen ABB liefert Abschnitt 9.5.2.

Zu 9. Kontrolle/Management Review/Einleitung von Korrekturmaßnahmen

Bereits während dieses Integrationsprozesses sind sämtliche Schritte durch das begleitende Integrationsteam sowohl auf der Ebene der Teilgesellschaften als auch im Rahmen des Lenkungsausschusses auf Konzernebene zu diskutieren und an den zuvor gesetzten Integrationszielen zu messen. Nach Abschluß sämtlicher Integrationsaktivitäten wird das neu geschaffene IMS einer internen Auditierung unterzogen. Besteht ein Interesse an einem offiziellen Zertifikat, ist zusätzlich ein integriertes bzw. sind drei separate externe Audits von einer akkreditierten Zertifizierungsgesellschaft durchzuführen.

Sowohl für die interne als auch für die externe Überprüfung stellt sich somit die Frage der Gestaltung des Audits: Sollen alle Bereiche durch ein einheitliches Audit-Team in einem Durchgang oder im Extremfall durch verschiedene Audit-Teams zu unterschiedlichen Zeitpunkten erfolgen? Um das Ziel der ungestörten Betriebsstunde verwirklichen zu können, sollte ein integriertes externes Audit, wenn möglich von einer Gesellschaft durchgeführt werden, die neben der Zulassung für die einzelnen Audits auf Mitarbeiter zurückgreifen kann, welche bereits Erfahrungen bei der Durchführung integrierter Audits gesammelt haben. Dabei sind bei bereits bestehenden Teilmanagementsystemen die Auditierungszyklen einmalig aufeinander anzupassen, so daß z. B. durch ein vorgezogenes Qualitätsaudit eine Harmonisierung der integrierten Folgeaudits erreicht werden kann. Zur Erleichterung der Dokumentenprüfung sollte dem externen Auditor (bzw. Gutachter) eine Hilfestellung in Form einer Verweismatrix zur Hand gegeben werden, welche die jeweiligen Ausgangsstrukturen der zu überprüfenden Normen bzw. Verordnungen der neuen Struktur des IMS zuweist.

Darüber hinaus besteht bei der Auswahl der Zertifizierungsgesellschaften die Möglichkeit, die Gebühren für das integrierte Audit im Vergleich zu drei separaten Audits deutlich zu senken. Dies ist insbesondere dann der Fall, wenn die zuvor getrennten Systeme in der Vergangenheit durch unterschiedliche Gesellschaften überprüft wurden, da alle bis dahin mit dem Unternehmen zusammenarbeitenden Zertifizierungsgesellschaften bemüht sind, sich das Gesamtgeschäft zu sichern. Das interne Audit sollte, wenn möglich, von dem interdisziplinär zusammengesetzten Integrationsteam durchgeführt werden. Erfolgt ein solches integriertes Audit, das in einem Schritt alle Bereiche des IMS überprüft, ist zu erwarten, daß die Motivation der Mitarbeiter steigt, sich aktiv am Audit zu beteiligen. Im Gegensatz hierzu ist bei einer sequentiellen Auditierung der drei Bereiche in kurzer zeitlicher Abfolge damit zu rechnen, daß die Mitarbeiter durch einen gewissen Wiederholungs- und Ermüdungseffekt nicht mehr bereit sind, die Befragungen zu unterstützen. Eine weit gestreute Beteiligung ist jedoch eine wichtige Voraussetzung, um aufbauend auf den Ergebnissen des Audits den kontinuierlichen Verbesserungsprozeß im ganzen Unternehmen voranzubringen. Insgesamt ist zu beachten, daß sowohl die internen als auch die externen Audits an dem Aufbau des

IMS ausgerichtet werden müssen.[34] Im Rahmen eines Management Reviews werden schließlich die Auditergebnisse der Unternehmensleitung vorgestellt, die diese ebenfalls unter Berücksichtigung der Integrationsziele auf Stringenz, Effektivität und Effizienz überprüft und erforderliche Korrekturmaßnahmen einleitet. Der hier beschriebene Prozeß wird danach durch die gewählte Struktur des IMS institutionalisiert, so daß diese Art der Überprüfung in regelmäßigen Intervallen mindestens alle drei Jahre durchgeführt wird (s. Abschn. 9.5.2).

Zu 10. Kontinuierliche Weiterentwicklung zu einem ganzheitlichen IMS
Mit der Durchführung der oben beschriebenen Kontroll- und ersten Verbesserungsmaßnahmen ist das IMS-Implementierungsprojekt formal abgeschlossen. Die grundlegenden organisatorischen Voraussetzungen für die Umsetzung eines IMS wurden im Rahmen des Projektes geschaffen. Die Projektfunktionen sind somit in die Linienfunktionen des Tagesgeschäfts zu überführen.[35] Dabei ist jedoch zu beachten, daß die hier beschriebenen Schritte der Integration der Spezial-Managementsysteme sich im wesentlichen an einer Zusammenführung der bestehenden Normanforderungen auf den Gebieten Qualität, Umwelt und Arbeitssicherheit orientieren. Wie in den Kapiteln 5-7 bereits beschrieben, handelt es sich bei der Erfüllung dieser Normen lediglich um einen Einstieg in einen fortwährenden Verbesserungsprozeß der aufgebauten Systeme. Um den Anforderungen an ein ganzheitliches System gerecht zu werden, bedarf es bereits während der IMS-Implementierung und bei allen nachfolgenden Überarbeitungsschritten einer Orientierung an ganzheitlichen Konzepten. Soll in den betrachteten Bereichen ein Zustand des sog. *„Business Excellence"* erreicht werden, ist mittelfristig die Weiterentwicklung des IMS zu einem *„Total Integrated Managementsystem - TIM"* erforderlich (s. Kap. 8).

9.5.2
ABB-Integriertes Managementsystem (ABB-IMS)

In diesem Abschnitt werden die Struktur des *„ABB-Integrierten Managementsystems"* (ABB-IMS) sowie die Verteilung der Verantwortung und die Regelung der Berichterstattung (Reporting) innerhalb dieses Systems vorgestellt. Auf die detaillierte Beschreibung jedes einzelnen Systemelementes wird verzichtet, da sich hieraus keine allgemein übertragbaren Erkenntnisse ableiten lassen. Dieses System wurde durch ein interdisziplinäres Integrationsteam auf der ABB-Konzernebene in Form von Musterverfahrensanweisungen erarbeitet. Ziel des IMS ist die Integration der Aufgabenbereiche Qualitätsmanagement, Umweltmanagement, Arbeitssicherheits- und Gesundheitsmanagement, Brandschutzmanagement und Management der gesetzlichen Unfallversicherungen. Das Integrationsteam wurde aus den Leitern der entsprechenden Fachreferate Umweltschutz, Arbeitssicherheit,

---

[34]   Vgl. ebenda, S. 83 f.
[35]   Vgl. Butterbrodt, D./Juhre, D. (1997), S. 70.

Brandschutz, Versicherungen, dem konzernweiten Qualitätsmanagementbeauftragten sowie dem Verfasser der vorliegenden Arbeit gebildet.

9.5.2.1
Struktur des ABB-IMS

Bei Anwendung der im letzten Abschnitt vorgestellten zehn Integrationsschritte, wurde unter Schritt 8 die nachfolgend beschriebene Gliederungssystematik erstellt (s. hierzu auch Kap. 8, Abschn. 8.8.2). Abb. 9.9 stellt den kontinuierlichen Verbesserungsprozeß des ABB-IMS am sog. *„Großen Management-Zyklus"* dar. Diese zehn Hauptpunkte umfassende Gliederungsstruktur basiert auf der Controlling-Struktur der ISO 14001, einer Erweiterung durch den zweiten Pfad des BS 8800 und den theoretischen Erkenntnissen bzgl. der Methodik der Partiellen, der Systemübergreifenden und der Prozeßorientierten Integration. Eine Eigenart dieses Systems bildet dabei Punkt 1 *„Bestandsaufnahme",* welcher nach einmaliger Ausführung aus dem System herausfällt. Er sieht zu Beginn der IMS-Implementierung eine umfassende Prüfung des IST-Zustandes hinsichtlich des Konformitätsgrades gegenüber den Anforderungen aus allen betrachteten Bereichen durch das Integrationsteam vor. Dabei werden die bereits bestehenden Strukturen (z. B. nach ISO 9001, ISO 14001, EMAS etc.) anhand der neu zu erstellenden zehn Punkte-Struktur des Muster-IMS gespiegelt und entsprechende Defizite bzw. Integrationsbedarfe identifiziert.

Ist diese erstmalige Bestandsaufnahme durchgeführt, wird sie nicht mehr wiederholt. Fortan wird der Controlling-Kreislauf der IMS-Struktur durchschritten, so daß ab dem zweiten Zyklus eine regelmäßige Systemüberprüfung in Schritt 8 erfolgt. Der Sinn dieser in Zukunft ABB-konzernweit normierten Bestandsaufnahme besteht darin, sicherzustellen, daß alle betrachteten Unternehmen vor Implementierung des ABB-IMS an eine vergleichbare *„Startlinie"* herangeführt werden. Die Gewährleistung einer analogen Ausgangssituation ist durch den Einsatz vereinheitlichter Checklisten selbst dann möglich, wenn diese Analyse von verschiedenen Personen durchgeführt wird.

Ab dem zweiten Gliederungspunkt erfolgt die eigentliche Zusammenführung und Erweiterung der Systeme. Unter jedem Hauptpunkt werden in Anlehnung an die in Tabelle 8.2 (s. Anhang) beschriebene Elementzuordnung auf Basis der ISO 14001 verschiedene integrierte Verfahrensanweisungen subsumiert, die sämtliche Anforderungen aus den zugrundeliegenden Normen und Verordnungen beinhalten.

Gliederungspunkt fünf *„Durchführung und Handhabung"* ist in sich in Abstimmung mit dem in Abb. 9.3 dargestellten, am Wertschöpfungsprozeß orientierten Ablauf gegliedert, wie er im Rahmen des Qualitätsmanagements bei ABB angestrebt wird. Ein Unternehmen, welches seine wertschöpfenden (Kern-)Prozesse (Element 5 des ABB-IMS) beschrieben hat, kann diese prozeßorientiert integrieren sowie parallel dazu die Management-elemente (Elemente 2, 3, 4, 10) und die unterstützenden Elemente (Elemente 6, 7, 8, 9) partiellintegrieren und als übergeordnete Handlungsanweisungen formulieren.

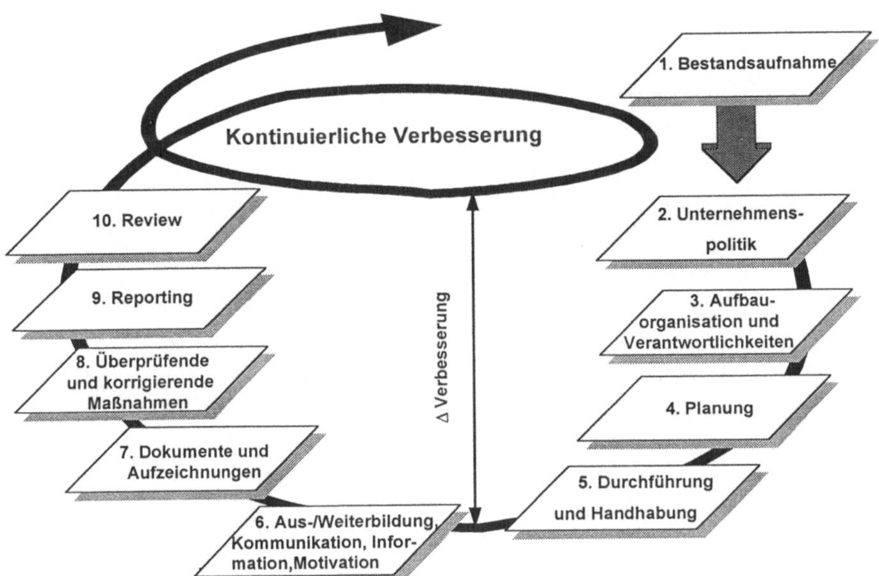

Abb. 9.9.   Kontinuierlicher Verbesserungsprozeß des ABB-IMS
dargestellt am sog. *„Großen Management-Zyklus"*

Abb. 9.10 zeigt das Verzeichnis der integrierten Verfahrensanweisungen (IVA) und die Struktur des ABB-IMS. Die Anforderungen aus den betrachteten Bereichen werden auf der Ebene der Verfahrensanweisungen auf einem relativ hoch aggregierten Zustand behandelt. Einige arbeitsplatzbezogene Ausführungs- regelungen, welche Spezialtätigkeiten der Teilbereiche beinhalten (z. B. Kali- brierung eines speziellen Prüfmittels), werden weiterhin in Form von nicht inte- grierten Spezial-Arbeitsanweisungen (QAA, UAA, AAA) beschrieben. Auf der operativen Ebene werden die Arbeitsanweisungen in den Teilgesellschaften unter Beteiligung der mit den entsprechenden Tätigkeiten betrauten Mitarbeiter und in Anlehnung an die Struktur der Verfahrensanweisungen erstellt. Bei den Tätigkei- ten, bei denen Regelungen aus allen Teilbereichen bestehen, werden die Arbeits- anweisungen ebenfalls voll integriert. Ein Beispiel hierfür ist die Beschaffung von Gefahrstoffen. Hier bestehen Regelungen aus den Bereichen Umweltschutz, Ar- beitssicherheit und - handelt es sich beispielsweise um einen Stoff, der als quali- tätssteigerndes Bestandteil in ein Produkt eingeht - auch Anforderungen von seiten der Qualitätssicherung. Besteht nur eine Regelung aus einem Teilbereich, etwa eine Vorgabe aus dem Gesundheitsschutz wie die ergonomischen Anforderungen an Bildschirmarbeitsplätze, wird auf die vorhandenen Regelungen verwiesen und keine neue *„integrierte"* Anweisung erstellt. So entsteht durch die Kombination der partiellen, der systemübergreifenden und der prozeßorientierten Integrations- methode eine Zusammenfassung der bislang separaten Regelungen *„unter einem Dach"* in Form von zehn Hauptgliederungspunkten.

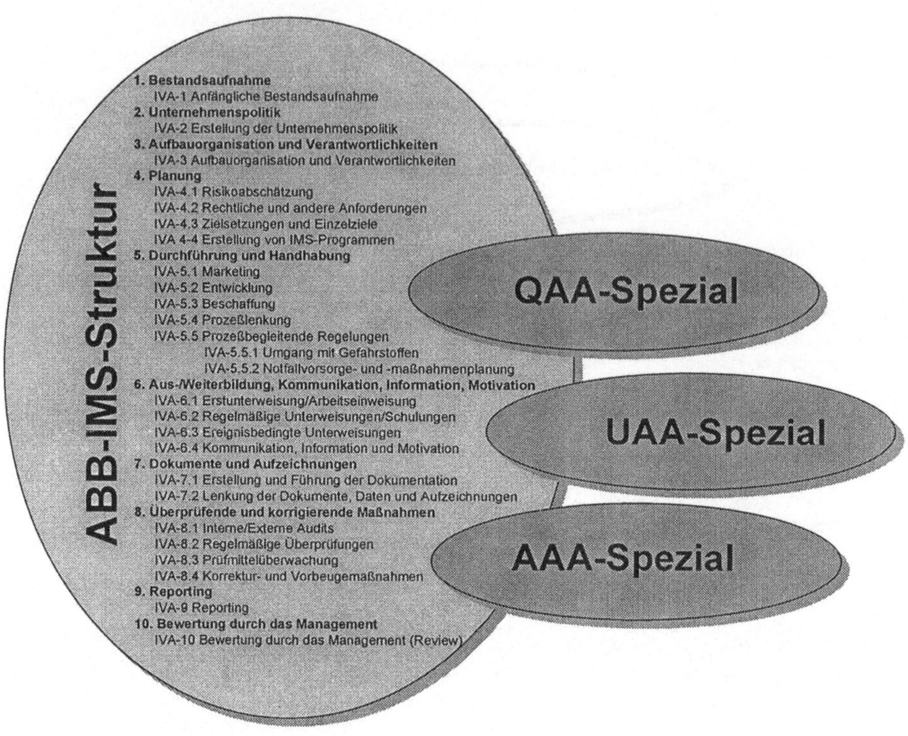

Abb. 9.10. Systemübergreifende Struktur des ABB-IMS

Die Logik des IMS bei der Deutschen ABB lehnt sich wiederum an die Grundlagen der ISO 14001 an. Abb. 9.11 stellt diese Logik am sog. *„Kleinen Management-Zyklus"* dar. Eine umfassende Unternehmenspolitik wird in Schritt 2 erstellt. Nach einer Festlegung der strukturellen Rahmenbedingungen in Schritt 3 (s. unten) erfolgt im Rahmen der Risikoabschätzung unter Punkt 4 (Planung) eine Feststellung der relevanten Aktionsfelder in den betrachteten Bereichen. Relevante Aspekte können dabei die vorhandenen Gefahrstoffe, Abfälle, Emissionen, Altlasten, Gesundheits- und Sicherheitsgefährdungen sowie qualitätsbezogene Schwachstellen (z. B. durchschnittliche Fehlerquoten und -kosten) sein. Nach der Identifikation wird eine Bewertung dieser Risiken durchgeführt. Eine Möglichkeit bietet dabei die Anwendung einer ABC-XYZ-Analyse.[36] Das Unternehmen

---

[36] Auf dem Gebiet des Umweltschutzes bezeichnet A einen Gefahrstoff mit hohem, B mit mittleren und C mit niedrigem Gefährdungspotential, während die Buchstaben X (hoch), Y (mittel) und Z (niedrig) die Mengenbestände dieser Stoffe im betrachteten Unternehmen bezeichnet. Werden die identifizierten Stoffe in einer Matrix aufgelistet und mit Hilfe dieses Verfahrens sortiert, kann eine Gewichtung etwa durch ein Punktbewertungsverfahren durchgeführt werden, welches jedem Stoff einen seinem Gefährdungspotential und seiner vorhandenen Menge entsprechenden Wert zuweist [Anm. d. Verf.]. Vgl. Schaltegger, S./Sturm, A. (1992).

definiert danach eine Grenze, ab der ein Gefährdungsaspekt als *„bedeutend"* ein-
gestuft wird. Für die nicht als bedeutend eingestuften Aspekte wird eine Arbeitsanweisung (z. B. Umgang mit einem speziellen Gefahrstoff) erstellt, welche dazu
beiträgt, den *„Status Quo"* zu erhalten. Die Gefährdung bedeutender Aspekte
hingegen wird im Sinne des kontinuierlichen Verbesserungsprozesses (KVP) sukzessive minimiert. Das Unternehmen setzt sich diesbezüglich kurz-, mittel- und
langfristige Ziele und plant die Maßnahmen zu deren Umsetzung im Rahmen konkreter Programme. Die Umsetzung dieser Programme wird durch regelmäßige
interne Audits überwacht. Die Kernelemente der zugrundeliegenden Normen werden hierbei bei jedem Durchgang überprüft.

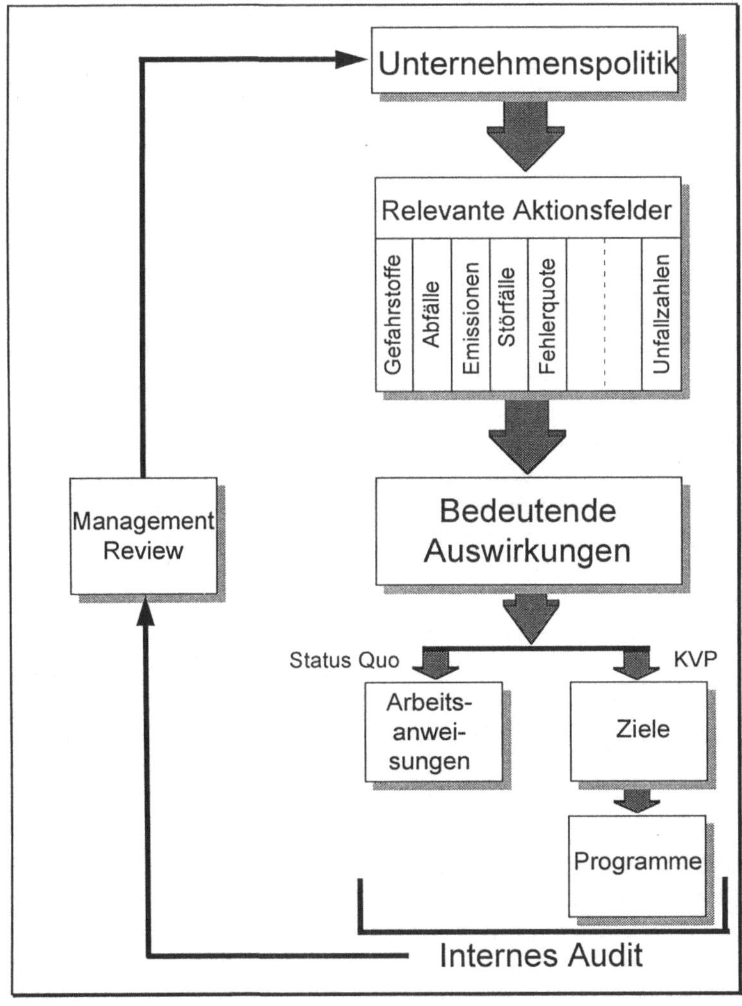

Abb. 9.11. Logik des ABB-IMS dargestellt am sog. *„Kleinen Management-Zyklus"*

Darüber hinaus finden bei den jährlichen Folgeaudits Schwerpunktsetzungen in den beteiligten Bereichen statt. So ist es denkbar, daß im Bereich des Umweltschutzes ein *„Jahr des Wassers"* ausgerufen wird, in welchem neben den Kernelementen insbesondere sämtliche Verfahren und Dokumentationen in bezug auf Wassereinsatz und Abwasserbehandlung, -mengen etc. konzernweit überprüft werden. Hierzu ist es erforderlich, im Vorfeld entsprechende Schulungs- und Informationsmaßnahmen durchzuführen und in Form von Kampagnen und internen Benchmarks zwischen den Teilgesellschaften das Bewußtsein für diesen Aspekt zu schärfen. Parallel zu diesem Hauptaugenmerk im Umweltbereich sind vergleichbare Kampagnen in den anderen integrierten Bereichen geplant, z. B. das *„Jahr der Ergonomie"* auf dem Gebiet des Gesundheitsschutzes. Der Vorteil dieser Themenfokussierung liegt in der anhaltenden Herausforderung der Mitarbeiter bei der Erfüllung und Verbesserung der im Rahmen des IMS selbstgesetzten Ziele. Zudem können sehr diffizile Themengebiete wesentlich ausführlicher im Rahmen dieser Schwerpunktperioden untersucht und optimiert werden. Nach mehreren Perioden der Konzentration auf Teilaspekte ist damit zu rechnen, daß über die Erfüllung der Normen hinaus auf einer Vielzahl von Gebieten überdurchschnittliche Leistungen erbracht werden können.

9.5.2.2
Verantwortung im Rahmen des ABB-IMS

Beim Aufbau eines IMS gilt es der Festlegung von Verantwortungsbereichen eine besondere Aufmerksamkeit zu widmen. Hierbei sind insbesondere auf den Gebieten der Arbeitssicherheit und des Umweltschutzes die umfangreichen gesetzlichen Regelungen zu berücksichtigen. Im Rahmen der Aufbauorganisation des ABB-IMS ist es gelungen, diese Verantwortungsbereiche darzustellen und ein Verfahren zu erstellen, welches eine vernünftige Erfüllung der Aufgaben im Rahmen der allgemeinen und gesetzlichen Anforderungen ermöglicht. Abb. 9.12 gibt einen Überblick über die Aufbauorganisation und Verantwortlichkeiten im ABB-IMS. Die gewählte Darstellung wendet sich dabei bewußt von der klassischen Organigramm-Darstellung ab, da hierbei keine hierarchischen Ebenen beschrieben werden. In der integrierten Verfahrensanweisung *„Aufbauorganisation und Verantwortlichkeiten"* (IVA-3) werden die Verantwortlichkeiten, Aufgaben und Befugnisse bzgl. der Einführung und Aufrechterhaltung des Integrierten Managementsystems unter Berücksichtigung der Gebiete Arbeitssicherheit und Gesundheitsschutz, Umweltschutz, Qualität, Brandschutz, Unfallversicherung geregelt. Hierbei werden u. a. folgende Regelungen getroffen: Die oberste Leitung legt die Rahmenbedingungen der Geschäftstätigkeit fest und schafft so die Voraussetzung bzgl. der Organisationsform, der Bereitstellung von finanziellen und personellen Mitteln, welche für die Erfüllung der im IMS-Handbuch definierten Unternehmenspolitik und den daraus abgeleiteten Zielsetzungen erforderlich sind. Die oberste Leitung bestellt ein Mitglied der Geschäftsführung als Verantwortlichen der obersten Leitung, einen Systembeauftragten IMS sowie einen oder mehrere Managementbeauftragte und legt deren Aufgaben, Verantwortlichkeiten und

Befugnisse fest. Die Funktion der Verantwortlichen wird in einem Organigramm fixiert (s. Abb. 9.12). Für sämtliche im Rahmen des IMS zusammengefaßten Teilgebiete nehmen alle betrieblichen Führungskräfte eine Vorbildfunktion gegenüber ihren Mitarbeitern ein. Die Festlegung von Art und Umfang der Verantwortlichkeiten erfolgt durch die oberste Leitung in Absprache mit den Managementbeauftragten und unter Hinzuziehung von Beratungsleistung der zuständigen ABB Kompetenz-Center. Im Rahmen des IMS können bis zu fünf Ebenen unterschieden werden:

Ebene 1:

Der Verantwortliche der obersten Leitung stellt sicher, daß das IMS und die darin integrierten Subsysteme im Sinne der zugrundegelegten Normen eingeführt und aufrechterhalten wird. Darüber hinaus gewährleistet er, daß die gestellten Anforderungen an allen Stellen und Arbeitsbereichen innerhalb des Unternehmens erfüllt werden. Er ist der Ansprechpartner des Systemverantwortlichen IMS und aller Mangementbeauftragten der integrierten Teilbereiche.

Ebene 2

Der Systemverantwortliche IMS hat als Systemkoordinator die Aufgabe, die Abstimmung der Teilbereiche zu gewährleisten. Er ist für die Erstellung und Pflege der Integrierten Verfahrensanweisungen verantwortlich und sorgt dafür, daß er über Änderungen innerhalb der Spezial-Verfahrensanweisungen (VA) der Teilbereiche informiert wird, daß diese den Anforderungen des IMS entsprechen und mit den bestehenden IVA und VA harmonieren. Im Rahmen der mindestens einmal jährlich durchzuführenden Reviews informiert er die Mitglieder der obersten Führungsebene über die Ergebnisse der durchgeführten internen und externen Audits. Bezüglich der Besetzung dieser Stelle sind drei Alternativen möglich:

A) Der Systemverantwortliche IMS wird als zusätzliche Stelle zu den Managementbeauftragten der Teilbereiche eingerichtet.
B) Der Verantwortliche der obersten Leitung oder ein Managementbeauftragter eines Teilbereiches übernimmt gleichzeitig die Aufgaben des Systemverantwortlichen IMS.
C) Die Managementbeauftragten der Teilgebiete A/U/Q/B/V wechseln sich jährlich als Systemverantwortlicher IMS ab. Jeder Verantwortliche ist alle fünf Jahre für ein Jahr sowohl für sein verbleibendes Teilsystem als auch für die Koordination des Gesamtsystems verantwortlich.

Ebene 3:

Die Beauftragten der obersten Leitung (Managementbeauftragten) sind verantwortlich für die Erfüllung der Anforderungen in den jeweiligen Teilbereichen A/U/Q/B/V. Sie pflegen die Spezial-VA's, welche nicht in einer IVA verschmolzen werden und stehen in enger Verbindung zu dem Systemkoordinator (Systemverantwortlicher IMS). Mit ihm werden die Veränderungen der IVA abgestimmt. In speziellen Fragen der Teilbereiche berichten die Beauftragten direkt an die oberste Leitung. Innerhalb des IMS können fünf Beauftragte der obersten Leitung für die Bereiche A/U/Q/B/V ernannt werden. Hat ein Beauftragter die erforderlichen Fähigkeiten und Ausbildungen, kann er gleichzeitig die Aufgaben des Beauftragten für mehrere Teilbereiche und/oder des Systemkoordinators übernehmen. Danach werden die Aufgaben des AGMS-Beauftragten, der Sicherheitsfachkraft und des Betriebsarztes beschrieben (s. Kap. 2, Abschn. 2.3.3.2). Da bei der Besetzung der Sicherheitsfachkraft die gesetzlichen Vorschriften einzuhalten sind, kann eine in dieser Hinsicht ausgebildete Person in Personalunion die Aufgaben des AGMS-Beauftragten übernehmen. Im Anschluß daran werden die Verantwortungsbereiche des Local Environmental Control Officer (LECO) beschrieben, der bei ABB als Umweltmanagementbeauftragter direkt der Leitung des Unternehmens unterstellt ist. Eine analoge Vorgehensweise erfolgt danach für die Aufgabenbeschreibung des Unfallversicherungs-Beauftragten, der im wesentlichen auf eine ordnungsgemäße Eingruppierung in die gesetzlich vorgeschriebene Unfallversicherung achtet und des Brandschutzbeauftragten, der die Brandschutz-Verantwortlichen der Organisation (z. B. Arbeitgeber/Unternehmer etc.) in allen Fragen des vorbeugenden, abwehrenden und organisatorischen Brandschutzes unterstützt.

Ebene 4:
Hier werden die Linienverantwortlichkeiten sowie die Aufgaben der sog. Schlüsselpersonen und Ansprechpartner beschrieben. Dabei werden Verantwortlichkeiten auf allen Organisationsebenen festgelegt. Für die Schlüsselpersonen, die Tätigkeiten mit Auswirkungen auf die Qualität (z. B. Qualitätsleiter), Umwelt oder Arbeitssicherheit leiten, durchführen oder überwachen werden ebenso Verantwortlichkeiten für ihren jeweilige Teilbereich beschrieben. Vergleichbar mit dem Sicherheitsbeauftragten auf dem Gebiet der Arbeitssicherheit (s. Kap. 2, Abschn. 2.3.3.2) werden die Funktionen der Ansprechpartner im Umweltschutz und der Brandschutzersthelfer aufgebaut. Schließlich erfolgt ein Hinweis, daß jeder Mitarbeiter des betrachteten Unternehmens, gleichgültig in welcher Funktion und auf welcher Ebene er tätig ist, in seinem Aufgabenbereich Verantwortung für die integrierten Teilbereiche des IMS (A/Q/U/B), deren Sicherung und kontinuierlichen Verbesserung trägt. Als Appell an die Unternehmensführung wird die Aufgabe jedes Vorgesetzten betont, das Verantwortungsbewußtsein jedes Mitarbeiters bzgl. des Einflusses seiner Tätigkeit (und seines Verhaltens) auf die Effektivität des gesamten IMS zu schärfen.

Ebene 5:
Diese Ebene beinhaltet die Aufgabenbereiche der Spezialbeauftragten. Diese setzen sich zum einen aus gesetzlich vorgeschriebenen Beauftragten, wie den Betriebsbeauftragten für Abfall (gemäß KrW-/AbfG §§ 54 ff), für Gewässerschutz (gemäß WHG §§ 21 ff) oder für Immissionsschutz (gemäß BImSchG § 53 ff./5. BImSchV), zum anderen aus betrieblichen Beauftragten zusammen. Diese betrieblichen Beauftragten, dazu gehören etwa der Leiter der betrieblichen Feuerwehr oder der EDV-Beauftragte (Systempflege), werden nicht auf der Basis einer gesetzlichen Vorschrift bestellt. Sie sind ebenfalls in das IMS eingebunden, ihre Aufgaben werden in Stellenbeschreibungen festgeschrieben. Insbesondere

aufgrund der Anforderungen aus dem Bereich der Arbeitssicherheit und zur Erhöhung der Akzeptanz des IMS bei allen unternehmensinternen Anspruchsgruppen erfolgt die Einbindung des Betriebsrates in das Integrierte Managementsystem von ABB.

Zu beachten ist, daß nicht alle genannten Funktionen durch jeweils einen Mitarbeiter zu besetzen sind. Das hier abgebildete Organigramm berücksichtigt die grundsätzlichen gesetzlichen oder aufgrund von Standards bestehenden Anforderungen. Während in einem Großunternehmen eventuell sämtliche Stellen durch verschiedene Mitarbeiter besetzt sind, ist es bei KMU denkbar, daß der Geschäftsführer in Personalunion die ersten drei Ebenen besetzt und dabei die Ebenen vier und fünf nicht komplett besetzt sind, da für das betrachtete Unternehmen derartige Beauftragte nicht erforderlich sind. Ebenso können bei vorhandener Ausbildung die Systembeauftragtenstellen durch eine Person abgedeckt werden. Zudem ist darauf hinzuweisen, daß die meisten der angeführten Stellen lediglich Zusatzaufgaben für einen Mitarbeiter bedeuten, wofür dieser etwa zur Hälfte oder einem Drittel von seinem eigentlichen Aufgabenbereich freigestellt wird.

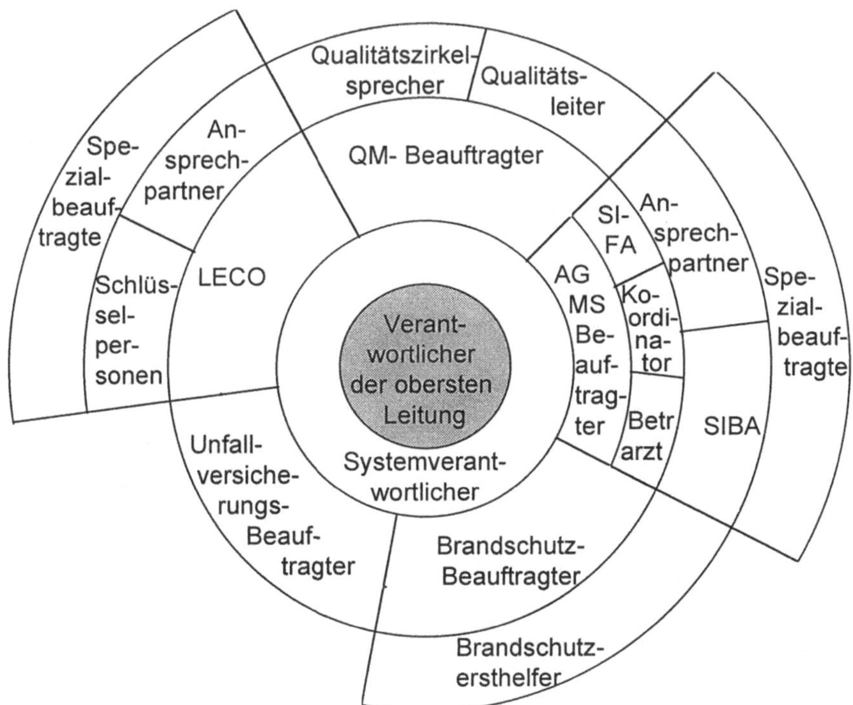

Abb. 9.12. Aufbauorganisation und Verantwortlichkeiten im ABB-IMS

9.5.2.3
Berichterstattung im Rahmen des ABB-IMS

Eine neue und daher hier explizit vorgestellte integrierte Verfahrensanweisung ist die IVA-9 *„Reporting"*, welche die konzernweite Berichterstattung regelt. Ziel dieser Verfahrensanweisung ist die Bündelung von Informationen an einer Zentralstelle, um dadurch folgende Vorteile zu erzielen:

- fristgerechte und vollständige Erstellung und Weiterleitung der gesetzlich vorgeschriebenen Berichte im Umwelt- und Arbeitssicherheitsbereich an die entsprechenden Behörden;
- Erstellung eines konzernweiten Umweltreports, der an interessierte Kreise abgegeben werden kann, um dadurch das Vertrauen in die Politik von ABB zu steigern;
- Gewährleistung eines Überblicks über den konzernweiten Stand der Verbesserung innerhalb der einzelnen Teilbereiche und über die Leistungen der Teilgesellschaften;
- Vergleich der einzelnen ABB-Gesellschaften, wo eine Vergleichbarkeit gegeben ist (ähnliche Produktionsverfahren, vergleichbare Stückzahlen etc.), jedoch nicht, um durch ein internes Ranking Teilbereiche unter Druck zu setzen, sondern, um Verbesserungen frühzeitig zu identifizieren und anderen ABB-Gesellschaften zur Verfügung zu stellen.

Folgende Reports sollen in Zukunft von den Systemverantwortlichen der einzelnen ABB-Gesellschaften in festgelegten Zeitintervallen an die zentrale Koordinationsstelle in der Deutschen ABB-Holding (bzw. ABB MSU/ABB MAC) gesendet werden:

- Kundenzufriedenheit (von den einzelnen Gesellschaften aufgrund von regelmäßigen Kundenbefragungen ermittelte Werte);
- Qualitätskosten (Fehlerhäufigkeiten und Arten);
- Lieferantenqualität (Qualität der Waren und Dienstleistungen, Liefertermintreue etc.);
- Ergebnisse des Beschwerdemanagements (systematische Erfassung, Bearbeitung und Bewertung von Kundenbeschwerden);
- Emissionsstatistik;
- Abwasseraufkommen;
- Abfallbilanzen (in Nordrhein-Westfalen verbindlich durch den Gesetzgeber gefordert);
- Recyclingquoten, aufgeschlüsselt nach verschiedenen Fraktionen;
- Unfallstatistiken;
- Statistiken über die Fehlzeiten der Mitarbeiter aufgrund von Krankheiten oder Unfällen.

Die zentrale Koordinationsstelle unterstützt die Teilbereiche durch diese IVA-9, da hier standardisierte Anhänge in Form von Checklisten bestehen, die eine genaue Angabe über Art, Umfang und Darstellungsweise der Informationen liefern. Es ist geplant sämtliche Listen in das Intranet des Konzerns einzuspeisen und so weltweit allen ABB-Gesellschaften eine einfache Eingabe und einen komfortablen Abruf der Daten zu ermöglichen. Die Ergebnisse der Datenauswertung im Rahmen der Management-Reviews (IVA-10) ermöglichen die Einleitung von Korrektur- und Verbesserungsmaßnahmen in den einzelnen Teilbereichen und bzgl. der Leistung des gesamten ABB-IMS.

9.6
Zusammenfassung

Neben der Darstellung der Deutschen ABB, der Organisation und der Zielsetzungen der Fachbereiche des Qualitäts-, Umweltschutz- sowie des Arbeitssicherheits- und Gesundheitsschutzmanagements in diesem Konzern beinhaltet das neunte Kapitel zwei wesentliche Ergebnisse dieser Arbeit: Dies ist zum einen der Maßnahmenkatalog zum Aufbau eines IMS (s. Abschn. 9.5.1), der zwar am Beispiel von ABB erläutert ist, jedoch auch anderen Unternehmen eine Orientierung beim Integrationsprozeß ermöglicht. Zum anderen ist dies die Beschreibung einer konkreten Struktur eines IMS (s. Abschn. 9.5.2.1) sowie einiger Novitäten im Bereich der Integrierten Verfahrensanweisungen (*„Verantwortung"* s. Abschn. 9.5.2.2; *„Reporting"* s. Abschn. 9.5.2.3). Das ABB-IMS liegt derzeit in einer *„reifen"* Entwurfsfassung vor, eine Einführung ist in Teilbereichen bereits in 1998 vorgesehen. Durch die in einer frühen Konzeptphase vorgenommene Einbindung aller Mitarbeiter, die von der geplanten Einführung des IMS betroffen sind, wurde eine breite Basis für die Akzeptanz dieses Systems geschaffen. Durch die regelmäßig auf unterschiedlichsten Ebenen durchgeführten Workshops sowie den Einsatz von Macht- und Prozeßpromotoren konnte das Kreativpotential aller am Integrationsprozeß beteiligten Personen systematisch genutzt werden. Probleme sowie Erfahrungen bei dem Aufbau bisheriger Managementsysteme, sowohl inhaltlicher als auch formaler Art, konnten identifiziert und zielgerichtet verarbeitet werden. Zudem wurde beim Aufbau auf eine einheitliche Begriffsdefinition und eine verständliche Sprache geachtet. Durch die harmonisierte Methodik und die Zusammenfassung von unterschiedlichen Regelungen derselben Prozeßabläufe und Tätigkeiten im Rahmen des ABB-IMS, werden die Abläufe und Interdependenzen zwischen den Aufgabenbereichen transparenter gestaltet, so daß die Mitarbeiter in die Lage versetzt werden, funktionsübergreifende Lösungen selbst zu erarbeiten. Somit ist davon auszugehen, daß das gemeinsam aufgebaute System besser angenommen und engagierter durchgeführt wird, als ein von *„oben"* oktroyiertes. Das ABB-IMS ist so aufgebaut, daß sowohl innerhalb der systemübergreifenden, als auch innerhalb der im Rahmen der IVA partiell integrierten Elemente sowie bei den separat gebliebenen fachspezifischen Regelungen Erweiterungen jederzeit möglich sind. Sollte sich durch die geplante *„Revision 2000"* der ISO 9000er-Reihe bei den zukünftigen Managementsystem-Normen eine Prozeßorientierung durchsetzen, so ist eine Zuordnung zu den Stufen der Wertschöpfungskette sowie zu den Management- und unterstützenden Prozessen problemlos durchzuführen (s. Punkt 5 des ABB-IMS, Abschn. 9.5.2.1). Die Anforderungen nach Offenheit und Flexibilität sind damit erfüllt.[37] Für die Übernahme des IMS in den einzelnen ABB-Gesellschaften sind folgende Stichpunkte zu beachten:

- Im Rahmen der anfänglichen Bestandsaufnahme ist zu prüfen, von welchen Regelungen das untersuchte Unternehmen betroffen ist und welche Anforderungen z. B. von Kundenseite gestellt werden (z. B. ISO 9001-Zertifizierung).
- Es besteht die Möglichkeit, das ABB-IMS im ganzen oder nur in Teilen zu übernehmen, da verschiedene Module auch im nachhinein, also in einem späteren Implementierungsschritt, eingebunden werden können (der Gesamterfolg der Integration ist nicht gefährdet, wenn zunächst nur Teile umgesetzt werden).
- Im Rahmen der unternehmensspezifischen Modifikation der Muster-Verfahrensanweisungen sind die entstehenden Schnittstellen eindeutig festzulegen und den speziellen Verantwortungsbereichen zuzuordnen.
- Die länderspezifischen, gesetzlichen Regelungen und Besonderheiten sind zu ergänzen.
- Bereits bestehende Teilsysteme sind soweit wie möglich einzubinden.

Die Dauer eines Integrationsprozesses in einem Unternehmen kann mit ungefähr einem halben Jahr veranschlagt werden. Trotz der pragmatischen Vorgehensweise ist insbesondere durch die beabsichtigte umfangreiche Mitarbeitereinbindung und die breite Konsensbildung für den gesamten Konzern mit einer Umstellungsphase von mehreren Jahren zu rechnen. Insgesamt eignet sich eine Orientierung an dem hier dargestellten ABB-IMS nicht nur für Großunternehmen, sondern auch für KMU, da die Zusammenfassung der einzelnen Bereiche in kleineren Unternehmen zu einer erheblichen Minderbelastung der Führung beiträgt. Zudem ist die Rechtssicherheit eines Unternehmens durch die systematische Erfassung sämtlicher Anforderungen und die dadurch entstehende Transparenz besser zu erreichen, als bei separaten Managementsystemen.

Als Vorteile des ABB-IMS können abschließend folgende Aspekte genannt werden:

- transparente Aufbau- und Ablauforganisation, klare Verantwortlichkeiten;
- schlanke Dokumentation (Reduzierung der VA um mehr als 50 % (s. Abb. 9.13);
- Annäherung an die *„ungestörte Betriebsstunde"* im Sinne von Produktivitätszuwächsen durch integrierte Auditvorbereitung und Auditierung;

---

[37] Die zu erwartende Harmonisierung der Qualitätsnorm ISO 9001 und der Umweltnorm ISO 14001 im Rahmen der jeweiligen Revisionen bis zum Jahre 2001 wurde bei dem Aufbau des ABB-IMS berücksichtigt. Sie spiegelt sich in der gewählten Struktur des Managementsystems wider. So lassen sich die Hauptgliederungspunkte des ABB-IMS in die in Kap. 8, Abschn. 8.9 dargestellten fünf Prozeßgruppen einordnen. Führung: Elemente 2, 3, 4, 10 des ABB-IMS; Prozeßmanagement: Element 5; Ressourcenmanagement: 6, 7; unterstützende Prozesse: 8, 9. Element 10 ersetzt nach dem ersten Durchlauf Element 1 und läßt sich somit sinnvollerweise den Führungsprozessen zuordnen [Anm. d. Verf.].

- zunehmende Beherrschung der Prozesse;
- Rechtssicherheit durch systematische Erfassung sämtlicher Anforderungen;
- Kosteneinsparung durch Vermeidung von Doppelarbeit und geringere Zertifizierungskosten;
- Förderung der Eigenverantwortung der Mitarbeiter;
- gute Anpassungsfähigkeit an sich ändernde Umfeldbedingungen durch flexible, modulare Struktur.

Ein abschließender Blick auf die Kostenaspekte macht folgende Zusammenhänge deutlich: Die Durchführung einer Integration per se verursacht zunächst einen erhöhten Zeit- und damit Kostenaufwand. Durch die zentrale Erstellung eines konzernweit anwendbaren Handbuchs, entsprechender Musterverfahrensanweisungen sowie verschiedener (Audit-) Checklisten kann dieser Aufwand weitgehend reduziert werden. Die zu erwartenden Kostenvorteile bestehen vordergründig in der Reduzierung der Zertifizierungskosten. So ist bei der ABB Kraftwerke AG durch die Zusammenfassung der Audits auf den Gebieten Qualität, Umweltschutz und Arbeitssicherheit an allen Standorten innerhalb von drei Jahren mit Einsparungen von ca. 200.000 DM zu rechnen.[38] Diese Summe ist jedoch nur ein Teil der tatsächlichen Kostenreduktion. Das eigentliche Einsparpotential ergibt sich erst über einen längeren Zeitablauf aufgrund der Eliminierung von Doppelarbeiten und der Effizienzverbesserungen im Rahmen des täglichen Betriebs.[39]

---

[38] Vgl. ABB (Hrsg.), (1996e). Angaben von Herrn Dr. Brandes (Systembeauftragter der ABB Kraftwerke AG) im Rahmen des *„ABB-Q`leiter-Workshop"* am 19. Februar 1998 in Heidelberg [Anm. d. Verf.].

[39] Die Ausführungen in diesem Kapitel fokussieren die in Kapitel 8 erarbeiteten Grundlagen einer *„technischen"* Integration. Durch die unternehmensspezifische Anpassung des vorgegebenen Gerüsts und das *„Ausfüllen"* insbesondere mit *„weichen"* Faktoren wird das System *„zum Leben erweckt"*. Die Weiterentwicklung zu einem Generischen Managementsystem ist vorgesehen, der hierzu erforderliche evolutorische Prozeß wurde bereits mit der Implementierung angestoßen und kann sich fortan durch kontinuierliche Verbesserung- und Erweiterungsschritte dem in Kapitel 8 aufgezeigten Entwicklungsmöglichkeiten annähern [Anm. d. Verf.].

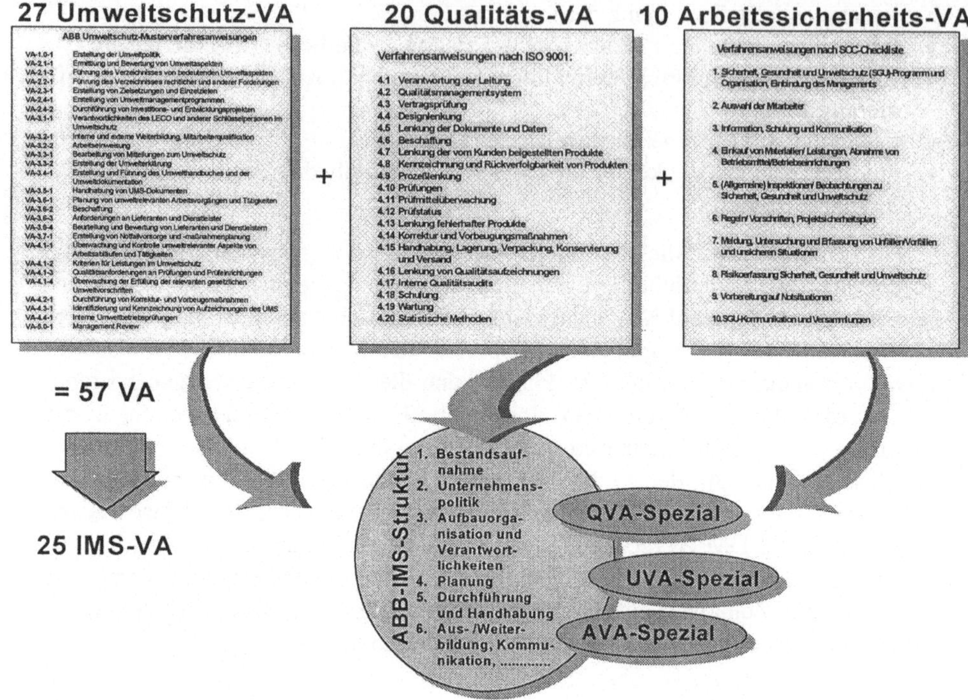

Abb. 9.13. Skizzierung der Dokumentationsverschlankung durch das ABB-IMS

10 Zusammenfassung und Ausblick

> *„Die Zukunft kann man am besten dann voraussagen,*
> *wenn man sie selbst gestaltet. "*
>
> ALAN KAY

Das zehnte Kapitel faßt die vorgenommenen Untersuchungsschritte zusammen und markiert die wichtigsten Ergebnisse der vorliegenden Arbeit (Abschn. 10.1). Abschließend erfolgt ein Ausblick auf die Erfordernisse und Chancen einer Etablierung von Integrierten Managementsystemen (Abschn. 10.2).

10.1
Zusammenfassung und Ergebnisse der Untersuchung

Im Rahmen der Problemstellung wird zu Beginn dieser Arbeit die momentan in den Unternehmen bestehende Situation - die Existenz paralleler, separater Teilmanagementsysteme auf den Gebieten Qualität, Umweltschutz und Arbeitssicherheit - beschrieben und als suboptimale Lösung zur Reduktion komplexer Anforderungen des Unternehmensumfelds identifiziert. Die Analyse bestehender Managementsystem-Modelle und bereits existierender Lösungsansätze zur Integration sowie die Erarbeitung neuer Ansätze zur Verschmelzung dieser Teilsysteme zu einem Integrierten Managementsystem werden als Ziel der Untersuchung fixiert (Kap. 1).

Die Erarbeitung der Grundlagen der Untersuchung (Teil A) beginnt mit der Kennzeichnung der Rahmenbedingungen in Kapitel 2. Hierbei werden die Anforderungen des unternehmerischen Umfelds insbesondere in den drei fokussierten Teilbereichen unter volkswirtschaftlichen und rechtlichen Aspekten beleuchtet. Ein wesentliches Ergebnis dieses Kapitels ist, daß in Deutschland eine umfangreiche gesetzliche Regelungsdichte auf den Gebieten des Umweltschutzes und der Arbeitssicherheit existiert und somit als eines der Hauptziele eines IMS die sog. *„legal compliance"* - die Einhaltung aller bestehenden rechtlichen und anderen Anforderungen - im Mittelpunkt der Integrationsaktivitäten steht.

Dem theoretischen Umfeld der Untersuchung gilt der Inhalt des dritten und vierten Kapitels. Kapitel 3 beschäftigt sich mit den organisationstheoretischen Grundlagen und den Möglichkeiten eines Unternehmens auf den beständigen Wandel des Unternehmensumfelds zu reagieren. Ein Schwerpunkt wird dabei auf die Entwicklungen im Rahmen des Forschungszweigs der Systemtheorie gelegt, da hier Ansätze zur Reduktion der komplexen Interaktionen innerhalb des Unternehmens sowie zwischen dem Unternehmen und seinem Umfeld entwickelt werden.

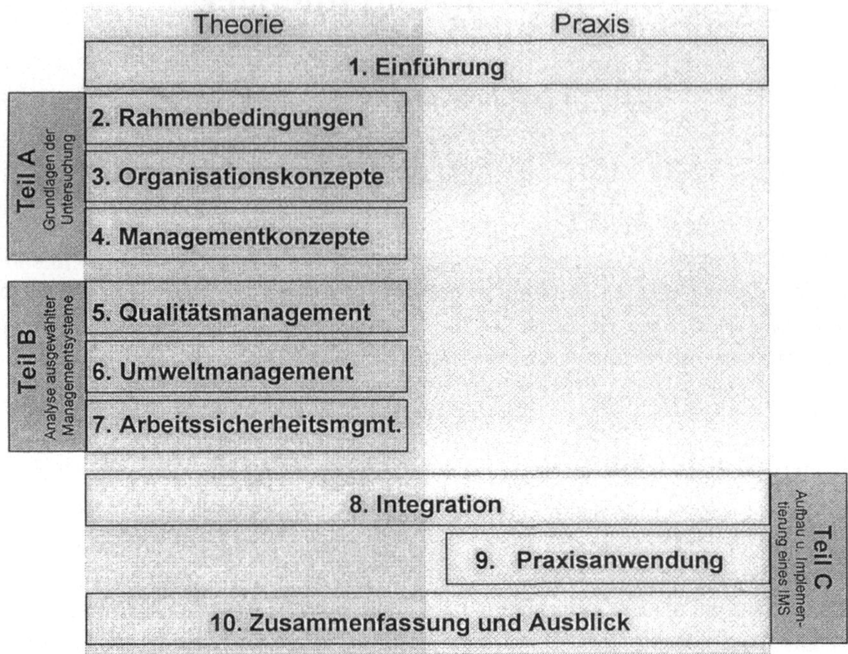

Abb. 10.1. Aufbau der Untersuchung (s. Abb. 1.1)

Die Ergebnisse der Organisationsentwicklung zeigen im Anschluß daran die Auslöser, die Zielsetzungen und die Möglichkeiten des organisationalen Wandels auf. Es erfolgt eine Konzentration auf die Vorgehensweise der Implementierung neuer Konzepte, da hier eindeutige Parallelen zur Integration der Teilmanagementsysteme vorliegen. Dabei wird die Problematik der personalen Widerstände bei Veränderungen aufgegriffen und Lösungsansätze zu deren Reduktion aufgezeigt. Als Ergebnis dieses Kapitels können für die Integration der Teilmanagementsysteme zwei weitere Zielsetzungen abgeleitet werden:

- **Revitalisierung des Unternehmens** durch den Menschen bei stärkerer Nutzung seiner Fähigkeiten, Institutionalisierung des organisationalen Lernens, Dezentralisierung der Verantwortung, Erweiterung der Handlungsspielräume für den Einzelnen, Abbau der Hierarchieebenen und Gestaltung der Abläufe durch Selbstorganisation.
- **Aufbau eines ganzheitlichen Konzepts** zur Integration von Menschen, Prozessen und Informationen im Rahmen einer flexiblen Unternehmensführung.

Unter der Überschrift *„Managementkonzepte"* im vierten Kapitel wird das St. Galler Management-Konzept als Leitfaden zur Orientierung bei der Beschreibung der einzelnen Teilgebiete in den Kapiteln 5-7 vorgestellt. Zudem wird hier ein weiteres Instrument zur Identifikation von Gemeinsamkeiten, Stärken und

Schwächen der im Anschluß an dieses Kapitel analysierten Spezialsysteme durch die Kategorisierung und Beschreibung allgemeiner Managementsysteme erarbeitet.

Teil B dieser Arbeit beinhaltet die Analyse ausgewählter Managementsysteme und besteht aus den drei Basismodulen der späteren Integration (Kap. 5-7). Das fünfte Kapitel zeigt die Besonderheiten des Qualitätsmanagements auf. Hierbei wird zunächst auf die Anforderungen der Normenreihe ISO 9000 eingegangen, welche als eine Grundlage für die spätere Integration genutzt wird. Dabei erfolgt ein Hinweis auf die bestehenden Mängel dieses Anforderungskataloges und auf die Möglichkeiten der Weiterentwicklungen zu ganzheitlichen Qualitätsmanagement-Ansätzen. Die darauf folgende Einbindung der Qualitätsaspekte in das Ordnungsgerüst des St. Galler Management-Konzepts verdeutlicht den Zusammenhang der Rückkopplungen zwischen den einzelnen Unternehmensmodulen, deckt Defizite der TQM-Implementierung auf und markiert erste Eckpfeiler der Integration. Bereits an dieser Stelle wird darauf hingewiesen, daß durch die Entwicklung weiterführender Zielsetzungen im Rahmen der Integrationsmaßnahmen langfristig einen Zustand des sog. *„Business Excellence"* erreicht werden kann.

Das zweite Basismodul der Integration bildet Kapitel 6, welches die Grundlagen des Umweltmanagements beleuchtet. Hierzu werden insbesondere die bestehenden Anforderungskataloge des BS 7750, der EG-Öko-Audit-Verordnung und der ISO 14001 analysiert und Ansätze zu deren Zusammenführung vorgestellt. Analog zu der Vorgehensweise in Kapitel 5 wird im Anschluß daran eine Einordnung der Umweltaspekte in das St. Galler Management-Konzept vorgenommen. Als Ergebnis dieses Kapitels werden verschiedene Mängel der vorgestellten Systemanforderungen markiert und verschiedene *„Kern"*-Determinanten eines erfolgreichen Umweltmanagements definiert. Der Stand der Normierung des Arbeitssicherheitsmanagements bildet den Mittelpunkt des siebten Kapitels. In diesem dritten Basismodul werden die derzeit bestehenden Standards zum Aufbau von Arbeitssicherheitsmanagementsystemen: das SCC, der Ansatz der britischen Health & Safety Executive (HSE), der BS 8800 sowie die Besonderheiten des in Hessen bestehenden ASCA-Ansatzes beschrieben und einer kritischen Bewertung unterzogen. Auch hier erfolgt im Anschluß an die Darstellung der bestehenden Lösungsansätze eine Einordnung der Arbeitssicherheitsaspekte in das St. Galler Management-Konzept. Als Ergebnis dieses Kapitels kann insbesondere die Bedeutung der sog. *„weichen"* Aspekte - etwa der Unternehmensphilosophie, -kultur, -politik sowie die Einflüsse der unternehmensspezifischen Historie - für den Erfolg eines Arbeitssicherheitsmanagementsystems festgehalten werden.

Teil C der vorliegenden Untersuchung widmet sich dem Aufbau und der Implementierung eines Integrierten Managementsystems. Hierzu werden in Kapitel 8 die zuvor beschriebenen Teilmanagementsystem-Anforderungen gegenübergestellt sowie deren Gemeinsamkeiten und Unterschiede analysiert. In einer tabellarischen Übersicht werden bezugnehmend auf die Umweltnorm ISO 14001 Möglichkeiten zur Integration auf der Basis der Systemelemente erarbeitet. Danach werden bestehende Konzepte zur Vorgehensweise der Integration vorgestellt und verschiedene neue Ansätze als Ergebnisse dieses Kapitels entwickelt. Aufbauend auf eine konstruktive Auseinandersetzung mit der Kritik an IMS werden danach Möglichkeiten der Weiterentwicklung von IMS zu Generischen Managementsystemen aufgezeigt. In diesem Zusammenhang erfolgt eine Erweiterung des St. Galler Management-Ansatzes um eine sog. *„Care-Management"*-Philosophie und um institutionalisierte Kommunikationskanäle, die auf dem Modell lebensfähiger Systeme von BEER basieren. Ein Ausblick auf die Entwicklungsrichtung internationaler Normungsaktivitäten gibt zudem eine Orientierungsbasis für den Aufbau eines IMS. In Kapitel 9 erfolgt am Beispiel der Deutschen ABB die Dokumentation der Vorgehensweise und der Ergebnisse des dieser Arbeit zugrunde liegenden Forschungsprojektes zur Integration der Teilsysteme. Als Basis dieser Praxisanwendung wird ein zehn Punkte-Maßnahmenkatalog zum Ablauf eines Integrationsprojektes entwickelt, welcher sich als Orientierungsraster auf Unternehmen jeglicher Größe und Branche übertragen läßt. Danach wird die Struktur und einige ausgewählte Elemente des für den Deutschen ABB Konzern erarbeiteten IMS beschrieben.

Insgesamt leistet diese Arbeit sechs entscheidende Erkenntnisfortschritte:

1. Ergänzung der Integrationsdiskussion um die Aspekte der Arbeitssicherheit und Erarbeitung von Vorschlägen zum Aufbau ganzheitlicher, integrierbarer Arbeitssicherheitsmanagementsysteme;
2. Erarbeitung von konkreten Konzepten zur Integration von Qualität, Umweltschutz und Arbeitssicherheit;
3. Vorschläge zur Weiterentwicklung eines IMS zu einem Generischen Managementsystem auf der Basis einer Erweiterung des St. Galler Management-Konzepts;
4. Aufbau eines Maßnahmenkatalogs zur Durchführung eines Integrationsprojektes;
5. Aufbau einer Musterstruktur für ein Integriertes Managementsystem und
6. Nachweis der praktischen Anwendbarkeit der Konzepte am Beispiel des ABB-IMS.

Zusammenfassend ergibt sich, daß ein Unternehmen langfristig <u>ein</u> ganzheitliches Managementsystem anstreben sollte. Auf dem Wege der Integration sind dabei nachfolgende Aspekte zu beachten:

1. Das Einverständnis und die proaktive Unterstützung der Unternehmensleitung sind die Grundvoraussetzung der Systemintegration.
2. Der Einfluß von Kontextvariablen - also die Situation in der sich das Unternehmen vor der Integration befindet - muß berücksichtigt werden.
3. Nicht alle Elemente der jeweiligen Subsysteme sind sinnvoll integrierbar.
4. Es existiert lediglich eine spezielle Unternehmenslösung - eine Pauschallösung erscheint nicht sinnvoll.
5. Der unternehmensindividuelle Grad der Integration ist zu bestimmen, der den speziellen Unternehmensanforderungen entspricht.
6. Eine schrittweise Integration - z. B. mit Hilfe des SPIral-Ansatzes - verspricht eine erfolgreiche Systemkombination.

7. Eine frühe Einbindung aller betroffenen Mitarbeiter (auf allen hierarchischen Ebenen) in den Integrationsprozeß unterstützt eine erfolgreiche Implementierung und wird daher befürwortet.
8. Die Kostenreduktion und eine geringere Auditierungshäufigkeit bilden nur einen Teil des Zielbündels der Integration.
9. Ein verhaltensorientierter Ansatz, die Berücksichtigung der Basisziele und letztendlich die Gesamtleistung des Systems sind nicht zu vernachlässigende Aspekte bei der Zusammenführung von Managementsystemen.
10. Es ist zu unterscheiden zwischen einer formalen, rein elementorientierten und einer tatsächlichen, „*gelebten*" Integration.

Studien über sog. „*exzellente*" Unternehmen, die über lange Zeit hervorragende Ergebnisse erreicht haben, betonen, daß diese hauptsächlich durch den optimalen Einsatz „*weicher*" (Motivation, Bewußtseinsbildung, Teamgeist etc.) Faktoren erzielt worden seien. Dabei gilt es zu beachten, daß dies in keiner Weise ein Verzicht auf „*harte*" Faktoren (strukturelle Maßnahmen, Veränderung von Abläufen) bedeutet. Vielmehr ist zwischen diesen Faktoren eine Wechselwirkung im Sinne einer gegenseitigen Beeinflussung zu beobachten. Erfolgreiche Unternehmen verzichten damit nicht auf den Einsatz der hier beschriebenen Managementsysteme, vielmehr bedienen sie sich derer zur diskreten Unterstützung des Unternehmensgeschehens.[1] Eine rein normenorientierte Bürokratisierung und damit Belastung oder gar Behinderung des Gesamtsystems kann so verhindert werden.[2]

10.2
Ausblick: Normungsstellen, Unternehmen und Staat als Partner

Es ist zu erwarten, daß die Entwicklung zur Standardisierung der Integrierten Managementsysteme in Zukunft weiter fortschreiten und die Einführung eines solchen Systems bereits in wenigen Jahren in den meisten Unternehmen obligatorisch sein wird. Die Erfahrungen haben gezeigt, daß es sowohl für den Staat als auch für ein Unternehmen sinnvoll ist, sich aktiv an dem Diskussionsprozeß um die Normung (resp. Gesetzgebung) zu beteiligen. Die Zurückhaltung Deutschlands im Vorfeld der EMAS-Entwicklung hat dazu geführt, daß die Einflußnahme gering und die Lösungen anderer hier oktroyiert wurden. Auch ein Unternehmen sollte eine aktive Beteiligung im Normungsumfeld nutzen (z. B. über eine Mitarbeit in den Fachverbänden), um seine Ideen, Probleme und Visionen in den Norm-Entstehungsprozeß einzubringen und ein Gespür zu entwickeln, schon frühzeitig Entwicklungen zu identifizieren und seine Strategien darauf auszurichten.

Eine hohe Aufmerksamkeit ist in Zukunft auf die Glaubwürdigkeit der Zertifikate sowohl für separate als auch für Integrierte Managementsysteme zu legen.

---

1   Vgl. Bhushan, A.K./MacKenzie, J: „Environmental leadership plus Total Quality Management equals continuous improvement", S. 78 f., in: Willig, J.T. (1994), S. 71-93.
2   Vgl. Schwaninger, M. (1994), S. 47; Wohlgemuth, A. (1989).

Sinkt das Vertrauen in deren Aussagekraft, ist mit einigen kontraproduktiven Folgen der Integration zu rechnen. Zu befürchten ist in diesem Falle eine Rückentwicklung auf die Situation vor Einführung der standardisierten Managementsysteme - jedes Unternehmen würde aufgrund mangelnden Vertrauens seine Zulieferer wieder selbst zertifizieren.

Ein weiteres Augenmerk ist auf die Leistung der neu entstehenden IMS zu legen. Hier ist darauf zu achten, daß die Gesamtleistung mindestens den zuvor mit separaten Managementsystemen erbrachten Leistungen in den einzelnen Teilgebieten entspricht. Da es sich bei der Aufrechterhaltung der Leistungen des Qualitätsmanagements in weiten Teilen um ein Eigeninteresse des Unternehmens handelt und auf dem Gebiet der Arbeitssicherheit und des Gesundheitsschutzes zumindest innerhalb Deutschlands umfangreiche gesetzliche Regelungen bestehen, bleibt eine besondere Sensibilität auf dem Gebiet des Umweltschutzes bestehen. Hier sollte von seiten der normgebenden Stellen dahingehend hingewirkt werden, daß die Ergebnisse der Umweltleistung in die Bewertung der Systeme einfließen. Hierzu wäre die Vorgabe eines Mengengerüstes sinnvoll, welches die physischen Entnahmen aus der Umwelt (vermiedene Entnahmen), die physischen Abgaben an die Umwelt (vermiedene Emissionen) sowie nicht-stoffliche Veränderungen (Klima, Landschaftsbild etc.) erfassen sollte.[3]

Diese eigenverantwortlichen Maßnahmen werden jedoch gerade in Zeiten konjunktureller Krisen nicht ausreichen, um eine ernsthafte Verminderung der negativen Umweltauswirkungen zu gewährleisten.[4] In der gesellschaftlichen Diskussion wird der Ruf nach der staatlichen Regelung dem Bestreben der Deregulierung noch für längere Zeit gegenüberstehen. Dabei sollte die staatliche Umweltpolitik den Unternehmen einen maximalen Entfaltungsspielraum für Innovation im Umweltbereich vorgeben. Dies könnte insbesondere durch die konsequente Einforderung einer kontinuierlichen Verbesserung der Umweltleistung erfolgen. Dabei sollte der Staat statt Grenzen und Technologien klare Ziele vorgeben und es danach der Initiative der Unternehmen überlassen, diese flexibel zu erreichen. So würde der Wettbewerb sinnvolle Konzepte generieren da „ ... *leistungsfähige Lösungen mit Gewinnen belohnt und ineffiziente Ansätze aufgrund geringerer Gewinne oder Verluste verworfen werden*"[5]. PORTER fordert in diesem Zusammenhang eine eindeutige und frühzeitige Informationspolitik von seiten des Staates, um die Ungewißheit der Unternehmen über die zukünftigen Anforderungen so weit wie möglich zu reduzieren. Die Unternehmen wären so in der Lage, ihre Investitionen frühzeitig einplanen zu können. Schnell reagierende Unternehmen hätten damit langsamer reagierenden gegenüber einen Vorteil. Weitere

---

[3]   Vgl. Karl, H.: „*Öko-Audits aus volkswirtschaftlicher Sicht - ökonomische Probleme der Regulierung betrieblicher Umweltpolitik*", S. 48, in: Klemmer, P./Meuser, T. (Hrsg.), (1995), S. 39-52.

[4]   Vgl. Isaak, R./Keck, A. (1997), S. 80 f.

[5]   Karl, H.: „*Öko-Audits aus volkswirtschaftlicher Sicht - ökonomische Probleme der Regulierung betrieblicher Umweltpolitik*", S. 46, in: Klemmer, P./Meuser, T. (Hrsg.), (1995), S. 39-52.

Verbesserungsmöglichkeiten bestehen z. B. in der Einrichtung von Ansprechpartnern für Unternehmen in den Behörden. Zudem könnte das konsequente Auftreten des Staates als Nachfrager von umweltfreundlichen Gütern und Dienstleistungen sowie eine Festschreibung der Umweltverträglichkeit angebotener Leistungen als Grundvoraussetzung für die Beteiligung an öffentlichen Ausschreibungen zu einer Förderung der Umweltorientierung der Industrie beitragen.[6]

Darüber hinaus kann durch den Einsatz alternativer umweltpolitischer Instrumente eine gezielte Nutzung der Marktkräfte und der Kreativität von Unternehmen stattfinden. Dies könnte bspw. durch eine weitgehende Ablösung von Umweltauflagen durch Umweltabgaben oder durch den Einsatz handelbarer Zertifikate[7] erfolgen - beides Instrumente, welche eine größere ökologische Treffsicherheit und einen besseren Innovationsanreiz versprechen.[8]

Ein lebendes, sich kontinuierlich verbesserndes IMS ist innerhalb eines Unternehmens insbesondere dann erreichbar, wenn die Mitarbeiter den Sinn dieses Systems verstehen und sich aktiv daran beteiligen. Im Sinne des St. Galler Management-Konzepts ist dies dann möglich, wenn die Module der Verhaltenssäule berücksichtigt werden und eine gemeinsame Werthaltung bei allen Mitarbeitern aufgebaut werden kann. Die Voraussetzung für einen derartigen Wandlungsprozeß der Industrie läßt sich insbesondere auf dem Gebiet des Umweltschutzes auf das gesamtgesellschaftliche Umfeld übertragen.[9] Hier ist die Forderung nach einem *„sustainable development"* dann erreichbar, wenn kurzfristige private Ziele den langfristigen sozialen Zielen weichen. Hierzu sind in der Gesellschaft Räume und Institutionen zu schaffen und zu erhalten, welche eine breite Konsensbildung im Sinne einer ernsthaften und konsequenten Verfolgung einer nachhaltigen Entwicklung ermöglichen.[10] Normungsstellen, Unternehmen und Staat sind hierbei aufgerufen, als Partner gemeinsam mit internationalen Gremien, Kirchen, Parteien und Verbänden etc. sich dieser Aufgabe zu stellen und langfristig tragbare Lösungen für unsere zukünftigen Generationen zu erarbeiten und umzusetzen.

---

[6] Vgl. Porter, M.E./Linde, C.v.d.(1995), S. 110 ff.

[7] Handelbare Zertifikate (Umweltlizenzen) verbriefen ein Recht zur *„Nutzung"* einer Einheit *„Umwelt"* als Schadstoffempfänger [Anm. d. Verf.]. Vgl. Matschke, M.J./Jaeckel, U.D./Lemser, B. (1996), S. 42 f.

[8] Vgl. Faber, M./Stephan, G./Michaelis, P. (1989), S. 57.

[9] Vgl. Liesegang, D.G. (1993b), S. 255 ff.

[10] Vgl. Faber, M./Jöst, F./Manstetten, R. (1997), S. 63 f.

Tabelle 8.3. Gegenüberstellung von ISO 14001, EMAS, ISO 9001, BS 8800 und SCC; Quelle: Zusammengestellt in Anlehnung an ISO 14001: 1996, Tabelle 1, S. 22; Verordnung (EWG) Nr. 1836/93 des Rates vom 29. Juni 1993; ISO 9001: 1994; BS 8800: 1996; S. 18 ff. und Anhang A (informativ), S. 27 ff, Central Committee of Experts/Unter-Sektorkomitee SCC Deutschland (Hrsg.), (1998), S. 1a-12b.

Teil I - Kurzüberblick

ISO 14001	EMAS	ISO 9001	BS 8800	SCC
4.1 Allg. Forderungen	Artikel 3 c)	4.2.1 Allgemeines	Einführung	Keine Entsprechung
4.2 Umweltpolitik	Artikel 3 a)	4.1.1 Qualitätspolitik	4.1 Arbeitsschutzpolitik	1. SGU-Politik und Organisation 1.1 Grundsatzerklärung zu SGU
4.3 Planung 4.3.1 Umweltaspekte	Artikel 3 b)/c)	Keine direkte Entsprechung	4.0.2 Anfängliche Bestandsaufnahme 4.2.2 Risikoabschätzung	2. Gefährdungsermittlung und -bewertung
4.3.2 Gesetzliche und andere Forderungen	Artikel 3 a)	4.4 Designlenkung 4.4.4 Designvorgaben	4.0.2 Anfängliche Bestandsaufnahme 4.2.3 Gesetzliche und andere Anforderungen	6. Regeln/Vorschriften/ Projektsicherheitsplan 6.1 SGU-Vorschriften und -Betriebsanweisungen
4.3.3 Zielsetzungen und Einzelziele	Artikel 3 e)	4.1.1 Qualitätspolitik	4.2.4 Vorkehrungen für das Arbeitsschutzmanagement Vgl. Anhang C 5 und C 6.	1. SGU-Politik und Organisation 1.5 SGU-Aktionsplan 1.5.1 Festlegung prüfbarer Ziele
4.3.4 Umweltmanagement- programme	Artikel 3 c)	4.2.3 Qualitätsplanung	4.2.4 Vorkehrungen für das Arbeitsschutzmanagement Vgl. Anhang C 7.	1.SGU-Politik und Organisation 1.5 SGU-Aktionsplan

4.4 Implementierung und Durchführung 4.4.1 Organisationsstruktur und Verantwortlichkeit	Anhang I B Umweltmanagementsysteme 2. Organisation und Personal	4.1.2 Organisation 4.1.2.1 Verantwortung und Befugnis 4.1.2.3 Beauftragter der obersten Leitung	4.3.1 Aufbau und Verantwortung	1.SGU-Politik und Organisation 1.2 SGU-Struktur 1.2.2 Bestellung einer SiFa 1.2.3 Ernennung eines Umweltschutzbeauftragten 8. Betriebl. Gesundheitswesen
4.4.2 Schulung, Bewußtsein und Kompetenz	Anhang I B Umweltmanagementsysteme 2. Organisation und Personal	4.18 Schulung	4.3.2 Schulung, Kenntnis und Kompetenz Siehe Anhang B.5.1	4. Information und Ausbildung 5.3 Unterweisung der Arbeitnehmer
4.4.3 Kommunikation	Artikel 5 Umwelterklärung	Keine direkte Entsprechung 4.1 Verantwortung der Leitung	4.3.3 Kommunikation	5. SGU-Kommunikation 5.1 ASA-Sitzungen 5.3 Unterweisung der Arbeitnehmer 5.4 Sonderaktionen 1.2.1 Sicherheitskurzgespräche 1.3.2 Teilnahme der Führungskräfte an Sitzungen 6.3 Arbeitsbesprechungen zu Beginn des Projektes
4.4.4 Dokumentation des UMS	Anhang I B Umweltmanagementsysteme	4.2 QMS 4.2.1 Allgemeines siehe hierzu auch 4.2.2 QM-Verfahrensanweisungen	4.3.4 Dokumentation im AMS B.6.2 Dokumentation - Lenkung der Dokumente	Keine Entsprechung
4.4.5 Lenkung der Dokumente	Keine direkte Entsprechung	4.5 Lenkung der Dokumente und Daten	4.3.5 Kontrolle der Dokumente	Keine Entsprechung

Tabelle 8.3.   Teil I - Kurzüberblick - Fortsetzung

ISO 14001	EMAS	ISO 9001	BS 8800	SCC
4.4.6 Ablauflenkung	Anhang I B 4. Aufbau- und Ablaufkontrolle	4.2.2 QM-Verfahrensanweisungen 4.3 Vertragsprüfung 4.4 Designlenkung 4.6 Beschaffung 4.7 Lenkung der vom Kunden beigestellten Produkte 4.9 Prozeßlenkung 4.15 Handhabung, Lagerung, Verpackung, Konservierung und Versand 4.19 Wartung	4.3.6 Ablaufkontrolle	3. Personalauswahl 9. Einkauf und Prüfung der Materialien/Geräte und Leistungen
4.4.7 Notfallvorsorge und -maßnahmen	Keine Entsprechung	Keine Entsprechung	4.3.7 Vorbereitung und Begegnung von Notfällen	4. Information und Ausbildung 4.1 Verhalten bei Unfällen/Notfällen 5. SGU-Kommunikation 5.3 Unterweisung 6. Regeln, Vorschriften, Projektsicherheitsplan 6.2 Projektpläne 6.5 Vorbereitung auf Notsituationen

4.5 Kontroll- und Korrekturmaßnahmen 4.5.1 Überwachung und Messung	Artikel 1 (2) b) Anhang I, A 5. Umweltprogramm	4.14 Korrektur- und Vorbegungsmaßnahmen 4.10 Prüfungen 4.20 Statistische Methoden 4.11 Prüfmittelüberwachung 4.4 Designlenkung 4.4.4 Designvorgaben	4.4 Überprüfung und Korrekturmaßnahmen 4.4.1 Aufzeigen und Messen 4.4.3 Aufzeichnungen 4.4 Überprüfung und Korrekturmaßnahmen	7. SGU-Inspektionen/Beobachtungen 10. Meldung, Registrierung und Untersuchung von Unfällen/Zwischenfällen und unsicheren Situationen
4.5.2 Abweichungen, Korrektur- und Vorsorgemaßnahmen	Anhang I B 4.Aufbau- und Ablaufkontrolle	4.14 Korrektur- und Vorbeugungsmaßnahmen 4.13 Lenkung fehlerhafter Produkte	4.4.2 Korrigierende Maßnahmen	7.2 Verfahren zur Verfolgung der eingeleiteten Maßnahmen 10.1.1 Vorbeugende Maßn. zur Vermeidung v. Wiederholungs(un)fällen 10.2.1 Konkrete Verbesserungsmaßnahmen bei Sach- u. Umweltschäden 10.2.2 Konkrete Verbesserungsmaßnahmen bei Beinahe-Unfällen
4.5.3 Aufzeichnungen	Anhang I, B 5. Umweltmanagement-Dokumentation	4.16 Lenkung von Qualitätsaufzeichnungen	4.4.3 Aufzeichnungen	Im Rahmen der Zertifizierung werden die relevanten SGU-Dokumente geprüft.
4.5.4 Umweltmanagement-system-Audit	Artikel 3 b) 3 d)	4.17 Interne Qualitätsaudits	4.4.4 Audit	7. SGU-Inspektionen/Beobachtungen 2. Gefährdungsermittlung- u. bewertung
4.6 Bewertung durch die oberste Leitung	Anhang II, F. Bericht	4.1.3 QM-Bewertung	4.5 Bewertung durch das Management	Keine direkte Entsprechung 1.3.1 periodische Inspektionen durch das obere Management

Tabelle 8.3.   Teil II - Gesamtüberblick

ISO 14001	EMAS	ISO 9001	BS 8800	SCC
4.1 Allg. Forderungen Die Organisation ist verpflichtet, ein UMS einzuführen.	**Artikel 3 c)** Das Unternehmen muß ein UMS für alle Tätigkeiten am Standort schaffen.	**4.2.1 Allgemeines** Die Organisation ist verpflichtet ein QMS einzuführen.	**Einführung** Der Leitfaden unterstützt die Einführung eines AGMS.	**Keine Entsprechung** MS wird nicht explizit gefordert. Es werden jedoch Anforderungen an SGU-Struktur gestellt.
4.2 Umweltpolitik Die Verantwortung für die Umweltpolitik und deren Festlegung erfolgt durch die oberste Leitung.	**Artikel 3 a)** Das Unternehmen muß in Einklang mit den einschlägigen Anforderungen nach Anh. I eine betriebliche Umweltpolitik festlegen.	**4.1.1 Qualitätspolitik** Die Verantwortung für die Umweltpolitik und deren Festlegung erfolgt durch die oberste Leitung.	**4.1 Arbeitsschutzpolitik** Die oberste Leitung sollte eine Arbeitsschutzpolitik bestimmen, dokumentieren und bestätigen.	**1. SGU-Politik und Organisation** 1.1 Die Grundsatzerklärung zu SGU muß eine positive Einstellung, das Engagement und die Verantwortung des obersten Managements ausdrücken.
⇧ Diese Abschnitte korrespondieren miteinander, sie sind mit der allgemeinen Unternehmenspolitik zumindest abzustimmen, können aber auch in eine umfassende Unternehmenspolitik einfließen. Dabei ist auf die speziellen Anforderungen an die Inhalte aus den unterschiedlichen Katalogen zu achten. Des weiteren ist zu berücksichtigen, daß die EMAS eine Veröffentlichung der Politik fordert. Damit würden bei einer Zusammenfassung der Politiken alle Teile aus den verschiedenen Bereichen der Öffentlichkeit zugängig gemacht werden, obwohl in den anderen Normen keine Veröffentlichung vorgesehen ist. Dies würde jedoch das Vertrauen und die Ernsthaftigkeit der Unternehmensaktivitäten auf allen betrachteten Gebieten stärken.				
4.3 Planung **4.3.1 Umweltaspekte** Das Unternehmen muß Verfahren einführen und aufrechterhalten, um seine Umweltauswirkungen zu ermitteln und um daraus Umweltaspekte mit Bedeutung festzustellen, die bei der Festlegung der	**Artikel 3 b)/c)** Das Unternehmen muß eine Umweltprüfung an diesem Standort durchführen, die den in Anhang I Teil C genannten Aspekten Rechnung trägt; aufgrund der Ergebnisse dieser Prüfung ist ein	**Keine direkte Entsprechung** Es empfiehlt sich, die Ergebnisse der Ermittlung der umweltrelevanten Tätigkeiten gemäß Abschn. 4.3.1 ISO 14001 mit der Qualitätspolitik und -planung abzustimmen, da sich bedeutende	**4.0.2 Anfängliche Bestandsaufnahme** Die Bestandsaufnahme sollte Informationen zusammentragen, die Entscheidungen im Hinblick auf Umfang, Angemessenheit und Durchführung des AGMS beeinflussen, eine Basis und den status quo festsetzen.	**2. Gefährdungsermittlung und -bewertung** Risiken sind zu identifizieren und entsprechende Maßnahmen zu deren Vermeidung sind einzuleiten.

Bezug	Text
	Umweltprogramm zu schaffen.
	Umweltauswirkungen von Produkten und Tätigkeiten auch auf die Qualitätsansprüche des Unternehmens auswirken.
4.2.2 Risikoabschätzung	Die Organisation sollte eine Risikoabschätzung einschließlich der Gefahrenerkennung betreiben (weitere Regelungen in Anhang D).
6. Regeln/Vorschriften/ Projektsicherheitsplan	
6.1 SGU- Vorschriften und Betriebsanweisungen für	allgemeine und spezielle Tätigkeiten sind festzuschreiben.
6.3.2 Arbeitnehmer müssen vor	Projektbeginn mit den projektspezifischen Regelungen vertraut gemacht werden.
4.0.2 Anfängliche Bestandsaufnahme	Die Bestandsaufnahme sollte die bestehenden Vorkehrungen vergleichen mit: a) den Anforderungen der gegenwärtigen Gesetzgebung, die mit Arbeitsschutzmanagementbereichen zu tun hat.
4.2.3 Gesetzliche und andere Anforderungen	Die Organisation sollte zusätzlich zur Risikoabschätzung die bzgl. der Risiken zu beachtenden gesetzlichen Anforderungen bestimmen.
	umweltbezogenen Zielsetzungen zu berücksichtigen sind.

✿ Die Anforderungen aus ISO 14001 und EMAS entsprechen sich weitgehend, die Bestandsaufnahme des BS 8800 bezieht sich auf die Aspekte der Arbeitssicherheit und des Gesundheitsschutzes. Obwohl bei der ISO 9001 eine derartige Feststellung der IST-Situation nicht gefordert ist, sollte eine erste Bestandsaufnahme bei der Einführung eines IMS in allen beteiligten Fachgebieten durchgeführt werden.

Bezug	Text
4.3.2 Gesetzliche und andere Forderungen	Das Unternehmen muß Verfahren einführen und aufrechterhalten, um gesetzliche und andere Forderungen zu ermitteln, zugänglich zu machen, zu deren Einhaltung die Organisation sich verpflichtet und die für die Umweltaspekte ihrer Tätigkeiten relevant sind.
Artikel 3 a)	Das Unternehmen muß im Einklang mit den einschlägigen Anforderungen nach Anh. I eine betriebliche Umweltpolitik festlegen, die nicht nur die Einhaltung aller einschlägigen Umweltvorschriften vorsieht, sondern auch Verpflichtungen zur kontinuierlichen Verbesserung des betrieblichen Umweltschutzes umfaßt.
4.4 Designlenkung / 4.4.4 Designvorgaben	Die produktbezogenen Forderungen, die als Designvorgaben dienen, eingeschlossen die anwendbaren gesetzlichen und behördlichen Forderungen müssen festgestellt und dokumentiert werden. Ihre Auswahl muß hinsichtlich ihrer Angemessenheit durch den Lieferanten geprüft werden.

✿ Hier ist eine regelmäßige Aktualisierung und Abstimmung der umwelt-, qualitäts-, arbeitssicherheits- und gesundheitsschutzrelevanten Vorschriften und Regelungen zu institutionalisieren.

Tabelle 8.3. Teil II - Gesamtüberblick - Fortsetzung

ISO 14001	EMAS	ISO 9001	BS 8800	SCC
4.3.3 Zielsetzungen und Einzelziele Die Organisation muß für jede relevante Funktion und Ebene innerhalb ihrer Organisationsstruktur entsprechend dokumentierte, umweltbezogene Zielsetzungen und Einzelziele festlegen und aufrechterhalten. Diese sind abzustimmen mit der Umweltpolitik und den gesetzlichen Forderungen.	**Artikel 3 e)** Das Unternehmen muß auf der höchsten dafür geeigneten Managementebene Ziele aufgrund der Ergebnisse der Umweltbetriebsprüfung festlegen, die auf eine kontinuierliche Verbesserung des betrieblichen Umweltschutzes gerichtet sind und das Umweltprogramm ggf. so abändern, daß diese Ziele am Standort erreicht werden können.	**4.1.1 Qualitätspolitik** Die oberste Leitung des Lieferanten muß ihre Qualitätspolitik, eingeschlossen ihrer Zielsetzungen und ihrer Verpflichtung zur Qualität, festlegen und dokumentieren.	**4.2.4 Vorkehrungen für das Arbeitsschutzmanagement** Die Organisation sollte Vorkehrungen treffen, um folgende Schlüsselgebiete abzudecken: a) allgemeine Pläne und <u>Ziele der Organisation</u>, die Personal und Mittel beinhalten zur Erreichung der festgelegten Verfahren. Vgl. auch Anhang C 5 und C 6.	**1. SGU-Politik und Organisation** **1.5 SGU-Aktionsplan** muß aufgestellt und jährlich aktualisiert werden. **1.5.1 Festlegung prüfbarer Ziele** im Rahmen des SGU-Aktionsplanes. **2.2 Festlegung von Schutzzielen** aufgrund ermittelter Gefährdungen.
⇧ *Die Unternehmensführung formuliert diese Ziele im U-, A- und Q-Bereich. Zur Vermeidung von Zielkonflikten ist eine Abstimmung mit der Unternehmenspolitik und zwischen den einzelnen Teilbereichen erforderlich.*				
4.3.4 Umweltmanagementprogramme Die Organisation muß ein Programm zur Verwirklichung ihrer umweltbezogenen Zielsetzungen und Einzelziele einführen und aufrechterhalten (Festle-gung der Verantwortung und Mittel zur Zielerreichung. Anpassung des Programms an neue Tätigkeiten, Produkte	**Artikel 3 c)** Das Unternehmen muß aufgrund der Ergebnisse der Umweltprüfung ein Umweltprogramm und ein UMS für alle Tätigkeiten am Standort schaffen. Das Umweltprogramm muß der Erfüllung der Verpflichtung dienen, die in der Umweltpolitik des	**4.2.3 Qualitätsplanung** Der Lieferant muß festlegen und dokumentieren, wie er die Qualitätsforderungen (an Produkte) erfüllen will ... Dazu muß er bedenken ...: a) das Ausarbeiten von Qualitätsmanagementplänen [Die Auslegung in der Praxis ist sehr unterschiedlich, zumeist gilt	**4.2.4 Vorkehrungen für das Arbeitsschutzmanagement** Die Organisation sollte Vorkehrungen treffen, um folgende Schlüsselgebiete abzudecken: a) <u>allgemeine Pläne</u> und Ziele der Organisation, die Personal und Mittel beinhalten zur Erreichung der Verfahren. Vgl. auch Anhang C 7.	**1.SGU-Politik und Organisation** **1.5 SGU-Aktionsplan** beinhaltet die geplanten SGU-Aktivitäten, über die darin enthaltenen Zielsetzungen sind alle Mitarbeiter zu informieren. Die Ziele sind jährlich zu aktualisieren.

<table>
<tr>
<td></td>
<td></td>
<td rowspan="2">↑ Obwohl im Qualitätsbereich die Aufstellung eines Programms nicht zwingend gefordert wird, sollten die Zielsetzungen, Verantwortlichkeiten und Mittel aller beteiligten Teilbereiche in einem aggregierten Unternehmensprogramm festgelegt werden.</td>
<td>1. SGU-Politik und Organisation</td>
<td>1.2. SGU-Struktur und Beschreibung der Verantwortlichkeiten aller Führungskräfte.

1.2.2 Bestellung einer Fachkraft für Arbeitssicherheit (welche gleichzeitig die Funktion des Systemkoordinators übernehmen kann).

1.2.3 Ernennung eines Umweltschutzbeauftragten

8. Betriebliches Gesundheitswesen
Festlegung einer arbeitsmedizinischen Betreuung aller Mitarbeiter gemäß ASiG, VBG 123. (Betriebsarzt oder Anbindung an einen arbeitsmedizinischen Dienst.)</td>
</tr>
<tr>
<td></td>
<td>dieser Punkt nur in Verbindung mit Großprojekten].

Unternehmens in Hinblick auf eine kontinuierliche Verbesserung des betrieblichen Umweltschutzes festgelegt sind.</td>
<td>4.3.1 Aufbau und Verantwortung</td>
<td>Die letzte Verantwortung für den Arbeitsschutz ruht auf dem Topmanagement. Hier ist es am sinnvollsten einem <u>Mitglied der obersten Führungsebene</u> besondere Verantwortung zukommen zu lassen, um sicherzustellen, daß das AMS eingeführt wird und den Anforderungen entspricht. Auf allen Ebenen der Organisation ist die Verantwortung für die Arbeitssicherheit zu betonen.</td>
</tr>
<tr>
<td>und Dienstleistungen).</td>
<td>Anhang I
B Umweltmanagementsysteme
2. Organisation und Personal

4.4 Implementierung und Durchführung
4.4.1 Organisatonsstruktur und Verantwortlichkeit

Aufgaben, Verantwortlichkeiten und Befugnisse müssen festgelegt, dokumentiert und bekannt gemacht werden, um ein wirkungsvolles Umweltmanagement zu erleichtern. Die oberste Leitung muß einen oder mehrere Beauftragte der obersten Leitung bestellen ..., der an die oberste Leitung berichtet und sicherstellt, daß die Forderungen der ISO14001 eingehalten werden.</td>
<td>4.1.2 Organisation
4.1.2.1 Verantwortung und Befugnis

Definition von Verantwortung, Befugnissen und Beziehungen zwischen den Beschäftigten in Schlüsselfunktionen, die die Arbeitsprozesse mit Auswirkungen auf die Umwelt leiten, durchführen und überwachen. Bestellung eines Managementvertreters mit Befugnissen und Verantwortung für die Anwendung und Aufrechterhaltung des Managementsystems.</td>
<td>4.1.2.3 Beauftragter der obersten Leitung

Die oberste Leitung des Lieferantenkreises muß ein <u>Mitglied des lieferanteneigenen Führungskreises</u> benennen, das an die oberste Leitung berichtet und die Einhaltung der Forderungen der ISO 9001 überwacht.</td>
</tr>
</table>

Tabelle 8.3. Teil II - Gesamtüberblick - Fortsetzung

ISO 14001	EMAS	ISO 9001	BS 8800	SCC
⇧ *Die Verantwortungen für die einzelnen Teilbereiche sind auf allen hierarchischen Ebenen aufeinander abzustimmen. Dabei ist insbesondere auf dem Gebiet der Arbeitssicherheit auf die Einhaltung der gesetzlich vorgeschriebenen Aufbauorganisation zu achten. ISO 9001 und BS 8800 sehen die Festlegung eines Mitgliedes der obersten Führungsebenen als (Teil-) Systemverantwortlichen vor. Dies ist in den anderen Systemen zwar nicht explizit gefordert, im Rahmen des IMS sollte sich jedoch ein Vertreter der obersten Führungsebene für das IMS und die darin beschriebenen Inhalte verantwortlich zeichnen.*				
4.4.2 Schulung, Bewußtsein und Kompetenz Die Organisation muß den Schulungsbedarf ermitteln und Verfahren einführen und aufrechterhalten, um die Mitarbeiter bzgl. der umweltbezogenen Aspekte und einer diesbezüglichen Bewußtseinsbildung zu schulen.	**Anhang I** **B Umweltmanagementsysteme** **2. Organisation und Personal** Eine Bewußtseinsbildung der Mitarbeiter auf dem Gebiet des Umweltschutzes ist sicherzustellen. Die Ermittlung von Ausbildungsbedarf und die Durchführung einschlägiger Ausbildungsmaßnahmen für alle Beschäftigten, deren Arbeit bedeutende Auswirkungen auf die Umwelt haben kann, ist erforderlich.	**4.18** **Schulung** Der Lieferant muß Verfahrensanweisungen zur Ermittlung des Schulungsbedarfs erstellen und aufrechterhalten und für die Schulung aller Mitarbeiter sorgen, die mit qualitätswirksamen Tätigkeiten betraut sind.	**4.3.2 Schulung, Kenntnis und Kompetenz** Die Organisation sollte Vorkehrungen treffen, um die auf jeder Organisationsstufe nötigen Kompetenzen zu ermitteln und jede notwendige Schulung zu veranlassen. Siehe auch Anhang B.5.1	**4. Information und Ausbildung** Erstunterweisungen, wiederkehrende Unterweisungen und spezielle Ausbildungen für die Teilsystemverantwortlichen werden gefordert. **4.2/4.3** ab 1999 bzw. 2000 sind sog. anerkannte **Sicherheitsschulungen** für alle Arbeitnehmer bzw. Führungskräfte erforderlich. **5.3 Regelmäßige Unterweisungen** aller Mitarbeiter.
⇧ *Qualitäts-/Umwelt- und Arbeitssicherheitsinhalte der Schulungen sind soweit es möglich ist aufeinander abzustimmen. Die Dokumentation der Schulung und die Erfolgskontrolle sind zu vereinheitlichen. Eine Koordination von seiten der Personalabteilung ist sinnvoll. Pflichtseminare, wie „Basisinformationen für Neueintritte" sollten eingerichtet, auf Q-, U- und A-Aspekte abgestimmt und gemeinsam durchgeführt werden.*				
4.4.3 Kommunikation Im Hinblick auf ihre Umweltaspekte und ihr UMS muß die	**Artikel 5** **Umwelterklärung** (1) Für jeden am System beteiligten Standort wird nach der	**Keine direkte Entsprechung** **4.1 Verantwortung der Leitung**: Die unter 4.1.1	**4.3.3** **Kommunikation** Die Organisation sollte Verfahren einführen und	**5. SGU-Kommunikation** **5.1 ASA-Sitzungen müssen** ¼-jährlich durchgeführt werden, die Berichte sind allen Mitarbeitern bekanntzugeben.

Organisation Verfahren für die interne Kommunikation zwischen den Ebenen der Organisation und für die Entgegennahme, Dokumentation und Beantwortung relevanter Mitteilungen von externen interessierten Kreisen einführen und aufrechterhalten. Die Organisation muß Verfahren für die externe Kommunikation über ihre bedeutenden Umweltaspekte in Betracht ziehen und ihre Entscheidung dokumentieren.	ersten Umweltbetriebsprüfung und nach jeder folgenden Betriebsprüfung oder nach jedem Betriebsprüfungszyklus eine Umwelterklärung erstellt. (2) Die Umwelterklärung wird für die Öffentlichkeit verfaßt ... (siehe auch Artikel 3 f und Anhang V) Die interne Kommunikation wird in Anhang I, B Umweltmanagementsysteme, 2. Organisation und Personal gefordert.	geforderte Qualitätspolitik muß auf allen Ebene der Organisation des Lieferanten verstanden werden. Aus dieser Forderung ist die Notwendigkeit einer internen Kommunikation abzuleiten. Darüber hinaus ist explizit keine weitere Form der internen und externen Kommunikation gefordert.	aufrechterhalten, wo sie nötig sind zur: a) effektiven und offenen Kommunikation mit Arbeitschutzinformationen; b) Inanspruchnahme von Spezialistenrat und -leistung; c) Einbeziehung der Mitarbeiter und deren Befragung. (siehe hierzu auch Anhang B.6.1)	**5.3 Regelmäßige Unterweisungen** aller Mitarbeiter. **5.4 Sonderaktionen** zu speziellen SGU-Themen sollten durchgeführt werden. **1.2.1 Sicherheitskurzgespräche** müssen (monatl.) von den Führungskräften mit ihren Mitarbeitern durchgeführt werden. **1.3.2** Teilnahme der Führungskräfte an (mindestens jährlich stattfindenden) SGU-Sitzungen **6.3 Arbeitsbesprechungen zu Beginn des Projekts** zu SGU mit allen Mitarbeitern inkl. Subunternehmer.

⇧Die Kommunikationswege sind für alle Bereiche aufeinander abzustimmen. Auch auf dem Gebiet des Qualitätsmanagements ist im Hinblick auf eine Weiterentwicklung zum TQM die interne Kommunikation zu institutionalisieren. Hier kann z. B. das Verbesserungsvorschlagwesen auf Schnittpunkte Q/U/A hinweisen und dementsprechende Hinweise fördern. Die umfangreichen Anforderungen zur internen und externen Kommunikation im Rahmen des SCC sollten in dieser Ausführlichkeit nur integriert werden, wenn eine SCC-Zertifizierung konkret gefordert wird.

4.4.4 Dokumentation des UMS Die Organisation muß Informationen auf Papier oder in elektronischer Form zusammenstellen und aufrechterhalten, um:	**Anhang I** **B Umweltmanagementsysteme** **B 5 UMS-Dokumentation:** Erstellung einer Dokumentation mit Blick auf	**4.2 QMS** **4.2.1 Allgemeines** Der Lieferant muß ein Qualitätsmanagementhandbuch erstellen, das die Forderungen ...	**4.3.4 Dokumentation im AMS** Eine auf das notwendige Maß beschränkte Dokumentation des AMS ist zu erstellen.	**Keine Entsprechung** Eine Dokumentation des gesamten AMS im Sinne von Handbuch, Verfahrensanweisungen und Arbeitsanweisungen wird ...

Tabelle 8.3.   Teil II - Gesamtüberblick - Fortsetzung

ISO 14001	EMAS	ISO 9001	BS 8800	SCC
4.4.4 Dokumentation des UMS	**B 5 UMS-Dokumentation:**	**4.2.1 Allgemeines**	**4.3.4 Dokumentation im AMS**	**Keine Entsprechung**
a) die wesentlichen Elemente des Managementsystems und ihre Wechselwirkungen zu beschreiben; b) Hinweise für das Auffinden zugehöriger Dokumentation zu geben.	a) eine umfassende Darstellung von Umweltpolitik, -zielen und -programmen; b) die Beschreibung der Schlüsselfunktionen und Verantwortlichkeiten; c) die Beschreibung der Wechselwirkungen zw. den Systemelementen. Die Erstellung von Aufzeichnungen wird gefordert, um die Einhaltung der Anforderungen des UMS zu belegen und die Zielerreichung zu dokumentieren.	... dieser internationalen Norm behandelt. Das QMH muß die Verfahrensanweisungen zum QM-System beinhalten oder auf sie verweisen sowie die Struktur der Dokumentation des QMS skizzieren. siehe hierzu auch **4.2.2 QM-Verfahrensanweisungen**	siehe hierzu auch Anhang **B.6.2 Dokumentation - Lenkung der Dokumente**	... im Rahmen des SCC nicht explizit gefordert. Eine Zusammenstellung von Nachweisen und Prüfberichten nach dem Schema der 54 Fragen gilt als Grundlage der „Dokumentenprüfung" im Rahmen der Zertifizierung.

⇧*Im Rahmen der Dokumentation bestehen verschiedene Möglichkeiten der Zusammenführung. Ein gemeinsames Handbuch kann optional erstellt werden. Die Zusammenfassung der Verfahrens- und Arbeitsanweisungen ist bei bestehenden Überschneidungen durchzuführen.*

ISO 14001	EMAS	ISO 9001	BS 8800	SCC
4.4.5 Lenkung der Dokumente	**Keine direkte Entsprechung**	**4.5 Lenkung der Dokumente und Daten**	**4.3.5 Kontrolle der Dokumente**	**Keine Entsprechung**
Die Organisation muß Verfahren für die Lenkung aller nach dieser Norm erforderlichen Dokumente einführen u. aufrechterhalten, um sicherzustellen, daß sie gefunden, bewertet, überarbeitet, aktualisiert werden können, in gültigen	Im Rahmen der Umweltbetriebsprüfung erfolgt jedoch eine gutachterliche Überprüfung, ob die Aktualisierung, Kennzeichnung , Verteilung und Sperrung (ungültiger) Dokumente ordnungsgemäß erfolgt.	Der Lieferant muß zur Lenkung aller Dokumente und Daten Verfahrensanweisungen erstellen und aufrechterhalten, die sich auf die Forderungen der ISO 9001 beziehen (siehe hierzu auch 4.5.2 Genehmigung und Herausgabe von	Zur Sicherstellung der Aktualität sind die Dokumente zu überprüfen. (siehe hierzu auch Anhang B.6.2 Dokumentation - Lenkung der Dokumente)	

Fassungen an den richtigen Stellen verfügbar sind, ungültige Dokumente an allen Stellen entfernt werden und ungültige Dokumente, welche aufgrund gesetzlicher Vorschriften aufzubewahren sind entsprechend gekennzeichnet werden.		Dokumenten und Daten sowie 4.5.3 Änderung von Dokumenten und Daten).		

⇑ *Die Lenkung von UMS-Dokumenten könnte bei bereits bestehenden QMS bzw. UMS durch ein erweitertes QMS- bzw. UMS- Dokumentenlenkungsverfahren erfolgen. Besteht noch kein System zur Lenkung und Pflege der Dokumente kann <u>ein</u> integriertes Dokumenten-Lenkungssystem erstellt werden.*

4.4.6 Ablauflenkung Die Organisation muß in Erfüllung ihrer Umweltpolitik, umweltbezogenen Zielsetzungen und Einzelziele jene Abläufe und Tätigkeiten ermitteln, die in Zusammenhang mit den festgestellten bedeutenden Umweltaspekten stehen. Die Organisation muß diese Abläufe einschließlich ihrer Aufrechterhaltung planen, um sicherzustellen, daß sie unter festgesetzten Bedingungen ausgeführt werden durch ... Festlegung von betrieblichen Vorgaben in den Verfahren...	**Anhang I B 4. Aufbau- und Ablaufkontrolle** Ermittlung von Funktionen Tätigkeiten und Verfahren, die sich auf die Umwelt auswirken oder auswirken können und für Politik und Ziele des Unternehmens bekannt sind.	**4.2.2 QM-Verfahrensanweisungen** VA müssen erstellt werden, welche die einzelnen Verfahren und Tätigkeiten beschreiben. **4.3 Vertragsprüfung** (Siehe hierzu Praxisbeispiel 1 in Kap. 8, Abschn. 8.3.2.3) **4.4 Designlenkung** Der Lieferant muß im Rahmen von Entwicklungsprojekten, die neuen Verfahren gemäß der ISO 9001-Anforderungen beschreiben.	**4.3.6 Ablaufkontrolle** Das Arbeitsschutzsystem ist vollständig in die Organisation und ihre Aktivitäten zu integrieren.	**keine direkte Entsprechung** Bei der Integration ist zu prüfen, inwieweit die Forderung nach einem Projektsicherheitsplan (6.2), der die konkreten Anforderungen und Maßnahmen im Zusammenhang mit SGU enthält, diesem Element zugeordnet werden kann. **3. Personalauswahl** Die Auswahl der Mitarbeiter für spezielle Projekte und Tätigkeiten bzgl. ihrer vorhandenen Fähigkeiten (z. B. Führerschein, Schweißerlaubnisschein etc.) kann diesem Element zugeordnet werden.

Tabelle 8.3.   Teil II - Gesamtüberblick - Fortsetzung

ISO 14001	EMAS	ISO 9001	BS 8800	SCC
4.4.6 Ablauflenkung	**Anhang I B 4. Aufbau- und Ablaufkontrolle**	**4.6 Beschaffung** Der Lieferant muß Beschaffungsvorgänge inkl. Investitionen unter qualitätsbezogenen Aspekten beschreiben, hierzu zählt auch die Beurteilung von Unterauftragnehmern nach 4.6.2. **4.7 Lenkung der vom Kunden beigestellten Produkte** Werden Produkte vom Kunden zur Weiterverarbeitung oder zum Einbau zur Verfügung gestellt, muß der Lieferant Regelungen zu deren ordnungsgemäßen Behandlung festschreiben. **4.9 Prozeßlenkung** Der Lieferant muß die Produktions-, Wartungs- und Montageprozesse, welche die Qualität direkt beeinflussen, identifizieren und planen. **4.15 Handhabung, Lagerung, Verpackung, Konservierung und Versand**	**4.3.6 Ablaufkontrolle**	**3. Personalauswahl** Hierbei sind die fachlichen Fähigkeiten, der Ausbildungsstand bzgl. SGU und die Sprachbeherrschung der zukünftigen Mitarbeiter zu prüfen. **9. Einkauf und Prüfung der Materialien/Geräte und Leistungen** Ein Verfahren für die Beschaffung und Prüfung von Geräten, PSA, Materialien, Gefahrstoffen und Leistungen muß aufgebaut und aufrechterhalten werden.

	4.19 Wartung Wartungsarbeiten müssen gemäß der Qualitätsan- forderungen geregelt werden.		

⇧ *Das Element „Ablauflenkung" der ISO 14001 kann als „Sammelpunkt" für die Integration der hier aufgeführten Qualitätselemente verstanden werden. Es ist jedoch im Rahmen der Anwendung innerhalb eines bestimmten Unternehmens auf die spezifischen Besonderheiten der betrachteten Einheiten zu achten. Wie in Praxisbeispiel 2 (Kap. 8, Abschn. 8.3.2.3) beschrieben, können auch bei anderen Elementen unterschiedliche Ausrichtungen auftreten, so daß die Zusammenfassung der Elemente unter Plausibilitätsprüfungen fallweise zu entscheiden ist. Die bei einer Neuentwicklung von Produkten, Verfahren etc. zu beachtenden Qualitätsanforderungen (4.4 Designlenkung) sollten mit den entsprechenden Umwelt- und Arbeitssicherheitsanforderungen ergänzt werden.*

4.4.7 Notfallvorsorge und -maßnahmen	**Keine Entsprechung**	**Keine Entsprechung**	**4.3.7 Vorbereitung und Begegnung von Notfällen**	**4. Information und Ausbildung**
Die Organisation muß Verfahren einführen und aufrechterhalten, um mögliche Unfälle und Notsituationen zu ermitteln und auf diese entsprechend zu reagieren sowie Umweltauswirkungen, die damit verbunden sein könnten, zu verhindern und zu begrenzen. Eine regelmäßige Erprobung dieser Verfahren ist nachzuweisen.			Eine Organisation sollte Vorkehrungen treffen, um Störfallpläne für vorhersehbare Notfälle einzurichten und ihre Auswirkungen zu minimieren.	**4.1** Verhalten bei Unfällen/Notfällen wird im Rahmen der Erstunterweisungen geschult. **5. SGU-Kommunikation** **5.3** Unterweisungen beinhalten Informationen über den Alarm- und Gefahrenabwehrplan. **6. Regeln, Vorschriften, Projektsicherheitsplan** **6. 2** Projektpläne enthalten Informationen über das Verhalten in Notsituationen

Tabelle 8.3.   Teil II - Gesamtüberblick - Fortsetzung

ISO 14001	EMAS	ISO 9001	BS 8800	SCC
4.4.7 Notfallvorsorge und -maßnahmen	**Keine Entsprechung**	**Keine Entsprechung**	**4.3.7 Vorbereitung und Begegnung von Notfällen**	**6.5. Vorbereitung auf Notsituationen** Das Unternehmen muß einen Notfall- und Katastrophenplan aufstellen und die Mitarbeiter mit Hilfe von speziellen Kursen diesbezüglich schulen. Erste-Hilfe und Feuerlöscheinrichtungen sowie die entsprechenden Ausbildungen zu deren Benutzung sind nachzuweisen.

⇗ Die Notfallvorsorge wird im Rahmen der Umwelt- und Arbeitssicherheitsaspekte berücksichtigt und kann in diesen beiden Fällen zusammengefaßt werden. Auf dem Gebiet des Qualitätsmanagements sind derartige Forderungen nicht enthalten.

ISO 14001	EMAS	ISO 9001	BS 8800	SCC
4.5 Kontroll- und Korrekturmaßnahmen **4.5.1 Überwachung und Messung** Die Organisation muß dokumentierte Verfahren einführen und aufrechterhalten, um die maßgeblichen Merkmale ihrer Arbeitsabläufe und Tätigkeiten, die eine bedeutende Auswirkung auf die Umwelt haben können, regelmäßig zu überwachen und zu messen. Dabei sind entsprechende Aufzeichnungen über die	**Artikel 1** **(2) b)** Eine systematische, objektive und regelmäßige Bewertung der Leistung dieser Instrumente (U-politik, -programme, -systeme) wird gefordert. **Anhang I, A 5.** **Umweltprogramm** Für Vorhaben im Zusammenhang mit neuen Entwicklungen oder neuen oder geänderten Produkten, Dienstleistungen	**4.14 Korrektur- und Vorbeugungsmaßnahmen** Der Lieferant muß zur Verwirklichung von Korrektur- und Vorbeugungsmaßnahmen Verfahrensanweisungen erstellen und aufrechterhalten. **4.10 Prüfungen** Der Lieferant muß für Prüftätigkeiten VA erstellen und aufrechterhalten, um zu verifizieren, daß die festgelegten Qualitätsanforderungen an das Produkt erfüllt werden	**4.4 Überprüfung und Korrekturmaßnahmen** **4.4.1 Aufzeigen und Messen** Kontrollmaßnahmen beschaffen Informationen über die Effektivität des Arbeitsschutzmangementsystems. Qualitative wie quantitative Messungen sollten hinsichtlich ihrer Tauglichkeit überdacht und auf die Bedürfnisse der Organisation zugeschnitten werden. Dabei sind vorhergehende (präventive) und nachgeschaltete Kontrollmaßnahmen durchzuführen.	**7. SGU Inspektionen/ Beobachtungen** **7.1 Regelmäßige Inspektionen** der Arbeitsplätze durch die Aufsichtführenden sind durchzuführen.

Kontroll- und Prüfergebnisse anzufertigen und aufzubewahren ... ... und eine Kalibrierung und Wartung der Überwachungsgeräte sicherzustellen. Die Erfüllung der relevanten gesetzlichen Umweltvorschriften muß regelmäßig überwacht werden.	oder Verfahren werden gesonderte Umweltmanagementprogramme aufgestellt, in denen:... 4. die erforderlichen anzuwendenden Korrekturmaßnahmen, das Verfahren für ihre Ergreifung und das Verfahren mit dem abgeschätzt werden soll, inwieweit die Korrekturmaßnahmen in jeder einzelnen Anwendungssituation angemessen sind, festgelegt werden.	(Eingangs-, Zwischen- ,Endprüfung und Prüfaufzeichnungen sind vorgeschrieben.). **4.20 Statistische Methoden** Der Lieferant muß den Bedarf für statistische Methoden feststellen, die für die Ermittlung, Überwachung und Prüfung von Prozeßfähigkeit und Produktmerkmalen gefordert sind. **4.11 Prüfmittelüberwachung** Der Lieferant muß ... die zur Darlegung der Konformität der Produkte mit den festgelegten Qualitätsanforderungen benutzten Prüfmittel zu überwachen, diese kalibrieren und instandhalten. **4.4 Designlenkung** **4.4.4 Designvorgaben** Die produktbezogenen Forderungen, die als Designvorgaben dienen, eingeschlossen die anwendbaren gesetzlichen und behördlichen Forderungen müssen festgestellt und dokumentiert werden und ihre Auswahl muß hinsichtlich ihrer Angemessenheit durch den Lieferanten geprüft werden.	**4.4.3 Aufzeichnungen** Die Organisation sollte alle Aufzeichnungen aufbewahren, die nötig sind, um die Übereinstimmung mit den gesetzlichen und sonstigen Anforderungen aufzuzeigen.	**10. Meldung, Registrierung und Untersuchung von Unfällen/Zwischenfällen und unsicheren Situationen** Ein System zur Meldung, Untersuchung etc. von Unfällen und Vorfällen ist aufzubauen, Unfallstatistiken sind zu führen. Die Unfallhäufigkeitskennziffer ist zu ermitteln und ein Verfahren zur Durchführung entsprechender Verbesserungsmaßnahmen ist nachzuweisen.

Tabelle 8.3.   Teil II - Gesamtüberblick - Fortsetzung

ISO 14001	EMAS	ISO 9001	BS 8800	SCC
⇧ *Eine Koordination der regelmäßigen Überprüfungen sollte vorgenommen werden. Bei der Prüfmittelüberwachung können für alle Bereiche die Q-Verfahren angewendet werden.*				
4.5.2 Abweichungen, Korrektur- und Vorsorgemaßnahmen Die Organisation muß Verfahren einführen und aufrechterhalten, um: • die Verantwortung und die Befugnis für die Behandlung und Untersuchung von Abweichungen, • die Ergreifung von Maßnahmen etwaig verursachter Auswirkungen und • die Veranlassung und Erledigung von Korrektur- und Vorsorgemaßnahmen festzulegen.	**Anhang I** **B 4. Aufbau- und Ablaufkontrolle** Untersuchungen und Korrekturmaßnahmen sind im Falle der Nichteinhaltung der Umweltpolitik, der Umweltziele oder Umweltnormen des Unternehmens durchzuführen, um Ursachen zu ermitteln, Aktionspläne aufzustellen, Vorbeugemaßnahmen einzuleiten, Kontrollen dieser Maßnahmen durchzuführen und alle Verfahrensänderungen festzuhalten, die sich aus den Korrekturmaßnahmen ergeben.	**4.14 Korrektur- und Vorbeugungsmaßnahmen** **4.13 Lenkung fehlerhafter Produkte** Der Lieferant muß Verfahrensanweisungen erstellen und aufrechterhalten, um sicherzustellen, daß ein Produkt, welches die festgelegten Qualitätsforderungen nicht erfüllt, von unbeabsichtigter Benutzung oder Montage ausgeschlossen ist.	**4.4.2 Korrigierende Maßnahmen** Wo Mängel gefunden werden, sollten die Ursachen identifiziert und korrigierende Maßnahmen eingeleitet werden.	**7.2 Verfahren zur Verfolgung der aufgrund der Inspektionsergebnisse eingeleiteten Maßnahmen** sind aufzubauen. **10.1.1 Vorbeugende Maßnahmen** zur Vermeidung von Wiederholungs(un)fällen sind durchzuführen. **10.2.1 Konkrete Verbesserungsmaßnahmen** bei Sach- und Umweltschäden sind einzuleiten. **10.2.2 Konkrete Verbesserungsmaßnahmen** bei Beinahe-Unfällen, kritischen Situationen und möglichen gefahren sind einzuleiten.
⇧ *U-Fehlerbehandlung und U-Vorbeugemaßnahmen können an die Q-Vorgaben angeglichen werden. Q-Fehler mit Umweltauswirkungen sind direkt an den Umweltbeauftragten zu melden.*				
4.5.3 Aufzeichnungen Die Organisation muß	**Anhang I, B 5. UM-Dokumentation** Erstellung von Aufzeichnungen,	**4.16 Lenkung von Qualitätsaufzeichnungen** Der Lieferant muß VA für	**4.4.3 Aufzeichnungen** Die Organisation sollte alle	**Hier sind Verschiedene Aufzeichnungen gefordert** Es werden als Nachweis der

Verfahren für die Kennzeichnung, Pflege und Beseitigung von umweltbezogenen Aufzeichnungen einführen und aufrechterhalten. Diese beinhalten auch Aufzeichnungen über Schulungen und Ergebnisse von Umweltaudits und -bewertungen.	um die Einhaltung der Anforderungen des Umweltmanagementsystems zu belegen und zu dokumentieren, inwieweit Umweltziele erreicht wurden.	Kennzeichnung, Sammlung, Registrierung, Zugänglichkeit, Ablage, Aufbewahrung, Pflege und Beseitigung von Qualitätsaufzeichnungen erstellen und aufrechterhalten.	Aufzeichnungen aufbewahren, die nötig sind, um die Übereinstimmung mit den gesetzlichen und sonstigen Anforderungen aufzuzeigen.	Erfüllung der Anforderungen Aufzeichnungen in Form von Protokollen und Prüfberichten gefordert. Z. B. werden in 9.3.2 ein Verzeichnis der Prüfungen und der Ergebnisse gefordert, 9.4 fordert eine Liste der zugelassenen Subunternehmer etc.

⇗ Die Erstellung der Aufzeichnungen und deren Lenkung sollten aufeinander abgestimmt werden. Dabei ist jedoch auf die unterschiedlichen gesetzlich geforderten Aufbewahrungsfristen zu achten.

4.5.4 Umweltmanagementsystem-Audit	**Artikel 3**	**4.17 Interne Qualitätsaudits**	**4.4.4 Audit**	**7. SGU-Inspektionen/ Beobachtungen 2. Gefährdungsermittlung- und -bewertung**
Die Organisation muß ein Programm und Verfahren für die regelmäßige Auditierung des UMS einführen und aufrechterhalten, um festzustellen, ob das UMS sämtliche Anforderungen erfüllt, ordnungsgemäß implementiert und aufrechterhalten worden ist. Die Leitung der Organisation muß über die Ergebnisse der Audits informiert werden.	**3 b)** Durchführung einer Umweltprüfung (erste internen Bestandsaufnahme). **3 d)** Umweltbetriebsprüfung (externe Validierung durch zugelassenen Gutachter). 3 b) und 3 d) jeweils in Verbindung mit den Anforderungen der Anhänge I (insbesondere I C) und II.	Der Lieferant muß für die Planung und Aufrechterhaltung interner Qualitätsaudits Verfahrensanweisungen erstellen und aufrechterhalten, um zu prüfen, ob die qualitätsbezogenen Tätigkeiten und zugehörigen Ergebnisse die geplanten Festlegungen erfüllen und um die Wirksamkeit des QM-Systems festzustellen.	Zusätzlich zu den Routineüberprüfungen des Arbeitsschutzsystems besteht ein Bedarf an wiederkehrenden Audits, die eine tiefere und kritischere Abschätzung aller Elemente eines Arbeitsschutzsystems ermöglichen.	Alle 64 Fragen des SCC-Systems bilden ein Auditschema, welches im Rahmen einer externen Überprüfung angewendet wird. Darüber hinaus bestehen Verpflichtungen zur Überprüfung des AGMS im Sinne eines internen Audits im Rahmen der regelmäßig durchzuführenden Inspektionen (7.) und der Gefährdungsermittlung und -bewertung (2.).

⇗ Es erscheint sinnvoll, die Auditzyklen aufeinander abzustimmen und alle drei Bereiche im Rahmen eines Auditdurchgangs abzuprüfen, um mehrfache Betriebsunterbrechungen bzw. -störungen zu vermeiden. Dabei sind die Interviewfragen zu den drei Bereichen im vorhinein auf die befragten Personen abzustimmen und entsprechend zusammenzufassen, um ein ganzheitliches Bild des betrachteten Bereiches zu erhalten.

Tabelle 8.3.   Teil II - Gesamtüberblick - Fortsetzung

ISO 14001	EMAS	ISO 9001	BS 8800	SCC
4.6 Bewertung durch die oberste Leitung Die oberste Leitung der Organisation muß das UMS in von ihr festgelegten Abständen bewerten, um seine fortdauernde Eignung, Angemessenheit und Wirksamkeit sicherzustellen. Eventuell notwendige Änderungen von Umweltpolitik, -zielsetzungen sowie anderen Elementen des UMS aufgrund der Audit- bzw. Bewertungsergebnisse, sich ändernder Umstände und der Verpflichtung zur kontinuierlichen Verbesserung müssen angesprochen werden.	**Anhang II, F. Bericht** Der Bericht über die Feststellungen und Schlußfolgerungen der Betriebsprüfung müssen der Betriebsleitung offiziell mitgeteilt werden. g. Folgemaßnahmen der Betriebsprüfung: ...Es müssen geeignete Mechanismen vorhanden sein und funktionieren, um zu gewährleisten, daß im Anschluß an die Betriebsprüfungsergebnisse geeignete Folgemaßnahmen getroffen werden.	**4.1.3 QM-Bewertung** Die oberste Leitung des Lieferanten muß das QM-System in festgelegten Zeitabständen bewerten, die ausreichen, um seine ständige Eignung und Wirksamkeit bei der Erfüllung der Forderungen der ISO 9001 sowie der festgelegten Qualitätspolitik und -ziele sicherzustellen.	**4.5 Bewertung durch das Management** Die Organisation sollte die Häufigkeit und den Umfang der wiederkehrenden Prüfungen des Arbeitsschutzmangementsystems in Bezug auf ihre Anforderungen festlegen. Die wiederkehrende Bestandsaufnahme sollte die Gesamtentwicklung des AGMS, die Entwicklung einzelner Elemente des Systems, die Befunde der Audits, interne und externe Faktoren wie Wechsel in der Organisationsstruktur, bevorstehende Gesetzesänderungen, Einführung neuer Technologie etc. enthalten und identifizieren, welche Maßnahme notwendig ist, um etwaige Mängel zu beheben.	**Keine direkte Entsprechung** **1.3.1 periodische Inspektionen** der Arbeitsplätze hinsichtlich SGU-Kriterien sind vom oberen Management durchzuführen.

⇧ Die Auditberichte aus den drei betrachteten Bereichen sind prozeßbezogen aufzubereiten, um als Grundlage des Reviews der Unternehmensleitung ein umfassende Information zu ermöglichen. Das Ziel der Integration ist hierbei, den Zusammenhang zwischen den erhobenen Daten herauszustellen. So ist es denkbar, daß durch eine kumulierte Datenbetrachtung Interdependenzen aus den verschiedenen Bereichen identifiziert werden können (Bsp. Unfallhäufigkeit und -art an einem Arbeitsplatz korreliert mit Qualitätsaspekt „Fehlerhäufigkeit").

Abkürzungsverzeichnis

A	Arbeitssicherheit
AA	Arbeitsanweisung(en)
AAA	Arbeitssicherheits-Arbeitsanweisung
ABB	Asea Brown Boveri
AbfG	Bundesabfallgesetz
AbwAG	Abwasserabgabengesetz
AG	Aktiengesellschaft
AGMS	Arbeitssicherheits- und Gesundheitsschutzmanagementsystem
AK	Arbeitskreis
Allg.	Allgemein
AMS	Arbeitssicherheitsmanagementsystem
Anm.	Anmerkung
ArbSchG	Arbeitsschutzgesetz
ASA	Arbeitsschutzausschuß
ASCA	Arbeitsschutz und –sicherheitstechnischer Check in Anlagen
ASiG	Arbeitssicherheitsgesetz
AÜG	Arbeitnehmerüberlassungsgesetz
AVA	Arbeitssicherheits-Verfahrensanweisung
AWI	Alfred Weber Institut für Sozial- und Staatswissenschaften an der Universität Heidelberg
B.A.U.M:	Bundesdeutscher Arbeitskreis für umweltbewußtes Management e.V.
BAGUV	Bundesverband der Unfallversicherungsträger der öffentlichen Hand
BDI	Bundesverband der Deutschen Industrie
Beschl.	Beschluß
BFB	Bundesverband der freien Berufe
BG	Berufsgenossenschaft
BG F+E	Berufsgenossenschaft der Feinmechanik und Elektrotechnik
BGB	Bürgerliches Gesetzbuch
BGbl.	Bundesgesetzblatt
BGH	Bundesgerichtshof
BGZ	Berufsgenossenschaftliche Zentrale für Sicherheit und Gesundheit

BImSchG	Bundesimmissionsschutzgesetz
BJU	Bundesverband Junger Unternehmer e. V.
BLB	Bundesverband der landwirtschaftlichen Berufsgenossenschaften
BMA	Bundesministerium für Arbeit und Sozialordnung
BMBF	Bundesministerium für Bildung und Forschung
BMU	Bundesministerium für Umwelt, Naturschutz und Reaktorsicherheit
BS	British Standard
BSI	British Standard Institution
CCOE	Central Committee of Experts
CD	Committee Draft
CEC	Country Environmental Controller
CEN	Comité Europèen de Normalisation
CEO	Chief Executive Officer
ChemG	Chemikaliengesetz
CIP	Continous Improvement Process
CS-EA	Corporate - Staff Environmental Affairs
CWQC	Concern Wide Quality Control).
d.	der/die/das
DAR	Deutscher Akkreditierungsrat
DAU	Deutsche Akkreditierungs- und Zulassungsgesellschaft für Umweltgutachter mbH
DBW	Die Betriebswirtschaft
DGQ	Deutsche Gesellschaft für Qualität e.V.
DIHT	Deutschen Industrie und Handelstag
DIN	Deutsches Institut für Normung e.V.
DIS	Draft International Standard
DQS	Deutsche Gesellschaft zur Zertifizierung von Qualitätsmanagementsystemen mbH
EAB	Environmental Advisory Board
EFQM	European Foundation for Quality Management
EG	Europäische Gemeinschaft
EMAS	Environmental Management and Audit Scheme (EG-Öko-Audit-Verordnung) Verordnung (EWG) Nr. 1836/93 des Rates vom 29. Juni 1993 über die freiwillige Beteiligung gewerblicher Unternehmen an einem Gemeinschaftssystem für das Umweltmanagement und die Umweltbetriebsprüfung

EOQ	European Organization for Quality
EPA	Environmental Protection Agency
EQA	European Quality Award
erw.	erweitert/e
etc.	et cetera
EU	Europäische Union
EVABAT	Economically Viable Application of Best Available Technology
EWG	Europäische Wirtschaftsgemeinschaft
EWGV	EWG-Vertrag
FAZ	Frankfurter Allgemeine Zeitung
F&E	Forschung und Entwicklung
f.	folgende
ff.	fortfolgende
FMEA	Failure Mode and Effects Analysis (Fehlermöglichkeiten und -einflußanalyse)
GefStoffV	Gefahrstoffverordnung
GewO	Gewerbeordnung
GG	Grundgesetz
GGG	Gefahrgutgesetz
GGVS	Verordnung über die Beförderung gefährlicher Güter auf der Straße (Gefahrgut-Verordnung-Straße)
GLP	Gute Laborpraxis
GMS	Generic Management System
H.	Heft
HGB	Handelsgesetzbuch
HSE	Health & Safety Executive
HSG	Hochschule St.Gallen
HVBG	Hauptverband der gewerblichen Berufsgenossenschaften
HWK	Handwerkskammer
i. a.	im allgemeinen
IAA	Integrierte Arbeitsanweisung (en)
ICC	International Chamber of Commerce
IDU	Institut der Umweltgutachter und -berater in Deutschland e. V.
IGOM	ITEM Generic Organisation Model
IHK	Industrie- und Handelskammer (n)
IMS	Integriertes Managementsystem

ISO	International Standard Organization
ITEM	Institut für Technologiemanagement (an der Hochschule St. Gallen)
IVA	Integrierte Verfahrensanweisung
IVU	Integrierte Vermeidung und Verminderung der Umweltverschmutzung (IVU-Richtlinie 96/61/EG)
IWÖ	Institut für Wirtschaft und Ökologie (an der Hochschule St. Gallen)
Jg.	Jahrgang
KANN	Kommission Arbeitsschutz und Normung
KMU	Kleinere und mittlere Unternehmen
KrW-/AbfG	Kreislaufwirtschafts- und Abfallgesetz
KVP	Kontinuierlicher Verbesserungsprozeß
LCA	Life Cycle Assessments
LECO	Local Environmental Controller
MAK	Maximale Arbeitsplatz-Konzentration
MBNQA	Malcolm Baldridge National Quality Award
MIS	Management Informationssystem
MTBF	Mean Time Between Failures
NAGUS	Normenausschuß Grundlagen des Umweltschutzes
NJW	Neue Juristische Wochenschrift
Nr.	Nummer
OwiG	Ordnungswidrigkeitsgesetz
PC	Program Committee
PIMS	Profit Impact of Market Strategies
PIUS	Produktionsintegrierter Umweltschutz
PPS	Produktionsplanung- und steuerung
PR	Public Relations
ProdHaftG	Produkthaftungsgesetz
PSA	Persönliche Schutzausrüstung
PDCA	Plan-Do-Check-Act
Q	Qualität
QAA	Qualitäts-Arbeitsanweisung
QFD	Quality-Function-Deployment
QM	Qualitätsmanagement
QM-System	Qualitätsmanagementsystem
QMS	Qualitätsmanagementsystem

QVA	Qualitäts-Verfahrensanweisung
QZ	Qualität und Zuverlässigkeit (Zeitschrift)
resp.	respektive
ROI	Return on Investment
RVO	Reichsversicherungsordnung
RWTÜV	Rheinisch-Westfälischer Technischer Überwachungsverein e. V.
SAC	Supplier Audit Confirmation
SC	Subcommittee
SC	Sub Committee
SCC	Safety Checklist Contractors
SDCA	Standardize-Do-Check-Action
SGB VII	Siebtes Buch des Sozialgesetzbuches
SGU	Sicherheit, Gesundheit und Umweltschutz
sog.	sogenannte(r)
StGB	Strafgesetzbuch
TA	Technische Anleitung
TC	Technical Committee
TGA	Trägergemeinschaft für Akkreditierung GmbH
TQC	Total Quality Control
TQM	Total Quality Management
TQSR	Total Quality System Review
TÜVCERT	Zertifizierungsgemeinschaft der Technischen Überwachungsvereine e. V.
U	Umwelt
u.a.	unter anderem
UAA	Umweltschutz-Arbeitsanweisung
UAG	Gesetz zu Ausführung der Verordnung (EWG) Nr. 1836/93 des Rates vom 29. Juni 1993 über die freiwillige Beteiligung gewerblicher Unternehmen an einem Gemeinschaftssystem für das Umweltmanagement und die Umweltbetriebsprüfung (Umweltauditgesetz)
UAG-ErwV	UAG-Erweiterungsverordnung - Verordnung nach dem Umweltauditgesetz über die Erweiterung des Gemeinschaftssystems für das Umweltmanagement und die Umweltbetriebsprüfung auf weitere Bereiche
UAGZVV	UAG-Zulassungsverordnung vom 18. Dezember 1995
UBA	Umweltbundesamt
UH	Unfallhäufigkeit

UM	Umweltmanagement
UMS	Umweltmanagementsystem
USA	United States of America
usw.	und so weiter
UVA	Umwelt- Verfahrensanweisung
UVEG	Unfallversicherungs-Einordnungsgesetz
UVV	Unfallverhütungsvorschriften
UWF	UmweltWirtschaftsForum
v.	vom
VA	Verfahrensanweisungen
VAwS	Vorschriften und Anweisungen im Rahmen der GGVS
VBG	Vorschriftenwerk der Berufsgenossenschaften
VDA	Verband der Deutschen Automobilindustrie
VDE	Verein Deutscher Elektrotechniker
VDI	Verein Deutscher Ingenieure
VDSI	Verband Deutscher Sicherheitsingenieure
Verf.	Verfasser
VGB	Richtlinien und Merkblätter der Technischen Vereinigung der Großkraftwerksbetreiber
vgl.	vergleiche
VSM	Viable System Modell (*„Das Modell lebensfähiger Systeme"* v. Stafford Beer)
WG	Working Group
WHG	Wasserhaushaltsgesetz
WI	Work Item
WICEM II	Weltindustriekonferenz für Umweltmanagement
z.B.	zum Beispiel
ZAU	Zeitschrift für angewandte Umweltforschung
ZDH	Zentralverband des Deutschen Handwerks
ZFB	Zeitschrift für Betriebswirtschaft
zfbf	Schmalenbachs Zeitschrift für betriebswirtschaftliche Forschung
ZFK	Zeitschrift für kommunale Wirtschaft
zfo	Zeitschrift Führung und Organisation
ZfOE	Zeitschrift für Organisationsentwicklung
ZfU	Zeitschrift für Umweltpolitik & Umweltrecht
ZVEI	Zentralverband Elektrotechnik- und Elektronikindustrie e. V.

Literaturverzeichnis

ADAMS, H.W. (Hrsg.), (1990), Sicherheitsmanagement - Die Organisation der Sicherheit im Unternehmen, Frankfurt am Main.

ADAMS, H.W. (1995), Integriertes Managementsystem für Sicherheit und Umweltschutz - Generic Management System, München/Wien.

ADAMS, H.W. (1996), Integration von Managementsystemen für kleine und mittlere Unternehmen (KMU), Ministerium für Wirtschaft und Mittelstand, Technologie und Verkehr des Landes Nordrhein-Westfalen (Hrsg.), Duisburg.

ADAMS, H.W. (1997), Was kommt nach TQM?, in: QZ 42 (1997) 2, S. 122-123.

ADAMS, H.W./HAKER, W. (1996), Generic Management System - Eine Metastruktur für Managementsysteme, in: QZ, 41. Jg. (1996), Heft 7, S. 776-779.

ADAMS, H.W./RADEMACHER, H. (Hrsg.), (1994), Qualitätsmanagement, Frankfurt am Main.

AKAO, Y. (1992), QFD Quality Function Deployment - Wie die Japaner Kundenwünsche in Qualitätsprodukte umsetzen, Liesegang, D.G. (Hrsg.), Landsberg/Lech.

ALBRACHT, G./GILLICH, P./SPLITTGERBER, B. (1995), ASCA - Der staatliche Arbeitsschutz geht neue Wege, Zentralstelle für Arbeitsschutz in der Hessischen Landesanstalt für Umwelt (Hrsg.), Wiesbaden.

ANSOFF, I. (1984), Implanting Strategic Management, London.

ANTES, R. (1996), Präventiver Umweltschutz und seine Organisation in Unternehmen, Wiesbaden.

ARGYRIS, C./SCHÖN, D.A. (1978), Organizational Learning: A theory of action perspective, Reading/Massachusetts.

ARTISCHEWSKI, R. (1997), Umwelt- und Qualitätsmanagement als nicht-integriertes Modell, Vortrag im Rahmen des Fachseminars: Schneller und kostengünstiger Einstieg in ein Umweltmanagementsystem für kleine und mittlere Unternehmen, veranstaltet vom Wirtschaftsministerium Baden-Württemberg, dem Landesgewerbeamt Baden-Württemberg Informationszentrum für betrieblichen Umweltschutz und der Dekra Umwelt GmbH am 28.04.1997 in Stuttgart.

ASHBY, W.R. (1989), An Introduction to Cybernetics, 9. Aufl., London.

BACHINGER, R. (Hrsg.), (1990), Unternehmenskultur - Ein Weg zum Markterfolg, 1. Aufl., Frankfurt am Main.

BÄCK, H./MACHER, F. (Hrsg.), (1992), Zukunftsweisende Konzepte in Handel, Industrie und Transport, 9. Logistik Dialog, Köln.

BACKER, P. DE (1996), Umweltmanagement im Unternehmen, Berlin/Heidelberg/New York.

BAETGE, J. (1974), Betriebswirtschaftliche Systemtheorie, Opladen.

BALLY, W./RICHTER, H.-J. (1996), Integrierte Managementsysteme, in: UTA 4/96, S. 348-349.

BAUMGARTEN, H. (1996), Prozeßkettenmanagement, in: Handwörterbuch der Produktionswirtschaft, Kern, W. (Hrsg.), Stuttgart 1996, Sp. 1669-1682.

BAYERISCHES STAATSMINISTERIUM FÜR ARBEIT UND SOZIALORDNUNG, FAMILIE, FRAUEN UND GESUNDHEIT (Hrsg.), (1997), Modell zur Entwicklung, Gestaltung, Einführung/Integration eines Managementsystems für Arbeitsschutz und Anlagensicherheit - Systemelemente eines Occupational Health- and Risk Managementsystems, München.

BAYERISCHES STAATSMINISTERIUM FÜR LANDESENTWICKLUNG UND UM-
WELTFRAGEN (Hrsg.), (1995), Das EG-Öko-Audit in der Praxis: Ein Leitfaden zur
freiwilligen Beteiligung gewerblicher Unternehmen am Gemeinschaftssystem für das
Umweltmanagement und die Umweltbetriebsprüfung, München.

BEA, F.X./DICHTL, E./SCHWEITZER, M. (1991), Allgemeine Betriebswirtschaftslehre,
Bd. 2: Führung, Stuttgart.

BECKER, B. (1984), Programmierte Arbeitssicherheit, in: Arbeitssicherheit heute - Von
der Bekämpfung der Unfallgefahren bis zur Arbeitsgestaltung, Kneißel, J./Partikel, H.
(Hrsg.), Köln, S. 11-47.

BEER, S. (1972), Brain of the Firm - The Managerial Cybernetics of Organization,
London.

BEER, S. (1975), Designing Freedom, London.

BEER, S. (1990), Diagnosing the System for Organization, 3. Aufl., Chicester.

BENÖLKEN, H./GREIPEL, P. (1989), „Strategische Organisationsentwicklung – Langfristige Unternehmenssicherung durch integrierte Strategie- und Organisationsentwicklung, in: Zeitschrift für Organisation, Heft 1, 1989, S. 15-22.

BERENDONK, U./BRUST, R./BUCHHOLZ, D./SINKS, V. (1987), Arbeitssicherheit und
Ergonomie, Wohlfahrt, R. (Hrsg.), Gelsenkirchen-Buer.

BERUFSGENOSSENSCHAFT DER FEINMECHANIK UND ELEKTROTECHNIK
(Hrsg.), (1996), Merkblatt zum Unternehmermodell der Unfallverhütungsvorschrift
Fachkräfte für Arbeitssicherheit (VBG 122), Köln.

BIAGINI, R. (1996), INB/TK 140 - Qualitätsmanagement und Qualitätssicherung, in: SNV
Bulletin 1996/12, S. 116-119.

BINNER, H. (1996), Umfassende Unternehmensqualität, Berlin/Heidelberg.

BIRKE, M./BURSCHEL, C./SCHWARZ, M. (Hrsg.), (1997), Handbuch Umweltschutz und Organisation - Ökologisierung, Organisationswandel, Mikropolitik,
München/Wien.

BJU (Hrsg.), (1989), BJU-Umweltschutz-Berater: Handbuch für wirtschaftliches Umweltmanagement im Unternehmen, Köln.

BLÄSING, J.P. (Hrsg.), (1988), Integriertes Produktions- und Qualitätsmanagement,
München.

BLÄSING, J.P. (Hrsg.), (1995), Umweltmanagement - Qualitätsmanagement, Analogien
und Synergien, Ulm.

BLEICHER, K. (Hrsg.), (1972), Organisation als System, Wiesbaden.

BLEICHER, K. (1981), Organisation - Formen und Modelle, Wiesbaden.

BLEICHER, K. (1992), Das Konzept integriertes Management, 2. Aufl., Frankfurt am
Main/New York.

BLEICHER, K. (1994a), Normatives Management: Politik, Verfassung und Philosophie
des Unternehmens, Frankfurt am Main/New York.

BLEICHER, K. (1994b), Leitbilder - Orientierungsrahmen für eine integrative
Managementphilosophie, Entwicklungstendenzen im Management, Band 1, 2. Aufl.,
Stuttgart.

BLEICHER, K. (1996), Das Konzept integriertes Management, 4. revidierte und erweiterte
Aufl., Frankfurt am Main/New York.

BMU (Hrsg.), (1996), Umweltpolitik - Rechtsvorschriften für die Ausführung der
EG-Umweltauditverordnung, Bonn.

BOBZIEN, M./STARK, W./STRAUS, F. (1996), Qualitätsmanagement, Alling.

BOCK, H./RIEMENSCHNEIDER, F. (1997), Das Hoechst Integrierte Management System, in: UWF, 5. Jg., H. 1, März 1997, S. 45-48.

BÖDIGER, J. (1995), Neue Unfallverhütungsvorschriften Fachkräfte für Arbeitssicherheit (VBG 122) und Betriebsärzte (VBG 123), in: Moderne Unfallverhütung, Heft 39, 1995, S. 9-11.

BOTSCHEN, G./WEBHOFER, M. (1997), Mehr Bürokratie statt Wettbewerbsvorsprung, in: Absatzwirtschaft 2/97, S. 70-73.

BRAUN, S. (1996), Abschreckende Wirkung, in: Unternehmen & Umwelt 1/96, S. 16.

BREUER, R. (1996), Umweltrecht und Produktion, in: Handwörterbuch der Produktionswirtschaft, 2. Aufl., Kern, W. (Hrsg.), Sp. 2089-2108, Stuttgart.

BRICKWEDDE, F. (1996), Nachhaltigkeit 2000 - tragfähiges Leitbild für die Zukunft, 1. Internationale Sommerakademie St. Marienthal, Deutsche Bundesstiftung Umwelt (Hrsg.), Bramsche.

BRITISH STANDARD INSTITUTION (BSI), (Hrsg.), (1994), Leitfaden zur Errichtung von Managementsystemen im Bereich des Arbeitsschutzes, Entwurf zur öffentlichen Stellungnahme vom 12.12.1994, BSI-Dokument Nr. 94/408875, London.

BROCK, G. (1997), Das neue Unfallversicherungsrecht - Beitrag zum SGB VII, in: Der Sicherheitsingenieur 2/97, S. 26-29.

BROMANN, P./PIWINGER, M. (1992), Gestaltung der Unternehmenskultur, Stuttgart.

BRUNDTLAND-REPORT (1987), Unsere gemeinsame Zukunft, Der Brundtland-Bericht der Weltkommission für Umwelt und Entwicklung, Hauff, V. (Hrsg.), Greven.

BUNDESANSTALT FÜR ARBEITSSCHUTZ UND ARBEITSMEDIZIN (Hrsg.), (1998), Arbeitsschutz und Wirtschaftlichkeit. Fortlaufend aktualisierte Zusammenstellung von Veröffentlichungen, Hinweisen auf Forschungsberichte, Vorträgen und Materialien, Dortmund.

BUNGARD, W./WIENDIECK, G. (Hrsg.), (1986), Qualitätszirkel als Instrument zeitgemäßer Betriebsführung, Landsberg/Lech.

BUSH, D./DOOLEY, K. (1989), The Deming Prize and Baldridge Award: How they compare, in: Quality Progress, Washington D.C./USA, January 1989, S. 28-30.

BUTTERBRODT, D. (1997a), Integration von Qualitäts- und Umweltmanagementsystemen und ihre betriebliche Umsetzung an einem Fallbeispiel, Vortrag auf der Learning Edge Conference, Berlin.

BUTTERBRODT, D. (1997b), Praxishandbuch umweltorientiertes Management - Grundlagen - Konzept - Praxisbeispiel, Berlin/Heidelberg/New York et al.

BUTTERBRODT, D. (1997c), Integration von Qualitäts- und Umweltmanagement und ihre betriebliche Umsetzung (Diss.), Spur, G. (Hrsg.), Berlin.

BUTTERBRODT, D./JUHRE, D. (1997), Umsetzung von Umweltmanagementsystemen unter Qualitätsaspekten - Konzept und Bericht aus der Praxis, in: UWF, 5. Jg., H. 2, Juni 1997, S. 62-71.

CAVALERI, S./OBLOJ, K. (1993), Management Systems - A Global Perspective, Belmont/California.

CENTRAL COMMITTEE OF EXPERTS/UNTER-SEKTORKOMITEE SCC DEUTSCHLAND (Hrsg.), (1998), Sicherheits Certifikat Contractoren - Checkliste für die Beurteilung des Managementsystems für Sicherheit, Gesundheit und Umweltschutz bei Kontraktoren in den Mineralöl-, chemischen und anverwandten Industrie, Stand 12.02.1998, o. O.

CHANDLER, A.D. (1966), Strategy and Structure. Chapters in the history of the industrial enterprise, 3. Print, Cambridge/Massachusetts.

CHROBOCK, R./TIEMEYER, E. (1996), Geschäftsprozeßorganisation - Vorgehensweise und unterstützende Tools, Sonderdruck aus zfo 3/1996.

CLAUSEN, J. (1993), Begriffliche Definitionen rund um das Öko-Audit, in: UWF, 1. Jg., H. 3, September 1993, S. 25-27.

COENEN, W./JANSEN, M. (1996), Normung von Arbeitsschutz-Managementsystemen?, KAN-Bericht, in: Sonderdruck aus Die BG, H. 12/96,Verein zur Förderung der Arbeitssicherheit in Europa e.V. (Hrsg.), Berlin/Bielefeld/München.

CORNAZ, J.-L. (1992), Qualität als Führungsinstrument (Diss.), Bamberg.

CORNELLI, G. (1985), Training als Beitrag zur Organisationsentwicklung, in: Handbuch für die Weiterbildung für die Praxis in Wirtschaft und Verwaltung, Bd. 4, München/Wien.

CORSTEN, H./REISS, M. (Hrsg.), (1995), Handbuch Unternehmensführung: Konzepte - Instrumente - Schnittstellen, Wiesbaden.

CROSBY, P.B. (1990), Qualität ist machbar, Hamburg.

DARBY, M./KARNY, E. (1973), Free Competition and the Optimal Amount of Fraud, in: Journal of Law and Economics 16, S. 67-88.

DAVENPORT, T.H./NOHRIA, N. (1995), Geschäftsvorfall ganz in einer Hand - Case Management, in: Harvard Business Manager, Heft 1/1995, S. 81-90.

DECARLO, N./STERETT, W. (1990), History of the Malcolm Baldrige National Quality Award, in: Quality Progress, Vol. 23, No. 3, Washington D.C./USA, S. 21-27.

DEUTSCHE GESELLSCHAFT FÜR QUALITÄT E.V. (DGQ), (Hrsg.), (1994), DGQ-Schrift 100-21, Umweltmanagementsysteme: Modell zur Darlegung der umweltschutzbezogenen Fähigkeit einer Organisation, Berlin/Wien/Zürich.

DEUTSCHE GESELLSCHAFT FÜR QUALITÄT E.V. (DGQ), (Hrsg.), (1996), DGQ-Schrift 19-41, Aufbau eines Umweltmanagementsystems-Empfehlungen für die betriebliche Umsetzung, Berlin/Wien/Zürich.

DEUTSCHE GESELLSCHAFT ZUR ZERTIFIZIERUNG VON QUALITÄTS-MANAGEMENTSYSTEMEN mbH (DQS), (Hrsg.), (1997), ISO-TIP - Ein Pilotverfahren zur Stärkung des Vertrauens in die Qualitätsfähigkeit und zur Förderung der Eigenverantwortlichkeit in reifen Managementsystemen, Informationsschrift der DQS., o. O.

DUDEN (Hrsg.), (1985), Das Bedeutungswörterbuch, 2. Aufl., Mannheim.

DYLLICK, T. (1989), Management der Umweltbeziehungen: Öffentliche Auseinandersetzungen als Herausforderung, Wiesbaden.

DYLLICK, T. (1994), Die EU-Verordnung zum Umweltmanagement und zur Umweltbetriebsprüfung (EMAS-Verordnung): Darstellung, Beurteilung und Vergleich mit der geplanten ISO 14001 Norm, IWÖ-Diskussionsbeitrag Nr. 20, St. Gallen.

DYLLICK, T. (1995), Die EU-Verordnung zum Umweltmanagement und zur Umweltbetriebsprüfung (EMAS-Verordnung) im Vergleich mit der geplanten ISO Norm 14001. Eine Beurteilung aus Sicht der Managementlehre, in: Zeitschrift für Umweltpolitik und Umweltrecht, 3/95, S. 299-340.

DYLLICK, T. (1996), Managementsysteme für Qualität und Umwelt - Integration oder Separation?, in: SNV Bulletin 1996/12, S. 112-115, Schweizerischer Ausschuß für Prüfung und Zertifizierung (SAPUZ), (Hrsg.), Bern.

DYLLICK, T. (1997a), Von der Debatte EMAS vs. ISO 14001 zur Integration von Managementsystemen, in: UWF, 5. Jg., H. 1, März 1997, S. 3-9.

DYLLICK, T. (1997b), Wo stehen wir bezüglich Umweltmanagementsystemen, in: Tagungsband der Jahrestagung der SAQ (Schweizerische Arbeitsgemeinschaft für Qualitätsförderung) am 24.06.1997, Bern, S. 147-159.

DYLLICK, T. (1998), Umweltmanagement auf dem Prüfstand, in: UWF 6. Jg., H. 1, März 1998, S. 3-5.

DYLLICK, T./BELZ, F./SCHNEIDEWIND, U. (1997), Ökologie und Wettbewerbs-fähigkeit, Bornemann, S./Pfriem, R./ Stahlmann, V./ Wagner, B. (Hrsg.), München/ Wien/Zürich.

DYLLICK, T./GEBHARDT, P./HÄFLIGER, B. (1997), Integration von Umweltmanage-mentsystemen und Qualitätsmanagementsystemen, Leitfaden zur Anwendung von KMU, unveröffentlichte Entwurfsfassung des Spezialisierten SAPUZ-Komitees Um-weltmanagementsysteme und Qualitätsmanagementsysteme - Arbeitsgruppe Integra-tion UMS/QMS, Arbeitspapier vom 19.06.1997.

DYLLICK, T./GEBHARDT, P./HÄFLIGER, B. (1998), Leitfaden zur Integration von Umweltmanagementsystem und Qualitätsmanagementsystem, Schweizerische Nor-menvereinigung (Hrsg.), Zürich.

DYLLICK, T./HUMMEL, J. (1996), Integriertes Umweltmanangement: Ein Ansatz im Rahmen des St. Galler Management-Konzepts, IWÖ-Diskussionsbeitrag Nr. 35, St. Gallen.

DYLLICK, T./HUMMEL, J. (1995), EMAS und/oder ISO 14001? Wider das strategische Defizit in den Umweltmanagementsystemnormen, in: UWF, 3. Jg., H. 3, September 1995, S. 24-28.

EFQM (Hrsg.), (1991), Preliminary Information about the European Quality Award (I), Eindhoven/Niederlande.

EFQM (Hrsg.), (1992), The European Quality Award 1992, Eindhoven/Niederlande.

EFQM (Hrsg.), (1993a), Selbstbewertung anhand des Europäischen Modells für Umfassen-des Qualitätsmanagement (TQM) 1994, Brüssel/Belgien.

EFQM (Hrsg.), (1993b), The European Quality Award 1994, Brüssel/Belgien.

EFQM (Hrsg.), (1994), European Quality Award - Assessorentraining, Seminarunterlagen des EQA - Assessorentraining vom 22.06. bis 24.06.1994.

EFQM (Hrsg.), (1996), The European Quality Award: Application Brochure, Brüssel/Belgien.

EICHHORN, P. (Hrsg.), (1996), Umweltorientierte Marktwirtschaft: Zusammenhänge – Probleme - Konzepte, Wiesbaden.

ELKE, G. (1997), Ganzheitliches Management des betrieblichen Arbeits- und Gesundheits-schutzes, in: ErgoMed, 21. Jg. 1997, H. 2, S. 39-48.

ELLRINGMANN, H./SCHMIHING, C./CHROBOCK, R. (1995), Umweltschutz Management: von der Öko-Audit-Verordnung zum integrierten Managementsystem, Berlin.

ENDRES, A./FINUS, M. (1996), Umweltpolitische Zielbestimmung im Spannungsfeld gesellschaftlicher Interessengruppen: Ökonomische Theorie und Empirie, in: Elemente einer rationalen Umweltpolitik: Expertisen zur umweltpolitischen Neu-orientierung, Siebert, H. (Hrsg.), Tübingen.

ESCHENBACH, R./KUNESCH, H. (1996), Strategische Konzepte - Management-Ansätze von Ansoff bis Ulrich, 3. Aufl., Stuttgart.

ESPEJO, R./HARNDEN, R. (1989), The Viable System Modell. Interpretations and Applications of Stafford Beer's VSM, Chicester.

EUROPÄISCHES INSTITUT FÜR POSTGRADUALE BILDUNG AN DER TU DRESDEN E.V. (EIPOS), (Hrsg.), (1996), Innovative Methodik für ein integriertes Managementsystem für Umweltschutz, Qualitätssicherung und Arbeitssicherheit für kleine und mittlere Unternehmen in Europa (UQSM), Dresden.

FABER, M./JÖST, F./MANSTETTEN, R. (1997), Was ist und wie erreichen wir eine nachhaltige Entwicklung?, in: Handbuch des integrierten Umweltmanagements, Steger, U. (Hrsg.), München/Wien, S. 51-67.

FABER, M./MANSTETTEN, R. (1992), Wurzeln des Umweltproblems - ökologische, ökonomische und philosophische Betrachtungen, in: Handbuch des Umweltmanagements, Steger, U. (Hrsg.), München, S. 15-32.

FABER, M./NIEMES, H./STEPHAN, G. (1983), Entropie, Umweltschutz und Rohstoffverbrauch - Eine naturwissenschaftlich ökonomische Untersuchung, Berlin/ Heidelberg/ New York et al.

FABER, M./STEPHAN, G./MICHAELIS, P. (1989), Umdenken in der Abfallwirtschaft - Vermeiden, Bewerten, Beseitigen, 2. Aufl., Heidelberg et al.

FAKESCH, B. (1991), Führung durch Mitarbeiterbeteiligung - Ein Konzept zur Steigerung der Mitarbeitermotivation (Diss.), Augsburg.

FELIX, R./PISCHON, A./RIEMENSCHNEIDER, F./SCHWERDTLE, H. (1997), Integrierte Managementsysteme: Ansätze zur Integration von Qualitäts-, Umwelt- und Arbeitssicherheitsmanagementsystemen, IWÖ Diskussionsbeitrag Nr. 41, St. Gallen.

FICHTER, K. (1995), Die EG-Öko-Audit-Verordnung, Mit Öko-Controlling zum zertifizierten Umweltmanagementsystem, München/Wien.

FISCHER, C. (1996), Starke Präventionsimpulse, in: Bundesarbeitsblatt 1/1996, S. 21-24.

FOLEY, E.C. (1994), Winning European Quality: Interpreting the Requirements for the European Quality Award, Brüssel/Belgien.

FREEMAN, R.E. (1984), Strategic Management: A Stakeholder Approach, Boston et al.

FREHR, H.-U. (1993), Total Quality Management: Unternehmensweite Qualitätsverbesserung, München/Wien.

FRENCH, W.L./BELL, C.H. (1982), Organisationsentwicklung (Erstausgabe in Englisch 1973), Bern.

FRESE, E./SCHMITZ, P./SZYPERSKI, N. (Hrsg.), (1981), Organisation, Planung, Informationssysteme, Erwin Grochla zu seinem 60. Geburtstag gewidmet, Stuttgart.

FUCHS, J. (Hrsg.), (1994), Das biokybernetische Modell: Unternehmen als Organismen, 2. Aufl., Wiesbaden.

GABLERS Wirtschaftslexikon (1988), Bd. 5, 12. Aufl., Wiesbaden.

GAITANIDES, M. (1996), Prozeßorganisation, in: Handwörterbuch der Produktionswirtschaft, Kern, W. (Hrsg.), Stuttgart, Sp. 1682-1696.

GAITANIDES, M./SCHOLZ, R./VROHLINGS, A., et al. (1994), Prozeßmanagement, München et al.

GÄLWEILER, A. (1987), Strategische Unternehmensführung, Frankfurt am Main/New York.

GARRAT, B. (1990), Creating a learning organisation, Cambridge.

GEIGER, W. (1994), Die Entstehung, Erstellung und Weiterentwicklung der DIN ISO 9000er-Familie in Qualitätsmanagement und Zertifizierung. Von ISO 9000 zum Total Quality Management, Stauss, B. (Hrsg.), Wiesbaden.

GEIßLER, H. (1994), Grundlagen des Organisationslernens, Weinheim.

GEIßLER, H. (Hrsg.), (1995), Organisationslernen und Weiterbildung, Berlin.

GLAAP, W. (1995), Umweltmanagement leichtgemacht, München/Wien.

GLAUBER, H./PFRIEM, R. (1992), Ökologisch Wirtschaften, Frankfurt am Main.

GOLEMAN, D. (1997), Emotionale Intelligenz, 2. Aufl., München.

GOMEZ, P. (1981), Modelle und Methoden des systemorientierten Managements - Eine Einführung, Bern/Stuttgart.

GOMEZ, P./HAHN, D./MÜLLER-STEWENS, G./WUNDERER, R. (Hrsg.), (1994), Unternehmerischer Wandel - Konzepte zur organisatorischen Erneuerung, Wiesbaden.

GOMEZ, P./PROBST, G.J.B. (1995), Die Praxis des ganzheitlichen Denkens, Bern.

GOMEZ, P./ZIMMERMANN, T. (1992), Unternehmensorganisation - Profile, Dynamik, Methodik, Frankfurt am Main/New York.

GOTTSCHALL, D. (1996), Bilanz der neuen Werte, in: Managermagazin, Juli 1996, S. 130-135.

GRAßL, M./SINKS, V. (1989), Arbeitssicherheit und Unfallverhütung im öffentlichen Dienst, 2. Aufl., Landsberg/Lech.

GROCHLA, E. (1978), Einführung in die Organisationstheorie, Stuttgart.

GROCHLA, E. (Hrsg.), (1980), Handwörterbuch der Organisation, 2. Aufl., Stuttgart.

GROCHLA, E./FÖRSTER, G. (1977), Organisationsplanung und Organisationsentwicklung - Theorie und Praxis, Dortmund.

GUEST, R.H./HERSEY, P./BLANCHARD, K.H. (1986), Organizational Change through effective Leadership, 2. Aufl., New Jersey.

GUNTERN, G. (Hrsg.), (1995), Chaos und Kreativität, Zürich.

GÜNTHER, K. (o.J.), Zukunft gewinnen - Unternehmerische Antworten auf die ökologische Herausforderung, ASU Arbeitsgemeinschaft Selbständiger Unternehmer e.V. (Hrsg.), Bonn.

HAASE, E. (1995), Organisationskonzepte im 19. und 20. Jahrhundert - Entwicklungen und Tendenzen, Wiesbaden.

HAECKEL, E. (1924), Die Lebenswunder, Bd. 4 der gemeinverständlichen Werke, Berlin.

HAHN, P. (1986), Arbeitssicherheit - Ein praktischer Leitfaden in Frage- und Antwortform, Ludwigshafen am Rhein.

HAIST, F./FROMM, H. (1989), Qualität im Unternehmen, München/Wien.

HAMMERL, B./ROSENSTIEL, L. v. (1996), Ökologiemanagement im Unternehmen, in: UWF, 4. Jg., H. 3, September 1996, S. 17-20.

HAMSCHMIDT, J. (1997), Öko-Audit und ISO 14001 - Chance oder Scheideweg?, in: UWF, 5. Jg., H. 3, September 1997, S. 92-93.

HANSEN, W. (1996), Qualität und Qualitätssicherung, in: Handwörterbuch der Produktionswirtschaft, 2. Aufl., Kern, W. (Hrsg.), Sp. 1711-1723, Stuttgart.

HANSMANN, K.-W. (Hrsg.), (1994), Marktorientiertes Umweltmanagement, Wiesbaden.

HANSMANN, K.-W. (Hrsg.), (1997), Management des Wandels, Wiesbaden.

HARDEGEN, D. (1996), „Arbeitsschutz bei der Continental AG", Vortrag auf dem A+A Arbeitsschutz Aktuell-Arbeitsschutzkongreß in Nürnberg am 25.09. 1996.

HARTMANN, W.D. (1997), Öko-Audit: Mehr Frust als Lust - Ein Dutzend Erfahrungen aus der Unternehmenspraxis (unveröffentlichtes Manuskript), Witten.

HAUPTVERBAND DER GEWERBLICHEN BERUFSGENOSSENSCHAFTEN (HVBG), (Hrsg.), (1995), Produktivitätsfaktor Gesundheit - mehr Wirtschaftlichkeit durch Sicherheit und Gesundheit bei der Arbeit, BGZ-Report 4/95, Sankt Augustin.

HAUPTVERBAND DER GEWERBLICHEN BERUFSGENOSSENSCHAFTEN (HVBG), Bundesverband der Unfallversicherungsträger der öffentlichen Hand (BA-GUV), Bundesverband der landwirtschaftlichen Berufsgenossenschaften (BLB), (Hrsg.), (1996), Erstkommentierung des Unfallversicherungs-Einordnungsgesetzes (UVEG), Rheinbreitbach.

HAURAND, G./PULTE, P. (1996), Umweltaudit: Normen, Hinweise und Erläuterungen, Herne/Berlin.

HAX, A.C./MAJLUF, N.S. (1988), Strategisches Management - Ein integratives Konzept aus dem MIT, Frankfurt am Main/New York.

HAX, A.C./MAJLUF, N.S. (1991), The strategy concept and process, Englewood Cliffs.

HEALTH & SAFETY EXECUTIVE (Hrsg.), (1992), Successful Health & Safety Management, HS (G)65(2), London.

HEIMANN, N. (1985), Betriebliche Systeme der Arbeitssicherheit, Schriften zur Produktion, Thomas Witte (Hrsg.), Frankfurt am Main/Bern/New York.

HEIMERL-WAGNER, P. (1992), Strategische Organisations-Entwicklung - Inhaltliche und methodische Konzepte zum Lernen in und von Organisationen, Heidelberg.

HEINE, J. (1995), Einführung eines Qualitätsmanagementsystems. Ein Beitrag zur Optimierung von Geschäftsprozessen, Aachen.

HERZBERG, R.D. (1978), Strafrechtliche Verantwortung der Fachkräfte für Arbeitssicherheit, Bundesanstalt für Arbeitsschutz und Unfallforschung (Hrsg.), Dortmund.

HERZOG, H. (1995), Ein Ansatz zur Verbindung von Qualitäts- und Umweltmanagement, in: UWF, 3. Jg., H. 4, Dezember 1995, S. 66-67.

HEß, M. (1995), TQM/Kaizen-Praxisbuch, Qualitätszirkel und verwandte Gruppen im Total Quality Management, Köln.

HESS, T./BRECHT, L. (1995), State of the art des Business Process Redesigns: Darstellung und Vergleich bestehender Methoden, Wiesbaden.

HIRSCH-KREINSEN, H. (Hrsg.), (1997), Organisation und Mitarbeiter im TQM, Berlin/Heidelberg/New York et al.

HODEL, M. (1995), Organisationales Lernen - Dargestellt an der Erarbeitung und Implementierung eines durch Mind Mapping visualisierten Qualitätsleitbildes (Diss.), Hallstadt.

HOFMANN-KAMENSKY, M. (1995), Das Öko-ABC - Umweltmanagementinstrumente Öko-Audit, Öko-Bilanz und Öko-Controlling: Systematik, Probleme und Lösungsmodelle, in: Öko-Audit: Umweltmanagement und Umweltbetriebsprüfung nach der EG-Verordnung 1836/93, Schimmelpfeng, L./Machmer D. (Hrsg.), Taunusstein.

HOPFENBECK, W. (1990), Umweltorientiertes Management und Marketing. Konzepte, Instrumente, Praxisbeispiele, Landsberg/Lech.

HOPFENBECK, W. (1993), Öko-Controlling: Umdenken zahlt sich aus!, Landsberg/Lech.

HOPPE, W./BECKMANN, M. (1989), Umweltrecht, Juristisches Kurzlehrbuch für Studium und Praxis, München.

HOYOS, C.G. (1980), Psychologische Unfall- und Sicherheitsforschung, Stuttgart et al.

HUF, C.A. (1985), Technische und betriebliche Sicherheit, in: Handbuch zur Humanisierung der Arbeitswelt, Band II, Ott, E./Boldt, A. - Bundesanstalt für Arbeitsschutz (Hrsg.), Bremerhaven, S. 1025-1052.

HÜLSEBUSCH, S. (1996), Harmonisierung in Europa angestrebt, in: Blick durch die Wirtschaft vom 18.11.1996, S. 9.

HUMMEL, J./PICHEL, K. (1997), Erfolgreiches Umweltmanagement: Ohne Verhalten wird es nichts!, in: UWF, 5. Jg., H. 1, März 1997, S. 19-24.

HÜNERBERG, R. (1984), Synergie, in: Management-Enzyklopädie: Das Management-wissen unserer Zeit, Bd. 8, Verlag moderne Industrie (Hrsg.), Landsberg/Lech, S. 917-922.

HUSE, E.F. /CUMMINGS, T.G. (1985), Organization development and change, 3. Aufl., St. Paul et al.

IMAI, M., (1994), Kaizen - Der Schlüssel zum Erfolg der Japaner im Wettbewerb, 6. Aufl., Berlin/Frankfurt am Main.

ISAAK, R./KECK, A. (1997), Die Grenzen von EMAS, in: UWF, 5. Jg., H. 3, September 1997, S. 76-85.

ISO CENTRAL SECRETARIAT (Hrsg.), (1996), Confirmed Report of the ISO International Workshop on Occupational Health and Safety Management Systems Standardization - An ISO Contribution?, Genf.

IWANOWITSCH, D. (1997), Die Produkt- und Umwelthaftung im Rahmen des betrieblichen Risikomanagements, Liesegang, D.G. (Hrsg.), Berlin/Heidelberg/New York et al.

JACKSON, P./ASHTON, D. (1994), ISO 9000: Der Weg zur Zertifizierung, Landsberg/Lech.

JACOBI, J.-M. (1993), Qualität im Wandel, Stuttgart.

JANISCH, M. (1993), Das strategische Anspruchsgruppenmanagement: Vom Shareholder Value zum Stakeholder Value, Bern.

JAPAN HUMAN RELATIONS ASSOCIATION (Hrsg.), (1994), CIP-Kaizen-KVP: Die kontinuierliche Verbesserung von Produkt und Prozeß, Steinbeck, H.-H. (Hrsg.), Landsberg/Lech.

JARASS, H.D. (1995), Bundes-Immissionsschutzgesetz (BImSchG) - Kommentar, 3. Aufl., München.

JENNER, F. (1996), Umweltbewußtes Management für Klein- und Mittelunternehmen (KMU) der Güterproduktion (Diss.), Bern/Stuttgart/Wien.

JOHANN, H./WERNER, W./GRUND, P. (1995), Vereinbarkeit von Qualitätsmanagement und Umweltmanagement, in: Dokumentation der Informationsveranstaltung des BDI und des Bundesverbandes der freien Berufe für kleine und mittlere Betriebe zur Förderung umweltorientierter Betriebsführung: „Öko-Audit - Beginn einer neuen Umweltpolitik, Köln 23.05.1995, S. 5-28.

JUNG, H. F. (1993), Vortragsdokumentation im Rahmen eines Management Circle-Seminars über Kaizen vom 27. und 28.01.1993 in Frankfurt am Main.

KAHL, W./VOßKUHLE, A. (Hrsg.), (1995), Grundkurs Umweltrecht - Einführung für Naturwissenschaftler und Ökonomen, Heidelberg.

KAMISKE, G. (1996), Rentabel durch TQM, Berlin/Heidelberg.

KAMISKE, G.F./BRAUER, J.-P. (1993), Qualitätsmanagement von A-Z. Erläuterungen moderner Begriffe des Qualitätsmanagements, München/Wien.

KÄPPELER, F./STEIGER, C. (1983), Arbeitssicherheit: Ratgeber für Industrie, Handwerk, Bauwirtschaft, Düsseldorf.

KELLER, A./LÜCK, M. (1996), Der Einstieg ins Öko-Audit für mittelständische Betriebe durch modulares Umweltmanagement, Berlin/Heidelberg/New York et al.

KERSCHBAUMMAYR, G./ALBER, S. (1996), Module eines Qualitäts- und Umweltmanagementsystems: Integrationskonzept einer entscheidungs- und prozeßorientierten Vorgangsweise unter Berücksichtigung der Richtlinien aus ISO 9000, EU-Emas-Verordnung, ISO 14000 und des ArbeitnehmerInnenschutzgesetzes, Wien.

KIPARSKI, R.V./KENTNER, M. (1997), Das Unternehmermodell - Eine Alternative zur sicherheitstechnischen und arbeitsmedizinischen Betreuung von Kleinbetrieben?, in: Arbeitsmedizin aktuell 40, 5/97, S. 157-164.

KIRSCH, W./GABELE, E./BÖRSIG, C./DU VOITEL, R.D./ESSER, W.-M./KNOPF, R. (1975), Reorganisationsprozesse in Unternehmen. Bericht aus einem empirischen Forschungsprojekt, München.

KIRSTEIN, H./FERNHOLZ, J./ZENZ, A. (1996), Qualitätsaudits und Zertifizierung, in: Handwörterbuch der Produktionswirtschaft, 2. Aufl., Kern, W. (Hrsg.), Stuttgart, Sp. 1724-1734.

KLEMMER, P./MEUSER, T. (Hrsg.), (1995), EG-Umweltaudit: Der Weg zum ökologischen Zertifikat, Wiesbaden.

KLIMECKI, R.G./PROBST, G.J.B./GMÜR, M. (1993), Flexibilisierungsmanagement, Schweizerische Volksbank (Hrsg.), Die Orientierung Nr.102, Bern.

KLOEPFER, M. (1989), Umweltrecht, München.

KLOEPFER, M. (1995), Zur Kodifikation des Besonderen Teils eines Umweltgesetzbuches, in: ZAU 8 (95) 2, S. 194-206.

KNOBLAUCH, R./SCHNABEL, R.E. (1992), Qualität beginnt und endet beim Mitarbeiter, in: Gablers Magazin, 2/92, S. 12.

KOHSTALL, T. (1996), Braucht der Arbeitsschutz ein Managementsystem?, in: Die BG, Mai 1996, S. 371-378.

KOLLERER, H. (1978), Die betriebswirtschaftliche Problematik von Betriebsunterbrechungen: Planungsgrundlagen zur Berücksichtigung von Betriebsunterbrechungen im Rahmen der Unternehmenspolitik, Berlin.

KOMMISSION ARBEITSSCHUTZ UND NORMUNG - KAN (1997), Zur Problematik der Normung von Arbeitsschutzmanagementsystemen, Verein zur Förderung der Arbeitssicherheit in Europa e.V. (Hrsg.), St. Augustin.

KOTHE, P. (1997), Das neue Umweltauditrecht, München.

KRAUS, W. (Hrsg.), (1979), Humanisierung der Arbeitswelt - Gestaltungsmöglichkeiten in Japan und der Bundesrepublik Deutschland, Tübingen/Basel.

KRAUSE, H./ZANDER, E. (1982), Arbeitssicherheit leicht gemacht: Arbeitssicherheit und Ergonomie - Bestandteile moderner Betriebsführung, 3. Aufl., Freiburg im Breisgau.

KRCAL, H.C. (1995), Wirkungsbeziehungen produktbezogener Umweltschutzmaßnahmen als Beweggrund zwischenbetrieblicher Zusammenarbeit, in: UWF 3. Jg., H. 4, Dezember 1995, S. 22-31.

KREIBICH, R. (1997), Nachhaltige Entwicklung - Leitbild für Wirtschaft und Gesellschaft, in: UWF, 5. Jg., H. 2, Juni 1997, S. 6-13.

KRICKL, O.CH. (1994), Geschäftsprozeßmanagement, Heidelberg.

KROPPMANN, A./SCHREIBER, S. (1996), Kopplung von Qualitäts- und Umweltmanagement in kleinen und mittelständischen Unternehmen, Auswertung einer Befragung von 3.000 Unternehmen in Nordrhein-Westfalen von der IHK Dortmund und der Umweltakademie Fresenius, Dortmund.

LANGE, O.L. (1986), Ökologie - was ist das eigentlich?, in: Nürnberger Zeitung, Nr. 163, 19.07.1986, S. 9.

LEICHSENRING, C. (1984), Wie sicher ist die Arbeit? Die Sicherheitsfachkraft überprüft den Betrieb, Berufsgenossenschaft der Feinmechanik und Elektrotechnik (Hrsg.), Köln.

LEICHSENRING, C. (1990), Der Beitrag des Betriebsrats zur Arbeitssicherheit, Berufsgenossenschaft der Feinmechanik und Elektrotechnik (Hrsg.), Köln.

LEICHSENRING, C./KLINGENFUß, E. (1987), Arbeitssicherheit in die Arbeitsplanung und Arbeitsvorbereitung einbeziehen, Berufsgenossenschaft der Feinmechanik und Elektrotechnik (Hrsg.), Köln.

LEICHSENRING, C./LABITZKE,G. (1990), In sicherer Arbeit unterweisen - ein Leitfaden für die betriebliche Praxis, Berufsgenossenschaft der Feinmechanik und Elektrotechnik (Hrsg.), 4. Aufl., Köln.

LEICHSENRING, C./PETERMANN, O. (1993), Die Pflichten des Unternehmers in der Arbeitssicherheit, Berufsgenossenschaft der Feinmechanik und Elektrotechnik (Hrsg.), 2. Aufl., Köln.

LEICHSENRING, C./PETERMANN, O. (1994), Der Betrieb braucht Sicherheitsbeauftragte für Arbeitssicherheit, Berufsgenossenschaft der Feinmechanik und Elektrotechnik (Hrsg.), 4. Aufl., Köln.

LEWIN, K. (1963), Feldtheorie in den Sozialwissenschaften, Bern.

LIEBACK, J.U./SCHMALLENBACH, J./BINETTI, J.-C. (1996a), Erfahrungen aus der Arbeit eines Umweltgutachters: Auswertung der Validierungen in Deutschland, GUT, Gesellschaft für Umwelttechnik und Unternehmensberatung mbH, Umweltgutachterorganisation, Berlin.

LIEBACK, J.U./SCHMALLENBACH, J./BINETTI, J.-C. (1996b), Öko-Audit - Eine kritische Zwischenbilanz, in: Unternehmen & Umwelt, 9. Jg., 1/1996, S. 20-21.

LIESEGANG, D.G. (1993a), Reduktionswirtschaft als Komplement zur Produktionswirtschaft - Eine globale Notwendigkeit, in: Globalisierung der Wirtschaft - Einwirkungen auf die Betriebswirtschaftslehre, Haller, M. et al. (Hrsg.), Bern/ Stuttgart/ Wien, S. 383-395.

LIESEGANG, D.G. (1993b), Entwicklungslinien einer industriellen Kreislaufwirtschaft, in: Chancen der Umwelttechnologie, Politische Studien, Sonderheft 7, München.

LIESEGANG, D.G. (1993c), Umweltorientierte Steuerungsmaßnahmen in marktwirtschaftlichen Systemen, in: Ökologie und Umwelt, Zwilling, R./Fritsche, W. (Hrsg.), Heidelberg, S. 244-258.

LIESEGANG, D.G. (1995a), Lernprozesse zur ökologiegerechten Systemmodifikation im Unternehmen, in: ZfB Ergänzungsheft 3/95, Wiesbaden.

LIESEGANG, D.G. (1995b), Umweltwirtschaft. Skript zur Vorlesung im Sommersemester 1995, Lehrstuhl für BWL l, Alfred Weber Institut der Universität Heidelberg.

LIESEGANG, D.G./PISCHON, A. (1996), Recycling und Downcycling, in: Handwörterbuch der Produktionswirtschaft, Kern, W. (Hrsg.), 2. Aufl., Stuttgart, Sp. 1788-1798.

LIESEGANG, D.G./ULLMANN, M. (1994), Modellgestützte Regelkreise im Management, in: Operations Research - Reflexionen aus Theorie und Praxis, Werners, B./Gabriel, R. (Hrsg.), Berlin et al., S. 195-220.

LIKERT, R. (1972), Neue Ansätze der Unternehmungsführung, Bern/Stuttgart.

LITTINSKI, R. (1995), Sicherheitsaudits für Bau- und Montagefirmen als Voraussetzungen für den Einsatz in der Mineralölindustrie, Vortrag auf dem Deutschen Kongreß für Arbeitsschutz und Arbeitsmedizin mit Vortragsreihen A+A 95-International, 7. bis 10.11.1995 in Düsseldorf.

LORENZ-MAYER, V. (1997), Betrachtungen zur Wirtschaftlichkeit von Umweltmanagementsystemen, in: WLB Wasser, Luft und Boden 3/1997, S. 22-23.

LUHMANN, N. (1968), Zweckbegriff und Systemrationalität, Tübingen.

LÜTKES, S. (1997), Die Verbindung von Öko-Audit und ISO 14001, in: UWF, 5. Jg., H. 1, März 1997, S. 10-12.

MALCHER, J. (1994), Umweltmanagement als Chance, in: ZFK, 24. Jg., Bd. 6, S. 11-23.

MALIK, F. (1981), Management-Systeme, Schweizerische Volksbank (Hrsg.), Die Orientierung Nr. 78, Bern.

MALIK, F. (1992), Strategie des Managements komplexer Systeme. Ein Beitrag zur Management-Kybernetik evolutionärer Systeme, 4. Aufl., Bern/Stuttgart/Wien.

MALIK, F. (1993), Systemisches Management: Evolution, Selbstorganisation - Grundprobleme, Funktionsmechanismen und Lösungsansätze für komplexe Systeme. Bern/Stuttgart/Wien.

MALIK, F. (1994), Management-Perspektiven, Bern/Stuttgart/Wien.

MALORNY, C. (1996a), TQM umsetzen: der Weg zur Business Excellence, Stuttgart.

MALORNY, C. (1996b), TQM erfolgreich umsetzen, in: QZ 41 (1996) 7, S. 781-787.

MALORNY, C. (1997), Der Weg zur Business Excellence, in: Absatzwirtschaft 1/97, S. 72-75.

MALORNY, C./KASSEBOHM, K. (1994), Brennpunkt TQM: Rechtliche Anforderungen, Führung und Organisation, Auditierung und Zertifizierung nach DIN ISO 9000 ff., Stuttgart.

MARCH, J.G./OLSEN, J.P. (1979), Ambiguity and choice in organizations, 2. Aufl., Bergen.

MASING, W. (Hrsg.), (1994), Handbuch Qualitätsmanagement, München/Wien.

MATSCHKE, M.J./JAECKEL, U.D./LEMSER, B. (1996), Betriebliche Umweltwirtschaft: Eine Einführung in die betriebliche Umweltökonomie und in Probleme ihrer Handhabung in der Praxis, Verlag Neue Wirtschafts-Briefe Herne/Berlin.

MATURANA, H.R. (1982), Die Organisation und Verkörperung von Wirklichkeit, Wiesbaden.

MEADOWS, D.L./MEADOWS, D.H. (1974), Grenzen des Wachstums. Das globale Gleichgewicht, Stuttgart.

MEADOWS, D.L./MEADOWS, D.H. (1992), Die neuen Grenzen des Wachstums. Die Lage der Menschheit: Bedrohung und Zukunftschancen, Stuttgart.

MEFFERT, H./KIRCHGEORG, M. (1995), Ökologisches Marketing - Erfolgsvoraussetzungen und Gestaltungsoptionen, in: UWF, 3. Jg., H. 1, März 1995, S. 18-27.

MEFFERT, H./KIRCHGEORG, M. (1998), Marktorientiertes Umweltmanagement: Konzeption, Strategie, Implementierung, mit Praxisfällen, 3. Aufl., Stuttgart.

MERKEL, A. (1996), Vorwort, in: Umweltpolitik - Rechtsvorschriften für die Ausführung der EG-Umweltauditverordnung, BMU (Hrsg.), Bonn, S. 3.

MERTENS, A. (1978), Der Arbeitsschutz und seine Entwicklung, Schriftenreihe Arbeitsschutz Nr. 15, Bundesanstalt für Arbeitsschutz und Unfallforschung (Hrsg.), Dortmund.

MERTENS, A. (1980), Der Arbeitsschutz auf dem Prüfstand, Bundesanstalt für Arbeitsschutz und Unfallforschung (Hrsg.), Schriftenreihe Arbeitsschutz Nr. 25, Dortmund.

MEUCHE, T./DOERNER, U./HOFMANN-KAMENSKY, M./LANGEFELD, L. ET AL. (1997), Leitfaden Integrierte Managementsysteme, Heft 240 der Schriftenreihe Umweltplanung, Arbeits- und Umweltschutz, Hessische Landesanstalt für Umwelt (HLfU), (Hrsg.), Wiesbaden.

MEYER, J. (Hrsg.), (1996), Benchmarking - Spitzenleistung durch Lernen von den Besten, Stuttgart.

MICHAELIS, P. (1996), Ökonomische Instrumente in der Umweltpolitik, Heidelberg.

MIELES, K. (1996), Notwendigkeit und Wege zur Integration einer gleichrangigen Arbeitssicherheit in die Produktion, Bundesanstalt für Arbeitsschutz, Bremerhaven.

MILGROM, P./ROBERTS, J. (1992), Economics, Organization and Management, New Jersey.

MILLING, P. (1981), Systemtheoretische Grundlagen zur Planung der Unternehmenspolitik, Berlin.

MÖLLER, J. (1996), Kybernetische Beiträge zur Modifikation sozialer Institutionen unter ökologischen Gesichtspunkten - Methodik, Praxisbeispiel (Diss.), Heidelberg.

MÖLLER, J./PISCHON, A. (1997), Chancen der Harmonisierung von Umwelt- und Qualitätsmanagement im Gesundheitswesen, in: UWF, 5. Jg., H. 1, März 1997, S. 32-36.

MORGAN, G. (1986), Images of Organization, 3.Aufl., London/New Delhi.

MUGLER, J./BELAK, J./KAJZER, S. (Hrsg.), (1996), Internationales wissenschaftliches Symposium Management und Entwicklung, MER '96, 9. bis 11.05.1996 in Portoroz/Slowenien: Theorie und Praxis der Unternehmensentwicklung mit Besonderheiten der Klein- und Mittelbetriebe, Maribor.

MÜLLER, W. (Bearb.), (1982), Der Duden in zehn Bänden, Fremdwörterbuch, Bd. 5, 4. Aufl., Mannheim/Wien/Zürich.

NELSON, P. (1970), Information and Consumer Behaviour, Journal of Political Economy 78, P. 311-329.

NEUHOF, B./RINGLE, G. (1984), Die vertikale Integration betrieblicher Entscheidungen - Objekte und Instrumente, in: Das Wirtschaftsstudium 12/84, S. 563-568.

NISSEN, U./PAPE, J./VOLLMER, S./KREINER-CORDES, G. (1997), Der Regelungsauftrag zur Unterrichtung der Öffentlichkeit über die EG-Öko-Audit-Verordnung, Studie der Arbeitsgruppe Umwelterklärung des Doktoranden-Netzwerk Öko-Audit e.V., Stuttgart et al.

NOLL, N. (1996), Gestaltungsperspektiven interner Kommunikation, Wiesbaden.

NÖTHINGER, M. (1997), Die Rolle von Umweltmanagementsystemen bei der Kreditvergabe, in: UWF, 5. Jg., H. 1, März 1997, S. 49-52.

O. V. (1987a), Meyers großes Taschenlexikon in 24 Bänden, Band 13, 2. Aufl., Mannheim/Wien/Zürich.

O. V. (1987b), Meyers großes Taschenlexikon in 24 Bänden, Band 21, 2. Aufl., Mannheim/Wien/Zürich.

O. V. (1996a), Informationen zum SCC-System, unveröffentlichte Kundeninformationen, Det Norske Veritas Germany, Essen.

O. V. (1996b), „Bonn fürchtet um Fortschritte bei Deregulierung im Umweltbereich", Handelsblatt, 26./27.04.1996, S. 7.

O. V. (1996c), Neue MAK-Wert-Liste, in: Handelsblatt vom 17.07.1996, S. 23.

O. V. (1997a), Umwelt-Management positiv beurteilt, in: FAZ 10.12.1997, S. 20.

O. V. (1997b), Klimakompromiß von Kyoto angenommen, FAZ 12.12.1997, S. 7.

O. V. (1998a), Mehr als 1000 Teilnehmer am Öko-Audit, FAZ 05.02.1998, S. 18.

O. V. (1998b), Verfahren zur Zertifizierung eines Sicherheits-Managementsystems gemäß der SCC-Checkliste, Stand 12.02.1998, Det Norske Veritas Germany, Essen.

OESS, A. (1991), Total Quality Management - Die ganzheitliche Qualitätsstrategie, 2. Aufl., Wiesbaden.

ORTON, J.D./WEICK, K.E. (1990), Loosely Coupled Systems: A Reconceptualization, in: Academy of Management Review, 2/1990, S. 203-223.

OTT, R. (1997), Stand der Implementierung der IVU-Richtlinie, in: UWF, 5. Jg., H. 2, Juni 1997, S. 58-60.

OTT, E./BOLDT, A. (1983), Wörterbuch zur Humanisierung der Arbeit, Bundesanstalt für Arbeitsschutz (BAU), (Hrsg.), Bremerhaven.

PALMER, K./OATES, W.E./PORTNEY, P.R. (1995), Tightening Environmental Stan-dards: the Benefit-Cost or the No-Cost Paradigm?, in: Journal of Economic Perspectives-Volume 9, Number 4, Fall 95, pp. 119-132.

PEACOCK, R. (1992), Ein Qualitätspreis für Europa - The European Quality Award, in: QZ, 37. Jg., H. 9, September 1992, S. 525-528.

PEARSON, G. (1992), The competitive organization, Managing for organizational excellence, London.

PETERS, J.P./AUSTIN, N. (1986), Leistung aus Leidenschaft. Über Management und Führung, Hamburg.

PETERS, S. (Hrsg.), (1994), Lernen im Arbeitsprozeß durch neue Qualifizierungs- und Beteiligungsstrategien, Opladen.

PETERS, T./WATERMAN, R.H. (1991), Auf der Suche nach Spitzenleistungen, 3. Aufl., München.

PETRICK, K./EGGERT, R. (1994), Synthese von Qualitätsmanagement und Umweltmanagement, in: UWF, 2. Jg., H. 6, Juli 1994, S. 44-46.

PETRICK, K./EGGERT, R. (Hrsg.), (1995), Umwelt- und Qualitätsmanagementsysteme - Eine gemeinsame Herausforderung, München/Wien.

PETSCHENIG, M. (1965), Der kleine Stowasser - lateinisch-deutsches Schulwörterbuch, München.

PFEIFER, T. (1993), Qualitätsmanagement - Strategien, Methoden, Techniken, München/Wien.

PFRIEM, R. (1995), Unternehmenspolitik in sozialökologischen Perspektiven, Marburg.

PISCHON, A. (1997), Die Deutsche Asea Brown Boveri AG - Ansätze zur Integration von Qualitäts- Umwelt und Arbeitssicherheitsmanagementsystemen, in: UWF, 5. Jg., H. 2, Juni 1997, S. 54-57.

PISCHON, A./IWANOWITSCH, D. (1998), Generische Managementsysteme als zukünftige Option, in: Die EG-Öko Audit-Verordnung zwischen Anspruch und Realität, Doktoranden-Netzwerk Öko-Audit (Hrsg.), Berlin/Heidelberg/New York.

PISCHON, A./LIESEGANG D.G. (1997), Arbeitssicherheit als Bestandteil eines umfassenden Managementsystems - Bestandsaufnahme, Modellbildung, Lösungsansätze, Verband Deutscher Sicherheitsingenieure e.V. (VDSI), (Hrsg.), Heidelberg.

POHLE, H. (Hrsg.), (1992), Die Umweltschutzbeauftragten, Aufgaben, Qualifikationen, Rechtsgrundlagen des Störfall-, Gewässerschutz-, Immissionsschutz- und Abfallbeauftragten, Berlin.

PORTER, M.E. (1986), Wettbewerbsvorteile (Competitive Advantage), Spitzenleistungen erreichen und behaupten, Frankfurt am Main/New York.

PORTER, M.E. (1992), Wettbewerbsstrategie (Competitive Strategy), Methoden zur Analyse von Branchen und Konkurrenten, 7. Aufl., Frankfurt am Main/New York.

PORTER, M.E./LINDE, C. v. d. (1995), Toward a New Conception of the Environment-Competitiveness Relationship, in: Journal of Economic Perspectives, Volume 9, Number 4, Fall 95, S. 97-118.

PROBST, G.J.B. (Hrsg.), (1983), Qualitätsmanagement - ein Erfolgspotential, Bern.

PROBST, G.J.B. (1987), Selbstorganisation - Ordnungsprozesse in ganzheitlichen Systemen aus ganzheitlicher Sicht, Berlin/Hamburg.

PROBST, G.J.B./BÜCHL, B. (1994), Organisationales Lernen: Wettbewerbsvorteil der Zukunft, Wiesbaden.

PROBST, G.J.B./GOMEZ, P. (1989),Vernetztes Denken, Wiesbaden.

PÜMPIN, C. (1980), Strategische Führung in der Unternehmenspraxis, Schweizerische Volksbank (Hrsg.), Die Orientierung Nr. 76, Bern.

PÜMPIN, C. (1983), Management strategischer Erfolgspositionen, Das SEP-Konzept als Grundlage wirkungsvoller Unternehmensführung, 2. Aufl., Bern/Stuttgart.

PÜMPIN, C. (1992a), Strategische Erfolgspositionen - Methodik der dynamischen strategischen Unternehmensführung, Bern/Stuttgart.

PÜMPIN, C. (1992b), Das Dynamik-Prinzip - Zukunftsorientierung für Unternehmer und Manager, Düsseldorf.

PÜMPIN, C./IMBODEN, C. (1991), Unternehmungs-Dynamik, Wie führen wir Unternehmungen in neue Dimensionen? Schweizerische Volksbank (Hrsg.), Die Orientierung Nr. 98, Bern.

PÜMPIN, C./PRANGE, J. (1991), Management der Unternehmensentwicklung - phasengerechte Führung und Umgang mit Krisen, Frankfurt am Main/New York.

RAEHLMANN, I. (1996), Entwicklung von Arbeitsorganisationen - Voraussetzungen, Möglichkeiten, Widerstände, Opladen.

REHHAHN, H./NEUMANN, E./SCHNEIDER, B. (1981), Die Arbeitssicherheit: Arbeitsorganisation und Arbeitssicherheit. Wer ist verantwortlich?, München.

REINHART, G./LINDEMANN, U./HEINZL, J. (1996), Qualitätsmanagement - Ein Kurs für Studium und Praxis, Berlin/Heidelberg/New York et al.

RHEIN, C. (1996), Das Gemeinschaftssystem für das Umweltmanagementsystem und die Umweltbetriebsprüfung: Ein neues Instrument des Umweltschutzes im Gemeinschaftsrecht und deutschen Recht, Baden-Baden.

RICHTER, M. (1994), Organisationsentwicklung: Entwicklungsgeschichte, Rekonstruktion und Zukunftsperspektiven eines normativen Ansatzes, Bern/Stuttgart/Wien.

RIEKER, J. (1995), Norm ohne Nutzen?, Managermagazin, Dezember 1995, S. 201-207.

RITTER, A. (1995), Arbeits- und Gesundheitsschutz und Qualitätsmanagement (Beschäftigung mit der Thematik, Initiativen und Aktivitäten sowie potentielle Konsequenzen einer Standardisierung und ggf. Normung von Managementsystemen für den Arbeits- und Gesundheitsschutz), Sachverständigengutachten erstellt für das Bundesministerium für Arbeit und Sozialordnung Bonn, Otterberg.

ROLFF, N. (1994), Darstellung und Analyse der Einflußfaktoren auf das japanische Total Quality Management (Diss.), Göttingen.

ROMMEL, G./BRÜCK, F./DIEDERICHS, R. et al. (1993), Einfach überlegen - Das Unternehmenskonzept, das die Schlanken schlank und die Schnellen schnell macht, Stuttgart.

RUDOLPH, F. (1994), Klassiker des Managements: Von der Manufaktur zum modernen Großunternehmen, Wiesbaden.

SADGROVE, K. (1992), The Green Managers Handbook, Vermont.

SATTELBERGER, T. (1991), Die Lernende Organisation - Konzepte für eine neue Qualität der Unternehmensentwicklung, Wiesbaden.

SCHAAB, B. (1980), Die betrieblichen Aufgabenbereiche der Fachkräfte für Arbeitssicherheit, Bundesanstalt für Arbeitsschutz und Unfallforschung (Hrsg.), Dortmund.

SCHÄFER, M. (1997), Gestaltung von Lernenden Unternehmen unter Einsatz von multimedialen Technologien, Stuttgart.

SCHALTEGGER, S./STURM, A. (1992), Ökologieorientierte Entscheidungen im Unternehmen (Diss.), Basel.

SCHEIL, M. (1996), Tätigkeitsanalyse des Sicherheitsingenieurs, in: sicher ist sicher, 4/1996, S. 172-180.

436   **Literaturverzeichnis**

SCHILDKNECHT, R. (1992), Total Quality Management - Konzeption und State of the Art, Frankfurt am Main/New York.

SCHLIEPHACKE, J. (1992), Arbeitssicherheitsmanagement: Organisation, Delegation, Führung, Aufsicht, Bd. 1, Frankfurt am Main.

SCHMIDT, R./SANDNER, W. (1996), Einführung in das Umweltrecht, in: DBW 56 (1996) 3, S. 413-432.

SCHMUTZLER, A. (1992), On Incentives for Green Production - A Signalling Approach to the Problem of Credence Goods, Diskussionsschrift der wirtschaftswissenschaftlichen Fakultät der Universität Heidelberg Nr. 182, Heidelberg.

SCHNEIDER, G./RIEMENSCHNEIDER, F. (1997), Zwei Schritte weiter, Erfahrungen bei der Gestaltung eines Integrierten Managementsystems in einem Großunternehmen, in: QZ 42 (1997) 9, S. 969-973.

SCHNEIDEWIND, U. (1995), Ökologie und Umweltverträglichkeit in der Chemiebranche, Marburg.

SCHOLZ, R. (1994), Geschäftsprozeßoptimierung, Bergisch-Gladbach.

SCHOTTELIUS, D. (1995), Das EG-Umwelt-Audit als Gesamtsystem, Kritische Würdigung, in: Betriebs-Berater, Heft 31, S. 1550.

SCHREYÖGG, G. (1996), Organisation - Grundlagen moderner Organisationsgestaltung, Wiesbaden.

SCHREYÖGG, G./CONRAD, P. (Hrsg.), (1996), Wissensmanagement, Berlin/New York.

SCHREYÖGG, G./NOSS, C. (1995), Organisatorischer Wandel: Von der Organisationsentwicklung zur Lernenden Organisation, in: Die Betriebswirtschaft 55 (1995), S. 169-185.

SCHRÖDER, P./ALBRACHT, G./BRÜCKNER, B./GILLICH, P./SPLITTGERBER, B./ TROIA, C. (1995), ASCA- neue Wege im Arbeitsschutz, Hessisches Ministerium für Frauen, Arbeit und Sozialordnung (HMFAS), (Hrsg.) ,Wiesbaden.

SCHÜLEIN, J.A./BRUNNER, K.-M./REIGER, H. (1994), Manager und Ökologie - Eine qualitative Studie zum Umweltbewußtsein von Industriemanagern, Opladen.

SCHWADERLAPP, R. (1997), Nachhaltiges Umweltmanagement mit dem Öko-Audit?, in: UWF, 5. Jg., H. 2, Juni 1997, S. 94-98.

SCHWANINGER, M. (1994), Managementsysteme, Das St. Galler Managementkonzept (Bd. 4), Frankfurt am Main/New York.

SCHWARZ, P. (1997), Was das Umwelt-Audit den Unternehmen bringt, in: VDI Nachrichten Nr. 10, 07.03.1997, S. 30.

SCHWERDTLE, H. (1996), Business Excellence System Review (BESR), Feasibility-Study for integration of ISO 9001, TQSR, EMAS, ISO/DIS 14001, Arbeitssicherheit, ABB Management Consulting GmbH, Heidelberg.

SCHWERDTLE, H./BRÄUNLEIN, R. (1996), Qualität und Umweltschutz aus der Perspektive eines Integrierten Managementsystems, in: UWF, 4. Jg., H. 4, Dezember 1996, S. 77-82.

SEEGER, O.W. (1996), Das neue Arbeitsschutzgesetz (ArbSchG), in: Sicherheitsingenieur 12/96, S. 16-19.

SEGHEZZI, H.D. (1994), Qualitätsmanagement - Ansatz eines St. Galler Konzepts Integriertes Qualitätsmanagement, Entwicklungstendenzen im Management, Bd. 10, Stuttgart/Zürich.

SEGHEZZI, H.D. (1996a), Integrated Management for Business Excellence (unveröffentlichtes Manuskript), St. Gallen.

SEGHEZZI, H.D. (1996b), Integriertes Qualitätsmanagement: Das St. Galler Konzept, München/Wien.

SEGHEZZI, H.D. (1997), Notwendigkeit und Realität ganzheitlicher Unternehmensführung, ITEM Diskussionspapier, St. Gallen.

SEGHEZZI, H.D. (1998a), Integriertes Management, Tagungsbeitrag auf dem Executive Forum an der Hochschule St. Gallen vom 12./13.02.1998.

SEGHEZZI, H.D. (1998b), Integriertes Management - heute und morgen, in: Management & Qualität 6/98, S. 21-25.

SEGHEZZI, H.D./BLANKENBURG, D. (1997a), Proposition for a Generic Organisation Model, bislang unveröffentlichtes Manuskript als Vorlage für die ISO-Normungsgremien, vorgestellt von den Autoren am IWÖ an der HSG in St. Gallen am 18.08.1997.

SEGHEZZI, H.D./BLANKENBURG, D. (1997b), Requirements/Criteria for a Generic Organisation Model, bislang unveröffentlichtes Manuskript als Vorlage für die ISO-Normungsgremien, vorgestellt von den Autoren am IWÖ an der HSG in St.Gallen am 18.08.1997.

SEGHEZZI, H.D./CADUFF, D. (1997), Aufbau integrierter Führungssysteme, Die Orientierung 106, Credit Suisse (Hrsg.), Bern.

SEGHEZZI, H.D./HANSEN, J.R. (1993), Qualitätsstrategien: Anforderungen an das Management der Zukunft, München.

SEIDENSTICKER, A. (1995), Umweltmanagement und Umweltmanagementsysteme, in: Das Buch des Umweltmanagements, Schitag Ernst & Young (Hrsg.), Weinheim.

SEILING, H. (1994), Der neue Führungsstil - Firmenqualität durch ISO 9000 ff. und TQM, München/Wien.

SENGE, P.M. (1990), The fifth discipline, New York et al.

SIEGWART, H./PROBST, G.J.B. (Hrsg.), (1983), Mitarbeiterführung und gesellschaftlicher Wandel. Die kritische Gesellschaft und ihre Konsequenzen für die Mitarbeiterführung, Bern/Stuttgart.

SILLER, E. (1986), Führen und Verantworten: Der Vorgesetzte und die Aufgabe Arbeitssicherheit in der Praxis, Berufsgenossenschaft der Feinmechanik und Elektrotechnik (Hrsg.), Sonderauflage, Köln.

SILLER, E. (1992), Führungsaktivitäten gefragt - der Sicherheitsingenieur als Initiator, Berufsgenossenschaft der Feinmechanik und Elektrotechnik (Hrsg.), Köln.

SILLER, E./SCHLIEPHACKE, J. (1987), Führungsaufgabe Arbeitssicherheit - Handbuch für Führungskräfte, Köln.

SILLER, E./SCHLIEPHACKE, J. (1989), Arbeitssicherheit - Schlüssel zum Unternehmenserfolg, Frankfurt am Main.

SILLER, E./SCHLIEPHACKE, J. (1994a), Arbeitssicherheitsgesetz (ASiG): Gesetz über Betriebsärzte, Sicherheitsingenieure und andere Fachkräfte für Arbeitssicherheit, kommentiert für die Praxis mit Beispielen und Lösungsvorschlägen, Berufsgenossenschaft für Feinmechanik und Elektrotechnik (Hrsg.), 11. Aufl., Köln.

SILLER, E./SCHLIEPHACKE, J. (1994b), Unfallverhütungsvorschrift Allgemeine Vorschriften VBG 1, Berufsgenossenschaft der Feinmechanik und Elektrotechnik (Hrsg.), 6. überarbeitete Aufl., Köln.

SIMON, H. (1990), Herausforderung Unternehmenskultur, Stuttgart.

SIMONIS, U.E. (1988), Ökologische Wirtschaft und Wirtschaftspolitik, in: Ökologische Orientierungen, Simonis, U.E. (Hrsg.), Berlin.

SOMEREN, T.C.R. van (1994), Umweltrecht in Deutschland, KPMG Deutsche Treuhand-Gesellschaft, Umweltgruppe Berlin (Hrsg.), Düsseldorf.

SONNTAG, K. (1996), Lernen im Unternehmen - Effiziente Organisation durch Lernkultur, München.

SPRENGER, F./MURSCHALL, R./EPPINGER, J. (1995), Implementierung von Umweltmanagementsystemen, in: Management der Kreislaufwirtschaft, Thomé-Kozmiensky, K.J. (Hrsg.), Berlin, S. 413-426.

SPRENGER, R. (1995), Der große Bluff, in: Managermagazin, August 1995, S. 128-131.

STAEHLE, W.H. (1990), Management - eine verhaltenswissenschaftliche Perspektive, 5. Aufl., München.

STAHLMANN, V. (1994), Umweltverantwortliche Unternehmensführung - Aufbau und Nutzen eines Öko-Controlling, München.

STANGIER, V. (1993), Arbeitssicherheit und Umweltschutz als Führungsaufgabe, Ehningen.

STARK, R. (1994), Qualitäts- und Umweltmanagement, in: Qualität und Zuverlässigkeit 9/1994, S. 978-982.

STAUSS, B. (1992), Dienstleistungsqualität aus Kundensicht, Eichstätter Hochschulreden, 85, Regensburg.

STAUSS, B. (Hrsg.), (1994), Qualitätsmanagement und Zertifizierung, Von ISO 9000 zum Total Quality Management, Wiesbaden.

STEGER, U. (1988), Umweltmanagement, Erfahrungen und Instrumente einer Umweltorientierten Unternehmensführung, Frankfurt am Main/Wiesbaden.

STEGER, U. (Hrsg.), (1997), Handbuch des integrierten Managements, München/Wien.

STEIN, R. (1996), Plädoyer für ein integriertes Qualitäts- und Umweltmanagement, in: Landesgewerbeanstalt Bayern: Symposiumunterlagen Qualität und Umwelt - Integration von Managementsystemen, S. 1-11.

STOEWER, G. (1993), Das ipu-Konzept Arbeitssicherheit, Institut für Praktische Unternehmensführung (ipu), München.

STOLTENBERG, U./THOMAS, H. (1996), Ohne die Mitarbeiter geht es nicht, in: Umwelt Magazin Juni 1996, S. 22-23.

STROBEL, G. (1995), Künftiges Rollenbild der Fachkraft für Arbeitssicherheit, in: O.V.: Fachkräfte für Arbeitssicherheit, Hauptverband der gewerblichen Berufsgenossenschaften (Hrsg.), Sankt Augustin, S. 25-35.

STÜNZNER, L. (1996), Systemtheorie und betriebswirtschaftliche Organisationsforschung, Eine Nutzenanalyse der Theorien autopoiëtischer und selbstreferentieller Systeme, Berlin.

SYDOW, J. (1985), Der soziotechnische Ansatz der Arbeits- und Organisationsgestaltung: Darstellung, Kritik, Weiterentwicklung, Frankfurt am Main.

TETTÉ, M.A. (1996), Praktischer Ansatz zum Aufbau eines einheitlichen Managementsystems für Umweltschutz und Qualität, in: UWF, 4. Jg., H. 2, Juni 1996, S. 20-25.

THEILE, K. (1996), Ganzheitliches Management: Ein Konzept für Klein- und Mittelunternehmen, Bern/Stuttgart/Wien.

THIEHOFF, R. (1997), Warum Arbeitsschutz aus ökonomischen Gründen? Thesen, ASCA-Symposium Oktober 1996, in: Arbeitsschutz und Wirtschaftlichkeit, Bundesanstalt für Arbeitsschutz und Arbeitsmedizin (Hrsg.), Dortmund, Januar 1997.

TIROLE, J. (1988), The Theory of Industrial Organization, Cambridge/Massachusetts.

TIROLE, J. (1995), Industrieökonomik, Wien.

TÖPFER, A./MEHDORN, H. (1994), Total Quality Management: Anforderungen und Umsetzungen im Unternehmen, 3. Aufl., Neuwied/Kriftel/Berlin.

ULRICH, H. (1968), Die Unternehmung als produktives soziales System, Bern.

ULRICH, H. (1984), Management, Dyllick, T./Probst, G. (Hrsg.), Bern.

ULRICH, H. (1990), Unternehmungspolitik, 3. Aufl., Bern/Stuttgart.

ULRICH, H./KRIEG, W. (1972), Das St. Galler Management-Modell, Bern.

ULRICH, H./KRIEG, W. (1974), Das St. Galler Management-Modell, 3. Aufl., Bern/ Stuttgart.

ULRICH, H./PROBST, G.J.B. (1991), Anleitung zum ganzheitlichen Denken und Handeln. Ein Brevier für Führungskräfte, 3. Aufl., Bern/Stuttgart.

UNITES STATES DEPARTMENT OF COMMERCE (Hrsg.), (1993), The Malcolm Baldridge National Quality Award: 1994 Award Criteria, Gaithersburg/USA.

VERBAND DEUTSCHER SICHERHEITSINGENIEURE e.V. (VDSI), (Hrsg.), (1996), VDSI-Position zur Standardisierung eines Arbeitsschutzmanagementsystems (AMS), VDSI-Information 2/1996, Wiesbaden.

VERBAND DEUTSCHER SICHERHEITSINGENIEURE e. v. (VDSI), (Hrsg.), (1997), Qualität im Arbeitsschutz - Qualitätssicherung bei betrieblichen und überbetrieblichen Diensten, VDSI-Information 1/1997, Wiesbaden.

VOIGT, K.I. (1996), Unternehmenskultur und Strategie - Grundlagen des kulturbewußten Managements, Wiesbaden.

VOORHEES, J./WOELLNER, R.A. (1997), International Environmental Risk Management. ISO 14000 and the Systems Approach, Boca Raton/Florida.

WALDECK, D. (1995), Arbeitsschutzmanagementsystem und Unternehmermodell, in: Die BG, November 1995, S. 641-646.

WARNECKE, H.J. (1992a), Die Fraktale Fabrik - Revolution der Unternehmenskultur, Berlin/Heidelberg/New York.

WARNECKE, H.J. (1992b), Neue Organisationsform für die Zukunft, in: Logistik Heute, 4/92, S. 50-52.

WASKOW, S. (1997), Betriebliches Umweltmanagement - Anforderungen nach der Audit Verordnung der EG und dem Umweltauditgesetz, 2. Aufl., Heidelberg.

WEBER, J. (1985), Unternehmensidentität und unternehmenspolitische Rahmenplanung, München.

WEBER, J. (1995), Weltweiter Standard im Anmarsch, in: Umwelt Magazin November 1995, S. 24.

WEBER, W. (1988), Arbeitssicherheit: Historische Beispiele - aktuelle Analysen, Deutsches Museum (Hrsg.), Reinbek bei Hamburg.

WEICK, K.E. (1976), Educational Organizations as Loosely Coupled Systems, in: Administrative Science Quarterly, 1/1976, S. 1-19.

WEIGAND, H./LEHNHARDT, H./SCHUCH, B./WACHKAMP, M. et al. (1997a), Leitfaden Arbeitsschutzmanagement. Anleitung zur Implementierung eines Arbeitsschutzmanagementsystems (Teil I); Inhalt und Struktur eines Arbeitsschutz-Management-Handbuchs (Teil II), Stand: November 1997, Hessisches Ministerium für Frauen, Arbeit und Sozialordnung (Hrsg.), Wiesbaden.

WEIGAND, H./LEHNHARDT, H./SCHUCH, B./WACHKAMP, M. et al. (1997b), Leitfaden Arbeitsschutzmanagement. Beispielsammlung (Teil III), Hessisches Ministerium für Frauen, Arbeit und Sozialordnung (Hrsg.), Wiesbaden.

WEIGELT, H. (1996), Elf Umwelt-Management-Konzepte - eine Vergleichsmatrix, Sonderdruck mit Umwelt Magazin, März 1996.

WEIS, U. (1996), Umweltmanagement in der Praxis: Umsetzung der EG-Öko-Auditverordnung in der Deutschen Asea Brown Boveri AG, in: Umweltorientierte Marktwirtschaft - Zusammenhänge - Probleme - Konzepte, Eichhorn, P. (Hrsg.), Wiesbaden, S. 126-131.

WENNINGER, G. (1991), Arbeitssicherheit und Gesundheit: psychologisches Grundwissen für betriebliche Sicherheitsexperten und Führungskräfte, Heidelberg.

WERNER, G. (1996), Einführung in das Abfallrecht, Tagungsunterlagen Vortrag 3 auf dem ABB-Seminar Umweltrecht für LECO's der DEABB am 4. und 5.06.1996 in Heidelberg, Umweltinstitut Offenbach GmbH (Veranstalter).

WEßLING, M. (1992), Unternehmensethik und Unternehmenskultur, Münster/New York.

WESTKÄMPER, E. (Hrsg.), (1996), Null-Fehler-Produktion in Prozeßketten: Maßnahmen zur Fehlervermeidung und Kompensation, Berlin/Heidelberg/New York.

WIEGAND, M. (1995), Prozesse Organisationalen Lernens, Wiesbaden.

WILDEMANN, H. (Hrsg.), (1994), Qualität und Produktivität - Erfolgsfaktoren im Wettbewerb, Frankfurt am Main.

WILDEMANN, H. (Hrsg.), (1996 a), Controlling im TQM, Berlin/Heidelberg/New York.

WILDEMANN, H. (Hrsg.), (1996b), Schnell lernende Unternehmen - Quantensprünge im Wettbewerb, Frankfurt am Main.

WILLIG, J.T. (1994), Environmental TQM, Second Edition, New York et al.

WINKELHAGEN, J. (1996), Zertifizierung lockt auch Mittelständler, in: Handelsblatt vom 11.07.1996, S. K2.

WINTER, G. (1990), Das umweltbewußte Unternehmen: Ein Handbuch der Betriebsökologie mit 22 Check-Listen für die Praxis, München.

WINTER, G. (Hrsg.), (1997), Ökologische Unternehmensentwicklung - Management im dynamischen Umfeld, Berlin/Heidelberg/New York.

WINTER, M. (1997), Ökologisch motiviertes Organisationslernen, Wiesbaden.

WITTIG, K.-J. (1994), Qualitätsmanagement in der Praxis, DIN ISO 9000, Lean Production, Total Quality Management, 2. Aufl., Stuttgart.

WITTMANN, W. (Hrsg.), (1993), Handwörterbuch der Betriebswirtschaft, Teilbd. 1. A-H, 5. Aufl., Stuttgart.

WÖHE, G. (1986), Einführung in die allgemeine Betriebswirtschaftslehre, München.

WOHLGEMUT, A.C. (1982), Das Beratungskonzept der Organisationsentwicklung - Neue Form der Unternehmensberatung auf Grundlage des sozio-technischen Systemansatzes, Bern.

WOHLGEMUTH, A. (1989), Unternehmungsdiagnose in Schweizer Unternehmungen, Bern et al.

ZENK, G. (1995), Öko-Audits nach der Verordnung der EU - Konsequenzen für das strategische Umweltmanagement, Wiesbaden.

ZINK, K. (Hrsg.), (1994a), Qualität als Managementaufgabe - Total Quality Management, 3. Aufl., Landsberg/Lech.

ZINK, K. (1994b), Business Excellence durch TQM, München/Wien.

ZINK, K. (1995a), Erfolgreiche Konzepte zur Gruppenarbeit, Neuwied/Kriftel/Berlin.

ZINK, K. (1995b), TQM als integratives Managementkonzept - Das Europäische Qualitätsmodell und seine Umsetzung, München/Wien.

ZINK, K. (Hrsg.), (1997), Qualitätswissen - Lernkonzepte für moderne Unternehmen, Berlin/Heidelberg/New York.

ZÖLLER, M./MÜSSIG, S./KETTERMANN, I. (1996), Synergieeffekte nutzen, in: Umwelt Magazin, November 1996, S. 24-25.

ZVEI (Hrsg.), (1996), ZVEI-Position zum EG-Öko-Audit. Umweltschutz und Umweltmanagementsysteme, in: ZVEI-Mitteilungen, Nr. 2/96, 31.01.1996, S. 9-12.

Gesetzestexte, Verordnungen, Richtlinien und Normen

ABFALLGESETZ, Gesetz über die Vermeidung und Entsorgung von Abfällen vom 27.08.1986.

BUNDES-IMMISSIONSSCHUTZGESETZ, Gesetz zum Schutz vor schädlichen Umwelteinwirkungen durch Luftverunreinigungen, Geräusche, Erschütterungen und ähnliche Vorgänge vom 15.03.1974.

BÜRGERLICHES GESETZBUCH vom 18.08.1896, Beck-Texte, 30. Aufl., München 1987.

BRITISH STANDARD 7750 (BS 7750), Specification for Environmental Management Systems, British Standards Institutions (BSI), London 1994.

BRITISH STANDARD 8800 (BS 8800): 1996 - Arbeitsschutz- und Sicherheitsmanagementsystem - (Guide to Occupational Health and Safety Management Systems) British Standards Institutions (BSI), London 1996.

CHEMIKALIENGESETZ (ChemG), Gesetz zum Schutz vor gefährlichen Stoffen vom 25.07.1994, in: Umwelt-Recht, Wichtige Gesetze und Verordnungen zum Schutz der Umwelt, Beck-Texte im DTV, 10., neubearb. und erw. Auflage, Stand Februar 1997, Abschn. 9, S. 691-732.

CR 12969: 1997, Use of EN ISO 14001, ISO 14010, ISO 14011 and ISO 14012 for EMAS related purposes, CEN Report CR 12969, July 1997.

DIN EN ISO 8402, (ISO 8402: 1995), Qualitätsmanagement - Begriffe, DIN Deutsches Institut für Normung e.V., Berlin, August 1995.

DIN EN ISO 9000-1, (ISO 9000-1: 1994), Normen zum Qualitätsmanagement und zur Qualitätssicherung/QM-Darlegung, Teil 1: Leitfaden zur Auswahl und Anwendung, DIN Deutsches Institut für Normung e.V., Berlin, August 1994.

DIN EN ISO 9001, (ISO 9001: 1994), Qualitätsmanagementsysteme - Modell zur Qualitätssicherung/QM-Darlegung Design, Entwicklung, Produktion, Montage und Wartung, DIN Deutsches Institut für Normung e.V., Berlin, August 1994.

DIN EN ISO 9002, (ISO 9002: 1994), Qualitätsmanagementsysteme - Modell zur Qualitätssicherung/QM-Darlegung in Produktion, Montage und Wartung, DIN Deutsches Institut für Normung e.V., Berlin, August 1994.

DIN EN ISO 9003, (ISO 9003: 1994), Qualitätsmanagementsysteme - Modell zur Qualitätssicherung/QM-Darlegung bei der Endprüfung, DIN Deutsches Institut für Normung e.V., Berlin, August 1994.

DIN EN ISO 9004-1, (ISO 9004-1: 1994), Qualitätsmanagement und Elemente eines Qualitätsmanagementsystems, Teil 1 Leitfaden, DIN Deutsches Institut für Normung e.V., Berlin, August 1994.

DIN EN ISO 14001, (ISO 14001: 1996), Umweltmanagementsysteme, Spezifikation mit Anleitung zur Anwendung, DIN Deutsches Institut für Normung e.V., Berlin, Oktober 1996.

DIN, Koordinierungsstelle Umweltschutz (Hrsg.): German Proposal European Standard (EN xxxxx) Supplementing ISO EN 14001 on Environmental Management Systems (ISO EN and EMAS bridging standard), unveröffentlichter Vorschlag, Berlin, Januar 1996.

EG-ENTSCHEIDUNG (97/264/EG), Entscheidung der Kommission vom 16.04.1997 zur Anerkennung der Zertifizierungsverfahren gemäß Artikel 12 der Verordnung (EWG) Nr. 1836/93 des Rates über die freiwillige Beteiligung gewerblicher Unternehmen an einem Gemeinschaftssystem für das Umweltmanagement und die Umweltbetriebsprüfung, in: Amtsblatt der Europäischen Gemeinschaften Nr. L 104/35.

EG-ENTSCHEIDUNG (97/265/EG), Entscheidung der Kommission vom 16.04.1997 zur Anerkennung der Internationalen Norm ISO 14001: 1996 und der Europäischen Norm EN ISO 14001: 1996 für Umweltmanagementsysteme gemäß Artikel 12 der Verord-nung (EWG) Nr. 1836/93 des Rates über die freiwillige Beteiligung gewerblicher Unternehmen an einem Gemeinschaftssystem für das Umweltmanagement und die Umweltbetriebsprüfung, in: Amtsblatt der Europäischen Gemeinschaften Nr. L 104/37.

EG-RICHTLINIE 89/391/EWG, Richtlinie des Rates vom 12.06.1989 über die Durchführung von Maßnahmen zur Verbesserung der Sicherheit und des Gesundheitsschutzes der Arbeitnehmer bei der Arbeit, ABl. EG Nr. L 183, S. 1.

EG-RICHTLINIE 91/383/EWG, Richtlinie des Rates vom 25.06.1991 zur Ergänzung der Maßnahmen zur Verbesserung der Sicherheit und des Gesundheitsschutzes von Arbeitnehmern mit befristeten Arbeitsverhältnis oder Leiharbeitsverhältnis, ABl. EG Nr. L 206, S. 19.

GESETZ ÜBER BETRIEBSÄRZTE, SICHERHEITSINGENIEURE UND ANDERE FACHKRÄFTE FÜR AR-BEITSSICHERHEIT, Arbeitssicherheitsgesetz vom 12.12.1973, BGBl. Nr. 105/73, S. 1885 ff., geändert durch Jugendschutzgesetz vom 12.04.1976, BGBl. Abs. 1, 965, BGBl. III, 805-2.

GESETZ ZUR AUSFÜHRUNG DER VERORDNUNG (EWG) Nr. 1836/93 des Rates vom 29.06.1993 über die freiwillige Beteiligung gewerblicher Unternehmen an einem Gemeinschaftssystem für das Umweltmanagement und die Umweltbetriebsprüfung, (Umweltauditgesetz-UAG).

GESETZ ZUR UMSETZUNG DER EG- RAHMENRICHTLINIE ARBEITSSCHUTZ U. WEITERER ARBEITSSCHUTZRICHTLINIEN, Arbeitsschutzgesetz (ArbSchG), Bundesgesetzblatt Teil I, Bonn 20.08.1996, S. 1246-1253.

GRUNDGESETZ FÜR DIE BUNDESREPUBLIK DEUTSCHLAND.

HANDELSGESETZBUCH, Beck-Texte, 33. Aufl., München 1991.

ICC BUSINESS CHARTER FOR SUSTAINABLE DEVELOPMENT, (ICC-Charta für eine langfristig tragfähige Entwicklung), deutsche Übersetzung von der Deutschen Gruppe der Internationalen Handelskammer, Köln 1991.

ISO/DIS 14001, Deutsche Entwurfs-Fassung des Normenausschusses Grundlagen des Umweltschutzes (NAGUS) im DIN Deutsches Institut für Normung e.V., Berlin, Oktober 1995.

IVU-RICHTLINIE 96/61/EG, Integrierte Vermeidung und Verminderung der Umweltverschmutzung.

KREISLAUFWIRTSCHAFTS- UND ABFALLGESETZ, Gesetz zur Vermeidung, Verwertung und Beseitigung von Abfällen vom 27.09.1994.

PRODUKTHAFTUNGSGESETZ, Gesetz über die Haftung fehlerhafter Produkte vom 15.12.1989.

SICHERHEITS CERTIFIKAT CONTRACTOREN (Safety Checklist Contractors - SCC), Checkliste für die Beurteilung des Managementsystems für Sicherheit, Gesundheit und Umweltschutz bei Kontraktoren in den Mineralöl-, chemischen und anverwandten Industrie, Stand 12.02.1998, Central Committee of Experts/Unter-Sektorkomitee SCC Deutschland (Hrsg.).

STRAFGESETZBUCH, 80. Strafgesetzbuch vom 30.03.1987, zuletzt geändert mit Wirkung vom 01.11.1994, 2. Gesetz zur Bekämpfung der Umweltkriminalität.

UAG-ZULASSUNGSVERORDNUNG vom 18.12.1995, (UAGZVV).

UMWELTHAFTUNGSGESETZ, Gesetz über die Umwelthaftung vom 10.12.1990.

5. UMWELTPROGRAMM DER EG, Abl. C 138 vom 17.05.1993.

UMWELT-RECHT, Wichtige Gesetze und Verordnungen zum Schutz der Umwelt, Beck-Texte im DTV, 10. neubearb. und erw. Auflage, München, Stand Februar 1997.

UNFALLVERHÜTUNGSVORSCHRIFTEN, Berufsgenossenschaft der Feinmechanik und Elektrotechnik (BG F+E), (Hrsg.), VBG 4 vom 01.04.1979, Durchführungsanweisung zu § 6 Abs. 2 vom Oktober 1996, S. 14.

VDA 6, Teil 1, Qualitätsmanagement in der Automobilindustrie, QM-Systemaudit, 3. Aufl. 1996/1, Verband der Automobilindustrie e.V. (Hrsg.), Frankfurt am Main.

VDI (Hrsg.), (1991), VDI-Richtlinie 2243: Konstruieren recyclinggerechter technischer Produkte, Düsseldorf.

VERORDNUNG (EWG) NR. 1836/93 des Rates vom 29.06.1993 über die freiwillige Beteiligung gewerblicher Unternehmen an einem Gemeinschaftssystem für das Umweltmanagement und die Umweltbetriebsprüfung, Amtsblatt der Europäischen Gemeinschaften Nr. L 168/1-1 vom 10.07.1993, (EG-Öko-Audit-Verordnung/EMAS Environmental Management and Audit Scheme).

VERORDNUNG NACH DEM UMWELTAUDITGESETZ ÜBER DIE ERWEITERUNG DES GEMEINSCHAFTSSYSTEMS FÜR DAS UMWELTMANAGEMENT UND DIE UMWELTBETRIEBSPRÜFUNG AUF WEITERE BEREICHE, (UAG-Erweiterungsverordnung-UAG-ErwV), BGbl. 1998 Teil I, Nr. 9 vom 09.02.1998.

ABB-interne Schriften

ABB (Hrsg.), (o.J.), Umweltleitlinien, Deutsche ABB, Abteilung Unternehmenskommunikation, Mannheim.

ABB (Hrsg.), (1996a), Protokoll des 36. Erfahrungsaustausch Qualitätsleiter, ABB Gebäudetechnik AG, Ladenburg, 07./08.03.1996.

ABB (Hrsg.), (1996b), Besprechungsbericht des Arbeitskreises Integration von Qualitäts- und Umweltmanagementsystemen, ABB Management Consulting GmbH, Heidelberg, 10.05.1996.

ABB (Hrsg.), (1996c), Besprechungsbericht des Arbeitskreises Integration von Qualitäts- und Umweltmanagementsystemen, ABB Management Consulting GmbH, Heidelberg, 25.07.1996.

ABB (Hrsg.), (1996d), Environmental Management Report 1995, ABB Environmental Affairs, Växjö/Schweden, 1996.

ABB (Hrsg.), (1996e), Besprechungsbericht des Arbeitskreises Integration von Qualitäts- und Umweltmanagementsystemen, ABB Management Consulting, Heidelberg, 19.02.1998.

ABB (Hrsg.), (1998), Geschäftsbericht 1997, Asea Brown Boveri AG, Mannheim.

Adressen

Bezugsquelle für DIN-Normen:
Beuth Verlag GmbH
10772 Berlin
Tel.: 030-2601-2682
Fax: 030-2601-1268

British Standards Institution
389 Chiswick High Road
London W4 4AL
Tel.: GB-0181 996 9000
Fax: GB- 0181 996 7400

European Foundation for Quality Management (EFQM)
Avenue des Pléiades 15
B-1200 Brussels
Belgium
Tel.: +32-2 775 35 11
Fax: + 32-2 775 35 35

International Organization for Standardization (ISO)
1, rue de Varembé
Case postale 56
CH- 1211 Genève
Switzerland
Tel.: +41 22 749 01 11
Fax: +41 22 733 34 30

Informationen zu „Successful Health and Safety Management":
Machinery of Government and Standards Group
St Clements House
2-16 Colegate
Norwich NR 3 IBQ
United Kingdom
Tel.: GB-01603 723004
Fax: GB-01603 723000
Die diesbezügliche Abbildung 7.5 in diesem Buch wurde zum Druck freigegeben:
„Crown copyright is reproduced with the permission of the Controller of Her Majesty's
Stationery Office" / „This permission does not imply government endorsement of this
product in preference to those of a similar nature which may be on the market."

Pischon, Alexander
Schillerstr. 39
69115 Heidelberg
Germany
Fax: 06221-162347